Die schwache Wechselwirkung in Kern-, Teilchen- und Astrophysik

Eine Einführung

Von Dr. rer. nat. Klaus Grotz
und Prof. Dr. rer. nat. Hans Volker Klapdor
Max-Planck-Institut für Kernphysik, Heidelberg

Mit 141 Bildern und 39 Tabellen

 B. G. Teubner Stuttgart 1989

Prof. Dr. rer. nat. Hans Volker Klapdor

Geboren 1942 in Reinbek. Studium der Physik in Hamburg, Promotion 1969, Habilitation 1971. Seit 1969 wiss. Tätigkeit am Max-Planck-Institut für Kernphysik in Heidelberg. Seit 1980 Professor an der Universität Heidelberg.

Dr. rer. nat. Klaus Grotz

Geboren 1954 in Tübingen. Studium der Physik und Mathematik in Heidelberg. Promotion 1981 bei P. Bock. Anschließend wiss. Tätigkeit am Max-Planck-Institut für Kernphysik in Heidelberg. Seit 1986 Mitglied einer Forschungsabteilung des Instituts Dr. Förster in Reutlingen.

CIP-Titelaufnahme der Deutschen Bibliothek

Grotz, Klaus:
Die schwache Wechselwirkung in Kern-, Teilchen- und Astrophysik/ eine Einführung von Klaus Grotz u. Hans Volker Klapdor.
Stuttgart : Teubner, 1989
  (Teubner Studienbücher : Physik)
  ISBN-13:978-3-519-03035-5   e-ISBN-13: 978-3-322-84833-8
  DOI: 10.1007/978-3-322-84833-8
NE: Klapdor, Hans Volker:

Das Werk einschließlich aller seiner Teile ist urheberrechtlich geschützt. Jede Verwertung außerhalb der engen Grenzen des Urheberrechtsgesetzes ist ohne Zustimmung des Verlages unzulässig und strafbar. Das gilt besonders für Vervielfältigungen, Übersetzungen, Mikroverfilmungen und die Einspeicherung und Verarbeitung in elektronischen Systemen.
© B. G. Teubner Stuttgart 1989
Softcover reprint of the hardcover 1st edition 1989
Satz: cobra computer's brainware GmbH, Konstanz

Umschlaggestaltung: M. Koch, Reutlingen

Vorwort

Die Entwicklung der modernen Theorie der schwachen Wechselwirkung ist eng verknüpft mit derjenigen der Elementarteilchenphysik. Experimente der Kernphysik, wie etwa der Doppelbetazerfall, liefern wichtige Tests zur Natur des Neutrinos und damit zur Struktur der Großen Vereinigungstheorien. Der Betazerfall hochinstabiler Atomkerne etwa und die Eigenschaften und Wechselwirkungen der Neutrinos sind von zentraler Bedeutung für aktuelle Fragen der Astrophysik und Kosmologie.

Ziel des vorliegenden Buches ist es, einerseits einen Einblick in die Konzepte der schwachen Wechselwirkung und deren Integration in die Gedankengebäude der modernen Elementarteilchenphysik zu vermitteln, andererseits soll die wichtige Rolle der schwachen Wechselwirkung in der Kern-, Teilchen- und Astrophysik und Kosmologie sowie die durch sie bewirkten engen Verbindungen zwischen diesen Gebieten herausgearbeitet werden. Den Neutrinos, denen eine Schlüsselrolle zum Verständnis der Elementarteilchen und deren Wechselwirkungen zukommt, wird dabei besondere Aufmerksamkeit gewidmet. Insgesamt wurde versucht, eine Synthese zwischen der Darstellung experimenteller Fakten und der Hinführung zu den diese Fakten beschreibenden Theorien zu erreichen, wobei die dabei auftretenden Elemente der Quantenfeldtheorie erklärt werden, so daß sich die beim Leser vorausgesetzten Kenntnisse auf elementare Elektrodynamik und Quantenmechanik beschränken.

Das Buch erhebt nicht den Anspruch, alle angesprochenen Themen jeweils vollständig und in sich abgeschlossen zu behandeln. Vielmehr ist das Ziel, dem Leser einen Eindruck von der Aktualität und Vielfalt der mit der schwachen Wechselwirkung verknüpften Problemkreise zu vermitteln und eventuell zu einem intensiveren Studium spezieller Themen anzuregen.

Bezüglich der Referenzen haben wir Vollständigkeit nicht angestrebt, sondern uns vielmehr bemüht, neben den grundlegenden Arbeiten vor allem auch Übersichtsartikel aufzunehmen.

Zu Dank verpflichtet für kritisches Lesen des Manuskripts und nützliche Ratschläge sind wir den Kollegen Profs. P.Bock, W.Bühring, N.Dragon, D.Gromes und Herrn Ringwald von der Universität Heidelberg, sowie Herrn Dr. Schuck, Grenoble. Herrn Prof. B.Stech danken wir herzlich für das unserer Arbeit entgegengebrachte Interesse. Zu danken haben wir Frau J. Long für das Schreiben des Manuskripts. Herrn Dr. Spuhler vom Teubner-Verlag danken wir für seine vertrauensvolle Zusammenarbeit. Herrn Prof. H. Neuert danken wir für den Anstoß zu dieser Arbeit.

Reutlingen/Heidelberg, im Frühjahr 1989   K.Grotz, H.V.Klapdor

Inhalt

N Notationen   1

   N.1 Natürliche Einheiten 1
   N.2 Relativistische Größen 2
   N.3 Operatoren und Matrizen 3
   N.4 Vektoren 3
   N.5 Symbole für mathematische Operationen 3
   N.6 Dirac-Matrizen 4
   N.7 Isospin 5
   N.8 Zur Bezeichnung von Teilchen, Teilchenzuständen und Teilchenoperatoren (Feldoperatoren) 5

1 Elementarteilchen und Wechselwirkungen — Überblick   6

   1.1 Die elementaren Bausteine der Materie 6
     1.1.1 Leptonen und Quarks 6
     1.1.2 Antiteilchen 8
   1.2 Die elementaren Wechselwirkungen und die Feldquanten 10
     1.2.1 Phänomenologie der Wechselwirkungen 10
     1.2.2 Moderne Quantenfeldtheorien der elementaren Wechselwirkungen   12
   1.3 Quantenzahlen und Erhaltungsgrößen in Kern- und Elementarteilchenphysik 26
     1.3.1 Elektrische Ladung Q 27
     1.3.2 Baryonenzahl B 27
     1.3.3 Leptonenzahl L 28
     1.3.4 Flavorquantenzahlen 29
     1.3.5 Isospin $\vec{T}$ 29
     1.3.6 Schwacher Isospin $\vec{T}_w$ 32
     1.3.7 Parität 32
     1.3.8 Ladungskonjugation C (Teilchen-Antiteilchen-Konjugation) .. 34
     1.3.9 CP-Konjugation 34
     1.3.10 Das CPT-Theorem, Zeitumkehr 36

Inhalt v

2 Klassische Theorie der schwachen Wechselwirkung, Kernbetazerfall 38

- 2.1 Phänomenologie des Kernbetazerfalls 38
  - 2.1.1 Der Zerfall des freien Neutrons 40
  - 2.1.2 Erlaubter Kernbetazerfall 41
  - 2.1.3 Energiespektren und Zerfallsraten für erlaubte Übergänge ... 44
  - 2.1.4 Verbotene Übergänge 51
- 2.2 Vier-Fermionen-Punkt-Wechselwirkung 53
  - 2.2.1 Relativistische Wechselwirkungsströme 53
  - 2.2.2 Fermi's Ansatz 56
  - 2.2.3 Mögliche Lorentz-invariante Wechselwirkungsstrukturen 58
  - 2.2.4 Paritätsverletzung und die V-A-Struktur der schwachen Wechselwirkung 60
  - 2.2.5 Die universelle Strom-Strom-Wechselwirkung, CVC und PCAC 65
- 2.3 Formalismus des Kernbetazerfalls 74
  - 2.3.1 Neutronzerfall 74
  - 2.3.2 β-Zerfall des Atomkerns 76
  - 2.3.3 Relationen zwischen β^-, β^+-Zerfall, Elektron- und Neutrino-Einfang 80
- 2.4 Doppel-Betazerfall 83
  - 2.4.1 Matrixelemente für den Doppel-Betazerfall 86
- 2.5 Grenzen der klassischen Theorie 97
  - 2.5.1 Renormierung des Axialvektorstromes 97
  - 2.5.2 Meson-Zerfälle 97
  - 2.5.3 Hochenergieverhalten: Verletzung der Unitarität, Nicht-Renormierbarkeit 98

3 Kernstruktur und Betazerfall 103

- 3.1 Allgemeine Bedeutung 103
- 3.2 Betazerfall und kollektive Kernanregungen 104
  - 3.2.1 GT-Zerfall und Ladungsaustauschreaktionen 111
- 3.3 Summenregeln für erlaubten Betazerfall 112
- 3.4 Kernmatrixelemente für den β-Zerfall 113
  - 3.4.1 Modell unabhängiger Teilchen 115
  - 3.4.2 Das Paarungs-Modell 121
  - 3.4.3 Die TDA-Methode 126

	3.4.4 Die RPA-Methode	135
3.5	Quenching der Gamow-Teller-Stärke	147
3.6	Matrixelemente für den Doppel-Betazerfall	152
	3.6.1 Matrixelemente für den $2\nu\,\beta\beta$-Zerfall in speziellen Modellen	152
	3.6.2 Matrixelemente für den $0\nu\,\beta\beta$-Zerfall	162

4 Eichtheorien 165

4.1	Das Eichprinzip	166
	4.1.1 Globale innere Symmetrien	167
	4.1.2 Lokale (= Eich-)Symmetrien	172
4.2	$SU(2)$, eine Vorstufe zur schwachen Wechselwirkung	177
	4.2.1 $SU(2)$-Transformationen des Dubletts $\binom{\nu}{e}$	177
	4.2.2 Die W-Bosonen	180
	4.2.3 Vergleich mit der Realität	187
4.3	Spontane Symmetriebrechung	188
	4.3.1 Higgs-Felder	189
	4.3.2 Das Higgs-Potential	190
	4.3.3 W-Massen	194

5 Die Glashow-Weinberg-Salam Theorie der elektroschwachen Wechselwirkung 196

5.1	Die Verkopplung von schwacher und elektromagnetischer Wechselwirkung	196
	5.1.1 Die Notwendigkeit einer gemeinsamen Beschreibung	196
	5.1.2 Elektroschwache Eichtransformationen	197
	5.1.3 Die Eichfelder $\mathbf{B}_\mu(x)$ und $\vec{\mathbf{W}}_\mu(x)$	200
	5.1.4 Spontane Brechung der $SU(2)_L \otimes U(1)$-Symmetrie, Generierung der Bosonen- und Fermionen-Massen	200
	5.1.5 Vergleich der GWS-Theorie mit der klassischen Strom-Strom-Theorie	206
5.2	Hadronischer schwacher Strom auf Quarkebene	209
	5.2.1 Der geladene Quarkstrom q_μ^c	209
	5.2.2 Neutrale Quarkströme	211
	5.2.3 Zerfall des π-Mesons, PCAC und CVC im Quarkbild	213
	5.2.4 Schwache Zerfälle mit Strangeness, Cabibbo-Mischung	216
	5.2.5 Der GIM-Mechanismus, c-Quark, Kobayashi-Maskawa-Matrix	218
5.3	Tests der GWS-Theorie	222

	5.3.1	Neutrale Ströme und der Weinberg-Winkel	223

- 5.3.1 Neutrale Ströme und der Weinberg-Winkel 223
- 5.3.2 Nachweis der W- und Z-Bosonen 226
- 5.4 Kernbetazerfall als schwache Wechselwirkung der Quarks 229
  - 5.4.1 Quarkmodell der Nukleonen 231
  - 5.4.2 Beta-Matrixelemente im Quarkmodell 233

6 Die schwache Wechselwirkung im Rahmen der Großen Vereinigungstheorien 239

- 6.1 Was versteht man unter einer großen Vereinigung? 239
  - 6.1.1 Quantenchromodynamik 240
  - 6.1.2 Grundprinzipien einer Großen Vereinigung 244
- 6.2 Die minimale Lösung (Georgi-Glashow-Modell) 250
  - 6.2.1 $SU(5)$-Multipletts und -Transformationen 250
  - 6.2.2 Brechung der $SU(5)$-Symmetrie 253
  - 6.2.3 Protonzerfall 254
  - 6.2.4 Grenzen des minimalen Modells 258
- 6.3 $SO(10)$, die einfachste Erweiterung von $SU(5)$ 260
  - 6.3.1 $SO(10)$-Multipletts 260
  - 6.3.2 Brechung der $SO(10)$-Symmetrie und intermediäre Symmetrien 261
- 6.4 Supersymmetrische GUT-Modelle 262
  - 6.4.1 Was ist Supersymmetrie? 263
  - 6.4.2 Das supersymmetrische Teilchenspektrum 264
  - 6.4.3 Proton-Zerfall in SUSY-GUT-Modellen 265
  - 6.4.4 Das Massenhierarchie-Problem 266
  - 6.4.5 Super-Gravitation 268
  - 6.4.6 Superstrings 271

7 Neutrinos 273

- 7.1 Majorana- contra Dirac-Neutrinos 273
  - 7.1.1 Beschreibung masseloser Neutrinos 273
  - 7.1.2 Massive Neutrinos 280
- 7.2 Neutrinos innerhalb der GUT-Modelle 285
  - 7.2.1 $SU(5)$-Neutrinos 286
  - 7.2.2 $SO(10)$-Neutrinos 286
  - 7.2.3 Ein Modell mit drei Neutrinofeldern je Familie 289
  - 7.2.4 Neutrinos in Superstring-Modellen 290

7.3 Möglichkeiten experimenteller Prüfung der Natur der Neutrinos 291
    7.3.1 Neutrino-Oszillationen 291
    7.3.2 Einfluß der Neutrinomasse auf das Energiespektrum erlaubter Betaübergänge 304
    7.3.3 Neutrinozerfall 306
    7.3.4 Neutrinoloser Doppel-Betazerfall 307
    7.3.5 Neutrinos aus Supernova-Explosionen 319

8 Schwache Wechselwirkung und Astrophysik 322

8.1 Der Kollaps schwerer Sterne und die schwache Wechselwirkung 322
    8.1.1 Schwache Reaktionen im Core schwerer Sterne, Neutrino-Emission bei Supernova-Explosionen 332
    8.1.2 Deleptonisierung, Gravitationskollaps und Supernova-Explosion 338
8.2 Die Synthese der schweren Elemente im Universum 341
    8.2.1 Der r-Prozeß 343
    8.2.2 Explosives Helium-Brennen 346
    8.2.3 Kosmochronometer und das Alter des Universums 349

9 GUT und Kosmologie 355

9.1 Das kosmologische Standardmodell 355
9.2 Grenzen des Standardmodells 362
    9.2.1 Die Krümmung des Weltalls 362
    9.2.2 Das Horizontproblem 364
    9.2.3 Magnetische Monopole 366
    9.2.4 Baryonenasymmetrie, CP-Verletzung 367
9.3 Inflation 369
    9.3.1 Lösung kosmologischer Probleme im inflationären Universum . 372
9.4 Die kosmologische Konstante Λ 373
    9.4.1 'Experimentelle' Einschränkungen für Λ 373
    9.4.2 Das Λ-Problem 377
9.5 Neutrinos im Kosmos 379
    9.5.1 Die Massendichte ρ_0 379
    9.5.2 Kosmologische Einschränkungen für die Neutrino-Masse 382

A Anhang — 386

A.1 Relativistisch invariante Bewegungsgleichungen der Quantenmechanik — 386
- A.1.1 Die Klein-Gordon-Gleichung — 386
- A.1.2 Die Dirac-Gleichung — 388

A.2 Zweite Quantisierung, Feldoperatoren — 397
- A.2.1 Erzeugungs- und Vernichtungsoperatoren — 397
- A.2.2 Quantenfelder — 398

A.3 Lagrange-Formalismus — 400
- A.3.1 Lagrangedichte des Dirac-Feldes — 400
- A.3.2 Lagrangedichte eines Elektrons mit elektromagnetischer Wechselwirkung, Feynman-Diagramme — 401

A.4 Diskrete Symmetrien eines Dirac-Feldes — 407
- A.4.1 Paritätstransformation — 407
- A.4.2 Ladungskonjugation (Teilchen-Antiteilchen-Konjugation) — 407
- A.4.3 Zeitumkehr — 408
- A.4.4 Händige Dirac-Felder, Ladungskonjugation und CP-Konjugation — 408

A.5 Lie'sche Gruppen und kontinuierliche Symmetrietransformationen — 409
- A.5.1 Definition einer Lie'schen Gruppe — 410
- A.5.2 Darstellungen einer Gruppe — 410
- A.5.3 Die $SU(n)$ Gruppen — 413
- A.5.4 Das Noether-Theorem — 417
- A.5.5 Das Wigner-Eckart-Theorem — 418

L Literaturverzeichnis — 422

S Sachverzeichnis — 451

N Notationen

N.1 Natürliche Einheiten

Wir verwenden in diesem Buch durchweg 'natürliche' Einheiten, d.h. wir setzen $\hbar = c = 1$. In diesem sogenannten natürlichen Einheitensystem besitzen z.B. Energie, Masse und (Länge)$^{-1}$ dieselbe Dimension (Einheit GeV). Will man in das technische Maßsystem umrechnen, so muß mit einem geeigneten aus $\hbar$ und c gebildeten Konversionsfaktor — im Fall einer Länge mit $\hbar c = 0,19733$ GeV·fermi — multipliziert werden (1fermi $\equiv$ 1fm $\equiv$ 1Femtometer $= 10^{-15}$m).

Tab. N.1: Konventionelle Massen-, Längen-, Zeiteinheiten in $\hbar = c = 1$ Energie-Einheiten (s. z.B. [Ait 82], [Hal 84])

Umrechnungsfaktor	$\hbar = c = 1$ Einheiten	tatsächliche Einheit
1 kg = 5.61·10^{26} GeV	GeV	GeV/c^2
1 m = 5.07·10^{15} GeV^{-1}	GeV^{-1}	$\hbar c$/GeV
1 s = 1.52·10^{24} GeV^{-1}	GeV^{-1}	$\hbar$/GeV

Beispiele:

1. Die Compton-Wellenlänge $\hbar/mc$ des Elektrons lautet in natürlichen Einheiten einfach $1/m$. Setzen wir die Ruhemasse des Elektrons ein, so ist

$$\frac{1}{m} \to \frac{\hbar c}{mc^2} = \frac{197 \text{ MeV} \cdot \text{fm}}{0.511 \text{ MeV}} = 386 \text{ fm}$$

2. Die Lebensdauer des Myons ist

$$\tau_\mu = 192\pi^3 \frac{1}{G_F^2 m_\mu^5}$$

mit der Fermi-Konstanten $G_F = 1,166 \cdot 10^{-11}$ MeV^{-2}. Mit $m_\mu = 105,66$ MeV folgt

$$\tau_\mu = 3.3 \cdot 10^{15} \text{ MeV}^{-1} = 2.2 \cdot 10^{-6} \text{ s}$$

N.2 Relativistische Größen

Bei relativistischen Größen verwenden wir die Schreibweise

$$x^\mu \equiv (x^0, x^1, x^2, x^3) \equiv (x^0, \vec{x})$$

Obere Indizes bezeichnen die sogen. kontravarianten Komponenten x^i, untere Indizes die kovarianten Komponenten x_i des Vierervektors x^μ. Untere Indizes sind mit oberen Indizes über den metrischen Tensor

$$g_{\mu\nu} = g^{\mu\nu} = \begin{pmatrix} 1 & 0 & 0 & 0 \\ 0 & -1 & 0 & 0 \\ 0 & 0 & -1 & 0 \\ 0 & 0 & 0 & -1 \end{pmatrix}$$

verknüpft:

$$x_\mu = \sum_\nu g_{\mu\nu} x^\nu = (x^0, -\vec{x})$$

Weiter gilt die Summations-Konvention, d.h. bei Auftreten gleicher unterer und oberer Indizes wird über diese automatisch summiert, z.B.:

$$p_\mu x^\mu \equiv \sum_\mu p_\mu x^\mu$$

Es ist $p_\mu x^\mu = p^\mu x_\mu = p^0 x^0 - \vec{p}\vec{x}$. Wir lassen daher, wenn keine Zweideutigkeit entsteht, der Übersichtlichkeit wegen die Indizes ganz weg:

$$px \equiv p_\mu x^\mu$$

Der Viererimpuls für ein Teilchen mit Masse m ist $p^\mu = (E, \vec{p})$. Die relativistisch invariante Größe p^2 ist definiert durch das Quadrat (Skalarprodukt) des Vierervektors p^μ:

$$p^2 = p_\mu p^\mu \equiv p \cdot p = E^2 - |\vec{p}|^2$$

Für freie Teilchen ist $p^2 = m^2$.

Es bedeutet $\partial_\mu = \partial/\partial x^\mu$ und $\partial^\mu = \partial/\partial x_\mu$. Für die Zeitableitung verwenden wir auch die Bezeichnung $\partial_t = \partial/\partial t$. Es ist $\partial_t \equiv \partial^t$.

Für einen Raum-Zeit-Punkt $x^\mu = (t, x, y, z)$ ist also

$$\partial_\mu = \left(\frac{\partial}{\partial t}, \nabla\right), \qquad \partial^\mu = \left(\frac{\partial}{\partial t}, -\nabla\right),$$

wobei ∇ den Nabla-Operator bezeichnet.

Es ist ferner

$$\Box \equiv \partial_\mu \partial^\mu$$

N.3 Operatoren und Matrizen

Operatoren sind zur besseren Erkennung durch Fettdruck hervorgehoben. Da die konkrete Darstellung eines Operators O meist durch eine Matrix M erfolgt, sind auch Matrizen durch Fettdruck hervorgehoben, allerdings nicht die einzelnen Elemente einer Matrix: $m_{ij} = (M)_{ij}$.

N.4 Vektoren

Ist $\vec{x}$ ein Dreiervektor, so bezeichnet $\hat{x}$ den Einheitsvektor

$$\hat{x} = \frac{\vec{x}}{|\vec{x}|}$$

N.5 Symbole für mathematische Operationen

Folgende Symbole besitzen allgemeine Operatorbedeutung:

* komplexe Konjugation. Ist $z = a + ib$ eine komplexe Zahl mit reeller Komponente a und imaginärer Komponente ib, so ist z^* gegeben durch $z^* = a - ib$.

~ Transposition. Seien m_{ij} die Elemente einer Matrix M: $(M)_{ij} = m_{ij}$, so sind die Elemente der transponierten Matrix $\widetilde{M}$ gegeben durch $(\widetilde{M})_{ij} = m_{ji}$.

† hermite'sche Konjugation. Für eine Matrix M mit den Elementen $(M)_{ij} = m_{ij}$ ist $(M^\dagger)_{ij} = m^*_{ji}$.

− Der adjungierte Feld-Operator $\overline{\psi}(x)$ zu einem Feld-Operator $\psi(x)$ ist definiert durch $\overline{\psi}(x) = \psi^\dagger(x)\gamma^0$

N.6 Dirac-Matrizen

Für die Dirac'schen Matrizen verwenden wir die Standarddarstellung

$$\gamma^0 = \begin{pmatrix} 1 & 0 & 0 & 0 \\ 0 & 1 & 0 & 0 \\ 0 & 0 & -1 & 0 \\ 0 & 0 & 0 & -1 \end{pmatrix} \quad \vec{\gamma} = \begin{pmatrix} 0 & \cdot & \vec{\sigma} \\ \cdot & \cdot & \cdot \\ -\vec{\sigma} & \cdot & 0 \end{pmatrix}$$

$$\gamma_5 = \begin{pmatrix} 0 & 0 & 1 & 0 \\ 0 & 0 & 0 & 1 \\ 1 & 0 & 0 & 0 \\ 0 & 1 & 0 & 0 \end{pmatrix}$$

$$\gamma^\mu = (\gamma^0, \vec{\gamma})$$

mit den Pauli-Matrizen

$$\sigma_x \equiv \sigma_1 = \begin{pmatrix} 0 & 1 \\ 1 & 0 \end{pmatrix} \quad \sigma_y \equiv \sigma_2 = \begin{pmatrix} 0 & -i \\ i & 0 \end{pmatrix}$$

$$\sigma_z \equiv \sigma_3 = \begin{pmatrix} 1 & 0 \\ 0 & -1 \end{pmatrix}$$

Es ist

$$\gamma^5 = \gamma_5 = i\gamma^0 \gamma^1 \gamma^2 \gamma^3.$$

Für die transponierte ($\sim$) Matrix der γ-Matrizen gilt in dieser Darstellung

$$\widetilde{\gamma^j} = \gamma^j \qquad \text{für } j = 0, 2, 5$$

$$\widetilde{\gamma^j} = -\gamma^j \qquad \text{für } j = 1, 3$$

Für die hermite'sch konjugierte ($\dagger$) Matrix gilt

$$\gamma^{0\dagger} = \gamma^0, \quad \gamma^{5\dagger} = \gamma^5, \quad \text{aber}$$

$$\gamma^{j\dagger} = -\gamma^j \qquad \text{für } j = 1, 2, 3$$

N.7 Isospin

Die Isospin-Matrizen τ_i sind numerisch identisch mit den Spin-Matrizen σ_i. Die Isospin-Leiteroperatoren $\tau^\pm$ sind definiert durch:

$$\tau^\pm = \frac{1}{2}(\tau_1 \pm i\tau_2)$$

d.h.

$$\tau^+ = \begin{pmatrix} 0 & 1 \\ 0 & 0 \end{pmatrix} \qquad \tau^- = \begin{pmatrix} 0 & 0 \\ 1 & 0 \end{pmatrix}$$

Die sphärischen Komponenten τ_μ mit $\mu = -1, 0, +1$ des Operators τ unterscheiden sich von den Leiteroperatoren in Normierung und Vorzeichen:

$$\tau_{\pm 1} = \mp \frac{1}{\sqrt{2}}(\tau_1 \pm i\tau_2) = \mp\sqrt{2}\,\tau^\pm$$

$$\tau_0 = \tau_3$$

N.8 Zur Bezeichnung von Teilchen, Teilchenzuständen und Teilchenoperatoren (Feldoperatoren)

Nur bei sehr allgemeinen Diskussionen, bei welchen der Bewegungszustand der Teilchen nicht von Bedeutung ist, und bei Reaktionsgleichungen verwenden wir Teilchensymbole wie e^- für Elektron, u für up-Quark ohne jede Ergänzung zur Bezeichnung eines Teilchens. Bei vielen Diskussionen ist jedoch die gesamte den Teilchenzustand charakterisierende Wellenfunktion von Bedeutung. In diesen Fällen benutzen wir die Bra $\langle\ |$ - Ket $|\ \rangle$- Schreibweise. In Kapitel 2 werden wir außerdem das Konzept der Feldoperatoren mit Teilchen-Erzeugungs- und Vernichtungsoperatoren einführen. Diese Feldoperatoren werden wir ebenfalls durch die entsprechenden Teilchensymbole kennzeichnen, allerdings wie alle Operatoren in Fettdruck. Der Leser sollte also den Unterschied in der Bedeutung z.B. der Symbole e^-, $|e^-\rangle$ und **e** beachten.

1 Elementarteilchen und Wechselwirkungen — Überblick

1.1 Die elementaren Bausteine der Materie

1.1.1 Leptonen und Quarks

Nach unserem heutigen Wissensstand sind die elementaren Bausteine der Materie allesamt Fermionen, d.h. Teilchen mit Spin 1/2. Man teilt diese elementaren Fermionen ein in Leptonen und Quarks. Die Quarks gibt es (wahrscheinlich) in sechs verschiedenen Sorten, *Flavors* genannt, nämlich als up-Quark (u), down-Quark (d), charm-Quark (c), strange-Quark (s), top-Quark (t) und bottom-Quark (b). Obwohl es experimentelle Hinweise gibt [Bar 83], ist die Existenz des top-Quarks nicht gesichert. Analog zu den Quarks existieren auch die Leptonen in verschiedenen (leptonischen) Flavors. Zu den Leptonen gehören zunächst das Elektron (e^-), das Myon (μ^-) und das Tau-Lepton (τ^-). Zugehörig zu diesen drei Leptonen gibt es außerdem drei Neutrinoflavors, das Elektron-Neutrino (ν_e), das My-Neutrino (ν_μ) und das Tau-Neutrino (ν_τ). Die Art der Zugehörigkeit wird bei der Besprechung der schwachen Wechselwirkung klar werden.

Tab. 1.1: Elementare Fermionen

Familie			Farb-(=starke) Wechselwirkung	Elektromagnetische Wechselwirkg. (Ladung Q)	schwache Wechselwirkung	Gravitation	Baryonenzahl B	Leptonenzahl L
1.	2.	3.						
u	c	t	x Farbtripletts	x $Q = 2/3$	x Linkshändige Komponenten sind Dubletts zum schwachen Isospin	x Kopplung proportional Energie (im Ruhesystem =Masse)	1/3	0
d	s	b	x	x $Q = -1/3$	x	x	1/3	0
e	μ	τ	− Farbsinguletts	x $Q = -1$	x	x	0	1
ν_e	ν_μ	ν_τ	−	− $Q = 0$	x	x	0	1

Man ordnet die genannten elementaren Fermionen in drei *Familien*, auch *Generationen* genannt, ein (s. Tab. 1.1). Jede Familie enthält zwei Quarks und zwei Leptonen, ein geladenes und ein Neutrino. Das Hauptunterscheidungsmerkmal zwischen den einzelnen Familien sind die Massen der zugehörigen Teilchen (s. Abb. 1.1). Die erste Familie enthält die leichtesten Quarks (u,d), das leichteste geladene Lepton (e^-) und das Elektron-Neutrino, welches vermutlich ebenfalls das leichteste Neutrino ist. Die gesamte stabile Materie ist daher aus den Fermionen der ersten Familie aufgebaut (s.

1.1 Die elementaren Bausteine der Materie

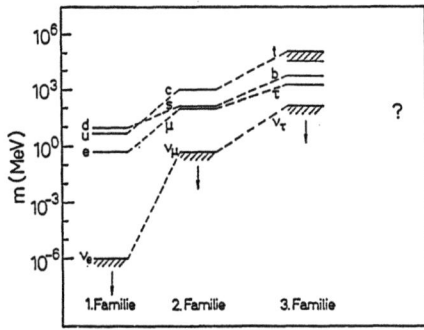

Abb. 1.1: Massenspektrum der bekannten elementaren Fermionen. Die gestrichelten Linien verbinden die einander entsprechenden Teilchen der verschiedenen Familien

Tab. 1.5). Die Einordnung in die drei Familien spiegelt das Verhalten der elementaren Fermionen gegenüber den vier bekannten elementaren Wechselwirkungen, der starken, der elektromagnetischen, der schwachen und der gravitativen Wechselwirkung wider. Entsprechende Mitglieder zweier Familien (z.B. e^- und μ^-) verhalten sich nur bezüglich der Gravitation unterschiedlich (unterschiedliche Masse!), nehmen jedoch in äquivalenter Weise an den drei anderen Wechselwirkungen teil. Tab.1.2 zeigt den historischen Verlauf der Entdeckung der bislang bekannten Familien.

Wir werden bei der Diskussion der Großen Vereinigungstheorien (Kap. 6) sehen, daß sich zwar die Struktur einer einzelnen Familie relativ zwanglos erklären läßt, daß aber die Tatsache, daß es drei (oder vielleicht noch mehr) Familien gibt, in den heutigen Modellen keine Erklärung findet. (Die Tatsache, daß es gleich viele Hadron- wie Lepton-Familien gibt, garantiert andererseits in gewisser Weise, daß die Theorie anomaliefrei ist (s. Kap. 4). Dieses Unverständnis und auch allein schon die Tatsache, daß die 12 in Tab. 1.1 aufgeführten Teilchen schon eine recht große Zahl an "Elementarteilchen" bedeuten, gibt Anlaß zu der Vermutung, daß diese nicht wirklich die kleinsten Bausteine der Materie sind. In sogenannten "Composite Models" geht man davon aus, daß sich sowohl Leptonen als auch Quarks aus noch elementareren Bausteinen, den *Präonen* zusammensetzen (s. z.B. [Schre 85], [Moh 86]). Die Mitglieder der verschiedenen Familien könnten dann als unterschiedliche Anregungszustände solcher gebundener Präonensysteme verstanden werden. Die Idee erforderte allerdings auch eine neue, sehr starke Wechselwirkung, welche die Präonen innerhalb der bekannten Elementarteilchen zusammenhielte. In solchen Modellen bestünde die Möglichkeit, die schwache Wechselwirkung als eine Restwechselwirkung dieser neuen Kraft zu verstehen, ähnlich wie die Kernkraft sich uns heute als Restwechselwirkung der sogenannten "Farb"-Wechselwirkung zwischen den Quarks darstellt.

Tab. 1.2: Der Weg der Entdeckung der Familien von Quarks und Leptonen

Elektron	≈1900	
Neutron (d-Quark)	≈1932	1. Generation oder Familie
Elektron-Neutrino (ν_e)	≈1957	
Myon	≈1938-1948	
Seltsame (strange) Teilchen (s-Quark)	≈1948-1950	2. Generation oder Familie
Charm (c-Quark)	1974	
Myon-Neutrino (ν_μ)	≈1962	
τ-Lepton	1976	
b-Quark	≈1977	3. Generation oder Familie
t-Quark	?	
ν_τ	≈1987	
	(Stand 1986)	
L-Lepton	$M_L > 41$GeV 90% C.L	4. Generation oder Familie
b'-Quark	$M_{b'} > 23$GeV	
t'-Quark	$M_{t'} > 23$GeV	
ν_L	?	

1.1.2 Antiteilchen

Zu jedem Teilchen, d.h. auch zu jedem der oben genannten elementaren Fermionen, existiert ein Antiteilchen. Dieses besitzt dieselbe Masse, denselben Spin, Isospin und dieselbe Eigenparität wie das Teilchen und, falls das Teilchen instabil ist, dieselbe Lebensdauer. Es unterscheidet sich aber im Vorzeichen der elektrischen Ladung und auch im Vorzeichen aller weiteren additiven Quantenzahlen (s. Abschn. 1.3). Daß Antiteilchen mit diesen Eigenschaften existieren müssen, ist eine der fundamentalen Folgerungen aus der relativistischen Quantenfeldtheorie. Die Bezeichnungsweise für die Antiteilchen ist nicht ganz einheitlich. Eine unmißverständliche Bezeichnung für das Antiteilchen des beliebigen Fermions f ist durch f^C gegeben. Das "C" steht für Ladungskonjugation ("charge conjugation"), ein Name, der sich aus dem Vorzeichenwechsel der Ladung beim Übergang zum Antiteilchen erklärt. Diese Bezeichnung ist jedoch nicht sehr gebräuchlich. Die Operation der Ladungskonjugation bewirkt den Übergang zu einem Antiteilchenzustand; allerdings ist Vorsicht geboten, wenn der Bewegungszustand des Teilchens eine Rolle spielt, wie beim Neutrino (s.u. und Abschn. 1.3.8 – 1.3.10).

1.1 Die elementaren Bausteine der Materie

Die Antiteilchen von e^-, μ^- und τ^- sind e^+ (das Positron), μ^+ und τ^+. Es ist also:

$$e^+ = (e^-)^C \qquad \mu^+ = (\mu^-)^C \qquad \tau^+ = (\tau^-)^C \qquad (1.1)$$

Die Antiquarks werden meist durch einen übergesetzten Querstrich gekennzeichnet, also $\bar{u}$, $\bar{d}$ etc. Das gilt ebenso für die Antineutrinos. Diese Bezeichnung kann jedoch zu Verwirrung führen, da ein solcher Querstrich über einer Spinorwellenfunktion, bzw. über einem Spinorquantenfeld, eine feste operative Bedeutung besitzt, welche nicht identisch ist mit der Ladungskonjugation (s. Abschn. "Notationen" N.8).
Die Beziehung zwischen Neutrino und Antineutrino bedarf einer besonderen Erläuterung. Experimentell nachgewiesen sind ausschließlich linkshändige Neutrinos, d.h. Neutrinos mit Spin entgegen der Flugrichtung. Wir bezeichnen diese durch ν_L. Rechtshändige Neutrinos (Spin in Flugrichtung) konnten dagegen bisher nicht gefunden werden. Beim Antineutrino verhält es sich genau umgekehrt. Experimentell kennt man nur rechtshändige Antineutrinos $\bar{\nu}_R$. Genau genommen ist das rechtshändige Antineutrino $\bar{\nu}_R$ *nicht* als das ladungskonjugierte Teilchen zum linkshändigen Neutrino ν_L zu betrachten:

$$(\nu_L)^C \neq \bar{\nu}_R \qquad (1.2)$$

Bei der Ladungskonjugation ändern sich nämlich Spin und Impuls *nicht*. ν_L und $\bar{\nu}_R$ sind vielmehr durch die Operation CP, d.h. Ladungskonjugation mal Paritätstransformation, miteinander verknüpft. Die noch zu besprechende Paritätsoperation P ändert das Vorzeichen der Händigkeit:

$$(\nu_L)^{CP} = \bar{\nu}_R \qquad (1.3)$$

Das ladungskonjugierte Teilchen zu ν_L müßte dagegen wiederum ein linkshändiges Teilchen sein. Hier bestehen nun zwei prinzipielle Möglichkeiten, auf welche wir in Kap. 7 noch ausführlich zu sprechen kommen werden:

1. Das Neutrino ν_L ist *sein eigenes* ladungskonjugiertes Teilchen:

$$(\nu_L)^C = \nu_L \qquad (1.4)$$

Dasselbe muß dann auch für $\bar{\nu}_R$ gelten:

$$(\bar{\nu}_R)^C = \bar{\nu}_R \qquad (1.5)$$

ν_L und $\bar{\nu}_R$ bilden dann gemeinsam ein sogenanntes *Majorana-Neutrino*. Weitere Teilchen, welche ebenfalls unter Ladungskonjugation in sich selbst übergehen, sind z.B. das Photon und das π^0.

2. Das ladungskonjugierte Teilchen zu ν_L, bzw. das ladungskonjugierte Teilchen zu $\bar{\nu}_R$ sind unabhängige, neue, bislang experimentell nicht nachgewiesene Teilchen, also:

$$(\nu_L)^C \neq \nu_L \tag{1.6}$$

und

$$(\overline{\nu}_R)^C \neq \overline{\nu}_R \tag{1.7}$$

In diesem Fall heißt das Neutrino *Dirac-Neutrino*. Das Antineutrino $\overline{\nu}_R$ ist dann das ladungskonjugierte Teilchen zu dem experimentell nicht bekannten rechtshändigen Partner des linkshändigen Neutrinos ν_L.

1.2 Die elementaren Wechselwirkungen und die Feldquanten

1.2.1 Phänomenologie der Wechselwirkungen

Phänomenologisch kennt man vier elementare Wechselwirkungen. Abb. 1.2 zeigt eine Zuordnung dieser Wechselwirkungen zu beobachteten Phänomenen. Die vier Wechselwirkungen sind, in der Reihenfolge abnehmender Stärke, die Farbwechselwirkung zwischen den Quarks, welche die starke Kernwechselwirkung zur Folge hat, die elektromagnetische und die schwache Wechselwirkung und die Gravitation. Obwohl die sehr unterschiedliche Stärke dieser elementaren Wechselwirkungen von den physikalischen Phänomenen her evident ist (man vergleiche z.b. Bindungsenergien atomarer und nuklearer Systeme), ist ein quantitativer Vergleich problematisch. Das liegt daran, daß die phänomenologisch definierten Kopplungsstärken mit unterschiedlichen Dimensionen behaftet sind (s. Tab. 1.3); zum Vergleich der verschiedenen Wechselwirkungsstärken benötigt man aber dimensionslose Größen. Bei der schwachen Wechselwirkung wird üblicherweise die Fermi-Kopplungskonstante G_F, gemessen in Einheiten von m_p^{-2}, mit m_p = Masse des Protons, herangezogen.

Anstelle der Masse des Protons könnte man jedoch mit gleicher Rechtfertigung eine andere Masse, z.B. die des Elektrons, als Einheit benutzen. Bei der Gravitation definiert man andersherum eine charakteristische Masse M_{Pl}, *Planckmasse* genannt, so daß die Newton'sche Gravitationskonstante G_N, gemessen in Einheiten von M_{Pl}^{-2}, eins wird. Die enorme Größe $M_{Pl} = 1.2 \cdot 10^{19}$ GeV spiegelt die extreme Schwäche der Gravitation wider.

Am schwierigsten ist die Wahl einer charakteristischen Kopplungskonstanten bei der so vielgestaltigen starken Wechselwirkung. Bei der Farbwechselwirkung zwischen den Quarks definiert man eine der elektromagnetischen Feinstrukturkonstanten α analoge Größe α_s, welche man z.B. aus Spektren gebundener Quark-Antiquark-Systeme (z.B. Charmonium $c\overline{c}$, Bottonium $b\overline{b}$) oder aus der Analyse sogenannter Jet-Ereignisse extrahiert. Bei der starken Kernwechselwirkung wird meist die Pion-Nukleon-Kopplungskonstante g_π als Maß benutzt. Allein die elektromagnetische Wechselwirkung liefert mit der Feinstrukturkonstanten α eine natürliche dimensionslose Kopplungsgröße. Das hat damit zu tun, daß hier klassische Phänomenologie und moderne

1.2 Die elementaren Wechselwirkungen und die Feldquanten

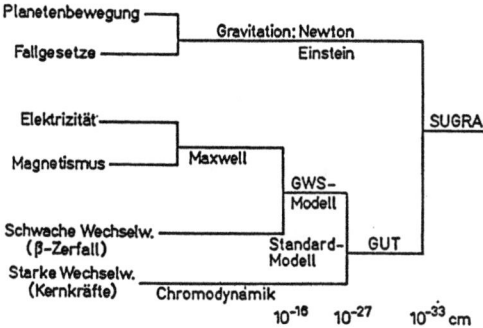

Abb. 1.2:
Die phänomenologisch elementaren Wechselwirkungen und Versuche ihrer Vereinheitlichung in Theorien der Großen Vereinigung (GUTs) und Supergravitationstheorien (SUGRA) (nach [Wes 87]).
GWS bezeichnet die Glashow-Weinberg-Salam Theorie der elektroschwachen Wechselwirkung; GWS- und QCD-Theorien zusammen (*vor* Vereinheitlichung der 3 Wechselwirkungen) bilden das sogenannte Standardmodell.

Tab. 1.3: Phänomenologie der Wechselwirkungen

Wechselwirkung	Stärke	Reichweite
starke (Farb-)	$\alpha_s \approx 1$	Confinement
starke (Kern-)	$g_\pi^2/4\pi \approx 14$	$\approx m_\pi^{-1} \approx 1.5$ fm
elektromagn.	$\alpha = \frac{1}{137.036}$	∞
schwache	$G_F = 1.02684 \cdot 10^{-5}\, m_p^{-2}$	$\approx M_W^{-1} \approx 10^{-3}$ fm
Gravitation	$G_N = M_{Pl}^{-2}$	∞
	$M_{Pl} = 1.22 \cdot 10^{19}$ GeV	
GUT	$M_X^{-2} \approx 10^{-30} m_p^{-2}$	$\approx M_X^{-1} \approx 10^{-16}$ fm
	$M_X \approx 10^{15}$ GeV	

Theorie am engsten verknüpft sind. Ebenso uneinheitlich wie die Stärke ist auch die Reichweite der vier elementaren Wechselwirkungen. Während elektromagnetische Wechselwirkung und Gravitation unendliche Reichweite besitzen (das Abstandsverhalten der potentiellen Energien folgt einem r^{-1}-Gesetz), ist die starke Wechselwirkung auf nukleare Abstände beschränkt. Die schwache Wechselwirkung besitzt eine noch wesentlich kleinere Reichweite entsprechend der großen Masse der W- und Z-Bosonen, so daß Abweichungen von einer rein punktförmigen Wechselwirkung nur bei sehr hochenergetischen Experimenten beobachtbar sind.

Neben den vier bekannten Wechselwirkungen haben wir in Tab. 1.3 auch eine hypothetische weitere Wechselwirkung aufgeführt, welche von den Großen Vereinigungstheorien (GUTs: Grand Unified Theories) vorhergesagt wird. Diese Wechselwirkung, welche z.B. zum Zerfall des Protons führen würde, sollte eine Stärke zwischen schwacher Wechselwirkung und Gravitation besitzen. Ihre Reichweite wäre bestimmt durch die Masse M_X der von den GUTs geforderten X-Bosonen und müßte entsprechend extrem klein sein.

1.2.2 Moderne Quantenfeldtheorien der elementaren Wechselwirkungen

Die Elementarteilchenphysik stützt sich auf die spezielle Relativitätstheorie und die Quantenmechanik, bzw. auf ihre Synthese, die relativistische Quantenfeldtheorie (s. z.B. [Lee 81],[Bjo 78]). Die letztere hat uns erlaubt, die Struktur der Materie bis zur Größenordnung von 10^{-16}cm aufzuklären, und es gibt bislang keinen experimentellen Hinweis, daß ihr Konzept abgeändert werden müßte. Dies ist umso erstaunlicher, als eine strenge Lösung relativistischer Quantenfeldtheorien unsere theoretischen Fähigkeiten bei weitem übersteigt — man muß sich mit einer Störungstheorie behelfen. Nach unserem heutigen Verständnis werden alle elementaren Wechselwirkungen durch Austausch eines Feldquants vermittelt. Diese Feldquanten sind Bosonen und besitzen bei allen Wechselwirkungen außer der Gravitation den Spin 1. Das bislang nicht nachgewiesene Feldquant der Gravitation, das Graviton, müßte den Spin 2 besitzen. Die elementaren Wechselwirkungs-'Bausteine' sind also *Vertizes*, in welchen, wie in Abb. 1.3 gezeigt, ein Fermion mit einem Boson verknüpft ist. Daneben gibt es i.a. auch Boson-Boson-Vertizes. Ein Vertex ist eine Verknüpfung verschiedener Teilchen in einem Raum-Zeit-Punkt, graphisch darstellbar durch von einem Punkt ausgehende und auf diesen zulaufende Teilchenlinien.

Die Wechselwirkungen zweier Fermionen erhält man durch Kombination zweier solcher elementarer Fermion-Feldquant-Vertizes (Abb. 1.4) unter Beachtung der verschiedenen erhaltenen Quantenzahlen (z.B. Ladung). Dabei wird ein virtuelles Feldquant zwischen zwei Fermionen ausgetauscht. Hierbei läßt sich allerdings die Richtung des Austausches nicht festlegen. Beiträge mit einer Flußrichtung der Quanten vom Fermion 1 nach 2 überlagern sich immer mit Beiträgen, bei denen die ladungskonjugierten Quanten in umgekehrter Richtung fließen. Man kann diese Austauschprozesse in sogenannten *Feynmangraphen* darstellen, in welchen man sich eine vorgegebene Zeit-

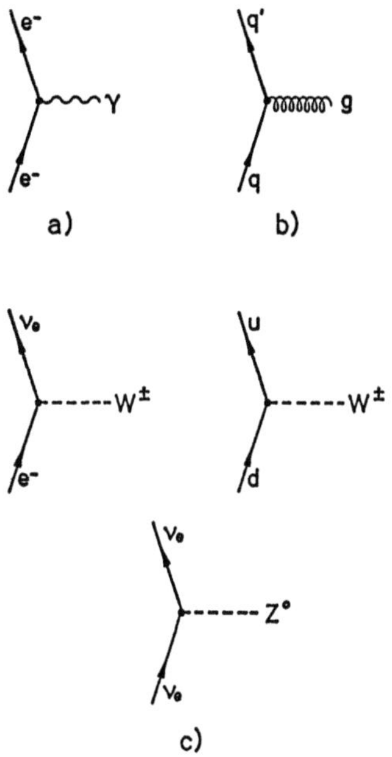

1.2 Die elementaren Wechselwirkungen und die Feldquanten

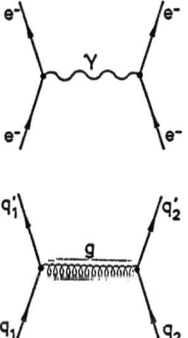

Abb. 1.3: Elementare Fermion-Feldquant-Vertizes für
a) elektromagnetische
b) starke (Farb-)
c) schwache Wechselwirkung.

Abb. 1.4: Elementare elektromagnetische Wechselwirkung zwischen zwei Elektronen und Farbwechselwirkung zwischen zwei Quarks. g bezeichnet das Feldquant der Farbwechselwirkung, das Gluon.

richtung von unten nach oben zu denken hat (häufig wird auch die Konvention einer Zeitrichtung von links nach rechts benutzt). Dies ist in Abb. 1.4 a,b für die elektromagnetische und die Farbwechselwirkung anhand zweier Beispiele gezeigt. Feynman-Diagramme als bildliche Darstellung eines Prozesses sind sehr nützlich, da sie in einfacher Weise *quantitativ* mit der entsprechenden Übergangsamplitude verknüpft werden können (s. Anhang Abschn. A.3.2 und z.B. [Ait 82]). Die Wahrscheinlichkeitsamplitude für einen solchen Austauschprozeß enthält neben den elementaren Quanten-Fermionen-Kopplungen den *Propagator* des Feldquants, welcher die Fortpflanzung des Quants von einem Fermion zum anderen beschreibt:

Wahrscheinlichkeitsamplitude für >∿∿∿< (1.8)

= (Fermion-Quant-Kopplung >∿∿∿)

⊗(Propagator)

⊗(Fermion-Quant-Kopplung ∿∿∿<)

Der Propagator des Feldquants, der aus einer Green's-Funktion-Beschreibung der Ausbreitung des Feldes resultiert (s. z.B. [Rom 69]), ist im Impulsraum proportional zu $(q^2 - M^2)^{-1}$, mit dem übertragenen Viererimpuls q_μ und der Masse des Quants M. Diese Eigenschaft ist wichtig für das Abstandsverhalten der Wechselwirkungen. Derartige Wechselwirkungsstrukturen — Austausch eines bosonischen Feldquants zwischen zwei Fermionen — erhält man in den Eichtheorien aus Symmetrie-Prinzipien heraus (s. Kap. 4 bis 6). Dabei geht man bei jeder Wechselwirkung von einer zugrunde liegenden Symmetriegruppe aus. Diese bestimmt insbesondere eindeutig die Anzahl der Austauschquanten. Die Elementarteilchen lassen sich dann in Multipletts bezüglich dieser Symmetriegruppen einordnen, so daß die entsprechende Wechselwirkung jedes Mitglied eines Multipletts in jedes andere Mitglied *desselben* Multipletts transformieren kann, nicht aber in ein Mitglied eines anderen Multipletts. Die Zugehörigkeit zu einem bestimmten Multiplett ist also invariant unter der entsprechenden Wechselwirkung. Auch die Feldquanten selbst können in solche Multipletts eingeordnet werden, wie in Tab. 1.4 angegeben. Da die elektromagnetische Wechselwirkung den Teilchencharakter nicht ändern kann, bildet andererseits jedes Teilchen (Fermion) bezüglich der elektromagnetischen Wechselwirkung für sich ein Singulett. Die Austauschquanten der Farbwechselwirkung, die Gluonen, bilden z.B. ein Oktett bzgl. dieser Wechselwirkung, d.h. sie existieren in acht verschiedenen Farbqualitäten, welche sich als Farbkombinationen deuten lassen. Die X- und Y-Bosonen dagegen gibt es jeweils in den drei 'Grund'-Farben, sie bilden daher zwei Tripletts bzgl. der Farbwechselwirkung. Andererseits bilden je ein gleichfarbiges X und Y ein Dublett zur schwachen Wechselwirkung.

Die *Reichweite* der Wechselwirkung zwischen zwei Fermionen ist korreliert mit der Masse der Austauschquanten. Masselose Austauschquanten führen mit gewissen Einschränkungen (s.u.) zu Wechselwirkungen mit unendlicher Reichweite. Dies ist eine Folge des Boson-Propagators. Eine Transformation dieses Propagators in den Ortsraum ergibt für massive Bosonen eine Reichweitenabhängigkeit der Yukawa-Form (ähnlich wie beim Pion); für masselose Bosonen, wie etwa das Photon, folgt dagegen

1.2 Die elementaren Wechselwirkungen und die Feldquanten

Tab. 1.4: Die Feldquanten

Wechselwirkung	Quant	Masse (GeV)	Farbladung	elektrische Ladung	schwache Ladung
Farb-	Gluon (g)	0	ja (Oktett)	0	nein
elektromagnetisch	Photon (γ)	0	nein	0	nein
schwach	$W^\pm, Z^0$	81.8, 92.6	nein	$\pm 1, 0$	ja (Triplett)
Gravitation	Graviton	0	nein	0	nein
GUT	X, Y	$\geq 10^{15}$	ja (Triplett)	$\pm 4/3, \pm 1/3$	ja (Dublett)

ein r^{-1}-Potential. Man geht davon aus, daß es drei Wechselwirkungen mit masselosen Austauschquanten gibt (s. Tab. 1.4). Dies ist einmal die elektromagnetische Wechselwirkung mit dem Photon als Austauschquant. Weiter sollte auch das Graviton masselos sein. Diese beiden Wechselwirkungen besitzen unendliche Reichweite und sind somit in Übereinstimmung mit dem erwähnten Zusammenhang zwischen Reichweite der Wechselwirkung und Masse des Austauschquants. Aber auch die kurzreichweitige starke Wechselwirkung führt man auf den Austausch *masseloser* Feldquanten, der Gluonen, zurück. Die durch die Gluonen vermittelte Austauschwechselwirkung (Farbwechselwirkung) findet zwischen den Quarks statt, die eine drei Freiheitsgrade (rot, grün, blau) besitzende Farbladung tragen. Der scheinbare Widerspruch zwischen der kurzen Reichweite der starken Wechselwirkung und der Masselosigkeit der Gluonen löst sich dadurch auf, daß die Gluonen selbst Farbladung tragen und dadurch *untereinander* wechselwirken (Abschn. 6.1.1). Die starke Wechselwirkung zwischen Hadronen ist als Restwechselwirkung dieser Farbwechselwirkung zu verstehen, analog der Van der Waals-Wechselwirkung zwischen Molekülen, welche auf die elektromagnetische Wechselwirkung zurückzuführen ist.

Die Austauschquanten der schwachen Wechselwirkung, $W^\pm$ und Z-Boson, besitzen eine sehr große Masse von 81.8 bzw. 92.6 GeV. Das entspricht der extrem kurzen Reichweite der schwachen Wechselwirkung. Noch ungleich größere Massen müßten aber die Austauschquanten der hypothetischen GUT-Wechselwirkung besitzen. Die einfachsten Modelle sagen zwei neue Bosonen, X und Y genannt, mit Massen von der Größenordnung 10^{15} GeV vorher. Komplexere und möglicherweise realistischere Modelle liefern eine ganze Reihe weiterer superschwerer Bosonen. Es ist eine bemerkenswerte Tatsache, daß es Austauschquanten gibt, die nicht ausschließlich an der für sie charakteristischen Wechselwirkung teilnehmen. W- und Z-Bosonen tragen auch elektrische Ladung, nehmen also sowohl an der schwachen als auch an der elektromagnetischen Wechselwirkung teil. Die hypothetischen X- und Y-Bosonen sollten sogar an allen elementaren Wechselwirkungen teilnehmen.

1.2.2.1 Elektromagnetische Wechselwirkung Die Quantenfeldtheorie der elektromagnetischen Wechselwirkung, die Quantenelektrodynamik (QED), ist die weitaus am besten studierte und getestete Quantenfeldtheorie. Ihre Vorhersagen sind in exzellenter Übereinstimmung mit den experimentellen Daten. Zwei Beispiele von sehr genau getesteten Quantenfeldeffekten sind die Lamb-Shift und die Abweichung des elektromagnetischen g-Faktors vom Wert 2. Der von der QED in achter Ordnung vorhergesagte [Kin 81] Wert

$$\frac{g-2}{2} = 1159652460(\pm 127)(\pm 75)\cdot 10^{-12} \tag{1.9}$$

ist zu vergleichen mit dem experimentellen Wert [Par 84]

$$\frac{g-2}{2} = 1159652209(\pm 31)\cdot 10^{-12} \tag{1.10}$$

Anführen wollen wir noch die experimentelle Obergrenze für die Photonmasse

$$m_\gamma < 6\cdot 10^{-16} \text{ eV},$$

die aus der Untersuchung des Magnetfelds des Planeten Jupiter mittels der Raumsonde Pioneer 10 erhalten wurde [Dav 75], und den aus galaktischen Magnetfeldern geschlossenen Wert

$$m_\gamma < 3\cdot 10^{-27} \text{ eV},$$

der aus dem beobachteten Gleichgewicht des interstellaren Gases in den Magellan'schen Wolken, bzw. der hierfür erforderlichen Energiedichte der Magnetfelder abgeleitet wurde (s. [Dol 81]).

1.2.2.2 Die Farb- (starke) Wechselwirkung und der Aufbau der Hadronen aus Quarks Die der Quantenelektrodynamik (QED) entsprechende Theorie der Farbwechselwirkung zwischen den Quarks ist die Quantenchromodynamik (QCD). Eine Einführung in die QCD ist in [Bec 83] zu finden. Die der Quantenchromodynamik zugrunde liegende Symmetrie ist eine SU(3)-Symmetrie. Jedes Quark-Flavor kann in drei verschiedenen Farbzuständen (rot, grün, blau) existieren und bildet ein Triplett zur Farbwechselwirkung. Durch die Farbwechselwirkung kann sich also die

1.2 Die elementaren Wechselwirkungen und die Feldquanten

Tab. 1.5: Einige der wichtigsten Hadronen im Quarkmodell (nach [Lea 82]). Die angegebenen Wellenfunktionen enthalten nicht die Symmetrie bzgl. Spin- und Farbquantenzahlen, sondern berücksichtigen lediglich die Flavorquantenzahlen (Wellenfunktionen der letzten 4 Teilchen schematisch). Q = elektr. Ladung, S = Strangeness, C = Charm, B = Bottom bzw. Beauty

Teilchen	Flavorwellenfunktionen	Q	S	C	B	Spin	Isospin
Baryonen							
p	$\|2uud - udu - duu\rangle/\sqrt{6}$	+1	0	0	0	1/2	1/2
n	$\|udd + dud - 2ddu\rangle/\sqrt{6}$	0	0	0	0	1/2	1/2
Λ^0	$\|usd + sud - dsu - sdu\rangle/2$	0	−1	0	0	1/2	0
Σ^+	$\|2uus - usu - suu\rangle/\sqrt{6}$	+1	−1	0	0	1/2	1
Σ^0	$\|2uds + 2dus - usd - dsu - sud - sdu\rangle/\sqrt{12}$	0	−1	0	0	1/2	1
Σ^-	$\|2dds - dsd - sdd\rangle/\sqrt{6}$	−1	−1	0	0	1/2	1
Ξ^0	$\|uss + sus - 2ssu\rangle/\sqrt{6}$	0	−2	0	0	1/2	1/2
Ξ^-	$\|dss + sds - 2ssd\rangle/\sqrt{6}$	−1	−2	0	0	1/2	1/2
Δ^{++}	$\|uuu\rangle$	+2	0	0	0	3/2	3/2
Δ^+	$\|uud + udu + duu\rangle/\sqrt{3}$	+1	0	0	0	3/2	3/2
Δ^0	$\|udd + dud + ddu\rangle/\sqrt{3}$	0	0	0	0	3/2	3/2
Δ^-	$\|ddd\rangle$	−1	0	0	0	3/2	3/2
Mesonen							
π^+	$\|-u\bar{d}\rangle$	+1	0	0	0	0	1
π^0	$\|u\bar{u} - d\bar{d}\rangle/\sqrt{2}$	0	0	0	0	0	1
π^-	$\|d\bar{u}\rangle$	−1	0	0	0	0	1
η	$\|u\bar{u} + d\bar{d} - 2s\bar{s}\rangle/\sqrt{6}$	0	0	0	0	0	0
K^+	$\|-u\bar{s}\rangle$	+1	+1	0	0	0	1/2
K^0	$\|-d\bar{s}\rangle$	0	+1	0	0	0	1/2
$\overline{K}^0$	$\|s\bar{d}\rangle$	0	−1	0	0	0	1/2
K^-	$\|-s\bar{u}\rangle$	−1	−1	0	0	0	1/2
D^+	$\|-c\bar{d}\rangle$	+1	0	+1	0	0	1/2
D^0	$\|c\bar{u}\rangle$	0	0	+1	0	0	1/2
$\overline{D}^0$	$\|-u\bar{c}\rangle$	0	0	−1	0	0	1/2
D^-	$\|-d\bar{c}\rangle$	−1	0	−1	0	0	1/2
F^+	$\|c\bar{s}\rangle$	+1	+1	+1	0	0	0
F^-	$\|-s\bar{c}\rangle$	−1	−1	−1	0	0	0
η_c	$\|u\bar{u} + d\bar{d} + s\bar{s} - 3c\bar{c}\rangle/\sqrt{12}$	0	0	0	0	0	0
η'	$\|u\bar{u} + d\bar{d} + s\bar{s} + c\bar{c}\rangle/2$	0	0	0	0	0	0
J/ψ	$\|c\bar{c}\rangle$	0	0	0	0	1	0
B^+	$\|\bar{b}u\rangle$	+1	0	0	+1	0	1/2
B^0	$\|\bar{b}d\rangle$	0	0	0	+1	0	1/2
Υ	$\|b\bar{b}\rangle$	0	0	0	0	1	0

Farbladung, nicht aber das Flavor eines Quarks, ändern. Folge der speziellen Eigenschaften der Farbwechselwirkung ist, daß alle physikalischen Systeme (Hadronen) nach außen hin farbneutral ('weiß') erscheinen, oder, anders gesagt, ein Singulett zur Farbwechselwirkung bilden. Die Energie isolierter farbiger Zustände wäre sehr wahrscheinlich unendlich. Quarks können dann nicht als freie Teilchen, sondern nur in gebundenen Systemen existieren (sog. "Quark-Confinement". Experimente ergeben eine obere Grenze für die Konzentration von Teilchen mit Ladungen, die nicht-ganzzahlige Vielfache oder Bruchteile der Elementarladung sind, in Materie von $< 10^{-16}$ [Miln 85]). Die kleinsten farbneutralen Quarksysteme bestehen entweder aus drei Quarks qqq (oder drei Antiquarks $\bar{q}\,\bar{q}\,\bar{q}$) unterschiedlicher Farbe oder aus einem Quark und einem Antiquark mit der entsprechenden Antifarbe ($q\bar{q}$). Die qqq-Systeme sind mit den Baryonen und die $q\bar{q}$-Systeme mit den Mesonen zu identifizieren ([Gel 64], s. Tab. 1.5, 1.6).

Die *Mesonen* klassifiziert man nach dem Bahndrehimpuls ℓ, Gesamtspin S, Gesamtdrehimpuls J und der radialen Anregung des $q\bar{q}$-Systems. Die leichtesten Mesonen sind die *pseudoskalaren Mesonen* (Tab. 1.6). Sie haben $\ell = 0$, $S = 0$, $J = 0$, radiale Quantenzahl $n = 1$ und Eigenparität (s. Abschn. 1.3.7) $P = -1$. Die etwas schwereren *Vektormesonen* (Tab. 1.6) haben $\ell = 0$, $S = 1$, $J = 1$ sowie Eigenparität -1. Zu ihnen gehören auch die $J/\psi (= c\bar{c})$ und $\Upsilon (= b\bar{b})$-Zustände.

Zerfall der Mesonen   Hat ein $q\bar{q}$-Zustand die kleinste mögliche Masse der jeweiligen $q\bar{q}$-Kombination, und handelt es sich um Zustände aus einem Quark und seinem eigenen Antiquark ($u\bar{u}$, $s\bar{s}$, ...), so können diese mittels der elektromagnetischen oder starken Wechselwirkung annihilieren, etwa

$$q_i\bar{q}_i \rightarrow e^+e^-,\; \mu^+\mu^-,\; \text{Photonen, Hadronen.}$$

Dagegen sind Zustände $q_i\bar{q}_j$ (z.B. $u\bar{d}$, $s\bar{c}$, ...) stabil gegen Annihilation und können nur über die schwache Wechselwirkung zerfallen. $q\bar{q}$-Zustände von nicht kleinster Masse ('*Resonanzen*') zerfallen über die elektromagnetische oder starke Wechselwirkung in den jeweils leichtesten Zustand.

Die *Baryonen* mit den kleinsten Massen bilden ein Oktett ($\ell = 0$, $J = 1/2$), das u.a. Proton und Neutron enthält und ein Dekuplett ($\ell = 0$, $J = 3/2$) (s. Abb. 1.5). Darüber hinaus gibt es mehr als 100 weitere Baryonzustände, die ebenfalls im Quarkmodell untergebracht werden können. Eine ausführliche Darstellung des Aufbaus der Hadronen aus Quarks findet man z.B. in [Fla 82]. Die Einführung der Farbfreiheitsgrade verhindert einen Widerspruch, der sonst zwischen Quarkwellenfunktionen und Pauli-Prinzip bestünde. Das Δ^{++} Teilchen etwa, ein instabiles Baryon mit einer Masse von ≈ 1230 MeV, wird im Quarkmodell durch drei u-Quarks in demselben Spinzustand beschrieben. Mit $u\!\uparrow$ bezeichnen wir hier ein u-Quark mit Spinprojektion $m_s = 1/2$. Ein solcher Zustand wäre für identische Fermionen nach dem Pauli-Prinzip verboten. Mit den drei Farbquantenzahlen rot, grün, blau kann ein dem Pauli-Prinzip gehorchender Δ^{++} Zustand aufgebaut werden:

1.2 Die elementaren Wechselwirkungen und die Feldquanten

Tab. 1.6: Übersicht über die pseudoskalaren und Vektor-Mesonen. Die Tabelle gibt in schematischer Weise den Quarkgehalt der Mesonen an, z.B. enthält π^- die Quark-Kombination $(d\bar{u})$, π^0 sowohl $u\bar{u}$ wie $d\bar{d}$ (aus [Loh 83]; "$\emptyset$" = noch nicht experimentell nachgewiesen).

Pseudoskalare Mesonen

	u	d	s	c	b
$\bar{u}$	π^0, η,η'	π^-	K^-	D^0	B^-
$\bar{d}$	π^+	π^0, η,η'	$\overline{K}^0$	D^+	$\overline{B}^0$
$\bar{s}$	K^+	K^0	η,η'	F^+	$\emptyset$
$\bar{c}$	$\overline{D}^0$	D^-	F^-	η_c	$\emptyset$
$\bar{b}$	B^+	B^0	$\emptyset$	$\emptyset$	$\emptyset$

Vektormesonen

	u	d	s	c	b
$\bar{u}$	ρ^0,ω	ρ^-	K^{*-}	D^{*0}	$\emptyset$
$\bar{d}$	ρ^+	ρ^0,ω	$\overline{K}^{*0}$	D^{*+}	$\emptyset$
$\bar{s}$	K^{*+}	K^{*0}	ϕ	F^{*+}	$\emptyset$
$\bar{c}$	$\overline{D}^{*0}$	D^{*-}	F^{*-}	J/ψ	$\emptyset$
$\bar{b}$	$\emptyset$	$\emptyset$	$\emptyset$	$\emptyset$	Υ

$$|\Delta^{++}, m_s = 3/2\rangle = |u_\uparrow^r u_\uparrow^r u_\uparrow^r\rangle \tag{1.11}$$

$$\begin{aligned}|\Delta^{++}, m_s = 3/2\rangle &= \mathcal{A}_F |u_r\uparrow\, u_g\uparrow\, u_b\uparrow\rangle \\ &= \frac{1}{\sqrt{6}}\{\,|u_r\uparrow\, u_g\uparrow\, u_b\uparrow\rangle + |u_g\uparrow\, u_b\uparrow\, u_r\uparrow\rangle + |u_b\uparrow\, u_r\uparrow\, u_g\uparrow\rangle \\ &\quad - |u_g\uparrow\, u_r\uparrow\, u_b\uparrow\rangle - |u_r\uparrow\, u_b\uparrow\, u_g\uparrow\rangle - |u_b\uparrow\, u_g\uparrow\, u_r\uparrow\rangle\,\}\end{aligned}$$

Mit $\mathcal{A}_F$ haben wir hier den Operator bezeichnet, welcher den angegebenen in den Farbindizes antisymmetrischen Ausdruck erzeugt.

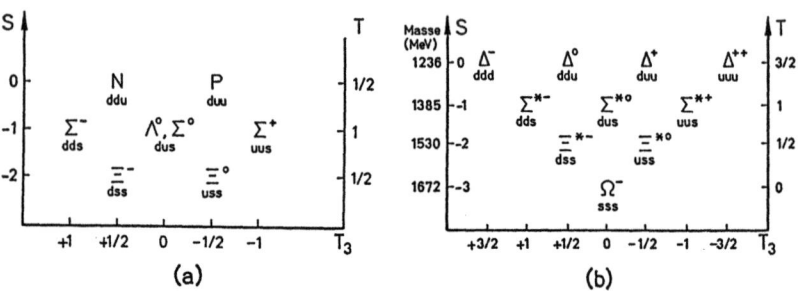

Abb. 1.5: Oktett (a) und Dekuplett (b) der leichtesten Baryonen. Die Mitglieder des Oktetts bzw. Dekupletts haben Gesamtdrehimpuls $J = 1/2$ bzw. $3/2$, Strangeness S, Isospin T, T_3. Ihre Ladung ist $Q = -T_3 + (S+1)/2$ (aus [Loh 83])

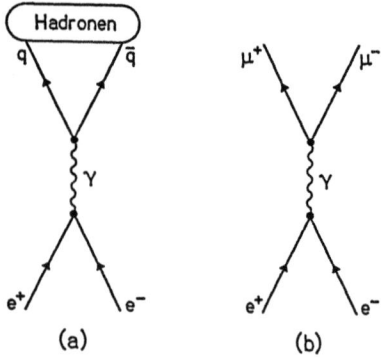

Abb. 1.6: Elementare Graphen der Prozesse $e^+ + e^- \to q + \bar{q}$ und $e^+ + e^- \to \mu + \bar{\mu}$

1.2 Die elementaren Wechselwirkungen und die Feldquanten

Einen experimentellen Beweis für die Existenz dreier Farbfreiheitsgrade bildet das Verhältnis R der Wirkungsquerschnitte für die Prozesse (Abb. 1.6) $e^+ + e^- \to q + \bar{q} \to$ Hadronen und $e^+ + e^- \to \mu^+ + \mu^-$

$$R = \frac{\sigma(e^+ + e^- \to q + \bar{q} \to \text{Hadronen})}{\sigma(e^+ + e^- \to \mu^+ + \mu^-)} \qquad (1.12)$$

Zur Berechnung dieser Wirkungsquerschnitte wenden wir Gl. (1.8) an. Die maßgeblichen Diagramme (Abb. 1.6) sind nun um 90° gedreht, d.h. Zeit- und Raumrichtung sind vertauscht. Dies ändert jedoch nichts an der mathematischen Form von Gl. (1.8). Wir machen uns außerdem klar, daß a) $\sigma(e^+ + e^- \to q + \bar{q} \to$ Hadronen) allein von der ersten Stufe des Prozesses, nämlich $e^+ + e^- \to q + \bar{q}$ abhängig ist und b) der Photonpropagator zu beiden Wirkungsquerschnitten denselben Faktor liefert, wenn die Teilchenmassen vernachlässigt werden können. Bei genügend großer Energie (Schwerpunktenergie > 10 GeV) zur Erzeugung der bekannten Quark-Antiquark-Paare würde man nach Gl. (1.8) folglich für farblose Quarks erwarten:

$$\begin{aligned} R(\text{farblose Quarks}) &= \frac{(Q_u^2 + Q_d^2 + Q_c^2 + Q_s^2 + Q_b^2)}{Q_\mu^2} \\ &= \frac{(\frac{4}{9} + \frac{1}{9} + \frac{4}{9} + \frac{1}{9} + \frac{1}{9})}{1} = \frac{11}{9} \end{aligned} \qquad (1.13)$$

Geht man dagegen von drei Farbfreiheitsgraden aus, so ist wegen der entsprechend größeren Anzahl der Reaktionskanäle (der Verdreifachung der Zahl möglicher $q\bar{q}$-Zustände) dies Ergebnis mit drei zu multiplizieren:

$$R(\text{farbige Quarks}) = 3 \cdot \frac{11}{9} = \frac{11}{3} \qquad (1.14)$$

Der experimentelle Wert liegt bei 4 (s. Abb. 1.7) und stellt daher starke Evidenz für Farbe dar.

Schließlich aber rechtfertigt erst der experimentelle Nachweis der Gluonen, die Farbquantenzahlen als Ladungen einer Austauschwechselwirkung zu interpretieren. Zwei wichtige Punkte seien hier erwähnt: Zum einen sind die Ergebnisse hochenergetischer tief-inelastischer Streuung von Elektronen, Myonen und Neutrinos am Nukleon nicht konsistent mit der Annahme, daß das Nukleon lediglich aus drei Quarks besteht. Es zeigt sich vielmehr, daß die Quarks nur einen Teil (ca. 50%) des gesamten Nukleonenimpulses tragen. Daraus kann gefolgert werden, daß das Nukleon noch weitere Teilchenfreiheitsgrade enthält, welche mit den Gluonen identifiziert werden können. Dies war der erste (indirekte) experimentelle Hinweis auf die Existenz der Gluonen. Ein weiteres Indiz für die Existenz von Gluonen mit Spin 1 bilden die in e^+-e^- Experimenten bei PETRA in Hamburg zuerst beobachteten Drei-Jet-Ereignisse (s. [Bar 80]). Ein *Jet* ist ein bei einem hochenergetischen Streuereignis entstehender

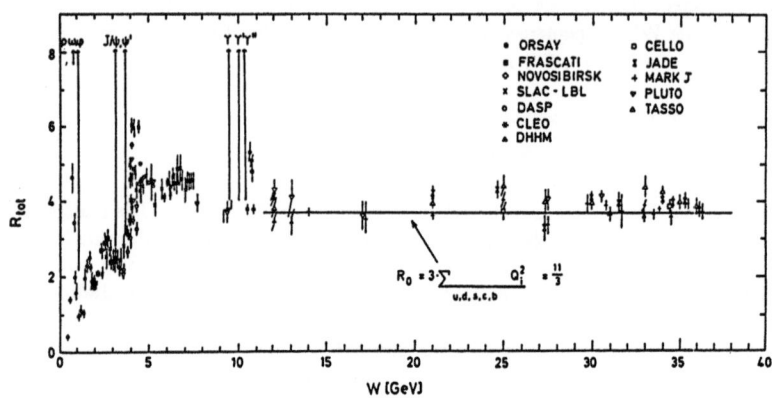

Abb. 1.7: Verhältnis der Wirkungsquerschnitte $R = \sigma(e^+e^- \to \text{Hadronen})/\sigma(e^+e^- \to \mu^+\mu^-)$.
$W =$ Schwerpunktsenergie = 2·Strahlenergie des Speicherrings.
An den mit $\rho, \omega, \phi, J/\psi, \psi', \Upsilon, \ldots$ bezeichneten Stellen werden diese Vektormesonen erzeugt. Das stufenartige Ansteigen von R bei $W = 4$ GeV entspricht dem Überschreiten der Schwelle für c-Quark Erzeugung (nach [Loh 83])

gebündelter Teilchenpulk. Jets entstehen in den allermeisten Fällen paarweise aus einem ursprünglich als quasifreies Teilchenpaar gebildeten $q\bar{q}$-Paar. Dabei erzeugt das hochenergetische Quark sowie das Antiquark jeweils einen Jet (zuerst beobachtet von [Han 75]) von Hadronen (bevorzugt Mesonen) durch sukzessive $q\bar{q}$ Paarbildung in dem angenähert linearen Gebiet hoher und zunehmender Energiedichte zwischen q und $\bar{q}$ (Abb. 1.8).

Abb. 1.9 zeigt ein Ereignis, bei welchem drei Jets auftreten, und zwar ein Quark-, ein Antiquark- und ein Gluonjet, wobei das Gluon einem Bremsstrahlungsprozeß entsprang. Eine besonders gute Quelle von Gluonen ('*Gluonfabrik*') ist der gebundene $b\bar{b}$-Zustand Υ, der hauptsächlich in drei Gluonen zerfällt (Abb. 1.10), da Ein- und Zwei-Gluon-Zerfall durch Farberhaltung bzw. Ladungserhaltung verboten ist, ferner der Zerfall in Photonen unterdrückt ist.

1.2.2.3 Die schwache Wechselwirkung Die schwache Wechselwirkung ist nach der Gravitation die universellste Wechselwirkung. Während an der Gravitation überhaupt alle Teilchen teilnehmen, wirkt die schwache Kraft zumindest auf alle Fermionen. Ein auffälliges Unterscheidungsmerkmal zwischen schwacher Wechselwirkung einerseits und elektromagnetischer und Farbwechselwirkung andererseits ist die Tatsache, daß die schwache Wechselwirkung als einzige die Ladung der beteiligten Fermionen und auch als einzige deren Flavor ändern kann. Hieraus resultiert die oft benutzte Bezeichnung *Quantenflavordynamik* für die Theorie der schwachen

1.2 Die elementaren Wechselwirkungen und die Feldquanten

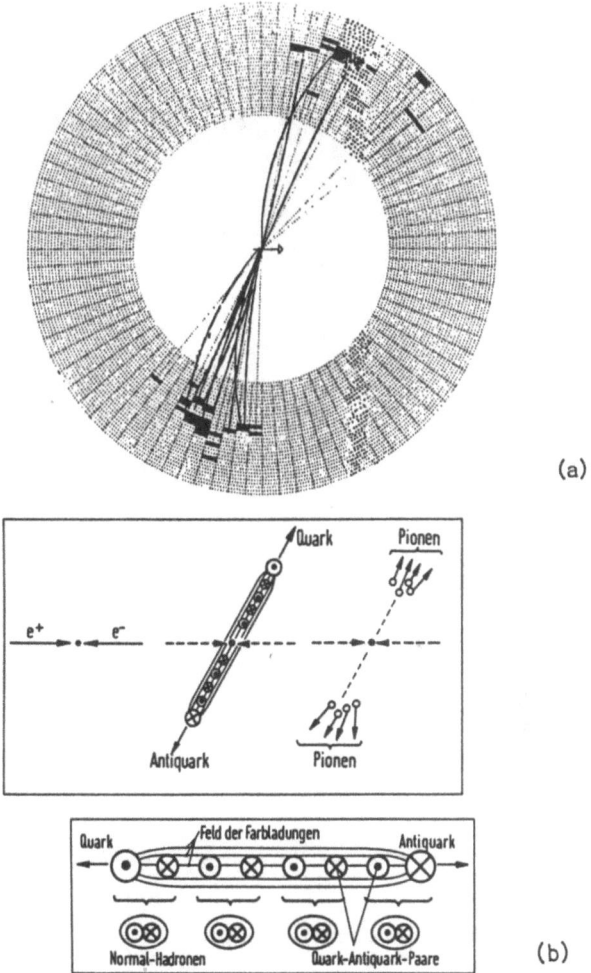

Abb. 1.8: Jet-Struktur in e^+e^--Streuung.
a) Zwei-Jet-Ereignis, beobachtet in der Reaktion $e^+ + e^- \to$ Hadronen im JADE-Detektor bei PETRA (DESY) bei $E_{SPS} \approx 30$ GeV (aus C.Quigg, Gauge Theories of the Strong, Weak and Electromagn. Interact., Benjamin/Cummings, 1983 [Qui 83]).
b) Interpretation. In dem QCD-Feld zwischen den primären q und $\bar{q}$ entstehen weitere Quark-Antiquark-Paare. Sie kombinieren zu Hadronen (meist Pionen), die als zwei Teilchenbündel in Richtung der ursprünglichen Quarks weiterfliegen
(aus [Loh 83])

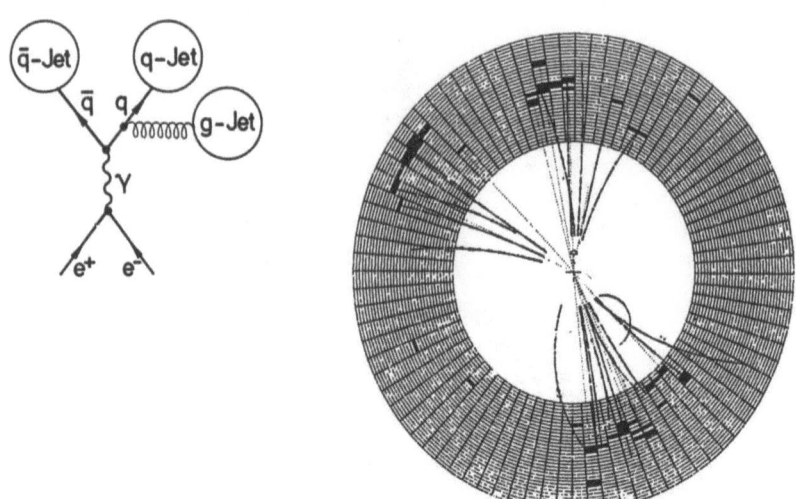

Abb. 1.9: Drei-Jet Ereignis durch Gluon-Bremsstrahlung. Links schematisch, rechts (aus C. Quigg, Gauge Theories of the Strong, Weak and Electromagn. Interact., Benjamin/Cummings, 1983 [Qui 83]) ein bei 31 GeV im JADE-Detektor bei PETRA (DESY) beobachtetes $e^+ + e^- \rightarrow q + \bar{q} + g$ -Ereignis

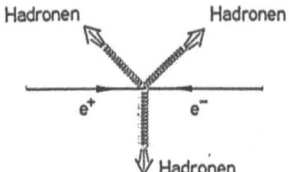

Abb. 1.10: Schematische Struktur des Prozesses $e^+ + e^- \rightarrow \Upsilon \rightarrow 3$ Gluonjets

Wechselwirkung der Quarks. Eine Ladungsänderung entspricht der Tatsache, daß die Feldquanten, die $W^\pm$-Bosonen, Ladung tragen. Die klassische Theorie der schwachen Wechselwirkung kannte ausschließlich solche ladungsändernden Prozesse, deren bekannteste Vertreter der β-Zerfall und der μ-Zerfall sind (Abb. 1.11). In der modernen Theorie der schwachen Wechselwirkung, der Glashow-Weinberg-Salam (GWS)-Theorie, gibt es aber neben den geladenen $W^\pm$-Bosonen auch das neutrale Z^0. Es treten also auch Prozesse auf, bei welchen sich die Fermionenladung *nicht* ändert. Solche Prozesse sind mit dem Schlagwort "neutrale Ströme" in Verbindung zu bringen (s. Kap. 4 und 5). Neutrale Ströme liefern z.B. einen Beitrag zur ν-e Streuung. Die Phänomenologie der schwachen Wechselwirkung ist sehr reichhaltig. Die meisten der experimentell zugänglichen Phänomene sind Zerfallsprozesse. Da sich bei diesen

1.2 Die elementaren Wechselwirkungen und die Feldquanten

nur ein Teilchen im Ausgangszustand befindet, sind Graphen mit Austausch eines Feldquants vom Typ in Abb. 1.11a nicht adäquat zu ihrer Beschreibung. Vielmehr sind Zerfallsgraphen dadurch gekennzeichnet, daß an einem Vertex beide Fermionenlinien in die Zukunft weisen (Abb. 1.11b,c). Dabei ist eine generelle, aus dem CPT-Theorem (s. Kap. 1.3.10) folgende Regel, daß ein "Umklappen" einer Fermionenlinie aus der Vergangenheit in die Zukunft "erlaubt" ist, wenn gleichzeitig das entsprechende Fermion durch sein Antiteilchen ersetzt wird. Tab. 1.7 führt einige wichtige schwache Zerfallsprozesse auf. (Die Phänomenologie der schwachen Wechselwirkung ist ausführlich dargestellt z.B. in [Com 73]). Die Zerfälle werden als *leptonisch, semileptonisch* und rein *hadronisch* klassifiziert, je nachdem, ob nur Leptonen, Leptonen und Hadronen oder nur Hadronen beteiligt sind.

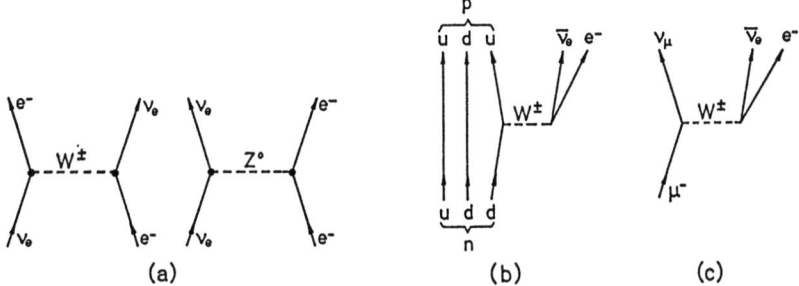

Abb. 1.11: Elementare Graphen einiger schwacher Prozesse:
 a) ν-e Streuung
 b) β-Zerfall des Neutrons,
 c) μ-Zerfall

Ein weiteres Merkmal der schwachen Wechselwirkung ist die eindeutige Beziehung zwischen Prozessen, an welchen Elektron und Elektron-Neutrino beteiligt sind und solchen mit Myon und My-Neutrino und sehr wahrscheinlich auch mit Tau und Tau-Neutrino. Elektron, Myon und Tau-Lepton koppeln exakt gleich an das schwache Feld an. Dieser Sachverhalt wird mit dem Begriff e-μ-τ *Universalität* bezeichnet. Ein ähnlicher Sachverhalt gilt übrigens auch für die Quarks. Dazu sind allerdings Cabibbo-gemischte Quarkzustände (s. Kap. 5) d', s', b' zu betrachten. Analog zu den Verhältnissen bei den Leptonen ist die Kopplung an das schwache Feld bei Prozessen, an denen u und d', c und s', t und b' beteiligt sind, gleich.

Außer in den Zerfallsprozessen äußert sich die schwache Wechselwirkung auch in Streuprozessen, wie etwa in Neutrino-Elektron und in Neutrino-Nukleon Streuung. Der paritätsverletzende Charakter der schwachen Wechselwirkung führt auch zu meßbaren Effekten in der Atomhülle und im Atomkern (s. z.B. [Pik 86], [Ade 86]), obwohl diese Systeme praktisch vollständig durch die elektromagnetische und die starke Wechselwirkung beherrscht werden.

Tab. 1.7: Einige wichtige schwache Zerfälle (Lebensdauer ist auf alle Zerfallsmodi bezogen)

Zerfallsmodus	Verzweigungsverhältnis und Zerfallstyp			Lebensdauer $\tau(s)$
$\mu^- \to e^- + \nu_\mu + \bar{\nu}_e$	(98.6%)	leptonisch		$2.2 \cdot 10^{-6}$
$\tau^- \to e^- + \nu_\tau + \bar{\nu}_e$	(17%)	leptonisch		$\}$ $2.3 \cdot 10^{-12}$
$\tau^- \to \mu^- + \bar{\nu}_\mu + \nu_\tau$	(18%)	leptonisch		
$n \to p + e^- + \bar{\nu}_e$	(100%)	semilepton.,	$\Delta S = 0$	898
$\pi^- \to \mu^- + \bar{\nu}_\mu$	(100%)	semilepton.,	$\Delta S = 0$	$2.6 \cdot 10^{-8}$
$K^- \to \mu^- + \bar{\nu}_\mu$	(63.5%)	semilepton.,	$\Delta S = +1$	$1.2 \cdot 10^{-8}$
$\Lambda^0 \to p + e^- + \bar{\nu}_e$	($8.1 \cdot 10^{-4}$)	semilepton.,	$\Delta S = +1$	$2.6 \cdot 10^{-10}$
$K^+ \to \pi^+ + \pi^+ + \pi^-$	(5.6%)	hadronisch,	$\Delta S = -1$	$1.2 \cdot 10^{-8}$
$K^0 \to \pi^+ + \pi^-$		hadronisch,	$\Delta S = -1$	s.Abschn. 1.3.9

1.3 Quantenzahlen und Erhaltungsgrößen in Kern- und Elementarteilchenphysik

Quantenzahlen lassen sich sinnvoll definieren für Operatoren, welche exakten oder näherungsweisen Erhaltungsgrößen entsprechen. Ein Operator O, welcher einer exakten Erhaltungsgröße entspricht, ist mit dem Hamiltonoperator H vertauschbar:

$$[H, O] = 0 \tag{1.15}$$

Wir bezeichnen mit $[A, B]$ den Kommutator von A und B, also $[A, B] = AB - BA$. Dann existieren Eigenzustände ψ zu H, die gleichzeitig Eigenzustände zu O sind:

$$O\psi = q\psi \tag{1.16}$$

Dadurch ist die Quantenzahl q des Zustandes ψ zum Operator O definiert.

Jede Erhaltungsgröße entspricht einer Invarianz der Bewegungsgleichungen unter einer bestimmten Symmetrieoperation. Man hat nun zum einen zu unterscheiden zwischen äußeren und *inneren* Symmetrien. Die äußeren Symmetrien sind Symmetrien bezüglich des Raum-Zeit-Kontinuums, wie etwa Translationsinvarianz, Rotationsinvarianz oder Invarianz unter einer Punktspiegelung. Aus diesen Invarianzen folgen Impulserhaltung, Drehimpulserhaltung und Paritätserhaltung. Interne Symmetrien betreffen innere Parameter der Teilchenwellenfunktionen, z.B. die Phase einer Wellenfunktion. Die meisten Quantenzahlen gehen auf solche innere Symmetrien oder Invarianzen zurück, ein Beispiel ist die elektrische Ladung (s. Kap. 4).

1.3 Quantenzahlen und Erhaltungsgrößen in Kern- und Elementarteilchenphysik

Weiter kann man unterscheiden zwischen *diskreten* und *kontinuierlichen Symmetrieoperationen*. Kontinuierliche Symmetrietransformationen lassen sich durch reelle Größen parametrisieren (z.B. eine Phase), während diskrete Symmetrieoperationen durch ganze Zahlen parametrisiert werden können. Beispiele für diskrete Symmetrieoperationen sind die Punktspiegelung oder Paritätsoperation und die Ladungskonjugation. Invarianz unter diesen Operationen führt auf *multiplikative* Quantenzahlen, d.h. die Quantenzahl eines Systems von Teilchen ergibt sich als Produkt der Quantenzahlen der einzelnen Teilchen. Demgegenüber folgen die *additiven* Quantenzahlen, wie etwa die elektrische Ladung, aus kontinuierlichen Symmetrietransformationen. Wir besprechen nun einige wichtige Quantenzahlen etwas näher.

1.3.1 Elektrische Ladung Q

Die elektrische Ladung ist sehr wahrscheinlich eine der wenigen exakt erhaltenen Quantenzahlen. Wegen der extrem großen Reichweite der elektromagnetischen Wechselwirkung würde sich schon eine sehr geringe Verletzung der Ladungserhaltung durch elektrostatische Aufladung makroskopischer Körper, z.B. der Erde, nachweisen lassen (s. z.B. [Dol 81]). In Kap. 4 werden wir die Invarianz, welche zur Erhaltung der elektrischen Ladung führt, näher untersuchen. Wir werden weiter sehen, daß diese Invarianz mit der Masselosigkeit des Photons (zu den experimentellen Grenzen s. Abschn. 1.2.2.1) verknüpft ist.

Wenn die Ladung erhalten ist, kann das Elektron nicht zerfallen, etwa durch

(1): $e^- \to \nu_e + \nu_e + \overline{\nu}_e$ oder
(2): $e^- \to \nu_e + \gamma$

Die derzeit besten Experimente ([Stei 75], [Kov 79], [Avi 86a]) geben untere Grenzen für die Lebensdauer des Elektrons gegen den Zerfall in neutrale Teilchen von

$\tau_e^{(1)} > 5.3 \cdot 10^{21}$ Jahre

und für den Zerfall $e^- \to \gamma + \nu_e$ von

$\tau_e^{(2)} > 1.5 \cdot 10^{25}$ Jahre

1.3.2 Baryonenzahl B

Die Baryonenzahl B ist eine weitere additive Quantenzahl. Im Gegensatz zur elektrischen Ladung konnte B jedoch bislang nicht mit einer elementaren Wechselwirkung verknüpft werden. Eine solche Wechselwirkung müßte entweder wie die elektromagnetische Wechselwirkung unendliche Reichweite besitzen und daher relativ leicht nachweisbar sein, oder aber sie wäre unter gewissen Voraussetzungen mit der Existenz eines neuen Teilchens, des sogenannten Majorons, verknüpft (s. dazu Kap. 4 und 7).

Ausgehend von der Zuordnung nach Tab. 1.1 wurde aber bislang kein Prozeß beobachtet, bei welchem B nicht erhalten wäre. Wie bei der elektrischen Ladung ändert sich beim Übergang zum Antiteilchen das Vorzeichen der baryonischen Ladung.
Einen kritischen Test für die exakte Erhaltung von B stellt die Stabilität des Protons dar. Das Proton ist das leichteste Teilchen mit $B = 1$. Würde das Proton zerfallen, so wäre dies gleichbedeutend mit einer Verletzung der Erhaltung der Baryonenzahl. In der Tat sagen die Großen Vereinigungstheorien den Zerfall des Protons vorher (s. Kap. 6). Der dominante Zerfallskanal in der SU(5)-GUT wäre $p \rightsquigarrow \pi^0 + e^+$, in SUSY-GUT $p \to \nu_\mu + K^+$. Experimentell [Mey 86] liegt die untere Grenze für die Proton-Lebensdauer bei $\tau_p > 4 \cdot 10^{32}$ Jahren (für diese beiden Kanäle).

1.3.3 Leptonenzahl L

Analog, wie man den Quarks eine von Null verschiedene Baryonenzahl zuordnet, ordnet man den Leptonen eine Leptonenzahl L zu. Man unterscheidet hier noch zwischen einer totalen Leptonenzahl L, bezüglich der alle Leptonen (Antileptonen) den Wert $+1$ (-1) besitzen und den Familien-bezogenen Leptonenzahlen L_e, L_μ und L_τ gemäß Tab. 1.8.

Bislang wurde weder eine Verletzung der totalen Leptonenzahl $L = L_e + L_\mu + L_\tau$ noch der einzelnen Leptonenzahlen L_e, L_μ oder L_τ beobachtet. In Kap. 7.1 werden wir die Bedingungen für die Leptonenzahlerhaltung genauer betrachten. Einen klassischen Test für die separate Erhaltung von elektronischer und myonischer Leptonenzahl bildet die Neutrino-Einfangreaktion:

$$\underbrace{\nu_\mu}_{\substack{L_\mu = 1 \\ L_e = 0 \\ L = 1}} + {}^A_Z X \to {}^A_Z X + \underbrace{e^-}_{\substack{L_\mu = 0 \\ L_e = 1 \\ L = 1}} \tag{1.17}$$

Tab. 1.8: Zuordnung von Leptonenzahlen L_e, L_μ, L_τ zu den verschiedenen Leptonen

	e	ν_e	μ	ν_μ	τ	ν_τ
L_e	1	1	0	0	0	0
L_μ	0	0	1	1	0	0
L_τ	0	0	0	0	1	1

Diese Reaktion würde die gesamte Leptonenzahl L erhalten, dagegen L_μ und L_e ändern, konnte jedoch nicht beobachtet werden (s. [Dan 62]). Einen heute sehr aktuellen

1.3 Quantenzahlen und Erhaltungsgrößen in Kern- und Elementarteilchenphysik   29

Test für die Erhaltung der einzelnen Leptonenzahlen bilden die Neutrinooszillationsexperimente, bei welchen nach einer Umwandlung eines Neutrinoflavors (z.B. ν_e) in ein anderes Flavor (z.B. ν_μ) gesucht wird (s. Kap. 7). Auch in diesen Experimenten konnte bislang keine Verletzung einer Leptonenzahl-Erhaltung nachgewiesen werden. Der oben angesprochene Protonzerfall würde neben der Baryonenzahl B auch die Leptonenzahl L ändern.

1.3.4 Flavorquantenzahlen

Zu jedem Flavor i läßt sich generell eine Flavorquantenzahl F_i definieren durch: $F_i = N_i - \overline{N}_i$. Dabei sei N_i die Zahl der Quarks (bzw. Leptonen) mit Flavor i und $\overline{N}_i$ die Zahl der entsprechenden Antiteilchen. Diejenige Flavorquantenzahl, welche historisch am meisten Bedeutung erlangt hat, ist die Strangeness (Seltsamkeit) F_S, normalerweise einfach mit S bezeichnet; weitere sind z.B. Charm und Bottom (auch Beauty genannt). Die Quantenzahlen S, C, B zählen also einfach die Anzahl der s-, c-, bzw. b-Quarks in zusammengesetzten Teilchen ab[1]. Ebenfalls von Bedeutung sind die Neutrino-Flavorquantenzahlen (s. Kap. 7.3). Die Flavorquantenzahlen sind nicht exakt erhalten. Die starke und elektromagnetische Wechselwirkung vermögen die Quarkflavors oder Leptonflavors zwar nicht zu ändern, aber die schwache Wechselwirkung verletzt die Erhaltung der Quantenzahlen F_i. Beim Betazerfall des Neutrons wird z.B. ein d-Quark in ein u-Quark umgewandelt. Die schwache Wechselwirkung ermöglicht auch den Zerfall der K-Mesonen, der leichtesten Teilchen mit $S \neq 0$. Allerdings kann auch die schwache Wechselwirkung die Flavorquantenzahlen nur in ganz bestimmter Weise ändern. In 1. Ordnung Störungstheorie sind nicht möglich:

1. Übergänge, bei welchen sich die Flavorquantenzahlen um mehr als eine Einheit ändern.

2. Übergänge, bei welchen sich zwar das Quarkflavor, nicht aber dessen Ladung ändert. Die schwache Wechselwirkung kann also z.B. kein d-Quark in ein s-Quark transformieren.

Für die Neutrinos läßt sich eine Flavorquantenzahl allerdings nicht mehr in der angegebenen Weise definieren, wenn diese Majorana-Teilchen sind. Entsprechendes gilt auch für die Leptonenzahl (s. Kap. 7).

1.3.5 Isospin $\vec{T}$

Während die bisher diskutierten Erhaltungsgrößen skalaren Charakter besitzen, also durch eine einzige Quantenzahl definiert sind, ist der starke Isospin, oder einfach Isospin, $\vec{T}$ eine vektorielle Erhaltungsgröße. Die mathematische Struktur des Isospins

---
[1] Die gegenüber obiger Definition umgekehrte Vorzeichenkonvention für S und B ($S = -1$ und $B = -1$ für das s- und b-Quark), andererseits $C = +1$ für das Charm-Quark, sind historisch. Die übliche uneinheitliche Vorzeichenkonvention wird indessen in diesem Buche beibehalten.

ist genau dieselbe wie die des normalen Spins (woraus sich der Name ableitet): Ein Isospineigenzustand $|\psi_T\rangle$ kann charakterisiert werden durch zwei Quantenzahlen, den "Betrag" des Isospins T und die dritte oder z-Komponente T_z:

$$T^2|\psi_T\rangle = T(T+1)|\psi_T\rangle \qquad (1.18)$$

$$T_z|\psi_T\rangle = T_z|\psi_T\rangle \qquad (1.19)$$

Zustände, die sich nur in T_z unterscheiden ($2T+1$ Zustände), bilden ein *Isospinmultiplett* oder *Isomultiplett*. Dementsprechend führen wir die Notation $|\psi_T\rangle = |\alpha, T, T_z\rangle$ ein, wobei α alle vom Isospin unabhängigen Quantenzahlen enthalten soll. Man ordnet nun allen elementaren Fermionen mit Ausnahme von u- und d-Quark den Isospin 0 zu. Das u- und das d-Quark dagegen bilden die Isospinzustände[2]:

$$|u\rangle = |\alpha_u, \tfrac{1}{2}, -\tfrac{1}{2}\rangle \qquad (1.20)$$

$$|d\rangle = |\alpha_d, \tfrac{1}{2}, \tfrac{1}{2}\rangle \qquad (1.21)$$

Dies ist Ausdruck der experimentellen Beobachtung, daß die starke (Farb- und auch Kern-) Wechselwirkung invariant ist gegen Rotationen im Isospinraum, was äquivalent ist einer Erhaltung des Isospins. Schwache und elektromagnetische Wechselwirkung dagegen verletzen beide die Isospininvarianz. Systeme, welche durch die starke Wechselwirkung dominiert werden, besitzen daher definierte Isospin-Quantenzahlen. Proton und Neutron besitzen dieselben Isospin-Quantenzahlen wie u- und d-Quark und bilden wie diese ein Isospin-Dublett. Isospin-Multipletts bilden ferner etwa die Pionen π^+, π^0, π^-, die Hyperonen Σ^+, Σ^0, Σ^-, beide mit $T=1$, $T_z = -1, 0, +1$, und die Δ-Teilchen Δ^{++}, Δ^+, Δ^0, Δ^- mit $T=3/2$, $T_z = -3/2, -1/2, +1/2, +3/2$. Allgemein gilt für ein zusammengesetztes Teilchen (vergl. Tab. 1.5)

$$T_z = \frac{N_d - N_u}{2} \qquad (1.22)$$

wobei N_d, N_u die Anzahl der enthaltenen d- bzw. u-Quarks bedeutet. (Da der Isospin eine additive Quantenzahl ist, sind hierbei Antiteilchen $\bar{d}$, $\bar{u}$ mit umgekehrten Vorzeichen zu zählen). Auch Zustände von Atomkernen sind im allgemeinen gute Isospinzustände. Entsprechend Gl. (1.22) gilt i.a. (s. Abschn. 2.1) für den Grundzustand eines Kerns mit Z Protonen und N Neutronen

$$T_z = \frac{N-Z}{2} \qquad (1.23)$$

---

[2] Es ist in der Literatur ebenso die äquivalente Definition $|u\rangle = |\alpha_u, \tfrac{1}{2}, \tfrac{1}{2}\rangle$; $|d\rangle = |\alpha_d, \tfrac{1}{2}, -\tfrac{1}{2}\rangle$ verbreitet

1.3 Quantenzahlen und Erhaltungsgrößen in Kern- und Elementarteilchenphysik 31

Nur bei sehr schweren Kernen stört die Coulombwechselwirkung die Isospininvarianz merklich.

Zu einem Isomultiplett gehörende Teilchen (oder Kernniveaus) erscheinen phänomenologisch insofern als zusammengehörig, als sie fast dieselbe Masse und bis auf T_z und die elektrische Ladung dieselben Quantenzahlen haben. Die Isospinerhaltung ist in anderen Worten Ausdruck der Ladungsunabhängigkeit der starken (Farb- und auch Kern-) Wechselwirkung.

Im Rahmen dieses Buches werden wir häufig von folgendem Formalismus Gebrauch machen: Zustände mit Isospin 1/2, wie z.B. u- und d-Quark, können äquivalent zu Gln. (1.20) und (1.21) als Vektoren in einem zweidimensionalen komplexen Vektorraum dargestellt werden, d.h. unter Nichtberücksichtigung anderer Quantenzahlen schreiben wir:

$$|u\rangle = \begin{pmatrix} 0 \\ 1 \end{pmatrix} \tag{1.24}$$

$$|d\rangle = \begin{pmatrix} 1 \\ 0 \end{pmatrix} \tag{1.25}$$

Allgemein ist ein Vektor in diesem Vektorraum durch $\begin{pmatrix} d \\ u \end{pmatrix}$ gegeben, wobei $u(d)$ hier die Amplitude für ein $u(d)$-Quark bedeutet; $|u\rangle$ und $|d\rangle$ bilden ein Isospindublett.

Der Isospinoperator $\vec{T}$ ist in diesem 2-dimensionalen Vektorraum durch die Matrizen $\vec{\tau}/2$ gegeben, wobei die τ_i identisch sind mit den Pauli'schen Spin-Matrizen:

$$\tau_1 = \begin{pmatrix} 0 & 1 \\ 1 & 0 \end{pmatrix} \qquad \tau_2 = \begin{pmatrix} 0 & -i \\ i & 0 \end{pmatrix} \qquad \tau_3 = \begin{pmatrix} 1 & 0 \\ 0 & -1 \end{pmatrix} \tag{1.26}$$

Die Eigenschaften (1.18) und (1.19) lassen sich anhand dieser Darstellung leicht nachrechnen.

Nützlich sind weiter die Isospin-Leiteroperatoren:

$$\tau^{\pm} = \frac{1}{2}(\tau_1 \pm i\tau_2) \tag{1.27}$$

Diese wirken folgendermaßen auf Zustände mit Isospin 1/2:

$$\tau^+ \begin{pmatrix} 0 \\ 1 \end{pmatrix} = \begin{pmatrix} 1 \\ 0 \end{pmatrix} \qquad \tau^+ \begin{pmatrix} 1 \\ 0 \end{pmatrix} = 0$$

$$\tau^- \begin{pmatrix} 1 \\ 0 \end{pmatrix} = \begin{pmatrix} 0 \\ 1 \end{pmatrix} \qquad \tau^- \begin{pmatrix} 0 \\ 1 \end{pmatrix} = 0 \tag{1.28}$$

Mit den Identifikationen (1.20),(1.21) bedeutet dies, daß u- und d-Quarkzustände durch $\tau^{\pm}$ ineinander transformiert werden:

$$\tau^+ |u\rangle = |d\rangle \tag{1.29}$$

$$\tau^- |d\rangle = |u\rangle \tag{1.30}$$

1.3.6 Schwacher Isospin $\vec{T}_w$

Neben dem starken Isospin besitzt der schwache Isospin $|\vec{T}_w$ eine große Bedeutung. Der schwache Isospin wird zwar von keiner Wechselwirkung erhalten, er ist jedoch eng verknüpft mit der Struktur der schwachen Wechselwirkung. Man ordnet den *linkshändigen Komponenten* aller elementaren Fermionen den schwachen Isospin 1/2 zu. Die rechtshändigen Komponenten dagegen besitzen $T_w = 0$. Die Nichterhaltung des schwachen Isospins zeigt sich schon darin, daß es außer eventuell dem masselosen Neutrino kein Teilchen mit definierter Händigkeit und damit auch definiertem schwachen Isospin gibt. Zu jeweils einem Dublett werden jeweils die zwei Teilchen zusammengefaßt, welche durch einen in der schwachen Wechselwirkung enthaltenen schwachen Isospin-Leiteroperator ineinander transformiert werden können, z.B. e^-_L und ν_{e_L}. Diese Dubletts werden in Kap. 5 besprochen.

1.3.7 Parität

Die Parität wird, wie die noch folgenden Erhaltungsgrößen, charakterisiert durch eine zu einer diskreten Symmetrieoperation gehörende multiplikative Quantenzahl. Diese Symmetrieoperation, Paritätstransformation P genannt, ist die Punktspiegelung eines physikalischen Zustandes am Koordinatenursprung. (Man macht dabei i.a. die zusätzliche Annahme, daß diese Transformation innere Teilcheneigenschaften, wie etwa die Baryonenzahl oder die elektrische Ladung, für die es keinen festen Zusammenhang mit der Raum-Zeit-Beschreibung gibt, nicht beeinflußt). Allgemein bezeichnen wir die zu einer Größe ψ paritätstransformierte Größe durch ψ^P. Für eine skalare Wellenfunktion $\psi(\vec{x},t)$ (z.B. Schrödinger-Wellenfunktion) ist die Paritätstransformation gegeben durch:

$$\psi^P(\vec{x},t) = P\psi(\vec{x},t) = \psi(-\vec{x},t) \tag{1.31}$$

(Zum Transformationsverhalten einer Spinorwellenfunktion s. Anhang.)
Ist nun $\psi(\vec{x},t)$ ein Eigenzustand zum Paritätsoperator P, so ist der zugehörige Eigenwert π eine erhaltene Quantenzahl, die Parität des Zustandes, wenn P mit dem Hamiltonoperator H kommutiert. Da $P^2 = 1$ ist, kann π die Werte ± 1 annehmen:

$$P\psi_g(\vec{x},t) = \psi_g(\vec{x},t); \qquad \pi = +1 \quad \text{gerade Parität} \tag{1.32}$$

$$P\psi_u(\vec{x},t) = -\psi_u(\vec{x},t); \qquad \pi = -1 \quad \text{ungerade Parität} \tag{1.33}$$

Da der Drehimpulsoperator mit dem Paritätsoperator kommutiert, existieren Eigenzustände des ersteren mit definierter Parität. Ein Eigenzustand zum Bahndrehimpuls ℓ mit der z-Komponente m hat die Parität

$$\pi = (-1)^\ell \tag{1.34}$$

1.3 Quantenzahlen und Erhaltungsgrößen in Kern- und Elementarteilchenphysik

Wichtig ist zu bemerken, daß sich der Spinzustand eines Teilchens unter der Paritätsoperation nicht ändert, der Impuls jedoch sein Vorzeichen wechselt. Dementsprechend transformiert sich ein linkshändiger Teilchenzustand in einen rechtshändigen und umgekehrt, z.B.:

$$P|e_L^-\rangle = |e_R^-\rangle \tag{1.35}$$

$$P|e_R^-\rangle = |e_L^-\rangle \tag{1.36}$$

Man findet experimentell, daß die starke und die elektromagnetische Wechselwirkung die Parität erhalten; allerdings nur dann, wenn noch eine sogenannte *innere Parität* oder *Eigenparität* der Teilchen mit berücksichtigt wird. Dies ist eine feste Teilcheneigenschaft, welche nicht vom Bewegungszustand (Wellenfunktion) abhängt. Den meisten Baryonen kann man eine positive innere Parität zuordnen. Negative innere Parität besitzen indessen z.B. alle pseudoskalaren Mesonen sowie Vektormesonen einschließlich der Quarkoniumzustände J/ψ ($=c\bar{c}$) und Υ ($=b\bar{b}$). Eine negative innere Parität kann bei zusammengesetzten Objekten durch einen nichtverschwindenden relativen Bahndrehimpuls der Konstituenten zustande kommen.
Eine genauere Betrachtung ergibt folgendes (s. [Qui 83]):

1. Gebundene Zustände $\sigma\sigma$ aus fundamentalen skalaren Teilchen σ: Wenn die Quantenzahlen von σ $J^{PC} = 0^{++}$ sind, so ist für einen gebundenen Zustand mit Bahndrehimpuls L

$$\pi = (-1)^L. \tag{1.37}$$

2. Gebundene Zustände $f\bar{f}$ aus fundamentalen Spin 1/2-Teilchen f mit Isospin 1/2: In diesem Fall hat ein gebundener Zustand mit Bahndrehimpuls L die Quantenzahlen

$$\pi = (-1)^{L+1}. \tag{1.38}$$

Es ist ein charakteristisches Merkmal der schwachen Wechselwirkung, daß sie die Parität nicht erhält. Anschaulich bedeutet dies, daß eine Reaktion, die vermöge der schwachen Wechselwirkung abläuft, in ihrer räumlich gespiegelten Form *nicht* in genau derselben Weise (mit derselben Häufigkeit) abläuft, also eine grundlegende Rechts-Links-Unsymmetrie der Natur. Darauf wurde man erstmals 1956 durch das Studium des Zerfalls der K-Mesonen aufmerksam (sog. Θ-τ-Rätsel, s. Abschn. 2.2.4). Ein besonders deutliches Beispiel für die Verletzung der Parität ist die schon angesprochene Linkshändigkeit des Neutrinos. Die Paritätstransformation ändert nämlich die Händigkeit eines Teilchens, erzeugt also aus einem linkshändigen ein rechtshändiges Neutrino, das eben nicht beobachtet wird (s. Abschn. 2.2.4). Die schwache Wechselwirkung verletzt die Parität sogar *maximal*, in dem Sinne, daß *alle* Neutrinos linkshändig (Antineutrinos rechtshändig) sind.

1.3.8 Ladungskonjugation C (Teilchen-Antiteilchen-Konjugation)

Eine schon bei der Diskussion der Antiteilchen in Abschn. 1.1.2 besprochene Symmetrieoperation ist die Ladungskonjugation. Der zu ψ ladungskonjugierte Zustand ψ^C ist durch das entgegengesetzte Vorzeichen seiner elektrischen und aller anderen Ladungen (additiven Quantenzahlen) im Vergleich zu ψ charakterisiert. Spin und Bewegungszustand bleiben jedoch unberührt.

Die schwache Wechselwirkung ist ebenfalls nicht invariant unter Ladungskonjugation. Ausdruck dieser Tatsache ist die Bevorzugung *linkshändiger* Elektronen und *rechtshändiger* Positronen im Betazerfall. Der ladungskonjugierte Zustand zu einem linkshändigen Elektronenzustand wäre dagegen ein linkshändiger Positronzustand

$$|e_L^-\rangle^C = |e_L^+\rangle \tag{1.39}$$

der aber im Gegensatz zu $|e_L^-\rangle$ nicht an der schwachen Wechselwirkung teilnimmt, ausgenommen an deren neutraler Komponente (s. Kap. 5).

1.3.9 CP-Konjugation

CP-Invarianz Zwar ist die schwache Wechselwirkung weder invariant unter der Paritätstransformation P, noch unter der Ladungskonjugation C, nahezu perfekte Invarianz besteht jedoch unter der kombinierten Operation CP. Betrachten wir etwa den Zerfall:

$$\pi^+ \to e^+ + \nu_e \tag{1.40}$$

Das bei diesem Prozeß emittierte Neutrino ist linkshändig. Anwenden der Ladungskonjugation ergibt den Prozeß:

$$\pi^- \to e^- + \nu_e^C \tag{1.41}$$

Da die Ladungskonjugation keinen Einfluß auf den Bewegungszustand hat, müßte also bei diesem Prozeß ein linkshändiges Antineutrino entstehen. Ein solcher Zerfall wird jedoch nicht beobachtet. Erst durch zusätzliche Anwendung der Paritätstransformation P erhalten wir den beobachteten Prozeß:

$$\pi^- \to e^- + \overline{\nu}_e \tag{1.42}$$

wobei $\overline{\nu}_e$ das gewöhnliche rechtshändige Antineutrino ist.

1.3 Quantenzahlen und Erhaltungsgrößen in Kern- und Elementarteilchenphysik 35

CP-Verletzung Die schwache Wechselwirkung ist allerdings nicht exakt invariant unter der CP-Transformation. Den bislang einzigen experimentellen Nachweis einer Verletzung der CP-Invarianz liefert der Zerfall der neutralen K-Mesonen. Da die starke Wechselwirkung die Strangeness erhält, müssen Eigenzustände zur starken Wechselwirkung definierte Strangeness besitzen. Solche Zustände sind durch $|K^0\rangle$ und $|\overline{K}^0\rangle$ mit $S = +1$ bzw. -1 gegeben (s. Tab. 1.5). Da die schwache Wechselwirkung jedoch die Strangeness ändern kann, sind dies keine Eigenzustände zur schwachen Wechselwirkung. Bei exakter CP-Invarianz würden sich schwache Eigenzustände vielmehr als Zustände mit definierten CP-Eigenwerten ergeben. Solche Zustände sind $|K_L^0\rangle$ und $|K_S^0\rangle$, definiert durch:

$$|K_L^0\rangle = \frac{1}{\sqrt{2}}(|K^0\rangle + |\overline{K}^0\rangle) \tag{1.43}$$

und

$$|K_S^0\rangle = \frac{1}{\sqrt{2}}(|K^0\rangle - |\overline{K}^0\rangle) \tag{1.44}$$

Die Transformationseigenschaft des Zustandes $|K^0\rangle$ unter CP erkennt man mit Hilfe der Quarkwellenfunktionen aus Tab. 1.5, wenn man berücksichtigt, daß die K-Mesonen als pseudoskalare Teilchen negative innere Parität und eine antisymmetrische Flavorwellenfunktion besitzen:

$$\boldsymbol{CP}|K^0\rangle = -\boldsymbol{C}|K^0\rangle = -\boldsymbol{C}|-d\bar{s}\rangle = -|-\bar{d}s\rangle = -|s\bar{d}\rangle = -|\overline{K}^0\rangle \tag{1.45}$$

Man erkennt daraus leicht, daß $|K_L^0\rangle$ und $|K_S^0\rangle$ die CP-Eigenwerte -1 und $+1$ besitzen. Die Indizes L und S deuten auf die Halbwertszeiten der Zustände $|K_L^0\rangle$ und $|K_S^0\rangle$. $|K_L^0\rangle$ kann wegen seines negativen CP-Eigenwertes nicht wie $|K_S^0\rangle$ in einen Zwei-π-Mesonen Zustand zerfallen. Ein solcher Zustand hat immer einen positiven CP-Eigenwert: $\boldsymbol{CP}|\pi^+\pi^-\rangle = +1|\pi^+\pi^-\rangle$. Der mögliche Zerfall von $|K_L^0\rangle$ in drei Pionen (jedes π-Meson liefert einen inneren Paritätsfaktor -1, somit ist ein negativer CP-Eigenwert möglich) ist jedoch vom Phasenraum her wesentlich ungünstiger. Daraus erklärt sich die ungleich größere Lebensdauer des Zustandes $|K_L^0\rangle$ im Vergleich zu $|K_S^0\rangle$. Experimentell findet man $\tau(K_L^0) = 0.52 \cdot 10^{-7}$ s, $\tau(K_S^0) = 0.89 \cdot 10^{-10}$ s. Um den experimentell beobachteten Effekt einer geringen Verletzung der CP-Invarianz zu erkennen, muß man sich klar machen, daß sich ein Teilchenzustand phänomenologisch durch seine Masse und seine Lebensdauer charakterisieren läßt, nicht aber durch einen Zerfallsmodus. Ein und derselbe Teilchenzustand kann verschiedene Zerfallsmodi besitzen. In einem berühmten Experiment wurde nun beobachtet, daß der durch seine große Halbwertszeit charakterisierte Zustand $|K_L^0\rangle$ mit einer sehr kleinen Wahrscheinlichkeit auch in zwei π-Mesonen zerfällt [Chri 64]. Die zeitliche Verteilung der Zwei-π-Mesonen-Zerfälle enthält eine winzige Komponente, welche der exponentiellen Zeitabhängigkeit des Zerfalls von $|K_L^0\rangle$ entspricht. Diese Zerfälle wären nicht erlaubt, wenn die schwache Wechselwirkung exakt CP-invariant wäre. Das Verzweigungsverhältnis ist

$$\frac{\text{Rate}(K_L^0 \to \pi^+ + \pi^-)}{\text{Rate}(K_L^0 \to \text{alle Kanäle})} \approx 2 \cdot 10^{-3}$$

Weitere Information zur CP-Verletzung erhofft man sich aus der weiteren Untersuchung der kürzlich entdeckten Oszillationen im System der neutralen B-Mesonen $B^0\overline{B}^0$ (s. [Schrö 87], [Alba 87], [Alb 87]). Eine Erklärung der bis heute unverstandenen CP-Verletzung gehört zu den zentralen Anliegen der Großen Vereinigungstheorien (s. etwa [Moh 86], [Chau 84], auch Abschn. 5.2.5). Die Existenz der CP-Verletzung ist andererseits von entscheidendem Einfluß auf die Entwicklung des frühen Kosmos (s. Kap. 9).

1.3.10 Das CPT-Theorem, Zeitumkehr

Vielleicht das wichtigste und allgemeingültigste Theorem, das man in der Quantenfeldtheorie bzw. in der Elementarteilchenphysik kennt, ist das CPT-Theorem. Dieses besagt, daß alle Systeme unter der kombinierten Transformation CPT (Ladungskonjugation · Paritätstransformation · Zeitumkehr) invariant bleiben (Reihenfolge der Operationen beliebig). Genau gesagt folgt CPT-Invarianz für alle lokalen hermite'schen Lagrangefunktionen, welche invariant sind unter eigentlichen Lorentztransformationen (eigentlich=ohne Spiegelung) (s. z.B. [Kem 59], [Stre 64], [Fon 70] (Kap. 6.10), [Lan 75]). Diese Voraussetzungen sind so minimal, daß zur Zeit keine Theorie denkbar wäre, welche sie nicht erfüllt. Die CPT-Invarianz gewährleistet in jedem Fall die Existenz eines Antiteilchens zu jedem Teilchen mit gleicher Halbwertszeit, Masse und gleichem Spin, aber entgegengesetzten additiven Quantenzahlen (Ladung etc.). Wie schon erwähnt, ist ja sowohl die C-Invarianz als auch die CP-Invarianz gebrochen. Diese gebrochenen Invarianzen ließen eine gewisse Asymmetrie zwischen Teilchen und Antiteilchen zu (andere Halbwertszeit oder gar fehlendes Antiteilchen), welche aber durch die CPT-Invarianz verhindert wird. Die Existenz des Antiteilchens mit gleicher Masse m ist leicht einzusehen. Sei ψ Eigenzustand zu $\boldsymbol{H}$ mit Eigenwert m (Masse) und beschreibe einen Teilchenzustand. Dann ist auch, da die Transformation $\boldsymbol{CPT}$ mit $\boldsymbol{H}$ vertauschbar ist, der transformierte Zustand $\boldsymbol{CPT}\psi$ Eigenzustand zu $\boldsymbol{H}$ und beschreibt ein Antiteilchen:

$$\boldsymbol{H}(\boldsymbol{CPT})\psi = m(\boldsymbol{CPT})\psi$$

Einen Beweis für die Gleichheit der Halbwertszeiten findet man in [Fon 70], [Nac 85]. Der Operator der Zeitumkehr $\boldsymbol{T}$ vertauscht die Zeitkoordinate t mit $-t$, er dreht also z.B. die Richtung aller Impulse um. Es ist nicht möglich, mit $\boldsymbol{T}$ eine Quantenzahl zu verknüpfen, die eine ähnliche Rolle wie die Parität spielt (für eine ausführliche Diskussion von $\boldsymbol{T}$ s. [Boh 75]). Der empfindlichste Test der Erhaltung der T-Invarianz (bzw. CP-Invarianz) außerhalb des K^0-$\overline{K}^0$-Systems ist die Suche nach einem elektrischen Dipolmoment des Neutrons (s. [Ram 86], [Lob 86], [Hec 84], aber auch [Bia 86]). Als experimentellen Wert findet man ([Ram 86], [Lob 86])

$$d_n = (0.3 \pm 4.8) \cdot 10^{-25} \text{ e cm}$$

1.3 Quantenzahlen und Erhaltungsgrößen in Kern- und Elementarteilchenphysik

Eine Verletzung der T-Invarianz ist bislang indessen nur über die CP-Verletzung im K^0-$\overline{K}^0$-System bekannt.

Eine Folgerung aus der nahezu perfekten Invarianz unter T ist das *Prinzip des detaillierten Gleichgewichts*, das besagt, daß unter gewissen sehr allgemeinen Bedingungen die Beträge der Matrixelemente für eine Reaktion und ihre Umkehrreaktion gleich sind. Für Einzelheiten sei auf [Mui 65] verwiesen bzw. bzgl. experimenteller Arbeiten auf ([Wit 67], [Che 76], [Heu 76]). Zum Abschluß dieses Kapitels gibt Tab. 1.9 eine Zusammenfassung der besprochenen Erhaltungssätze und ihrer Gültigkeit.

Tab. 1.9: Übersicht über die Erhaltungssätze

Erhaltungssatz	Wechselwirkungsart		
	stark	elektromagnet.	schwach
Energie, Impuls, Drehimpuls	ja	ja	ja
Ladung Q, Baryonzahl B, Leptonenzahl L	ja	ja	ja
Elektronzahl L_e, Myonzahl L_μ	ja	ja	ja
Parität P, Ladungskonj. C	ja	ja	nein
Strangeness S, Charm C, ...	ja	ja	nein
Isospin T	ja	nein	nein
CP	ja	ja	nein*
Zeitumkehr T	ja	ja	nein**
CPT	ja	ja	ja

*) bislang nur im K^0-System, sonst ja
**) folgt aus CP-Verletzung und CPT-Erhaltung

2 Klassische Theorie der schwachen Wechselwirkung und Grundlagen des Kernbetazerfalls

2.1 Phänomenologie des Kernbetazerfalls

In diesem Abschnitt wollen wir uns zunächst mit einigen elementaren Eigenschaften des Kernbetazerfalls befassen. Innerhalb einer Reihe isobarer Kerne, das sind Kerne mit gleicher Massenzahl A, tritt Betazerfall immer dann auf, wenn es einen Nachbarkern mit geringerer Masse gibt. Wir bezeichnen einen Atomkern, bestehend aus Z Protonen und N Neutronen, durch das Symbol ${}^A_Z X_N$ mit $A = Z + N$ und fassen folgende schwache Zerfallsprozesse unter dem Begriff Kernbetazerfall zusammen:

$$ {}^A_Z X_N \rightarrow {}^A_{Z+1} X_{N-1} + e^- + \bar{\nu}_e \qquad (\beta^-\text{-Zerfall}) \qquad (2.1)$$

$$ {}^A_Z X_N \rightarrow {}^A_{Z-1} X_{N+1} + e^+ + \nu_e \qquad (\beta^+\text{-Zerfall}) \qquad (2.2)$$

$$ e^- + {}^A_Z X_N \rightarrow {}^A_{Z-1} X_{N+1} + \nu_e \qquad (\text{Elektron-Einfang}) \qquad (2.3)$$

Eng verknüpft mit diesen Zerfallsprozessen sind die Neutrino-Einfang-Reaktionen:

$$ \bar{\nu}_e + {}^A_Z X_N \rightarrow {}^A_{Z-1} X_{N+1} + e^+ \qquad (2.4)$$

$$ \nu_e + {}^A_Z X_N \rightarrow {}^A_{Z+1} X_{N-1} + e^- \qquad (2.5)$$

Mit Hilfe einer solchen Neutrino-Einfang-Reaktion gelang Reines und Cowan 1956 erstmals der direkte Nachweis des Elektron-Antineutrinos [Rei 56].

Historisch ist die Bezeichnung "schwache Wechselwirkung" in den langen Halbwertszeiten der Betazerfalls-Prozesse begründet. Die Halbwertszeiten der meisten bekannten Isotope, die in solchen Prozessen zerfallen, liegen im Sekunden- bis Stunden-Bereich (Abb. 2.1). Es gibt jedoch auch Kerne mit extrem langen Halbwertszeiten von bis zu $4 \cdot 10^{14}$ Jahren (^{115}In). Diese Zeiten sind alle lang im Vergleich zu typischen Zerfallszeiten, die mit der elektromagnetischen Wechselwirkung (γ-Zerfall angeregter Kernzustände im Pico-Sekunden Bereich) bzw. der starken (Kern-) Wechselwirkung verknüpft sind (z.B. Zerfall eines angeregten Compound-Kerns innerhalb $\approx 10^{-20}$ Sekunden). In Ausnahmefällen tritt der Kernbetazerfall auch als konkurrierender Prozeß zu elektromagnetischen und starken Prozessen auf. Eine Konkurrenz zum γ-Zerfall tritt auf beim Zerfall einiger sehr langlebiger Isomerzustände, bei denen der γ-Zerfall aufgrund hoher Drehimpulsänderung stark retardiert ist. Weiter treten bei schweren Kernen (viele Kerne jenseits von Blei) Betazerfall und Alphazerfall als konkurrierende Prozesse auf. Der im β-Zerfall angeregte Tochterkern zerfällt gewöhnlich weiter über γ-Zerfall oder β-verzögerte Neutronenemission (bei β^--Zerfall; bei β^+-Zerfall

2.1 Phänomenologie des Kernbetazerfalls

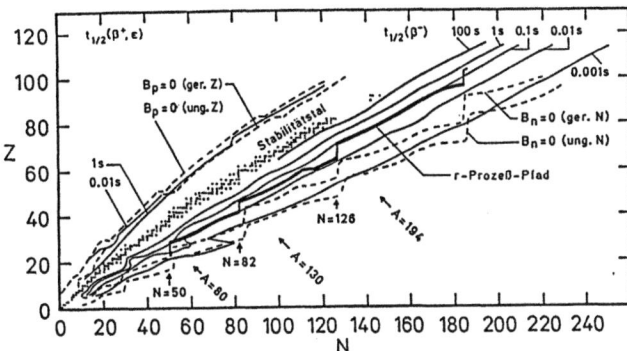

Abb. 2.1: Ausschnitt aus der Nuklidkarte mit Kontourlinien von Betahalbwertszeiten (für neutronenreiche Kerne nach [Kla 84a], für protonenreiche Kerne nach [Tak 73]). Der Bereich β-stabiler Kerne (Betastabilitätslinie) ist durch Punkte markiert. B_n, B_p bezeichnen die Neutron- bzw. Protonseparationsenergie. Jenseits der Linien $B_n = 0$ bzw. $B_p = 0$ werden die Kerne instabil gegenüber spontaner Emission von Neutronen bzw. Protonen. Der r-Prozeß-Pfad bezeichnet (schematisch) die Elementverteilung, die kurzzeitig in Supernova-Explosionen aufgebaut wird und aus der die heute beobachtete solare bzw. kosmische Elementverteilung (Betastabilitätslinie) durch mehrfachen β-Zerfall entsteht (s. Kap. 8).

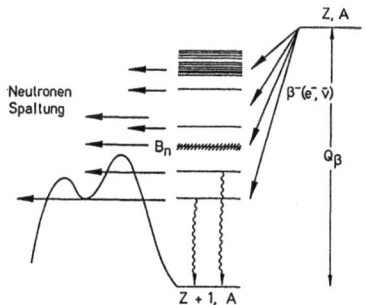

Abb. 2.2: Je nach Energie des angeregten Niveaus im Tochterkern zerfällt das letztere über γ-Emission, β-verzögerte Neutronenemission oder β-verzögerte Spaltung. B_n bezeichnet die Separationsenergie des Neutrons. Die doppelhöckrige Spaltbarriere, die gewöhnlich in schweren Kernen auftritt, ist angedeutet.

β-verzögerte Protonenemission) bzw. *Spaltung* (Abb. 2.2), je nachdem, ob die Energie des angeregten Zustands unterhalb oder oberhalb der Neutron-Separationsenergie bzw. der Höhe der Spaltbarriere liegt. Die Raten für β-verzögerte Neutronenemission werden beträchtlich erst relativ weit ab von der *Beta-Stabilitätslinie*, β-verzögerte Spaltung tritt nur für schwere Kerne ($Z \gtrsim 80, N \gtrsim 140$) auf (s. [Wen 76], [Thi 83]).

Den langen Halbwertszeiten der Betazerfallsprozesse entspricht die extrem kleine Kopplungskonstante der schwachen Wechselwirkung, für die man aus dem Zerfall von ^{14}O → ^{14}N (s. Tab. 2.2) erhält:

$$G_\beta = 1.008 \cdot 10^{-5} \, m_p^{-2} \quad (m_p = \text{Masse des Protons})$$

Wir unterscheiden zwischen der im Kernbetazerfall wirksamen Konstanten G_β und der Fermi'schen Kopplungskonstanten G_F, die z.B. die μ-Zerfallsrate bestimmt. Beide sind numerisch allerdings nahezu identisch (s. dazu Abschn. 2.2.5 u. 5.2.4). Für G_F findet man [Par 86]

$$G_F = 1.16637(2) \cdot 10^{-5} \, \text{GeV}^{-2} = 1.02684 \cdot 10^{-5} \, m_p^{-2}$$

2.1.1 Der Zerfall des freien Neutrons

Das einfachste und am besten verstandene Beispiel für "Kern"-Betazerfall ist der Zerfall des Neutrons:

$$n \to p + e^- + \overline{\nu}_e \quad t_{1/2} = 10.37 \pm 0.19 \text{ min } ([\text{Par 86}], \text{ s. auch [Byr 86]}) \quad (2.6)$$

Wird das Neutron als punktförmig betrachtet (was für den Betazerfall eine sehr gute Näherung darstellt), so kann kein Bahndrehimpuls übertragen werden. Man spricht in diesem Falle von 'erlaubten' Übergängen (s. Abschn. 2.1.4). Es lassen sich dann zwei bezüglich der Spins unterschiedliche Endzustände unterscheiden (Abb. 2.3b):

i) Die Spins von Elektron und Antineutrino sind zum Gesamtspin 0 gekoppelt (Singulett-Zustand). Entsprechend muß das Proton sich in demselben Spinzustand wie das Neutron befinden. Der Operator, der den Neutron- in den Proton-Spinzustand überführt, ist demnach der Einheitsoperator **1**. Dieser Zerfallstyp heißt *Fermi-Zerfall*.

ii) Elektron- und Antineutrino-Spins sind zum Gesamtspin 1 gekoppelt (Triplett-Zustand). Diese Zerfälle werden *Gamow-Teller (GT)-Zerfälle* genannt. Neutron- und Protonspin sind durch den Vektoroperator $\vec{\sigma} = (\sigma_1, \sigma_2, \sigma_3)$ verknüpft, wie in Abschn. 2.3.1 näher besprochen wird:

$$\sigma_1 = \begin{pmatrix} 0 & 1 \\ 1 & 0 \end{pmatrix}, \quad \sigma_2 = \begin{pmatrix} 0 & -i \\ i & 0 \end{pmatrix}, \quad \sigma_3 = \begin{pmatrix} 1 & 0 \\ 0 & -1 \end{pmatrix} \quad (2.7)$$

Die drei Komponenten von $\vec{\sigma}$ entsprechen den drei Spin-Freiheitsgraden des Triplett-Zustandes. Durch Vergleich der Matrixelemente des Operators $\vec{\sigma}$ und des Einheitsoperators **1** würde man schließen, daß Gamow-Teller-Übergänge beim Neutron dreimal so häufig sein sollten wie Fermi-Übergänge (s. Abschn. 2.3.1). Man findet jedoch experimentell, daß sich die Raten für die beiden Übergangstypen verhalten wie $3c_A^2 : 1$. Der Faktor $c_A = 1.25$ stellt eine *Renormierung*

2.1 Phänomenologie des Kernbetazerfalls

der schwachen Wechselwirkung im Gamow-Teller-Zerfall dar. Diese ist auf die innere Struktur des Nukleons zurückzuführen (vgl. Abschn. 5.4.2.2). Heute liegt die wissenschaftliche Bedeutung des Neutronzerfalls vor allem in der Möglichkeit einer präzisen Bestimmung der Größe c_A (s. Gl. (2.106)) u. [Dub 86]).

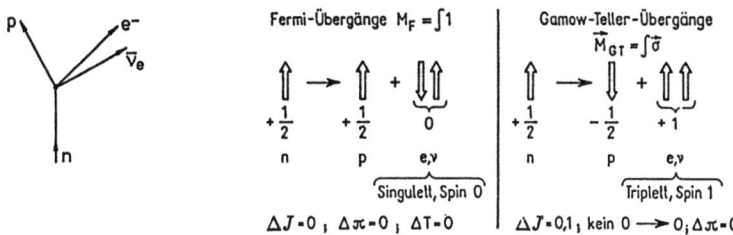

Abb. 2.3: Betazerfall des Neutrons und die Spinbilanzen beim Fermi- und Gamow-Teller-Zerfall (aus [May 84]).

2.1.2 Erlaubter Kernbetazerfall

Fermi- und Gamow-Teller-Übergänge, die zusammen als *erlaubte Betazerfälle* klassifiert werden, bestimmen nicht nur den Zerfall des Neutrons, sondern dominieren auch den der meisten Kerne, sofern diese Übergänge aufgrund der gleich zu besprechenden Auswahlregeln möglich sind. Mit Hilfe des Isospin-Leiteroperators $\tau^+(\tau^-)$ (s. Abschn. 1.3.5), welcher ein Proton (Neutron) in ein Neutron (Proton) umwandelt, ohne den Bewegungszustand zu ändern,

$$\tau^-|n\rangle = |p\rangle, \qquad \tau^-|p\rangle = 0$$
$$\tau^+|n\rangle = 0, \qquad \tau^+|p\rangle = |n\rangle \tag{2.8}$$

lassen sich die Operatoren für die zwei erlaubten β^--Zerfallstypen im Kern schreiben als

$$\sum_{i=1}^{A} \tau^-(i) \equiv \boldsymbol{T}^- \qquad \text{für Fermi-Zerfall} \tag{2.9}$$

$$\sum_{i=1}^{A} \vec{\sigma}(i)\tau^-(i) \equiv \boldsymbol{Y}^- \qquad \text{für Gamow-Teller-Zerfall} \tag{2.10}$$

mit $\tau^\pm = \frac{1}{2}(\tau_1 \pm i\tau_2)$.

$\boldsymbol{T}^-$ ist dabei der auf die gesamte Kernwellenfunktion wirkende Isospin-Leiteroperator. Die Operatoren für die β^+-Zerfallstypen erhält man durch Ersetzen von τ^- durch τ^+

und von T^- durch T^+. Aus der Struktur der Operatoren $T^\pm$, $Y^\pm$ erhält man die in Tab. 2.1 angegebenen Auswahlregeln für den Spin J, die Parität π, den Isospin T der am Übergang beteiligten Kernzustände und den Bahndrehimpuls L des Leptonenzustandes (für den Bahndrehimpuls des beteiligten Kernorbitals gilt $\Delta \ell = 0$).

Tab. 2.1: Auswahlregeln für erlaubte β-Übergänge

β-Operator	Spin J	Bahndrehimpuls L Parität π	Isospin T	Kopplungskonstante
Fermi $T^\pm$	$\Delta J = 0$	$L = 0$ $\Delta \pi = 0$	$\Delta T = 0$	G_β^2
Gamow-Teller $Y^\pm$	$\|\Delta J\| = 0, 1$ nicht $0 \to 0$		$\|\Delta T\| = 0, 1$	$(G_\beta c_A)^2$

$|T, T_z\rangle \xrightarrow{\beta^+} |T, T_z+1\rangle$

$|T, T_z\rangle \xrightarrow{\beta^-} |T, T_z-1\rangle$ energetisch verboten

$T_z=+1 \qquad T_z=0\,(N=Z) \qquad T_z=-1$

Isospintriplett $T=1$

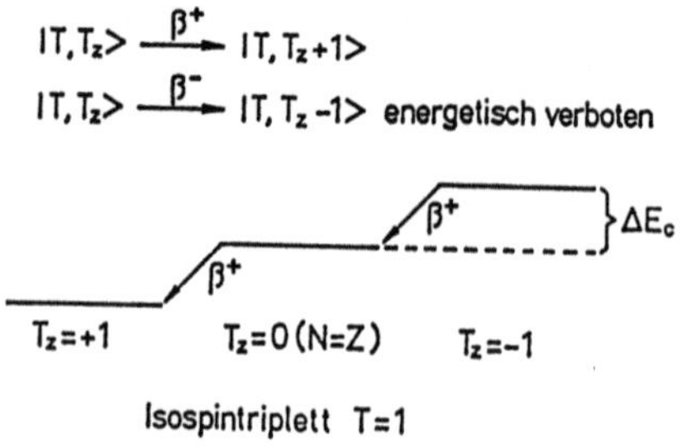

Abb. 2.4: Fermi-Übergänge zwischen Mitgliedern eines Isospin-Tripletts. Die Energiedifferenzen sind im wesentlichen durch die Coulombwechselwirkung bestimmt, so daß β^--Zerfälle aus Energiegründen nicht vorkommen.

Da der Isospin eine hinsichtlich der starken Wechselwirkung erhaltene Größe ist, besitzen die Kernniveaus definierten Isospin[1]. Für den Grundzustand (und niedrig angeregte Niveaus) beträgt er entsprechend Gl. (1.23) (mit wenigen Ausnahmen, z.B. hat ^{34}Cl im Grundzustand $T_z = 0$ und $T = 1$)

---
[1] Eine elementare Einführung in die Konzeption des Isospins in der Kernphysik findet man bei [Schi 60], [Tem 67]

2.1 Phänomenologie des Kernbetazerfalls

$$T = T_z = \frac{N - Z}{2}, \tag{2.11}$$

da die Kernkräfte Zustände mit kleinem Isospin energetisch bevorzugen. Die Auswahlregeln (Tab. 2.1) schränken daher das Auftreten von erlaubten β-Übergängen ein. Da die Fermi-Übergänge durch den Isospinoperator $T^{\pm}$ vermittelt werden, können sie nur zwischen den verschiedenen Mitgliedern eines *Isospinmultipletts* stattfinden. Die energetische Lage der Mitglieder eines solchen Multipletts (die man auch *isobare Analogzustände* nennt) zueinander ist allein durch die Coulombenergie bestimmt (s. Abschn. 3.2 und [And 65]), so daß die Energien zu höherem Z hin ansteigen (Abb. 2.4).

Fermi-Zerfälle sind somit aus energetischen Gründen im β^--Zerfall ausgeschlossen (abgesehen von Isospin-"Unreinheiten").

Aber auch bei Zerfällen vom β^+-Typ (β^+-Zerfall und Elektroneinfang) sind Fermi-Übergänge nur möglich für Kerne mit $Z > N$, also einige leichte Kerne, da im Falle $N > Z$ die Zustände des Tochterkerns einen mindestens um 1 größeren Isospin besitzen:

$$T_{\text{Tochter}} \geq T_{z,\text{Tochter}} = \left| \frac{(N+1) - (Z-1)}{2} \right| = T + 1$$

Wie Abb. 2.5 zeigt, können *alle* nach der Auswahlregel erreichbaren *Isospins* im Tochterkern (wenn wir im Augenblick von energetischen Begrenzungen absehen, die in Kernreaktionen oder ν-Einfangreaktionen wegfallen können (s. Abschn. 3.2)) nur im β^--Zerfall von Kernen mit $T_3 > 0$ und im β^+-Zerfall von Kernen mit $T_3 < 0$ angeregt werden. Ersteres spielt z.B. für den Neutrinoeinfang in Detektoren für solare und galaktische Neutrinos (s. Abschn. 7.3.1.4) eine wesentliche Rolle, da — wie im Falle des Fermi-Zerfalls die β-Stärke im Analogzustand des β-zerfallenden Zustands konzentriert ist — im Falle von Gamow-Teller-Zerfall der Hauptteil der β-Stärke in der sogen. *Gamow-Teller Riesenresonanz* (GTRR) konzentriert ist, in der Nähe des Analogzustandes des β-zerfallenden Zustands. β-Übergänge zur GTRR sind daher, auch in ihrer Rate, als Analogon zu den traditionell als *supererlaubt* bezeichneten Fermi-Übergängen anzusehen (s. Abschn. 3.2).

Die Mehrzahl der in der Natur vorkommenden erlaubten Übergänge sind nach dem Gesagten Gamow-Teller-Übergänge. Wie aus den Auswahlregeln (Tab. 2.1) zu erkennen, sind auch gemischte Übergänge (Fermi *und* Gamow-Teller) möglich. Genau gesagt, besitzen Fermi-Übergänge immer auch eine Gamow-Teller-Beimischung, außer für $0^+ \to 0^+$ Übergänge. Beispiele für $0^+ \to 0^+$ Übergänge innerhalb eines Isospintripletts sind $^{10}C \to ^{10}B$, $^{14}O \to ^{14}N$, $^{42}Sc \to ^{42}Ca$ und $^{54}Co \to ^{54}Fe$. Ein schon erwähntes Beispiel für einen gemischten Übergang ist der Zerfall des Neutrons.

Trotz ihres beschränkten Vorkommens und damit ihrer geringeren Bedeutung für die meisten Phänomene, bei denen der Betazerfall eine Rolle spielt, sind Fermi-Übergänge und speziell die $0^+ \to 0^+$ Übergänge von großem theoretischen Interesse. Die Zerfallsraten einiger dieser Übergänge sind mit einer Genauigkeit von $\approx 10^{-3}$ vermessen worden (s. z.B. [Beh 82]). Da die Matrixelemente für Fermi-Übergänge im

44   2 Klassische Theorie der schwachen Wechselwirkung, Kernbetazerfall

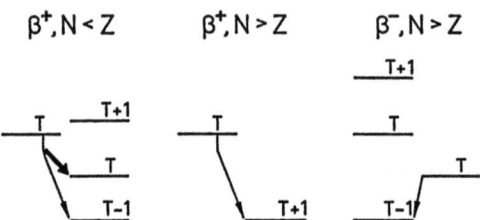

Abb. 2.5: Die möglichen 'Klassen' von erlaubten β-Übergängen in Kernen mit verschiedenen Quantenzahlen T_z. Fermi-Übergänge (dicke Pfeile) sind nur möglich im Falle von β^+-Zerfall von Kernen mit $T_z < 0$. Es sind schematisch jeweils die energetisch niedrigsten Zustände des jeweiligen Isospins bezeichnet.

Gegensatz zu denen für Gamow-Teller-Übergänge praktisch unabhängig von Details der Kernstruktur sind (s. Kap. 3, Gl. (3.14)), läßt sich aus solchen Messungen mit großer Genauigkeit die Wechselwirkungskonstante G_β extrahieren.

Wir definieren hier die später benötigten *reduzierten Übergangswahrscheinlichkeiten (oder -stärken)* B_F für Fermi- und B_{GT} für Gamow-Teller-Zerfall

$$B_F^\pm = \frac{|\langle N_f||T^\pm||N_i\rangle|^2}{2J_i + 1} \tag{2.12}$$

$$B_{GT}^\pm = \frac{c_A^2|\langle N_f||\sum_i \sigma(i)\tau^\pm(i)||N_i\rangle|^2}{2J_i + 1} \tag{2.13}$$

Die reduzierte Gamow-Teller-Stärke $B_{GT}^\pm$ enthält den in Abschn. 2.1.1 angesprochenen Faktor 3 implizit. Die reduzierten Matrixelemente der Operatoren $T^\pm$ und $\sum \sigma\tau^\pm$ zwischen den Anfangs- und Endkernzuständen $|N_i\rangle$ und $|N_f\rangle$ sind im Anhang definiert. B_F und B_{GT} enthalten die Information über den Einfluß der Kernstruktur auf erlaubte Übergänge. Außer B_F und B_{GT} gehen in die Berechnung von Observablen des β-Zerfalls die Kopplungskonstante G_β und die Leptonen-Matrixelemente ein. Der den letzteren entsprechende in die Zerfallsrate eingehende Faktor wird häufig etwas ungenau als "Phasenraumfaktor" bezeichnet.

2.1.3 Energiespektren und Zerfallsraten für erlaubte Übergänge

Für die Berechnung erlaubter Übergänge werden die Leptonen-Wellenfunktionen im gesamten Kernvolumen näherungsweise als konstant angenommen (Dies entspricht einer s-Welle, d.h. $\ell = 0$). Das hat zur Folge, daß die Kernmatrixelemente bis auf einen Winkelkorrelationsfaktor von den Leptonen-Matrixelementen unabhängig sind (vgl. Abschn. 2.3.1). Wenn man die totale Zerfallsrate berechnen will, so kann über die Winkelkorrelationen gemittelt werden und man erhält für die Zerfallsrate

2.1 Phänomenologie des Kernbetazerfalls

$dW/(dt\, dE_e)$ pro Elektron-Endenergie-Intervall dE_e nach *Fermi's goldener Regel* den Zusammenhang

$$\frac{dW}{dt\, dE_e} = G_\beta^2 \frac{d\rho}{dE_e}[B_F + B_{GT}] \tag{2.14}$$

ρ ist dabei ein rein kinematischer Faktor, welcher die Zustandsdichte im Endzustand wiedergibt. Im β^--Zerfall ist ρ im Schwerpunktsystem gegeben durch:

$$\rho = \frac{1}{(2\pi)^5} \int d^3p_f\, d^3p_e\, d^3p_{\overline{\nu}}\, \delta^3(\vec{p}_f + \vec{p}_e + \vec{p}_{\overline{\nu}})\, \delta(E_i - E_f - E_e - E_{\overline{\nu}}) \tag{2.15}$$

Hier bezeichnen $\vec{p}_{\overline{\nu}}$, $\vec{p}_e$ und $\vec{p}_f$ die Impulse von Neutrino, Elektron und Endkern. E_e und $E_{\overline{\nu}}$ sind die totalen Energien von Elektron und Neutrino, E_i und E_f sind die Energien von Ausgangs- und Endkernniveau.

Diese Zusammenhänge ergeben sich in folgender Weise:

Die T-Matrix: Mit der in der zeitabhängigen Störungstheorie durch eine unendliche Reihe definierten Streumatrix S_{fi} (s. Gl. (A.104)) berechnet sich die Übergangswahrscheinlichkeit P_{fi} zwischen einem Anfangszustand $|i\rangle$ und einem Endzustand $|f\rangle$ allgemein zu:

$$P_{fi} = S_{fi}^* S_{fi} \tag{2.16}$$

Es ist sinnvoll, die Streumatrix S_{fi} aufzuspalten in einen trivialen Anteil δ_{fi} (keine Wechselwirkung) und in einen Teil, welcher ausschließlich Wechselwirkungseffekte enthält. Wenn man außerdem noch berücksichtigt, daß bei allen Prozessen Vierer-Impulserhaltung gilt, so kann man einen Faktor

$$(2\pi)^4\, \delta^4(\Sigma p_f - \Sigma p_i) \equiv (2\pi)^3\, \delta^3(\Sigma \vec{p}_f - \vec{p}_i) 2\pi\, \delta(E_f - E_i) \tag{2.17}$$

abspalten. Dabei bezeichnen p_f und p_i Energie-Impuls-Vierervektoren der beteiligten Teilchen. Die dreidimensionale δ-Funktion, welche die Impulserhaltung ausdrückt, ist nur dann von Null verschieden, wenn alle Komponenten des Argumentvektors gleich Null sind. Danach läßt sich die nur noch die Dynamik enthaltende T-Matrix definieren durch[2]

$$S_{fi} = \delta_{fi} + (2\pi)^4\, \delta^4(\Sigma p_f - \Sigma p_i) i\, T_{fi} \tag{2.18}$$

---

[2] Je nach Autor enthält die Definition von T konventionsabhängige Normierungsfaktoren. Die nach (2.18) definierte T-Matrix ist nicht Lorentz-invariant, hat aber den Vorteil, daß sie im β-Zerfall die in Abschn. 2.1 behandelten Matrixelemente ohne weitere Umrechnungsfaktoren liefert. Um eine Lorentz-invariante T-Matrix zu erhalten, müßte der Term proportional zu T_{fi} in (2.18) einen Normierungsfaktor enthalten:

$$N = \left(\prod_i (2E_i V) \prod_f (2E_f V)\right)^{-\frac{1}{2}}$$

Vergleicht man (2.18) mit der Reihenentwicklung der S-Matrix (s. Gl. (A.104)), so erkennt man, daß in erster Ordnung Störungstheorie gilt:

$$(2\pi)^4 \, \delta^4(\Sigma p_f - \Sigma p_i) T_{fi} = -\langle f | \int d^4x \, \boldsymbol{H}(x) | i \rangle \qquad (2.19)$$
$$= -(2\pi)^4 \, \delta^4(\Sigma p_f - \Sigma p_i) M_{fi}$$

Das hier eingeführte Matrixelement M_{fi} des Hamiltonoperators im Impulsraum und T_{fi} unterscheiden sich also in erster Ordnung Störungstheorie nur im Vorzeichen. Zur Berechnung von Übergangswahrscheinlichkeiten muß (2.18) in (2.16) eingesetzt werden, woraus sich ein Ausdruck ergibt, welcher das Quadrat der Vierer-Deltafunktion enthält. Da die Delta"funktion" eigentlich keine Funktion, sondern eine Distribution darstellt (s. z.B. [Mes 76]), ist ein solcher Ausdruck nicht ohne weiteres definiert.

Durch geeignete Definition anhand von Grenzübergängen erhält man schließlich (s. z.B. [Fey 65] oder [Gas 74,85], Kap. 22) folgendes Ergebnis:

$$P_{fi} = (2\pi)^4 \, \delta^4(\Sigma p_f - \Sigma p_i) Vt |T_{fi}|^2 \qquad (2.20)$$

Dabei ist V das Wechselwirkungsvolumen und t die Zeitdauer der Wechselwirkung. Um nun eine Übergangsrate dW_{fi}/dt pro Teilchen im Ausgangszustand zu erhalten, muß P_{fi} durch t und durch die Anzahl der Teilchen dividiert werden. Bei einer Teilchendichte von 1 pro Einheitsvolumen ist folglich durch V zu dividieren und man erhält für einen Zerfallsprozeß (nur ein Teilchen im Ausgangszustand):

$$\frac{dW_{fi}}{dt} = (2\pi)^4 \, \delta^4(\Sigma p_f - p_i) |T_{fi}|^2 \qquad (2.21)$$

Nun muß noch berücksichtigt werden, daß nicht nur ein quantenmechanischer Endzustand $|f\rangle$ mit definierten Viererimpulsen der Teilchen beiträgt, sondern alle mit der Viererimpuls-Erhaltung verträglichen Endzustände. Das bedeutet, jedes Teilchen des Endzustandes liefert einen Phasenraum-Faktor $d^3p/(2\pi)^3$ und es ist über den Impuls $\vec{p}$ zu integrieren. Die Zerfallsrate dW/dt wird damit:

$$\frac{dW}{dt} = (2\pi)^4 \sum_f \int \delta^4(\Sigma p_f - p_i) \prod_f \frac{d^3 p_f}{(2\pi)^3} |T_{fi}|^2 \qquad (2.22)$$

Im Falle von Teilchen mit Spin hat man außerdem auch über die möglichen Spinzustände im Endzustand zu summieren und über diejenigen im Ausgangszustand zu mitteln (falls Spins nicht beobachtet werden und der Zerfall einer unpolarisierten Probe betrachtet wird).

Wenn das Matrixelement T_{fi} unabhängig ist von der Kinematik, so kann dieses aus dem Integral herausgenommen werden und man erhält den einfachen Zusammenhang

$$\frac{dW}{dt} = \rho \cdot |\overline{T}|^2 = \rho \cdot |\overline{M}|^2 \; : \; \overline{T}, \overline{M} = \text{Spin-gemittelte Matrixelemente} \qquad (2.23)$$

mit

$$\rho = (2\pi)^4 \sum_{\text{Spins}} \int \delta^4(\Sigma p_f - p_i) \prod_f \frac{d^3 p_f}{(2\pi)^3} = \text{"Dichte der Zustände im Endkanal"} \qquad (2.24)$$

2.1 Phänomenologie des Kernbetazerfalls

Dieser sich aus der zeitabhängigen Störungstheorie 1.Ordnung ergebende Zusammenhang ist auch als *Fermi's goldene Regel* bekannt.

Die Annahme einer von der Kinematik unabhängigen T-Matrix ist im Kern-Betazerfall nahezu erfüllt. Die Kinematik ist hier durch die Leptonen-Wellenfunktionen definiert. Diese sind innerhalb des Kernvolumens bei den für den Betazerfall typischen Zerfallsenergien nahezu konstant. Vernachlässigt man die geringe Ortsabhängigkeit und mittelt über Winkelkorrelationen, so kann man das T-Matrixelement in Form von Kernmatrixelementen als Faktor abspalten. Diese Annahme liefert die schon angesprochenen erlaubten Übergänge. In diesem Fall hat man

$$|\overline{T}|^2 = G_\beta^2 [B_F(f) + B_{GT}(f)] \tag{2.25}$$

$$\rho = \frac{1}{(2\pi)^5} \int d^3 p_f \, d^3 p_e \, d^3 p_{\overline{\nu}} \, \delta^3(\vec{p}_f + \vec{p}_e + \vec{p}_{\overline{\nu}}) \delta(E_i - E_f - E_f^{kin} - E_e - E_{\overline{\nu}}) \tag{2.26}$$

Wir berechnen nun die Größe ρ. Definieren wir die Zerfallsenergie $\Delta_f = E_i - E_f$, vernachlässigen die kinetische Energie des Endkerns E_f^{kin} und integrieren über $\vec{p}_f$, so erhalten wir:

$$\rho = \frac{1}{(2\pi)^5} \int d^3 p_e \, d^3 p_{\overline{\nu}} \, \delta(\Delta_f - E_e - E_{\overline{\nu}}) \tag{2.27}$$

Mit $d^3 p = d\varphi \sin\vartheta d\vartheta \, p^2 dp$ wird daraus nach Integration über die Winkel:

$$\rho = \frac{1}{(2\pi)^5} \int 4\pi p_e^2 4\pi p_{\overline{\nu}}^2 \delta(\Delta_f - E_e - E_{\overline{\nu}}) dp_e \, dp_{\overline{\nu}} \tag{2.28}$$

Schließlich führen wir, unter der Annahme, daß die Neutrinos masselos sind, die Integration über $p_{\overline{\nu}} = E_{\overline{\nu}}$ aus:

$$\left. \begin{aligned} \rho &= \frac{1}{2\pi^3} \int p_e^2 E_{\overline{\nu}}^2 \, dp_e \\ &= \frac{1}{2\pi^3} \int p_e^2 (\Delta_f - E_e)^2 \, dp_e \end{aligned} \right\} p_{\overline{\nu}} = E_{\overline{\nu}} = \Delta_f - E_e \tag{2.29}$$

Mit $dp_e = (E_e/p_e)dE_e$ wird daraus:

$$\rho = \int d\rho = \frac{1}{2\pi^3} \int_{m_e}^{\Delta_f} p_e E_e (\Delta_f - E_e)^2 dE_e \tag{2.30}$$

oder

$$d\rho = \frac{1}{2\pi^3} p_e E_e (\Delta_f - E_e)^2 dE_e \tag{2.31}$$

Für die *totale Zerfallsrate* dW_f/dt zum Niveau f erhält man folglich:

$$\frac{dW_f}{dt} = G_\beta^2[B_F(f) + B_{GT}(f)]\rho = \frac{G_\beta^2}{2\pi^3}[B_F(f) + B_{GT}(f)]$$
$$\int_{m_e}^{\Delta_f} p_e E_e (\Delta_f - E_e)^2 dE_e \qquad (2.32)$$

Wenn man sich für die Energieverteilung der Elektronen *(Elektronenspektrum)* interessiert, so hat man die differentielle Größe

$$\frac{dW_f}{dt\, dE_e} = \frac{G_\beta^2}{2\pi^3} p_e E_e (\Delta_f - E_e)^2 [B_F(f) + B_{GT}(f)] \qquad (2.33)$$

zu betrachten.

Gleichungen (2.32) und (2.33) liefern allerdings i.a. keine realistischen Ergebnisse, da bisher die Coulombwechselwirkung zwischen Kern und Elektron vernachlässigt worden ist.

Man kann den Einfluß dieser Wechselwirkung auf ρ als eine Transformation des Elektronphasenraumes verstehen. Der beim Zerfall am Kernort vorhandene Phasenraum ist ein anderer als der durch den asymptotischen Impuls p_e des Elektrons im Unendlichen gegebene. Das Elektron muß beim β^--Zerfall, da es bei und nach Emission der Coulombanziehung unterliegt, mit größerer Energie verglichen mit E_e emittiert werden. Das entspricht einem gegenüber $4\pi p_e^2 dp_e$ vergrößerten Phasenraum. Die Coulombwechselwirkung vergrößert also den kinematischen Faktor ρ für β^--Zerfall und verkleinert entsprechend den analogen Faktor für β^+-Zerfall. Der Unterschied in der Spektren*form* von β^-- und β^+-Zerfall (Abb. 2.6) wird qualitativ verständlich, wenn man bedenkt, daß die Positronen beim Verlassen des Kerns durch die Coulombwechselwirkung im Gegensatz zu den Elektronen abgestoßen werden. Quantitativ ist diese Phasenraumkorrektur gegeben durch

$$F(Z, E_e) = |\psi(0)_{\text{mit}}/\psi(0)_{\text{ohne}}|^2, \qquad (2.34)$$

also das Quadrat des Verhältnisses der Elektronwellenfunktionen am Kernort, einmal berechnet *mit* Berücksichtigung der Coulombwechselwirkung für einen ausgedehnten Kern und einmal *ohne* Coulombwechselwirkung. Diese Korrektur $F(Z, E)$ ist unter dem Namen *Fermifunktion* bekannt. Für nichtrelativistische Elektronen im Feld eines punktförmigen Kerns läßt sich eine analytische Formel herleiten:

$$F_{NR}(Z, E) = \frac{2\pi\eta}{1 - e^{-2\pi\eta}} \qquad (2.35)$$

mit

$$\eta = \pm \frac{Ze^2}{v_e} \qquad \text{für } \beta^\mp\text{-Zerfall} \qquad (2.36)$$

2.1 Phänomenologie des Kernbetazerfalls

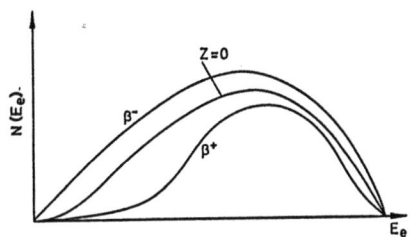

Abb. 2.6: Einfluß der Coulomb-Korrektur auf die Form des β-Spektrums (schematisch, aus [May 84]).

Dabei ist v_e die Geschwindigkeit des emittierten Elektrons (Positrons) im Unendlichen. Für schwere Kerne (großes Z) ist diese Näherung jedoch nicht sehr gut, und $F(Z,E)$ muß anhand der Lösung der relativistischen Dirac-Gleichung mit dem Coulomb-Potential eines ausgedehnten Kernes berechnet werden. (Numerische Werte für die Fermifunktion $F(Z,E)$ sind tabelliert in [Beh 69]). Mit Berücksichtigung der Fermifunktion wird der Faktor $d\rho$ modifiziert

$$d\rho = \frac{1}{2\pi^3} F(Z,E)(\Delta_f - E_e)^2 p_e E_e dE_e \tag{2.37}$$

Für p_e und E_e müssen hier Elektronimpuls und Energie im Unendlichen genommen werden (Einfluß des Coulomb-Potentials vernachlässigbar). Insgesamt erhält man damit für die Zerfallsrate erlaubter Übergänge pro Elektron-Energieintervall

$$\frac{dW}{dt\,dE_e} = \frac{G_\beta^2}{2\pi^3} F(Z,E) p_e E_e (\Delta_f - E_e)^2 [B_F + B_{GT}] \tag{2.38}$$

Es soll hervorgehoben werden, daß bei erlaubten Übergängen die *Form* des Elektronspektrums unabhängig von der Kernstruktur ist und lediglich durch den Leptonenphasenraum und dessen Modifikation durch die Coulombwechselwirkung bestimmt ist. Bei verbotenen Übergängen dagegen ist die T-Matrix energieabhängig und beeinflußt dadurch das Elektronspektrum.

Zur Analyse experimenteller Elektron-Spektren ist es zweckmäßig, diese in einem sogenannten *Kurie-Diagramm* aufzutragen (Abb. 2.7). Dabei wird die Größe

$$K(E) = \sqrt{(dW/dE_e)/(p_e E_e F(Z,E_e))}$$

als Funktion von E_e betrachtet. Für das statistische Spektrum (2.38) ergibt sich dann eine Gerade. Korrekturen, verursacht etwa durch Beiträge verbotener Übergänge oder auch durch eine Neutrinomasse (s. Kap. 7) lassen sich dann anhand von Abweichungen vom linearen Zusammenhang sehr genau untersuchen. Im Falle einer endlichen Neutrinomasse ist der Endpunkt des Elektronenspektrums um die Ruhemasse des Neutrinos verschoben

$$E \leq \Delta_f - m$$

und gleichzeitig ist die Form des Spektrums in der Nähe des Endpunktes verändert (s. Kap. 7 u. z.B. [Gre 86]).

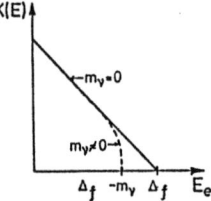

Abb. 2.7: Kurie-Plot: Indem anstelle von dW/dE_e die Größe $K(E) = \sqrt{(dW/dE_e)/(p_e E_e F(Z, E_e))}$ als Funktion von E_e dargestellt wird, erreicht man eine lineare Darstellung des Elektronspektrums von erlaubten Übergängen. Eine solche Darstellung ist u.a. ersichtlich besonders geeignet, um die Masselosigkeit des Neutrinos zu testen (s. Abschn. 7.3.2, aus [Gre 86]).

Um die totale Zerfallsrate zu erhalten, muß Gl. (2.38) schließlich noch über die Elektronen-Energie integriert werden:

$$\frac{dW}{dt} = \int_{m_e}^{\Delta_f} \frac{dW}{dt\,dE_e} dE_e = \frac{G_\beta^2 m_e^5}{2\pi^3} f[B_F + B_{GT}] \tag{2.39}$$

mit

$$f \equiv \frac{1}{m_e^5} \int_{m_e}^{\Delta_f} F(Z, E) p_e E_e (\Delta_f - E_e)^2 dE_e \tag{2.40}$$

Das sogenannte *Fermi-Integral* f findet man tabelliert in [Gov 71]. Der Zusammenhang zwischen Zerfallsrate und Halbwertszeit $t_{1/2}$ ist gegeben durch:

$$t_{1/2} = [dW/dt]^{-1} \ln 2 \tag{2.41}$$

Damit folgt aus (2.39) die Beziehung:

$$ft_{1/2} = \frac{2\pi^3 \ln 2}{G_\beta^2 m_e^5} \frac{1}{[B_F + B_{GT}]} = \frac{4\pi D}{[B_F + B_{GT}]} \tag{2.42}$$

2.1 Phänomenologie des Kernbetazerfalls

$t_{1/2}$ ist die *partielle* Halbwertszeit für einen Übergang in ein bestimmtes Niveau E_f des Tochterkerns. Die 'totale' Halbwertszeit $T_{1/2}$ für erlaubten β-Zerfall in den Tochterkern ergibt sich durch Summation über alle im β-Zerfall bevölkerten Endzustände E_f

$$T_{1/2}^{-1} = \sum f_f \frac{B_F(E_f) + B_{GT}(E_f)}{4\pi D} \tag{2.43}$$

Der sogenannte ft-Wert wird benutzt, um die Übergänge hinsichtlich ihrer "Stärke" zu klassifizieren. Ein kleiner ft-Wert ist gleichbedeutend mit großen reduzierten Übergangsstärken.

Hier ist eine Bemerkung über die physikalischen Dimensionen angebracht. Die Größe f ist dimensionslos, wenn Energien und Impulse, wie üblich, und wie es der Definition (2.40) entspricht, in Einheiten von $m_e c^2$ bzw. $m_e c$ gemessen werden. Daraus folgt, daß $ft_{1/2}$ die Dimension einer Zeit besitzt. In der Literatur wird $ft_{1/2}$ jedoch durchweg als dimensionslos behandelt, insbesondere ist es üblich, $\log(ft_{1/2})$ zu bilden. Dabei wird der Zahlenwert von $ft_{1/2}$ gemessen in Sekunden benutzt. Da B_F und B_{GT} dimensionslos sind, besitzt die Konstante D nach (2.42) ebenfalls die Dimension einer Zeit. Ihr numerischer Wert ist: $D = 6050$ Sekunden. Zu dieser Problematik siehe auch die Diskussion in dem Buch von Behrens und Bühring [Beh 82] auf S. 231.

2.1.4 Verbotene Übergänge

Neben den erlaubten Übergängen (Auswahlregeln Tab. 2.1), bei denen die Leptonen keinen Bahndrehimpuls tragen, treten beim Zerfall eines ausgedehnten Objektes, wie es der Atomkern darstellt, auch Übergänge auf, bei denen ein oder beide Leptonen Bahndrehimpuls erhalten. Diese werden allgemein als verbotene Übergänge klassifiziert. Die Bezeichnungen "erlaubt" und "verboten" sind Ausdruck der Tatsache, daß Übergänge mit Bahndrehimpulsübertrag in ihrer Zerfallsrate stark unterdrückt sind. Vergleicht man die Zerfallsraten direkt, so trifft diese Aussage allerdings nur für Übergänge mit derselben Zerfallsenergie zu. Um die in die unterschiedlichen Zerfälle eingehende Kernstruktur zu vergleichen, eignet sich deshalb der ft-Wert, der den stark von der Zerfallsenergie abhängigen Phasenraumfaktor ρ der Leptonen nicht enthält.

Der Ursprung dieser Unterdrückung liegt darin begründet, daß ein Übergang mit Leptonen-Bahndrehimpuls ℓ der ℓ-ten Ordnung einer Multipolentwicklung der Leptonen-Wellenfunktionen nach der Größe Rq entspricht (vgl. Abschn. 2.3.2). Dabei ist R der Kernradius und q der Impulsübertrag zwischen Kern und Leptonen. Typischerweise ist

$$(q \cdot R)^\ell \approx (0.05)^\ell \tag{2.44}$$

Das Quadrat dieses Faktors $(q \cdot R)^{2\ell}$ ist ein Maß für die Unterdrückung der Raten von Übergängen mit Bahndrehimpulsübertrag ℓ verglichen mit erlaubten Übergängen. Allerdings gewinnen verbotene Übergänge bei hohen Zerfallsenergien (großes q!) an

Bedeutung. Man kann für verbotene Übergänge ebenfalls den rein phänomenologisch definierten ft-Wert mit der experimentellen Halbwertszeit t und dem Faktor f aus (2.40) bilden. Dieser darf allerdings nicht verwechselt werden mit dem in der Literatur ebenfalls verwendeten $f_n t$-Wert, welcher nur für sogenannte "unique"-verbotene Übergänge definiert ist. *Unique-verboten* heißen Übergänge, zu welchen nur eine einzige Multipolkomponente und nur *ein* Übergangsoperator beiträgt (s. [Boh 75]). Für diese besteht der dem erlaubten Fall entsprechende Zusammenhang zwischen $f_n t$ und der reduzierten Übergangsstärke B_n:

$$f_n t_{1/2} = \frac{2\pi^3 \ln 2}{G_\beta^2 m_e^5 B_n} \qquad (2.45)$$

Der Faktor f_n *entspricht* dabei dem Faktor $f \equiv f_0$ aus (2.40) für erlaubte Übergänge.

Tab. 2.2: Auswahlregeln und typische $\log(ft)$-Werte für β-Übergänge

	$|\Delta J|$	$\Delta \pi$	$\log(ft)$ (typisch)	Beispiel $(J_i \to J_f)$	$\log(ft)$
Super- erlaubt (Fermi +Gamow- Teller)	0	nein	≈ 3	$n \to p$ $(\frac{1}{2}^+ \to \frac{1}{2}^+)$ $^{14}\text{O} \to {}^{14}\text{N}$ $(0^+ \to 0^+)$	3.0 3.086
erlaubt (Gamow- Teller)	0, 1 (nicht $0^+ \to 0^+$)	nein	$\approx 4 - 6$	$^{64}\text{Cu} \to {}^{64}\text{Ni}$ $(1^+ \to 0^+)$	5.0
einfach verboten	0, 1, 2	ja	$\approx 6 - 9$	$^{209}\text{Pb} \to {}^{209}\text{Bi}$ $(\frac{9}{2}^+ \to \frac{9}{2}^-)$	5.62
zweifach verboten	2, 3	nein	$\approx 11 - 13$	$^{99}\text{Tc} \to {}^{99}\text{Ru}$ $(\frac{9}{2}^+ \to \frac{5}{2}^+)$	12.3
dreifach verboten	3, 4	ja	≈ 18	$^{87}\text{Rb} \to {}^{87}\text{Sr}$ $(\frac{3}{2}^- \to \frac{9}{2}^+)$	17.6

Die meisten verbotenen Übergänge sind jedoch nicht unique, d.h. es tragen mehrere Komponenten bei. Tab. 2.2 gibt neben den Auswahlregeln der verschiedenen Übergänge typische $\log(ft)$-Werte dieser Übergänge an. Die Auswahlregel für die Änderung ΔJ des gesamten Kernspins ergibt sich dabei durch Kombination der möglichen

Änderung des Bahndrehimpulses ℓ und des Spins s des Nukleons. Da $|\Delta s| \leq 1$, ist in jedem Fall $|\Delta J| \leq |\Delta \ell| + 1$.

2.2 Vier-Fermionen-Punkt-Wechselwirkung

Wir wollen nun die klassische Theorie der schwachen Wechselwirkung, welche auf Fermi's Ansatz von 1934 basiert, behandeln und dabei auch die geschichtliche Entwicklung etwas beleuchten. Diese klassische Theorie, welche die Austauschbosonen der modernen Glashow-Weinberg-Salam Theorie (s. Kap. 5) noch nicht kannte, ist jedoch nicht nur von historischem Interesse, sondern liefert für die Beschreibung der klassischen niederenergetischen schwachen Prozesse, wie sie β-Zerfall oder μ-Zerfall darstellen, dieselben Ergebnisse wie die moderne Theorie. Bevor wir auf die Beschreibung der klassischen Theorie eingehen, wollen wir kurz erläutern, was man unter relativistischen Wechselwirkungsströmen zu verstehen hat.

2.2.1 Relativistische Wechselwirkungsströme

Von der elektromagnetischen Wechselwirkung ist allgemein bekannt, daß sie eine statische (Ladung $\rightarrow$ Coulomb-Gesetz) und eine dynamische (Strom $\rightarrow$ Biot-Savart-Gesetz) Komponente besitzt. In einer relativistisch invarianten Beschreibung müssen diese beiden Komponenten einheitlich behandelt werden. Das führt auf einen relativistischen Wechselwirkungsstrom. Eine von Elektronen verursachte elektromagnetische Vierer-Stromdichte ist gegeben durch:

$$J_\mu^{EM}(x) = -\overline{\psi}_e(x)\gamma_\mu \psi_e(x) \tag{2.46}$$

Hierbei sind die 4×4 Matrizen γ_μ die 4 Dirac'schen γ-Matrizen:

$$\gamma^0 = \begin{pmatrix} I & \cdot & 0 \\ \cdot & \cdot & \cdot \\ 0 & \cdot & -I \end{pmatrix} \quad \vec{\gamma} = \begin{pmatrix} 0 & \cdot & \vec{\sigma} \\ \cdot & \cdot & \cdot \\ -\vec{\sigma} & \cdot & 0 \end{pmatrix} \tag{2.47}$$

Dabei bedeutet I die 2×2 Einheitsmatrix:

$$I = \begin{pmatrix} 1 & 0 \\ 0 & 1 \end{pmatrix}$$

Wir definieren außerdem die später benötigte Matrix

$$\gamma^5 = \gamma_5 = \begin{pmatrix} 0 & \cdot & I \\ \cdot & \cdot & \cdot \\ I & \cdot & 0 \end{pmatrix} = i\gamma^0 \gamma^1 \gamma^2 \gamma^3 \tag{2.48}$$

2 Klassische Theorie der schwachen Wechselwirkung, Kernbetazerfall

Die Größe $\psi_e(x)$ ist Lösung der relativistisch invarianten Bewegungsgleichung für ein Spin 1/2 Teilchen, der *Dirac-Gleichung*, und stellt in einer herkömmlichen quantenmechanischen Beschreibung (keine Quantenfeldtheorie) die Spinor-Wellenfunktion des Elektrons (oder auch Positrons) dar. Für einen freien Elektronenzustand mit Viererimpuls p^μ, ($p^0 = E$) und Spinzustand s hat man (s. Anhang) die Wellenfunktion:

$$\psi_e(x) = \frac{1}{\sqrt{2VE}} u(p,s) e^{-i\,px} \qquad (2.49)$$

mit dem Viererspinor

$$u(p,s) = \sqrt{E+m} \begin{pmatrix} \chi_s \\ \frac{\vec{\sigma}\vec{p}}{E+m}\chi_s \end{pmatrix} \qquad (2.50)$$

V ist das Normierungsvolumen der Wellenfunktion, welches wir im Weiteren zur Vereinfachung als Einheitsvolumen annehmen.

Hier müssen wir die Notation der relativistischen Vierervektoren erklären:
Wir bezeichnen mit x^μ und p^μ den Raum-Zeit-Vektor $x^\mu = (t, x^1, x^2, x^3)$ und den Viererimpuls-Vektor $p^\mu = (E, p^1, p^2, p^3)$. Für einen beliebigen Vierervektor $r^\mu = (r^0, r^1, r^2, r^3)$ gilt

$$r_\mu = \sum_\nu g_{\mu\nu} r^\nu = (r^0, -r^1, -r^2, -r^3) \qquad (2.51)$$

Dabei ist $g_{\mu\nu}$ der metrische Tensor

$$g_{\mu\nu} = \begin{pmatrix} 1 & 0 & 0 & 0 \\ 0 & -1 & 0 & 0 \\ 0 & 0 & -1 & 0 \\ 0 & 0 & 0 & -1 \end{pmatrix} \qquad (2.52)$$

Es gilt weiter die Summationskonvention, d.h.bei Auftreten gleicher unterer und oberer Indizes wird über diese automatisch summiert, z.B.:

$$p_\mu x^\mu \equiv \sum_\mu p_\mu x^\mu \qquad (2.53)$$

Da nun $p_\mu x^\mu = p^\mu x_\mu$, lassen wir die Indizes oft ganz weg und schreiben einfach px. Ebenso kann auf die Indizes bei Funktionsargumenten verzichtet werden.

Betrachtet man Prozesse, bei welchen Teilchen mit relativistischen Energien auftreten ($E \gtrsim 2m$, wobei m die Ruhmasse bezeichnet), so ist die Teilchenzahl keine Erhaltungsgröße mehr, sondern die Erzeugung und Vernichtung von Teilchen muß in Betracht gezogen werden. Eine adäquate Beschreibung solcher Prozesse kann nicht in der relativistischen Verallgemeinerung der Schrödinger-Theorie, wie sie durch Wellenfunktionen der Gestalt (2.49) verkörpert wird, erreicht werden. Vielmehr ist eine quantenfeldtheoretische Beschreibung notwendig. Dabei werden die physikalischen

2.2 Vier-Fermionen-Punkt-Wechselwirkung

Zustände nicht durch Wellenfunktionen $\psi(x)$ wie (2.49) charakterisiert, sondern durch Teilchen-*Besetzungszahlen* der Impuls-Basiszustände. Die Größe $\psi_e(x)$ in der Bewegungsgleichung muß dann als *Quantenfeldoperator* $\psi_e(x)$ interpretiert werden (s. auch Anhang; eine sehr gute Einführung in die relativistische Quantenfeldtheorie findet man bei [Bjo 78]):

$$\psi_e(x) = \frac{1}{\sqrt{V}} \sum_s \int d^3p \frac{1}{\sqrt{2E}} [b(p,s) u(p,s) e^{-ipx} + d^\dagger(p,s) v(p,s) e^{ipx}] \quad (2.54)$$

Dabei ist $b(p,s)$ ein Elektron-Vernichtungsoperator zum Elektronbasiszustand $|e_p, s\rangle$ mit Viererimpuls p und Spinstellung s. Der Operator $d^\dagger(p,s)$ dagegen erzeugt ein Positron ebenfalls mit Viererimpuls p und Spinstellung s aus dem Vakuum. Wir verwenden das Zeichen † zur Bezeichnung der hermite'schen Konjugation. $u(p,s)$ und $v(p,s)$ sind die Dirac-Spinoren des Elektrons und des Positrons. (Die Einführung der Operatoren $b(p,s)$ und $d^\dagger(p,s)$ zusammen mit geeigneten Vertauschungsregeln wird häufig als *zweite Quantisierung* bezeichnet. Tatsächlich kann dieser Formalismus aus der Quantisierung eines klassischen Feldes abgeleitet werden, s. z.B. [Lan 74]).

Der durch $\overline{\psi}_e(x) \equiv \psi^\dagger_e(x)\gamma_0$ definierte Operator enthält die zu $b(p,s)$ und $d^\dagger(p,s)$ hermite'sch konjugierten Teilchenoperatoren $b^\dagger(p,s)$ und $d(p,s)$, welche ein Elektron erzeugen bzw. ein Positron vernichten. Die Wirkung der Operatoren $\psi_e(x)$ und $\overline{\psi}_e(x)$ auf physikalische Zustände kann folgendermaßen charakterisiert werden (s. a. Anhang)

ψ vernichtet ein einlaufendes Teilchen (Teilchen im Anfangszustand) oder erzeugt ein auslaufendes Antiteilchen (Antiteilchen im Endzustand)

$\overline{\psi}$ erzeugt ein auslaufendes Teilchen (Teilchen in Endzustand) oder vernichtet ein einlaufendes Antiteilchen (Antiteilchen im Anfangszustand)

Interpretiert man nun die Stromdichte (2.46) mit $\overline{\psi}_e$ und ψ_e als Feldoperatoren, so enthält diese die folgenden vier Beiträge:

1. Vernichtung und Erzeugung eines Elektrons (Elektron-Streuung)

2. Erzeugung eines Elektron-Positron Paares (Paarerzeugung)

3. Vernichtung eines
   Elektron-Positron Paares
   (Paarvernichtung)

4. Vernichtung eines Positrons und
   Erzeugung eines Positrons
   (Positronstreuung)

Den ersten und vierten Beitrag erhält man auch in der nicht-quantenfeldtheoretischen Interpretation mit ψ_e als Spinorwellenfunktion des Elektrons und des Positrons. Die Beiträge 2 (Paarerzeugung) und 3 (Paarvernichtung) sind jedoch reine Effekte der Quantenfeldtheorie.

Die elektromagnetische Wechselwirkung wird in der Quantenelektrodynamik (s. z.B. [Fey 62]) beschrieben durch die Kopplung der Stromdichte $\boldsymbol{J}_\mu^{EM}$ an das Feld A_μ, welches sich in einer klassischen Betrachtungsweise aus elektrostatischem Potential ϕ und dem Vektorpotential $\vec{A}$ zusammensetzt. In der Quantenfeldtheorie ist $\boldsymbol{A}_\mu$ jedoch ebenfalls als Feldoperator zu deuten und beschreibt das Photon. Die Hamiltondichte ist gegeben durch:

$$\boldsymbol{H}_{EM}(\mathbf{x}) = +e\boldsymbol{J}_\mu^{EM}(\mathbf{x})\boldsymbol{A}^\mu(\mathbf{x}) = -e\overline{\boldsymbol{\psi}}_e(\mathbf{x})\boldsymbol{\gamma}_\mu\boldsymbol{\psi}_e(\mathbf{x})\boldsymbol{A}^\mu(\mathbf{x}) \tag{2.55}$$

(man beachte, daß $e > 0$ der Betrag der Elementarladung ist). Man kann leicht die folgenden Entsprechungen zwischen den Komponenten von (2.55) und den klassischen Wechselwirkungstermen erkennen:

$$-e\overline{\boldsymbol{\psi}}_e\boldsymbol{\gamma}_0\boldsymbol{\psi}_e\boldsymbol{A}^0 \quad \rightarrow \quad +\rho\phi \tag{2.56}$$

$$e\overline{\boldsymbol{\psi}}_e\vec{\boldsymbol{\gamma}}\,\boldsymbol{\psi}_e\vec{\boldsymbol{A}} \quad \rightarrow \quad \vec{j}\cdot\vec{A} + \text{spinabhängige Wechselwirkungen} \tag{2.57}$$

Hier bedeuten ρ und $\vec{j}$ die klassische Ladungs- bzw. Stromdichte. (Wie hier angedeutet, resultiert aus der relativistisch invarianten Formulierung auch automatisch die Wechselwirkung des Elektronen-Spins mit dem elektromagnetischen Feld, also das magnetische Moment des Elektrons).

2.2.2 Fermi's Ansatz

Fermi [Fer 34] führte zur Beschreibung der schwachen Wechselwirkung eine "schwache hadronische" Stromdichte $\boldsymbol{V}_\mu^c(\mathbf{x})$ ein. Der Graph in Abb. 1.11b enthält einen solchen Strom auf Quarkebene. 1934 war jedoch noch keine innere Struktur der Nukleonen bekannt, und da beim β-Zerfall ein Neutron in ein Proton umgewandelt wird, nahm Fermi für $\boldsymbol{V}_\mu^{c\dagger}(\mathbf{x})$ die Form an:

2.2 Vier-Fermionen-Punkt-Wechselwirkung

$$V^{c\dagger}_\mu(x) = \overline{\psi}_p(x)\gamma_\mu\psi_n(x) \tag{2.58}$$

Der Index "c" steht für "charged" (=geladen) und soll anzeigen, daß sich die elektrische Ladung des beteiligten Teilchens (des Neutrons) ändert. Dies ist ein wesentlicher Unterschied zum elektromagnetischen Strom $J^{EM}_\mu(x)$.

Das direkte Analogon zur elektromagnetischen Wechselwirkung zwischen dem Strom $J^{EM}_\mu(x)$ und dem Feld $A_\mu(x)$ (Photon) ist die Wechselwirkung des schwachen Stromes $V^c_\mu(x)$ mit einem *schwachen Feld* $W^\pm(x)$ (W-Boson). Tatsächlich wird die schwache Wechselwirkung heute so verstanden. Zwei schwache Ströme koppeln über den Austausch eines W-Bosons.

Zu Fermi's Zeit gab es jedoch keine Anzeichen für die Existenz eines solchen schwachen Feldes. Eine derartige Austausch-Wechselwirkung hat endliche Reichweite. Wegen der großen Masse der W-Bosonen (82 GeV) beträgt sie bei der schwachen Wechselwirkung aber nur etwa 1/1000 fermi, und diese erscheint daher bei allen niederenergetischen Phänomenen als praktisch punktförmig (Abb. 2.8).

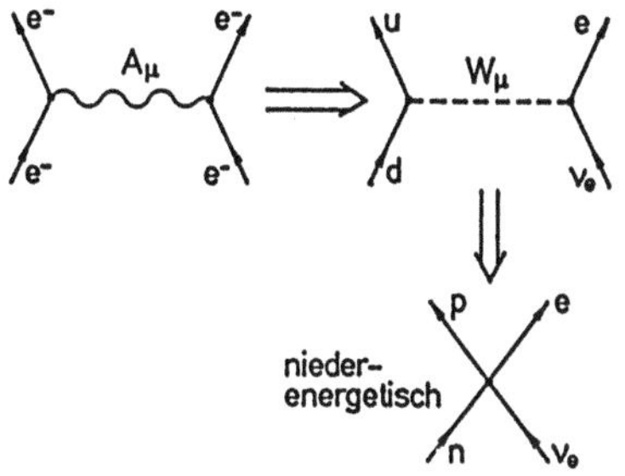

Abb. 2.8: Fermi's Theorie als niederenergetischer Grenzfall einer Wechselwirkung vermittelt durch Boson-Austausch

Fermi nahm eine punktförmige Wechselwirkung zwischen der Stromdichte $V^{c\dagger}_\mu(x)$ und einer gleichartig konstruierten *leptonischen Stromdichte* $l^c_\mu(x)$ an:

$$l^c_\mu(x) = \overline{\psi}_e(x)\gamma_\mu\psi_\nu(x) \tag{2.59}$$

Mit der β-Kopplungskonstanten G_β erhielt er die Hamiltonfunktion des Betazerfalls (sog. *Strom-Strom-Kopplung*):

$$\begin{aligned}H_\beta(x) &= \frac{G_\beta}{\sqrt{2}}(V^{c\mu}(x)l^{c\dagger}_\mu(x) + l^{c\mu}(x)V^{c\dagger}_\mu(x)) \\ &= \frac{G_\beta}{\sqrt{2}}(V^{c\mu}(x)l^{c\dagger}_\mu(x) + \text{hermite'sch konjugierter Term}[3])\end{aligned} \tag{2.60}$$

---

[3] Durch Hinzufügen von hermite'sch konjugierten Termen wird gewährleistet, daß der Operator H_β hermite'sch ist.

Wir verstehen eine solche Strom-Strom-Wechselwirkung heute als niederenergetischen Grenzfall der modernen Theorie mit W-Austausch (s. Kap. 4 und 5). Der erste Term in (2.60) beschreibt β^+-Zerfall und Elektron-Einfang (EC) und der zweite Term β^--Zerfall:

1. Term $= \dfrac{G_\beta}{\sqrt{2}} V^{c\mu}(x) l^{c+}_\mu(x)$

$= \dfrac{G_\beta}{\sqrt{2}} \overline{\psi}_n(x)\gamma^\mu \psi_p(x) \cdot \underbrace{\overline{\psi}_\nu(x)}_{\substack{\text{auslaufendes}\\\text{Neutrino}}} \cdot \gamma_\mu \cdot \underbrace{\psi_e(x)}_{\substack{\text{einlaufendes}\\\text{Elektron oder}\\\text{auslaufendes}\\\text{Positron}}}$ \hfill (2.61)

2. Term $= \dfrac{G_\beta}{\sqrt{2}} l^{c\mu}(x) V^{c+}_\mu(x)$

$= \dfrac{G_\beta}{\sqrt{2}} \cdot \underbrace{\overline{\psi}_e(x)}_{\substack{\text{auslaufendes}\\\text{Elektron}}} \cdot \gamma^\mu \cdot \underbrace{\psi_\nu(x)}_{\substack{\text{auslaufendes}\\\text{Antineutrino}}} \cdot \overline{\psi}_p(x)\gamma_\mu \psi_n(x)$ \hfill (2.62)

2.2.3 Mögliche Lorentz-invariante Wechselwirkungsstrukturen

Die Raumzeitstruktur der Wechselwirkung (2.60), die durch das Produkt $\gamma^\mu \gamma_\mu$ bestimmt ist, wird als *Vektor-Vektor-Kopplung* bezeichnet. $\overline{\psi}\gamma_\mu \psi$ transformiert sich nämlich unter Lorentz-Transformationen wie ein Raum-Zeit-Vektor. Eine wichtige Vorhersage dieser Vektor-Vektor-Kopplung, die dann später experimentell widerlegt wurde, ist, daß als erlaubte Betaübergänge in Kernen nur die in Abschn. 2.1.2 diskutierten Fermi-Übergänge möglich sind (daher deren Name). Solche Fermi-Übergänge wurden zwar bald gefunden, z.B. $0^+ \rightarrow 0^+$ Zerfälle von ^{14}O und ^{10}C, jedoch ist in der Natur der Gamow-Teller-Zerfall mit Spinänderung 1 und ebenfalls keiner Paritätsänderung stark vertreten, und wurde experimentell zuerst für den Zerfall von ^{6}He nachgewiesen. Somit konnte die von Fermi vorgeschlagene und zur elektromagnetischen Wechselwirkung analoge $\gamma_\mu \gamma^\mu$ Kopplung nicht ausreichend sein.

2.2 Vier-Fermionen-Punkt-Wechselwirkung

Gamow und Teller wiesen 1936 darauf hin [Gam 36], daß die Vektor-Vektor-Kopplung nicht die einzige denkbare Lorentz-invariante Struktur ist. Neben vektoriellen Stromdichten von der Form $\bar{\psi}_2 \gamma_\mu \psi_1$, wie sie Fermi annahm, kommen weitere Typen von Stromdichten in Betracht. Da die Spinoren vier Komponenten besitzen, ergeben sich 16 Freiheitsgrade für bilineare Kombinationen von $\bar{\psi}_2$ und ψ_1. Die Vektorstromdichte (V) nimmt 4 dieser 16 Freiheitsgrade in Anspruch. Die restlichen 12 verteilen sich auf Stromdichten, welche als skalar (S), tensoriell (T), pseudoskalar (P) und axialvektoriell (A) bezeichnet werden, wie in Tab. 2.3 angegeben. Aus dieser Tabelle kann das Transformationsverhalten der verschiedenen Stromtypen abgelesen werden.

Die Matrix γ_5 ist dabei verantwortlich für ein in gewissem Sinne "pathologisches" Verhalten pseudoskalarer und axialvektorieller Größen unter einer Paritätstransformation. Während z.B. eine skalare Stromdichte, wie für skalare Größen gewohnt, invariant ist unter der Paritätstransformation — allgemein unter allen Lorentztransformationen —, wechselt die ebenfalls einkomponentige Größe $\bar{\psi}_2 \gamma_5 \psi_1$ ihr Vorzeichen. Axialvektorielle Ströme transformieren sich, wie Tab. 2.3 zeigt, ebenfalls mit dem im Vergleich zu vektoriellen Strömen entgegengesetzten Vorzeichen.

Tab. 2.3: Die verschiedenen Stromstrukturen und ihr Verhalten unter Paritätstransformation. Insgesamt ergeben sich 16 linear unabhängige Komponenten. Diese Anzahl folgt daraus, daß ein Strom das Produkt zweier 4-komponentiger Spinoren enthält.

Stromdichte		Zahl der unabhängigen Komponenten	Verhalten unter Paritätstransformation
$\bar{\psi}\psi$	Skalar(S)	1	$S \to S$
$\bar{\psi}\gamma_\mu \psi$	Vektor(V)	4	$\vec{V} \to -\vec{V}, V_0 \to V_0$
$\bar{\psi}\gamma_\mu \gamma_\nu \psi$	Tensor(T)	6	$\left. \begin{array}{l} T^\nu_\mu \to T^\nu_\mu \\ T^\nu_0 \to T^\nu_0 \\ T^0_\mu \to -T^0_\mu \\ T^0_0 \to T^0_0 \end{array} \right\}$ für $\mu, \nu = 1, 2, 3$
$\bar{\psi}\gamma_5 \psi$	Pseudoskalar(P)	1	$P \to -P$
$\bar{\psi}\gamma_5 \gamma_\mu \psi$	Axialvektor(A)	4	$\vec{A} \to \vec{A}, A_0 \to -A_0$

Je zwei Stromdichten können nun zu einer Wechselwirkung der Strom-Strom-Struktur kombiniert werden. Dabei ist aber zu beachten, daß die dadurch gebildete Hamiltonfunktion einkomponentig und damit skalar oder pseudoskalar sein muß. Die Lorentz-Indizes der beiden Ströme müssen sich also kontrahieren lassen, d.h. über sie muß summiert werden können. Dies beschränkt die möglichen Wechselwirkungsstrukturen auf Linearkombinationen der Produkte SS, VV, TT, AA, PS und VA.

2.2.4 Paritätsverletzung und die V-A-Struktur der schwachen Wechselwirkung

Die beiden zuletzt genannten Strukturen PS und VA resultieren in einer pseudoskalaren Hamiltonfunktion H_{ps}. Eine solche ist gleichbedeutend mit einer Verletzung der Paritätserhaltung, weil H_{ps} nicht mit dem Paritätsoperator P vertauschbar ist:

$$H_{ps}P = -PH_{ps} \tag{2.63}$$

Da man bis Ende der 50-er Jahre die Paritätserhaltung wie selbstverständlich von der starken und elektromagnetischen Wechselwirkung auch auf die schwache Wechselwirkung übertragen hatte, schloß man zunächst die Strukturen PS und VA aus. Das führte dazu, daß beharrlich Irrwege beschritten wurden, bis sich Ende der 50-er Jahre herauskristallisierte, daß eine relativ einfache Erweiterung von Fermi's ursprünglichem Ansatz die richtige Wechselwirkung liefert.

Lange glaubte man, daß die schwache Wechselwirkung einen SS und einen TT, nicht aber den Fermi'schen VV Anteil enthält. Damit hätte man auch das Vorkommen von Gamow-Teller-Übergängen erklären können, ohne eine paritätsverletzende Hamiltonfunktion einführen zu müssen. Zweifel an der Paritätserhaltung kamen erst 1956 aufgrund des Studiums des Zerfalls des K^+-Mesons auf [Lee 56].

Dieses war damals noch nicht unter dem Namen K-Meson bekannt. Wegen zweier Zerfallsmoden — in zwei π-Mesonen oder in drei π-Mesonen —, welche sich eindeutig in der Parität des Endzustandes unterscheiden, hatte man vielmehr angenommen, es mit zwei verschiedenen Teilchen — Θ und τ genannt — zu tun zu haben. Man fand aber, daß diese beiden Teilchen durch keine weitere Eigenschaft, außer den unterschiedlichen Zerfallsmodi, zu unterscheiden waren. Dies führte schließlich zu der Erkenntnis, daß es sich bei Θ und τ um ein und dasselbe Teilchen handelt, und daß dessen Parität nicht erhalten ist. Endgültig wurde die Verletzung der Paritätserhaltung 1957 in dem *Experiment von Wu et al.* [Wu 57] nachgewiesen. Um die Idee dieses Experimentes zu verstehen, muß man sich klar machen, daß bei exakter Paritätserhaltung der Erwartungswert eines pseudoskalaren Operators O_{ps}, wie es z.B. γ_5 ist, also eines einkomponentigen Operators, welcher unter der Paritätstransformation sein Vorzeichen wechselt, immer verschwinden muß. Dies sieht man wie folgt:

Für einen Zustand definierter Parität $|\psi_\pi\rangle$ gilt: $P|\psi_\pi\rangle = \pi|\psi_\pi\rangle$ mit $\pi = \pm 1$. Somit ist

$$\langle\psi_\pi|O_{ps}|\psi_\pi\rangle = \langle\psi_\pi|\pi O_{ps}\pi|\psi_\pi\rangle = \langle\psi_\pi|PO_{ps}P|\psi_\pi\rangle \tag{2.64}$$

Andererseits gilt aber als Folge der pseudoskalaren Eigenschaft von O_{ps} (man erinnere sich an die Transformation von Operatoren, s. z.B. [Daw 74], Kap. 4):

$$PO_{ps}P = PO_{ps}P^{-1} = -O_{ps} \tag{2.65}$$

(2.64) und (2.65) liefern zusammen

2.2 Vier-Fermionen-Punkt-Wechselwirkung

$$\langle \psi_\pi | O_{ps} | \psi_\pi \rangle = -\langle \psi_\pi | O_{ps} | \psi_\pi \rangle \tag{2.66}$$

und somit:

$$\langle \psi_\pi | O_{ps} | \psi_\pi \rangle = 0 \tag{2.67}$$

Findet man folglich für einen Zustand $|\psi\rangle$, daß $\langle \psi | O_{ps} | \psi \rangle \neq 0$ ist, so bedeutet dies, daß $|\psi\rangle$ kein Paritätseigenzustand sein kann.

In dem Experiment von Wu et al. wurde nun der β-Zerfall (Gamow-Teller-Übergang) von ^{60}Co Kernen untersucht. Eine pseudoskalare Meßgröße ist durch das Skalarprodukt des Kernspins $\vec{s}_k$ mit dem Elektronimpuls $\vec{p}_e$ gegeben. Während der Impuls vektoriell ist, besitzen Drehimpulse axialvektoriellen Charakter, d.h., sie verhalten sich wie die Raumkomponenten der Axialvektorstromdichte in Tab. 2.3 und wechseln das Vorzeichen *nicht* bei einer Paritätstransformation (s. Abb. 2.9).

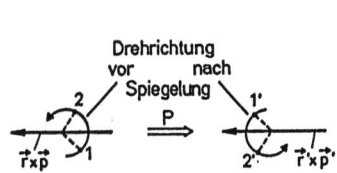
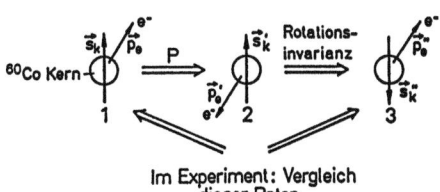

Abb. 2.9: Bei der Paritätstransformation, welche eine Punktspiegelung am Ursprung darstellt, ändert sich ein Drehimpulsvektor nicht. Dies kann man sich klarmachen, wenn man die Wirkung einer Punktspiegelung auf die dargestellten Punkte 1 und 2 betrachtet, die in 1' und 2' übergehen; die Drehrichtung ändert sich folglich nicht.

Abb. 2.10: Zum Prinzip des von Wu et al. durchgeführten ^{60}Co-Experimentes zur Paritätsverletzung. Der unter 1 dargestellte Kernspin und Impuls des beim Zerfall emittierten Elektrons gehen durch eine Paritätstransformation in die bei 2 gezeigten Vektoren über. Im Experiment wurde nun der zusätzlich um 180° rotierte Zustand 3 mit 1 verglichen. Die Ungleichheit beider Zerfallsraten beweist (unter der Voraussetzung von Rotationssymmetrie) die Verletzung der Paritätserhaltung.

Der Erwartungswert $\langle \vec{s}_k \cdot \vec{p}_e \rangle$ ließ sich nun bestimmen, indem für die ^{60}Co-Probe die Rate der in Richtung des Kernspins emittierten Elektronen mit der der entgegengesetzt zum Kernspin emittierten Elektronen verglichen wurde (Abb. 2.10). Zu diesem Zweck wurden die Kernspins in einem äußeren Magnetfeld ausgerichtet. Das Experiment ergab, daß die Elektronenrate unterschiedlich war, je nachdem, ob die Kernspins parallel oder antiparallel bezüglich der untersuchten Emissionsrichtung der Elektronen waren. Damit war bewiesen, daß der Erwartungswert $\langle \vec{s}_k \cdot \vec{p}_e \rangle$ ungleich 0 ist und somit die Paritätsverletzung nachgewiesen.

2 Klassische Theorie der schwachen Wechselwirkung, Kernbetazerfall

2.2.4.1 Helizität des Neutrinos

Einen weiteren Meilenstein in der Erforschung der schwachen Wechselwirkung bildete 1958 das *Goldhaber-Experiment* zur Helizität des Neutrinos [Gol 58]. Der Helizitätsoperator $\mathcal{H}$ ist für Fermionen definiert durch:

$$\mathcal{H} = \frac{\vec{p}\cdot\vec{\sigma}}{p} \tag{2.68}$$

Dabei ist $\vec{p}$ der Impulsoperator und $\vec{\sigma}$ der Spinoperator. $\mathcal{H}$ besitzt Eigenvektoren $|\psi_\pm\rangle$ mit den Eigenwerten ± 1:

$$\mathcal{H}|\psi_+\rangle = |\psi_+\rangle \tag{2.69}$$

$$\mathcal{H}|\psi_-\rangle = -|\psi_-\rangle \tag{2.70}$$

$|\psi_\pm\rangle$ sind Zustände, in denen der Spin in bzw. gegen die Flugrichtung ausgerichtet ist. Der Erwartungswert von $\mathcal{H}$ wird auch als Longitudinalpolarisation bezeichnet.

Da der Spin ein Axialvektor, der Impuls aber ein Vektor ist, bedeutet eine nichtverschwindende Longitudinalpolarisation des Neutrinos ebenfalls eine Paritätsverletzung. Bei Paritäts-Invarianz müßten Zustände positiver und negativer Helizität gleich wahrscheinlich sein.

Im Goldhaber-Experiment wurde nun der Elektron-Einfang (Gamow-Teller-Übergang) des 0^- Grundzustands von ^{152}Eu zu einem 1^- Zustand in ^{152}Sm untersucht (Abb. 2.11): $^{152}\text{Eu} + e^- \rightarrow {}^{152}\text{Sm} + \nu_e$.
Erhaltung des Drehimpulses fordert, daß der Spin des emittierten Neutrinos (welches keinen Bahndrehimpuls besitzt) entgegengesetzt zum Kernspin des 1^- Zustandes des ^{152}Sm ist. Da die Impulse $\vec{p}_\nu$ des Neutrinos und $\vec{p}_{Sm}$ des ^{152}Sm-Kerns infolge des Rückstosses ebenfalls entgegengesetzt sind, haben Neutrino und ^{152}Sm-Kern immer dieselbe relative Orientierung von Spin und Impuls. Aus der Beobachtung eines von Null verschiedenen Wertes für $\langle \vec{p}_{Sm} \cdot \vec{s}_{Sm} \rangle$ kann also auf eine Longitudinalpolarisation des Neutrinos geschlossen werden. Der Kernspin wird weiter im nachfolgenden $1^- \rightarrow 0^+$ γ-Zerfall des ^{152}Sm auf das emittierte γ-Quant übertragen, was bedeutet, daß die γ-Strahlung entsprechend dem Kernspin zirkular polarisiert ist. Es wurden nun im Experiment die in Flugrichtung des Kerns emittierten γ-Quanten durch Resonanzstreuung selektiert und dann deren Polarisation mittels Transmission durch magnetisiertes Eisen gemessen. Das Ergebnis war eine Links-Polarisation von $76 \pm 10\%$, zu vergleichen mit dem erwarteten Wert von 84% im Falle von vollständig polarisierten Neutrinos ($\langle \mathcal{H}_\nu \rangle = -1$). Das Experiment zeigte folglich, daß Neutrinos vollständig linkspolarisiert sind.

2.2.4.2 Relativistische Beschreibung händiger Teilchen

Der Helizitäts-Operator $\mathcal{H}$ (Gl. (2.68)) ist für massive Fermionen nicht relativistisch invariant. Durch eine geeignete Lorentztransformation in ein Bezugssystem, welches sich gegen das ursprüngliche mit einer Geschwindigkeit größer als die Teilchengeschwindigkeit

2.2 Vier-Fermionen-Punkt-Wechselwirkung

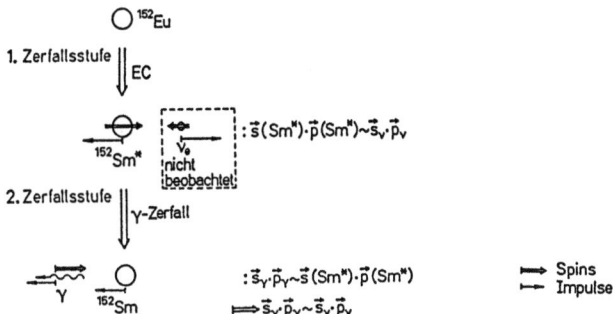

Abb. 2.11: Ausnutzung von Impuls- und Drehimpulserhaltung im Experiment zur Untersuchung der Neutrino-Helizität von Goldhaber, Grodzins und Sunyar [Gol 58]. Nach dem Elektroneinfang des Kerns ^{152}Eu sind sowohl Spin als auch Impuls des entstehenden Kerns ^{152}Sm* und des emittierten Neutrinos entgegengesetzt. Nachfolgend überträgt der Kern ^{152}Sm* seinen Drehimpuls auf ein emittiertes Photon. Bei Emissionsrichtung in Flugrichtung des Kerns besitzt das Photon dieselbe relative Lage von Spin und Impuls wie das nichtbeobachtete Neutrino.

bewegt, kann nämlich $|\psi_+\rangle$ in $|\psi_-\rangle$ übergeführt werden und umgekehrt. Die relativistisch invariante Größe, welche für masselose Fermionen identisch ist mit $\mathcal{H}$, ist durch den Operator γ_5 gegeben. Die Identität von $\mathcal{H}$ und γ_5 für masselose Teilchen läßt sich leicht erkennen. Der relativistische Spinor eines solchen Teilchens ist gegeben durch

$$u = \sqrt{p} \begin{pmatrix} \chi \\ \dfrac{\vec{\sigma}\vec{p}}{p}\chi \end{pmatrix} \qquad (2.71)$$

Somit ist:

$$\mathcal{H}u = \dfrac{-\vec{\sigma}\vec{p}}{p}\sqrt{p} \begin{pmatrix} \chi \\ \dfrac{\vec{\sigma}\vec{p}}{p}\chi \end{pmatrix} = \sqrt{p} \begin{pmatrix} \dfrac{\vec{\sigma}\vec{p}}{p}\chi \\ (\dfrac{\vec{\sigma}\vec{p}}{p})^2\chi \end{pmatrix} = \sqrt{p} \begin{pmatrix} \dfrac{\vec{\sigma}\vec{p}}{p}\chi \\ \chi \end{pmatrix} \qquad (2.72)$$

und andererseits ebenfalls:

$$\gamma_5 u = \sqrt{p} \begin{pmatrix} 0 & I \\ I & 0 \end{pmatrix} \begin{pmatrix} \chi \\ \dfrac{\vec{\sigma}\vec{p}}{p}\chi \end{pmatrix} = \sqrt{p} \begin{pmatrix} \dfrac{\vec{\sigma}\vec{p}}{p}\chi \\ \chi \end{pmatrix} \qquad (2.73)$$

In (2.72) ist die Wirkung des Operators $\mathcal{H}$ auf die Ortswellenfunktion vorweggenommen. Daher ist hier $\vec{p}$ der Eigenwert zum Operator $\vec{\hat{p}}$.

2 Klassische Theorie der schwachen Wechselwirkung, Kernbetazerfall

Mit Hilfe des Operators γ_5 kann nun ein relativistisch invarianter Projektionsoperator gebildet werden, welcher aus einem beliebigen Spinor die linkshändige Komponente (für masselose Teilchen identisch mit den Zuständen negativer Helizität) herausprojiziert. Dieser Operator ist $(1-\gamma_5)/2$.

Diese Projektionseigenschaft erkennt man leicht für masselose Teilchen. Die polarisierte Zustände beschreibenden Paulispinoren $\chi_\pm$ sind definiert durch:

$$\frac{\vec{\sigma}\vec{p}}{p}\chi_\pm = \pm\chi_\pm \tag{2.74}$$

Die entsprechenden Viererspinoren $u_\pm$ sind dann gegeben durch:

$$u_\pm = \sqrt{p}\begin{pmatrix} \chi_\pm \\ \frac{\vec{\sigma}\vec{p}}{p}\chi_\pm \end{pmatrix} = \sqrt{p}\begin{pmatrix} \chi_\pm \\ \pm\chi_\pm \end{pmatrix} \tag{2.75}$$

Mit diesen Spinoren erhält man das Ergebnis:

$$[(1-\gamma_5)/2]u_- = -u_- \tag{2.76}$$

und

$$[(1-\gamma_5)/2]u_+ = 0 \tag{2.77}$$

Als Konsequenz aus diesen Betrachtungen folgt eine mögliche Form der leptonischen Stromdichte, welche linkshändige Neutrinos zur Folge hat:

$$l_\mu^c(x) = \overline{\psi}_e(x)\gamma_\mu(1-\gamma_5)\psi_\nu(x) \tag{2.78}$$

(Es ist Konvention, den Faktor 1/2 aus der Definition der Stromdichten herauszunehmen). Der Operator $(1-\gamma_5)/2$ und sein Gegenstück $(1+\gamma_5)/2$ (projiziert auf Neutrinozustände mit Spin in Flugrichtung) werden *Händigkeits-* oder auch *Chiralitätsoperatoren* genannt.

Alle bis heute durchgeführten Experimente[4] *sind konsistent mit der Form (2.78) für den leptonischen Strom und mit einer ähnlichen für den hadronischen Strom* $h_\mu^{c\dagger}$ *[Boo 84]*[5]:

---

[4] Dies gilt eingeschränkt nur für Prozesse, die durch Kopplungen geladener Ströme bewirkt werden. Wir werden später sehen (s. Kap. 5), daß — abgesehen vom Neutrino — Kopplungen durch neutrale Ströme (s. Abschn. 2.2.5.3) *nicht* ausschließlich vom Typ V-A sind.

[5] Während wir bisher den von Fermi angenommenen Vektorstrom mit $V_\mu^{c\dagger}$ bezeichneten ("V" für "Vektor") steht $h_\mu^{c\dagger}$ für den *gesamten* geladenen hadronischen Strom, welcher $V_\mu^{c\dagger}$ enthält. Beim leptonischen Strom haben wir dagegen von der Einführung eines neuen Symboles abgesehen, da wir hier — im Gegensatz zum hadronischen Strom — den Vektoranteil nicht mehr getrennt betrachten werden.

2.2 Vier-Fermionen-Punkt-Wechselwirkung

$$h_\mu^{c+}(x) = \overline{\psi}_p(x)\gamma_\mu(1 - c_A\gamma_5)\psi_n(x) \qquad (2.79)$$

Die schwachen Ströme enthalten neben dem von Fermi vorgeschlagenen Vektoranteil also noch einen Axialvektoranteil[6] (*V-A*-(sprich: V minus A) *Struktur* der schwachen Wechselwirkung). Im Unterschied zum leptonischen Strom, für den Axialvektor- und Vektorkopplung gleich sind, ist beim hadronischen Strom der axiale Anteil mit einem von 1 verschiedenen Faktor c_A enthalten. $c_A \neq 1$ ist Folge der inneren Struktur der Hadronen und entsteht aufgrund von Renormierungseffekten durch die starke Wechselwirkung (s. Abschn. 5.4.2).

2.2.5 Die universelle Strom-Strom-Wechselwirkung, CVC und PCAC

Wir wollen nun neben dem Kernbetazerfall auch andere schwache Prozesse betrachten. Die einfachste und naheliegendste Form eines Hamiltonoperators, welcher auch solche Prozesse wie zum Beispiel den μ-Zerfall, $\mu^- \to e^- + \nu_\mu + \overline{\nu}_e$ und $\mu^+ \to e^+ + \overline{\nu}_\mu + \nu_e$, beschreibt, besteht in einer Verallgemeinerung von Fermi's Strom-Strom-Wechselwirkung Gl. (2.60), welche 1958 von Feynman und Gell-Mann vorgeschlagen wurde [Fey 58]:

$$H_\beta(x) = \frac{G_F}{\sqrt{2}} J^{c\mu}(x) J_\mu^{c+}(x) \qquad (2.80)$$

mit

$$J_\mu^c = h_\mu^c + l_\mu^c \qquad (2.81)$$

Diese Form des Hamiltonoperators enthält außer den gemischten Termen $h^{c\mu}l_\mu^{c+}$ und $l^{c\mu}h_\mu^{c+}$ auch den rein leptonischen Term $l_\mu^{c+}l^{c\mu}$ und den rein hadronischen Term $h^{c\mu}h_\mu^{c+}$. Der leptonische Strom wurde in naheliegender Weise auf den myonischen und tauonischen Sektor erweitert:

$$\begin{aligned} l_\mu^c(x) &= \overline{\psi}_e(x)\gamma_\mu(1-\gamma_5)\psi_{\nu_e}(x) \\ &+ \overline{\psi}_\mu(x)\gamma_\mu(1-\gamma_5)\psi_{\nu_\mu}(x) \\ &+ \overline{\psi}_\tau(x)\gamma_\mu(1-\gamma_5)\psi_{\nu_\tau}(x) \end{aligned} \qquad (2.82)$$

Dies ist die schon in Kap. 1 angesprochene *e-μ-τ Universalität*.

Da $(1-\gamma_5)/2$ die linkshändigen Feldkomponenten herausprojiziert, führen wir die folgende symbolische Abkürzung ein:

---

[6]Das Vorzeichen des Axialvektoranteiles ist abhängig von der Darstellung der γ-Matrizen. Vor allem in älterer Literatur wird häufig eine Darstellung verwendet, in welcher der Axialvektoranteil dasselbe Vorzeichen hat wie der Vektoranteil.

$$\nu_{eL} \equiv \frac{1}{2}(1-\gamma_5)\psi_{\nu_e} \tag{2.83}$$

und analog für die anderen Felder, z.B.:

$$e_L \equiv \frac{1}{2}(1-\gamma_5)\psi_e \tag{2.84}$$

Es ist aber zu beachten, daß die linkshändigen Feldkomponenten nur für masselose Teilchen eigenständige Lösungen der Dirac-Gleichung bilden (s. Anhang A.1.2.4). Der Operator $(1-\gamma_5)/2$ projiziert im Strom (2.82) nicht nur aus den rechtsstehenden Spinoren, sondern auch aus den linksstehenden Spinoren der adjungierten Operatoren die linkshändige Komponente heraus. Dies erkennt man wie folgt für zwei beliebige Spinoroperatoren ψ_1 und ψ_2:

$$\begin{aligned}\overline{\psi}_1\gamma_\mu(1-\gamma_5)\psi_2 &= \overline{\psi}_1(1+\gamma_5)\gamma_\mu\psi_2 \\ &= \psi_1^\dagger\gamma_0(1+\gamma_5)\gamma_\mu\psi_2 \\ &= [(1-\gamma_5)\psi_1]^\dagger\gamma_0\gamma_\mu\psi_2\end{aligned} \tag{2.85}$$

Somit können wir (2.82) in übersichtlicher Weise schreiben:

$$l_\mu^c = 2\overline{e}_L\gamma_\mu\nu_{eL} + 2\overline{\mu}_L\gamma_\mu\nu_{\mu L} + 2\overline{\tau}_L\gamma_\mu\nu_{\tau L} \tag{2.86}$$

2.2.5.1 CVC Hypothese Die Form (2.80) von H_β impliziert, daß es nur eine universelle schwache Kopplungskonstante G_F für alle schwachen Prozesse gibt. Dies ist tatsächlich der Fall. Insbesondere läßt sich aus der Halbwertszeit des μ-Mesons (das rein leptonisch zerfällt) unter der Annahme der $(1-\gamma_5)$-Struktur eine Kopplungskonstante G_F ableiten, welche innerhalb $\approx 2\%$ mit G_β aus dem Kernbetazerfall übereinstimmt (s. z.B. [Beh 82], S. 498). Dies kann als eine wichtige Bestätigung der universellen Strom-Strom-Kopplung (2.80) gewertet werden. (Die verbleibende kleine Differenz wird in Kap. 5 (Gl. (5.79)) verständlich.) Die theoretischen Implikationen sind jedoch noch weitreichender. Selbst wenn man von der Gleichheit der beiden Kopplungskonstanten auf elementarer Ebene ausgeht, so würde man i.a. erwarten, daß die starke Wechselwirkung die schwache Kopplungskonstante G_F im Fall des Kernbetazerfalls beeinflußt.

Betrachten wir als einfachsten Fall das Neutron. Da das Neutron als Folge der starken Wechselwirkung mit einer gewissen Wahrscheinlichkeit ständig in ein π^- und ein Proton dissoziiert ist, würde man naiverweise eine Verkleinerung der Betazerfallsrate erwarten, da ja der Betazerfall für die Zeit, in der ein Proton und ein π^- vorhanden ist, nicht möglich sein sollte (vgl. Abb. 2.12a).

Tatsächlich beobachtet man aber keine solchen Renormierungseffekte für den Vektorstrom. Diese experimentelle Tatsache führte [Fey 58] zu der *Hypothese eines erhaltenen Vektorstroms*, *CVC* genannt (CVC= Conserved Vector Current). Die Situation ist analog der der elektromagnetischen Wechselwirkung. Die elektrische Ladung ist

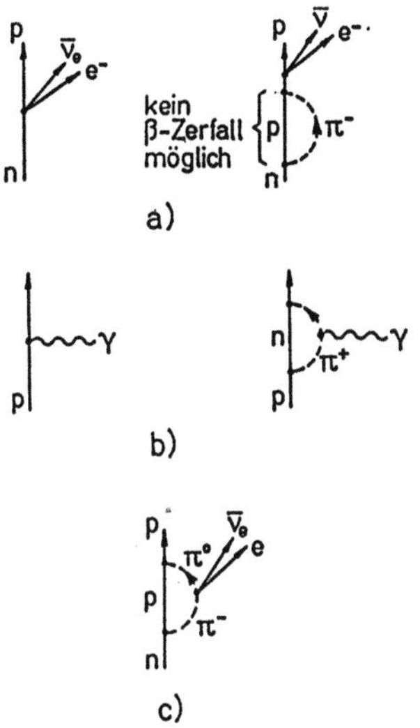

2.2 Vier-Fermionen-Punkt-Wechselwirkung

Abb. 2.12: Zur CVC-Hypothese.
Teil a: Aufgrund der Dissoziation des Neutrons in ein Proton und ein π^- würde man zunächst eine Retardierung des β-Zerfalls des Neutrons erwarten.
Teil b: Analoge Situation für die elektromagnetische Wechselwirkung des Protons. Auch hier würde man eine Abschwächung der Wechselwirkung erwarten, *wenn nicht* das π^+ dieselbe Ladung wie das Proton hätte. Ebenso gibt es nun eine erhaltene schwache Ladung. Die in Teil a) zu erwartende Retardierung wird wieder aufgehoben durch den Beitrag c).

erhalten und wird *nicht* durch die starke Wechselwirkung renormiert: Für die elektromagnetische Wechselwirkung des Protons könnten wir naiverweise erwarten, daß die elektromagnetische Wechselwirkung für die Zeit unwirksam ist, in der das Proton in ein Neutron und ein Pion dissoziiert ist. Das entstehende Pion besitzt indessen dieselbe positive Ladung wie das Proton, die elektrische Ladung ist somit zu jeder Zeit exakt gleich. Die starke Wechselwirkung *erhält* die elektrische Ladung (Abb. 2.12b).

Eine analoge Situation liegt beim schwachen Zerfall des Neutrons vor. Auch hier wird eine "*schwache Ladung*", gekennzeichnet durch ein gewisses "Zerfallspotential", bei der Dissoziation in ein Proton und ein π^- auf das π^- übertragen und damit erhalten. Das π^- koppelt ebenso wie das Neutron an die schwache leptonische Stromdichte, und es gibt ein Korrekturdiagramm wie in Abb. 2.12c gezeigt. Der Beitrag dieses Diagramms zusammen mit denen weiterer komplexerer Diagramme ist offensichtlich derart, daß die Zerfallsrate des Neutrons genau dieselbe ist, wie man sie für ein nacktes, nicht stark wechselwirkendes Neutron berechnen würde.

2 Klassische Theorie der schwachen Wechselwirkung, Kernbetazerfall

Die Richtigkeit dieser Überlegung läßt sich experimentell nachprüfen: Aus dem Diagramm 2.12c folgt direkt, daß das $\pi^\pm$-Meson einen Zerfallsmodus $\pi^\pm \to \pi^0 + e^\pm + \overset{(-)}{\nu_e}$ besitzen muß. Er ist als $J = 0 \to J = 0$-Übergang ein reiner Fermi-Übergang, d.h. er muß denselben ft-Wert haben wie etwa der ^{14}O-Zerfall. Der Zerfall $\pi^+ \to \pi^0 + e^+ + \nu_e$ wurde später tatsächlich beobachtet und die experimentelle Rate stimmt gut mit der Vorhersage überein, welche aus der Erhaltung einer schwachen Ladung folgt [Par 86]. Die experimentelle Beobachtung dieses Zerfalls ist allerdings nicht ganz einfach, da das Verzweigungsverhältnis zum dominanten Zerfall $\pi^+ \to \mu^+ + \nu_\mu$ mit $1.1 \cdot 10^{-8}$ extrem klein ist [Bac 65].

Die eben diskutierte Erhaltung einer schwachen Ladung analog zu der Erhaltung der elektrischen Ladung ist, wie schon erwähnt, unter dem Begriff erhaltener Vektorstrom oder CVC bekannt. Dieser Name rührt daher, daß sich allgemein die Erhaltung einer Ladung mathematisch als "Erhaltung" eines Viererstromes darstellen läßt (s. dazu auch Abschn. 4.1.1):

Mathematisch folgt die Erhaltung der elektrischen Ladung aus der Beziehung:

$$\partial^\mu J_\mu^{EM} = 0 \tag{2.87}$$

(∂^μ ist die abgekürzte Schreibweise für $\partial/\partial x_\mu$ — entsprechend $\partial_\mu \equiv \partial/\partial x^\mu$ —, insbesondere bedeutet ∂^0, meist auch als ∂^t bezeichnet, die Ableitung nach der Zeit $\partial/\partial t$). Dazu trennen wir Zeit- und Raumkomponenten,

$$\partial^t J_0^{EM} = -\vec{\nabla} \vec{J}^{EM} \tag{2.88}$$

und integrieren über den gesamten Raum:

$$\partial^t \int d^3x\, J_0^{EM} = -\int d^3x\, \vec{\nabla} \vec{J}^{EM} \tag{2.89}$$

Die linke Seite stellt die zeitliche Ableitung der gesamten Ladung Q dar und die rechte Seite kann in ein Oberflächenintegral umgeformt werden, welches im Unendlichen verschwindet:

$$\partial^t Q = -\oint d\vec{\Omega}\, \vec{J}^{EM} \to 0 \tag{2.90}$$

Dies bedeutet die Erhaltung der Ladung Q. Man spricht in diesem Zusammenhang von dem *erhaltenen Strom* J^{EM}.

Analog dazu folgt die *Erhaltung einer schwachen Ladung* aus:

$$\partial^\mu V_\mu = 0 \tag{2.91}$$

Dabei ist V_μ die schwache Vektorstromdichte.

2.2 Vier-Fermionen-Punkt-Wechselwirkung

Eine Schwierigkeit bei der gedanklichen Vorstellung einer solchen schwachen Ladung entsteht dadurch, daß sich in einem durch eine schwache Ladung, die an die elektrisch geladenen Bosonen koppelt, verursachten schwachen Prozeß der Teilchencharakter ändert, z.B. wird aus einem Elektron ein Neutrino. Somit ist eine statische Wechselwirkung analog zur Elektrostatik nicht möglich. Ähnliches gilt übrigens für die Farbwechselwirkung zwischen den Quarks. Bei der Farbwechselwirkung zweier Quarks ändert sich deren Farbe. Allerdings empfinden wir den Unterschied zwischen einem roten und einem grünen Quark weit weniger gravierend als zwischen einem Elektron und einem Neutrino. Wie wir noch sehen werden, liegt dem zu Grunde, daß die schwache Wechselwirkung auf einer gebrochenen, die Farbwechselwirkung dagegen auf einer ungebrochenen Symmetrie basiert.

2.2.5.2 Die teilweise Erhaltung des Axialvektorstromes (PCAC)

Wir haben schon beim Zerfall des Neutrons (Abschn. 2.1.1) und in Abschn. 2.2.4 erwähnt, daß in der Zerfallsrate für Gamow-Teller-Zerfälle ein zusätzlicher Faktor c_A^2 auftritt, der auf eine Renormierung des axialen hadronischen Stromes durch die starke Wechselwirkung zurückzuführen ist. Die absolute Universalität der schwachen Kopplungskonstanten G_F gilt also streng nur für den Vektorstrom.

Der hadronische Axialvektorstrom A_μ wird allerdings nur relativ geringfügig renormiert. Die Konstante c_A weicht nicht allzuviel vom unrenormierten Wert $c_A^0 = 1$ ab. Der Axialvektorstrom scheint daher in einem gewissen Sinne zumindest teilweise erhalten zu sein. Diese teilweise Erhaltung wird PCAC genannt (von "Partially Conserved Axial Current").

Es läßt sich ein hypothetischer Zusammenhang zwischen der Nichterhaltung von A_μ und der Masse des Pions herstellen. Nach dieser Hypothese wäre A_μ erhalten, was bedeuten würde

$$\partial^\mu A_\mu = 0, \tag{2.92}$$

wenn das Pion masselos wäre.

Der Zerfall des Pions in Myon und My-Neutrino bedeutet eine Nichterhaltung der axialvektoriellen hadronischen schwachen Ladung, da bei diesem Zerfall im Endzustand keine Hadronen mehr vorhanden sind. Der Vektor-Anteil des hadronischen Stromes ist bei diesem Zerfall inaktiv, da dieser nicht den pseudoskalaren Pionzustand ins Vakuum überführen kann. Es ist folglich eine naheliegende Hypothese, daß der axiale Anteil des hadronischen Stromes ebenfalls erhalten wäre, wenn das Pion nicht zerfallen würde. Dies wäre der Fall, wenn die Pionmasse verschwinden würde. Gemessen an den Massen anderer Hadronen ist die Pionmasse mit ≈140 MeV relativ klein. Das führt zur Interpretation des Pions als näherungsweises sog. "Goldstone-Boson".

Die Elementarteilchentheorie sagt die Existenz solcher Bosonen, welche masselos sein sollten, als Folge einer spontan gebrochenen globalen Symmetrie vorher (s. Abschn. 4.3). Eine sehr attraktive globale Symmetrie ist die chirale Symmetrie, das ist eine Symmetrie der Lagrangefunktion unter der Transformation $\psi \to e^{i\gamma^5}\psi$ der Teilchenfelder. Eine solche Symmetrie würde die Masselosigkeit der Fermionen voraussetzen, was der Vorstellung masseloser Quarks entspräche. (Die Quarkmassen sind, gemessen z.B. an der Masse des Protons, tatsächlich relativ klein). Da nun aber die beobachtbaren Hadronen nicht masselos sind, muß die chirale Symmetrie (spontan) gebrochen sein. Als Folge einer spontanen Brechung sollte nun ein masseloses "Goldstone-Boson" existieren [Gol 61].

2 Klassische Theorie der schwachen Wechselwirkung, Kernbetazerfall

Die Idee eines näherungsweise masselosen Pions führt zu einem experimentell nachprüfbaren Zusammenhang. Analysiert man die Pion-Korrekturen zum Neutronzerfall (wie die in Abb. 2.13) für den Übergang $m_\pi \to 0$ und nimmt dann an, daß der Axialvektorstrom erhalten ist, so erhält man (s. z.B. [Com 73]) die sog. *"Goldberger-Treiman Gleichung"*:

$$c_A = \frac{f_\pi g_\pi \sqrt{2}}{m_p + m_n} \qquad (2.93)$$

Hierin bezeichnen f_π die Pion-Kopplungskonstante an den schwachen geladenen Strom, g_π die starke Pion-Nukleon-Kopplungskonstante. Alle Größen dieser Beziehung sind damit experimentell bestimmt und man kann diese Beziehung als Test verwenden. Zum Beispiel können die gemessenen Werte für c_A und g_π eingesetzt und die schwache Pion-Kopplungskonstante f_π berechnet werden. Erstaunlicherweise findet man, daß das Ergebnis innerhalb von 10% mit dem gemessenen Wert übereinstimmt. Dies ist eine Bestätigung der Vorstellung, daß der Axialvektorstrom nur aufgrund der endlichen Masse des Pions renormiert wird.

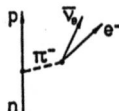

Abb. 2.13: Korrektur zum Axialvektor- (GT-) Zerfall des Neutrons, verursacht durch den schwachen Zerfall des π^-.

2.2.5.3 Klassifizierung schwacher Prozesse

Bemerkenswert ist, daß die Meson-Zerfälle $\pi^\pm \to \pi^0 + e^\pm + \overset{(-)}{\nu_e}$ zwar aus einem indirekten Argument (erhaltener Vektorstrom) folgen, nicht aber aus der bislang diskutierten Strom-Strom-Wechselwirkung (2.80). Die schwachen Meson-Zerfälle, welche wir bislang übergangen haben, sind allgemein ein Fremdkörper in der klassischen Theorie der schwachen Wechselwirkung. Eine Erweiterung des hadronischen (in unserer Diskussion bisher stets baryonischen!) Stromes (2.79) auf den Mesonen-Sektor zerstört dessen einfache und zum leptonischen Strom analoge Struktur. Wir gehen in diesem der klassischen Betrachtungsweise gewidmeten Kapitel bewußt nicht näher auf die Mesonen-Zerfälle ein, da diese sich in wesentlich logischerer Weise in einer auf Quarkströmen basierenden Beschreibung darstellen lassen (s. Kap. 5).

Wir wollen uns an dieser Stelle auf eine kurze *Klassifizierung schwacher Prozesse* beschränken (Tab. 2.4). Wie schon erwähnt, enthält die universelle Strom-Strom-Wechselwirkung (2.80) neben den gemischten Lepton-Hadron-Termen auch rein leptonische und rein hadronische Terme:

$$\boldsymbol{H}_\beta = \frac{G_F}{2\sqrt{2}}(l^{c\mu}l_\mu^{c\dagger} + l^{c\mu}h_\mu^{c\dagger} + h^{c\mu}l_\mu^{c\dagger} + h^{c\mu}h_\mu^{c\dagger} + h.k.) \qquad (2.94)$$

2.2 Vier-Fermionen-Punkt-Wechselwirkung

Die Abkürzung h.k. steht für hermite'sch konjugiert (s. Fußnote zu Gl. (2.60)). Durch (2.94) wird eine Fülle von unterschiedlichen schwachen Prozessen beschrieben, über welche Tab. 2.4 eine Übersicht liefert. Jedes Rechteck dieser Tabelle enthält Beispiele für Prozesse, welche durch das Produkt der beiden Ströme neben der jeweiligen Zeile und über der jeweiligen Spalte beschrieben werden. l_e bezeichnet dabei den elektronischen Teil des leptonischen Stromes und l_μ den myonischen Teil. Das Produkt $l_{e\rho}^{c\,+} l_e^{c\rho}$ beschreibt z.B. die Streuung von Elektron-Neutrinos an Elektronen.

Tab. 2.4 ist jedoch gegenüber der in (2.94) gegebenen Form des Strom-Strom-Ansatzes in verschiedenen Punkten erweitert:

1. *Mesonenzerfälle* (s. Abb. 2.14) sind, wie gesagt, nicht explizit im Strom $h_\mu^{c\,+}$ aus (2.79) enthalten. Sie können auch nicht auf die Wirkung eines zu (2.79) analogen Stromes, in dem etwa die Nukleonen-Operatoren $\psi_{p,n}(x)$ ersetzt werden durch entsprechende Mesonen-Operatoren, zurückgeführt werden. Bei etlichen Zerfallsmoden sind Mesonen im Endzustand vorhanden, bei anderen wiederum nicht. Mesonenzerfälle müssen in der klassischen Theorie rein phänomenologisch behandelt werden, d.h. Zusatzterme im hadronischen Strom, welche auf Mesonen wirken, müssen anhand experimentell bestimmter Matrixelemente festgelegt werden.

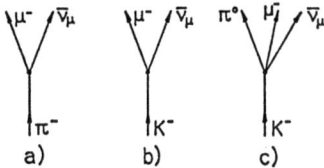

Abb. 2.14: Diagramme zu den semileptonischen Zerfällen
$\pi^- \to \mu^- + \bar{\nu}_\mu$ (a)
$K^- \to \mu^- + \bar{\nu}_\mu$ (b) und
$K^- \to \pi^0 + \mu^- + \bar{\nu}_\mu$ (c).
Während das Diagramm (c) eine starke Analogie zu dem den Neutron-Zerfall beschreibenden Diagramm aufweist, besitzen die Diagramme (a) und (b) eine unterschiedliche Struktur. In diesen Fällen verschwindet der hadronische Strom am Vertex ins Vakuum.

Mit $h^{c,\Delta S=0}$ bezeichnen wir hier den im normalen Betazerfall auftretenden hadronischen Strom einschließlich der Mesonenterme. Dagegen ist $h^{c,\Delta S=1}$ ein weiterer bisher nicht diskutierter Beitrag zum hadronischen Strom. Der Strom $h^{c,\Delta S=1}$ ändert die Quantenzahl Strangeness um eine Einheit. Zur Beschreibung der K-Zerfälle, der Hyperonen-Zerfälle und der Zerfälle von Hyperkernen — das sind Kerne, in welchen ein Nukleon durch ein Σ oder Λ-Hyperon ersetzt ist — benötigt man daher notwendigerweise den Strom $h^{c,\Delta S=1}$.

Auf Quarkebene ist $h^{c,\Delta S=1}$ als ein schwacher Strom zu interpretieren, bei dem anstelle eines d-Quarks ein s-Quark beteiligt ist. Experimentell findet man, daß

Prozesse, welche auf die Wirkung von $h^{c,\Delta S=1}$ zurückführen sind (Strangeness-ändernde Prozesse) stark unterdrückt sind gegenüber solchen verursacht durch $h^{c,\Delta S=0}$. Zum Beispiel erfolgt der Hyperonzerfall $\Sigma^0 \to p + e^- + \bar{\nu}$ mit einer um einen Faktor 0.044 kleineren Rate, als man es vom Neutronzerfall her erwarten würde. Hier scheint also die Universalität der Fermikopplung ihre Gültigkeit zu verlieren. Wir werden jedoch in Abschn. 5.2.4 sehen, wie es möglich ist, die Un-

Tab. 2.4: Beispiele für schwache Prozesse, welche durch die verschiedenen schwachen Ströme beschrieben werden.

	l_e^c	l_μ^c	$h^{c,\Delta S=0}$	$h^{c,\Delta S=1}$	J^{nc}
$l_e^{c\dagger}$	$e^- + \nu_e \to \nu_e + e^-$ $e^- + \bar{\nu}_e \to \bar{\nu}_e + e^-$ $e^+ + e^- \to \nu_e + \bar{\nu}_e$ Paritätsverletzung in Atomen	$\mu^+ \to e^+ + \nu_e + \bar{\nu}_\mu$	$^A_Z X \to ^A_{Z-1} X + e^+ + \nu_e$ $\bar{\nu}_e + p \to n + e^+$ $\pi^+ \to e^+ + \nu_e$ $\pi^+ \to \pi^0 + e^+ + \nu_e$	$K^+ \to e^+ + \nu_e$ $K^+ \to \pi^0 + e^+ + \nu_e$ $K_L^0 \to \pi^- + e^+ + \nu_e$	
$l_\mu^{c\dagger}$	$\mu^- \to e^- + \bar{\nu}_e + \nu_\mu$	$\mu^- + \nu_\mu \to \nu_\mu + \mu^-$ $\mu^+ + \bar{\nu}_\mu \to \bar{\nu}_\mu + \mu^+$ $\mu^+ + \mu^- \to \bar{\nu}_\mu + \nu_\mu$	$\pi^+ \to \mu^+ + \nu_\mu$ $\mu^- + p \to n + \nu_\mu$	$K^+ \to \mu^+ + \nu_\mu$ $K^+ \to \pi^0 + \mu^+ + \nu_\mu$ $K_L^0 \to \pi^- + \mu^+ + \nu_\mu$	
$(h^{c,\Delta S=0})^\dagger$	$^A_Z X \to ^A_{Z+1} X + e^- + \bar{\nu}_e$ $n \to p + e^- + \bar{\nu}_e$ $\nu_e + ^A_Z X \to ^A_{Z+1} X + e^-$ $\nu_e + n \to p + e^-$ $\pi^- \to e^- + \bar{\nu}_e$	$\pi^- \to \mu^- + \bar{\nu}_\mu$ $\nu_\mu + n \to p + \mu^-$	$N + N \to N + N$ $\pi + N \to \pi + N$ Paritätsverletzung in Atomkernen	$\Sigma^+ \to n + \pi^+$ $\Sigma^+ \to p + \pi^0$ $K \to 2\pi, 3\pi$	
$(h^{c,\Delta S=1})^\dagger$	$K^- \to e^- + \bar{\nu}_e$ $\Lambda^0 \to p + e^- + \bar{\nu}_e$ $\Sigma^- \to n + e^- + \bar{\nu}_e$ $K_L^0 \to \pi^+ + e^- + \bar{\nu}_e$	$K^- \to \mu^- + \bar{\nu}_\mu$ $K_L^0 \to \pi^+ + \mu^- + \bar{\nu}_\mu$	$\Lambda^0 \to p + \pi^-$ $\Sigma^- \to n + \pi^-$ $K^+ \to \pi^+ + \pi^0$ $K^+ \to \pi^+ + \pi^+ + \pi^-$	$n + \Lambda^0 \to p + \Sigma^-$	
J^{nc}					$\nu + N \to \nu + N$ $e^- + \nu_\mu \to e^- + \nu_\mu$ $e^- + e^+ \to e^- + e^+$ Paritätsverletzung in Atomen und Atomkernen

2.2 Vier-Fermionen-Punkt-Wechselwirkung

terdrückung der Strangeness-ändernden Prozesse durch die sogenannte *Cabibbo-Mischung* ebenfalls mit einer universellen Kopplung in Einklang zu bringen.

2. Zusätzlich zu den ladungsändernden Strömen enthält Tab. 2.4 auch den *neutralen schwachen Strom* J^{nc} (J^{nc} besteht seinerseits wieder aus leptonischen und hadronischen Teilen, nach welchen wir aber hier nicht aufschlüsseln). Daß die Existenz solcher neutraler Ströme experimentell erst relativ spät nachgewiesen werden konnte, liegt daran, daß J^{nc} in seiner Struktur noch wesentlich ähnlicher dem elektromagnetischen Strom J^{EM} ist als dies für die geladenen Ströme gilt. (J^{EM} ist ebenfalls als neutral zu bezeichnen. Der Begriff neutral bezieht sich ja auf eine eventuelle Ladungsänderung, also auf die Ladung der *Austauschquanten*, und nicht auf die Ladung der beteiligten Teilchen). Da die elektromagnetische Wechselwirkung ungleich stärker als die schwache Wechselwirkung ist, sind die meisten durch J^{nc} hervorgerufenen Effekte (außer etlichen, an welchen Neutrinos beteiligt sind, wie z.B. der Streuprozeß $\nu_\mu + e^- \to \nu_\mu + e^-$) hinter Effekten der elektromagnetischen Wechselwirkung versteckt. Die Existenz von neutralen schwachen Strömen konnte erstmals 1973 in hochenergetischer Neutrino-Nukleon-Streuung nachgewiesen werden ($\stackrel{(-)}{\nu}_\mu + N \to \stackrel{(-)}{\nu}_\mu + N$, [Has 73]). Nicht ganz unumstritten ist der erste Nachweis einer durch neutrale Ströme hervorgerufenen Paritätsverletzung in der Atomhülle von ^{209}Bi [Bar 78]. Inzwischen gibt es eine Fülle von Experimenten, welche die Existenz der neutralen schwachen Ströme, und auch des entsprechenden Austauschteilchens, des Z^0, sicherstellen.

Der größte Teil der schwachen Prozesse sind *Zerfallsprozesse*. Diese werden klassifiziert als *leptonisch*, wenn nur Leptonen beteiligt sind (Wirkung von $l^{c\mu} l^{c+}_\mu$), als *semileptonisch*, wenn sowohl Hadronen als auch Leptonen beteiligt sind ($h^{c\mu} l^{c+}_\mu$, $l^{c\mu} h^{c+}_\mu$) und als *hadronisch*, wenn ausschließlich Hadronen beteiligt sind ($h^{c\mu} h^{c+}_\mu$). Daneben existiert die schon erwähnte Unterscheidung zwischen Strangeness-ändernd und Strangeness-erhaltend. Der Zerfall $K^+ \to e^+ + \nu_e$ ist also z.B. ein Strangeness-ändernder semileptonischer Zerfallsprozeß.

Neben den Zerfallsprozessen sind Streuprozesse von großer Bedeutung, etwa Neutrino-Elektron-Streuung, oder Neutrino-Nukleon-Streuung. Im Prinzip sollte man auch die Neutrino-Einfangreaktion ($\nu_e + n \to p + e^-$, $\bar\nu_e + p \to n + e^+$) zu den Streuprozessen rechnen.

Schließlich wirkt sich die schwache Wechselwirkung auch in den Wellenfunktionen stationärer Zustände aus. Dies führt dazu, daß die Zustände der Atomhülle und auch des Atomkerns keine exakten Paritätseigenzustände sind. In günstigen Fällen kann dies durch Untersuchung von Übergängen (meist γ-Übergängen) zwischen verschiedenen Niveaus experimentell nachgewiesen werden ([Pik 84], [Pik 86]). Von besonderem Interesse ist hier der Einfluß der neutralen Ströme. Einer der wenigen Fälle, an welchem sich rein hadronische neutrale Ströme untersuchen lassen, ist ein γ-Übergang im Atomkern ^{18}F ([Ahr 82], [Gar 75]).

2.3 Formalismus des Kernbetazerfalls

Dieser Abschnitt soll den Zusammenhang zwischen der Strom-Strom-Wechselwirkung (2.80) und den Kernstruktur-Matrixelementen im β-Zerfall aufzeigen, im wesentlichen beschränkt auf erlaubte Übergänge. Zunächst behandeln wir als einfachsten Fall das freie Neutron. Ausführliche Darstellungen finden sich bei [Scho 66] und [Beh 82].

2.3.1 Neutronzerfall

In Abschn. 2.1.3 hatten wir den Zusammenhang zwischen der T-Matrix und dem Matrixelement M des Hamilton-Operators H in erster Ordnung Störungstheorie angegeben. Setzen wir für H den Strom-Strom-Operator H_β aus Gl. (2.80) ein, so erhalten wir nach Weglassen der für den Neutronzerfall nicht relevanten Terme:

$$(2\pi)^4 \delta^4(\mathsf{p}_f - \mathsf{p}_i) T_{fi} = -\frac{G_\beta}{\sqrt{2}} \langle f | \int \{\overline{\psi}_p(\mathsf{x}) \gamma_\mu (1 - c_A \gamma_5) \psi_n(\mathsf{x}) \cdot$$
$$\cdot \overline{\psi}_e(\mathsf{x}) \gamma^\mu (1 - \gamma_5) \psi_\nu(\mathsf{x}) \} \, d^4\mathsf{x} | i \rangle \qquad (2.95)$$

Nimmt man an, daß $|i\rangle = |n\rangle$ und $|f\rangle = |p\rangle |e^-\rangle |\overline{\nu}\rangle$ Zustände ebener Wellen sind, so erhält man durch Einsetzen der jeweiligen Entwicklung der Feldoperatoren das Ergebnis:

$$(2\pi)^4 \delta^4(\mathsf{p}_f - \mathsf{p}_i) T_{fi} = -\frac{G_\beta}{\sqrt{2}} \int \frac{d^4\mathsf{x}}{4} e^{-i(\mathsf{p}_n - \mathsf{p}_p)\mathsf{x}} e^{i(\mathsf{p}_e + \mathsf{p}_{\overline{\nu}})\mathsf{x}} \cdot$$
$$\cdot \overline{u}(\mathsf{p}_p, s_p) \gamma_\mu (1 - c_A \gamma_5) u(\mathsf{p}_n, s_n) / \sqrt{E_n E_p}$$
$$\cdot \overline{u}(\mathsf{p}_e, s_e) \gamma^\mu (1 - \gamma_5) v(\mathsf{p}_{\overline{\nu}}, s_{\overline{\nu}}) / \sqrt{E_e E_{\overline{\nu}}} \qquad (2.96)$$

Die rechte Seite dieser Gleichung enthält einen kinematischen Faktor, ein hadronisches Matrixelement und ein leptonisches Matrixelement. Genau gesagt, besteht sowohl das leptonische als auch das hadronische Matrixelement aus 4 Komponenten, beide bilden Vierervektoren. Der kinematische Faktor $\int d^4\mathsf{x} e^{-i(\mathsf{p}_n - \mathsf{p}_p - \mathsf{p}_e - \mathsf{p}_{\overline{\nu}})\mathsf{x}}$ ergibt die schon bei der Definition der T-Matrix vorweggenommene Deltafunktion $(2\pi)^4 \delta^4(\mathsf{p}_f - \mathsf{p}_i)$, welche Energie- und Impulserhaltung ausdrückt. Mit dem *leptonischen Matrixelement* wollen wir uns nicht weiter befassen. Die Berechnung leptonischer Matrixelemente ist ausführlich dargestellt in [Beh 82]. Eine Berechnung der Zerfallsrate nach der obigen Gleichung (2.96) würde für schwere Kerne nicht das richtige Ergebnis liefern, da die Coulomb-Wechselwirkung berücksichtigt werden muß. Die entsprechende Coulomb-Korrektur $F(Z, E_e)$ wurde schon in 2.1.3 diskutiert. Der Faktor $F(Z, E_e)$ liefert zusammen mit dem Integral über Elektron- und Neutrino-Impuls den Phasenraumfaktor $d\rho$ aus Gl. (2.37), wenn man die Annahme einer impulsunabhängigen T-Matrix macht.

Das *hadronische Matrixelement* kann unter Vernachlässigung des auf das Proton übertragenen Rückstoßimpulses $\vec{p}_p$ leicht berechnet werden. Man erhält aus der Zeitkomponente des hadronischen Matrix-Vierervektors das Fermi-Matrixelement M_F, in

2.3 Formalismus des Kernbetazerfalls

welchem nur der Vektorstrom wirksam ist:

$$\begin{aligned}
M_F \equiv \langle p|h_0^{c\dagger}(0)|n\rangle &= \bar{u}(0,s_p)\gamma_0(1-c_A\gamma_5)u(0,s_n)/(2\sqrt{E_n E_p}) \\
&= (\chi_p^+,0)\begin{pmatrix} I & 0 \\ 0 & -I \end{pmatrix}\left\{1-c_A\begin{pmatrix} 0 & I \\ I & 0 \end{pmatrix}\begin{pmatrix} \chi_n \\ 0 \end{pmatrix}\right\} \\
&= \chi_p^+\chi_n = \chi_p^+\mathbf{1}\chi_n = \delta_{s_p,s_n}
\end{aligned} \quad (2.97)$$

Die Raumkomponenten erϧeben dagegen das Gamow-Teller-Matrixelement $\vec{M}_{GT}$

$$\begin{aligned}
\vec{M}_{GT} \equiv \langle p|\vec{h}^{c\dagger}|n\rangle &= \bar{u}(0,s_p)\vec{\gamma}(1-c_A\gamma_5)u(0,s_n) \\
&= (\chi_p^+,0)\begin{pmatrix} 0 & \vec{\sigma} \\ -\vec{\sigma} & 0 \end{pmatrix}\left\{1-c_A\begin{pmatrix} 0 & I \\ I & 0 \end{pmatrix}\begin{pmatrix} \chi_n \\ 0 \end{pmatrix}\right\} \\
&= -c_A\chi_p^+\vec{\sigma}\chi_n
\end{aligned} \quad (2.98)$$

Das Gamow-Teller-Matrixelement stellt einen Vektor im Ortsraum dar, welcher entsprechend der Drehimpulserhaltung mit dem entsprechenden Matrixelement für die Leptonen gekoppelt werden muß.

Allerdings erlaubt das *Wigner-Eckart-Theorem* (s. Anhang) eine Vereinfachung. Aufgrund dieses Theorems können die Matrixelemente sogenannter sphärischer Tensoren aufgespalten werden in einen ausschließlich von der Drehimpulskopplung abhängigen *Clebsch-Gordan-Koeffizienten* und ein von den magnetischen Quantenzahlen unabhängiges *reduziertes Matrixelement*. Für den Spinoperator $\vec{\sigma}$ ist die sphärische Darstellung $\sigma_\mu, \mu = -1, 0, +1$, definiert durch

$$\begin{aligned}
\sigma_{+1} &= -\frac{1}{\sqrt{2}}(\sigma_1 + i\sigma_2) \\
\sigma_{-1} &= \frac{1}{\sqrt{2}}(\sigma_1 - i\sigma_2) \\
\sigma_0 &= \sigma_3
\end{aligned} \quad (2.99)$$

Nach einer Transformation der Kopplung von Leptonen- und Nukleonenspins in diese sphärische Darstellung lassen sich die hadronischen Matrixelemente schreiben als:

$$\chi_p^+\sigma_\mu\chi_n = \frac{1}{\sqrt{2}}\langle\tfrac{1}{2}m_n 1\mu|\tfrac{1}{2}m_p\rangle\langle\tfrac{1}{2}||\sigma||\tfrac{1}{2}\rangle \quad (2.100)$$

Entsprechend der üblichen Konvention haben wir hier die magnetischen Spin-Quantenzahlen, welche den obigen Größen s_n und s_p entsprechen, durch die Symbole m_n und m_p bezeichnet. (Gl. (2.100) sagt aus, daß die Abhängigkeit des Matrixelementes $\chi_p^+\sigma_\mu\chi_n$ von den magnetischen Quantenzahlen vollständig durch den Clebsch-Gordan-Faktor $\langle\tfrac{1}{2}m_n 1\mu|\tfrac{1}{2}m_p\rangle$ bestimmt ist). Gleichzeitig kann Gl. (2.100) als Definitionsgleichung für das reduzierte Matrixelement $\langle\tfrac{1}{2}||\sigma||\tfrac{1}{2}\rangle$ betrachtet werden. Durch explizite Rechnung findet man leicht:

$$\langle\tfrac{1}{2}||\sigma||\tfrac{1}{2}\rangle = \sqrt{6} \quad (2.101)$$

Bei der Berechnung der *totalen Zerfallsrate* ist über μ und m_p zu summieren und über m_n zu mitteln.

Der von einem Übergangs-Operator $\boldsymbol{O}$ herrührende maßgebliche Faktor in der Zerfallsrate ist die *reduzierte Übergangsstärke* B_0, definiert durch:

$$B_0 = \frac{1}{2J_i+1}|\langle J_f\|\boldsymbol{O}\|J_i\rangle|^2 \qquad (2.102)$$

Beim Neutronzerfall erhält man die *reduzierte Gamow-Teller-Stärke*

$$B_{GT}(n) = c_A^2 \frac{1}{2}|\langle \tfrac{1}{2}\|\boldsymbol{\sigma}\|\tfrac{1}{2}\rangle|^2 = 3c_A^2 \qquad (2.103)$$

und mit Gl. (2.97) die *reduzierte Fermi-Stärke*

$$B_F(n) = \frac{1}{2}|\langle \tfrac{1}{2}\|\boldsymbol{1}\|\tfrac{1}{2}\rangle|^2 = 1 \qquad (2.104)$$

Daraus folgt für das T-Matrixelement

$$|T|^2 = G_\beta^2(1 + 3c_A^2), \qquad (2.105)$$

und schließlich für die *totale Zerfallsrate*:

$$\frac{dW}{dt}(\text{Neutron}) = \frac{G_\beta^2 m_e^5}{2\pi^3} f(1 + 3c_A^2) \qquad (2.106)$$

mit (s. Gl. (2.40))

$$f = m_e^{-5} \int_{m_e}^{\Delta_f} F(1, E_e) p_e E_e (\Delta_f - E_e)^2 dE_e \qquad (2.107)$$

Aus der gemessenen Zerfallsrate kann mit Hilfe dieser Beziehung die Größe c_A bestimmt werden.

2.3.2 β-Zerfall des Atomkerns

Beim β-Zerfall eines Atomkerns treten im Vergleich zum freien Neutron zwei Hauptunterschiede auf
1. Der Atomkern muß als ausgedehntes Objekt behandelt werden
2. Die Nukleonen sind gebunden durch die Kernkräfte

In Bezug auf Punkt 2 wird jedoch üblicherweise die sogenannte *Impuls-Näherung* gemacht. Das bedeutet, man nimmt an, daß sich die Nukleonen zum Zeitpunkt des Betazerfalls wie freie Teilchen bewegen und der Dirac-Gleichung für ein freies Teilchen gehorchen, so daß der hadronische Strom derselbe ist wie für das freie Neutron:

2.3 Formalismus des Kernbetazerfalls

$$h_\mu^{c\dagger}(x) = \overline{\psi}_p(x)\gamma_\mu(1 - c_A\gamma_5)\psi_n(x) \quad (2.108)$$

Dabei sollen die Operatoren $\psi_n(x)$ und $\overline{\psi}_p(x)$ unabhängig auf jedes einzelne Nukleon wirken können.

Da die einzelnen Nukleonenzustände keine Impulseigenzustände sind, müssen die im hadronischen Strom auftretenden Nukleonenimpulse als Impulsoperatoren $i\vec{\nabla}_p$ und $i\vec{\nabla}_n$ im Ortsraum interpretiert werden. Die unabhängige Wirkung der Stromdichte $h^{c\dagger}$ auf jedes einzelne Nukleon entspricht einer Summation der Matrixelemente aller im Kern enthaltenen Nukleonen. Unter Vernachlässigung der kinetischen Energie der Nukleonen gegenüber den Ruhemassen und höheren als linearen Termen in den Nukleonenimpulsen können im Schwerpunktsystem des Kerns für die Matrixelemente des hadronischen Stromes folgende Ausdrücke (für β^--Zerfall) hergeleitet werden (s. [Beh 82]):

Zeitkomponente:

$$\begin{aligned}\langle N_f|h_0^{c\dagger}(\vec{q})|N_i\rangle &= \sum_{p,n}\int d^3r e^{-i\vec{q}\vec{r}}\{\delta_{s_p,s_n}\phi_p^*(\vec{r})\phi_n(\vec{r})\\&\quad -c_A\frac{1}{2m_n}\chi_p^\dagger\vec{\sigma}\chi_n\cdot\\&\quad \cdot[(\vec{\nabla}\phi_p^*(\vec{r}))\phi_n(\vec{r}) + \phi_p^*(\vec{r})(\vec{\nabla}\phi_n(\vec{r}))]\}\end{aligned} \quad (2.109)$$

Raumkomponenten:

$$\begin{aligned}\langle N_f|\vec{h}^{c\dagger}(\vec{q})|N_i\rangle &= \sum_{p,n}\int d^3r e^{-i\vec{q}\vec{r}}\{\delta_{s_p,s_n}\frac{1}{2m_n}\cdot\\&\quad \cdot[(\vec{\nabla}\phi_p^*(\vec{r}))\phi_n(\vec{r}) + \phi_p^*(\vec{r})(\vec{\nabla}\phi_n(\vec{r}))]\\&\quad -c_A(\chi_p^\dagger\vec{\sigma}\chi_n)\phi_p^*(\vec{r})\phi_n(\vec{r})\}\end{aligned} \quad (2.110)$$

$|N_i\rangle$ und $|N_f\rangle$ bezeichnen die Zustände des Ausgangs- und des Endkerns.

Im Vergleich zum freien Neutron sind drei Punkte hervorzuheben.

1. Die Wellenfunktionen $\phi_n(\vec{r})$ und $\phi_p(\vec{r})$ sind die Orbitalwellenfunktionen der im Kern gebundenen Nukleonen. Beim Zerfall des freien Neutrons befindet sich das entstehende Proton am selben Ort wie das Neutron (zum Zeitpunkt des Zerfalls). Diese Bedingung wird im Kern ersetzt durch Überlappintegrale, die die beiden Orbitalwellenfunktionen beinhalten.

2. Es ist über alle A Nukleonen zu summieren. Es können dadurch destruktive und konstruktive Interferenzen entstehen. Deshalb und wegen der Überlappintegrale ist es von vornherein nicht klar, welches die dominanten Terme sind. Dies hängt von der speziellen Struktur der betrachteten Zustände $|N_i\rangle$ und $|N_f\rangle$ ab.

3. Der Kern ist ein ausgedehntes Objekt, was sich im Auftreten des Faktors $e^{-i\vec{q}\vec{r}}$ in (2.109) und (2.110) auswirkt. $\vec{q}$ ist der beim Zerfall übertragene Impuls. Neben β-Übergängen ohne sind auch solche mit Bahndrehimpuls-Übertrag, welcher klassisch gegeben ist durch $\Delta\vec{l} = \vec{r} \times \vec{q}$, möglich (Abb. 2.15).

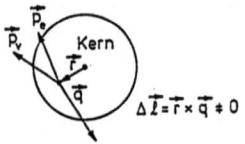

Abb. 2.15: Schematische Darstellung eines β-Zerfalles mit Drehimpulsübertrag. Das Auftreten solcher 'verbotenen' Übergänge ist eine Folge der endlichen Ausdehnung der Atomkernes.

Erlaubte Übergänge Da beim Kernbetazerfall allgemein $|\vec{q}| \cdot |\vec{r}| \leq \Delta_f \cdot R \ll 1$, ist es eine gute Näherung, die Variation der Leptonen-Wellenfunktionen im Kernvolumen, gegeben durch den Faktor $e^{-i\vec{q}\vec{r}} \simeq 1$, zu vernachlässigen, d.h.letztere als konstant im Kern anzunehmen. Berücksichtigt man weiter nur die dominanten von den Nukleon-Impulsen unabhängigen Terme, so erhält man die Matrixelemente für erlaubte Übergänge:

$$M_F^- = \langle N_f | h_0^{c\dagger}(0) | N_i \rangle = \sum_{p,n} \int d^3r \, \delta_{s_p, s_n} \phi_p^*(\vec{r}) \phi_n(\vec{r})$$
$$\rightarrow \text{Fermi-Übergänge} \qquad (2.111)$$

$$\vec{M}_{GT}^- = \langle N_f | \vec{h}^{c\dagger}(0) | N_i \rangle = -c_A \sum_{p,n} \int d^3r \, \chi_p^\dagger \vec{\sigma} \chi_n \phi_p^*(\vec{r}) \phi_n(\vec{r})$$
$$\rightarrow \text{Gamow-Teller-Übergänge} \qquad (2.112)$$

Mit dem Isospin-Leiteroperator τ^- kann dies geschrieben werden als:

$$M_F^- = \langle N_f | \sum_j \tau^-(j) | N_i \rangle \qquad (2.113)$$

$$\vec{M}_{GT}^- = -c_A \langle N_f | \sum_j \vec{\sigma}(j) \tau^-(j) | N_i \rangle \qquad (2.114)$$

Nach Transformation in die sphärische Darstellung können die sphärischen Komponenten $\sum \sigma_\mu \tau^-$ wieder, analog wie beim Neutron, in einen geometrischen Faktor und ein reduziertes Matrixelement zerlegt werden:

2.3 Formalismus des Kernbetazerfalls

$$M^-_{GT,\mu} = -c_A \frac{(J_i M_i 1\mu | J_f M_f)}{\sqrt{2J_i+1}} \langle N_f || \sum_j \sigma(j)\tau^-(j) || N_i \rangle \qquad (2.115)$$

Für die Fermi-Übergänge kann ebenfalls ein reduziertes Matrixelement definiert werden, welches sich allerdings vom normalen Matrixelement lediglich durch einen Spinfaktor unterscheidet

$$M^-_F = \frac{1}{\sqrt{2J_i+1}} \langle N_f || \sum_j \tau^-(j) || N_i \rangle \qquad (2.116)$$

Zur Berechnung der Zerfallsraten muß bei GT-Zerfällen wieder über M_f und μ summiert und über M_i gemittelt werden, wonach als maßgebliche Größen die *reduzierten Übergangsstärken* B_F und B_{GT} resultieren:

$$B^-_F = \frac{1}{2J_i+1} |\langle N_f || \sum_j \tau^-(j) || N_i \rangle|^2 \qquad (2.117)$$

$$B^-_{GT} = \frac{c_A^2}{2J_i+1} |\langle N_f || \sum_j \vec{\sigma}(j)\tau^-(j) || N_i \rangle|^2 \qquad (2.118)$$

B^-_F und B^-_{GT} sind die Größen, welche die gesamte Information über die Kernstruktur enthalten. Die *Zerfallsrate* ist gegeben durch (2.39):

$$\frac{dW}{dt} = \frac{G_\beta^2 m_e^5}{2\pi^3} f(B^-_F + B^-_{GT}) \qquad (2.119)$$

Verbotene Übergänge und Multipolentwicklung Um die durch den Impulsübertrag $\vec{q}$ entstehenden Korrekturen zu der Annahme konstanter Leptonen-Wellenfunktionen (Näherung erlaubter Übergänge) zu berücksichtigen (Faktor $e^{-i\vec{q}\vec{r}}$ in (2.109) und (2.110)), ist der geeignete Ansatz eine Multipolentwicklung der Wechselwirkungs-Matrixelemente im Ruhesystem des Kerns, da die Kernzustände definierte Drehimpulse besitzen.

Eine derartige Multipolentwicklung, in welcher der Faktor $\gamma_0 \gamma^\mu$ vom Leptonenstrom herrührt, hat folgende Form [Ste 64]

$$\langle N_f | h^c_\mu(q) | N_i \rangle \gamma_0 \gamma^\mu = i \sum_{LM\ell} (-1)^{L+M_i-M_f+M}(-i)^\ell \sqrt{4\pi} \cdot$$

$$\cdot (J_f - M_f LM | J_i - M_i) \boldsymbol{T}^{-M}_{L\ell s}(\hat{q}) \frac{q^2 R^2}{(2l+1)!!} F_{L\ell s}(q^2) \qquad (2.120)$$

Die Übergänge mit Bahndrehimpulsübertrag ℓ entsprechen der ℓ-ten Ordnung in der Entwicklung nach dem Parameter qR. Allerdings ist es nicht so, daß zu einem β-Übergang immer nur eine Multipolkomponente beiträgt, da nicht der Bahndrehimpuls, sondern der Gesamtdrehimpuls die erhaltene Quantenzahl der Kernzustände ist.

$T^M_{L\ell s}$ ist ein sphärischer Tensoroperator, welcher auf die Leptonen-Wellenfunktionen wirkt. Die Information über die Kernstruktur ist dagegen in den Größen $F_{L\ell s}(q^2)$ enthalten. Im nichtrelativistischen Grenzfall kann für diese die explizite Form gefunden werden (s. [Beh 82]):

$$F_{LL0}(q^2) = \frac{1}{\sqrt{2J_i+1}} \frac{(2L+1)!!}{(qR)^L} \cdot$$

$$\cdot \langle N_f \| \sum_j i^L j_L(qr_j)\sqrt{4\pi} Y_L(\hat{r}_j)\{1 - c_A \frac{\vec{p}_j \vec{\sigma}_j}{2m_n}\}\tau^-(j) \| N_i \rangle \quad (2.121)$$

und

$$F_{L\ell 1}(q^2) = -\frac{1}{\sqrt{2J_i+1}} \frac{(2L+1)!!}{(qR)^L} \langle N_f \| \sum_j i^L j_\ell(qr_j)\sqrt{4\pi} \cdot$$

$$\cdot \{c_A[Y_\ell(\hat{r}_j) \otimes \vec{\sigma}_j]^L - \frac{1}{2m_n}[Y_\ell(\hat{r}_j) \otimes \vec{p}_j]^L\}\tau^-(j) \| N_i \rangle \quad (2.122)$$

Hierin sind $j_\ell(qr)$ die sphärischen Besselfunktionen, $Y_\ell(\hat{r})$ die Kugelfunktionen und $\vec{p}_j$ ist als der Operator $-i(\vec{\nabla}_{jf} + \vec{\nabla}_{ji})$ zu verstehen, wobei $\vec{\nabla}_{jf}$ auf die Endzustandswellenfunktion $\vec{\nabla}_{ji}$ auf die Ausgangswellenfunktion des Nukleons j wirkt. Wir haben hier außerdem das Symbol $[A^j \otimes B^{j'}]^L_M$ eingeführt, das die Kopplung der beiden Größen A^j und $B^{j'}$ mit Drehimpuls j und j' zu definiertem Drehimpuls L mit magnetischer Quantenzahl M bedeutet:

$$[A^j \otimes B^{j'}]^L_M = \sum_{m,m'} A^j_m B^{j'}_{m'}(jmj'm'|LM) \quad (2.123)$$

Die explizite Berechnung der Matrixelemente (2.121), (2.122) ist i.a. recht aufwendig, und wir wollen das nicht weiter verfolgen. Zwischen den Koeffizienten 0-ter Ordnung und B_F, B_{GT} besteht allerdings der einfache Zusammenhang:

$$B_F = |F_{000}|^2 \quad (2.124)$$
$$B_{GT} = |F_{101}|^2 \quad (2.125)$$

2.3.3 Relationen zwischen β^-, β^+-Zerfall, Elektron- und Neutrino-Einfang

Die theoretische Behandlung von β^+-Zerfall, Elektron- und Neutrino-Einfang ist völlig analog zum β^--Zerfall. Zweckmäßigerweise besprechen wir hier wieder die hadronischen und die leptonischen Matrixelemente getrennt.

Hadronische (=Kernstruktur-) Matrixelemente Es ist leicht einzusehen, daß sich die für die verschiedenen Prozesse relevanten Kernstruktur-Matrixelemente lediglich bezüglich eines Rollentausches von Protonen und Neutronen unterscheiden.

2.3 Formalismus des Kernbetazerfalls

Für die erlaubten Übergänge ist die Zuordnung der Matrixelemente zu den einzelnen Prozessen folgendermaßen:

β^--Zerfall, ν-Einfang:

$$B_F^- = \frac{1}{2J_i+1}|\langle N_f\|\sum_j \tau^-(j)\|N_i\rangle|^2 \qquad (2.126)$$

$$B_{GT}^- = \frac{1}{2J_i+1}|\langle N_f\|\sum_j \boldsymbol{\sigma}(j)\tau^-(j)\|N_i\rangle|^2 \qquad (2.127)$$

β^+-Zerfall, e^--Einfang, $\overline{\nu}$-Einfang:

$$B_F^+ = \frac{1}{2J_i+1}|\langle N_f\|\sum_j \tau^+(j)\|N_i\rangle|^2 \qquad (2.128)$$

$$B_{GT}^+ = \frac{1}{2J_i+1}|\langle N_f\|\sum_j \boldsymbol{\sigma}(j)\tau^+(j)\|N_i\rangle|^2 \qquad (2.129)$$

Leptonische Matrixelemente In (2.96) ist $\overline{u}(p_e,s_e)\boldsymbol{\gamma}_\mu(1-\boldsymbol{\gamma}_5)v(p_{\overline{\nu}},s_{\overline{\nu}})$ zu ersetzen durch:

$\overline{u}(p_\nu,s_\nu)\boldsymbol{\gamma}_\mu(1-\boldsymbol{\gamma}_5)v(p_e,s_e)$	für β^+-Zerfall	(2.130)
$\overline{u}(p_\nu,s_\nu)\boldsymbol{\gamma}_\mu(1-\boldsymbol{\gamma}_5)u(p_e,s_e)$	für Elektronen-Einfang	(2.131)
$\overline{u}(p_e,s_e)\boldsymbol{\gamma}_\mu(1-\boldsymbol{\gamma}_5)u(p_\nu,s_\nu)$	für Neutrino-Einfang	(2.132)
$\overline{v}(p_{\overline{\nu}},s_{\overline{\nu}})\boldsymbol{\gamma}_\mu(1-\boldsymbol{\gamma}_5)v(p_e,s_e)$	für Antineutrino-Einfang	(2.133)

Raten und Wirkungsquerschnitte

- β^+-**Zerfall:** Die Formeln für β^+-Zerfall ergeben sich direkt aus denen für β^--Zerfall mit den Ersetzungen $(p \leftrightarrow n)$ und $(e^- \to e^+, \overline{\nu} \to \nu)$. Der Austausch der Leptonen hat einen Vorzeichenwechsel der Coulombenergie zur Folge, was äquivalent ist zu der Ersetzung $F(Z,E_{e^-}) \to F(-Z,E_{e^+})$. Damit erhält man den Zusammenhang:

$$f_{\beta^+}t_{\beta^+} = \frac{2\pi^3\ln 2}{G_\beta^2 m_e^5}\frac{1}{[B_F^+ + B_{GT}^+]} \qquad (2.134)$$

mit

$$f_{\beta^+} = \frac{1}{m_e^5}\int_{m_e}^{\Delta} F(-Z,E_{e^+})p_{e^+}E_{e^+}(\Delta-E_{e^+})^2 dE_{e^+} \qquad (2.135)$$

Werte von f_{β^+} sind tabelliert bei [Gov 71].

Das Energiespektrum der Positronen ist:

2 Klassische Theorie der schwachen Wechselwirkung, Kernbetazerfall

$$\frac{dW}{dt\, dE_{e^+}} = \frac{G_\beta^2}{2\pi^3} F(-Z, E_{e^+}) p_{e^+} E_{e^+} (\Delta - E_{e^+})[B_F^+ + B_{GT}^+] \quad (2.136)$$

- **Elektron-Einfang:** Von der Kinematik her unterscheidet sich Elektron-Einfang von β^-- und β^+-Zerfall. Da beim Elektron-Einfang nur zwei Teilchen im Endzustand vorhanden sind, nämlich der Endkern und das emittierte Neutrino, sind deren Energien und Impulse durch Energie- und Impulserhaltung festgelegt. Es gibt also kein kontinuierliches Energiespektrum, sondern es ist:

$$E_{\nu_e} = \Delta_f + m_e - B_\ell \quad (2.137)$$

Dabei bedeutet B_ℓ die atomare Bindungsenergie des von der Schale ℓ eingefangenen Elektrons. Erlaubter Einfang ist nur von s-Zuständen (K-Schale) möglich. Es läßt sich ebenfalls ein ft-Wert definieren:

$$f_{EC}^\ell t_{EC} = \frac{2\pi^3 \ln 2}{G_\beta^2 m_e^5} \frac{n_\ell}{[B_F^+ + B_{GT}^+]} \quad (2.138)$$

mit

$$f_{EC}^\ell = \frac{\pi}{2} \beta_\ell^2 p_\nu^2 \quad (2.139)$$

Werte von f_{EC} sind wieder bei [Gov 71] tabelliert. β_ℓ ist die Amplitude der Radialwellenfunktion des gebundenen Elektrons am Kernort und n_ℓ ist ein Faktor ≤ 1, der die Möglichkeit berücksichtigt, daß die Schale ℓ möglicherweise nur teilweise gefüllt ist. Normalerweise sind die in Betracht kommenden Schalen jedoch abgeschlossen und damit $n_\ell = 1$.

- **Neutrino- und Antineutrino-Einfang:** Die kinematische Situation beim Neutrino-Einfang ist sehr ähnlich der beim Elektron-Einfang. Für eine gegebene Neutrino-Energie ist die Energie des emittierten Elektrons (Positrons) ebenfalls diskret:

$$E_e = E_\nu - \Delta_f \quad (2.140)$$

Dabei bezieht sich Δ_f auf den Übergang zum f-ten Kernniveau im Endkern. Im Unterschied zu den bisher betrachteten Prozessen ist Neutrino-Einfang aber kein Zerfallsprozeß im eigentlichen Sinn, sondern ein Streuprozeß. Als charakteristische Größe ist daher keine Zerfallsrate, sondern ein Reaktions-Wirkungsquerschnitt zu berechnen. Diesen erhält man aus der Übergangswahrscheinlichkeit (vgl. (2.22)) bei einer Teilchendichte von 1 pro Wechselwirkungsvolumen V:

$$\frac{dW}{dt} = \sum_f \int \frac{(2\pi)^4 \delta^4(\mathsf{p}_f - \mathsf{p}_i) V}{V^2} T_{if}{}^* T_{fi} \frac{d^3 p_f d^3 p_e}{(2\pi)^3 (2\pi)^3}, \quad (2.141)$$

indem diese durch den Neutrinofluß

$$F_\nu = \frac{v_\nu}{V} = \frac{1}{V} \quad \text{(für masselose oder hochenergetische Neutrinos)} \tag{2.142}$$

geteilt wird

$$d\sigma(E_\nu) = \frac{dW/dt}{F_\nu} = \frac{1}{(2\pi)^2} \sum_f \int |\overline{T}|^2 \delta^3(\vec{p}_f + \vec{p}_e - \vec{p}_\nu) \cdot$$
$$\cdot \delta(E_f + E_e - E_\nu - E_i) d^3 p_f d^3 p_e \tag{2.143}$$

Daraus erhält man für erlaubte Übergänge die totalen Wirkungsquerschnitte:

Neutrino-Einfang:

$$\sigma_\nu(E_\nu) = \frac{G_\beta^2}{\pi} p_{e^-} E_{e^-} F(Z, E_{e^-}) [B_F^- + B_{GT}^-] \tag{2.144}$$

Antineutrino-Einfang:

$$\sigma_{\overline{\nu}}(E_{\overline{\nu}}) = \frac{G_\beta^2}{\pi} p_{e^+} E_{e^+} F(-Z, E_{e^+}) [B_F^+ + B_{GT}^+] \tag{2.145}$$

Ferner kann σ_ν und $\sigma_{\overline{\nu}}$ ebenfalls durch die für β^-- und β^+-Zerfall definierten ft-Werte ausgedrückt werden (vgl. (2.42) und (2.134))

$$\sigma_\nu(E_\nu) = 2\pi^2 \ln 2 \, p_{e^-} E_{e^-} F(Z, E_{e^-})/(f_{\beta^-} t_{\beta^-}) \tag{2.146}$$

$$\sigma_{\overline{\nu}}(E_{\overline{\nu}}) = 2\pi^2 \ln 2 \, p_{e^+} E_{e^+} F(-Z, E_{e^+})/(f_{\beta^+} t_{\beta^+}) \tag{2.147}$$

2.4 Doppel-Betazerfall

In den vorangegangenen Abschnitten wurden die theoretischen Grundlagen für Prozesse diskutiert, die allgemein unter dem Begriff Kernbetazerfall zusammengefaßt werden können. Störungstheoretisch sind diese als Effekte erster Ordnung der klassischen Theorie zu verstehen (In der Glashow-Weinberg-Salam-Theorie, in der die punktförmige Strom-Strom-Wechselwirkung durch eine Boson-Austausch-Wechselwirkung ersetzt wird, ist der normale Betazerfall ein Effekt zweiter Ordnung). Wir besprechen nun einen Zerfallsprozeß zweiter Ordnung der klassischen Theorie (vierter Ordnung in der Glashow-Weinberg-Salam-Theorie), den Doppel-Betazerfall ($\beta\beta$-Zerfall).

$\beta\beta$-Zerfall kann als beobachtbarer Effekt auftreten bei Isotopen, bei welchen aus energetischen Gründen keine anderen Zerfallsprozesse, also insbesondere kein einfacher β-Zerfall möglich ist. Dies ist der Fall bei etlichen g-g Kernen (gerade Neutronen- und gerade Protonenzahl), welche infolge der Paarungsenergie gegenüber ihren u-u

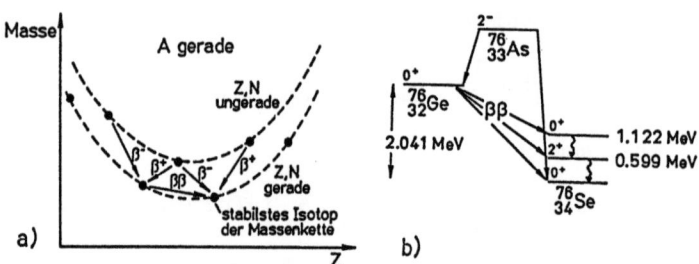

Abb. 2.16: (a)Energetische Lage potentieller Doppel-Beta-Emitter. Infolge der Paarungsenergie sind Kerne mit gerader Protonen- und gerader Neutronenzahl gegenüber ihren Nachbarkernen energetisch abgesenkt. Viele Kerne sind daher zwar stabil gegenüber einfachem β-Zerfall, sollten aber durch Doppel-Betazerfall in ein stabileres Isotop übergehen können.
(b)Das Doppel-Betazerfallsschema von ^{76}Ge.

Nachbarn (ungerade Neutron- und Protonzahl) energetisch niedrigere Grundzustände besitzen (vgl. Abb. 2.16).

Doppel-Betazerfall ist anschaulich als gleichzeitiger β-Zerfall zweier Neutronen (oder auch zweier Protonen beim $\beta^+\beta^+$-Zerfall) zu verstehen. Dabei werden zwei Elektronen emittiert (beim $\beta^-\beta^-$-Zerfall). Wenn Leptonenzahl-Erhaltung ($\Delta L = 0$) gilt, müssen ebenfalls zwei Antineutrinos entstehen (Abb. 2.17):

$$\begin{array}{cccc} {}^A_Z X \xrightarrow{\beta^-\beta^-} & {}^A_{Z+2}X + & 2e^- + & 2\bar{\nu} \\ L: \quad 0 & 0 & +2 & -2 \end{array} \Rightarrow \Delta L = 0 \quad (2.148)$$

Dieser Zerfall wird deshalb auch als 2ν $\beta\beta$-Zerfall bezeichnet. Er wurde erstmals bei [Goe 35] diskutiert. $\beta\beta$-Zerfall war lange Zeit lediglich auf indirekte Weise in geochemischen Experimenten für die zwei Isotope ^{82}Se und ^{130}Te nachgewiesen ([Kir 67,68,69], s. auch [Kir 86]). Erst kürzlich gelang der direkte Nachweis des 2ν $\beta\beta$-Zerfalls in Zählerexperimenten für ^{82}Se [Ell 87]. Es gibt ca. 35 Isotope, bei denen man ($\beta^-\beta^-$) Doppelbetazerfall erwartet (wir nennen diese $\beta\beta$-*Emitter*). Die Schwierigkeit des Nachweises liegt in der enorm kleinen Zerfallsrate begründet. Auf der Nuklidkarte sind die $\beta\beta$-Emitter als stabil eingezeichnet und können normalerweise auch als solche betrachtet werden. Die Halbwertszeiten liegen in der Gegend von 10^{20} Jahren und größer ([Gro 85b], [Gro 86a]).

Beim $\beta\beta$-Zerfall vom β^+-Typ gibt es drei verschiedene Zerfallsmöglichkeiten, da neben Positron-Emission auch Elektron-Einfang möglich ist.

$${}^A_Z X \xrightarrow{\beta^+\beta^+} {}^A_{Z-2}X + 2e^+ + 2\nu \quad (2.149)$$

$$e^- + {}^A_Z X \xrightarrow{EC,\beta^+} {}^A_{Z-2}X + e^+ + 2\nu \quad (2.150)$$

2.4 Doppel-Betazerfall

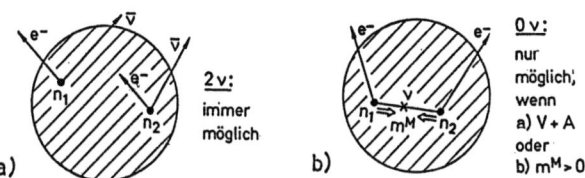

Abb. 2.17: Schematische Darstellung des Doppel-Betazerfalls.
a) 2ν $\beta\beta$-Zerfall
b) 0ν $\beta\beta$-Zerfall

$$e^- + e^- + {}^A_Z X \xrightarrow{BC,BC} {}^A_{Z-2}X + 2\nu \tag{2.151}$$

Von diesen Prozessen konnte bisher keiner experimentell nachgewiesen werden.

Weitaus interessanter als die mit der Leptonenzahl-Erhaltung verträglichen 2ν $\beta\beta$-Zerfallsprozesse ist aber der hypothetische neutrinolose $\beta\beta$-Zerfall (0ν $\beta\beta$-Zerfall), der erstmals in seiner Bedeutung von [Fur 39] erkannt wurde:

$$\begin{array}{cccc} {}^A_Z X & \xrightarrow{\beta^-\beta^-} & {}^A_{Z+2}X + & 2e^- \\ L: \quad 0 & & 0 & +2 \end{array} \quad \Rightarrow \Delta L = +2 \tag{2.152}$$

Diesen hat man sich vorzustellen als Austausch eines Neutrinos zwischen den beiden zerfallenden Nukleonen (Abb. 2.17). Die Leptonenzahl ändert sich dabei um zwei Einheiten. Die Möglichkeit eines solchen Prozesses ist nur gegeben, wenn Neutrino und Antineutrino in einem gewissen Sinne identisch sind (Majorana-Neutrino), und wenn entweder das Neutrino nicht masselos ist oder aber der leptonische Strom eine $(1 + \gamma_5)$ Komponente enthält.

Wenn man über das Standard-(GWS-)Modell der schwachen Wechselwirkung (Abschn. 5) hinausgeht, gibt es weitere Mechanismen (s. Abb. 2.18 und Kap. 7) für den 0ν $\beta\beta$-Zerfall — unter Higgs-Boson-Austausch (Higgs-Boson: s. Kap. 4.3) und unter Emission eines Majorons χ (s. z.B. [Doi 85]):

$$\begin{array}{c} {}^A_Z X \longrightarrow {}^A_{Z+2}X + 2e^- + \chi \end{array} \tag{2.153}$$

Das 3-Körper-Spektrum des $0\nu, \chi$ Zerfallstyps ist grundsätzlich vom 4-Körper-Spektrum des 2ν-Zerfalls und natürlich von 0ν-Zerfall unterscheidbar (Abb. 2.19).

Aufgrund der Existenz oder auch Nichtexistenz des 0ν $\beta\beta$-Zerfalls kann man daher Aussagen über den fundamentalen Charakter des Neutrinos und der schwachen Wechselwirkung gewinnen. Diese Zusammenhänge werden ausführlich in Kap. 7 behandelt. Bis heute ist es trotz intensiver Suche noch nicht gelungen, einen 0ν $\beta\beta$-Zerfallsprozeß nachzuweisen. Eine Übersicht über die experimentelle Situation findet man in [Bry 78], [Cal 86a-d], [Cal 87a,b], [Kla 86,88,88a]).

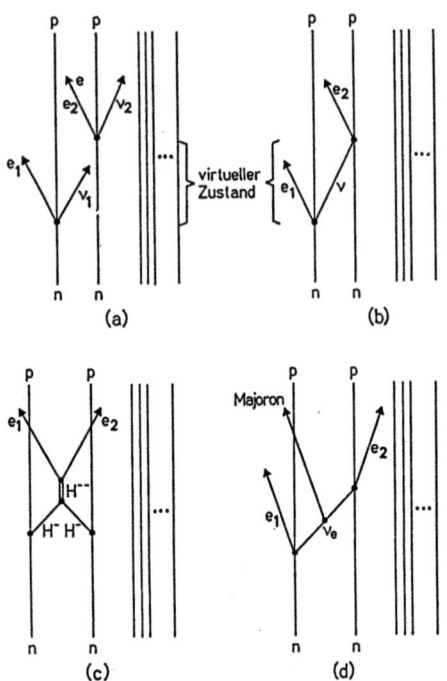

Abb. 2.18: Diagramme, die den 2ν $\beta\beta$-Zerfall(a) und verschiedene Mechanismen des 0ν $\beta\beta$-Zerfalls(b–d) beschreiben. Der in (b) gezeigte Mechanismus für 0ν $\beta\beta$-Zerfall wird möglich, wenn das Neutrino eine nichtverschwindende Majorana-Masse hat, oder der leptonische schwache Strom eine rechtshändige Komponente enthält. (c),(d) zeigen zwei Mechanismen für 0ν $\beta\beta$-Zerfall außerhalb des Standard-Modells der schwachen Wechselwirkung: (c)Den Zerfall durch Kopplung an Higgs-Felder (Higgs-Boson-Austausch; H^- bezeichnet das physikalische Higgs-Boson). (d)den 0ν $\beta\beta$-Zerfall unter Emission eines Majorons (s. Kap. 7).

2.4.1 Matrixelemente für den Doppel-Betazerfall

In zeitabhängiger Störungstheorie 2. Ordnung in $\boldsymbol{H}_\beta$ erhält man für die T-Matrix:

$$(2\pi)^4 \delta^4(p_f - p_i)T_{fi} = -\langle f|\int \boldsymbol{H}_\beta(x)d^4x|i\rangle +$$
$$+ \frac{i}{2}\langle f|\int T[\boldsymbol{H}_\beta(x'), \boldsymbol{H}_\beta(x'')]d^4x'd^4x''|i\rangle \quad (2.154)$$

mit dem zeitgeordneten Produkt:

2.4 Doppel-Betazerfall

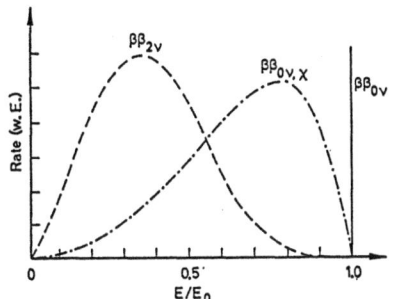

Abb. 2.19: Kinetische Summenenergien der zwei Elektronen für die Fälle von $2\nu\,\beta\beta$, $0\nu\,\beta\beta$ und $0\nu,\chi\,\beta\beta$-Zerfällen (schematisch).

$$T[\boldsymbol{H}_\beta(\mathsf{x}'), \boldsymbol{H}_\beta(\mathsf{x}'')] = \begin{cases} \boldsymbol{H}_\beta(\mathsf{x}')\boldsymbol{H}_\beta(\mathsf{x}'') & \text{für } t' \geq t'' \\ \boldsymbol{H}_\beta(\mathsf{x}'')\boldsymbol{H}_\beta(\mathsf{x}') & \text{für } t' < t'' \end{cases} \quad (2.155)$$

Der in $\boldsymbol{H}_\beta$ lineare Term beschreibt, wie schon bekannt, einfachen β-Zerfall. Für $\beta\beta$-Isotope ist dieser aus energetischen Gründen inaktiv und $\beta\beta$-Zerfall wird ausschließlich durch Matrixelemente des Operators

$$\begin{aligned}T[\boldsymbol{H}_\beta(\mathsf{x}'), \boldsymbol{H}_\beta(\mathsf{x}'')] &= \frac{G_\beta^2}{2} T[\boldsymbol{\ell}^{c\mu}(\mathsf{x}')\boldsymbol{h}_\mu^{c+}(\mathsf{x}')\boldsymbol{\ell}^{c\nu}(\mathsf{x}'')\boldsymbol{h}_\nu^{c+}(\mathsf{x}'') \\ &+ \boldsymbol{\ell}^{c\mu}(\mathsf{x}')\boldsymbol{h}_\mu^{c+}(\mathsf{x}')\boldsymbol{h}^{c\nu}(\mathsf{x}'')\boldsymbol{\ell}_\nu^{c+}(\mathsf{x}'') \\ &+ \boldsymbol{h}^{c\mu}(\mathsf{x}')\boldsymbol{\ell}_\mu^{c+}(\mathsf{x}')\boldsymbol{\ell}^{c\nu}(\mathsf{x}'')\boldsymbol{h}_\nu^{c+}(\mathsf{x}'') \\ &+ \boldsymbol{h}^{c\mu}(\mathsf{x}')\boldsymbol{\ell}_\mu^{c+}(\mathsf{x}')\boldsymbol{h}^{c\nu}(\mathsf{x}'')\boldsymbol{\ell}_\nu^{c+}(\mathsf{x}'')]\end{aligned} \quad (2.156)$$

beschrieben. Die Kreuzterme $\boldsymbol{\ell}^{c\mu}\boldsymbol{h}_\mu^{c+}\boldsymbol{h}^{c\nu}\boldsymbol{\ell}_\nu^{c+}$ und $\boldsymbol{h}^{c\mu}\boldsymbol{\ell}_\mu^{c+}\boldsymbol{\ell}^{c\nu}\boldsymbol{h}_\nu^{c+}$ sind nicht von Interesse, weil sie die Ladung des hadronischen Zustands nicht ändern und damit keine Übergänge zwischen verschiedenen Isotopen bewirken.

Der Beitrag des Termes $\boldsymbol{\ell}^{c\mu}\boldsymbol{h}_\mu^{c+}\boldsymbol{\ell}^{c\nu}\boldsymbol{h}_\nu^{c+}$ aus (2.156) zur T-Matrix (2.154) kann folgendermaßen geschrieben werden ($\beta^-\beta^-$ Zerfall):

$$(2\pi)^4\delta^4(\mathsf{p}_f-\mathsf{p}_i)T^{\beta\beta} = \frac{iG_\beta^2}{4}\sum_{\substack{m \\ t' \leq t''}}\langle \ell_f|\boldsymbol{\ell}^{c\mu}(\mathsf{x}')|e_m^-\overline{\nu}_m\rangle\langle e_m^-\overline{\nu}_m|\boldsymbol{\ell}^{c\nu}(\mathsf{x}'')|0\rangle \cdot$$
$$\cdot\langle N_f|\boldsymbol{h}_\mu^{c+}(\mathsf{x}')|N_m\rangle\langle N_m|\boldsymbol{h}_\nu^{c+}(\mathsf{x}'')|N_i\rangle d^4\mathsf{x}'d^4\mathsf{x}'' \quad (2.157)$$

Das Symbol $\sum\limits_m\!\!\!\!\!\!\int$ soll hier bedeuten, daß über alle kontinuierlichen Zwischenzustandsvariablen zu integrieren und über alle diskreten Variablen zu summieren ist.

In Gl. (2.157) wurde ein vollständiges System an Zwischenzuständen $|N_m\rangle|e_m^-\bar{\nu}_m\rangle$ eingeschoben. Über diese Zustände ist zu summieren. Weiter ist $|\ell_f\rangle$ der Leptonenendzustand, also $|\ell_f\rangle = |e_1 e_2 \bar{\nu}_1 \bar{\nu}_2\rangle$ für 2ν-Zerfall und $|\ell_f\rangle = |e_1 e_2\rangle$ beim neutrinolosen Zerfall.

Im folgenden Abschnitt wollen wir den 2ν-Zerfall behandeln. Matrixelemente für den 0ν-Zerfall folgen in Abschn. 2.4.1.2 (Für den allgemeinen Formalismus verweisen wir hier auf die Spezialliteratur ([Doi 81], [Doi 85], [Hax 84]). Eine Diskussion findet man auch bei [Kon 66]).

2.4.1.1 2ν-Zerfall

Wenn wir beim 2ν-Zerfall die Annahme machen, daß dieser sich aus zwei dynamisch unabhängigen Teilprozessen zusammensetzt, so können wir schreiben:

$$\begin{aligned}\langle e_1^- e_2^- \bar{\nu}_1 \bar{\nu}_2 | \boldsymbol{\ell}^{c\mu}(x') | e_m^- \bar{\nu}_m \rangle &= \langle e_2^- \bar{\nu}_2 | \boldsymbol{\ell}^{c\mu}(x') | 0 \rangle \langle e_1^- | e_m^- \rangle \langle \bar{\nu}_1 | \bar{\nu}_m \rangle \\ &+ \langle e_1^- \bar{\nu}_1 | \boldsymbol{\ell}^{c\mu}(x') | 0 \rangle \langle e_2^- | e_m^- \rangle \langle \bar{\nu}_2 | \bar{\nu}_m \rangle \\ &- \langle e_1^- \bar{\nu}_2 | \boldsymbol{\ell}^{c\mu}(x') | 0 \rangle \langle e_2^- | e_m^- \rangle \langle \bar{\nu}_1 | \bar{\nu}_m \rangle \\ &- \langle e_2^- \bar{\nu}_1 | \boldsymbol{\ell}^{c\mu}(x') | 0 \rangle \langle e_1^- | e_m^- \rangle \langle \bar{\nu}_2 | \bar{\nu}_m \rangle \end{aligned} \quad (2.158)$$

Die vier verschiedenen Terme entstehen durch Austausch der ununterscheidbaren Fermionen im Endzustand.

Somit sind die beiden Matrixelemente der leptonischen Ströme voneinander unabhängig, und in der Näherung erlaubter Übergänge werden sie weiter als ortsunabhängig angenommen:

$$\begin{aligned}(2\pi)^4 \delta^4(\mathsf{p}_f - \mathsf{p}_i) T^{\beta\beta} &= \frac{iG_\beta^2}{4} \int_{-\infty}^{+\infty} dt' \int_{-\infty}^{t'} dt'' \langle e_2^- \bar{\nu}_2 | \boldsymbol{\ell}^{c\mu}(t',0) | 0 \rangle \\ &\cdot \langle e_1^- \bar{\nu}_1 | e_m^- \bar{\nu}_m \rangle \langle e_m^- \bar{\nu}_m | \boldsymbol{\ell}^{c\nu}(t'',0) | 0 \rangle \\ &\cdot \int d^3 x' d^3 x'' \langle N_f | h_\mu^{c+}(x') | N_m \rangle \langle N_m | h_\nu^{c+}(x'') | N_i \rangle \\ &+ \text{Austauschterme} \end{aligned} \quad (2.159)$$

Als "Austauschterme" sind hier Terme bezeichnet, welche analog zu (2.158) durch Austausch der Fermionen im Endzustand aus dem angegebenen Beitrag hervorgehen. Die Kernstruktur-Matrixelemente können aus (2.113) und (2.114) vom normalen Betazerfall übernommen werden:

$$M_{fm}^0 = \int d^3 x' \langle N_f | h_0^{c+}(0, \vec{x}') | N_m \rangle = \langle N_f | \sum_j \boldsymbol{\tau}^-(j) | N_m \rangle \quad (2.160)$$

$$\vec{M}_{fm} = \int d^3 x' \langle N_f | \vec{h}^{c+}(0, \vec{x}') | N_m \rangle = -c_A \langle N_f | \sum_j \vec{\boldsymbol{\sigma}}(j) \boldsymbol{\tau}^-(j) | N_m \rangle \quad (2.161)$$

2.4 Doppel-Betazerfall

$$M^0_{mi} = \int d^3x' \langle N_m | h_0^{c\dagger}(0, \vec{x}') | N_i \rangle = \langle N_m | \sum_j \tau^-(j) | N_i \rangle \tag{2.162}$$

$$\vec{M}_{mi} = \int d^3x' \langle N_m | \vec{h}^{c\dagger}(0, \vec{x}') | N_i \rangle = -c_A \langle N_m | \sum_j \vec{\sigma}(j)\tau^-(j) | N_i \rangle \tag{2.163}$$

Wir wollen nun die Zeitintegration in (2.159) ausführen, was auf einen für die zeitabhängige Störungstheorie typischen Energienenner führen wird (vgl. z.B. [Fey 65]). Die Zeitabhängigkeit der Matrixelemente ist gegeben durch:

$$\langle e_2^- \overline{\nu}_2 | \ell^{c\mu}(t', \vec{0}) | 0 \rangle = e^{-i(B(e_2)+B(\overline{\nu}_2))t'} \langle e_2^- \overline{\nu}_2 | \ell^{c\mu}(0, \vec{0}) | 0 \rangle \tag{2.164}$$

$$\langle e_m^- \overline{\nu}_m | \ell^{c\nu}(t'', \vec{0}) | 0 \rangle = e^{-i(B(e_m)+B(\overline{\nu}_m))t''} \langle e_m^- \overline{\nu}_m | \ell^{c\nu}(0, \vec{0}) | 0 \rangle \tag{2.165}$$

$$\langle N_f | h_\mu^{c\dagger}(t', \vec{x}') | N_m \rangle = e^{-i(B(N_f)-B(N_m))t'} \langle N_f | h_\mu^{c\dagger}(0, \vec{x}') | N_m \rangle \tag{2.166}$$

$$\langle N_m | h_\nu^{c\dagger}(t'', \vec{x}'') | N_i \rangle = e^{-i(B(N_m)-B(N_i))t''} \langle N_m | h_\nu^{c\dagger}(0, \vec{x}'') | N_i \rangle \tag{2.167}$$

Das Integral über die zeitabhängigen Faktoren in (2.159) ist also gegeben durch:

$$\int_{-\infty}^{+\infty} dt' \int_{-\infty}^{t'} dt'' e^{-i(B(e_2)+B(\overline{\nu}_2))t'} e^{-i(B(e_m)+B(\overline{\nu}_m))t''} e^{-i(B(N_f)-B(N_m))t'} e^{-i(B(N_m)-B(N_i))t''}$$

$$= \int_{-\infty}^{+\infty} dt' \int_{-\infty}^{t'} dt'' e^{-i\alpha t'} e^{-i\beta t''} \tag{2.168}$$

wobei wir die Abkürzungen

$$\alpha = E(e_2) + E(\overline{\nu}_2) + E(N_f) - E(N_m) \tag{2.169}$$

und

$$\beta = E(e_m) + E(\overline{\nu}_m) + E(N_m) - E(N_i) \tag{2.170}$$

eingeführt haben. Da Ausdruck (2.168) eventuell nicht definierte Integrale enthält, ersetzen wir diesen durch

$$I = \int_{-A}^{+A} dt' \int_{-B}^{t'} dt'' e^{-i\alpha t'} e^{-i\beta t''} \tag{2.171}$$

und untersuchen später, was bei dem Übergang $A, B \to \infty$ passiert. Wir formen (2.171) folgendermaßen um,

$$\int\limits_{-A}^{+A} dt' \int\limits_{-B}^{t'} dt'' e^{-i\alpha t'} e^{-i\beta t''} = \int\limits_{-A}^{+A} dt' \int\limits_{-B}^{t'} dt'' e^{-i(\alpha+\beta)t'} e^{-i\beta(t''-t')} \tag{2.172}$$

und substituieren $t = t'' - t'$:

$$I = \int\limits_{-A}^{+A} dt' e^{-i(\alpha+\beta)t'} \int\limits_{-B-t'}^{0} dt\, e^{-i\beta t} \tag{2.173}$$

Wir betrachten das innere Integral. Nach Umdefinition der Konstanten B in $B' = B + t'$ erhält man:

$$\int\limits_{-B'}^{0} dt\, e^{-i\beta t} = \frac{1 - e^{i\beta B'}}{-i\beta} \tag{2.174}$$

Dieser Ausdruck konvergiert nicht für $B' \to \infty$, wenn β reell ist. Dieser Umstand wird nun üblicherweise dadurch behoben, daß zu β ein kleiner Imaginärteil $i\epsilon$ addiert wird: $\beta \to \beta + i\epsilon$. Physikalisch entspricht dies einem langsamen Ausschalten der Wechselwirkung zu einer Zeit $t = -\epsilon^{-1}$. Dies ist vernünftig, da die Kerne ja irgendwann einmal entstanden sein müssen und vorher kein Zerfall stattfinden konnte. Mit dieser Ersetzung wird aus (2.174):

$$\int\limits_{-\infty}^{0} dt\, e^{-i(\beta+i\epsilon)t} = \lim_{B' \to \infty} \int\limits_{-B'}^{0} dt\, e^{-i(\beta+i\epsilon)t} = \frac{i}{\beta + i\epsilon} \tag{2.175}$$

Die physikalischen Ergebnisse sind aber später zu deuten mit $\epsilon \to 0$ (für $\beta = 0$ ist hier Vorsicht geboten). Mit dieser Übereinkunft und mit der Integraldarstellung der δ-"Funktion"

$$\lim_{A \to \infty} \int\limits_{-A}^{+A} dt' e^{-i(\alpha+\beta)t'} = 2\pi\, \delta(\alpha + \beta) \tag{2.176}$$

erhält man für den Ausdruck (2.168):

$$\int\limits_{-\infty}^{+\infty} dt' \int\limits_{-\infty}^{t'} dt'' e^{-i\alpha t'} e^{-i\beta t''} = \lim_{\epsilon \to 0} \frac{2\pi i\, \delta(\alpha+\beta)}{\beta + i\epsilon}$$
$$= \frac{2\pi i\, \delta(E(e_2) + E(\overline{\nu}_2) + E(e_m) + E(\overline{\nu}_m) + E(N_f) - E(N_i))}{E(e_m) + E(\overline{\nu}_m) + E(N_m) - E(N_i)} \tag{2.177}$$

Nach Ausführen der Zeitintegration wird aus (2.159) mit (2.177):

$$(2\pi)^4\, \delta^4(\mathsf{p}_f - \mathsf{p}_i) T^{\beta\beta} = -\frac{\pi}{2} \delta(E_f - E_i) G_\beta^2 \sum_m \frac{1}{E(e_m) + E(\overline{\nu}_m) + E(N_m) - E(N_i)}$$
$$\cdot \langle e_2^- \overline{\nu}_2 | \mathcal{L}^{c\mu}(0) | 0 \rangle \cdot \langle e_m^- \overline{\nu}_m | \mathcal{L}^{c\nu}(0) | 0 \rangle \delta_{1m} M_{fm}^\mu M_{mi}^\nu$$
$$+ \text{Austauschterme} \tag{2.178}$$

2.4 Doppel-Betazerfall

Der Übergang $\epsilon \to 0$ kann leicht ausgeführt werden, da der Nenner in allen Fällen größer als Null ist. Schließlich muß noch berücksichtigt werden, daß bei einem gegebenen Übergang zwischen zwei Kernzuständen $|N_i\rangle$ und $|N_f\rangle$ die Drehimpulse zu beachten sind. Für die am weitaus interessantesten $0^+ \to 0^+$ Übergänge müssen M^μ_{fm} und M^ν_{mi} ebenfalls zu Spin 0 koppeln. Die beitragenden Kombinationen sind also $M^0_{fm}M^0_{mi}$ und $\vec{M}_{fm}\vec{M}_{mi}$, d.h. es sind zwei Fermi- oder aber zwei Gamow-Teller-Übergänge mit Drehimpulserhaltung verträglich, nicht aber ein Fermi- und ein Gamow-Teller-Übergang kombiniert. Die Isospinauswahlregel $\Delta T = 0$ verhindert allerdings das Auftreten von Fermi-Übergängen. Für $0^+ \to 0^+$ Übergänge erhält man nach längerer Rechnung ([Gro 83c], [Kla 84b]) schließlich folgenden Ausdruck für die Zerfallsrate $\omega_{2\nu}$ für 2ν $\beta\beta$-Zerfall:

$$\omega_{2\nu} = \frac{(c_A G_\beta)^4}{32\pi^7} \int_{m_e}^{\Delta+m_e} dE(e_1) \int_{m_e}^{\Delta+2m_e-E(e_1)} dE(e_2) \int_0^{\Delta+2m_e-E(e_1)-E(e_2)} dE(\bar{\nu}_1) \cdot$$

$$\cdot F(Z, E(e_1))p(e_1)E(e_1)F(Z, E(e_2))p(e_2)E(e_2)E^2(\bar{\nu}_1)E^2(\bar{\nu}_2) \sum_{mm'} A_{mm'} \quad (2.179)$$

mit

$$A_{mm'} = \langle N_f||\mathbf{Y}^-||N_m\rangle\langle N_m||\mathbf{Y}^-||N_i\rangle\langle N_f||\mathbf{Y}^-||N_{m'}\rangle\langle N_{m'}||\mathbf{Y}^-||N_i\rangle \cdot$$
$$\cdot \frac{1}{3}(K_m K_{m'} + L_m L_{m'} + \frac{1}{2}K_m L_{m'} + \frac{1}{2}L_m K_{m'}) \quad (2.180)$$

und

$$K_m = \frac{1}{E(e_1) + E(\bar{\nu}_1) + E(N_m) - E(N_i)} + \frac{1}{E(e_2) + E(\bar{\nu}_2) + E(N_m) - E(N_i)} \quad (2.181)$$

$$L_m = \frac{1}{E(e_1) + E(\bar{\nu}_2) + E(N_m) - E(N_i)} + \frac{1}{E(e_2) + E(\bar{\nu}_1) + E(N_m) - E(N_i)} \quad (2.182)$$

mit $\Delta = E(N_i) - E(N_f)$.

2.4.1.2 0ν-Zerfall

Wie schon erwähnt, und wie in Kap. 7 noch näher zu erläutern, ist der 0ν $\beta\beta$-Zerfall möglich, wenn das Neutrino ein sog. Majorana-Teilchen ist, und wenn entweder die Neutrinomasse endlich ist oder der schwache leptonische Strom eine rechtshändige Komponente besitzt. Diese beiden Möglichkeiten sind mit unterschiedlichen Kernstruktur-Matrixelementen verknüpft. Wir wollen uns auf den formal etwas einfacheren Fall des Massen-induzierten 0ν $\beta\beta$-Zerfalls beschränken. Bzgl. des Einflusses rechtshändiger schwacher Ströme auf den 0ν $\beta\beta$-Zerfall verweisen wir auf [Doi81,85], [Hax 84] und insbesondere [Tom 86,86a,87]. Es erweist sich einerseits, daß seine Behandlung nahezu vernachlässigbar ist, wenn man aus gemessenen Raten Neutrinomassen extrahieren will (s. Kap. 7), daß andererseits sich wesentlich komplexere Abhängigkeiten von zugrunde gelegten GUT-Modell ergeben, die bislang indessen meist vernachlässigt werden. Bzgl. einer detaillierten Behandlung des 0ν $\beta\beta$-Zerfalls unter Majoron-Emission verweisen wir auf [Doi 87].

Beim 2ν-Zerfall hatten wir für das T-Matrixelement Ausdruck (2.178) hergeleitet, welcher den für die Störungstheorie 2. Ordnung charakteristischen Faktor $[E(e_1) + E(\bar{\nu}_1) + E(N_m) - E(N_i)]^{-1}$ enthielt. Ausgehend von (2.157) mit $\langle \ell_f | = \langle e_1^- e_2^- |$

$$(2\pi)^4 \delta^4(p_f - p_i) T^{\beta\beta} = \frac{iG_\beta^2}{4} \sum_{\substack{m \\ t' \leq t''}} \langle e_1 e_2 | \mathcal{L}^{c\mu}(x') | e_m^- \bar{\nu}_m \rangle \langle e_m^- \bar{\nu}_m | \mathcal{L}^{c\nu}(x'') | 0 \rangle \cdot$$
$$\cdot \langle N_f | h_\mu^{c+}(x') | N_m \rangle \langle N_m | h_\nu^{c+}(x'') | N_i \rangle d^4x' d^4x'' \qquad (2.183)$$

können wir einen zu (2.178) analogen Ausdruck auch für den 0ν-Zerfall erhalten. Dabei ist aber zu berücksichtigen, daß nun die beiden von H_β verursachten Zerfallsvertizes durch den Austausch des intermediären Neutrinos ν_m verknüpft sind (s. Abb. 2.18b).

Die Fortpflanzung des Neutrinozustandes zwischen den beiden Vertizes wird beschrieben durch einen Faktor $e^{-iq(x'-x'')}$ mit dem Viererimpuls des Neutrinos q. Ausführen der Zeitintegration analog zu (2.158) bis (2.177) ergibt nun die Energieabhängigkeit:

$$2\pi i \delta(E(e_1) + E(e_2) + E(N_f) - E(N_i))(q_0 + \Delta E)^{-1} e^{i\vec{q}(\vec{x}'-\vec{x}'')} \qquad (2.184)$$

die zunächst an Stelle des Ausdruckes (2.177) für den 2ν-Zerfall tritt, mit

$$\Delta E = E(N_m) - E(N_i) + E(e_m) \qquad (2.185)$$

und

$$q_0 = \sqrt{|\vec{q}|^2 + m_\nu^2} \qquad (2.186)$$

In diesem Ausdruck ist jedoch noch nicht die Kopplung des Neutrinozustandes an die beiden Vertizes berücksichtigt. Diese ist proportional zur Beimischung der nichtdominanten Händigkeit im Zustand des intermediären Neutrinos. Das ergibt einen zusätzlichen Faktor m_ν/q_0 (vergl. Gl. (7.45). Der fehlende Faktor 2 im Nenner erklärt sich daraus, daß es zwei Permutationen für eine Kombination dominanter Vertex, nicht-dominanter Vertex gibt). Da das Neutrino nur virtuell auftritt, ist (2.184) außerdem über den Neutrinoimpuls $\vec{q}$ zu integrieren. Somit erhalten wir insgesamt den energieabhängigen Faktor:

$$2\pi i \delta(E_f - E_i) m_\nu \int \frac{d^3q}{(2\pi)^3} \frac{e^{i\vec{q}(\vec{x}'-\vec{x}'')}}{q_0(q_0 + \Delta E)} \qquad (2.187)$$

Nachdem die Integration über die Zeitvariablen in (2.183) derart durchgeführt ist und wieder Konstanz der Leptonenwellenfunktion angenommen wurde, geht diese

2.4 Doppel-Betazerfall

Gleichung über in:

$$(2\pi)^4 \delta^4(p_f - p_i)T_{0\nu}^{\beta\beta} = -\frac{\pi}{2}G_\beta^2 \delta(E_f - E_i)m_\nu \sum_m \int d^3x' d^3x'' \int \frac{d^3q}{(2\pi)^3} \frac{e^{i\vec{q}(\vec{x}'-\vec{x}'')}}{q_0(q_0 + \Delta E)}$$

$$\cdot \langle e_2^- | \mathcal{L}^{c\mu}(0) | \nu \rangle \langle e_1^- \overline{\nu} | \mathcal{L}^{c\nu}(0) | 0 \rangle \langle N_f | h_\mu^{c+}(0, \vec{x}') | N_m \rangle \langle N_m | h_\nu^{c+}(0, \vec{x}'') | N_i \rangle \quad (2.188)$$

Die exakte Auswertung dieses Ausdrucks wäre äußerst mühsam.
Die Hauptbeiträge zu dem Integral

$$\int d^3q \frac{e^{i\vec{q}(\vec{x}'-\vec{x}'')}}{q_0(q_0 + \Delta E)} \quad (2.189)$$

sind aber für $|\vec{q}(\vec{x}' - \vec{x}'')| \approx 1$ gegeben. Im Mittel ist nun im Kern mit Radius R: $|\vec{q}(\vec{x}' - \vec{x}'')| \approx |q_0 \cdot R|$, woraus sich ergibt, daß die Hauptbeiträge für $q_0 \cdot R \approx 1$, oder, mit $R \approx 5$ fermi, für $q_0 \approx 40$ MeV gegeben sind. Da die nukleare Anregungsenergie ΔE lediglich in der Gegend von 10 MeV liegt, kann deren Variation gegenüber q_0 vernachlässigt werden und es ist eine brauchbare Näherung, für ΔE den Mittelwert

$$\langle \Delta E \rangle = \langle E(N_m) - E(N_i) \rangle + \Delta/2 \quad (2.190)$$

einzusetzen.
In dieser Näherung kann die Summation über die intermediären Kernzustände $|N_m\rangle$ in (2.188) ausgeführt werden, da diese nunmehr ein vollständiges eingeschobenes Zustandssystem bilden. Man benützt die allgemeine quantenmechanische Beziehung:

$$\sum_b \langle a|b\rangle\langle b|c\rangle = \langle a|c\rangle \quad (2.191)$$

und erhält damit

$$(2\pi)^4 \delta^4(p_f - p_i)T_{0\nu}^{\beta\beta} = -\frac{\pi}{2}G_\beta^2 \delta(E_f - E_i)m_\nu \int d^3x' d^3x'' \int \frac{d^3q}{(2\pi)^3} \frac{e^{i\vec{q}(\vec{x}'-\vec{x}'')}}{q_0(q_0 + \langle\Delta E\rangle)}$$

$$\cdot \langle e_2^- | \mathcal{L}^{c\mu}(0) | \nu \rangle \langle e_1^- \overline{\nu} | \mathcal{L}^{c\nu}(0) | 0 \rangle \langle N_f | h_\mu^{c+}(0, \vec{x}') | N_m \rangle \langle N_m | h_\nu^{c+}(0, \vec{x}'') | N_i \rangle$$

$$= -\frac{G_\beta^2}{8} \delta(E_f - E_i) \underbrace{m_\nu}_{\text{Neutrinomasse}} \cdot$$

$$\cdot \underbrace{\int d^3x' d^3x'' \int \frac{d^3q}{2\pi^2} \frac{e^{i\vec{q}(\vec{x}'-\vec{x}'')}}{q_0(q_0 + \langle\Delta E\rangle)} \langle N_f | h_\mu^{c+}(0, \vec{x}') h_\nu^{c+}(0, \vec{x}'') | N_i \rangle}_{\text{Kernstruktur}} \cdot$$

$$\cdot \underbrace{\langle e_2^- | \mathcal{L}^{c\mu}(0) | \nu \rangle \langle e_1^- \overline{\nu} | \mathcal{L}^{c\nu}(0) | 0 \rangle}_{\text{Leptonen}} \quad (2.192)$$

Diese Näherung heißt wegen der Vollständigkeit des Zwischenzustandssystems "Closure"-Näherung.

Das Kernstruktur-Matrixelement

$$M^{0\nu} = \iint d^3x' d^3x'' \int \frac{d^3q}{2\pi^2} \frac{e^{i\vec{q}(\vec{x}'-\vec{x}'')}}{q_0(q_0+\langle\Delta E\rangle)} \langle N_f | \boldsymbol{h}_\mu^{c+}(0,\vec{x}') \boldsymbol{h}_\nu^{c+}(0,\vec{x}'') | N_i \rangle$$

$$= \iint d^3x' d^3x'' \langle N_f | \boldsymbol{h}_\mu^{c+}(0,\vec{x}') \boldsymbol{h}_\nu^{c+}(0,\vec{x}'') H(|\vec{x}'-\vec{x}''|) | N_i \rangle \qquad (2.193)$$

mit

$$H(|\vec{x}'-\vec{x}''|) \equiv \int \frac{d^3q}{2\pi^2} \frac{e^{i\vec{q}(\vec{x}'-\vec{x}'')}}{q_0(q_0+\langle\Delta E\rangle)} \qquad (2.194)$$

ist nun unabhängig von den leptonischen Matrixelementen. $H(|\vec{x}'-\vec{x}''|)$ ist dabei der Propagator, welcher den Austausch des Neutrinos zwischen den beiden Zerfallsvertizes an den Orten $\vec{x}'$ und $\vec{x}''$ beschreibt. In der Literatur wird $H(|\vec{x}'-\vec{x}''|)$ häufig auch als "Neutrino-Potential" bezeichnet. Wenn wir uns nun wieder auf $0^+ \to 0^+$ Übergänge beschränken, so ist der dominante Beitrag zu dem Matrixelement (2,193) gegeben durch:

$$c_A^2 M_{GT}^{0\nu} = c_A^2 \langle N_f | \sum_{ij} \vec{\sigma}(i)\tau^-(i)\vec{\sigma}(j)\tau^-(j) H(|\vec{x}_i-\vec{x}_j|) | N_i \rangle \qquad (2.195)$$

Neben diesem Gamow-Teller-artigen Beitrag kann aber hier im Gegensatz zum 2ν $\beta\beta$-Zerfall der Fermi-artige Beitrag

$$M_F^{0\nu} = -\langle N_f | \sum_{ij} \tau^-(i)\tau^-(j) H(|\vec{x}_i-\vec{x}_j|) | N_i \rangle \qquad (2.196)$$

nicht vernachlässigt werden.

Es ist üblich, das gesamte Matrixelement $M^{0\nu}$ (2.193) folgendermaßen zu parametrisieren:

$$R_0 M^{0\nu} = c_A^2 (1-x_F) R_0 M_{GT}^{0\nu} \qquad (2.197)$$

Die Größe x_F gibt dabei den relativen Anteil an Fermi-artigen Beiträgen an:

$$x_F = \frac{\langle N_f | \sum_{ij} \tau^-(i)\tau^-(j) H(|\vec{x}_i-\vec{x}_j|) | N_i \rangle}{c_A^2 \langle N_f | \sum_{ij} \vec{\sigma}(i)\tau^-(i)\vec{\sigma}(j)\tau^-(j) H(|\vec{x}_i-\vec{x}_j|) | N_i \rangle} \qquad (2.198)$$

Der Faktor R_0 (Kernradius) erzeugt in (2.197) aus der dimensionsbehafteten Größe $M^{0\nu}$ eine dimensionslose Größe. Mit dieser Parametrisierung der Kernstruktur kann die durch eine Neutrinomasse m_ν induzierte 0ν $\beta\beta$-Zerfallsrate $\omega_{0\nu}$ geschrieben werden:

$$\begin{aligned}\omega_{0\nu} &= G_\beta^4 F^{0\nu} |R_0 M^{0\nu}|^2 \left(\frac{m_\nu}{m_e}\right)^2 \\ &= (G_\beta c_A)^4 F^{0\nu} |1-x_F|^2 |R_0 M_{GT}^{0\nu}| \left(\frac{m_\nu}{m_e}\right)^2\end{aligned} \qquad (2.199)$$

2.4 Doppel-Betazerfall

Der Faktor $F^{0\nu}$ enthält dabei den durch Integration über die leptonischen Matrixelemente resultierenden "Phasenraum". Zwischen $F^{0\nu}$ und der in [Doi 83] definierten Größe G_{01} besteht der Zusammenhang:

$$F^{0\nu} = \frac{\ln 2}{(G_\beta c_A)^4} G_{01} \qquad (2.200)$$

Benützt man eine einfache Näherung für die Fermifunktionen, welche in $F^{0\nu}$ eingehen, so kann ein analytischer Ausdruck hergeleitet werden

$$F^{0\nu} = \frac{1}{16\pi^5 R_0^2}[F^{PR}(Z)]^2 m_e^7 (2\tilde{\Delta} + 4\tilde{\Delta}^2 + \frac{8}{3}\tilde{\Delta}^3 + \frac{2}{3}\tilde{\Delta}^4 + \frac{1}{15}\tilde{\Delta}^5) \qquad (2.201)$$

Dabei bedeutet $\tilde{\Delta} = \Delta/m_e$ und $F^{PR}(Z)$ geht aus der nichtrelativistischen Näherung $F_{NR}(Z)$ (siehe Gl. (2.35) für die Fermifunktion) hervor:

$$F^{PR}(Z) = F_{NR}(Z, E \to \infty) \qquad (2.202)$$

Wegen der schlechten Übereinstimmung der nichtrelativistischen Fermifunktion mit der exakten relativistischen Lösung für mittelschwere und schwere Kerne eignet sich (2.201) allerdings lediglich für Größenordnungsabschätzungen.

Analoge Abschätzungen können auch für den 2ν-Zerfall durchgeführt werden, wenn hier ebenfalls eine Closure-Näherung gemacht wird. Diese läßt sich durchführen, indem die Energienenner in den Größen K_m und L_m in (2.180) durch einen Mittelwert $\langle E \rangle$ ersetzt werden. Die Größe $\omega_{2\nu}$ kann dann in einer zu (2.199) analogen Form

$$\omega_{2\nu} = G_\beta^4 c_A^4 F^{2\nu} (M^{2\nu}/\langle E \rangle)^2 \qquad (2.203)$$

geschrieben werden. Ebenfalls mit der nichtrelativistischen Fermifunktion erhält man den für Größenordnungsabschätzungen nützlichen Ausdruck:

$$F^{2\nu} = \frac{16}{\pi^7}[F^{PR}(Z)]^2 \frac{1}{\langle \Delta E \rangle^2} \frac{m_e^{11}}{8!} \tilde{\Delta}^7 (1 + \frac{\tilde{\Delta}}{2} + \frac{\tilde{\Delta}^2}{9} + \frac{\tilde{\Delta}^3}{90} + \frac{\tilde{\Delta}^4}{1980}) \qquad (2.204)$$

Tab. 2.5 gibt für einige wichtige $\beta\beta$-Emitter die nach den Näherungsformeln (2.204) und (2.201) berechneten Faktoren $(G_\beta c_A)^4 F^{2\nu}$ und $(G_\beta c_A)^4 F^{0\nu}$. Offensichtlich ist der 0ν-Zerfall durch den Phasenraum stark bevorzugt und ist weniger abhängig von der Zerfallsenergie.

Der Neutrino-Propagator $H(|\vec{x} - \vec{y}|)$ Näherungsweise kann das Verhalten von $H(|\vec{x} - \vec{y}|)$ unter folgenden zwei Annahmen hergeleitet werden:

1. q_0 dominiert den Nenner in (2.194). Es ist $q_0 \gg \langle \Delta E \rangle$ und $\langle \Delta E \rangle$ kann vernachlässigt werden.

Tab. 2.5: Die nach den Näherungsformeln (2.204) und (2.201) berechneten Faktoren $(G_\beta c_A)^4 F^{2\nu}$ und $(G_\beta c_A)^4 F^{0\nu}$ für einige wichtige $\beta\beta$-Emitter. Für die mittlere Anregungsenergie $\langle \Delta E \rangle$ wurde in allen Kernen der grobe Schätzwert $\langle \Delta E \rangle \approx 10\, m_e$ eingesetzt.

$\beta\beta$-Emitter	$\widetilde{\Delta}$	$(G_\beta c_A)^4 F^{2\nu}$ (Jahre)$^{-1}$	$(G_\beta c_A)^4 F^{0\nu}$ (Jahre)$^{-1}$
^{48}Ca	8.36	$1.1 \cdot 10^{-18}$	$1.7 \cdot 10^{-13}$
^{76}Ge	4.00	$1.1 \cdot 10^{-21}$	$7.9 \cdot 10^{-15}$
^{82}Se	5.88	$7.1 \cdot 10^{-20}$	$4.5 \cdot 10^{-14}$
^{128}Te	1.70	$4.4 \cdot 10^{-24}$	$1.1 \cdot 10^{-15}$
^{130}Te	4.96	$2.8 \cdot 10^{-20}$	$3.1 \cdot 10^{-14}$
^{150}Nd	6.59	$4.8 \cdot 10^{-19}$	$1.2 \cdot 10^{-13}$

2. Die Neutrinomasse kann vernachlässigt werden ($m_\nu \ll |\vec{p}_\nu|$). In diesem Fall wird $q_0 = |\vec{p}_\nu|$

Unter diesen beiden Annahmen erhält man:

$$\begin{aligned}
H(|\vec{x}-\vec{y}|) &\equiv \int \frac{d^3 p_\nu}{2\pi^2 p_\nu^2} e^{i\vec{p}_\nu \cdot (\vec{x}-\vec{y})} \\
&= \int_0^\infty \int_{-1}^{+1} \frac{2\pi p_\nu^2 dp_\nu d\cos\theta}{2\pi^2 p_\nu^2} e^{ip_\nu |\vec{x}-\vec{y}|\cos\theta} \\
&= \frac{2}{\pi} \int_0^\infty \frac{\sin(|p_\nu||\vec{x}-\vec{y}|)}{p_\nu |\vec{x}-\vec{y}|} dp_\nu = \frac{1}{|\vec{x}-\vec{y}|}
\end{aligned} \qquad (2.205)$$

und damit

$$M^{0\mu} = \langle N_f | \int\int d^3x\, d^3y \sum \vec{\sigma}\, \tau^-(\vec{x}) \vec{\sigma}\, \tau^-(\vec{y}) |\vec{x}-\vec{y}|^{-1} |N_i\rangle \qquad (2.206)$$

Als Ergebnis erhalten wir somit, daß das Kernstruktur-Matrixelement für den 0ν-Zerfall einen beim 2ν-Zerfall nicht vorhandenen Faktor $|\vec{x}-\vec{y}|^{-1}$ enthält. Anschaulich ist dieser Faktor darin begründet, daß die Reichweite des virtuellen Neutrinos begrenzt ist und somit bevorzugt zwei Nukleonen mit kleinem Abstand am $0\nu\, \beta\beta$-Zerfall beteiligt sein sollten.

Geht man von der einfachsten Näherung (2.205) ab und berücksichtigt die mittlere Anregungsenergie $\langle \Delta E \rangle$ in (2.194), so ergibt sich eine Korrektur zu dem einfachen Ergebnis (2.205), welche sich ausdrücken läßt durch eine Funktion $g(|\vec{x}-\vec{y}|)$

$$H(|\vec{x}-\vec{y}|) = \frac{g(|\vec{x}-\vec{y}|)}{|\vec{x}-\vec{y}|} \qquad (2.207)$$

Die Funktion g ist gegeben durch:

$$g(r) = \frac{2}{\pi}(\sin r \operatorname{Ci}(r) + \cos r(\frac{\pi}{2} - \operatorname{Si}(r))) \tag{2.208}$$

mit $\operatorname{Si}(r) = \int_0^r dt \sin t/t$; $\quad \operatorname{Ci}(r) = \int_{-\infty}^r dt \cos t/t$

Eine numerische Analyse zeigt, daß $g(r)$ Werte im Bereich $0.5 - 1.0$ annimmt.

Wie oben erwähnt, ist der neutrinolose Doppel-Betazerfall, bei dem das Neutrino nur als virtuelles Teilchen auftritt, vom Phasenraum her stark begünstigt gegenüber Prozessen, bei welchen nur reelle Teilchen beteiligt sind, wie etwa beim 2ν $\beta\beta$-Zerfall. Dem virtuellen Neutrino steht nämlich der Impulsraum von 0 bis ≈ 100 MeV zur Verfügung, während der Impuls reell emittierter Teilchen durch die Betazerfallsenergie auf wenige MeV begrenzt ist. Dies ist ein wesentlicher Grund für die Tatsache, daß der 0ν $\beta\beta$-Zerfall ein sehr empfindliches Instrument zur Eingrenzung der Neutrinomasse ist.

2.5 Grenzen der klassischen Theorie

2.5.1 Renormierung des Axialvektorstromes

Die aus dem Strom-Strom-Ansatz Fermis hervorgegangene klassische Theorie der schwachen Wechselwirkung (V-A-Theorie) hat sich als eine sehr gute Beschreibung der meisten niederenergetischen schwachen Wechselwirkungs-Prozesse erwiesen. Insbesondere vermag sie Energiespektren und Winkelkorrelationen beim Kernbetazerfall und beim μ-Zerfall mit hoher Genauigkeit vorherzusagen. Aufgrund der Unsicherheiten bei der Berechnung der Kernmatrixelemente lassen sich die gemessenen Kernbetazerfallsraten mit hoher Präzision nur für Übergänge zwischen den Mitgliedern eines Isospinmultipletts und beim Neutronzerfall mit den theoretischen Erwartungen vergleichen. Wie in Abschn. 2.2.5 behandelt, beobachtet man für die vektorielle Kopplung in allen schwachen Zerfallsprozessen (abgesehen von der Cabibbo-Mischung Gl. (5.84)) dieselbe Kopplungskonstante G_F, jedoch wird der axiale Strom durch die starke Wechselwirkung beeinflußt. Im Neutronzerfall beobachtet man einen Korrekturfaktor $c_A = 1.25$. Bei komplexen Kernen ist zwar eine Bestimmung von c_A anhand des Vergleichs beobachteter Zerfallsraten mit theoretischen Erwartungen mit einer relativ großen Ungenauigkeit von mindestens $\approx 20\%$ verbunden. Jedoch kann man indirekt durch Simulation des β-Zerfalls in einer Kernreaktion $^A_Z X (p,n) ^A_{Z+1} X$ (Ladungsaustauschreaktion, s. Kap. 3) darauf schließen, daß c_A in schweren Atomkernen wesentlich kleiner ist als beim freien Neutron. Über den konkreten Ursprung derartiger Renormierungseffekte kann die klassische Theorie keine befriedigende Aussage machen.

2.5.2 Meson-Zerfälle

Eine unschöne Eigenschaft der klassischen Theorie ist die Tatsache, daß der Strom $h_\mu^{c+} = \overline{\psi}_p \gamma_\mu (1 - c_A \gamma_5) \psi_n$ die Mesonzerfälle nicht enthält. Eine *organische* Erweiterung dieses Stroms auf den Meson-Sektor ist nicht möglich. Ein diesem Nukleonenstrom entsprechender Mesonenstrom kann schon deshalb nicht definiert werden, weil die Mesonen sowohl Zerfallskanäle mit als auch ohne Mesonen im Endzustand besitzen. Bei den Zerfällen in Leptonen muß also der hadronische Strom ins Vakuum verschwinden (vgl. Abb. 2.14a,b). Die in den jeweiligen Matrixelementen auftretenden Konstanten, wie etwa f_π im Matrixelement $\langle 0|A_\mu^{c+}|\pi^-\rangle$, lassen sich nicht theoretisch herleiten, sondern können nur experimentell festgelegt werden[7].

Man weiß heute, daß sowohl die Nukleonen als auch die Mesonen keine elementaren Teilchen sind, sondern sich aus Quarks zusammensetzen. Es ist deshalb eine zwingende Forderung, daß eine elementare Theorie der schwachen Wechselwirkung die Quarks als elementare Objekte neben den Leptonen enthalten muß. Wir werden in Kap. 5 sehen, daß sich im Rahmen einer solchen Theorie die Mesonenzerfälle auf gleicher Ebene beschreiben lassen, wie der Kernbetazerfall. Auch lassen sich zumindest prinzipiell konkretere Aussagen über die Renormierung des Axialvektorstromes gewinnen, wenn man auch weit von einem quantitativen Verständnis entfernt ist. Umgekehrt führte die Beschreibung der schwachen Wechselwirkung auf Quarkebene zur Forderung der Existenz des später dann auch gefundenen c-Quarks (*GIM-Mechanismus*, s. Abschn. 5.2.5). Zunächst könnte es also naheliegend erscheinen, die schwache Wechselwirkung durch eine "Fermitheorie auf Quarkebene" zu beschreiben, d.h. im hadronischen Strom Neutron- und Proton-Wellenfunktion in geeigneter Weise gegen Quark-Wellenfunktionen auszutauschen, die Strom-Strom-Struktur jedoch beizubehalten. Der nächste Abschnitt zeigt jedoch, daß auch die Strom-Strom-Struktur verworfen werden muß.

2.5.3 Hochenergieverhalten: Verletzung der Unitarität, Nicht-Renormierbarkeit

Der wichtigste Punkt, der zur Entwicklung einer neuen Theorie der schwachen Wechselwirkung geführt hat, ist die Tatsache, daß die Annahme einer 4-Fermionen-Punkt-Wechselwirkung keine konsistente Theorie ergibt. Man findet nämlich, daß die Wirkungsquerschnitte für Streuprozesse (z.B. ν-e-Streuung) mit steigender Energie beliebig groß werden. Die Herleitung solcher Wirkungsquerschnitte entspricht der des ν-Einfangquerschnittes (vgl. (2.144) und (2.145)) mit konstantem T-Matrixelement. Man erhält für alle solche Prozesse eine quadratische Energieabhängigkeit für hohe

---

[7] Es besteht allerdings die Möglichkeit, die Mesonzerfälle durch h_μ^{c+} unter Mitwirkung der starken Wechselwirkung zu beschreiben. Den Zerfall $\pi \rightarrow e^- + \bar{\nu}_e$ kann man dann durch den Graphen verstehen

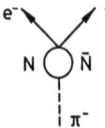

2.5 Grenzen der klassischen Theorie

Teilchenenergien ($p \approx E$). Der Wirkungsquerschnitt für die elastische Neutrino-Elektron-Streuung z.B. ist im Schwerpunktsystem näherungsweise gegeben durch (s. [Loh 86]):

$$\frac{d\sigma}{d\Omega} = \frac{G_F^2 p_\nu^2}{\pi^2} \tag{2.209}$$

bzw.

$$\sigma(\nu_e + e \to \nu_e + e) = \frac{4 G_F^2 p_\nu^2}{\pi} = \frac{4 G_F^2 E_\nu^2}{\pi} \tag{2.210}$$

E_ν bezeichnet dabei die Energie der Neutrinos im Schwerpunktsystem. Daß dieser Zusammenhang für hohe Energien falsch sein *muß*, läßt sich folgendermaßen zeigen. Es kann bekanntlich jeder Wirkungsquerschnitt in Partialwellen zerlegt werden (s. z.B. [Blo 85], [Loh 86]). Unter Vernachlässigung von Spins gilt allgemein:

$$\frac{d\sigma}{d\Omega} = \frac{1}{4|\vec{p}|^2} \left| \sum_{J=0}^{\infty} (2\ell+1) M_\ell P_\ell(\cos\theta) \right|^2 \tag{2.211}$$

M_ℓ ist dabei die zur Partialwelle mit Bahndrehimpuls ℓ gehörende Amplitude. Da bei einer *punktförmigen* Streuung nur M_0 beitragen kann (kein Drehimpuls übertragbar) erhält man für die punktförmige ν-e-Streuung ($P_0(x) = 1$):

$$\frac{d\sigma(\nu_e)}{d\Omega} = \frac{1}{4 E_\nu^2} |M_0|^2 \tag{2.212}$$

Es muß aber allgemein $|M_\ell| \leq 1$ gelten, da $|M_\ell| > 1$ eine Streuwahrscheinlichkeit größer als 1 und damit eine Verletzung der *Unitarität* bedeuten würde (s. z.B. [Gas 74,85]). Somit erhält man die obere Grenze *("Unitaritätsgrenze")*

$$\frac{d\sigma(\nu_e)}{d\Omega} \leq \frac{1}{4 E_\nu^2} \tag{2.213}$$

oder analog für den totalen Wirkungsquerschnitt

$$\sigma(\nu_e + e \to \nu_e + e) = \frac{4\pi d\sigma(\nu_e)}{d\Omega} \leq \frac{\pi}{E_\nu^2}$$

Beziehung (2.213) steht im Widerspruch zu (2.209) bzw. (2.210) für Energien

$$E_\nu \gtrsim \left(\frac{\pi}{2}\right)^{\frac{1}{2}} \sqrt{\frac{1}{G_F}} \approx 360 \text{ GeV} \tag{2.214}$$

Somit muß die klassische Theorie der schwachen Wechselwirkung bei Energien größer ≈300 GeV versagen. Tatsächlich treten merkliche Abweichungen schon bei wesentlich kleineren Energien auf.

Bei der Herleitung des Wirkungsquerschnittes einer punktförmigen Wechselwirkung geht (in 1. Ordnung Störungstheorie) kein energieabhängiges Strukturmatrixelement (= Formfaktor) ein und die E^2-Abhängigkeit in (2.210) ist allein durch den Leptonenphasenraum bestimmt. Über das Problem der Unitaritätsverletzung bereits in Störungstheorie 1. Ordnung hinaus würde man *ohnehin* das Versagen der letzteren für hohe Energien deswegen erwarten, weil der effektive Entwicklungsparameter für die Störungstheorie im Vier-Fermion-Modell $E^2 G_F$ ist (als Folge der Dimension der in der Entwicklung der Störungsreihe auftretenden Kopplungskonstanten G_F ergibt sich als einzig möglicher dimensionsloser Entwicklungsparameter die Größe $E^2 G_F$) und damit für hohe Energien Beiträge höherer Ordnung der Störungstheorie grundsätzlich wesentlich werden.

Die angesprochenen Divergenzen der Störungstheorie 1. Ordnung verschwinden indessen auch nicht nach Berücksichtigung der Korrekturen höherer Ordnung in der Störungsreihe. Sobald man zu höheren Ordnungen der Störungstheorie geht, trifft man i.a. auf divergente Integrale (s. z.B. die Diskussion bei [Ait 82]), und diese Divergenzen können auch nicht durch ein als *Renormierung* bekanntes mathematisches Verfahren beseitigt werden.

Das tieferliegende Problem des Hochenergieverhaltens der *Fermi-Theorie* (Vier-Fermion-Modell) ist, daß sie eine *nicht-renormierbare* Theorie ist (Eine gute didaktische Diskussion dieses Punktes ist bei [Ait 82] gegeben, an die wir uns im Folgenden anlehnen).

Was eine solche Renormierung, die z.B. für die elektromagnetische Wechselwirkung im Rahmen der QED durchgeführt werden kann, bedeutet, sei kurz angedeutet. Ausgangspunkt ist die Überlegung, daß die experimentellen elementaren Beobachtungsgrößen, wie Elementarladungen und Teilchen-Massen, nicht vergleichbar sind mit den entsprechenden *Eingangsparametern* der Theorie, sondern ausschließlich mit den *Resultaten* einer entsprechenden Störungsreihe. Somit müssen diese Resultate per definitionem endlich sein. Die Eingangsparameter berechnen sich dann rückwärts aus der Störungsreihe. Dieses Verfahren der Renormierung funktioniert allerdings nur dann, wenn nach einer derartigen Redefinition *endlich* vieler Eingangsparameter *alle* denkbaren Beobachtungsgrößen einer nicht divergenten Störungsreihe entsprechen. Eine solche Renormierung ist für die klassische Strom-Strom-Wechselwirkung nicht möglich.

In einer *nicht*-renormierbaren Theorie treten neue *Typen* von Divergenzen bei *jeder* Ordnung der Störungstheorie auf. Sie zu beheben, würde die Einführung einer unendlichen Anzahl von Parametern in die Theorie, die man aus dem Experiment zu nehmen hätte, erfordern.

In einer *renormierbaren* Theorie dagegen tritt nur eine *endliche* Anzahl von Typen von Divergenzen auf. D.h. nur eine *endliche* Anzahl von Parametern muß aus

2.5 Grenzen der klassischen Theorie

dem Experiment entnommen werden, um *alle* Divergenzen in *allen* Ordnungen der Störungstheorie zu beheben.

Die Beweise, daß die *Quantenelektrodynamik* ([Bjo 66], [Bog 80,84]) und allgemein die spontan gebrochenen und nicht-gebrochenen *Eichtheorien* [t'Ho 71a,b] *renormierbare* Theorien sind, sind von entsprechend fundamentaler Bedeutung.

Man beachte, daß unsere kurze Diskussion der Renormierbarkeit sich ausschließlich im Rahmen der Störungstheorie bewegt hat. Der Grund ist, daß es heutzutage keine Alternative gibt, die erlaubte, endliche Antworten mit einer endlichen Anzahl von Parametern aus Theorien zu gewinnen, die *nicht-renormierbar im Rahmen der Störungstheorie* sind. Man hat *daher 'perturbative' Renormierbarkeit für jede sinnvolle physikalische Theorie zu fordern.*

Es sei noch ein einfaches Kriterium dafür angegeben (s. [Ait 82]), ob eine Theorie renormierbar ist oder nicht:

Hat die Kopplungskonstante die Dimension einer inversen Masse, so ist die Theorie nicht-renormierbar, hat sie die Dimension einer Masse, so hat sie weniger Divergenzen als die QED und heißt *superrenormierbar*. Wenn dagegen die Kopplungskonstante dimensionslos ist, so hat man weitere Untersuchungen anzustellen. Das Vier-Fermion-Modell ist ein Beispiel des ersten Falles.

Die schon in niedrigster Ordnung auftretende Divergenz der Wirkungsquerschnitte ist Folge des punktförmigen Charakters der Wechselwirkung vierer Fermionen. Ein Versuch, diese Divergenz zu verhindern, besteht darin, die Idee der Punktwechselwirkung aufzugeben und der schwachen Wechselwirkung durch Einführung eines Austauschbosons eine endliche Reichweite zu verleihen (Abb. 2.20). Dieses schwere (kurze Reichweite!) Vektorboson (W-Boson) muß folgende Eigenschaften haben: Spin=1 (wegen des V-A-Charakters des Matrixelements), Ladung ± 1 (da es Fermionen verschiedener Ladung ineinander überführen soll). Als Plausibilitätsargument kann die folgende Überlegung gelten:

Die Energieabhängigkeit des Phasenraumintegrals ist allgemein um so stärker, je mehr Teilchen an der Wechselwirkung beteiligt sind. Somit ist intuitiv klar, daß eine konsistente (gutes Hochenergieverhalten, renormierbar) Theorie der schwachen Wechselwirkung auf elementarer Ebene eine Theorie der Wechselwirkung nur dreier Teilchen in einem Punkt sein darf. Die Drehimpulserhaltung schränkt solche Dreier-Wechselwirkungen auf die Wechselwirkung zweier Fermionen und eines Feldquants oder dreier Feldquanten ein. Die Wechselwirkung zweier Fermionen mit einem Feldquant (in der Tat kommen bei der schwachen Wechselwirkung beide Fälle vor) führt auf eine zur elektromagnetischen Wechselwirkung analoge Struktur (vgl. Abb. 1.3 u. 2.8): Die Strom-Strom-Wechselwirkung wird ersetzt durch zwei elementare Fermion-Boson-Vertizes und das Boson dient als Austauschteilchen. Das T-Matrixelement für den Wirkungsquerschnitt ist dann nicht mehr energieunabhängig, sondern enthält gegenüber der 4-Fermionen-Punktwechselwirkung einen Korrekturfaktor $M_W^2/(M_W^2 + q^2)$ mit der Masse des Austauschbosons M_W und dem Vierer-Impulsübertrag q, herrührend vom Propagator des Bosons. Dadurch wird das Anwachsen der Wirkungsquerschnitte bei Energien $E \gtrsim M_W$ gestoppt.

Anstelle von Gl. (2.209) tritt dann (im Schwerpunktsystem)

$$\frac{d\sigma}{d\Omega} = \frac{2g_W^4 |\vec{p}_\nu|^2}{\pi^2 (q^2 - M_W^2)^2} \qquad (2.215)$$

Dies geht bei $q^2 \to 0$ in (2.209) über, wenn[8]

$$g_W = \left(\frac{G_F M_W^2}{\sqrt{2}}\right)^{1/2} \qquad (2.216)$$

Gl. (2.210) geht dann über in

$$\sigma = \frac{4G_F^2 |\vec{p}_\nu|^2}{\pi} \left(1 + \frac{4|\vec{p}_\nu|^2}{M_W^2}\right)^{-1} \qquad (2.217)$$

Für $|\vec{p}| \ll M_W$ erhält man also die Resultate der alten Theorie und für große Energien gilt

$$\lim_{|\vec{p}|^2 \to \infty} \sigma = \frac{G_F^2 M_W^2}{\pi} = \text{const.} \qquad (2.218)$$

Dies ist eine große Verbesserung; jedoch findet man, daß auch diese Theorie immer noch divergent ist. Auch diese Theorie ist nicht renormierbar (s. z.B. [Lea 82], [Ait 82]).

Eine renormierbare Theorie entsteht erst, wenn neben den $W^\pm$-Bosonen auch ein *neutrales Z^0-Boson* eingeführt wird (Abb. 2.20). Eine solche Theorie ist die GWS (Glashow-Weinberg-Salam)-Theorie der schwachen Wechselwirkung. Sie ist eine *Eichtheorie* (s. Kap. 4 und 5).

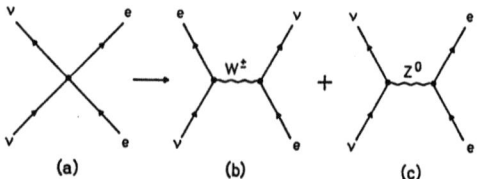

Abb. 2.20: Ersetzen der Punktwechselwirkung durch Einführung eines geladenen Vektorbosons (W-Boson) ergibt in niedrigster Ordnung für die Reaktion $\nu_e + e \to \nu_e + e$ das Diagramm (b). Eine renormierbare Theorie entsteht erst durch weitere Einführung eines Z^0-Bosons.

---

[8] Diese (dimensionslose) Kopplungskonstante würde im Prozeß $\nu_e + e \to \nu_e + e$ anstelle der elektrischen Ladung e im Prozeß $e^- + e^- \to e^- + e^-$ (elastische Elektron-Elektron-Streuung) treten. Es ist vielleicht bereits an dieser Stelle von Interesse, darauf hinzuweisen, daß die Annahme $g_W \approx e$ zu $M_W \approx 106$ GeV führt.

3 Kernstruktur und Betazerfall

3.1 Allgemeine Bedeutung

Auch wenn der Mechanismus des β-Zerfalls auf der Ebene der Nukleonen (bzw. Quarks) im Prinzip verstanden ist, so bedarf es doch erheblicher Anstrengungen, um quantitativ befriedigende Beschreibungen der β-Zerfallseigenschaften von Atomkernen anzugeben. Der Grund ist, daß der Kern ein komplexes Vielteilchensystem ist, in dem Restwechselwirkungen verschiedener Art zu kollektiven Anregungen führen können, die die Verteilung der Betastärke (Gl. (2.12) und (2.13) bzw. (2.117), (2.118)) als Funktion der Anregungsenergie im Tochterkern und damit die β-Zerfallseigenschaften (s. Abb. 2.2) z.T. massiv beeinflussen. Die Verteilung der Betastärke bestimmt nicht nur die β-Halbwertszeiten (s. Gl. (2.43)), die Raten für β-verzögerte Neutronenemission (allgem. Teilchenemission) und Spaltung, sondern auch die Form der emittierten Elektronen- (Positronen-) bzw. (Anti-)Neutrinospektren. Die Berechenbarkeit all dieser Größen (d.h. letztlich der Betastärkeverteilung) ist andererseits von zentraler Bedeutung für zahlreiche Anwendungen in der Kernphysik und in Nachbardisziplinen wie Astrophysik und Kerntechnik. Als Beispiele nennen wir hier nur:

- für die Kernphysik: Die Bestimmung von Spaltbarrieren von Kernen aus β-verzögerter Spaltung, das Verständnis der Produktion von Transuranen durch thermonukleare Anordnungen, die Berechnung des Elektron- bzw. Antineutrinospektrums in den Brennkammern von Kernreaktoren, das ja aus dem Betazerfall der ca. 1000 Spaltprodukte entsteht (wichtig für Neutrinooszillations-Experimente), die Berechnung von Matrixelementen des Doppel-Betazerfalls als Voraussetzung für Bestimmungen der Neutrinomasse aus gemessenen Zerfallsraten

- für die Astrophysik: Verständnis der Sternentwicklung, insbesondere des Gravitationskollapses schwerer Sterne und der Synthese der Elemente im r-Prozeß, Bestimmung des Alters der Galaxis aus den Kosmochronometern, Ansprechwahrscheinlichkeit des Gallium-Detektors (und anderer Detektoren) zum Nachweis solarer Neutrinos

- für die Reaktorphysik: Berechnung der bei Abschalten von Reaktoren durch den β-Zerfall der Spaltprodukte freigesetzten Restwärme.

Die Abb. 3.1 zeigt schematisch diese Zusammenhänge. Auf einige dieser Punkte kommen wir in späteren Kapiteln ausführlich zurück, bzgl. der anderen verweisen wir auf [Kla 83,85a,86a,88b] sowie auf die Bände 'Weak and Electromagnetic Interactions in Nuclei' [Kla 86] und 'Neutrinos' [Kla 88,88a].

Für viele der Anwendungen wurden bislang häufig recht grobe Näherungen in der Beschreibung der Betastärkeverteilung verwendet, die indessen in den meisten Fällen sich als nicht ausreichend erwiesen, so daß eine aufwendige mikroskopische Behandlung unumgänglich erscheint. In Abschn. 3.2 geben wir einen qualitativen Überblick über die energetische Verteilung der Betastärke, in den folgenden Abschnitten geben wir dann eine detaillierte Beschreibung von Möglichkeiten quantitativer, mikroskopischer Behandlungen.

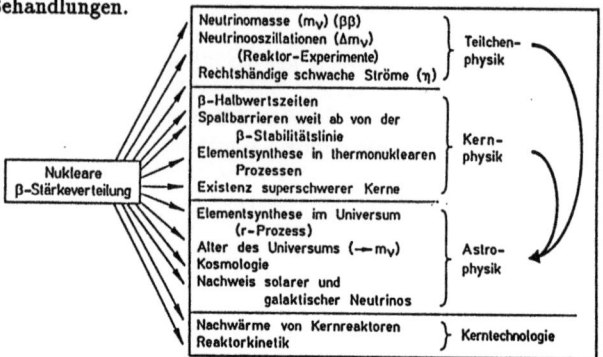

Abb. 3.1: Kernbetazerfall und seine Verknüpfung mit einigen fundamentalen Problemen in Kern-, Teilchen- und Astrophysik sowie Kerntechnologie.

3.2 Betazerfall und kollektive Kernanregungen

Im β-Zerfall wird im Kern eine Neutronloch-Proton- oder Protonloch-Neutron-Anregung erzeugt. In erlaubten β-Übergängen erzeugen die β-Operatoren T^- und Y^- (s. Abschn. 2.1.2) kohärente Teilchen-Loch-Anregungen des Typs der Abb. 3.2. Da der Fermi-β-Operator gleich dem Isospin-Leiteroperator T^- ist, und da

$$[H, T^2] = 0 \quad \text{und} \quad [T^-, T^2] = 0 \tag{3.1}$$

treten 'supererlaubte' Fermi-Übergänge nur zwischen Mitgliedern eines Isomultipletts auf, d.h. die gesamte Fermi-Übergangsstärke (s. Gl. (2.12) und (2.13)) ist konzentriert im isobaren Analogzustand (IAS) zum Grundzustand des betazerfallenden Mutterkerns. Da der Gamow-Teller-Operator Y^- (s. Gl. (2.10)) weder mit T^2 noch mit H kommutiert, ist die Gamow-Teller-Stärke über Zustände mit unterschiedlichen T und Spin I im Tochterkern verteilt (s. Tab. 2.1). Jedoch konzentriert die kohärente Anregung der Nukleonen den Hauptteil der totalen Gamow-Teller-Übergangsstärke (s. Abschn. 3.3) auf einen engen Anregungsenergiebereich im Tochterkern — auf eine *Riesenresonanz* oder einen *Vibrationsmode* — ganz entsprechend den kohärenten Anregungen von Neutronloch-Neutron und Protonloch-Proton-Anregungen zu den bekannten 'elektromagnetischen' Riesenresonanzen. Die Situation ist in Abb. 3.3 schematisch dargestellt. (Im Falle von Fermi-Übergängen stellt der angeregte IAS die

3.2 Betazerfall und kollektive Kernanregungen   105

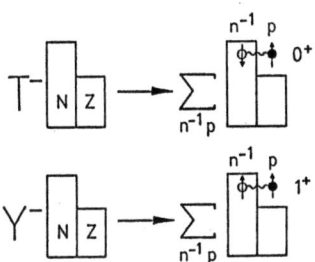

Abb. 3.2: Schematische Darstellung der Teilchen-Loch-Anregungen in Kernen durch den
Fermi-Operator T^- bzw. Gamow-Teller-Operator Y^-.

'Riesenresonanz' für diesen Übergangstyp dar). Die Gamow-Teller-Riesenresonanz
(GTRR) ist energetisch allerdings im β^--Zerfall sowie im β^+-Zerfall von Kernen mit
$N > Z$ nicht erreichbar (s. Abb. 2.5 und 3.5). Der einzige Fall, in dem sie im β-
Zerfall angeregt werden kann, ist β^+-Zerfall von Kernen mit $N < Z$. Abb. 3.4 zeigt
ein experimentelles Beispiel. Die GTRR ist aber stets anregbar durch sogen. Ladungsaustauschreaktionen (s. Abschn. 3.2.1 und Abb. 3.9).

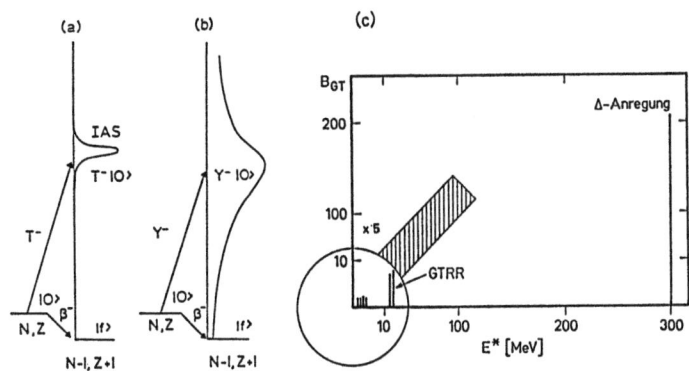

Abb. 3.3: Schematische Darstellung der energetischen Verteilung der Betastärke in (a)Fermi-
(b)Gamow-Teller β^--Zerfall eines Kerns mit Neutronenzahl N und Kernladungszahl Z
(c)Gamow-Teller β^--Zerfall bei Berücksichtigung innerer Freiheitsgrade des Nukleons
(Δ-Anregung) [Boh 81].

Die Existenz der Gamow-Teller-Riesenresonanz, in der der Hauptteil der GT-Stärke
konzentriert ist, erinnert daran, daß der GT-Operator Mitglieder eines (Spin-Isospin-)
Supermultipletts verbinden würde, und daß die gesamte GT-Stärke in einem Zustand
konzentriert wäre, der mit dem IAS energetisch entartet wäre, wenn die Kernkräfte
spin- und ladungsunabhängig wären.

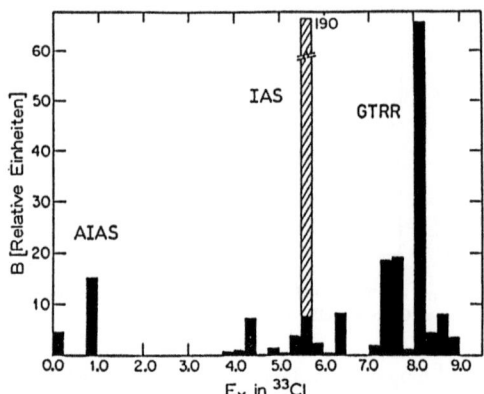

Abb. 3.4: Gemessene Betastärkeverteilung im β^+-Zerfall von ^{33}Ar (erste Beobachtung der Gamow-Teller-Riesenresonanz (GTRR) im β^+-Zerfall von $T_3 < 0$ Kernen, s. Abb. 2.5 (aus [Har 74])). Die schwarzen Flächen entsprechen identifizierter Gamow-Teller-Stärke, der schraffierte Bereich bezeichnet den Fermi-Übergang zum isobaren Analogzustand (IAS).

Kollektive $n^{-1}p$ und $p^{-1}n$ Zustände wurden erstmals von Ikeda et al. [Ike 62,63], Fujita et al. [Fuj 64,65,67] diskutiert (s. auch [Pet 67], [Boh 75a,80], [Eji 78], [Gap 81]). Die GTRR wird die β-Übergänge zu Niveaus außerhalb der Resonanz ihrer Einteilchenstärke (s. Abschn. 3.4.1 und 3.4.3.1) berauben und somit zur Behinderung erlaubter Übergänge zu energetisch niedrig liegenden Zuständen führen. Eine Mischung der GT-Stärke mit 2-Teilchen–2-Loch-Konfigurationen bei höheren Anregungsenergien kann ferner einen Teil der GT-Stärke zu Energien oberhalb der GTRR hinaufschieben. Eine zusätzliche 'Renormierung' der GT-Stärke im gesamten 'nuklearen' Anregungsenergiebereich (unterhalb der Δ-Resonanz) resultiert aus der Anregung der 'Super'-Riesenresonanz, die GT-Übergängen zur Δ-Resonanz bei ≈300 MeV Anregungsenergie durch einen Quark-Spin-Flip entspricht (s. Abb. 3.3c, auch Abschn. 3.5, Abb. 3.26 und Kap. 5).

Als Folge des Pauli-Prinzips stehen für β^--Zerfall in mittelschweren und schweren Kernen mit ihrem Neutronenüberschuß i.a. mehr Einteilchenzustände zur Verfügung, um $n^{-1}p$ Zustände zu bilden, als für entsprechende $n^{-1}n$ und $p^{-1}p$ Zustände, die als E1- und M1-Riesenresonanzen in Erscheinung treten. Für β^+-Zerfall und $p^{-1}n$ Zustände sind die Verhältnisse gerade umgekehrt. Dies ist der Hauptgrund dafür, daß die totale β^--Stärke in einer Kette isobarer Kerne mit wachsendem Neutronenüberschuß zu- und die totale β^+-Stärke abnimmt (s. Abschn. 3.3). Dies ist ferner der Grund dafür, daß die totale β^+-Stärke in Kernen mit $T_z > 0$ kleiner ist als in Kernen mit $T_z < 0$. Ein anderer Effekt des n-Überschusses ist das Auftreten von 'Zwerg'-Resonanz-Strukturen bei niedrigen Anregungsenergien im β^--Zerfall zu-

3.2 Betazerfall und kollektive Kernanregungen

sammen mit der allgegenwärtigen GTRR bei hohen Anregungsenergien (s. [Gap 81], [Nau 76], [Kla 76,80,83]).

Eine Beschreibung der im β-Zerfall angeregten Teilchen-Loch-Zustände mittels verschiedener Vibrationsmoden ist sehr hilfreich zur Sichtbarmachung der Zusammenhänge zwischen verschiedenen β-Operatoren, ihren elektromagnetischen Entsprechungen und Entsprechungen mit Termen in der Nukleon-Nukleon-Wechselwirkung, die Ladungsaustauschreaktionen bewirken (z.B. (p,n), (n,p), $(\pi^{\pm}, \pi^0)$) (s. [Boh 75a,80], [Kla 80]).

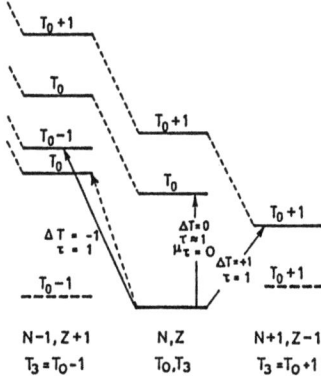

Abb. 3.5: Schematische Darstellung von Zuständen, klassifiziert nach dem Isospin T, die durch Hinzufügen eines Vibrationsquants mit Isospin τ und Eigenwert μ_τ von τ_3 zu einem Kern mit Neutronenüberschluß und Isospin T_0, T_3 angeregt werden. Isobare Analogzustände sind durch dünne gestrichelte Linien verbunden. Horizontale dick gestrichelte Linien sollen die Grundzustände der Kerne mit $T_3 = T_0 \pm 1$ andeuten (nach A. Bohr, B.R. Mottelson, Nuclear Structure, Vol.II, W.A. Benjamin, Reading, Mass., 1975 [Boh 75a]).

Betrachten wir etwa die Anregung einer Isovektor-Vibration in einem Kern mit Neutronenüberschuß und Isospin $T_0 = T_3$ im Grundzustand (Abb. 3.5). Jedes Anregungsquant trägt Isospin $\tau = 1$, und μ_τ ist der Eigenwert von τ_3. Die Isovektor-Moden mit $\mu_\tau = 0$ sind ladungsantisymmetrisch und entsprechen Oszillationen von Neutronen und Protonen gegeneinander, z.B. oszillieren im isovektoriellen elektrischen E1-Mode (E1-Riesenresonanz) Protonen gegen Neutronen ohne Differenzierung des Spins, im isovektoriellen magnetischen M1-Mode Protonen und Neutronen mit unterschiedlichen Spinrichtungen gegeneinander (s. Abb. 3.6). Vibrationen mit $\mu_\tau \neq 0$ werden durch Ladungsaustauschreaktionen oder durch β-Zerfall in isobaren Kernen angeregt. Während im Falle eines $T_0 = 0$ Mutterkerns diese Vibrationen die isobaren Analogzustände der $\mu_\tau = 0$ Anregungen sind, ist im Falle $T_0 \neq 0$ die Stärke der Vibration aufgespalten in ein Triplett von Zuständen mit verschiedenen T (Abb. 3.5).

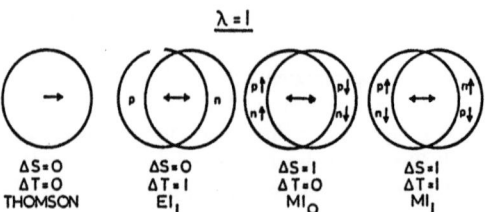

Abb. 3.6: Dipolvibrationsmoden eines Kerns (nach [Han 77]). Der isoskalare ($\tau = 0$) elektrische Dipol-Mode entspricht einer Translation und kann mit Thomson-Streuung identifiziert werden. Im isovektoriellen ($\tau = 1$) elektrischen Dipol-Mode oszillieren die Protonen gegen die Neutronen ohne Spindifferensierung. Die magnetischen M1-Moden sind durch Oszillationen charakterisiert, die nicht die Ladung, sondern den Spin betreffen.

Da für Übergänge, die von einem Operator $M(\tau = 1, \mu_\tau = -1)$ zu verschiedenen Komponenten des Isomultipletts erzeugt werden, nach dem Wigner-Eckart-Theorem (s. Anhang) gilt

$$\langle T, T_3 | M(\tau, \mu_\tau) | T_0, T_{03} \rangle$$
$$= \langle T_0, T_{03} \tau \mu_\tau | T, T_3 \rangle (2T+1)^{-\frac{1}{2}} \langle T || M(\tau) || T_0 \rangle \quad (3.2)$$

und da die Vektorkopplungs-Koeffizienten (Clebsch-Gordan-Koeffizienten) Anregung der Komponenten mit niedrigstem T begünstigen, da für $T_0 \gg 1$

$$\langle T_0, T_0 1 \mu_\tau | T = T_0 + \Delta T, T_0 + \mu_\tau \rangle \approx \begin{cases} 1 & \Delta T = \mu_\tau \\ (T_0)^{-\frac{1}{2}} & \Delta T = \mu_\tau + 1 \\ \frac{1}{\sqrt{2T_0}} & \Delta T = \mu_\tau + 2 \end{cases} \quad (3.3)$$

führen die stärksten Übergänge zu (bzgl. des Isospins) vollständig ausgerichteten Zuständen ($T_3 = T$). Es ist daher die Komponente mit $\Delta T = \mu_\tau = -1$, die man im Falle von GT β^--Zerfall eines Kerns mit $T_3 > 0$ als GTRR sieht.

Bzgl. der Verteilung des Restes der GT-Stärke erhält man eine grobe, aber hilfreiche Orientierung aus folgenden einfachen Überlegungen. Die Auswahlregeln für GT-Übergänge führen dazu, daß es drei Typen von Teilchen-Loch-Konfigurationen gibt, die die totale GT-Stärke absorbieren, wenn wir von der Δ-Anregung absehen (s. Abb. 3.7):

- Spin-Flip Zustände (SFS), die in einem $\nu j_1 \to \pi j_2$ Übergang angeregt werden, wobei $j_1 = \ell + \frac{1}{2}, j_2 = \ell - \frac{1}{2}$ Einteilchenorbits bezeichnen (s. Abschn. 3.4.1) und ν für neutronisch, π für protonisch steht,
- core-polarisierte Zustände (CPS), angeregt durch $\nu j \to \pi j$ und
- 'back'-Spin-Flip-Zustände (BSFS), angeregt durch einen $\nu j_2 \to \pi j_1$ Übergang.

3.2 Betazerfall und kollektive Kernanregungen

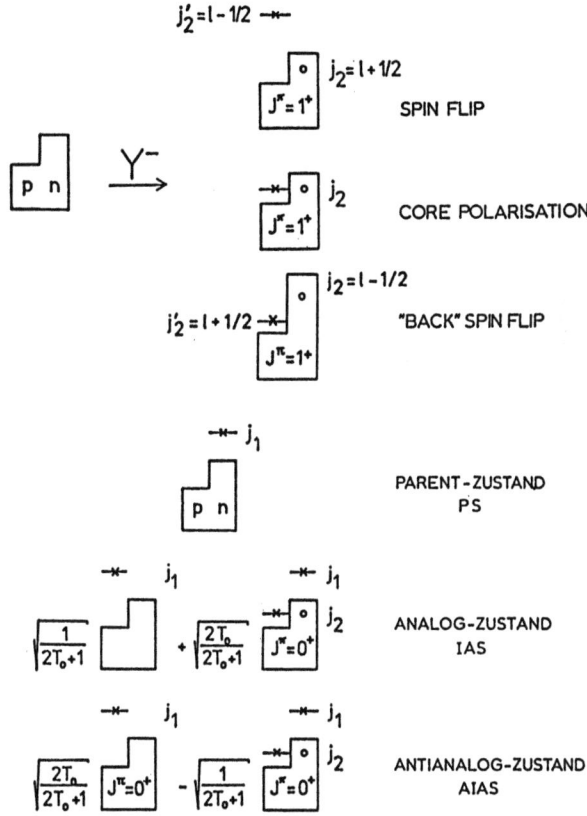

Abb. 3.7: Durch den Gamow-Teller-Operator im β^--Zerfall angeregte Typen von Teilchen-Loch-Zuständen (schematisch). Gezeigt sind auch die Struktur des isobaren Analogzustands (IAS) eines β^--zerfallenden Zustands und des zugehörigen Antianalogzustands (AIAS).

Die letzteren können nur auftreten beim β^--Zerfall von Kernen mit großem Neutronenüberschuß. Für β^+-Zerfall von Kernen mit größerem T_3 können im einfachen Schalenmodell nur SFS angeregt werden.

Die (durch Restwechselwirkungen) ungestörten Anregungsenergien der Konfigurationen, die die GT β^--Stärke tragen, sind auf einfache Weise verknüpft mit der Anregungsenergie des isobaren Analogzustandes (IAS) bzw. des Antianalogzustandes (AIAS) (s. [Kla 80,83]). Abb. 3.8 zeigt schematisch die entsprechende gegenüber

Abb. 3.3 ergänzte Verteilung (aus [Kla 86a]).

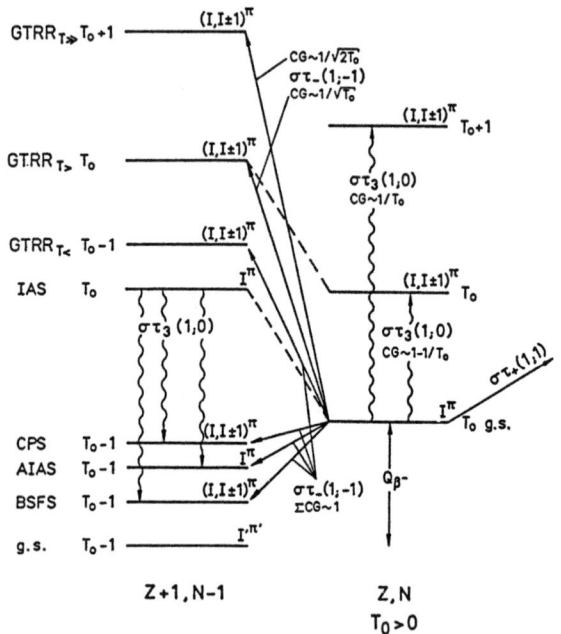

Abb. 3.8: Systematik von Gamow-Teller- und M1-Stärkeverteilung in neutronenreichen Kernen, schematisch (s. [Kla 80,83,86]). Der Operator $\sigma\tau_3$ führt zur Anregung der Komponenten der M1-Riesenresonanz im Mutterkern (bzw. zur Abregung des IAS durch M1 γ-Strahlung), der Operator $\sigma\tau^-$ durch Ladungsaustausch zur Anregung entsprechender Zustände. CG bezeichnet·die entsprechenden Clebsch-Gordan-Koeffizienten (s. Gl. (3.2)). Dabei bezieht sich $CG \approx 1$ auf die *Summe* der angedeuteten Übergänge, wobei hiervon der *weit* überwiegende Anteil in den Zustand GTRR geht. (τ, μ_τ) bezeichnet Isospin und Eigenwert von τ_3 der Anregungsquanten.

Die Anregungsenergie des IAS ist

$$E_{IAS} = \Delta E_c + \Delta - (m_n - m_p) \tag{3.4}$$

Dabei ist Δ die β-Zerfallsenergie zum Grundzustand des Tochterkerns, ΔE_c die Coulomb-Energie. Letztere ist innerhalb ± 100 keV (für nicht zu stark deformierte Kerne, [Mac 66], [And 65])

$$\Delta E_c = 1.444 \overline{Z}/A^{1/3} - 1.13 \text{ MeV} \tag{3.5}$$

3.2 Betazerfall und kollektive Kernanregungen

wobei $\overline{Z} = \frac{1}{2}(Z_i + Z_f)$. Mit dem Symmetrie-Potential V_1 [Lan 62] ist die Energie des Antianalogzustandes (AIAS)

$$E_{AIAS} = E_{IAS} - V_1 T_0/A \tag{3.6}$$

Dabei ist T_0 der Isospin des Grundzustands des Mutterkerns, $V_1 \approx 120\pm30$ MeV. Die einfachste CPS-Konfiguration liegt energetisch um die Paarungs-Energie der Neutronen Δ_{pair} (s. Abschn. 3.4.2.2) oberhalb des AIAS (s. Abb. 3.7b). Die einfachsten SFS- und BSFS-Konfigurationen liegen um die Spin-Bahn-Aufspaltung des Schalenmodells $\Delta\epsilon_{LS}$ oberhalb bzw. unterhalb des CPS

$$E_{CPS} = E_{AIAS} + \Delta_{pair} \tag{3.7}$$

$$E_{SFS,BSFS} = E_{CPS} \pm \Delta\epsilon_{LS} \tag{3.8}$$

Mischung aller CPS, BSFS und SFS Konfigurationen durch eine GT-Restwechselwirkung erzeugt (s. Abschn. 3.4.3) den kollektiven Zustand der GTRR, der energetisch oberhalb von E_{SFS} liegt (und dessen Wellenfunktion von Spin-Flip-Komponenten dominiert ist), während die Positionen der niedrig liegenden Zustände geringer Kollektivität durch die Mischung wenig beeinflußt werden.

Die Position der SFS für β^--Zerfall kann auch über die Lage des AIAS abgeschätzt werden, der zum IAS der Komponente mit kleinerem $T(T_<)$ der M1-Riesenresonanz im Mutterkern gehört, s. Abb. 3.5, 3.8 ([Doe 75a,b], [Kla 80]). Entsprechend kann die Lage des SFS, der im β^+-Zerfall hauptsächlich angeregt wird, als IAS der $T_>$-Komponente der M1-Riesenresonanz im Mutterkern abgeschätzt werden (s. Abb. 3.5 u. [Kla 80,83]).

3.2.1 GT-Zerfall und Ladungsaustauschreaktionen

Für eine direkte Ladungsaustauschreaktion wie die (p, n) Reaktion ist der Wirkungsquerschnitt im wesentlichen durch den Zentralkraft-Anteil der Nukleon-Nukleon-Wechselwirkung gegeben, dessen phänomenologische Standardform ist (s. [Aus 72,80])

$$V_{0i} = V_\tau(r_{0i})\vec{\tau}_0 \cdot \vec{\tau}_i + V_{\sigma\tau}(r_{0i})(\vec{\sigma}_0 \cdot \vec{\sigma}_i)(\vec{\tau}_0 \cdot \vec{\tau}_i) \tag{3.9}$$

Dabei beschreibt V_τ die Stärke des reinen Ladungsaustausch-Terms, $V_{\sigma\tau}$ die Stärke des Ladungs- plus Spinaustausch-Terms der effektiven Zweikörperkraft. Die Indizes 0 und i beziehen sich auf einfallendes bzw. 'gestoßenes' Nukleon. Der 1. Term in Gl. (3.9) entspricht dem Fermi-Operator, er bewirkt entsprechend Anregung des IAS. Historisch geschah übrigens die erste Identifizierung von isobaren Analogzuständen in mittelschweren und schweren Kernen durch diese Ladungsaustauschreaktion [And 61]. Der 2. Term in Gl. (3.9) entspricht dem GT-Operator. Über diesen Zusammenhang kann die (p, n) Reaktion als Sonde für GT-Stärke im Tochterkern eingesetzt werden. Dies ist besonders wichtig, da hier der erfaßbare Anregungsenergiebereich im Tochterkern nicht wie im β-Zerfall begrenzt ist (s. Abb. 2.5). Die (p, n) Reaktion erlaubte daher erstmalig den Nachweis der GTRR im β^--Zerfall [Doe 75a,b]. Abb. 3.9 gibt ein Beispiel. Vorher war die GTRR bereits im β^+-Zerfall von Kernen mit $N < Z$ gesehen worden (s. Abb. 2.5 und 3.4).

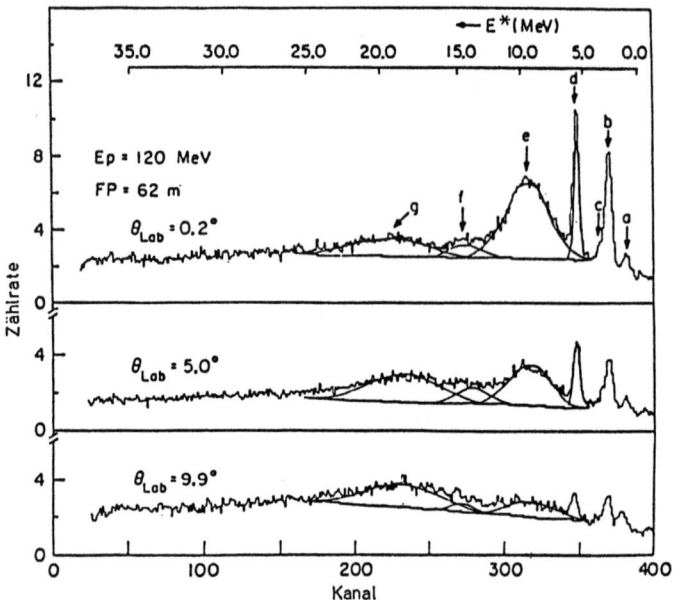

Abb. 3.9: Neutronen-Energiespektrum für die Ladungsaustausch-Reaktion $^{90}_{40}$Zr(p,n)$^{90}_{41}$Nb gemessen für eine Protonenenergie von 120 MeV (aus [Bai 80]). Die mit b, c, e, f bezeichneten Linien wurden als Gamow-Teller-Übergänge identifiziert. Sie stehen um so klarer heraus, je näher der Beobachtungswinkel bei 0° (s. Text). e entspricht der GTRR ($T = 4$), f entspricht ihrer $T = 5$ Komponente (s. Abb. 3.8); b und c entsprechen core-polarisierten Zuständen. Der Peak d entspricht dem Fermi-Übergang zum IAS des ^{90}Zr-Grundzustands, der mit g bezeichnete Peak einer Überlagerung von $\Delta L = 1$, $\Delta S = 1$ und $\Delta S = 0$ -Moden (entsprechend verbotenen β-Übergängen).

Um mit der (p, n) Reaktion Betazerfalls-Bedingungen zu simulieren, hat man einen möglichst kleinen Impulsübertrag zu realisieren, da erlaubter β-Zerfall mit verschwindendem Impulsübertrag abläuft. Der Impulsübertrag ist minimal bei Nachweis der Neutronen unter einem Streuwinkel von 0°.

3.3 Summenregeln für erlaubten Betazerfall

Für die *Summen* der reduzierten Übergangsstärken (Gl. (2.12) bzw. (2.13)) gelten ohne spezielle Kenntnis der Kernstruktur ableitbare Summenregeln.

3.4 Kernmatrixelemente für den β-Zerfall

a) *Fermi-Zerfall:* Da Fermi-Zerfall nur in den IAS möglich ist, gilt, solange der Isospin eine gute Quantenzahl darstellt (s. Abschn. 3.4)

$$B_F^\pm(T, T_3 \to T, T_3 \pm 1) = (T \mp T_3)(T \pm T_3 + 1) \tag{3.10}$$

und für $T = |T_3|$

$$\begin{aligned} N_i > Z_i &: \quad B_F^- = N_i - Z_i \;\; ; \;\; B_F^+ = 0 \\ N_i < Z_i &: \quad B_F^- = 0 \;\; ; \;\; B_F^+ = Z_i - N_i \\ \text{oder} &: \quad B_F^- - B_F^+ = N_i - Z_i \end{aligned} \tag{3.11}$$

b) *Gamow-Teller-Zerfall:* Für Ladungsaustausch-Moden lassen sich sehr allgemeine Summenregeln aus Kommutator-Relationen von Operatoren, die τ^+, τ^- enthalten, herleiten. Für GT-Übergänge findet man [Ike 63],[Gaa 80])

$$\begin{aligned} S_\beta^- - S_\beta^+ &\equiv \sum_f B_{GT}^-(i \xrightarrow{\beta^-} f) - \sum_{f'} B_{GT}^+(i \xrightarrow{\beta^+} f') \\ &= \Big(\sum_f \sum_\mu |\langle f | \sum_{k=1}^A \sigma_\mu(k) \tau^-(k) | i \rangle|^2 \\ &\quad - \sum_{f'} \sum_\mu |\langle f' | \sum_{k=1}^A \sigma_\mu(k) \tau^+(k) | i \rangle|^2 \Big) c_A^2 \\ &= 3(N_i - Z_i) c_A^2 \end{aligned} \tag{3.12}$$

d.h. die Differenz zwischen totaler β^- und β^+ GT-Stärke von einem Ausgangszustand $|i\rangle$ ist $3(N_i - Z_i)c_A^2$.

Diese Summenregel ist modellunabhängig, da sie nur auf Kommutatoren von τ^+, τ^- sowie auf der Tatsache basiert, daß σ_μ und $\tau^\pm$ Einteilchen-Operatoren sind. Die Summe der Stärke im 'nuklearen' Anregungsenergiebereich ($E^* \lesssim 100$ MeV) wird jedoch modellabhängig, sobald man innere Freiheitsgrade der Nukleonen im Betracht zieht (s. Abschn. 3.5 und Kap. 5), da die Kopplung zwischen ΔN^{-1} und NN^{-1} Anregungen 'nukleare' GT-Stärke in den Bereich der Δ-Resonanz hinaufschiebt. Die Renormierung der GT-Stärke im nuklearen Bereich, auf die man aus der fehlenden Stärke in der GTRR in (p,n)-Reaktionen schloß ([Hor 80], [Gaa 84]) und das alte Rätsel fehlender M1 Stärke in Kernen finden in dieser Weise eine gemeinsame Erklärung.

3.4 Kernmatrixelemente für den β-Zerfall

Wir wollen uns im Folgenden mit den Kernmatrixelementen für erlaubte Übergänge beschäftigen. Zunächst zur einfachen Struktur der *Fermi-Übergänge*: Diese lassen sich

weitgehend unabhängig von Details der Kernstruktur berechnen. Wenn Isospinerhaltung der Kernkräfte angenommen wird, so sind ja, wie in Kap. 2 schon diskutiert, Fermi-Übergänge nur möglich zwischen sogenannten *Analogzuständen*.
Mit dem fundamentalen quantenmechanischen Zusammenhang (analog dem Drehimpuls)

$$T^{\pm}|T, T_3\rangle = \sqrt{(T \mp T_3)(T \pm T_3 + 1)}|T, T_3 \pm 1\rangle \qquad (3.13)$$

erhält man für die lediglich vom Isospin abhängige reduzierte Übergangsstärke B_F für Fermi-Übergänge aus Gl. (2.12):

$$B_F^{\pm} = |\langle T, T_3 \pm 1|T^{\pm}|T, T_3\rangle|^2 = (T \mp T_3)(T \pm T_3 + 1) \qquad (3.14)$$

Dabei bezeichnen T und T_3 Quantenzahlen des Isospins und seiner dritten Komponente des *zerfallenden* Kerns.
Normalerweise ist für den Grundzustand des zerfallenden Kerns $T = T_3$, woraus für B_F der einfache Zusammenhang folgt:

$$B_F^- - B_F^+ = N_i - Z_i \qquad (3.15)$$

Dies ist unabhängig von den Modellannahmen über die Kernstruktur, solange nur der Isospin eine gute Quantenzahl darstellt.
Die *Gamow-Teller-Matrixelemente* besitzen im allgemeinen keine so einfache Struktur. Um sie zu berechnen, muß man ein konkretes Kernmodell annehmen.
Die zur Berechnung von β-Zerfalls-Matrixelementen geeigneten Kernmodelle basieren alle auf dem *Schalenmodell* (Wir verweisen hier auf einführende Kernphysik-Lehrbücher, wie etwa [May 84], [Boh 69,75,75a,80], [Rin 80], [Bau 68]).
Das Schalenmodell des Atomkerns [May 55] geht davon aus, daß sich die einzelnen Nukleonen in einem Potentialtopf auf Orbitalen diskreter Energie bewegen, ebenso wie dies für die Elektronen in der Atomhülle zutrifft. Die Form dieses Potentialtopfes, welcher aus der Summe aller Nukleon-Nukleon-Wechselwirkungen resultiert, ist jedoch wegen der unvollständigen Kenntnis über die Kernkräfte und wegen deren Komplexität nur schwer berechenbar (im Gegensatz zur Atomhülle) und wird meist phänomenologisch festgelegt. Das einfachste Potential, welches der Realität einigermaßen nahekommt, ist ein harmonisches Oszillatorpotential mit Berücksichtigung der Spin-Bahn-Wechselwirkung der Nukleonen. Dieses wird sehr häufig benutzt, da sich damit für die meisten Matrixelemente einfache analytische Ausdrücke ableiten lassen. Andererseits können auch die Wellenfunktionen anderer realistischerer Potentiale, wie etwa eines Woods-Saxon-Potentials oder eines mittels einer Hartree-Fock-Prozedur berechneten Potentials, nach den Wellenfunktionen des Potentials eines harmonischen Oszillators entwickelt werden. Alle Matrixelemente können dann als Linearkombination der mit dem Oszillatorpotential erhaltenen Matrixelemente geschrieben werden. Die Orbitale des Kernpotentials können charakterisiert werden

3.4 Kernmatrixelemente für den β-Zerfall

durch eine Hauptquantenzahl n, den Bahndrehimpuls ℓ ($\ell = 0, 1, 2, 3, 4\ldots$ wird bezeichnet durch die Buchstaben s, p, d, f, g...), den Gesamtdrehimpuls $j = \ell \pm 1/2$ und eine entsprechende magnetische Quantenzahl m_j. Die Orbitale, welche sich lediglich in m_j unterscheiden, bilden eine j-Schale. Abb. 3.10 zeigt die energetische Folge der einzelnen Schalen. Die genaue Position ϵ_i dieser Schalen (Einteilchen-Energien) wird meist von Fall zu Fall an experimentelle Daten angepaßt.

In einem solchen Kernmodell werden also zunächst Spin und Bahndrehimpuls der einzelnen Nukleonen zu einem definierten j und dann die einzelnen j zum gesamten Kernspin J gekoppelt. Man bezeichnet dies als *j-j Kopplung*. Bei sehr leichten Kernen kann allerdings ein anderes Kopplungsschema, die *L-S Kopplung* (zunächst Kopplung aller Bahndrehimpulse zu L und aller Spins zu S, dann Kopplung von L mit S), zu einer adäquateren Beschreibung führen.

3.4.1 Modell unabhängiger Teilchen

Die einfachste Modellannahme besteht darin, daß sich die Nukleonen *unabhängig voneinander* auf den einzelnen Orbits bewegen. Der Grundzustand eines Atomkerns $|HF\rangle$ ist dann dadurch gegeben, daß die einzelnen Orbitale unter Berücksichtigung des Pauli-Prinzips einfach von unten her aufgefüllt werden, bis alle Nukleonen untergebracht sind *(Hartree-Fock-Zustand)*. Der Grundzustand wird also durch eine vollständig antisymmetrisierte Produktwellenfunktion der einzelnen Orbitalwellenfunktionen beschrieben *(Slater-Determinante)*. Nach Einführen der fermionischen Teilchen- Erzeugungsoperatoren $a_{jm}^+(n)$ und $a_{jm}^+(p)$, welche ein Neutron bzw. ein Proton im Orbital j, m erzeugen, läßt sich dieser HF-Grundzustand als Produkt schreiben:

$$|HF\rangle = \prod_{jm} a_{jm}^+(n) \prod_{j'm'} a_{jm}^+(p) |\ \rangle \qquad (3.16)$$

Dabei ist $|\ \rangle$ das leere Kernpotential (dieser Zustand existiert physikalisch nicht, da das Potential ja erst durch die Teilchen hervorgerufen wird).

Angeregte Zustände sind dadurch charakterisiert, daß ein (oder mehrere) Nukleon(en) sich in einer höheren Schale aufhalten, als es dem Grundzustand entspricht. Dies sind dann sogenannte Teilchen-Loch (n-Teilchen–n-Loch)-Zustände. Eine solche Einordnung der Teilchen in definierte Orbitale wird allgemein als *Konfiguration* bezeichnet. Die Anregungsenergie gegenüber dem Grundzustand ergibt sich dann einfach aus der Differenz der Energien des Teilchen-Orbitals und des Loch-Orbitals, bzw. bei n-Teilchen–n-Loch-Zuständen als Summe der Energien der Teilchen-Orbitale minus Summe der Energien der Loch-Orbitale

$$E = \sum_{\text{Teilchen}} \epsilon_T - \sum_{\text{Loch}} \epsilon_L \qquad (3.17)$$

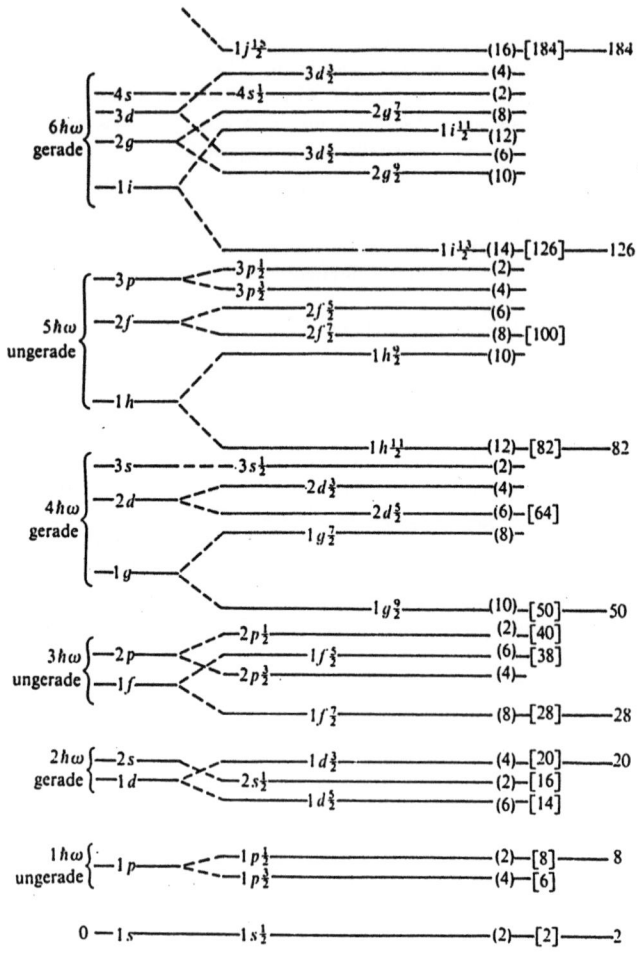

Abb. 3.10: Niveaus des Potentials eines harmonischen Oszillators links ohne und rechts mit Spin-Bahn-Wechselwirkung. Die Ziffern in Klammern geben die maximale Nukleonenbesetzung der jeweiligen Unterschale und des Potentials bis zu (einschließlich) dieser Schale an (aus [Bau 68]).

Da der Gamow-Teller-Operator $\mathbf{Y}^\pm$ ein Einteilchenoperator ist, also immer nur den Übergang *eines* Teilchens bewirkt (dies darf nicht mit der Summation über die Nukleonen z.B. in (2.9) bzw. (2.10) verwechselt werden), sind Betaübergänge in diesem

3.4 Kernmatrixelemente für den β-Zerfall

Modell durch den Übergang eines bestimmten Nukleons von einer Ausgangsschale $n_i l_i j_i$ in eine Endschale $n_f l_f j_f$ charakterisiert (Abb. 3.11).

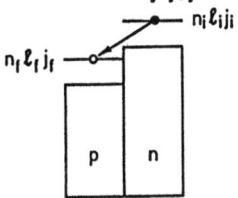

Abb. 3.11: Einteilchen-Übergang aus dem Neutronorbit $n_i l_i j_i$ in das Protonorbit $n_f l_f j_f$.

Besonders einfache Verhältnisse liegen vor, wenn das für den Betaübergang verantwortliche Nukleon das einzige Nukleon außerhalb eines abgeschlossenen Rumpfes (Cores) ist (sog. "1-Teilchenkonfiguration"), oder wenn ein Nukleon zu einem abgeschlossenen Core fehlt ("1-Lochkonfiguration"). Dies ist der Fall in einigen Kernen, wie z.B. ^{3}H, ^{15}O, ^{17}F, ^{39}Ca, ^{41}Sc, ^{207}Tl und ^{209}Pb. Solche Übergänge werden als *Einteilchen-Übergänge* bezeichnet, da diese Übergänge behandelt werden können, als wäre nur ein Teilchen vorhanden. Die Lochkonfiguration ist dabei ebenfalls äquivalent einer Einteilchen-Konfiguration (s. z.B. [Boh 69] S. 367ff). Die reduzierten Übergangswahrscheinlichkeiten können in diesen Fällen, allerdings unter Vernachlässigung der in Wirklichkeit stets vorhandenen Wechselwirkung des einzelnen Teilchens mit dem Core, unabhängig vom Core berechnet werden. Für die erlaubten Einteilchen-Übergänge erhält man

$$B_{F,E.T.} = \frac{1}{2j+1} |\langle n, \ell, j \| \mathbf{1} \| n, \ell, j \rangle|^2 \equiv 1 \tag{3.18}$$

und

$$B_{GT,E.T.} = \frac{c_A^2}{2j_i+1} |\langle n, \ell, j_f \| \boldsymbol{\sigma} \| n, \ell, j_i \rangle|^2 \tag{3.19}$$

(Die *reduzierten Matrixelemente* des Operators $\boldsymbol{\sigma}$ finden sich im Anhang (A.183)).
Dabei ist allerdings zu beachten, daß es unter Umständen zwei Endzustände zu demselben Einteilchenorbit j_f geben kann, welche sich aber im Isospin unterscheiden. Dies ist der Fall bei β^--Übergängen, wenn $N > Z$ ist und außerdem die Schale j_f auf der *Neutronenseite* unbesetzt ist. Dann verteilt sich die Einteilchenstärke (3.19) auf die beiden Zustände zu den Anteilen:

$$\begin{aligned}\frac{2T_0}{2T_0+1} B_{GT,E.T} \quad &\text{für den Zustand mit } T = T_0 - \tfrac{1}{2} \\ \frac{1}{2T_0+1} B_{GT,E.T} \quad &\text{für den Zustand mit } T = T_0 + \tfrac{1}{2}\end{aligned} \tag{3.20}$$

T_0 ist dabei der Isospin des Cores. Dies ist ein Resultat der Isospinkopplung (Clebsch-Gordan Koeffizienten); vgl. Gl. (3.2), (3.3); im speziellen Fall *eines* Valenznukleons bzw. Valenzloches existiert der dritte Endzustand aus Gl. (3.3) nicht). Bei Fermi-Übergängen müssen Ausgangs- und Endorbital identisch sein und bei Gamow-Teller-Übergängen dürfen sie sich nur im Gesamtspin j (nicht in ℓ) unterscheiden (s. Auswahlregeln Tab. 2.1).
Auch die verbotenen Übergänge können unabhängig vom Core, nur unter Berücksichtigung der Valenzorbitale, berechnet werden.
Tab. 3.1 zeigt eine Gegenüberstellung von gemessenen und nach (3.19) berechneten B_{GT}-Werten für einige Übergänge zwischen Spiegelkernen ($T_f = T_i = 1/2, j_f = j_i$). Man sieht, daß die Übereinstimmung nicht sehr gut, aber immerhin akzeptabel ist.

Tab. 3.1: Reduzierte Übergangswahrscheinlichkeiten einiger Einteilchen-Übergänge

Übergang	Orbital	$B_{GT,exp.}/c_A^2$	$B_{GT,E.T.}/c_A^2$
^{3}H → ^{3}He	$s_{1/2}^{-1}$	3.30 ± 0.3	3
^{15}O → ^{15}N	$p_{1/2}^{-1}$	0.27 ± 0.02	1/3
^{17}N → ^{17}O	$d_{5/2}$	1.09 ± 0.1	7/5
^{39}Ca → ^{39}K	$d_{3/2}^{-1}$	0.30 ± 0.05	3/5
^{41}Ca → ^{41}Ka	$f_{7/2}$	0.83 ± 0.1	9/7

Ebenfalls ein einfacher Fall liegt vor, wenn zwei gleichartige zu 0^+ gekoppelte Nukleonen außerhalb eines abgeschlossenen Cores an einem Übergang beteiligt sind. Neben der Einteilchenstärke $B_{GT,E.T.}$ geht dann ebenfalls lediglich der Isospin in das Übergangsmatrixelement mit ein. Wenn außerdem für die in Betracht gezogenen Valenzschalen nur *ein* Isospin in Frage kommt, so ist die Übergangsstärke einfach das Doppelte der Einteilchen-Übergangsstärke.
Dies ist der Fall für β^+-Übergänge $j_p^2 \to j_p j_n$ und auch für β^--Übergänge, wenn der Übergang zwischen denselben Schalen stattfindet. Dann müssen nämlich die beiden Valenznukleonen des Endzustandes ein Isospinsingulett bilden (wegen der Gamow-Teller-Auswahlregeln bilden sie einen Zustand mit Spin 1) und der Isospin des Endzustandes ist gleich dem des Cores. Es ist also:

$$B_{GT}^+(j_p^2, 0^+ \to j_p, j_n, 1^+) = 2 B_{GT,E.T.}^+(j_p \to j_n) \qquad (3.21)$$

3.4 Kernmatrixelemente für den β-Zerfall

$$B_{GT}^-(j_n^2, 0^+ \to j_n, j_p = j_n, 1^+) = 2B_{GT,E.T.}^-(j_n \to j_p = j_n) \tag{3.22}$$

Dieses Resultat kann verallgemeinert werden auf Zustände mit einer geraden Anzahl $2m$ gleicher Nukleonen außerhalb eines abgeschlossenen Cores, wenn man annimmt, daß je zwei Nukleonen zu Spin 0 gekoppelt sind. Dann erhält man:

$$B_{GT}^+(j_p^{2m}, 0^+ \to j_p^{2m-1}, j_n = j_p, 1^+) = 2m B_{GT,E.T.}^+(j_p \to j_n) \tag{3.23}$$

$$B_{GT}^-(j_n^{2m}, 0^+ \to j_n^{2m-1}, j_p = j_n, 1^+) = 2m B_{GT,E.T.}^-(j_n \to j_p = j_n) \tag{3.24}$$

Für $j_n \neq j_p$ sind bei β^--Zerfall wieder Endzustände mit unterschiedlichem Isospin möglich, auf welche sich die Einteilchenstärke verteilt.

Bei Kernen mit komplizierteren Konfigurationen stellt die Berechnung der GT-Matrixelemente ein wesentlich größeres Problem dar. Zum einen stellt sich heraus, daß für β-Übergänge in solchen Kernen die Annahme unabhängiger Teilchen im allgemeinen völlig unzureichend ist. Zum anderen ist auch schon unter dieser Annahme die Kopplung des am Übergang beteiligten Nukleons mit den anderen Valenznukleonen zu definiertem Spin und Isospin zu beachten. Dies ist im allgemeinen Fall ein recht komplexes Problem. Man hat dazu die volle Wellenfunktion mit n Nukleonen in der Valenz-Schale j zu entwickeln nach Basiszuständen, bei denen ein Nukleon vom Rest entkoppelt ist:

$$|j^n, J, M, T, T_3, \alpha\rangle = \sum_{J_1, T_1, \alpha_1} [j^{n-1} J_1 T_1 \alpha_1 |\} j^n, J, M, T, T_3, \alpha] \left[|j^{n-1}, J_1, T_1, \alpha_1\rangle \otimes |j\rangle\right]_{M,T_3}^{J,T} \tag{3.25}$$

Die hier auftretenden Koeffizienten heißen *Fractional Parentage-Koeffizienten* und sind ausführlich tabelliert (s. z.B. [deSha 63]). Das reduzierte Matrixelement eines Einteilchen-Operators O_k ($O_k = 1$ für Fermi-Übergänge, $O_k = \vec{\sigma}$ für Gamow-Teller-Übergänge) für einen Übergang zwischen den Schalen j_a und j_b kann damit geschrieben werden als:

$$\langle j_a^{n_a} j_b^{n_b}, J_f, T_f, T_{3f} \| O_k \tau^\pm \| j_a^{n_a+1} j_b^{n_b-1}, J_i, T_i, T_{3i} \rangle = C_k \langle j_b \| O_k \| j_a \rangle \tag{3.26}$$

$\langle j_b \| O_k \| j_a \rangle$ ist das schon bei den Einteilchenübergängen diskutierte reduzierte Einteilchen-Matrixelement und C_k enthält die gesamte Information über die Spin- und Isospin-Kopplung der Nukleonen. C_k kann mit Hilfe der Fractional Parentage-Koeffizienten berechnet werden. Der dazu notwendige einigermaßen aufwendige Formalismus findet sich z.B. in [Beh 82].

3.4.1.1 Versagen des Modelles unabhängiger Teilchen
Die Komplexität der Struktur in (3.26) beschränkt sich auf die Spin- und Isospinkopplung. Das gesamte Matrixelement ist jedoch weiterhin *proportional zum Einteilchen-Matrixelement* zwischen den Valenzorbitalen.

Das hat zur Folge, daß Übergänge nur dann möglich sein sollten, wenn die Ausgangsschale j_a mindestens ein Nukleon und die Schale j_b mindestens eine freie Stelle enthält. Man erwartet also z.b. in Kernen mit Neutronenzahl N_0+1, bei denen nach dem Modell unabhängiger Teilchen gerade ein Neutron n_1 in einer neuen Schale hinzukommt, das plötzliche Auftreten neuer β^--Übergänge, deren Analogon im benachbarten Kern mit Neutronenzahl N_0 nicht beobachtet wird. Ebenso sollten Übergänge "verschwinden", wenn eine Protonenschale aufgefüllt ist. In Wirklichkeit beobachtet man aber in den allermeisten Fällen nicht dieses extreme Verhalten. Es zeigt sich vielmehr eine monotone Abhängigkeit der Übergangsstärke eines Übergangs zwischen zwei definierten Schalen von der Nukleonenzahl. Es treten Übergänge schon in Kernen auf, in denen die entsprechende Schale noch gar nicht besetzt sein sollte. Andererseits zeigen sich noch Übergänge nach Schalen, welche nach dem Modell unabhängiger Teilchen schon voll besetzt sein sollten.

Absolute Stärke der Übergänge: Noch weniger stimmt die Vorhersage der absoluten Stärken der β-Übergänge im Modell unabhängiger Teilchen. Diese wird teilweise um mehrere Größenordnungen überschätzt (die vorhergesagten $\log(ft)$-Werte sind viel zu klein). Tab. 3.2 zeigt den Vergleich experimenteller Übergangsstärken von einigen Kernen mit ungeradem A mit der Erwartung aus den Einteilchen-Matrixelementen.

Tab. 3.2: Vergleich der Einteilchen-Stärken $B_{GT,E.T.}$ mit experimentellen Gamow-Teller-Stärken für einige Kerne mit ungeradem A (nach [Kon 66]).

Elternkern	Tochterkern	$\log(ft)$	$\frac{B_{GT,exp}}{c_A^2}$	Schalen-Übergang	$\frac{B_{GT,E.T.}}{c_A^2}$	$\frac{B_{GT,exp}}{B_{GT,E.T.}}$
$^{35}_{16}S_{19}$	$^{35}_{17}Cl_{18}$	4.98	0.048	$d_{3/2} \to d_{3/2}$	0.6	0.080
$^{45}_{22}Ti_{23}$	$^{45}_{21}Sc_{24}$	4.59	0.110	$f_{7/2} \to f_{7/2}$	1.28	0.086
$^{61}_{27}Co_{34}$	$^{61}_{28}Ni_{33}$	5.20	0.028	$f_{7/2} \to f_{5/2}$	1.71	0.016
$^{63}_{30}Zn_{33}$	$^{63}_{29}Cu_{34}$	5.40	0.017	$p_{3/2} \to p_{3/2}$	1.67	0.010
$^{71}_{33}As_{38}$	$^{71}_{32}Ge_{39}$	5.80	0.0069	$f_{5/2} \to f_{5/2}$	0.71	0.0097
$^{91}_{42}Mo^*_{49}$	$^{91}_{41}Nb_{50}$	5.72	0.0083	$p_{1/2} \to p_{1/2}$	0.33	0.025
$^{95}_{41}Nb_{54}$	$^{95}_{42}Mo_{53}$	5.08	0.036	$g_{9/2} \to g_{7/2}$	1.78	0.020
$^{111}_{50}Sn_{61}$	$^{111}_{49}In_{62}$	4.69	0.089	$g_{7/2} \to g_{9/2}$	2.22	0.040
$^{121}_{53}I_{68}$	$^{121}_{52}Te_{69}$	5.05	0.039	$d_{5/2} \to d_{3/2}$	1.60	0.024
$^{127}_{52}Te_{75}$	$^{127}_{53}I_{74}$	5.66	0.0096	$d_{3/2} \to d_{5/2}$	2.40	0.004
$^{133}_{54}Xe_{79}$	$^{133}_{55}Cs_{78}$	5.58	0.012	$d_{3/2} \to d_{5/2}$	2.40	0.005

3.4 Kernmatrixelemente für den β-Zerfall

Um realistischere Vorhersagen auch für solche Kerne zu erhalten, welche mehrere Valenznukleonen besitzen, muß die gegenseitige Beeinflussung der Nukleonen durch die Restwechselwirkung berücksichtigt werden. Dies führt dazu, daß das Konzept unabhängiger Teilchen seine Gültigkeit verliert und die damit verbundenen reinen Schalenzustände nicht der Wirklichkeit entsprechen. Je zwei Nukleonen können derart miteinander wechselwirken, daß sie aus besetzten Schalen in unbesetzte gestreut werden. Dadurch entstehen Zwei-Teilchen–Zwei-Loch Anregungen und Anregungen höheren Grades, welche den Grundzuständen beigemischt sind. Die stärkste Komponente der Restwechselwirkung ist kurzreichweitig. In Kernen mit signifikantem Neutronenüberschuß befinden sich die am schwächsten gebundenen Protonen in niedrigeren Schalen als die schwach gebundenen Neutronen. Wegen des geringen Überlaps der entsprechenden Wellenfunktionen wirken in diesen schweren Kernen daher die kurzreichweitigen Kräfte hauptsächlich zwischen gleichartigen Nukleonen. Sie sind zwischen diesen attraktiv und führen dazu, daß sich *gleichartige* Nukleonen paarweise zu Spin 0 koppeln.

3.4.2 Das Paarungs-Modell

Im Paarungs (Pairing)-Modell berücksichtigt man außer der Bewegung der Nukleonen in einem mittleren Potential auch die sogenannten *Paarungskräfte*. Mit Hilfe der Definition der zeitkonjugierten Teilchenoperatoren zu den Operatoren a_{jm} (aus Abschn. 3.4.1)

$$\overline{a}_{jm} \equiv (-1)^{\ell+j-m} a_{j,-m} \tag{3.27}$$

für $m > 0$ (s. z.B. [Boh 69]) kann eine solche Paarungskraft geschrieben werden:

$$H_{paar} = -G \sum_{\substack{j,m>0 \\ j',m'>0}} a_{j'm'}^{+} \overline{a}_{j'm'}^{+} a_{jm} \overline{a}_{jm} \tag{3.28}$$

Wir haben hier nicht explizit angegeben, ob die Operatoren auf Neutronen oder Protonen wirken. Dieser Ausdruck gilt für *ein* Nukleonensystem, d.h. die Teilchenoperatoren in (3.28) wirken entweder auf Protonen oder Neutronen, jedoch nicht gemischt. Die Indizes j, m sollen das jeweilige Orbital eindeutig charakterisieren (wir verzichten auf die explizite Angabe der Hauptquantenzahl n). Um konkret zu sein, betrachten wir die Neutronen. Die Protonen können dann völlig analog behandelt werden. Die Neutronen-Wellenfunktionen ψ_N mit N Neutronen müssen nun als Eigenfunktionen von H_{paar} im mittleren Potential unabhängiger Teilchen H_0 berechnet werden. Es werden also Lösungen der Gleichung

$$(H_0 + H_{paar})\psi_N = E_N \psi_N \tag{3.29}$$

gesucht. Dies ist in voller Strenge für ein System mit vielen Neutronen ein schwieriges Problem. Jedoch läßt sich eine relativ einfache Näherungslösung angeben.

3.4.2.1 Quasiteilchen

Dazu führt man das Konzept der *Quasiteilchen* ein (s. dazu z.B. [Sol 76], [Rin 80]). Quasiteilchenoperatoren α_{jm} ergeben sich aus den normalen Teilchenoperatoren a_{jm} durch eine unitäre Transformation, welche *Bogolyubov-Valentin-Transformation* genannt wird:

$$\alpha_{jm} = u_{jm} a_{jm} - v_{jm} \bar{a}_{jm}{}^+ \quad , \quad \bar{\alpha}_{jm} = u_{jm} \bar{a}_{jm} + v_{jm} a_{jm}{}^+ \tag{3.30}$$

Die Koeffizienten u_{jm} und v_{jm} können reell und positiv gewählt werden und genügen dabei der Bedingung (Unitarität!)

$$u_{jm}^2 + v_{jm}^2 = 1 \tag{3.31}$$

Die Quasiteilchen-Operatoren stellen also Kombinationen von gewöhnlichen Erzeugungs-(Teilchen-) Operatoren und Vernichtungs-(Loch-) Operatoren dar. Je nach Größe der Koeffizienten u, v sind die entsprechenden Zustände mehr als Loch- oder mehr als Teilchenzustände zu interpretieren. Man kann jedoch mit den Quasiteilchen-Operatoren, in gewisser Weise, wie mit normalen Teilchen-Operatoren umgehen. So läßt sich verifizieren, daß diese den gewöhnlichen *fermionischen Vertauschungsregeln* genügen:

$$\{\alpha_{jm}{}^+, \alpha_{j'm'}\} = \delta_{jj'} \delta mm' \tag{3.32}$$

$$\{\alpha_{jm}{}^+, \alpha_{j'm'}{}^+\} = \{\alpha_{jm}, \alpha_{j'm'}\} = 0 \tag{3.33}$$

3.4.2.2 Die BCS-Wellenfunktion

Eine näherungsweise Lösung des Eigenwertproblems (3.29) folgt nun aus folgendem Ansatz [Sol 76]:

$$|\psi_N\rangle = \prod_{j,m>0} (u_{jm} + v_{jm} \alpha_{jm}{}^+ \bar{\alpha}_{jm}{}^+)|\,\rangle \equiv |BCS\rangle \tag{3.34}$$

Diese Wellenfunktion hat die Form der Elektronen-Wellenfunktion eines Supraleiters in der BCS-Theorie (BCS= Bardeen, Cooper und Schriefer; [Bar 57]) und wird dementsprechend als BCS-Wellenfunktion bezeichnet. Nach dieser Wellenfunktion ist jedes Orbital j, m entweder leer (mit der Wahrscheinlichkeits-Amplitude u_{jm}), oder, wenn es besetzt ist (mit der Amplitude v_{jm}), so ist das entsprechende Neutron mit einem Neutron im Orbit $j, -m$ zu Spin 0 gepaart. Man kann leicht nachprüfen, daß $|BCS\rangle$ das "Quasiteilchenvakuum" darstellt, daß also gilt:

$$\alpha_{jm}|BCS\rangle = \bar{\alpha}_{jm}|BCS\rangle = 0 \tag{3.35}$$

Die Besetzungsamplituden u und v Für die Größen u und v, welche den Grundzustand beschreiben, liefert die BCS-Theorie die Lösungen

$$u_{jm} = \sqrt{\frac{1}{2}\left\{1 + \frac{(\epsilon_{jm} - \lambda)}{\sqrt{(\epsilon_{jm} - \lambda)^2 + \Delta^2}}\right\}} \tag{3.36}$$

3.4 Kernmatrixelemente für den β-Zerfall

$$v_{jm} = \sqrt{\frac{1}{2}\left\{1 - \frac{(\epsilon_{jm} - \lambda)}{\sqrt{(\epsilon_{jm} - \lambda)^2 + \Delta^2}}\right\}} \tag{3.37}$$

Dabei ist der sogenannte "Gap"-Parameter Δ und das Fermi-Niveau λ in selbstkonsistenter Weise aus der "Gap"-Gleichung

$$\Delta = G \sum_{\substack{j \\ m>0}} u_{jm} v_{jm} \tag{3.38}$$

und der Bedingung

$$N = 2 \sum_{\substack{j \\ m>0}} v_{jm}^2 \tag{3.39}$$

zu bestimmen. Bedingung (3.39) stellt sicher, daß $|\psi_N\rangle$ die richtige Anzahl N von Neutronen enthält (im Mittel, d.h. als Erwartungswert).

Es können im wesentlichen zwei experimentelle Informationsquellen benutzt werden, um die Stärke der Pairing-Wechselwirkung festzulegen. Zum einen können die Besetzungsamplituden v aus pick-up- und stripping-Reaktionen bestimmt werden. Zum anderen ist Δ korreliert mit der Differenz der Bindungsenergie benachbarter g-g und u-u Kerne. Für G gilt in guter Näherung der Wert 20 MeV/A. Oft genügt es, Gl. (3.38) zu umgehen und für Δ die empirische Formel $\Delta = 12/\sqrt{A}$ MeV zu verwenden, ohne (3.38) in konsistenter Weise zu lösen.

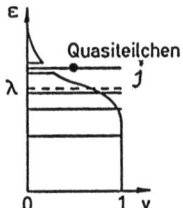

Abb. 3.12: Besetzung der einzelnen Schalen nach dem BCS-Modell. Eine Quasiteilchen-Anregung $a_{jm}^+|BCS\rangle$ enthält ein Nukleon im Orbital j,m und eine Leerstelle im Orbital $j,-m$.

Was stellt nun die $|BCS\rangle$ Wellenfunktion anschaulich dar? Aus (3.36) und (3.37) geht hervor, daß die Besetzungsamplituden v_{jm} kontinuierlich kleiner werden, wenn man in der Nähe des Fermi-Niveaus λ zu immer höherenergetischeren Schalen übergeht (s. Abb. 3.12). Anstelle einer exakt stufenförmigen Auffüllung der Schalen im Schalenmodell unabhängiger Teilchen tritt nun eine in der Nähe des Fermi-Niveaus λ ausgeschmierte Verteilung. Man findet auch Neutronen (-Paare) in Schalen oberhalb von λ und es bestehen auch freie Plätze unterhalb von λ (vgl. Abb. 3.12). Das hat zur Folge, daß gegenüber dem Modell unabhängiger Teilchen in einem gegebenen Kern mehr Schalenübergänge möglich sind. (Dies ist nicht nur auf β-Übergänge beschränkt, sondern betrifft z.B. auch γ-Übergänge).

Quasiteilchen-Anregungen Die Anregungen der BCS-Wellenfunktion, welche im Pairing-Modell den Grundzustand geradzahliger Nukleonensysteme darstellt, enthalten Quasiteilchen. Im einfachsten Fall, der in geradzahligen Nukleonensystemen natürlich *nicht* realisiert ist, sind dies Ein-Quasiteilchen-Anregungen[1]. Letztere beschreiben zum Beispiel die benachbarten ungeradzahligen Nukleonensysteme:

$$a_{jm}{}^+|BCS\rangle = a_{jm}{}^+ \prod_{\substack{j'm'>0 \\ \neq jm}} (u_{j'm'} + v_{j'm'} a_{j'm'}{}^+ \overline{a}_{j'm'}{}^+)|\ \rangle \qquad (3.40)$$

Diese Anregungen enthalten also im Orbit j, m genau ein ungepaartes Neutron und ansonsten nur gepaarte Neutronen. Für die Energie E_{jm} einer solchen Anregung liefert die BCS-Theorie:

$$E_{jm} = \sqrt{(\epsilon_{jm} - \lambda)^2 + \Delta^2} \geq \Delta \qquad (3.41)$$

Alle Anregungsenergien sind also größer als Δ. Daher kommt der Name Gap-Energie. Um ein Spin-0 Paar aufzubrechen und dadurch eine Zwei-Quasiteilchen-Anregung zu erzeugen, muß mindestens die Energie 2Δ aufgebracht werden.

BCS-Wellenfunktion und Teilchenzahl Ein Nachteil der BCS-Wellenfunktion liegt darin, daß sie keiner exakt definierten Teilchenzahl entspricht. $|BCS\rangle$ enthält vielmehr Komponenten unterschiedlicher Teilchenzahl, stellt also eine Verteilung der Teilchenzahl um den durch die Bedingung (3.39) festgelegten Mittelwert N dar. Konkret heißt dies: Man kann zwar $|BCS\rangle$ für einen gegebenen g-g Kern optimieren, im Prinzip sind aber auch immer Komponenten der benachbarten g-g Kerne mit enthalten. Die mittlere Breite ΔN der Verteilung der Teilchenzahl ist gegeben durch:

$$(\Delta N)^2 = 4 \sum_{m_j > 0} u_{jm}^2 v_{jm}^2 \qquad (3.42)$$

Die relative Unschärfe der Teilchenzahl $\Delta N/N$ wird um so kleiner, je größer die "Soll-Wert"-Teilchenzahl N ist. Das BCS-Pairing-Modell ist unter anderem auch aus diesem Grunde besser für schwere Kerne, als für leichte Kerne geeignet. Der Nachteil der nicht definierten Teilchenzahl kann durch Teilchenzahl-Projektion wieder aufgehoben werden (s. z.B. [All 74], [Rin 80]). Dadurch wird aber die einfache Struktur des Modells zerstört.

---

[1] Ein-Quasiteilchen Zustände sind natürlich keine echten Anregungen des BCS-Grundzustandes, da es sich im einen Fall um ein ungeradzahliges und im andern Fall um ein geradzahliges Nukleonensystem handelt. Für das formale Verständnis ist jedoch eine solche Betrachtungsweise nützlich.

3.4 Kernmatrixelemente für den β-Zerfall

3.4.2.3 Beta-Übergänge im Pairing-Modell

Aufgrund der in Abb. 3.12 skizzierten Verteilung der Nukleonen auf die verschiedenen Schalen im BCS-Modell erwartet man gegenüber dem Modell unabhängiger Teilchen folgende Modifikationen.

1. Die Stärke eines einem bestimmten Schalenübergang zuzuordnenden β-Übergangs (ft-Wert) variiert kontinuierlich in einem weiten Bereich benachbarter Isotope.

2. Es sind in einem gegebenen Kern mehr Schalen-Übergänge möglich.

Das BCS-Modell kann jedoch *nicht* erklären, wieso die experimentell gefundenen log(ft)-Werte für die allermeisten Gamow-Teller-Übergänge so groß sind (vgl. Tab. 3.2). Die *absolute* Stärke der Übergänge ist im BCS-Modell von der gleichen Größenordnung wie im Modell unabhängiger Teilchen. Da wir dies in den folgenden Abschnitten benötigen werden, wollen wir nun $0^+ \to 1^+$ Übergänge und die inversen $1^+ \to 0^+$ Grundzustands-Übergänge im BCS-Modell behandeln. Die 0^+ Wellenfunktion mit N Neutronen und Z Protonen ist durch $|BCS_N\rangle \times |BCS_Z\rangle$ gegeben, und die 1^+ Anregungen sind Zwei-Quasiteilchen-Anregungen vom Typ:

$$[\alpha_n^+ \otimes \alpha_p^+]_\mu^{1^+} |BCS_N\rangle |BCS_Z\rangle \equiv |(np)1^+\rangle \qquad (3.43)$$

Die Indizes n und p bezeichnen hier die Schalen mit Quasiteilchen-Anregung. Das Symbol $[A \otimes B]_j^m$ war schon in Kap. 2, Gl. (2.123) definiert worden.

Wir beschränken uns hier auf die Annahme sphärischer Symmetrie. $[\alpha_n^+ \otimes \alpha_p^+]_\mu^{1^+}$ bedeutet dann die Kopplung der Operatoren α_n^+ und α_p^+ zu dem definierten Spin 1^+ mit magnetischer Quantenzahl μ:

$$[\alpha_n^+ \otimes \alpha_p^+]_\mu^1 = \sum_{m_n, m_p} (j_n m_n j_p m_p | 1\mu) \alpha_{n, m_n}^+ \alpha_{p, m_p}^+ \qquad (3.44)$$

Man kann nun den Gamow-Teller-Operator ebenfalls in Quasiteilchen-Darstellung schreiben:

$$Y_\mu^- = \sum_i \sigma_\mu(i) \tau^-(i) = -\sum_{n,p} \frac{1}{\sqrt{3}} \langle j_n || \sigma || j_p \rangle [(u_n \overline{\alpha}_n + v_n \alpha_n^+)$$
$$\otimes (u_p \alpha_p^+ - v_p \overline{\alpha}_p)]_\mu^1 \qquad (3.45)$$

und

$$Y_\mu^+ = \sum_i \sigma_\mu(i) \tau^+(i) = \sum_{n,p} \frac{1}{\sqrt{3}} \langle j_n || \sigma || j_p \rangle [(u_n \alpha_n^+ - v_n \overline{\alpha}_n)$$
$$\otimes (u_p \overline{\alpha}_p + v_p \alpha_p^+)]_\mu^1 \qquad (3.46)$$

Damit erhält man für die reduzierten Matrixelemente von $Y^\pm$ zwischen den 0^+ und den 1^+ Zuständen die einfachen Ausdrücke (s. auch [Hal 67])

$$M_{np}^- \equiv \langle (np)1^+ \| \mathbf{Y}^- \| 0^+ \rangle = -v_n u_p \sigma_{np} \qquad (3.47)$$

$$M_{np}^+ \equiv \langle (np)1^+ \| \mathbf{Y}^+ \| 0^+ \rangle = u_n v_p \sigma_{np} \qquad (3.48)$$

mit der Abkürzung

$$\sigma_{np} = \langle j_n \| \boldsymbol{\sigma} \| j_p \rangle$$

Die Übergangs-Matrixelemente sind also proportional zur Besetzungsamplitude v der am Übergang beteiligten Schale im Mutterkern und zur Amplitude u, deren Quadrat die Wahrscheinlichkeit beschreibt, mit welcher die entsprechende Schale im Tochterkern nicht besetzt ist. Ebenso erhält man für Übergänge zwischen Ein-Quasiteilchenzuständen in Kernen mit ungeradem A:

$$M^\pm \equiv \langle f \| \mathbf{Y}^\pm \| i \rangle = \begin{cases} u_n u_p \sigma_{np} & \text{wenn das zerfallende Nukleon dem ungeraden System angehört} \\ -v_n v_p \sigma_{np} & \text{wenn das zerfallende Nukleon dem geraden System angehört} \end{cases} \qquad (3.49)$$

Die Abhängigkeit der Matrixelemente von den Besetzungsamplituden wird experimentell zumindest qualitativ bestätigt. Wie schon erwähnt, ist aber auch das BCS-Modell nicht in der Lage, die *absolute* Stärke von Gamow-Teller-Übergängen zu erklären. Die berechneten ft-Werte sind um ein bis zwei Größenordnungen zu klein. Um diesen Effekt zu verstehen, ist es nicht ausreichend, als einzige Restwechselwirkung die Paarungskräfte in Betracht zu ziehen. Vielmehr muß auch die Restwechselwirkung zwischen Protonen und Neutronen berücksichtigt werden.

3.4.3 Die TDA-Methode

3.4.3.1 Neutron-Proton-Restwechselwirkung und Gamow-Teller-Riesenresonanz
Nach dem Modell unabhängiger Nukleonen und auch nach dem Pairing-Modell sollte die Stärke der Gamow-Teller-Übergänge mehr oder weniger unabhängig von der energetischen Lage des Endzustandes im Tochterkern sein. (Dies gilt natürlich nicht für die Zerfallsraten!) Die gesamte Übergangsstärke sollte sich einigermaßen gleichmäßig auf Zustände zwischen 0 und einigen MeV Anregungsenergie im Tochterkern verteilen. In diesem Modell hängt die Übergangsstärke ja ausschließlich vom Füllgrad der beteiligten Schalen und dem Einteilchen-Matrixelement ab. Leider ist es nun so, daß im β-Zerfall in den allermeisten Fällen der größte Teil der Zustände im Tochterkern mit Gamow-Teller-Stärke energetisch nicht erreichbar ist (s. Abb. 2.5 und 3.3). Damit lassen sich derartige generelle Vorhersagen experimentell im β-Zerfall selbst kaum nachprüfen. In Abschn. 3.2 wurde jedoch gezeigt, daß sich die Verteilung der Gamow-Teller-Stärke durch Kernreaktionen vom Typ $^A_Z X(p,n)^A_{Z+1} X$ bestimmen

3.4 Kernmatrixelemente für den β-Zerfall

läßt. Die Ergebnisse all solcher Experimente zeigen für Kerne ab $A \gtrsim 40$ eine starke Resonanzstruktur der Gamow-Teller-Stärke bei einer Anregungsenergie, welche mit der Massenzahl des untersuchten Kerns systematisch zunimmt und bei schweren Kernen in der Gegend von ≈ 15 MeV liegt. Diese *Gamow-Teller-Riesenresonanz (GTRR)* läßt sich in den bisher diskutierten Modellen in keiner Weise verstehen.

Die in Abschn. 3.3 besprochene Summenregel für Gamow-Teller-Zerfall führt zu der Vermutung, daß die im Schalenmodell unabhängiger Teilchen sowie im BCS-Modell für niederenergetische Zustände (einige MeV) vorhergesagte Gamow-Teller-Stärke in Wirklichkeit in der GTRR enthalten ist. Was für ein Mechanismus könnte die Stärke von den niederenergetischen zu hochenergetischen Zuständen (im β^--Zerfall nicht beobachtbar) "schieben"? Um das zu erkennen, betrachten wir die Proton-Neutron-Restwechselwirkung. Eine mögliche Parametrisierung nach Spin- und Isospin-Struktur der Nukleon-Nukleon-Wechselwirkung ist gegeben durch

$$\boldsymbol{H}(1,2) = V_0(r_{12}) + V_{\sigma\sigma}(r_{12})\vec{\sigma}(1)\vec{\sigma}(2) + V_{\tau\tau}(r_{12})\vec{\tau}(1)\vec{\tau}(2) + \\ + V_{\sigma\tau}(r_{12})(\vec{\sigma}(1)\vec{\sigma}(2))(\vec{\tau}(1)\vec{\tau}(2)) \quad (3.50)$$

Dabei ist r_{12} der Abstand zwischen Nukleon 1 und Nukleon 2. Es zeigt sich nun, daß insbesondere der Spin-Isospin-Term $V_{\sigma\tau}(r_{12})(\vec{\sigma}(1)\vec{\sigma}(2))(\vec{\tau}(1)\vec{\tau}(2))$ von großer Bedeutung für die Gamow-Teller-Übergänge ist ([Fuj 65], [Hal 67], [Mar 72]). Wie wir noch sehen werden, liegt das an der mit dem Gamow-Teller-Operator verwandten Struktur dieses Terms. Für das Weitere ist es ausreichend, die Form dieser Spin-Isospin-Wechselwirkung durch die Annahme $V_{\sigma\tau}(r) = \chi = const$ und die Vernachlässigung der $(\vec{\sigma}(1)\vec{\sigma}(2))\tau_z(1)\tau_z(2)$-Komponente weiter zu vereinfachen. (Realistischere Annahmen über $V_{\sigma\tau}(r)$ würden qualitativ zu demselben Resultat führen und die $(\vec{\sigma}(1)\vec{\sigma}(2))\tau_z(1)\tau_z(2)$-Komponente trägt nicht zu den dominierenden direkten Termen bei, welche wir weiter unten betrachten werden). Wir berücksichtigen also folgende Wechselwirkung, auch *Gamow-Teller-Kraft* genannt:

$$\boldsymbol{H}_{GT}(1,2) = 2\chi\vec{\sigma}(1)\vec{\sigma}(2)[\tau^-(1)\tau^+(2) + \tau^+(1)\tau^-(2)] \quad \text{mit } \chi > 0 \quad (3.51)$$

Der Wechselwirkungsoperator für das gesamte System lautet:

$$\boldsymbol{H}_{GT} = \frac{1}{2}\sum_{i\neq j}\boldsymbol{H}_{GT}(i,j) = \chi\sum_{i\neq j}\vec{\sigma}(i)\vec{\sigma}(j)[\tau^-(i)\tau^+(j) + \tau^+(i)\tau^-(j)] \quad (3.52)$$

Wir wollen nun an einem sehr einfachen Modell zeigen, wie diese Wechselwirkung in der Lage ist, Gamow-Teller-Stärke zu höherer Energie hin zu verschieben. Dazu betrachten wir Gamow-Teller-Übergänge von einem 0^+ Grundzustand nach zwei möglichen 1^+ Tochterkonfigurationen, diese seien mit $|I\rangle$ und $|II\rangle$ bezeichnet. (Dazu denke man sich etwa einen Kern, in welchem GT-Übergänge ausschließlich von einer Neutronenschale mit $j_n = \ell + 1/2$ nach den Protonenschalen $j_p = \ell \pm 1/2$ möglich sind. Ein Beispiel hierfür ist $^{90}_{40}\text{Zr}$ mit den Übergängen $\nu g_{9/2} \to \pi g_{9/2}$ und $\nu g_{9/2} \to \pi g_{7/2}$). Die Energien und die reduzierten Übergangsmatrixelemente seien, zunächst ohne

Berücksichtigung von $\boldsymbol{H}_{GT}$, gegeben durch $E_{I,II}$ und $M_I^- = \langle I||\boldsymbol{Y}^-||0^+\rangle$, $M_{II}^- = \langle II||\boldsymbol{Y}^-||0^+\rangle$.

Nun berücksichtigen wir die Zustandsmischung aufgrund von $\boldsymbol{H}_{GT}$. Dazu berechnen wir das Matrixelement $\langle I|\boldsymbol{H}_{GT}|II\rangle$:

$$\begin{aligned}\alpha &\equiv \langle I|\boldsymbol{H}_{GT}|II\rangle = 2\chi\langle I|\sum_{ij}\vec{\sigma}(i)\tau^-(i)\vec{\sigma}(j)\tau^+(j)|II\rangle \\ &= 2\chi[\langle I|\sum_i\vec{\sigma}(i)\tau^-(i)|0^+\rangle\langle 0^+|\sum_j\vec{\sigma}(j)\tau^+(j)|II\rangle + \\ &+ \sum_{J=1,2}\langle I|\sum_i\vec{\sigma}(i)\tau^-(i)|J\rangle\langle J|\sum_j\vec{\sigma}(j)\tau^+(j)|II\rangle]\end{aligned} \quad (3.53)$$

Wir haben hier das Matrixelement α zerlegt nach Beiträgen verschiedener Zwischenzustände. Der erste Beitrag enthält als Zwischenzustand den 0^+-Grundzustand. Dieser wird "direkter Term" genannt und ist in Abb. 3.13a in Form eines Wechselwirkungsgraphen dargestellt. Die anderen Beiträge liefern den "Austauschterm", dargestellt in Abb. 3.13b. Bei der Berechnung des Austauschterms treten immer sogenannte Umkopplungsfaktoren auf, welche wesentlich kleiner als 1 sind und dazu führen, daß der direkte Term den Hauptbeitrag zu α liefert. Wir vernachlässigen daher den Austauschterm und erhalten:

$$\begin{aligned}\alpha &\approx 2\chi\langle I|\sum_i\vec{\sigma}(i)\tau^-(i)|0^+\rangle\langle 0^+|\sum_j\vec{\sigma}(j)\tau^+(j)|II\rangle \\ &= \frac{2\chi}{3}\langle I|\sum_i\vec{\sigma}(i)\tau^-(i)|0^+\rangle\langle II|\sum_j\vec{\sigma}(j)\tau^-(j)|0^+\rangle^* \\ &= \frac{2\chi}{3}M_I^- M_{II}^{-*}\end{aligned} \quad (3.54)$$

Lassen sich die Matrixelemente einer *Wechselwirkung* derart faktorisieren, so wird diese *separabel* genannt.

Um die Zustände unter Berücksichtigung der Mischung durch $\boldsymbol{H}_{GT}$ zu erhalten, sind die Eigenzustände $|I'\rangle$ und $|II'\rangle$ der Matrix (wir wählen die Phasen der Wellenfunktionen so, daß α reell wird)

$$\begin{pmatrix} E_I & \alpha \\ \alpha & E_{II} \end{pmatrix}$$

zu finden.

Diese lassen sich für $|\alpha| < |\Delta E|$ mit $\Delta E = E_{II} - E_I$ näherungsweise in erster Ordnung Störungstheorie berechnen. Man erhält:

$$\begin{aligned}|I'\rangle &\approx |I\rangle - \tfrac{\alpha}{\Delta E}|II\rangle \\ |II'\rangle &\approx |II\rangle + \tfrac{\alpha}{\Delta E}|I\rangle\end{aligned} \quad (3.55)$$

3.4 Kernmatrixelemente für den β-Zerfall

Damit folgt für die Gamow-Teller-Matrixelemente:

$$M_{I'}^- = M_I^- - \tfrac{\alpha}{\Delta E} M_{II}^-$$
$$M_{II'}^- = M_{II}^- + \tfrac{\alpha}{\Delta E} M_I^-$$

(3.56)

Mit α aus (3.54) wird:

$$M_{I'}^- = M_I^-(1 - \tfrac{2\chi}{3\Delta E}|M_{II}^-|^2)$$
$$M_{II'}^- = M_{II}^-(1 + \tfrac{2\chi}{3\Delta E}|M_I^-|^2)$$

(3.57)

Man sieht, daß unabhängig von den Vorzeichen von M_I^- und M_{II}^- die Stärke des unteren Zustandes reduziert und die des oberen erhöht wird und zwar um so mehr, je größer das Verhältnis $\chi/\Delta E$ ist. Die energetische Lage der Zustände $|I'\rangle$ und $|II'\rangle$ weicht dagegen nur wenig von der ungestörten Energie ab (für $|\alpha| \ll |\Delta E|$):

$$E_{I'} = E_I - \tfrac{\alpha^2}{\Delta E}$$
$$E_{II'} = E_{II} + \tfrac{\alpha^2}{\Delta E}$$

(3.58)

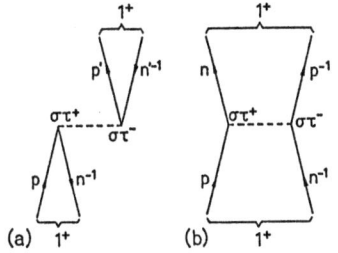

Abb. 3.13: Direkter (a) und Austauschterm (b) der Gamow-Teller-Wechselwirkung.

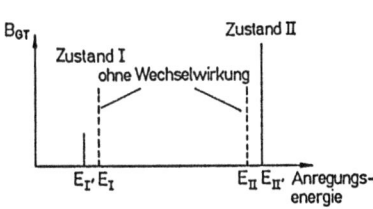

Abb. 3.14: Einfluß der Gamow-Teller-Restwechselwirkung auf die GT-Betastärke zweier Zustände.

Wir halten nochmals fest: Wesentlich zur Erhaltung des Ergebnisses (3.57) war die Tatsache gewesen, daß der *direkte Term* des *Wechselwirkungsmatrixelementes proportional* zu den Gamow-Teller-*Übergangsmatrixelementen* ist.

3.4.3.2 Allgemeine Form der Tamm-Dancoff-Näherung (TDA)

In dem einfachen Beispiel des vorigen Abschnittes haben wir im Prinzip die Tamm-Dancoff-Näherung (TDA) benutzt. Die TDA ist ebenso wie die RPA (s. 3.4.4) eine Methode, welche allgemein anwendbar ist zur Berechnung von Übergangsmatrixelementen (außer für β-Übergänge z.B. auch für elektromagnetische Übergänge). In der TDA nimmt man an, daß der 0^+ Grundzustand von g-g-Kernen durch ein Modell unabhängiger Nukleonen (Hartree-Fock-Zustand) oder durch eine BCS-Wellenfunktion beschrieben wird, daß aber die Nukleon-Nukleon-Restwechselwirkung (abgesehen vom Pairing) den Grundzustand nicht beeinflußt. Es wird jedoch der Einfluß der Restwechselwirkung auf die durch einen gegebenen Übergangsoperator definierter Multipolarität vom Grundzustand aus erreichbaren angeregten Zustände berücksichtigt. Diese Zustände können sowohl im selben Kern liegen (bei γ-Übergängen) als auch in einem benachbarten Kern (bei β-Übergängen). Sie haben allgemein eine Ein-Teilchen–Ein-Loch (bei Hartree-Fock-Grundzustand) oder Zwei-Quasiteilchen-Struktur (bei BCS-Grundzustand). Sowohl TDA als auch RPA werden in [Rin 80] sehr ausführlich behandelt. Wir wollen uns hier auf die Anwendung für Gamow-Teller-Matrixelemente beschränken. In diesem Fall haben wir es mit 1^+ Anregungszuständen im Tochterkern zu tun. Diese werden beeinflußt durch die Restwechselwirkung $\boldsymbol{H}_{GT}$. Wir gehen aus von der Hamiltonmatrix:

$$\boldsymbol{H} = \begin{pmatrix} E_1 & & 0 \\ & \ddots & \\ 0 & & E_n \end{pmatrix} + \begin{pmatrix} V_{11} & V_{12} & \cdots \\ V_{21} & \ddots & \\ \vdots & & V_{nn} \end{pmatrix} \quad (3.59)$$

mit den Wechselwirkungsmatrixelementen:

$$V_{ij} = \langle i|\boldsymbol{H}_{GT}|j\rangle \quad (3.60)$$

Dabei bezeichnen $|i\rangle$ und $|j\rangle$ die auf einem Hartree-Fock-Zustand (Schalenmodell) aufgebauten ungestörten Teilchen-Loch–Zustände. Man hat $|i\rangle = |(n^{-1}p)1^+\rangle$ für β^--Zerfall und $|i\rangle| = |(np^{-1})1^+\rangle$ für β^+-Zerfall. E_i ist schließlich die ungestörte Energie des Teilchen-Loch-Zustandes:

$$E_i = \epsilon_T - \epsilon_L + \Delta\lambda; \quad \Delta\lambda = \lambda_T - \lambda_L \quad (3.61)$$

Der Beitrag $\Delta\lambda$ tritt auf, da Loch und Teilchen unterschiedlichen Nukleonensystemen angehören.

Die Eigenwerte ω_i von $\boldsymbol{H}$ berechnen sich aus der *Säkulargleichung*

$$\det(\boldsymbol{H} - \omega) = 0 \quad \text{mit } \omega = \begin{pmatrix} \omega & & & \\ & \omega & & 0 \\ & & \ddots & \\ & 0 & & \ddots \\ & & & & \omega \end{pmatrix} = \omega \cdot \mathbf{1} \quad (3.62)$$

3.4 Kernmatrixelemente für den β-Zerfall

Die Mischungskoeffizienten B_i^α der 1^+ Zustände in der Entwicklung

$$|\alpha\rangle = \sum_i B_i^\alpha |i\rangle \quad , \tag{3.63}$$

wobei $|\alpha\rangle$ einen der resultierenden 1^+ Zustände bezeichne, müssen durch Diagonalisieren von $\boldsymbol{H}$, d.h. durch eine unitäre Transformation, welche $\boldsymbol{H}$ auf Diagonalgestalt bringt, ermittelt werden. Übergangsmatrixelemente können dann durch diese Koeffizienten und die Einteilchen-Matrixelemente der Teilchen-Loch–Zustände ausgedrückt werden:

$$M_\alpha = \sum_i B_i^\alpha M_i \tag{3.64}$$

3.4.3.3 Schematische TDA mit separabler Kraft Bei sehr vielen Basiszuständen wird das Diagonalisieren von $\boldsymbol{H}$ im allgemeinen zu einem numerisch sehr aufwendigen Problem. Es gibt jedoch ein recht einfaches Lösungsverfahren, wenn wir in den Wechselwirkungsmatrixelementen wieder, wie in 3.4.3.1, nur die direkten Terme berücksichtigen und für diese einen Ansatz analog zu (3.54) machen, wenn also eine *separable* Wechselwirkung angenommen wird. Die TDA wird in diesem Fall auch als *schematische* TDA bezeichnet. $\boldsymbol{H}$ kann dann geschrieben werden als:

$$\boldsymbol{H} = \begin{pmatrix} E_1 & & & & \\ & \ddots & & 0 & \\ & & \ddots & & \\ & 0 & & \ddots & \\ & & & & E_n \end{pmatrix} +$$

$$+ \frac{2\chi}{3} \begin{pmatrix} M_1 M_1^* & M_1 M_2^* & \cdots & \cdots & \cdots \\ M_2 M_1^* & M_2 M_2^* & & & \\ \vdots & & \ddots & & \\ \vdots & & & \ddots & \\ \vdots & & & & M_n M_n^* \end{pmatrix} \tag{3.65}$$

Dabei sind M_i die GT-Matrixelemente für Übergänge in den Zustand $|i\rangle$.
Die Eigenwertgleichung

$$\boldsymbol{H}|\alpha\rangle = \omega_\alpha |\alpha\rangle \tag{3.66}$$

liefert für die Koeffizienten B_i^α

$$(\omega_\alpha - E_i) B_i^\alpha = \frac{2\chi}{3} M_i \sum_j M_j^* B_j^\alpha \tag{3.67}$$

Wir dividieren durch $(\omega_\alpha - E_i)$:

$$B_i^\alpha = \frac{2\chi}{3} \frac{M_i}{(\omega_\alpha - E_i)} N^\alpha \qquad (3.68)$$

wobei für den Normierungsfaktor

$$N^\alpha = \sum_j M_j^* B_j^\alpha$$

aus der Bedingung (Normierung der Zustände $|\alpha\rangle$)

$$\sum_i |B_i^\alpha|^2 = 1 \qquad (3.69)$$

folgt

$$|N^\alpha|^{-2} = \left(\frac{2\chi}{3}\right)^2 \sum_i \frac{|M_i|^2}{(\omega_\alpha - E_i)^2} \qquad (3.70)$$

Wir multiplizieren nun (3.68) mit M_i^* und summieren über i:

$$\sum_i M_i^* B_i^\alpha = \frac{2\chi}{3} \sum_i \frac{M_i^* M_i}{(\omega_\alpha - E_i)} N^\alpha$$

$$\Rightarrow 0 = \frac{3}{2\chi} - \sum_i \frac{|M_i|^2}{(\omega_\alpha - E_i)} \qquad (3.71)$$

Dies ist die *Säkulargleichung*, aus welcher die Eigenwerte ω_α zu berechnen sind. Das numerische Problem der Matrix-Diagonalisation konnte somit auf das Problem des Berechnens von Nullstellen der rechten Seite von (3.71) reduziert werden. Sind die ω_α bekannt, so können die B_i^α nach (3.68) berechnet werden. Abb. 3.15 zeigt den typischen Verlauf der Funktion

$$F(\omega) = \frac{2}{3} \sum_i \frac{|M_i|^2}{(\omega_\alpha - E_i)}.$$

Die Lösungen ω_α sind durch die Schnittpunkte von $F(\omega)$ mit der Konstanten χ^{-1} gegeben. Man erkennt, daß die Energieeigenwerte ω_α um so näher bei den ungestörten Energien liegen, je kleiner die Wechselwirkungsstärke χ ist.

Für die Übergangsmatrixelemente M erhält man aus (3.68)

$$M_\alpha = \sum_i B_i^\alpha M_i = \frac{2\chi}{3} \sum_i \frac{(M_i)^2}{(\omega_\alpha - E_i)} N^\alpha \qquad (3.72)$$

3.4 Kernmatrixelemente für den β-Zerfall

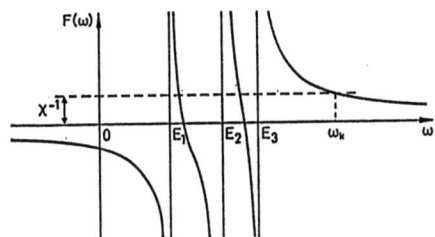

Abb. 3.15: Die Funktion $F(\omega) = \frac{2}{3} \sum_i \frac{|M_i|^2}{(\omega_\alpha - E_i)}$ aus der schematischen TDA. Die Energieeigenwerte ω_α sind gegeben durch die Schnittpunkte mit χ^{-1}.

Im Falle einer *repulsiven Kraft* ($\chi > 0$), wie sie die Spin-Isospin-Wechselwirkung darstellt, ist der Zustand $|\alpha_k\rangle$ mit der höchsten Energie ω_k kollektiv. Das bedeutet, alle Beiträge zu dem Matrixelement M_k addieren sich kohärent. Dies ist aus (3.72) zu ersehen, da ja der Energienenner $\omega_k - E_i$ für alle Energien E_i positiv ist. Dagegen kommen bei den anderen Zuständen positive und negative Beiträge vor. Der kollektive Zustand enthält für hinreichend großes χ den Hauptteil der Gamow-Teller-Stärke. Dies ist somit ein Modell, welches die Existenz der Gamow-Teller-Riesenresonanz erklären kann.

Aus der schematischen Darstellung Abb. 3.15 ist auch zu erkennen, daß die kollektive Energie ω_k um so höher ist, je stärker die Wechselwirkung ist. Die experimentelle Lage der GTRR kann daher benutzt werden, um die Wechselwirkungskonstante zu bestimmen. Je nach Kern findet man $\chi \approx 15 - 20$ MeV/A [Gro 85b].

Mit Hilfe von TDA-Rechnungen lassen sich recht brauchbar die Verteilungen der Gamow-Teller-Stärke im Falle des β^--Zerfalls beschreiben und zwar insbesondere in neutronenreichen Kernen (s. Abb. 3.23). Die GTRR und die damit verknüpfte Unterdrückung niederenergetischer Übergänge (darunter fallen alle im β^- Zerfall vorkommenden Übergänge, da die GTRR für alle Kerne im β^--Zerfall energetisch nicht erreichbar ist, s. Abschn. 2.1.2 und 3.2) wird gut wiedergegeben, was auch der Vergleich berechneter und gemessener Halbwertszeiten zeigt (s. Abb. 3.16, 3.17 und [Kla 82b,84a,86d]).

Es zeigt sich jedoch auch, daß die TDA zur Berechnung von β^+ GT-Matrixelementen im allgemeinen nicht geeignet ist. Wegen des Neutronenüberschusses in schweren Kernen sind erlaubte β^+-Übergänge im Modell unabhängiger Teilchen stark eingeschränkt. Bei vielen Kernen würde man überhaupt keine erlaubten β^+-Übergänge erwarten. Die Verschmierung der Nukleonenverteilung durch das Pairing ergibt jedoch immer die Möglichkeit erlaubter Übergänge, wenn auch eventuell mit kleiner Amplitude (vgl. Abb. 3.18). Die β^+-Stärke hängt somit wesentlich mehr von den Details der Wellenfunktion des Ausgangs (Grund)-Zustandes ab, als dies für die β^--Stärke zutrifft. Hier wird nun eine Berücksichtigung der Restwechselwirkung auch im Grundzustand notwendig. Dies ist möglich mit der RPA-Methode. Diese erlaubt auch (s. Abb. 3.17) eine genauere Vorhersage der Halbwertszeiten für β^--Zerfall [Ben 88], [Kla 88c], [Sta 89].

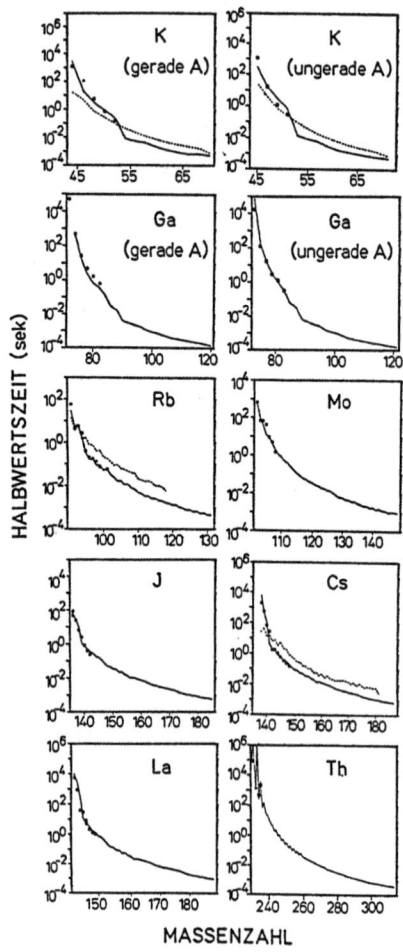

Abb. 3.16: Mit der TDA berechnete (durchgezogene Linien) und gemessene (Punkte) Betahalbwertszeiten für Isotope einiger Elemente zwischen K und Th (aus [Kla 82b u. 84a]). Gestrichelte Linien entsprechen den Vorhersagen der sogen. Gross-Theory [Tak 73], die die β-Stärkeverteilung in schematischer Weise beschreibt.

3.4 Kernmatrixelemente für den β-Zerfall

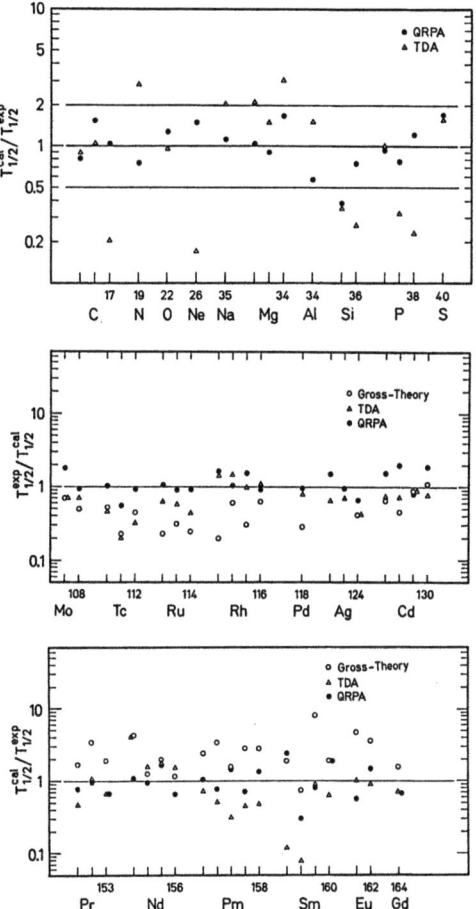

Abb. 3.17: Vergleich berechneter β^--Halbwertszeiten unter Verwendung verschiedener Modelle: TDA [Kla 84a], revidierte Gross-Theory [Tac 88], Quasiteilchen-RPA [Sta 89]. Die Abszisse gibt Massenzahlen, die Ordinate Verhältnisse der berechneten zu den gemessenen Halbwertszeiten an.

3.4.4 Die RPA-Methode

Bei der TDA hatten wir angenommen, daß der 0^+-Grundzustand nicht von der Restwechselwirkung beeinflußt wird (außer dem Pairing). Dadurch konnten die angeregten Zustände durch Ein-Teilchen–Ein-Loch-Konfigurationen (zwei Quasiteilchen bei

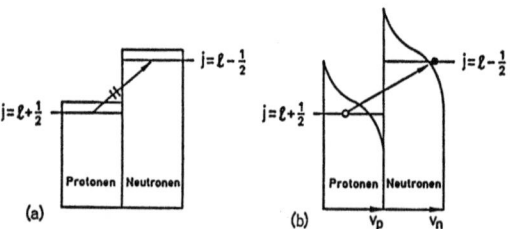

Abb. 3.18: a) Im Schalenmodell sind für schwere Kerne keine erlaubten β^+-Übergänge möglich. Alle erreichbaren Schalen auf der Neutronenseite sind besetzt.
b) Im Pairing-Modell nimmt die Besetzung der Schalen *allmählich* ab. Dadurch sind erlaubte Übergänge mit kleiner Amplitude immer möglich.

BCS) beschrieben werden. Bei der RPA geht man von dieser Näherung ab. RPA steht für "Random Phase Approximation". Dieser Name stammt nicht aus der Kernphysik, sondern wurde von Bohm und Pines [Boh 53] im Zusammenhang mit Plasma-Oszillationen eingeführt. Die RPA wird auch häufig *"Quasi-Boson-Näherung"* genannt. Die Rechtfertigung dieser Bezeichnung wird weiter unten deutlich werden. In der RPA berücksichtigt man die Tatsache, daß dem Grundzustand durch die Restwechselwirkung Zwei-Teilchen–Zwei-Loch-Anregungen beigemischt werden. Es werden also Matrixelemente der Form

$$\langle \text{Zwei-Teilchen–Zwei-Loch} | H | 0 \rangle \tag{3.73}$$

mit in die Rechnung einbezogen (s. Abb. 3.19a).

Zwei-Teilchen–Zwei-Loch-Anregungen sind die Anregungen niedrigster Ordnung, welche dem Grundzustand beigemischt sein können. Wenn nämlich zwei Nukleonen des Hartree-Fock-Zustandes miteinander wechselwirken, müssen beide (oder keines) ihren Bewegungszustand ändern, d.h. werden aus ihrer Schale herausgestreut und hinterlassen je ein Loch. In der RPA berücksichtigt man jedoch nur Anregungen mit einer ganz bestimmten Struktur, nämlich solche, bei welchen je ein Teilchen-Loch-Paar zu demselben Drehimpuls gekoppelt ist, welcher der Multipolarität des zu untersuchenden Übergangsoperators entspricht (bei elektrischen Dipolübergängen ist dies z.B. 1^-). Weiter werden diese Teilchen-Loch-Paare wie Bosonen behandelt, d.h. die Vertauschungsregeln für Nukleonenzustände werden nur näherungsweise berücksichtigt. Diese Näherung ermöglicht es, relativ einfach auch die Möglichkeit von Anregungen höherer Ordnung mit einzubeziehen, welche durch Matrixelemente der Form

$$\begin{array}{c} \langle \text{Vier-Teilchen–Vier-Loch} | \quad H \quad | \text{Zwei-Teilchen–Zwei-Loch} \rangle \\ \vdots \\ \langle (n+2)\text{-Teilchen–}(n+2)\text{-Loch} | \quad H \quad | n\text{-Teilchen–}n\text{-Loch} \rangle \end{array} \tag{3.74}$$

hervorgerufen werden. Wenn die Restwechselwirkung H stark genug ist, können diese nicht vernachlässigt werden. Der Grundzustand enthält dann Anregungen verschie-

3.4 Kernmatrixelemente für den β-Zerfall

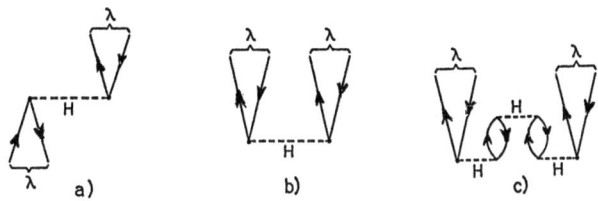

Abb. 3.19: Beispiele für Diagramme in der RPA:

a) Wirkung einer Restwechselwirkung H auf angeregte Zustände (wie bei TDA)

b) Darstellung des Matrixelementes $\langle\,$ Zwei-Teilchen–Zwei-Loch$|H|0\rangle$, wobei je ein Teilchen-Loch-Paar zum Drehimpuls λ gekoppelt ist.

c) Beispiel für eine Grundzustandskorrelation vom RPA-Typ, welche durch die mehrfache Wirkung von H entsteht.

denster Ordnung. Solche Anregungen werden allgemein *Korrelationen* genannt. Abb. 3.19c zeigt ein Beispiel für die Wirkung von H in einem RPA-Modell. Wir wollen solche Anregungen, bei welchen je ein Teilchen-Loch-Paar zu gegebenem Spin und gegebener Parität gekoppelt ist, *Korrelationen vom RPA-Typ* nennen. Man hat nun zu unterscheiden zwischen zwei RPA-Typen:

1. *RPA für gleiche Teilchen ('Like-Particle' RPA):* Bei diesem RPA-Typ bildet jedes Teilchen-Loch-Boson eine Anregung eines bestimmten Nukleonensystems (also nn^{-1} oder pp^{-1}). Diese RPA findet ihre Anwendung bei elektromagnetischen Übergängen.

2. *RPA ungleicher Teilchen ('Unlike-Particle' RPA):* Hier sind die Teilchen-Loch-Bosonen gemischte Anregungen beider Nukleonensysteme (np^{-1} oder $n^{-1}p$). Diese RPA ist speziell geeignet für die Behandlung von β^+-Gamow-Teller-Übergängen.

Auf die RPA gleicher Teilchen wollen wir nicht näher eingehen. Diese wird ausführlich behandelt in [Rin 80]. Wir wollen im folgenden den Formalismus der RPA ungleicher Teilchen besprechen [Hal 67].

3.4.4.1 Neutron-Proton-RPA (RPA ungleicher Teilchen)

Will man in dem Neutron-Proton-RPA-Formalismus die β^+ Gamow-Teller-Matrixelemente $\langle 1^+||Y^+||0^+\rangle$ berechnen, so erhält man wegen der starken Einschränkung von β^+-Übergängen im Schalenmodell nur dann realistische Ergebnisse, wenn man die Paarungskraft mitberücksichtigt. Wir wollen aber zunächst aus didaktischen Gründen von einem HF-Zustand ausgehen und erst später ins Quasi-Teilchen-Bild wechseln.

Wieder erwarten wir, wie bei der TDA, daß H_{GT} den stärksten Einfluß auf die Gamow-Teller-Matrixelemente hat. Die dominante Korrektur zu dem 0^+-Grundzustand entsteht durch Matrixelemente der Form:

$$\langle((n'^{-1}p')1^+,(np^{-1})1^+)0^+|H_{GT}|0^+\rangle$$
$$= 2\chi\langle(n'^{-1}p')1^+||\sum_i \boldsymbol{\sigma}(i)\boldsymbol{\tau}^-(i)||0^+\rangle\langle(np^{-1})1^+||\sum_i \boldsymbol{\sigma}(i)\boldsymbol{\tau}^+(i)||0^+\rangle$$
$$= 2\chi M_{n'p'}^- M_{np}^+ \tag{3.75}$$

Hierbei wurde wieder nur der direkte Term berücksichtigt. $M_{n'p'}^-$ und M_{np}^+ sind die Gamow-Teller β^- und β^+ Matrixelemente zu den Anregungen $n'^{-1}p'$ und np^{-1}, welche wir im Weiteren als reell annehmen.

In der RPA gibt es nun zwei prinzipiell unterschiedliche Beiträge zu den Gamow-Teller-Übergängen: Zunächst wie schon in der TDA die *Anregung* eines Teilchen-Loch-Zustandes ausgehend vom HF-Zustand $|HF\rangle$. Zum anderen gibt es aber auch Beiträge durch die *Vernichtung* einer Teilchen-Loch-Anregung, welche Teil einer dem Grundzustand beigemischten Zwei-Teilchen–Zwei-Loch-Anregung ist. Die entsprechenden Matrixelemente sind (ohne Austauschterme):

$$HF \to 1^+: \quad \langle(np^{-1})1^+||\Sigma\boldsymbol{\sigma}\boldsymbol{\tau}^+||HF\rangle = M_{np}^+$$

$$2T - 2L \to 1^+: \quad \langle(np^{-1})1^+||\Sigma\boldsymbol{\sigma}\boldsymbol{\tau}^+||((n'^{-1}p')1^+(np^{-1})1^+)0^+\rangle$$
$$= \langle HF||\Sigma\boldsymbol{\sigma}\boldsymbol{\tau}^+||(n'^{-1}p')1^+\rangle \tag{3.76}$$
$$= \langle(n'^{-1}p')1^+||\Sigma\boldsymbol{\sigma}\boldsymbol{\tau}^-||HF\rangle$$
$$= M_{n'p'}^-$$

Es ist illustrativ, das Übergangsmatrixelement für den Übergang in den Teilchen-Loch-Zustand $|(np^{-1})1^+\rangle$ in erster Ordnung Störungstheorie zu berechnen. Mit (3.75) und (3.76) erhält man das Ergebnis:

$$\langle(np^{-1})1^+||\Sigma\boldsymbol{\sigma}\boldsymbol{\tau}^+||0^+\rangle = M_{np}^+\left(1 - \sum_{n'p'}\frac{2\chi(M_{n'p'}^-)^2}{E_{np}+E_{n'p'}}\right) \tag{3.77}$$

Daraus erkennt man, daß der HF-Beitrag und der Zwei-Teilchen–Zwei-Loch Beitrag für $\chi > 0$ immer *destruktiv* interferieren, d.h. die Übergangsstärke wird durch die GT-Korrelationen verkleinert. Die beiden Beiträge (3.76) sind in Abb. 3.20 graphisch dargestellt (vgl. dazu auch Abb. 3.21). Weiter ergeben sich Beiträge höherer Ordnung durch den Übergang von einem n-Teilchen–n-Loch in einen $(n-1)$-Teilchen–$(n-1)$-Loch Zustand. Ein Beispiel dafür zeigt der Graph in Abb. 3.20c.

Nach dieser didaktischen Einführung wollen wir zum Quasiteilchen-Bild übergehen. Wir entwickeln den Wechselwirkungsoperator H_{GT} nach Quasiteilchen-Operatoren:

3.4 Kernmatrixelemente für den β-Zerfall

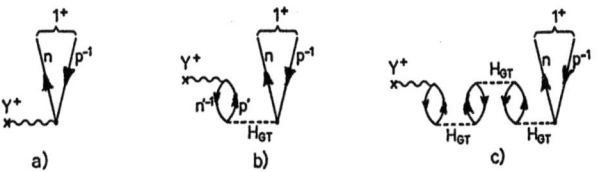

Abb. 3.20: Gamow-Teller-Zerfall des RPA-Grundzustandes: Teil a) zeigt die Erzeugung eines Teilchen-Loch-Paares durch den Gamow-Teller-Operator $Y^+ = \sigma\tau^+$ aus dem HF-Vakuum und b) zeigt die Erzeugung einer Zwei-Teilchen–Zwei-Loch-Anregung durch H_{GT} und die anschließende Vernichtung des Paares $n'^{-1}p'$ im β^+-Zerfall. Teil c) zeigt den Beitrag einer RPA-Korrelation höherer Ordnung.

$$\begin{aligned}
H_{GT} &= \chi \sum_{i\neq j} (\vec{\sigma}(i)\tau^-(i)\vec{\sigma}(j)\tau^+(j) + \vec{\sigma}(j)\tau^-(j)\vec{\sigma}(i)\tau^+(i)) \\
&= 2\chi\Bigg\{ \sum_{\substack{n,p \\ n'p'}} \left(\frac{\sigma_{np}\sigma_{n'p'}}{3} \sum_\mu (-1)^\mu [a_p{}^+ \otimes \overline{a}_n]_\mu^{1+} [a_{n'}{}^+ \otimes \overline{a}_{p'}]_\mu^{1+} (-1)^{j_n+j_p} \right) \\
&\quad -3\sum_n a_n{}^+ a_n \Bigg\} \\
&= 2\chi\Bigg\{ \sum_{\substack{n,p \\ n'p' \\ \mu}} (-1)^{\mu-j_n-j_p} \frac{\sigma_{np}\sigma_{n'p'}}{3} \left[(u_p\alpha_p{}^+ - v_p\overline{\alpha}_p) \otimes (u_n\overline{\alpha}_n + v_n\alpha_n{}^+) \right]_\mu^{1+} \\
&\quad \cdot \left[(u_{n'}\alpha_{n'} - v_{n'}\overline{\alpha}_{n'}{}^+) \otimes (u_{p'}\overline{\alpha}_{p'} + v_{p'}\overline{\alpha}_{p'}{}^+) \right]_{-\mu}^{1+} - 3N \Bigg\}
\end{aligned} \qquad (3.78)$$

Hier ist N die Neutronenzahl des Kerns.

Obwohl es auch in der RPA möglich ist, direkte und Austauschterme zu berücksichtigen [Rin 80], wollen wir uns hier gleich auf die Darstellung einer RPA beschränken, bei welcher die meist unwichtigen Austauschterme vernachlässigt werden.

Wenn wir die Operatoren

$$\begin{aligned}
C_{np}{}^+(\mu) &= [\alpha_n{}^+ \otimes \alpha_p{}^+]_\mu^{1+} \\
C_{np}(\mu) &= (-1)^\mu [\overline{\alpha}_n \otimes \overline{\alpha}_p]_{-\mu}^{1+}
\end{aligned} \qquad (3.79)$$

einführen und nur die zu diesen Operatoren proportionalen Terme in (3.78) berücksichtigen, erhalten wir den kollektiven Teil H_{GT}^k von H_{GT}:

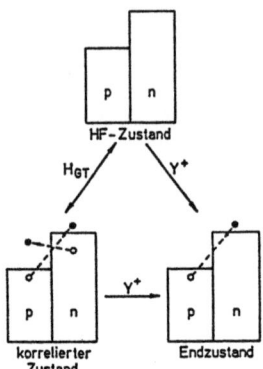

Abb. 3.21: Schematische Darstellung der beiden Beiträge aus Gleichung (3.77). Es ist wichtig festzustellen, daß der β^+-Übergang aus dem korrelierten Grundzustand in (3.76) charakterisiert ist durch ein β^--Matrixelement. Dieses ist i.a. größer als das β^+-Matrixelement. Die Korrektur ist daher im β^+-Zerfall erheblich (beim β^--Zerfall gilt die umgekehrte Argumentation).

$$\begin{aligned}\boldsymbol{H}^k_{GT} = 2\chi \sum_{\substack{np\\n'p'}} \sum_\mu \Big\{ & (\boldsymbol{C}_{np}{}^+(\mu)\boldsymbol{C}^+{}_{n'p'}(-\mu) + \boldsymbol{C}_{n'p'}(-\mu)\boldsymbol{C}_{np}(\mu)(-1)^{\mu+1}) \cdot \bar{b}_{np}\bar{b}_{n'p'} \\ & + \boldsymbol{C}_{np}{}^+(\mu)\boldsymbol{C}_{n'p'}(\mu)(\bar{b}_{np}\bar{b}_{n'p'} + b_{np}b_{n'p'}) + \\ & + [\boldsymbol{C}_{n'p'}(\mu), \boldsymbol{C}_{np}{}^+(\mu)]b_{np}b_{n'p'} \Big\}\end{aligned} \qquad (3.80)$$

mit den Abkürzungen

$$\begin{aligned} b_{np} &= \tfrac{1}{\sqrt{3}} v_n u_p \sigma_{np} \\ \bar{b}_{np} &= \tfrac{1}{\sqrt{3}} u_n v_p \sigma_{np} \end{aligned} \qquad (3.81)$$

$\boldsymbol{H}^k_{GT}$ liefert die im Quasiteilchen-Bild zu den Graphen in 3.19a-c analogen direkten Beiträge. (Man hat dieselben Graphen, jedoch ohne Pfeile in den Fermionenlinien, da ja den Quasiteilchen kein eindeutiger Teilchen- oder Loch-Charakter zugeordnet werden kann.) Neben der Gamow-Teller-Restwechselwirkung $\boldsymbol{H}^k_{GT}$ (3.80) enthält der gesamte Hamilton-Operator auch die ungestörten Quasiteilchen-Anregungen

$$\boldsymbol{H} = \boldsymbol{H}^k_{GT} + \sum_n E_n \alpha_n{}^+ \alpha_n + \sum_p E_p \alpha_p{}^+ \alpha_p \qquad (3.82)$$

Nun nähern wir die exakten Vertauschungsregeln für die Operatoren $\boldsymbol{C}_{np}$ und $\boldsymbol{C}_{np}{}^+$ durch bosonische Vertauschungsregeln an (*Quasi-Boson-Näherung*):

3.4 Kernmatrixelemente für den β-Zerfall

$$[C_{np}(\mu), C_{n'p'}{}^+(\mu')] = \delta_{\mu\mu'}\,\delta_{nn'}\,\delta_{pp'}$$
$$[C_{np}{}^+(\mu), C_{n'p'}{}^+(\mu')] = [C_{np}(\mu), C_{n'p'}(\mu')] = 0 \tag{3.83}$$

Unter dieser Annahme läßt sich ein Formalismus aufbauen, der es erlaubt, ohne explizite Kenntnis der eventuell sehr komplexen Struktur der Grundzustandswellenfunktion Übergangsmatrixelemente und Endzustandsenergien zu berechnen. Dazu definiert man weiter die Operatoren $Q_\alpha{}^+(\mu)$, welche aus dem RPA-Grundzustand $|RPA\rangle$ die 1^+ Anregungen $|\alpha(\mu)\rangle$ mit den Energien ω_α erzeugen:

$$Q_\alpha{}^+(\mu)|RPA\rangle = |\alpha(\mu)\rangle \tag{3.84}$$

$$H|\alpha(\mu)\rangle = \omega_\alpha|\alpha(\mu)\rangle \tag{3.85}$$

Dabei ist $\mu = 0, \pm 1$ die magnetische Quantenzahl (Man beachte, daß zunächst weder $|RPA\rangle$, noch $|\alpha\rangle$, noch $Q_\alpha{}^+(\mu)$ explizit bekannt sind!). Indem wir uns von (3.76) und (3.77) leiten lassen, kommen wir zu folgendem Ansatz für $Q_\alpha{}^+(\mu)$:

$$Q_\alpha{}^+(\mu) = \sum_{np}[r^\alpha_{np}C_{np}{}^+(\mu) - s^\alpha_{np}(-1)^\mu C_{np}(-\mu)] \tag{3.86}$$

Während $C_{np}{}^+$ den 1^+-Zustand durch Erzeugung einer Zwei-Quasiteilchen-Anregung generiert (dies ist auch schon ausgehend vom HF-Grundzustand möglich), berücksichtigt der Term mit C_{np} die Möglichkeit, zu einem 1^+-Zustand durch *Vernichtung* einer Korrelation des Grundzustandes zu gelangen. r^α_{np} und s^α_{np} sind zu bestimmende Mischungskoeffizienten, für welche aus der Normierung der 1^+-Zustände

$$\begin{aligned}\langle\alpha(\mu)|\alpha(\mu)\rangle &= \langle RPA|Q_\alpha(\mu)Q_\alpha{}^+(\mu)|RPA\rangle \\ &= \langle RPA|RPA\rangle = 1\end{aligned} \tag{3.87}$$

die Bedingung

$$\sum_{np}\{(r^\alpha_{np})^2 - (s^\alpha_{np})^2\} = 1 \tag{3.88}$$

folgt. Um die Säkulargleichung und die Bestimmungsgleichungen für die Koeffizienten r^α_{np} und s^α_{np} zu erhalten, betrachtet man die Matrixelemente (der Index i steht im Folgenden für eine Zwei-Quasiteilchen-Anregung $(np)1^+$)

$$\langle RPA|C_i(\mu)H|\alpha(\mu)\rangle \tag{3.89}$$

und

$$\langle RPA|C_i{}^+(-\mu)H|\alpha(\mu)\rangle \tag{3.90}$$

Durch Kombination von (3.84), (3.85) und dem Ansatz (3.86) für Q_α^+ erhält man

$$\begin{aligned}\langle RPA|\boldsymbol{C}_i(\mu)\boldsymbol{H}|\alpha(\mu)\rangle &= \omega_\alpha \langle RPA|\boldsymbol{C}_i(\mu)|\alpha(\mu)\rangle = \omega_\alpha r_i^\alpha \\ (-1)^\mu \langle RPA|\boldsymbol{C}_i^+(-\mu)\boldsymbol{H}|\alpha(\mu)\rangle &= (-1)^\mu \omega_\alpha \langle RPA|\boldsymbol{C}_i^+(-\mu)|\alpha(\mu)\rangle \\ &= \omega_\alpha s_i^\alpha \end{aligned} \qquad (3.91)$$

Andererseits berechnet man aus dem Ansatz (3.86), der expliziten Darstellung von $\boldsymbol{H}_{GT}^k$ (3.80) und den Vertauschungsregeln (3.83) für diese Matrixelemente:

$$\begin{aligned}\langle RPA|\boldsymbol{C}_i(\mu)\boldsymbol{H}|\alpha(\mu)\rangle &= E_i r_i^\alpha + 2\chi\Big\{\bar{b}_i \sum_j (\bar{b}_j r_j^\alpha - b_j s_j^\alpha) + \\ &\quad + b_i \sum_j (b_j r_j^\alpha - \bar{b}_j s_j^\alpha)\Big\} \\ (-1)^\mu \langle RPA|\boldsymbol{C}_i^+(-\mu)\boldsymbol{H}|\alpha(\mu)\rangle &= -E_i s_i^\alpha + 2\chi\Big\{b_i \sum_j (\bar{b}_j r_j^\alpha - b_j s_j^\alpha) + \\ &\quad + \bar{b}_i \sum_j (b_j r_j^\alpha - \bar{b}_j s_j^\alpha)\Big\}\end{aligned} \qquad (3.92)$$

Wir definieren die Größen

$$\begin{aligned} X_\alpha &= \sum_i (\bar{b}_i r_i^\alpha - b_i s_i^\alpha) \\ Y_\alpha &= \sum_i (b_i r_i^\alpha - \bar{b}_i s_i^\alpha) \end{aligned} \qquad (3.93)$$

und erhalten durch Kombination von (3.91) und (3.92) die Bestimmungsgleichungen für r_i^α und s_i^α

$$r_i^\alpha = 2\chi \frac{\bar{b}_i X_\alpha + b_i Y_\alpha}{\omega_\alpha - E_i} \qquad (3.94)$$

$$s_i^\alpha = 2\chi \frac{b_i X_\alpha + \bar{b}_i Y_\alpha}{\omega_\alpha + E_i} \qquad (3.95)$$

Für die Größen X_α und Y_α ergibt die Normierungsbedingung (3.88) die Beziehungen:

$$X_\alpha^{-2} = (2\chi)^2 \sum_i \left\{\left(\frac{\bar{b}_i + L_\alpha b_i}{\omega_\alpha - E_i}\right)^2 - \left(\frac{b_i + L_\alpha \bar{b}_i}{\omega_\alpha + E_i}\right)^2\right\} \qquad (3.96)$$

$$Y_\alpha^{-2} = (2\chi)^2 \sum_i \left\{\left(\frac{L_\alpha^{-1}\bar{b}_i + b_i}{\omega_\alpha - E_i}\right)^2 - \left(\frac{L_\alpha^{-1} b_i + \bar{b}_i}{\omega_\alpha + E_i}\right)^2\right\} \qquad (3.97)$$

3.4 Kernmatrixelemente für den β-Zerfall

mit

$$L_\alpha = \left\{ \frac{1}{2\chi} - \sum_i \left(\frac{\bar{b}_i^2}{\omega_\alpha - E_i} - \frac{b_i^2}{\omega_\alpha + E_i} \right) \right\}$$
$$\cdot \left\{ \sum_i \bar{b}_i b_i \left(\frac{1}{\omega_\alpha - E_i} - \frac{1}{\omega_\alpha + E_i} \right) \right\} \tag{3.98}$$

Die Säkulargleichung zur Bestimmung der Energieeigenwerte ω_α erhält man durch geeignete Kombination von (3.94) und (3.95) und Summation über die Basiszustände:

$$\left\{ \sum_i \left(\frac{\bar{b}_i^2}{\omega_\alpha - E_i} - \frac{b_i^2}{\omega_\alpha + E_i} \right) - \frac{1}{2\chi} \right\} \left\{ \sum_j \left(\frac{b_j^2}{\omega_\alpha - E_j} - \frac{\bar{b}_j^2}{\omega_\alpha + E_j} \right) - \frac{1}{2\chi} \right\} -$$
$$- \left\{ \sum_i \bar{b}_i b_i \left(\frac{1}{\omega_\alpha - E_i} - \frac{1}{\omega_\alpha + E_i} \right) \right\}^2 = 0 \tag{3.99}$$

Im Gegensatz zur Säkulargleichung (3.71) aus der TDA ist (3.99) invariant unter der Transformation $\omega_\alpha \to -\omega_\alpha$. Das bedeutet, zu jeder Lösung mit positiver Energie gibt es eine Lösung mit negativer Energie. Diese Verdoppelung der Lösungen ist eine allgemeine Eigenschaft der RPA. Die hier besprochene RPA ungleicher Teilchen hat aber noch eine weitere spezielle Besonderheit. Betrachtet man χ als abhängige Variable von der unabhängigen Variablen ω, so gibt es zu jedem Wert ω zwei Werte für χ, für die (3.99) erfüllt ist:

$$\chi_{1,2}^{-1} = \sum_i \left(\frac{\bar{b}_i^2 + b_i^2}{\omega - E_i} - \frac{b_i^2 + \bar{b}_i^2}{\omega + E_i} \right)$$
$$\pm \left\{ \left[\sum_i \left(\frac{\bar{b}_i^2 - b_i^2}{\omega - E_i} - \frac{b_i^2 - \bar{b}_i^2}{\omega + E_i} \right) \right]^2 \right.$$
$$+ 4 \left[\sum_i \bar{b}_i b_i \left(\frac{1}{\omega - E_i} - \frac{1}{\omega + E_i} \right) \right]^2 \right\}^{\frac{1}{2}}$$
$$\equiv f^\pm(\omega) \tag{3.100}$$

Das hat zur Folge, daß nicht unbedingt zwischen je zwei ungestörten Energien E_i und E_{i+1} eine Lösung ω_α liegen muß. Mit Sicherheit liegt jedoch mindestens eine Lösung zwischen E_i und E_{i+2}. In Abb. 3.22 ist der typische Verlauf der Funktionen $f^\pm(\omega)$ skizziert.

Die Lösungen negativer Energie können aber nicht als physikalische Zustände interpretiert werden, da ja der Grundzustand als niederster Zustand die Energie Null besitzt. Die im Bereich negativer Energie gelegenen Pole liefern jedoch Beiträge zu den physikalischen Lösungen positiver Energie. Wie aus (3.95) zu ersehen, sind diese Beiträge mit den Grundzustandskorrelationen verknüpft.

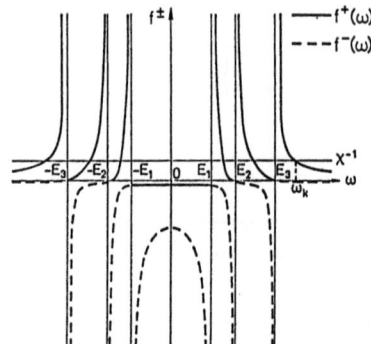

Abb. 3.22: Die Funktionen $f^{\pm}(\omega)$ aus Gl. (3.100) (schematisch). Die RPA-Lösungen ω_α ergeben sich als Schnittpunkte mit der Konstanten χ^{-1}.

Übergangsmatrixelemente Die Übergangsmatrixelemente $M_\alpha^\pm$ für $0^+ \to 1_\alpha^+$ Gamow-Teller-Übergänge sind unter Berücksichtigung der zu den Operatoren C^+ proportionalen Terme von $Y^\pm$ (kollektiver Teil) gegeben durch

$$\begin{aligned} M_\alpha^+ &= \langle 1_\alpha^+ || Y^+ || RPA \rangle = \sqrt{3} \langle RPA | Q_\alpha(\mu) Y_\mu^+ | RPA \rangle \\ &= \sqrt{3} \sum_i (\bar{b}_i r_i^\alpha - b_i s_i^\alpha) \end{aligned} \qquad (3.101)$$

$$\begin{aligned} M_\alpha^- &= \langle 1_\alpha^+ || Y^- || RPA \rangle = \sqrt{3} \langle RPA | Q_\alpha(\mu) Y_\mu^- | RPA \rangle \\ &= -\sqrt{3} \sum_i (b_i r_i^\alpha - \bar{b}_i s_i^\alpha) \end{aligned} \qquad (3.102)$$

Durch die in den RPA-Rechnungen berücksichtigten Grundzustandskorrelationen, mathematisch charakterisiert durch das Auftreten der Koeffizienten s_i^α, wird die Übergangsstärke gegenüber TDA-Rechnungen reduziert. Für Kerne mit größerem Neutronenüberschuß ist dies aber nur für β^+-Übergänge ein wesentlicher Effekt. Die Gamow-Teller-Matrixelemente erfüllen ja die Summenregel Gl. (3.12). Da nun für Kerne mit $N \gg Z$ allgemein gilt $\sum B_{GT}^- \gg \sum B_{GT}^+$, hat man in jedem Fall $\sum B_{GT}^- \approx 3(N-Z)c_A^2$ und eine wesentliche Reduzierung von ΣB_{GT}^- ist nicht möglich, da die Summenregel auch in der RPA ihre Gültigkeit behält. Die β^+-Stärke wird zwar durch die Grundzustandskorrelation um denselben Absolutbetrag wie die β^- Stärke reduziert, wegen ihres von vornherein kleinen Wertes kann dies jedoch eine große prozentuale Reduzierung bedeuten. Als Beispiel zeigen wir in Abb. 3.23 Rechnungen zum Kern ^{116}Xe [Ran 73], welche einmal in TDA und einmal in RPA ausgeführt wurden. Die Reduzierung der β^+-Übergangsstärke durch die RPA-Grundzustandskorrelationen ist beträchtlich.

3.4 Kernmatrixelemente für den β-Zerfall

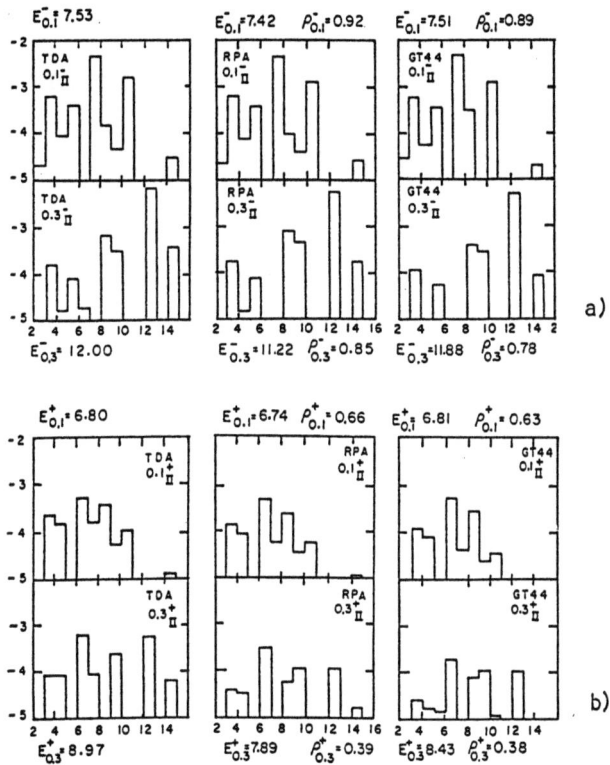

Abb. 3.23: Berechnete GT-Stärken für den Kern ^{116}Xe mit verschiedenen Methoden. Teil a) zeigt die Ergebnisse für die β^--Stärke (Übergänge ^{116}Xe $\xrightarrow{\beta^-}$ ^{116}Cs) und Teil b) für die β^+-Stärke (Übergänge ^{116}Xe $\xrightarrow{\beta^+}$ ^{116}I). Die berechneten reduzierten Übergangswahrscheinlichkeiten der einzelnen Zustände sind jeweils innerhalb eines MeV Anregungsenergie aufsummiert und in einer logarithmischen Skala dargestellt. Die einzelnen Spektren wurden mit folgenden Methoden berechnet: TDA, RPA und Diagonalisieren von Vier-Quasiteilchen-Anregungen im Mutterkern (bezeichnet als GT 44). Für die Wechselwirkungskonstante χ wurden jeweils die Werte 0.1 MeV und 0.3 MeV benutzt. Die Größen $E_\chi^\mp$ und $\rho_\chi^\mp$ geben den Schwerpunkt bzw. die Reduktion der gesamten Stärke verursacht durch Grundzustandskorrelationen an (aus [Ran 73]).

3.4.4.2 Exakte Berücksichtigung von Grundzustandskorrelationen erster Ordnung
Es stellt sich heraus, daß die Reduzierung der Gamow-Teller-Stärke in der RPA im wesentlichen auf Korrelationen vom Typ in Abb. 3.20b, also niedrigster Ordnung zurückzuführen ist. Eine alternative Methode zur RPA besteht daher darin,

solche Korrelationen niedrigster Ordnung in einem exakten Diagonalisierungsverfahren, d.h. ohne die Bosonnäherung (3.83), zu berücksichtigen ([Ran 73], [Gro 83a]). Das hat gegenüber der RPA den Vorteil, daß das Pauli-Prinzip voll respektiert wird. Bei dieser Methode werden die Matrixelemente zwischen dem BCS-Vakuum und den Vier-Quasiteilchen-Zuständen

$$V_{np,n'p';0} = \langle ((np)1^+(n'p')1^+)0^+|\boldsymbol{H}|BCS\rangle$$

und auch die Matrixelemente zwischen jeweils Vier-Quasiteilchen-Anregungen

$$V_{np,n'p';\overline{n}\,\overline{p},\overline{n}'\overline{p}'} = \langle ((np)1^+(n'p')1^+)0^+|\boldsymbol{H}|((\overline{np})1^+(\overline{n}'\overline{p}')1^+)0^+\rangle$$

berechnet — eventuell unter Berücksichtigung aller, auch der Austauschterme — und man erhält die 0^+-Grundzustandswellenfunktion durch Diagonalisieren der Matrix

$$\boldsymbol{H}_{40} = \begin{pmatrix} V_{00} & V_{10} & V_{20} & \cdots & \cdots \\ V_{10} & E_1 + V_{11} & V_{21} & & \\ V_{20} & V_{21} & E_2 + V_{22} & & \\ \vdots & & & \ddots & \\ \vdots & & & & E_n + V_{nn} \end{pmatrix} \quad (3.103)$$

Die von 0 verschiedenen Indizes bezeichnen hier jeweils eine Vier-Quasiteilchen-Anregung und E_i ist die Summe der ungestörten Quasiteilchenenergien im mit i bezeichneten Vier-Quasiteilchen-Zustand:

$$E_i \equiv E_{pnp'n'} = E_p + E_n + E_{p'} + E_{n'} \quad (3.104)$$

Die Wellenfunktionen der 1^+ Endzustände werden in einer aus Zwei-Quasiteilchen-Anregungen bestehenden Basis berechnet (wie bei TDA) und die Übergangsmatrixelemente enthalten außer den TDA-Beiträgen $\langle (np)1^+|\boldsymbol{Y}^\pm|BCS\rangle$ Beiträge der Art $\langle (np)1^+|\boldsymbol{Y}^\pm|((np)1^+(n'p')1^+)0^+\rangle$. Abb. 3.23 zeigt ebenfalls die mit dieser Methode erhaltene Stärkeverteilung für ^{116}Xe. Man erkennt, daß der Unterschied zu dem RPA-Ergebnis nicht sehr bedeutend ist.

3.4.4.3 Ankopplung der 1^+-Tochterzustände an Zweiteilchen–Zweiloch- und Phononzustände
Sowohl die TDA, als auch die RPA berücksichtigt nur eine relativ begrenzte Anzahl von 1^+-Tochterzuständen. Bei der TDA sind dies Mischungen von Teilchen-Loch- (Zwei-Quasiteilchen-) Anregungen. Bei der RPA wird die Basis der Tochterzustände gebildet aus Zwei-Quasiteilchen-Anregungen bezüglich des korrelierten Grundzustandes (diese sind gleichzeitig auch Zwei-Quasiteilchen-"Abregungen"). Beide Methoden liefern insbesondere nur *einen diskreten kollektiven* Zustand, welcher den Hauptteil der gesamten β^--Stärke trägt. Demgegenüber zeigt aber die aus $^A_Z X(p,n)^A_{Z+1}X$ Reaktionen experimentell ermittelte Stärke eine mehrere MeV breite GTRR (s. Abb. 3.9). Diese breite Verteilung ist dadurch zu erklären, daß

3.5 Quenching der Gamow-Teller-Stärke

sich die Stärke des kollektiven TDA- (RPA)-Zustandes auf eine Vielzahl benachbarter Zweiteilchen–Zweiloch-Zustände und Vielteilchen–Vielloch-Zustände verteilt. Insbesondere spielt hier die Ankopplung kollektiver Phononzustände ($2^+, 3^-, \ldots$ Zustände) eine wesentliche Rolle. Das bedeutet, die Stärke des RPA-Zustandes $|\alpha\rangle$ verteilt sich auf Zustände des Typs $[|\alpha\rangle \otimes |\text{Phonon}\rangle]1^+$. Wichtig ist dabei allerdings, daß durch diesen Effekt keine Übergangsstärke erzeugt oder vernichtet wird, es handelt sich lediglich um eine Verschmierung der Stärke der Zustände $|\alpha\rangle$ um die Energie ω_α. Die Grobstruktur des RPA-Resultats bleibt erhalten. Abb. 3.24 zeigt als Beispiel für diesen Effekt die β^- GT-Stärke von ^{208}Pb, berechnet durch störungstheoretische Ankopplung von kollektiven $2^+, 3^-, 4^+$ und 5^- Zuständen an GT-Zustände (1^+) aus einer RPA-Rechnung ([Kuz 84], s. hierzu auch [Mut 82]).

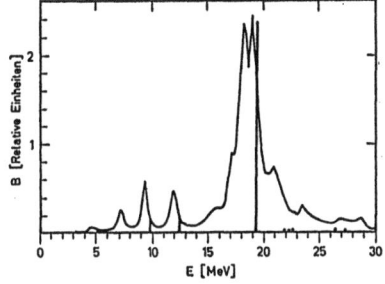

Abb. 3.24: Berechnete β^- GT-Stärken für Übergänge ^{208}Pb $\rightarrow$ ^{208}Bi [Kuz 84]. An die aus einer RPA-Rechnung erhaltenen 1^+-Zustände in ^{208}Bi (vertikale Linien) wurden Phononzustände angekoppelt. Dies führt zu der dargestellten 'Verschmierung' der GTRR. Die Anregungsenergien sind relativ zum Grundzustand von ^{208}Pb.

Abb. 3.25: GT-Stärke für ^{90}Zr $\rightarrow$ ^{90}Nb, berechnet durch Ankopplung von 2 Teilchen-2 Loch-Zuständen an die 1^+ Zustände aus einer TDA-Rechnung [Mut 85]. Gestrichelte Linien entsprechen Zuständen mit $T = 5$, durchgezogene solchen mit $T = 4$.

Abb. 3.25 zeigt als weiteres Beispiel (aus [Mut 85]) die durch Ankopplung von 2 Teilchen-2 Loch-Zuständen an die durch die TDA berechneten 1 Teilchen-1 Loch-Zustände entstehende Verteilung der GT-Stärke für β^--'Zerfall' von ^{90}Zr. Sie ist zu vergleichen mit der aus der ^{90}Zr(p,n) Reaktion erhaltenen Verteilung (s. Abb. 3.9).

3.5 Quenching der Gamow-Teller-Stärke

Wie in Abschn. 3.3 schon erwähnt, schließt man aus den Resultaten von ^A_ZX$(p,n)^A_{Z+1}$X Experimenten, daß die Gamow-Teller-Stärke die Summenregel nicht erfüllt. Für

Kerne mit großem Neutronenüberschuß würde man wegen der geringen $B_{GT}^{\pm}$-Anteile erwarten, daß $\sum B_{GT}^{-} \approx 3(N-Z)c_A^2$ ist. Integriert man jedoch über die Stärke, welche man aus den experimentellen (p,n)-Daten extrahiert, so ergibt sich für $\sum B_{GT}^{-}$ ein wesentlich kleinerer Wert als nach der Summenregel gefordert. Zwar ist bei der experimentellen Analyse die Berücksichtigung von Untergrundreaktionen, welche nicht mit Gamow-Teller-Stärke verknüpft sind, mit relativ großen Unsicherheiten verknüpft, jedoch herrscht allgemein die Meinung vor, daß die den (p,n)-Spektren entsprechende Gamow-Teller-Stärke für alle untersuchten Kerne um mindestens 40% unter dem Summenregel-Wert liegt [Gaa 84]. Neuere Analysen lassen jedoch die Möglichkeit zu, daß das Defizit an GT-Stärke wesentlich geringer ist [Ost 85]. Als Ursache für dieses "Quenching" der Gamow-Teller-Stärke werden hauptsächlich zwei Mechanismen diskutiert.

1. Rein nukleonischer Mechanismus: Ein Teil der Gamow-Teller-Stärke ist noch weit über die GTRR hinaus zu noch höheren Energien verschoben. Dies könnte die Folge der Ankopplung von hochenergetischen 2-Teilchen–2-Loch, 3-Teilchen–3-Loch und noch komplizierteren Konfigurationen sein. Da bei Anregungsenergien oberhalb der GTRR im Tochterkern der (p,n)-Wirkungsquerschnitt sich aber zum größten Zeil aus Untergrundreaktionen zusammensetzt, ist eine quantitative Analyse der Gamow-Teller-Stärke in diesem Bereich sehr schwierig.

2. Δ-Mechanismus: Die Summenregel bezieht sich nur auf die rein nukleonischen Übergänge. Es sind aber auch Übergänge in Betracht zu ziehen, bei denen ein Nukleon in einen (virtuellen) Deltazustand umgewandelt wird. In Kap. 5 werden die entsprechenden Matrixelemente des GT-Operators im einfachen Quarkmodell hergeleitet werden.

Wir wollen nun etwas ausführlicher darauf eingehen, wie derartige Δ-Anregungen im β-Zerfall zu einem Quenching der Gamow-Teller-Stärke, vor allem in der Riesenresonanz, führen können. Genau genommen müßte man unterscheiden zwischen dem Quenching der β-Matrixelemente und dem Quenching, welches sich im (p,n)-Wirkungsquerschnitt zeigt. Diese sind nur dann direkt vergleichbar, wenn man annimmt, daß der Proportionalitätsfaktor zwischen (p,n)-Wirkungsquerschnitt und GT-Stärke für Δ-Anregungen derselbe ist wie für nukleonische Anregungen. Diese Annahme scheint jedoch weitgehend richtig zu sein [Ost 85].

Da die Δ-Teilchen um etwa 300 MeV schwerer sind als das Nukleon, könnte man zunächst erwarten, daß Übergänge nach Δ-Zuständen bei $\approx$ 300 MeV Anregungsenergie auftreten und keinen Einfluß auf "niederenergetische" β-Übergänge haben. Diese Annahme ist jedoch nicht richtig, da Mischungen zwischen den hochenergetischen Δ-Zuständen und den niederenergetischen Zuständen auftreten. An den Übergängen nach Δ-Zuständen können im Gegensatz zu den rein nukleonischen Anregungen alle Nukleonen teilnehmen. Die Endzustände sind nicht durch das Pauli-Prinzip "geblockt", das Δ-Teilchen kann sich auf jedem beliebigen Orbit bewegen, auch wenn dieses schon durch Nukleonen besetzt ist. Der Gamow-Teller-Operator $\mathbf{Y}^{\pm}$ erzeugt daher kollektive Δ-Teilchen–Nukleon-Loch (ΔN^{-1})-Zustände. Kollektiv heißt hier, daß alle Nukleonen einen Beitrag zum Matrixelement des Operators $\mathbf{Y}^{\pm}$ liefern und

3.5 Quenching der Gamow-Teller-Stärke

die verschiedenen Beiträge außerdem in Phase sind. Dadurch entsteht ein sehr großes Gesamtmatrixelement (gleichsam eine Super-Riesenresonanz). Mit dem in Kap. 5 zu besprechenden Quarkoperator $\boldsymbol{F}_\mu^\pm$ erhält man im Quarkmodell:

$$Y_\mu^-|Z,N\rangle = \frac{3}{5}\boldsymbol{F}_\mu^-|Z,N\rangle = \frac{2\sqrt{2}}{5}\sqrt{3Z+N}\,\mathcal{N}^- \cdot$$
$$\cdot \left\{\sum_n |(\Delta^- n^{-1})1^+,\mu\rangle - \sqrt{3}\sum_p |(\Delta^0 p^{-1})1^+,\mu\rangle\right\} \quad (3.105)$$

$$Y_\mu^+|Z,N\rangle = \frac{3}{5}\boldsymbol{F}_\mu^+|Z,N\rangle = -\frac{2\sqrt{2}}{5}\sqrt{Z+3N}\,\mathcal{N}^+ \cdot$$
$$\cdot \left\{\sqrt{3}\sum_n |(\Delta^+ n^{-1})1^+,\mu\rangle - \sum_p |(\Delta^{++} p^{-1})1^+,\mu\rangle\right\} \quad (3.106)$$

mit den Normierungskonstanten für die Endzustände

$$\mathcal{N}^- = \frac{1}{\sqrt{N+3Z}}; \quad \mathcal{N}^+ = \frac{1}{\sqrt{3N+Z}} \quad (3.107)$$

Die Gamow-Teller-Stärke dieser kollektiven Zustände ist mit $(N+3Z)\cdot(24/25)\,c_A^2$ bzw. $(3N+Z)\cdot(24/25)\,c_A^2$ um ein Vielfaches größer als die gesamte rein nukleonische Stärke.

Eine Beeinflussung der Gamow-Teller-Stärke im Bereich der GTRR und auch darunter tritt nun dadurch ein, daß die Kernkräfte die rein nukleonischen 1^+-Zustände mit den kollektiven ΔN^{-1}-Zuständen destruktiv mischen. Wegen der enormen Stärke der ΔN^{-1}-Zustände genügt schon eine relativ geringe Zustandsmischung. Eine Schwierigkeit bei der theoretischen Behandlung solcher Zustandsmischungen ist die experimentelle Unkenntnis über die Wechselwirkung von ΔN^{-1}- und NN^{-1}-Zuständen. Man ist hier weitgehend auf theoretische Vorhersagen angewiesen.

Die einfachste Behandlung dieses Problems ergibt sich, wenn man die Wechselwirkung $\boldsymbol{H}_{GT}$ (3.51) erweitert zu $\boldsymbol{H}_{GT}^\Delta$, einer Wechselwirkung, welche auch auf die ΔN^{-1}-Zustände wirkt. Dies kann geschehen im Quarkmodell durch Ersetzen der nukleonischen Operatoren $\vec{\sigma}(i)\tau^\pm(i)$ durch die Operatoren $(3/5)\vec{\boldsymbol{F}}^\pm(i)$, welche auf Quark-Niveau wirken. Der Faktor 3/5 kompensiert dabei die Renormierung, welche bei dem Übergang $\vec{\sigma}\,\tau \to \vec{\boldsymbol{F}}$ entsteht (vgl. Kap. 5). Mit der Wechselwirkung

$$\boldsymbol{H}_{GT}^\Delta = 2\cdot\left(\frac{3}{5}\right)^2 \chi \sum_{i,j} \vec{\boldsymbol{F}}^-(i)\vec{\boldsymbol{F}}^+(j) \quad (3.108)$$

welche die rein nukleonische Wechselwirkung $\boldsymbol{H}_{GT}$ enthält, kann man nun in TDA oder RPA die ΔN^{-1}-Zustände in die Kernstrukturrechnungen mit einbeziehen. Abb. 3.26, 3.27 zeigen die Ergebnisse solcher Rechnungen für die β^--Stärke von ^{208}Pb bzw. für die β^- und β^+-Stärken von ^{90}Zr.

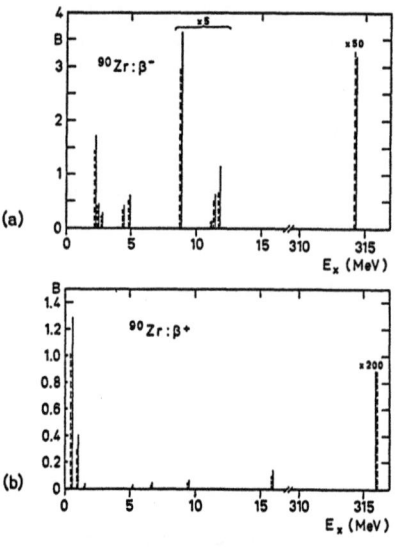
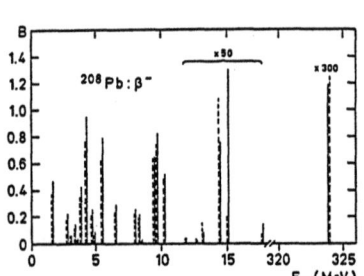

Abb. 3.26: β^- Gamow-Teller-Stärke von ^{208}Pb unter Berücksichtigung des kollektiven ΔN^{-1}-Zustandes. Die gestrichelten Linien zeigen das Ergebnis einer RPA-Rechnung *mit* und die durchgezogenen Linien das Ergebnis *ohne* Mischung der nukleonischen und ΔN^{-1}-Zustände (aus [Gro 83b]).

Abb. 3.27: GT-Stärke des Kerns ^{90}Zr. In Teil a) ist die β^--Stärke (^{90}Zr $\xrightarrow{\beta^-}$ ^{90}Nb) und in Teil b) die β^+-Stärke (^{90}Zr $\xrightarrow{\beta^+}$ ^{90}Y) dargestellt (aus [Gro 83b]). Durchgezogene und gestrichelte Linien entsprechen dem RPA-Ergebnis *ohne* bzw. *mit* Mischung nukleonischer und ΔN^{-1}-Zustände.

Die Rechnungen ergeben eine Reduktion der Gamow-Teller-Stärken im Bereich der β^- GTRR zwischen 20% und 30% sowie eine *Energieabhängigkeit des Quenching* [Gro 83b]. Das Quenching der diskreten Zustände unterhalb der GTRR ist geringer (vgl. Tab. 3.3). Es zeigt sich außerdem, daß das Quenching der letzteren Zustände vor allem auf ΔN^{-1}-Beimischungen zum Grundzustand des Mutterkerns zurückzuführen ist, wogegen das Quenching der GTRR etwa zu gleichen Teilen auf Wechselwirkung der NN^{-1}-Endzustände mit ΔN^{-1}-Anregungen und ΔN^{-1}- Grundzustandskorrelationen beruht [Gro 83b].

Diese Ergebnisse lassen den Schluß zu, daß zumindest ein Teil der fehlenden Stärke zur Summenregel durch das Vorhandensein destruktiver ΔN^{-1}-Beiträge erklärbar ist. Allerdings muß hier betont werden, daß die effektive Stärke der $NN^{-1}-\Delta N^{-1}$ Wechselwirkung (s. dazu [Nak 84]), welche wir nach (3.108) einfach am Quarkmodell fixiert

3.5 Quenching der Gamow-Teller-Stärke

Tab. 3.3: Reduzierte GT-Übergangswahrscheinlichkeiten für $^{208}\text{Pb} \xrightarrow{\beta^-} {}^{208}\text{Bi}$ (a), $^{90}\text{Zr} \xrightarrow{\beta^-} {}^{90}\text{Nb}$ (b) und $^{90}\text{Zr} \xrightarrow{\beta^+} {}^{90}\text{Y}$ (c), berechnet ohne (B_{GT}) und mit ($B_{GT,\Delta}$) Beimischung von ΔN^{-1}-Anregungen. Das resultierende Quenching $q = 1 - B_{GT,\Delta}/B_{GT}$ ist ebenfalls angegeben. E ist die Anregungsenergie des Zustandes im Endkern in MeV, B_{GT} und $B_{GT,\Delta}$ sind in Einheiten von c_A^2 angegeben (aus [Gro 83b]).

a) $^{208}\text{Pb} \xrightarrow{\beta^-} {}^{208}\text{Bi}$

E	B_{GT}/c_A^2	$B_{GT,\Delta}/c_A^2$	q
1.71	0.46	0.37	0.19
2.82	0.22	0.18	0.18
3.09	0.06	0.05	0.17
3.36	0.14	0.02	0.19
3.50	0.03	0.02	0.19
3.67	0.03	0.02	0.19
3.83	0.42	0.35	0.18
4.74	0.25	0.21	0.18
4.88	0.08	0.05	0.30
5.52	0.79	0.62	0.21
6.54	0.29	0.23	0.18
7.18	0.01	0.01	−0.18
8.02	0.25	0.22	0.10
8.29	0.21	0.19	0.10
8.41	0.03	0.03	0.13
9.49	0.64	0.64	0.01
9.66	0.82	0.74	0.10
10.26	0.51	0.49	0.05
11.90	1.10	1.35	⎫
12.74	0.86	1.47	⎪
13.17	4.07	7.27	⎬ 0.34
14.49	38.04	54.16	⎪
15.08	65.87	10.00	⎪
17.74	7.09	2.83	⎭

b) $^{90}\text{Zr} \xrightarrow{\beta^-} {}^{90}\text{Nb}$

E	B_{GT}/c_A^2	$B_{GT,\Delta}/c_A^2$	q
2.2	1.73	1.44	0.17
2.45	0.45	0.42	0.03
2.86	0.26	0.21	0.20
4.41	0.40	0.34	0.16
4.86	0.61	0.52	0.16
8.81	18.25	14.57	⎫
11.15	0.40	0.42	⎬ 0.23
11.71	5.63	3.30	⎭

c) $^{90}\text{Zr} \xrightarrow{\beta^+} {}^{90}\text{Y}$

E	B_{GT}/c_A^2	$B_{GT,\Delta}/c_A^2$	q
0.51	1.28	1.01	0.21
1.04	0.41	0.29	0.28
1.50	0.02	0.01	0.33
5.20	0.02	0.01	0.43
6.62	0.04	0.03	0.36
9.49	0.06	0.04	0.31
10.04	0.03	0.02	0.37
10.87	0.03	0.02	0.44
12.98	0.02	0.01	0.39
15.81	0.14	0.09	0.35

haben, bislang nicht sehr genau bekannt ist. Aufgrund einer sehr detaillierten Analyse des experimentellen Spektrums der Reaktion $^{90}\text{Zr}(p,n)^{90}\text{Nb}$ kommen Osterfeld, Cha und Speth [Ost 85] zu dem Schluß, daß der Anteil an Quenching durch Δ-Anregungen möglicherweise wesentlich kleiner als 30% sein muß. Nach Berücksichtigung der denkbaren rein nukleonischen Effekte erhalten sie das Ergebnis, daß das noch verbleibende

Quenching von der Größenordnung B_{GT}^+/B_{GT}^- ist.

3.6 Matrixelemente für den Doppel-Betazerfall

Es ist in Kap. 2 schon erwähnt worden, daß der Doppel-Betazerfall von großem Interesse im Hinblick auf die modernen Theorien der schwachen Wechselwirkung ist, und daß die Existenz eines neutrinolosen Zerfalls (0ν $\beta\beta$-Zerfall) eine endliche Neutrinomasse oder das Vorhandensein einer rechtshändigen (super-) schwachen Wechselwirkung implizieren würde. Diese Zusammenhänge und die Folgerungen aus den existierenden experimentellen Daten werden in Kap. 7 diskutiert werden. Wir wollen hier aber die Berechnung der dazu notwendigen Kernstruktur-Matrixelemente besprechen.

Es ist aber nicht nur die Berechnung der 0ν $\beta\beta$-Matrixelemente von Interesse, sondern auch der 2ν $\beta\beta$-Zerfall muß betrachtet werden. Dieser ist ja durch die konventionelle Theorie der schwachen Wechselwirkung durch (2.179) gegeben, enthält also keine neuen unbekannten Wechselwirkungsparameter, und stellt somit den einzig möglichen Test für die Anwendbarkeit verschiedener Kernmodell-Rechnungen dar. Gl. (2.179) schreiben wir vereinfacht unter Vernachlässigung der Ununterscheidbarkeit der Fermionen (wir beschränken uns hier auf den vom experimentellen Standpunkt aus bedeutsameren $\beta^-\beta^-$ Zerfall. Da aber die Matrixelemente für $\beta^+\beta^+$ Zerfall genau dieselbe Struktur besitzen — man vertausche lediglich N_f und N_i — gilt das Folgende analog auch für diesen Zerfall):

$$\omega_{2\nu} = (c_A G_\beta)^4 \int \left\{ \text{Leptonenphasenraum} \cdot \right.$$

$$\left. \left| \sum_m \frac{\langle N_f || \mathbf{Y}^- || N_m \rangle \langle N_m || \mathbf{Y}^- || N_i \rangle}{E_m - E_i + E(e_m) + E(\nu_m)} \right|^2 \right\} d\Omega \qquad (3.109)$$

Bestimmend für die 2ν-Zerfallsrate ist also die Kernstrukturgröße

$$\sum_m \frac{\langle N_f || \mathbf{Y}^- || N_m \rangle \langle N_m || \mathbf{Y}^- || N_i \rangle}{E_m - E_i + E(e_m) + E(\nu_m)} \qquad (3.110)$$

Wegen des Auftretens von $E(e_m)$ und $E(\nu_m)$ im Energienenner ist dieser Ausdruck jedoch nicht vollständig von den Leptonen entkoppelt und die Abhängigkeit von den virtuellen Leptonen-Energien muß bei der Ausführung der Phasenraumintegration nach (2.179) berücksichtigt werden. Wir werden jedoch eine brauchbare Näherung angeben, welche eine vollständige Abkopplung der Kernstruktur zuläßt.

3.6.1 Matrixelemente für den 2ν $\beta\beta$-Zerfall in speziellen Modellen

Das wesentliche Merkmal der Matrixelemente für den Doppel-Betazerfall ist ihre Kollektivität. Zum Doppel-Betazerfall tragen immer mehrere bis viele Schalen-Übergänge

3.6 Matrixelemente für den Doppel-Betazerfall

bei. Dies läßt sich schon daran erkennen, daß in die Zerfallsrate $\omega_{2\nu}$ (3.109) das gesamte β^- Gamow-Teller-Spektrum des zerfallenden Kerns und das gesamte β^+ Gamow-Teller-Spektrum des Endkerns eingeht, da ja:

$$\langle N_f || \mathbf{Y}^- || N_m \rangle = \langle N_m || \mathbf{Y}^+ || N_f \rangle$$

In einem Modell unabhängiger Teilchen würde man aber in den schweren Kernen wie z.B. ^{130}Te überhaupt keinen 2ν Doppel-Betazerfall erwarten, da die Gamow-Teller-Auswahlregeln einen Übergang zwischen den beiden 0^+ Grundzustandskonfigurationen nicht erlauben (s. Abb. 3.28). Es ist daher auch schon für die einfachste Abschätzung der $\beta\beta$-Matrixelemente notwendig, die durch die Restwechselwirkung verursachten Grundzustandskorrelationen zu berücksichtigen.

Bei leichteren Kernen, wie ^{48}Ca, ist dies im Rahmen von Standard-Schalenmodell-Methoden möglich. Innerhalb eines beschränkten Modellraumes werden die Wechselwirkungsmatrixelemente explizit zwischen allen Konfigurationen berechnet und das Eigenwertproblem durch Matrixdiagonalisation gelöst. Eine derartige "vollständige" Rechnung für den 2ν $\beta\beta$-Zerfall von ^{48}Ca findet man bei [Tsu 84]. Ebenfalls mit solchen Standardmethoden berechneten Haxton, Stephenson und Strottman [Hax 82,84] die Matrixelemente für ^{76}Ge und ^{128}Te, ^{130}Te. Allerdings berücksichtigten diese Autoren nicht die energetische Verteilung des Zwischenzustandsspektrums, sondern verwendeten eine Closure-Näherung analog der beim 0ν-Zerfall in Abschn. 2.4.1.2

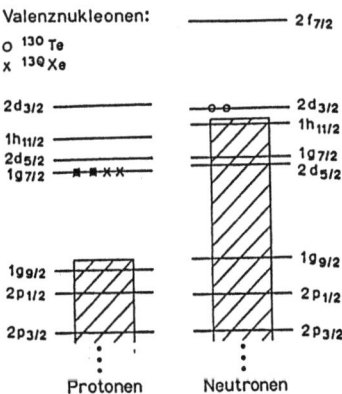

Abb. 3.28: Die Konfigurationen der Grundzustände von ^{130}Te und ^{130}Xe im Schalenmodell unabhängiger Teilchen erlauben keinen Doppel-Betazerfall. Um dies zu erkennen, betrachte man die zweifache Anwendung der GT-Auswahlregeln (vgl. Tab. 2.1).

diskutierten auch beim 2ν-Zerfall. Eine explizite Berücksichtigung des Zwischenzustandsspektrums ist, wie andere Ergebnisse ([Kla 84b], [Tsu 84], [Gro 86a]) zeigen, allerdings unerläßlich. Dies ist aber mit den Standard-Schalenmodell-Techniken bei schweren Kernen in dem notwendigen großen Modellraum wegen der enormen Zahl von Basiszuständen praktisch nicht durchführbar. Bei schweren Kernen sind daher der Kollektivität Rechnung tragende Methoden, wie die RPA, eher angebracht. Wir beschreiben im Folgenden, welchen Einfluß verschiedene kollektive Kernstruktureffekte auf den Doppel-Betazerfall haben.

3.6.1.1 2ν ββ-Matrixelemente im BCS-Pairing-Modell

Einen großen Einfluß auf die ββ-Matrixelemente haben die Pairing-Kräfte. Diese öffnen die im Modell unabhängiger Teilchen abgeschlossenen Schalen und ermöglichen dadurch eine Vielzahl von Schalen-Übergängen (vgl. Abb. 3.18b). Als Besonderheit ergibt sich dabei, daß alle Beiträge dieser verschiedenen Schalen-Übergänge im Falle von $0^+ \to 0^+$-Übergängen kohärent sind, d.h. dasselbe Vorzeichen haben. Um dies zu erkennen, bilden wir das Produkt

$$\vec{Y}^- \vec{Y}^- = \sum_\mu (-1)^\mu Y_\mu^- Y_{-\mu}^-$$

in der Quasiteilchen-Darstellung (3.45):

$$\vec{Y}^- \vec{Y}^- = \frac{(-1)^\mu}{3} \sum_{np} \sigma_{np} [(u_n \overline{\alpha}_n + v_n \alpha_n^+) \otimes (u_p \alpha_p^+ - v_p \overline{\alpha}_p)]_\mu^1 \cdot$$

$$\cdot \sum_{n'p'} \sigma_{n'p'} [(u_{n'} \overline{\alpha}_{n'} + v_{n'} \alpha_{n'}^+) \otimes (u_{p'} \alpha_{p'}^+ - v_{p'} \overline{\alpha}_{p'})]_{-\mu}^1 \quad (3.111)$$

Das Produkt ergibt 16 Terme mit je vier Quasiteilchen-Operatoren. Um das Kernstrukturmatrixelement (3.110) zu erhalten, berechnen wir $\langle BCS|\vec{Y}^- \vec{Y}^-|BCS\rangle$. Dabei vernachlässigen wir für einen Moment die Struktur der Zwischenzustände $|N_m\rangle$ (Closure-Näherung). Es mag außerdem unvernünftig erscheinen, daß Anfangs- und Endzustand identisch sind, nämlich in beiden Fällen das BCS-Vakuum. Man muß sich aber daran erinnern, daß ja der Zustand $|BCS\rangle$ Komponenten mehrerer benachbarter Isotope enthält.

Zwischen den 0^+-Grundzuständen, welche durch das BCS-Vakuum beschrieben werden, ist nur *ein* Term wirksam, nämlich der, welcher zunächst zwei Quasiteilchen erzeugt und dann wieder vernichtet:

3.6 Matrixelemente für den Doppel-Betazerfall

$$\langle BCS|\vec{Y}^-\vec{Y}^-|BCS\rangle =$$
$$\frac{(-1)^\mu}{3}\sum_{\substack{np\\n'p'}}\sigma_{np}\sigma_{n'p'}u_n v_p v_{n'} u_{p'}\langle BCS|[\overline{\alpha}_n\otimes\overline{\alpha}_p]^1_\mu[\alpha_n{}^+\otimes\alpha_{p'}{}^+]^1_{-\mu}|BCS\rangle$$

$$=-\frac{(-1)^\mu}{3}\sum_{\substack{np\\n'p'}}\sigma_{np}\sigma_{n'p'}u_n v_p v_{n'} u_{p'}\cdot\sum_{\substack{alle\\m}}\{(j_n m_n{}'j_p m_p|1\mu)(j_{n'}m_{n'}j_{p'}m_{p'}|1-\mu)\cdot$$

$$\underbrace{\cdot\langle BCS|\overline{\alpha}_{n,m_n}\overline{\alpha}_{p,m_p}\alpha_{n'm'_n}{}^+\alpha_{p'm'_p}{}^+|BCS\rangle\}}_{-(-1)^{(\ell_n+\ell_p+j_n+j_p-m_n-m_p)}\delta_{nn'}\delta_{pp'}\delta_{m_n-m'_n}\delta_{m_p-m_{p'}}}=-\sum_{np}\sigma^2_{np}u_n v_p v_n u_p \quad (3.112)$$

Nun betrachten wir die 1^+-Anregungen im Zwischenkern, welche beim 2ν-Zerfall von Bedeutung sind. In diesem einfachen Modell sind dies Zwei-Quasiteilchen-Anregungen:

$$|(np)1^+\rangle = [\alpha_n{}^+\otimes\alpha_p{}^+]^1_\mu|BCS\rangle \quad (3.113)$$

mit den Anregungsenergien im Zwischenkern

$$E_{np} = E_n + E_p - E_{n_0} - E_{p_0} \quad (3.114)$$

$(n_0 p_0)J_0$ ist dabei die Grundzustandskonfiguration des Zwischenkerns. Wenn wir das Matrixelement (3.112) nach den Beiträgen der einzelnen Zustände $|(np)1^+\rangle$ aufspalten, erhalten wir für (3.110):

$$-\sum_{np}\frac{\sigma^2_{np}u_n v_p v_n u_p}{E_{np}+(E_{m,g.s.}-E_i)+E(e_m)+E(\nu_m)} \quad (3.115)$$

Hier bedeutet $E_{m,g.s.}$ die Grundzustandsenergie des Zwischenkerns. Die einzelnen Beiträge dieser Summe haben alle dasselbe Vorzeichen. Abb. 3.29 zeigt die Matrixelemente $\sigma^2_{np}u_n v_p v_n u_p$ für ^{130}Te. Die absolute Kohärenz der einzelnen Schalenübergänge ist jedoch nicht mit den experimentellen Resultaten verträglich. Berechnet man die 2ν $\beta\beta$-Raten in diesem Modell, so sind diese im Vergleich zu den experimentellen Raten um etwa drei Größenordnungen zu groß. Dieses Resultat bleibt im wesentlichen auch erhalten, wenn man von der Annahme sphärischer Symmetrie abgeht und eine Kerndeformation zuläßt [Zam 82]. Die BCS-Wellenfunktion ist also offensichtlich unzureichend zur Beschreibung des $\beta\beta$-Zerfalls. Es müssen weitere Korrelationen berücksichtigt werden, welche zu einer Verkleinerung der Matrixelemente führen.

3.6.1.2 2ν $\beta\beta$-Matrixelemente in RPA Beim einfachen Betazerfall hatten wir gesehen, daß die GT-Korrelationen vom RPA-Typ die GT-Übergangsmatrixelemente reduzieren. Da in (3.110) Produkte solcher Matrixelemente eingehen, trifft dies auch für den 2ν $\beta\beta$-Zerfall zu. Derartige Korrelationen in niedrigster Ordnung zeigt

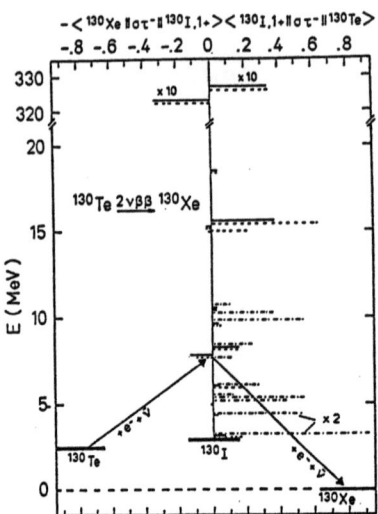

Abb. 3.29: Die Matrixelemente $-\langle N_f\|\boldsymbol{Y}^-\|N_m\rangle\langle N_m\|\boldsymbol{Y}^-\|N_i\rangle$ für ^{130}Te, berechnet im BCS-Modell (strichpunktierte Linien), unter zusätzlicher Berücksichtigung der Neutron-Proton-Restwechselwirkung (gestrichelte Linien), und schließlich weiterer Berücksichtigung der Quadrupol-Quadrupol-Kräfte (durchgezogene Linien) (aus [Gro 86a]).

Abb. 3.30 für den Mutter- und den Tochterkern. Andererseits führt die Restwechselwirkung H_{GT} im Zwischenkern zu einer Verschiebung des größten Teils der β^- Gamow-Teller-Stärke zur GTRR. Auch dies ist ein Effekt, welcher die 2ν $\beta\beta$-Raten verkleinert, da dadurch der Energienenner in (3.110) im Mittel vergrößert wird.

Mit der RPA-Methode, die im Abschn. 3.4.4.1 beschrieben wurde, kann man die Matrixelemente:

$$\langle N_m\|\boldsymbol{Y}^-\|N_i\rangle \quad \text{und} \quad \langle N_f\|\boldsymbol{Y}^-\|N_m\rangle = \langle N_m\|\boldsymbol{Y}^+\|N_f\rangle,$$

die in die Berechnung der Zerfallsrate für $0^+ \to 0^+$ 2ν Übergänge eingehen, berechnen. Dabei ist allerdings zu beachten, daß die RPA zweifach anzuwenden ist, nämlich aufbauend auf Mutter- und Tochterkern, daß aber beide RPA-Rechnungen dieselben 1^+ Zwischenzustände einbeziehen. Diese Identität der Zwischenzustände ist jedoch in der realen Rechnung nicht ohne weiteres zu erfüllen.

Infolge nicht vermeidbarer Unzulänglichkeiten des Modelles erhält man zwei nicht identische Zwischenzustandsspektren, ein Spektrum $|N_m\rangle$ als Resultat der Mutterkern-RPA und ein Spektrum $|\overline{N}_m\rangle$ als Resultat der Tochterkern-RPA. Diese Schwierigkeit muß korrigiert werden durch Entwicklung z.B. der Zustände $|\overline{N}_m\rangle$ in der durch die Zustände $|N_m\rangle$ gebildeten Basis [Gro 85b]. Weiterhin kann durch die Näherung

3.6 Matrixelemente für den Doppel-Betazerfall

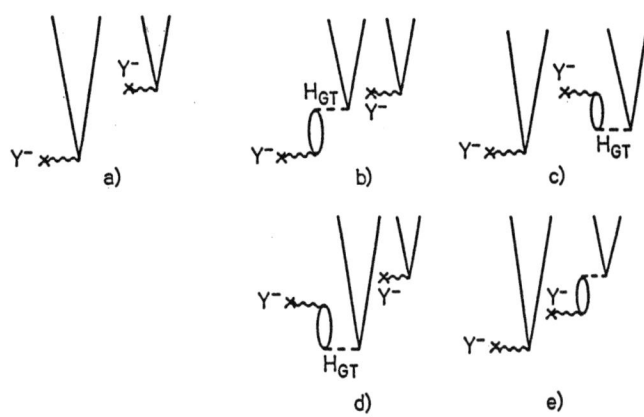

Abb. 3.30: Graphen für den $\beta\beta$-Zerfall. a) Beitrag der BCS-Wellenfunktionen. b),c) Zustandsmischung im Zwischenkern. d),e) Spin-Isospin-Grundzustandskorrelation im Mutterkern (d) bzw. Tochterkern (e).

$$E(N_m) - E(N_i) + E(e_m) + E(\nu_m) \approx E(N_m) - E(N_i) + \frac{1}{2}\Delta \qquad (3.116)$$

der Leptonenphasenraum vollständig von der Kernstruktur getrennt werden:

$$\omega_{2\nu} = (c_A G_\beta)^4 F^{2\nu} \epsilon \qquad (3.117)$$

mit

$$\epsilon = \left| \sum_{N_m, \overline{N}_{m'}} \frac{\langle RPA_f || \boldsymbol{Y}^- || \overline{N}_{m'} \rangle \langle \overline{N}_{m'} | N_m \rangle \langle N_m || \boldsymbol{Y}^- || RPA_i \rangle}{E(N_m) - E(N_i) + \frac{1}{2}\Delta} \right|^2 \qquad (3.118)$$

Δ ist dabei die $\beta\beta$-Zerfallsenergie. Während $F^{2\nu}$ ein reiner Phasenraumfaktor ist, enthält ϵ alle Kernstruktureffekte (vgl. (2.203) u. (2.204)). Derartige RPA-Rechnungen können auch in einer deformierten Schalenmodell-Basis ausgeführt werden. In diesem Fall sind die verschiedenen sphärischen Komponenten bezüglich der Symmetrieachse getrennt zu betrachten:

$$\epsilon = \left| \sum_\mu (-1)^\mu \cdot \sum_{N_m, \overline{N}_{m'}} \frac{\langle RPA_f | \boldsymbol{Y}_\mu^- | \overline{N}_{m'} \rangle \langle \overline{N}_{m'} | N_m \rangle \langle N_m | \boldsymbol{Y}_{-\mu}^- | RPA_i \rangle}{E(N_m) - E(N_i) + \frac{1}{2}\Delta} \right|^2 \qquad (3.119)$$

In (3.119) ist bei den Zwischenzuständen ebenfalls die Quantenzahl μ zu berücksichtigen. Das Ergebnis einer solchen Rechnung [Gro 85b] für alle potentiellen $\beta^-\beta^-$-Emitter mit $A \geq 70$ zeigt Tab. 3.6. Die berechneten 2ν $\beta\beta$-Raten sind wesentlich kleiner als dies aufgrund reiner BCS-Wellenfunktionen der Fall wäre (für BCS-Wellenfunktionen ist ϵ typischerweise $\approx 1 \text{MeV}^{-2}$). Man erkennt aber durch Vergleich mit den aussagekräftigsten experimentellen Resultaten für die Isotope ^{82}Se, ^{128}Te, ^{130}Te und ^{150}Nd, daß auch dieses RPA-Modell noch zu große 2ν $\beta\beta$-Raten ergibt.

3.6.1.3 Effekte weiterer Wechselwirkungen

Die RPA-Wechselwirkung (3.51) hat langreichweitigen Charakter. Auf solche langreichweitigen Wechselwirkungen reagieren die Matrixelemente für den 2ν $\beta\beta$-Zerfall besonders empfindlich. Das wird dadurch verständlich, daß die beiden zerfallenden Nukleonen (Neutronen beim $\beta^-\beta^-$ Zerfall) durch die *Dynamik* des Zerfallsprozesses nicht räumlich korreliert sind und deshalb im Mittel innerhalb des Kerns relativ weit voneinander entfernt sind. Ein weiterer Typ von starken langreichweitigen Kräften im Atomkern sind die *Quadrupol-Quadrupol-Kräfte*. Solche Kräfte, die bei Kernen im Grenzgebiet zwischen sphärischen und deformierten Kernen (sog. Übergangskerne) zu einem starken Resonanzverhalten gegenüber Quadrupol-Anregungen führen, wurden in einem weiteren Typ von Rechnungen neben den Spin-Isospin- und den Paarungskräften berücksichtigt ([Kla 84b], [Gro 86a]). In diesen Rechnungen wurde folgendermaßen verfahren: Zunächst wurden die BCS-Wellenfunktionen für Mutter- und Tochterkern getrennt optimiert. Um die Unsauberkeit der nicht exakt definierten Teilchenzahl dieser Wellenfunktionen auszugleichen, wurden später die Übergangsmatrixelemente Teilchenzahl-projiziert berechnet. Aufbauend auf der BCS-Basis resultieren die durch die Quadrupol-Quadrupol-Kräfte verursachten Korrelationen aus einer entsprechenden (Like-Particle) RPA-Rechnung [Kiss 63]. Abb. 3.31 zeigt aus diesen Korrelationen resultierende Korrekturen zum $\beta\beta$-Zerfall, welche sich als Vernichtung oder Erzeugung (durch den GT-Operator) der in den Grundzuständen virtuell vorhandenen Quadrupol-Phononen verstehen lassen.

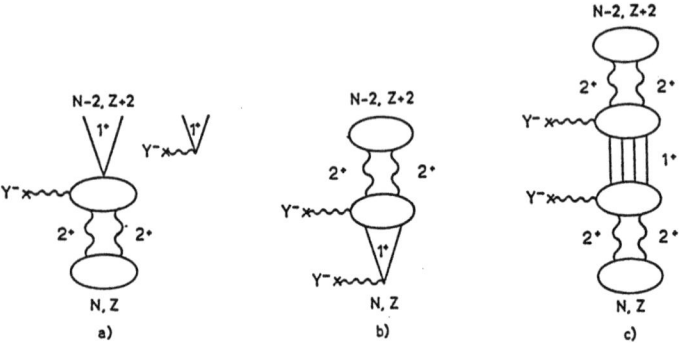

Abb. 3.31: Korrekturen zum Doppel-Betazerfall, verursacht durch Quadrupol-Phononen. Die Graphen in (a),(b) betreffen nur Zwischenzustände, die beschreibbar sind als Zwei-Quasiteilchen-Zustände aufgebaut auf dem Grundzustand des Mutterkerns. (c) zeigt ein Beispiel eines Beitrages höherer Ordnung, in dem Vier-Quasiteilchen-Zwischenzustände auftreten.

Die durch H_{GT} verursachten Grundzustands-Korrelationen dagegen wurden durch

3.6 Matrixelemente für den Doppel-Betazerfall

Diagonalisieren der niedrigsten Ordnung (Vier-Quasiteilchen) berücksichtigt (s. Abschn. 3.4.4.2). Die Rechnung enthält auch Beiträge von Δ-Anregungen, deren niedrigste Ordnung in Abb. 3.32 dargestellt ist.

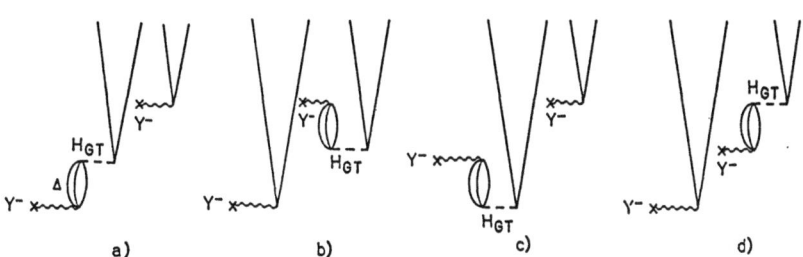

Abb. 3.32: Durch Δ-Anregungen verursachte Beiträge zum Doppel-Betazerfall (vgl. Abb. 3.30).

Die mit dieser Methode berechneten Matrixelemente sind für ^{130}Te ebenfalls in Abb. 3.29 dargestellt. Die resultierenden 2ν $\beta\beta$-Halbwertszeiten sind in Tab. 3.4 und 3.6 für die behandelten Kerne aufgelistet. Die Quadrupol-Quadrupol-Kräfte können offensichtlich zu einer weiteren wesentlichen Reduktion der Zerfallsraten im Vergleich zu den RPA-Resultaten führen.

Der Ausgangspunkt der bislang dargestellten Rechnungen war der Operator H_{GT} aus (3.51). Dieser ist geeignet, die GT-Kräfte zwischen Teilchen- und Lochkonfigurationen zu beschreiben ("Teilchen-Loch"- oder "ph"- (particle-hole) Kräfte), welche in den hier beschriebenen TDA- oder RPA-Rechnungen *aufbauend auf einem HF-Grundzustand ausschließlich* vorkommen. Nach Übergang zum BCS-Grundzustand sind aber Teilchen- und Loch-Zustände nicht mehr eindeutig definiert, so daß auch Teilchen-Teilchen- und Loch-Loch-Kräfte eingehen. Diese wurden in den beschriebenen RPA-Rechnungen in 3.6.1.2 automatisch über die Bogolyubov-Transformation Gl. (3.78) mit berücksichtigt.

Eine starke Komponente von Teilchen-Teilchen (pp)-Kräften ist (neben ph-Kräften) in der oben beschriebenen Quadrupol-Quadrupol-Wechselwirkung enthalten. Wir haben nun gesehen, daß die Quadrupol-Quadrupol-Wechselwirkung einen stark reduzierenden Einfluß auf die 2ν $\beta\beta$ Matrixelemente hat. Es ist daher ein logischer nächster Schritt, von einem Wechselwirkungsansatz auszugehen, in welchem (im Gegensatz zu H_{GT}) *von Anfang an* auch pp-Kräfte berücksichtigt sind, und den Einfluß von pp-Kräften auf die $\beta\beta$-Matrixelemente gezielt zu untersuchen. Dies geschah in neueren RPA-Rechnungen ([Vog 86], [Civ 87], [Mut 88,88a]), in welchen die gesamte Wechselwirkung nach ph- und pp-Anteilen aufgeteilt wurde. Die Stärke der pp-Kräfte, auf deren Form wir hier nicht näher eingehen wollen, wurde in diesen Rechnungen parametrisiert durch eine Größe g_{pp}, welche den Grad einer phänomenologisch angebrachten Renormierung wiedergibt. Ohne Renormierung ist $g_{pp} = 1$.

Die Ergebnisse dieser Rechnungen zeigen eine starke Reduktion der Matrixelemente durch die pp-Kräfte. Abb. 3.33 zeigt, daß die Matrixelemente um so kleiner werden, je

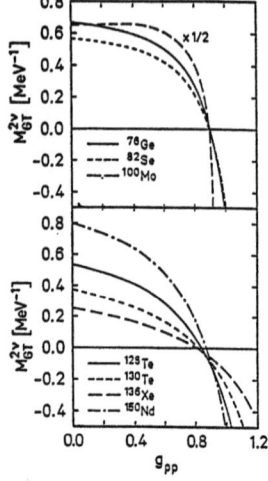

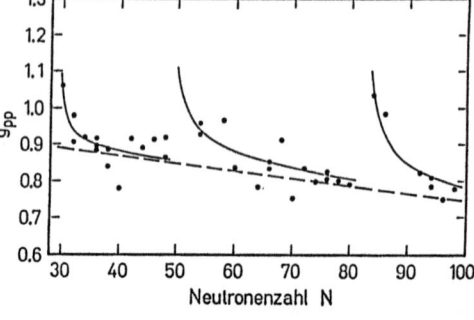

Abb. 3.33: In der RPA berechnete 2ν $\beta\beta$-Matrixelemente als Funktion der Stärke der pp-Kraft (aus [Mut 88a]).

Abb. 3.34: Die Stärke der Teilchen-Teilchenkraft, mit der experimentelle β^+-Halbwertszeiten im Rahmen einer RPA-Rechnung reproduziert werden (Punkte) und Anpassung durch einfache Funktionen (durchgezogene und gestrichelte Kurven) (aus [Mut 88a]).

größer der Parameter g_{pp} gewählt wird. Für einen bestimmten Wert für g_{pp} ergibt sich sogar ein Nulldurchgang. Die Größe g_{pp} läßt sich durch Anpassung von experimentellen β^+-Halbwertszeiten ermitteln (s. Abb. 3.34). Man erhält $g_{pp} \approx 0.850 \pm 0.08(1\sigma)$. Da die 2ν $\beta\beta$-Matrixelemente innerhalb dieses Intervalls nahe durch Null gehen (Abb. 3.33) lassen sich nur noch untere Grenzen für die 2ν $\beta\beta$-Halbwertszeiten oder über den 1σ-Bereich von g_{pp} gemittelte Halbwertszeiten vorhersagen. Diese sind in Tab. 3.4 aufgeführt. Sie sind konsistent mit den experimentellen Werten (Abb. 3.35).

Es ist nicht ganz einfach, diese Rechnungen mit denen zu vergleichen, in welchen Quadrupol-Quadrupol-Kräfte berücksichtigt wurden oder beide Typen von Rechnungen zu kombinieren. Der Grund ist, daß die Quadrupol-Quadrupol-Kräfte schon einen, allerdings schwer quantifizierbaren, Anteil der pp-Kräfte enthalten, andererseits aber auch ph-Kräfte. Würde man explizite pp-Kräfte *und* Quadrupol-Quadrupol-Kräfte in die Rechnungen einbauen, so würde man zum Teil doppelt rechnen. Es wäre im übrigen auch wünschenswert, die Größe g_{pp} unabhängig vom β-Zerfall aus anderen Quellen zu bestimmen.

Zusammenfassend kann gesagt werden, daß die kurzreichweitigen Paarungskräfte den Doppel-Betazerfall überhaupt erst ermöglichen, dagegen andere Kernkräfte, wie lang-

3.6 Matrixelemente für den Doppel-Betazerfall

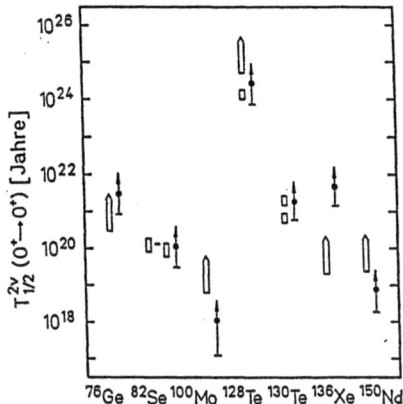

Abb. 3.35: Vergleich von mit der RPA-Methode unter Einschluß von pp-Kräften berechneten 2ν $\beta\beta$-Halbwertszeiten (dünne Pfeile) mit experimentellen Werten (dicke Pfeile bzw. Balken für ^{76}Ge aus [Cal 86d], [Avi 86a]; für ^{82}Se aus [Ell 87], [Kir 86], [Man 86]; für ^{128,130}Te aus [Kir 86], [Man 86]). Die Pfeile beginnen bei der unteren Grenze für $T_{1/2}$, der Kreis bezeichnet den Mittelwert über den 1σ-Bereich von g_{pp} (aus [Mut 88a]).

Tab. 3.4: Berechnete und experimentelle Halbwertszeiten einiger Isotope für 2ν $\beta\beta$-Zerfall.

	Berechnete Halbwertszeiten für 2ν $\beta\beta$-Zerfall (Jahre)					Experimentelle Halbwertszeiten für 2ν $\beta\beta$-Zerfall (Jahre)	
	H_{pair} $+H_{\sigma\tau}$ [Kla 84b], [Gro 86a]	H_{pair} $+H_{\sigma\tau}^{\Delta}$	H_{pair} $+H_{\sigma\tau}^{\Delta}$ $+H_{QQ}$	RPA mit pp-Kraft Untere Grenze (links) bzw. Mittelwert (rechts) [Mut 88a]			
^{76}Ge	$1.3 \cdot 10^{20}$	$1.9 \cdot 10^{20}$	$2.2 \cdot 10^{20}$	$8.2 \cdot 10^{20}$	$3 \cdot 10^{21}$	$> 3 \cdot 10^{20}$	[Avi 86a]
^{82}Se	$5.1 \cdot 10^{18}$	$7.2 \cdot 10^{18}$	$1.5 \cdot 10^{19}$	$3.1 \cdot 10^{19}$	$1.1 \cdot 10^{20}$	$(1.1^{+0.8}_{-0.3}) \cdot 10^{20}$ $(1.30 \pm 0.05) \cdot 10^{20}$ G	[Ell 87] [Kir 86]
^{128}Te	$6.2 \cdot 10^{22}$	$8.7 \cdot 10^{22}$	$5.7 \cdot 10^{23}$	$0.72 \cdot 10^{24}$	$2.6 \cdot 10^{24}$	$> 5 \cdot 10^{24}$ G $(1.4 \pm 0.4) \cdot 10^{24}$ G	[Kir 86] [Man 86]
^{130}Te	$1.5 \cdot 10^{19}$	$2.0 \cdot 10^{19}$	$1.2 \cdot 10^{20}$	$0.59 \cdot 10^{21}$	$1.84 \cdot 10^{21}$	$(1.5 - 2.75) \cdot 10^{21}$ G $(0.7 \pm 0.2) \cdot 10^{21}$ G	[Kir 86] [Man 86]

G: geochemische Bestimmung, d.h. 0ν- und 2ν-Zerfall nicht getrennt.
Der Zerfall von ^{82}Se und ^{128}Te ist indessen zum überwiegenden Teil vom 2ν-Typ (s. Abschn. 7.3.4).

reichweitige Spin-Isospin-Kräfte und Quadrupol-Quadrupol-Kräfte sowie auch Teilchen-Teilchen-Kräfte zu starken destruktiven Interferenzen führen. Dies erlaubt eine Erklärung der beobachteten extrem kleinen Zerfallszeiten als Effekt der Kernstruktur. Die in Abb. 3.35 erzielte Übereinstimmung reduziert den Raum für Spekulationen über Effekte, welche nicht in der Kernstruktur begründet sind. Die Systematik der Diskrepanz früherer Rechnungen mit dem Experiment (die Rechnungen lieferten durchweg zu kurze Halbwertszeiten) hatte etwa zu der Vermutung Anlaß geben, daß sie auf nicht-exponentiellen Zerfall zurückzuführen sei. Die Quantenmechanik sagt für *jeden* Zerfallsprozeß eine Anfangsphase vorher, während derer die Zerfallsrate wesentlich kleiner sein sollte als nach dem klassischen exponentiellen Zerfallsgesetz berechnet (sogen. nicht-exponentieller Zerfall). Würde sich der Zerfallsprozeß der $\beta\beta$-Isotope noch in dieser nicht-exponentiellen Phase befinden, so hätte dies die beobachteten kleinen Raten erklären können. Aufgrund sehr allgemeiner Überlegungen scheint eine solche Möglichkeit jedoch sehr unwahrscheinlich zu sein [Gro 84].

3.6.2 Matrixelemente für den 0ν $\beta\beta$-Zerfall

In Kap. 2 hatten wir gesehen, daß im Falle des m_ν-induzierten 0ν $\beta\beta$-Zerfalls die Kernstrukturabhängigkeit im wesentlichen durch die eine Größe $M^{0\nu}$ ausgedrückt werden kann. Dieses Matrixelement wollen wir nun betrachten. Ebenso wie auf den 2ν $\beta\beta$-Zerfall haben die Paarungskräfte auch auf den 0ν $\beta\beta$-Zerfall einen starken Einfluß und führen zu großen Werten für $M^{0\nu}$. Der Neutrino-Propagator $H(r)$,

Tab. 3.5: Die den 0ν $\beta\beta$-Zerfall bestimmenden Matrixelemente $R_0|M^{0\nu}|$ ($R_0 = 1.2A^{1/3}$fm), einmal berechnet im Pairing-Modell (a) und zum anderen unter Berücksichtigung von Pairing-, Spin-Isospin- und Quadrupol-Quadrupol-Kräften (b) (aus [Gro 85a,86a]). Die 0ν-Matrixelemente sind ersichtlich weitgehend durch das Pairing bestimmt.

Kern	$R_0|M^{0\nu}|$	
	a) Pairing	b) Pairing $+H_{GT}+H_{QQ}$
^{76}Ge	12.5	10.4
^{82}Se	9.7	8.2
^{128}Te	12.3	10.0
^{130}Te	11.9	9.4
^{134}Xe	14.7	11.2
^{136}Xe	6.0	3.9
^{142}Ce	7.7	6.2

3.6 Matrixelemente für den Doppel-Betazerfall

welcher in die Berechnung von $M^{0\nu}$ eingeht, führt jedoch dazu, daß langreichweitige Nukleon-Nukleon-Korrelationen nahezu wirkungslos bleiben. Der Neutrinopropagator verhält sich näherungsweise wie r^{-1} (vgl. (2.205)). Die Funktion $g(r)$ aus (2.208) variiert nur wenig innerhalb des Kernvolumens ($g(r) \approx 0.4 - 1.0$). Durch den Faktor r^{-1} sind die beiden zerfallenden Nukleonen beim 0ν-Zerfall, anders als beim 2ν-Zerfall, räumlich korreliert, und ein Zerfall ist um so wahrscheinlicher, je näher die beiden Nukleonen beieinander sind. Dies erklärt, daß langreichweitige Kernstruktur-Korrelationen wenig Einfluß auf den 0ν $\beta\beta$-Zerfall haben. Die Matrixelemente $M^{0\nu}$ sind daher im wesentlichen durch die Paarungs-Korrelationen bestimmt und bleiben auch groß nach Berücksichtigung von langreichweitigen Kräften. Tab. 3.5 zeigt Matrixelemente $M^{0\nu}$, berechnet einmal mit reinen Pairing-Wellenfunktionen und zum anderen in dem oben beschriebenen Kernmodell mit Pairing, Spin-Isospin- und Quadrupol-Quadrupol-Kräften. Tab. 3.6 zeigt zusätzlich aus diesen Matrixelementen für alle anderen $\beta\beta$-Emitter extrapolierte (s. [Gro 85b,86a]) Ergebnisse für den 0ν-Zerfall. Bei sehr kleinen Nukleon-Abständen ($r \lesssim 1$ fermi) macht sich allerdings die endliche Ausdehnung der Nukleonen und deren kurzreichweitige Abstoßung bemerkbar. Eine Berücksichtigung dieses Effektes würde die in Tab. 3.5 gegebenen Werte für $M^{0\nu}$ um etwa 15-20% reduzieren [Tom 86]. Eine weitere Reduzierung tritt, wie im Falle des 2ν-Zerfalls, aber geringer, als Wirkung von Teilchen-Teilchenkräften auf [Tom 87]. Für das in Abschn. 3.6.1.3 abgeleitete g_{pp} tritt eine Reduktion um einen Faktor 2-3 auf (Abb. 3.36). In Kap. 7 werden wir Grenzen für die Neutrinomasse aus diesen Matrixelementen ableiten.

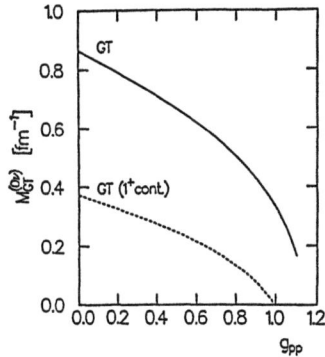

Abb. 3.36: Das Matrixelement $M_{GT}^{0\nu}$ für 0ν $\beta\beta$-Zerfall von ^{76}Ge (durchgezogene Linie) in einer RPA-Rechnung als Funktion der Teilchen-Teilchen-Kraft (g_{pp}) (aus [Tom 87], die Definition von $M_{GT}^{0\nu}$ dort, und damit in dieser Abbildung, unterscheidet sich von der in diesem Buch um einen Faktor 0.5). Im Gegensatz zum 2ν $\beta\beta$-Zerfall tragen Zwischenzustände mit Spins $\neq 1^+$ maßgeblich zu $M_{GT}^{0\nu}$ bei (als Folge des Neutrino-Propagators H, s. Gl. (2.193) u. (2.198); bei Berücksichtigung von nur 1^+-Zwischenzuständen würde sich die gestrichelte Kurve für $M^{0\nu}$ ergeben). Dadurch ergibt sich *kein* Nulldurchgang des 0ν-Matrixelements im sinnvollen Bereich von g_{pp}.

Tab. 3.6: Diese Tabelle (aus [Gro 85b,86a]) zeigt berechnete Halbwertszeiten für $\beta^-\beta^-$-Isotope. Spalten 4 und 5 enthalten die Resultate einer RPA-Rechnung für 2ν $\beta\beta$-Zerfall [Gro 85b]. ϵ ist die im Text definierte Kernstrukturgröße. Die Größe δ (Spalte 3) ist der in der RPA-Rechnung verwendete Kerndeformationsparameter. Die Halbwertszeiten $T_{1/2}^{2\nu\star}$ in Spalte 6 sind das Ergebnis einer aufwendigeren Rechnung, in welcher auch der Einfluß von Quadrupol-Phononen berücksichtigt wurde ([Kla 84b], [Gro 86a], s. Abschn. 3.6.1.3). Die letzte Spalte schließlich zeigt das Resultat für den 0ν-Zerfall unter der Annahme massiver Majorana-Neutrinos. Da die Halbwertszeit $T_{1/2}^{0\nu}$ von der Neutrinomasse $\langle m_\nu \rangle$ abhängt, ist das unabhängig berechenbare Produkt $T_{1/2}^{0\nu}\langle m_\nu\rangle^2$ angegeben (für $\langle m_\nu\rangle = 1\mathrm{eV}$ entsprechen die Zahlenwerte Halbwertszeiten in Jahren.)

	T_0 (MeV)	δ	QRPA ϵ (MeV^{-2})	$T_{1/2}^{2\nu}$ (Jahre)	$T_{1/2}^{2\nu\star}$ (Jahre)	$T_{1/2}^{0\nu}\cdot\langle m_\nu\rangle^2$ (Jahre·eV^2)
^{70}Zn	1.00	0	0.720	$1.9\cdot 10^{22}$		$7.6\cdot 10^{23}$
^{76}Ge	2.04	0.2	0.278	$1.1\cdot 10^{20}$	$2.2\cdot 10^{20}$	$2.6\cdot 10^{23}\star$
^{80}Se	0.136	0.2	0.273	$9.0\cdot 10^{28}$		$6.7\cdot 10^{25}$
^{82}Se	3.01	0.2	0.200	$4.5\cdot 10^{18}$	$1.5\cdot 10^{19}$	$9.5\cdot 10^{22}\star$
^{86}Kr	1.25	0	0.039	$3.5\cdot 10^{22}$		$5.0\cdot 10^{24}$
^{94}Zr	1.15	-0.1	0.450	$4.1\cdot 10^{21}$		$6.2\cdot 10^{23}$
^{96}Zr	3.35	-0.12	0.490	$5.2\cdot 10^{17}$		$1.6\cdot 10^{22}$
^{98}Mo	0.11	-0.19	0.308	$1.6\cdot 10^{29}$		$7.3\cdot 10^{25}$
^{100}Mo	3.03	-0.24	0.258	$1.8\cdot 10^{18}$		$3.3\cdot 10^{22}$
^{104}Ru	1.30	-0.26	0.258	$1.8\cdot 10^{21}$		$5.0\cdot 10^{23}$
^{110}Pd	2.01	-0.23	0.219	$5.0\cdot 10^{19}$		$1.3\cdot 10^{23}$
^{114}Cd	0.54	0.14	0.111	$2.7\cdot 10^{24}$		$1.7\cdot 10^{25}$
^{116}Cd	2.81	0	0.065	$8.3\cdot 10^{18}$		$1.7\cdot 10^{23}$
^{122}Sn	0.36	0	0.036	$1.4\cdot 10^{26}$		$3.6\cdot 10^{25}$
^{124}Sn	2.28	0	0.030	$9.3\cdot 10^{19}$		$3.1\cdot 10^{23}$
^{128}Te	0.87	0.15	0.044	$1.2\cdot 10^{23}$	$5.7\cdot 10^{23}$	$9.8\cdot 10^{23}\star$
^{130}Te	2.53	0.10	0.050	$1.9\cdot 10^{19}$	$1.2\cdot 10^{20}$	$4.6\cdot 10^{22}\star$
^{134}Xe	0.84	0	0.110	$5.1\cdot 10^{22}$	$2.5\cdot 10^{23}$	$8.7\cdot 10^{23}\star$
^{136}Xe	2.48	0	0.019	$6.0\cdot 10^{19}$	$3.3\cdot 10^{19}$	$3.0\cdot 10^{23}\star$
^{142}Ce	1.41	0	0.024	$2.8\cdot 10^{21}$	$4.1\cdot 10^{20}$	$4.7\cdot 10^{23}\star$
^{146}Nd	0.06	0	0.193	$2.9\cdot 10^{30}$		$5.6\cdot 10^{25}$
^{148}Nd	1.93	0.18	0.192	$2.5\cdot 10^{19}$		$1.1\cdot 10^{23}$
^{150}Nd	3.37	0.24	0.082	$4.8\cdot 10^{17}$		$2.4\cdot 10^{22}$
^{154}Sm	1.25	0.28	0.127	$9.5\cdot 10^{20}$		$2.4\cdot 10^{23}$
^{160}Gd	1.73	0.29	0.170	$4.4\cdot 10^{19}$		$6.4\cdot 10^{22}$
^{170}Er	0.66	0.27	0.139	$6.6\cdot 10^{22}$		$9.1\cdot 10^{23}$
^{176}Yb	1.08	0.26	0.161	$1.1\cdot 10^{21}$		$2.5\cdot 10^{23}$
^{186}W	0.49	0.20	0.131	$3.2\cdot 10^{23}$		$1.2\cdot 10^{24}$
^{192}Os	0.41	-0.15	0.076	$1.7\cdot 10^{24}$		$1.6\cdot 10^{24}$
^{198}Pt	1.04	-0.10	0.008	$1.2\cdot 10^{22}$		$1.6\cdot 10^{24}$
^{204}Hg	0.41	0	0.002	$4.6\cdot 10^{25}$		$2.6\cdot 10^{25}$
^{232}Th	0.85	0.23	0.311	$1.6\cdot 10^{20}$		$3.8\cdot 10^{22}$
^{238}U	1.15	0.24	0.245	$2.2\cdot 10^{19}$		$2.4\cdot 10^{22}$

4 Eichtheorien

Wir wollen in diesem Kapitel die Grundzüge von Eichtheorien behandeln und damit das Verständnis der Glashow-Weinberg-Salam Theorie der schwachen Wechselwirkung, welche in Kap. 5 behandelt wird, vorbereiten. Dabei wird weniger Wert gelegt auf eine in den Details vollständige Darstellung, welche an Übersichtlichkeit leiden müßte, vielmehr sollen die zugrunde liegenden Prinzipien eingängig beschrieben werden. Es ist ebenfalls außerhalb des Rahmens dieser Abhandlung, die technischen Aspekte wie Renormierbarkeit, Herleitung von Feynman-Regeln oder Dreiecksanomalien darzustellen. Es muß aber betont werden, daß diese technischen Aspekte für die Beurteilung einer Theorie äußerst wichtig sind. Renormierbarkeit scheint eine unabdingbare Forderung an eine elementare Theorie darzustellen. Eine Renormierung der fundamentalen Parameter (Kopplungskonstanten, Massen, siehe dazu auch den letzten Abschnitt von Kap. 2) ist immer notwendig, um eine eineindeutige Beziehung zwischen berechneten und meßbaren Größen herzustellen. Der Sinn einer Theorie ist in Frage gestellt, wenn sie nicht renormierbar ist, das heißt, wenn nach jeglichem Renormierungsversuch in der Theorie immer wieder divergente Größen auftreten, welche Meßgrößen entsprechen sollten. Ebenso, wie die *Renormierbarkeit*, ist auch *Anomaliefreiheit* eine elementare Forderung an eine Theorie. Als Anomalie bezeichnet man eine Situation, in welcher eine aus den Bewegungsgleichungen, oder äquivalent der Lagrangedichte, abgeleitete Invarianz nach Anwendung der quantenfeldtheoretischen Störungstheorie formal nicht mehr gültig ist. Üblicherweise behandelt man die Quantenfelder bei der Herleitung von erhaltenen Strömen mit Hilfe des Noether-Theorems (s. unten) ganz wie klassische Felder. Im Normalfall behalten die so hergeleiteten Ergebnisse ihre Gültigkeit auch nach Berücksichtigung der Quantenstrukturen in einer entsprechenden Störungsreihe. Ist dies nicht der Fall, so spricht man eben dann von einer Anomalie. Die eigentliche Ursache einer Anomalie ist darin begründet, daß sich in diesen Fällen kein konsistentes Renormierungsverfahren finden läßt. Es zeigt sich, daß Anomalien in Zusammenhang mit Axialvektorströmen auftreten können, nicht aber bei Vektorströmen. Je nach Theorie lassen sich gewisse algebraische Bedingungen aufstellen, welche Anomaliefreiheit garantieren. In dem in Kap. 5 zu besprechenden GWS-Modell besteht diese Bedingung darin, daß die Summe aller elektrischen Ladungen der elementaren Fermionen verschwinden muß. Da die Leptonen einer Familie Ladung -1 und die Quarks $3 \cdot (2/3 - 1/3) = +1$ besitzen (Faktor 3 wegen Farbe), führt dies zu der Forderung gleich vieler Leptonen wie Quarkfamilien.

Die Tatsache, daß Eichtheorien *immer* renormierbar sind ([t'Ho 72], [Lee 72], [Abe 73]), ist der wichtigste Punkt, weshalb diesen heute eine so große Bedeutung zukommt. (Berühmtes Beispiel für eine *nichtrenormierbare* Theorie ist die Allgemeine Relativitätstheorie). Anomaliefreiheit ist allerdings auch für die Eichtheorien nicht automatisch gewährleistet, sondern muß im Einzelfall überprüft werden. Einführungen in diese technischen Aspekte findet man z.B. bei [Hal 84], [Qui 83] oder [Ait 82].

4.1 Das Eichprinzip

Die den Eichtheorien zugrunde liegende Idee basiert auf der Tatsache, daß es in der Quantenmechanik und auch schon in der klassischen Physik Größen gibt, die sich prinzipiell nicht messen lassen. Für verschiedene Werte solcher Größen resultieren äquivalente Theorien, d.h. Theorien, welche für alle Experimente dieselben Vorhersagen machen. Ein Beispiel für solche Größen aus der klassischen Physik ist das elektrostatische Potential φ und das elektromagnetische Vektorpotential $\vec{A}$. Ist $\rho(t,\vec{x})$ eine beliebige reelle, differenzierbare Funktion, so erhält man äquivalente Größen zu φ und $\vec{A}$ durch die Ersetzung:

$$\varphi'(t,\vec{x}) = \varphi(t,\vec{x}) + \partial_t \rho(t,\vec{x})$$

$$\vec{A}'(t,\vec{x}) = \vec{A}(t,\vec{x}) - \vec{\nabla}\rho(t,\vec{x})$$

(4.1)

Die *Meßgrößen* sind nämlich die Komponenten des Tensors $F_{\mu\nu}(x) = \partial_\mu A_\nu(x) - \partial_\nu A_\mu(x)$ mit $A_0 = \varphi$ (elektrische Feldstärke $\vec{E} = -\vec{\nabla}\varphi - \partial_t \vec{A}$, magnetische Feldstärke $\vec{B} = \vec{\nabla} \times \vec{A}$). Das Festlegen definierter Werte für φ und $\vec{A}$ nennt man *Eichung*. Die Eichung kann verwendet werden, um die Bewegungsgleichungen zu vereinfachen. So lassen sich in der sogenannten Lorentz-Eichung die Maxwell-Gleichungen auf die einfache Form bringen:

$$\Box A_\mu(x) = [\partial_t^2 - \Delta]A_\mu(x) = eJ_\mu^{EM}(x)$$

(4.2)

Die Größe $J_\mu^{EM}(x)$ in dieser Gleichung bezeichnet die relativistische elektromagnetische Stromdichte aus Kap. 2 (Gl. (2.46)). Diese stellt eine Quelle des Feldes $A_\mu(x)$ dar.

In den Eichtheorien werden nun solche Eichfreiheiten nicht bloß als einfache Zufallserscheinung betrachtet, sondern zu einem allgemeinen Prinzip erhoben. Aus der Forderung nach der Existenz derartiger nicht physikalisch festgelegter, also eichbarer, Größen wird, wie wir noch sehen werden, die Existenz und Struktur von Wechselwirkungen mit den entsprechenden Wechselwirkungsfeldern abgeleitet.

Die innere Struktur von Eichtransformationen und damit die Dynamik der resultierenden Wechselwirkung wird dabei durch eine zugrunde gelegte "Symmetrie"-Gruppe bestimmt. Die Verknüpfung zwischen der Symmetrie-Gruppe und der Wechselwirkungsstruktur wird durch sogenannte Darstellungen vermittelt (s. dazu Anhang A.5.2).

Ihre Rechtfertigung beziehen die Eichtheorien aus ihrem bisherigen Erfolg. Die elektromagnetische Wechselwirkung läßt sich als Eichwechselwirkung verstehen (s. Abschn. 4.1.2). Bei der schwachen Wechselwirkung gibt es seit dem experimentellen Nachweis von $W^\pm$ und Z^0-Bosonen ([UA1] 83a-c]) ebenfalls praktisch keinen Zweifel mehr, daß sie sich im Rahmen einer Eichtheorie beschreiben läßt (GWS-Theorie) und auch bei der starken Wechselwirkung spricht alles dafür, daß sie die Restwechselwirkung in einer Eichtheorie, der QCD, darstellt. Dennoch mag es durchaus möglich

4.1 Das Eichprinzip

sein, daß das Eichprinzip eines Tages durch ein noch fundamentaleres Prinzip ersetzt werden muß. In den sogenannten *Kaluza-Klein-Theorien* wird versucht, alle Wechselwirkungen auf ein *geometrisches* Prinzip zurückzuführen, wie dies Einstein in der allgemeinen Relativitätstheorie für die Gravitation getan hat. Dazu ist allerdings ein hochdimensionaler geometrischer Raum notwendig (s. dazu z.B. [Duf 83] und die Zitate darin).

Wir wollen nun erklären, was unter *inneren Symmetrien* verstanden wird. Es gibt zwei Typen solcher Symmetrien, die *globalen* und die *lokalen* Symmetrien. Letztere sind identisch mit den Eichsymmetrien.

4.1.1 Globale innere Symmetrien

Bei den globalen inneren Symmetrien muß wieder unterschieden werden zwischen diskreten und kontinuierlichen Symmetrien. Beispiele für diskrete Symmetrien, wie z.B. die Parität, hatten wir schon in Kap. 1.3 angeführt. Viel wichtiger für das Verständnis der Eichtheorien sind aber die kontinuierlichen Symmetrien. Betrachten wir dazu zunächst die Quantenmechanik der Schrödinger-Theorie. In dieser werden physikalische Zustände durch komplexe Wellenfunktionen beschrieben, deren Phasen sich nicht absolut messen lassen. Ist $\psi(\vec{x},t)$ die Wellenfunktion eines Teilchens (d.h. Lösung der Schrödinger-Gleichung für ein freies Teilchen oder ein Teilchen in einem äußeren Potential), so ist die transformierte Wellenfunktion

$$\psi'(\vec{x},t) = e^{-i\rho}\psi(\vec{x},t) \tag{4.3}$$

mit reellem, konstanten (orts- und zeitunabhängigen) ρ äquivalent, also eine Wellenfunktion, welche dieselbe Schrödinger-Gleichung erfüllt und für alle Meßgrößen denselben Wert liefert. Man spricht hier von einer *globalen Symmetrie*. Der Begriff global bezieht sich auf die Orts- und Zeitunabhängigkeit von ρ.

Die Invarianz der Schrödinger-Gleichung mit dem Hamilton-Operator $\boldsymbol{H}$ unter der Transformation (4.3) ist leicht zu erkennen:

$$\begin{aligned} \boldsymbol{H}\psi(\vec{x},t) &= i\partial_t\psi(\vec{x},t) \\ \Leftrightarrow\quad e^{-i\rho}\boldsymbol{H}\psi(\vec{x},t) &= e^{-i\rho}i\partial_t\psi(\vec{x},t) \\ \Leftrightarrow\quad \boldsymbol{H}e^{-i\rho}\psi(\vec{x},t) &= i\partial_t e^{-i\rho}\psi(\vec{x},t) \\ \Leftrightarrow\quad \boldsymbol{H}\psi'(\vec{x},t) &= i\partial_t\psi'(\vec{x},t) \end{aligned} \tag{4.4}$$

mit $\psi'(\vec{x},t) = e^{-i\rho}\psi(\vec{x},t)$

Formal ist dies eine Folge der Tatsache, daß die Transformation $\boldsymbol{U} = e^{-i\rho}$ mit dem Hamiltonoperator $\boldsymbol{H}$ vertauschbar ist:

$$[\boldsymbol{U},\boldsymbol{H}] = \boldsymbol{U}\boldsymbol{H} - \boldsymbol{H}\boldsymbol{U} = 0 \tag{4.5}$$

Die Invarianzeigenschaft (4.4) der Schrödinger-Theorie ist mit einer erhaltenen Größe verknüpft, der Norm der Wellenfunktion (=Gesamtwahrscheinlichkeit):

$$\partial_t [\int \psi^*(\vec{x},t)\psi(\vec{x},t)d^3x] = 0 \qquad (4.6)$$

Wie solche Zusammenhänge zwischen Invarianzen und Erhaltungsgrößen zustandekommen, werden wir in Kürze betrachten. Zunächst bemerken wir Folgendes: Wenn $\psi(\vec{x},t)$ die Wellenfunktion eines geladenen Teilchens darstellt, z.B. des Elektrons mit Ladung $-e$, so folgt aus (4.6) in der nichtrelativistischen Schrödinger-Theorie sofort die Ladungserhaltung, indem wir (4.6) mit $-e$ multiplizieren:

$$\partial_t Q = \partial_t [\int \psi_e^*(\vec{x},t)(-e)\psi_e(\vec{x},t)d^3x] = 0 \qquad (4.7)$$

Diese Gleichung sagt aus, daß der Erwartungswert der elektrischen Ladung sich nicht ändert.

Betrachten wir nun die Ladungserhaltung in der relativistischen Theorie, der Quantenelektrodynamik. Die Bewegungsgleichungen sind dann Gleichungen für Quantenfeldoperatoren. Der Operator $\boldsymbol{\psi}_e(x)$ besteht aus einem Elektronenanteil $\boldsymbol{\psi}_-(x)$ und einem Positronenanteil $\boldsymbol{\psi}_+(x)$:

$$\boldsymbol{\psi}_e = \boldsymbol{\psi}_- + \boldsymbol{\psi}_+ \qquad (4.8)$$

Eine globale Transformation dieser Feldoperatoren ist gegeben durch:

$$\boldsymbol{\psi}'_e(x) = e^{i e \rho} \boldsymbol{\psi}_e(x) \qquad (4.9)$$

Wir definieren hier einen Faktor $-e$ in die Transformationsphase $e^{ie\rho}$, dessen Nützlichkeit sich später zeigen wird. Es ist zu beachten, daß aus (4.9) folgt:

$$\boldsymbol{\psi}_e^{+\prime}(x) = e^{-i e \rho} \boldsymbol{\psi}_e^+(x) \qquad (4.10)$$

und somit gilt für die Teilfelder $\boldsymbol{\psi}_-$ und $\boldsymbol{\psi}_+$

$$\boldsymbol{\psi}'_-(x) = e^{i e \rho} \boldsymbol{\psi}_-(x) \qquad (4.11)$$

$$\boldsymbol{\psi}_+^{+\prime}(x) = e^{-i e \rho} \boldsymbol{\psi}_+^+(x) \qquad (4.12)$$

Das bedeutet, das Feld $\boldsymbol{\psi}_+^+$, welches die Positron-Vernichtungsoperatoren analog zu den Elektron-Vernichtungsoperatoren in $\boldsymbol{\psi}_-$ enthält, transformiert sich mit der negativen Phase im Vergleich zu $\boldsymbol{\psi}_-$.

Dies entspricht den unterschiedlichen Ladungen der betrachteten Teilchen. Allgemein hat man für ein beliebiges Teilchenfeld $\boldsymbol{\psi}_i$ mit Ladung q_i die Transformation:

4.1 Das Eichprinzip

$$\psi'_i(x) = e^{-iq_i\rho}\psi_i(x) \tag{4.13}$$

Die relativistische Bewegungsgleichung des freien Elektrons ist die Dirac-Gleichung (vgl. Gl. (A.30)):

$$i\gamma^\mu\partial_\mu\psi_e(x) = m\psi_e(x) \tag{4.14}$$

Die Invarianz dieser Gleichung unter (4.9) ist ebenfalls leicht zu erkennen:

$$\begin{aligned} e^{ie\rho}i\gamma^\mu\partial_\mu\psi_e(x) &= e^{ie\rho}m\psi_e(x) \\ \Rightarrow i\gamma^\mu\partial_\mu e^{ie\rho}\psi_e(x) &= me^{ie\rho}\psi_e(x) \\ \Rightarrow i\gamma^\mu\partial_\mu\psi'_e(x) &= m\psi'_e(x) \end{aligned} \tag{4.15}$$

Es ist üblich, nicht, wie wir es bisher getan haben, die Bewegungsgleichungen selbst zu betrachten, sondern die Lagrangedichte $\mathcal{L}(x)$, aus welcher sich die Bewegungsgleichungen ableiten lassen. Es gibt ein Theorem, das *Noether-Theorem*, welches besagt, daß es zu jeder globalen Transformation, unter welcher die Lagrangedichte invariant bleibt, eine erhaltene Größe gibt, d.h. eine Meßgröße, deren Wert sich zeitlich nicht ändert. In der klassischen Mechanik folgen aus Translationsinvarianz, Rotationsinvarianz und Zeitinvarianz die Erhaltung von Impuls, Drehimpuls und Energie. Dies sind sogenannte *äußere* Invarianzen, da sie sich auf Raum-Zeit-Eigenschaften beziehen. Die in diesem Abschnitt betrachteten Invarianzen sind demgegenüber *innere* Invarianzen, da sie sich auf die inneren Eigenschaften der Teilchen, bzw. Teilchenfelder, beziehen. Den Zusammenhang zwischen der Invarianz der Lagrangedichte $\mathcal{L}(x)$ unter der Transformation (4.13) und der Ladungserhaltung wollen wir nun betrachten. $\mathcal{L}(x)$ ist so zu wählen, daß aus ihr mit Hilfe der *Euler-Lagrange-Gleichungen*[1]

$$\partial_\mu\frac{\partial\mathcal{L}}{\partial[\partial_\mu\psi_i]} - \frac{\partial\mathcal{L}}{\partial\psi_i} = 0 \tag{4.16}$$

die Bewegungsgleichungen für die Felder ψ_i resultieren. Dies ist analog zur klassischen Mechanik (s. z.B. [Gol 63]). Die Einführung der Größe $\mathcal{L}(x)$ ist sehr vorteilhaft, da sie die gesamte Information über ein System enthält. Für die Lagrangedichte $\mathcal{L}_e(x)$ des Elektronfeldes $\psi_e(x)$ können wir wählen:

$$\mathcal{L}_e = i\overline{\psi}_e\gamma_\mu\partial^\mu\psi_e - m_e\overline{\psi}_e\psi_e \tag{4.17}$$

Wie gewünscht ergibt die Anwendung von (4.16) auf (4.17) die Dirac-Gleichung (4.14) und eine Gleichung für $\overline{\psi}_e = \psi_e^\dagger\gamma_0$:

$$-i\partial_\mu\overline{\psi}_e(x)\gamma^\mu = m\overline{\psi}_e(x) \tag{4.18}$$

---

[1] Im Rahmen des Lagrangeformalismus werden die Quantenfelder wie klassische Felder behandelt.

Wie leicht zu sehen, ist unter der Transformation (4.9):

$$\mathcal{L}'_e(x) = \mathcal{L}_e(x) \tag{4.19}$$

wobei $\mathcal{L}'_e(x)$ bedeuten soll

$$\mathcal{L}'_e(x) = \mathcal{L}_e(\psi'_e(x), \overline{\psi}'_e(x), \partial_\mu \psi'_e(x), \partial_\mu \overline{\psi}'_e(x))$$

mit

$$\psi'_e(x) = e^{ie\rho} \psi_e(x)$$

Die *Aussage des Noether-Theorems* ist nun: Wenn $\mathcal{L}(\psi(x)\ldots)$ invariant ist unter der Transformation des Feldes $\psi(x)$:

$$\psi'(x) = \psi(x) + \delta\psi(x) \tag{4.20}$$

dann gilt, wenn wir mit $\delta\psi$ die Variation des Feldes ψ bezeichnen,

$$\partial_\mu \left(\frac{\partial \mathcal{L}(x)}{\partial(\partial_\mu \psi(x))} \delta\psi(x) \right) = 0 \tag{4.21}$$

Dies läßt sich leicht beweisen, indem man die Variation δ von $\mathcal{L}$ berechnet:

$$\delta\mathcal{L}(x) = \frac{\partial \mathcal{L}(x)}{\partial \psi(x)} \delta\psi(x) + \frac{\partial \mathcal{L}(x)}{\partial(\partial_\mu \psi(x))} \delta(\partial_\mu \psi(x))$$

Mit Hilfe der Bewegungsgleichung (4.16) kann der erste Term umgeschrieben werden und mit $\delta(\partial_\mu \psi) = \partial_\mu(\delta\psi)$ erhält man:

$$\begin{aligned}\delta\mathcal{L}(x) &= \left\{ \partial_\mu \frac{\partial \mathcal{L}(x)}{\partial(\partial_\mu \psi(x))} \right\} \delta\psi(x) + \frac{\partial \mathcal{L}(x)}{\partial(\partial_\mu \psi(x))} \partial_\mu(\delta\psi(x)) \\ &= \partial_\mu \left\{ \frac{\partial \mathcal{L}(x)}{\partial(\partial_\mu \psi(x))} \delta\psi(x) \right\}\end{aligned}$$

(4.21) ergibt sich dann aus der Invarianzbedingung $\delta\mathcal{L}(x) = 0$.
Aus der Transformation (4.9) erhält man für kleine ρ

$$\psi'_e(x) = \psi_e(x) + ie\rho\psi_e(x) + \ldots \tag{4.22}$$

also

$$\delta\psi_e(x) = ie\rho\psi_e(x) \tag{4.23}$$

und somit wird aus (4.21)

4.1 Das Eichprinzip.

$$\partial_\mu \left\{ \frac{\partial \mathcal{L}}{\partial(\partial_\mu \psi_e(x))} (ie\rho \psi_e(x)) \right\} = 0 \qquad (4.24)$$

Für $\rho = $ konst ist dies äquivalent zu

$$\partial_\mu \left\{ ie \frac{\partial \mathcal{L}}{\partial(\partial_\mu \psi_e(x))} \psi_e(x) \right\} = 0 \qquad (4.25)$$

Gl. (4.25) definiert den erhaltenen Strom $J_\mu^{EM}(x)$ (vgl. Abschn. 2.2.5.1).

$$\begin{aligned} J^{EM\mu}(x) &= ie \frac{\partial \mathcal{L}}{\partial(\partial_\mu \psi_e(x))} \psi_e(x) \\ &= -e\overline{\psi}_e(x) \gamma^\mu \psi_e(x) \end{aligned} \qquad (4.26)$$

Die Erhaltung von J_μ^{EM}

$$\partial^\mu J_\mu^{EM} = 0 \qquad \text{(aus (4.25))} \qquad (4.27)$$

führt auf die Erhaltung der elektrischen Ladung, da der Ladungsoperator $\boldsymbol{Q}$ gegeben ist durch:

$$\boldsymbol{Q}(t) = \int J_0^{EM}(x) d^3x = -e \int \overline{\psi}_e(x) \gamma_0 \psi_e(x) d^3x \qquad (4.28)$$

Man erhält damit die Erhaltung der Ladung:

$$\begin{aligned} \partial_t \boldsymbol{Q}(t) &= \int \partial_t J_0^{EM}(x) d^3x = -\int \vec{\nabla} \vec{J}^{EM}(x) d^3x \\ &= -\int \vec{J}^{EM}(x) d\vec{\Omega} = 0 \quad, \end{aligned} \qquad (4.29)$$

da das Oberflächenintegral im Unendlichen verschwindet. Betrachtet man mehrere Teilchenfelder ψ_i gleichzeitig, so wird aus (4.24):

$$\sum_i \partial_\mu \left\{ \frac{\partial \mathcal{L}}{\partial(\partial_\mu \psi_i(x))} (-iq_i \rho \psi_i(x)) \right\} = 0 \qquad (4.30)$$

und somit

$$\partial_\mu \sum_i J_i^{EM\mu} = 0 \quad, \qquad (4.31)$$

wobei die J_i^{EM} die zu den einzelnen Teilchenfeldern mit Ladung q_i gehörenden Ströme sind

$$J_i^{EM\mu} = q_i \overline{\psi}_i \gamma^\mu \psi_i \qquad (4.32)$$

Daraus folgt die Erhaltung der *Summe* aller Ladungen:

$$\partial_t Q = \partial_t \sum_i Q_i = 0 \qquad (4.33)$$

Die Erhaltung der elektrischen Ladung ist die Konsequenz der Invarianz der Bewegungsgleichungen unter Transformation (4.9) bzw. allgemein (4.13). Diese Invarianz bleibt auch unter Berücksichtigung der bekannten Wechselwirkungen bestehen. Wichtig ist dabei, daß sich die verschiedenen Teilchenfelder mit einer Phase proportional zu ihrer elektrischen Ladung transformieren.

Außer der mit der elektrischen Ladung verknüpften globalen Transformation (4.13) sind auch andere globale Transformationen von Bedeutung, bei denen sich die Teilchenfelder entsprechend anderer Quantenzahlen transformieren. Ein Beispiel ist die Baryonenladung b_i (s. Abschn. 1.3.2). Ist $\mathcal{L}$ invariant unter der Transformation

$$\psi'_i(x) = e^{-i b_i \rho} \psi_i(x) \qquad (4.34)$$

so hat dies die Erhaltung der Baryonenzahl B zur Folge:

$$\partial_t B = \partial_t \left\{ \sum_i b_i \int \overline{\psi}_i \gamma_0 \psi_i d^3 x \right\} = 0 \qquad (4.35)$$

Die Beweisführung ist dieselbe, wie bei der elektrischen Ladung, nur daß die elektrischen Ladungen q_i durch die baryonischen Ladungen b_i ersetzt werden.

4.1.2 Lokale (= Eich-)Symmetrien

Nach den globalen Symmetrien des letzten Abschnittes betrachten wir nun sogenannte lokale Symmetrien. Es wird sich zeigen, daß die Forderung nach einer Invarianz unter *lokalen* Transformationen die Existenz einer Wechselwirkung notwendig macht und deren Form festlegt. Als Beispiel betrachten wir folgende Transformation des Elektronfeldes ψ_e:

$$\psi'_e(x) = e^{i e \rho(x)} \psi_e(x) \qquad (4.36)$$

Der Unterschied zur globalen Transformation (4.9) besteht darin, daß jetzt die Phase *eine Funktion von x ist*, also an verschiedenen Raum-Zeit-Punkten verschiedene Werte haben kann. Es ist leicht zu sehen, daß die Dirac-Gleichung für freie Teilchen unter (4.36) *nicht* invariant ist. Sei $\psi_e(x)$ Lösung der Dirac-Gleichung:

$$(-i\gamma^\mu \partial_\mu + m)\psi_e(x) = 0$$

4.1 Das Eichprinzip

Dann ist

$$\begin{aligned}(-i\gamma^\mu\partial_\mu + m)\psi'_e(x) &= (-i\gamma^\mu\partial_\mu + m)e^{i\,e\rho(x)}\psi_e(x)\\ &= e^{i\,e\rho(x)}[(-i\gamma^\mu\partial_\mu + m)\psi_e(x) + e(\partial_\mu\rho(x))\gamma^\mu\psi_e(x)]\\ &= e(\partial_\mu\rho(x))\gamma^\mu\psi'_e(x) \neq 0\end{aligned} \quad (4.37)$$

$\psi'_e(x)$ ist also keine Lösung der freien Dirac-Gleichung. Formal ist der Grund dafür das Auftreten des Zusatztermes in (4.37), welcher durch die Differentiation $\partial_\mu e^{i\,e\rho(x)}$ entsteht. Anschaulich kann man sich folgendes überlegen: Mit keiner Messung kann man die Absolutphase einer Wellenfunktion bestimmen. Das ist äquivalent zu der globalen Symmetrie (4.9). Durch die Transformation (4.36) ändern sich aber auch Phasendifferenzen und Phasendifferenzen lassen sich experimentell bestimmen. Daher ist eine Invarianz unter (4.36) nicht zu erwarten. Wie man dennoch zu einer Invarianz gelangt, wollen wir nun überlegen.

Um unsere Invarianz zu retten, müssen wir versuchen, *gleichzeitig* mit der Transformation (4.36) die elektromagnetische *Wechselwirkung* (das Photonfeld) so zu modifizieren, daß die Wirkung von (4.36) aufgehoben wird, d.h. zu keinen physikalisch nachweisbaren Effekten führt. Das ist möglich.

In diesem Fall nennen wir die *kombinierte* Transformation des Elektronfeldes (4.36) und des Photonfeldes eine *Eichtransformation*.

Es ist nun eine allgemein gültige, nicht auf die elektromagnetische Wechselwirkung beschränkte Feststellung, daß die Forderung nach der Möglichkeit solcher Eichtransformationen die Eigenschaften der entsprechenden Wechselwirkung weitgehend festlegt. Sie verlangt die Existenz von als Informationsträger dienenden Austauschfeldern, wie hier dem Photonfeld. Diese Felder sollten allgemein masselos sein. Wir wollen nun diese Überlegungen in formale Gestalt bringen.

Aus (4.37) ist zu erkennen, daß $\psi'_e(x)$ nicht Lösung der freien Dirac-Gleichung ist. Aber $\psi'_e(x)$ ist Lösung der abgewandelten Gleichung:

$$i\gamma^\mu(\partial_\mu - ie\partial_\mu\rho(x))\psi'_e(x) = m\psi'_e(x) \quad (4.38)$$

Wie ist das in Zusammenhang mit dem oben Gesagten zu interpretieren? Der Operator ∂_μ 'vergleicht' das Quantenfeld $\psi_e(x)$ an benachbarten Raum-Zeit-Punkten:

$$\partial_\mu\psi_e(x) = \lim_{\Delta x_\mu \to 0}\frac{\psi_e(x + \Delta x_\mu) - \psi_e(x)}{\Delta x_\mu} \quad (4.39)$$

Ein solcher Vergleich ist aber physikalisch nicht ohne weiteres sinnvoll, da Information von x nach x+Δx übertragen werden muß. Die Ableitung ∂_μ muß daher ersetzt werden durch die sogenannte kovariante Ableitung D_μ, welche diesem Informationstransport Rechnung trägt.

Die einfachste Lösung wäre nach (4.38)

$$\partial_\mu \to \partial_\mu - ie\partial_\mu\rho(x) \quad (4.40)$$

Der entscheidende letzte Schritt ist aber, die Korrektur $i\partial_\mu \rho(x)$ mit dem physikalischen Photonfeld $A_\mu(x)$ in Verbindung zu bringen. Eine solche Relation läßt sich nicht zwingend herleiten, folgt jedoch aus der schon in der klassischen Mechanik angewandten Methode der *minimalen Kopplung*, welche besagt, daß in der Bewegungsgleichung (4.14) ∂_μ durch $-ieA_\mu(x)$ zu ergänzen ist. Damit läßt sich die *kovariante Ableitung bezüglich* A_μ definieren als

$$D_\mu \equiv \partial_\mu - ieA_\mu(x) \qquad (4.41)$$

Der Operator D_μ wird sich als von fundamentaler Bedeutung erweisen. Ersetzungen von der Form (4.41) werden die *Basis des* sogenannten *Eichprinzips* darstellen, das durch Forderung (lokaler) Eichinvarianz die Form der Wechselwirkung bestimmt. Wir werden analoge Operatoren D_μ kennenlernen, welche die Abel'sche Phasensymmetrie der QED auf die Nicht-Abel'schen Phasensymmetrien der Theorien der schwachen und starken Wechselwirkung verallgemeinern werden.

Der Begriff kovariante Ableitung ist der allgemeinen Relativitätstheorie entlehnt, in welcher die kovariante Ableitung die Bedeutung einer Ableitung in krummlinigen Raum-Zeit-Koordinaten hat (s. z.B. [Mis 73]). Um zwei benachbarte Vektoren vergleichen zu können, muß die normale Ableitung ∂_μ um einen krümmungsabhängigen Zusatzterm korrigiert werden (s. Abb. 4.1).

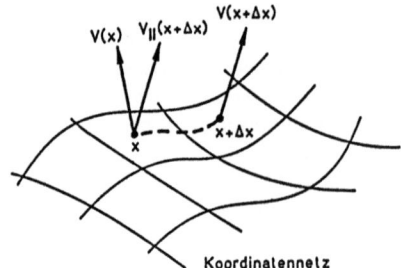

Abb. 4.1: In der allgemeinen Relativitätstheorie ist die kovariante Ableitung eines Vektorfeldes $V(x)$ definiert als

$$\lim_{\Delta x \to 0} \frac{V(x) - V_{\|}(x + \Delta x)}{\Delta x}$$

mit dem von x nach $x + \Delta x$ parallel verschobenen Vektor $V_{\|}(x + \Delta x)$. Diese Definition eliminiert den von einem krummlinigen Koordinatensystem abhängigen Beitrag. Ebenso ist in der im Text definierten kovarianten Ableitung (4.41) die Phasenwillkür der Wellenfunktionen eliminiert.

In der allgemeinen Relativitätstheorie ist die kovariante Ableitung also rein geometrisch zu interpretieren. In den Eichtheorien tritt an die Stelle der Krümmung des Raum-Zeit-Kontinuums sozusagen eine Krümmung in einem Raum von *inneren* Teilchenfreiheitsgraden. Die Information über diese Krümmung ist in den Eichfeldern, hier A_μ, enthalten.

4.1 Das Eichprinzip

Wir setzen nun in der Dirac-Gleichung die kovariante Ableitung (4.41) ein und erhalten:

$$i\gamma^\mu \boldsymbol{D}_\mu \boldsymbol{\psi}_e(x) = m\boldsymbol{\psi}_e(x) \tag{4.42}$$

oder

$$i\gamma^\mu(\partial_\mu - ie\boldsymbol{A}_\mu(x))\boldsymbol{\psi}_e(x) = m\boldsymbol{\psi}_e(x) \tag{4.43}$$

Ausgehend von dieser Gleichung findet man für das transformierte Feld $\boldsymbol{\psi}'_e(x)$:

$$i\gamma^\mu\{\partial_\mu - ie(\boldsymbol{A}_\mu(x) + \partial_\mu\rho(x))\}\boldsymbol{\psi}'_e(x) = m\boldsymbol{\psi}'_e(x) \tag{4.44}$$

Die Form von Gl. (4.43) erhalten wir wieder, wenn wir $\boldsymbol{A}_\mu$ durch $\boldsymbol{A}'_\mu$ ersetzen:

$$i\gamma^\mu\{\partial_\mu - ie\boldsymbol{A}'_\mu(x)\}\boldsymbol{\psi}'_e(x) = m\boldsymbol{\psi}'_e(x) \tag{4.45}$$

mit

$$\boldsymbol{A}'_\mu(x) = \boldsymbol{A}_\mu(x) + \partial_\mu\rho(x)$$

Gleichung (4.43) ist invariant unter den gleichzeitigen Transformationen:

$$\boldsymbol{\psi}'_e(x) = e^{ie\rho(x)}\boldsymbol{\psi}_e(x) \tag{4.46}$$

und

$$\boldsymbol{A}'_\mu(x) = \boldsymbol{A}_\mu(x) + \partial_\mu\rho(x) \tag{4.47}$$

Gl. (4.46) und (4.47) zeigen den Zusammenhang zwischen dem Photonfeld $\boldsymbol{A}_\mu(x)$ und der Transformationsphase $\rho(x)$. Sie heißen zusammen *Eichtransformation* und das Photonfeld $\boldsymbol{A}_\mu(x)$ wird *Eichfeld* der elektromagnetischen Wechselwirkung genannt.

Um die Bedeutung von (4.43) von einer anderen Seite zu beleuchten, betrachten wir die kovariante Ableitung $\boldsymbol{D}_\mu = \partial_\mu - ie\boldsymbol{A}_\mu$ und gehen von der Quantenmechanik zur klassischen Physik zurück, d.h. $i\partial_t \to E$ und $-i\vec{\nabla} \to \vec{p}$. Wir sehen, daß das Feld $\boldsymbol{A}_\mu$ übergeht in das klassische elektromagnetische Feld A_μ mit:

$A_0(x) = \varphi(x)$ = Elektrostatisches Potential
$\vec{A}(x)$ = Vektorpotential

Denn die klassische Bewegungsgleichung des Elektrons im elektromagnetischen Feld erhält man aus derjenigen für das freie Elektron durch die Ersetzungen (s. z.B. [Gol 63]).

$$\begin{aligned} E &\to E + e\varphi(x) \\ \vec{p} &\to \vec{p} + e\vec{A}(x) \end{aligned} \tag{4.48}$$

Dies entspricht der quantenmechanischen Ersetzung $\partial_\mu \to \partial_\mu - ieA_\mu$. Wenn wir nun $\boldsymbol{A}_\mu(x)$ mit dem Photonfeld identifizieren, so muß es natürlich auch den Maxwell-Gleichungen genügen. Diese können zusammengefaßt werden zu:

$$\Box A_\nu(x) - \partial_\nu \partial^\mu A_\mu(x) = J_\nu^{EM}(x) \tag{4.49}$$

mit

$$\Box \equiv \partial_\mu \partial^\mu = \partial_t^2 - \Delta$$

Diese Bewegungsgleichung ist nun ein kritischer Konsistenztest, denn wenn vollständige Invarianz (keine experimentell feststellbare Änderung) unter der Eichtransformation (4.47) gelten soll, so muß auch das transformierte Feld A'_μ Gl. (4.49) erfüllen. Dies ist nun tatsächlich der Fall, denn (wir unterdrücken hier und auch häufig im weiteren die x-Abhängigkeit der einzelnen Felder)

$$\begin{aligned}\Box A'_\nu - \partial_\nu \partial^\mu A'_\mu &= \underbrace{\Box A_\nu - \partial_\nu \partial^\mu A_\mu}_{J_\nu^{EM}} + \Box(\partial_\nu \rho) - \partial_\nu \partial^\mu(\partial_\mu \rho) \\ &= J_\nu^{EM} + \underbrace{\partial_\mu \partial^\mu(\partial_\nu \rho) - \partial_\nu \partial^\mu(\partial_\mu \rho)}_{=0} = J_\nu^{EM}\end{aligned} \tag{4.50}$$

Dies ist ein sehr wichtiger Punkt. Die Invarianz von (4.49) unter (4.47) ist nur möglich aufgrund der Tatsache, daß das Photon masselos ist. Die beschriebene Eichinvarianz ist eine altbekannte Eigenschaft der klassischen Elektrodynamik und kann verwendet werden, um die Bewegungsgleichung (4.49) zu vereinfachen. Wählt man ρ so, daß $\partial^\mu A_\mu = -\partial^\mu \partial_\mu \rho$, so erhält man die Lorentz-Eichung, in welcher gilt

$$\Box A'_\mu = J_\mu^{EM} \tag{4.51}$$

Würde man anstelle von (4.49) die Bewegungsgleichung für ein (hypothetisches) *massives* Photon in Betracht ziehen,

$$(\Box + m^2) A_\mu - \partial_\nu \partial^\mu A_\mu = J_\nu^{EM} \tag{4.52}$$

so wäre diese *nicht verträglich* mit der Eichtransformation (4.47), da der Masseterm nicht invariant bleibt:

$$m^2 A'_\nu = m^2 A_\nu + m^2(\partial_\nu \rho) \neq m^2 A_\nu \tag{4.53}$$

Zusammenfassend haben wir gezeigt, daß die Forderung nach Eichinvarianz (Einsetzen der kovarianten Ableitung D_μ in die Dirac-Gleichung) die Form der elektromagnetischen Wechselwirkung *bestimmt*. Es ist eine *generelle Eigenschaft der Eichtheorien, daß sie prinzipiell die Existenz masseloser Austauschfelder* (hier Photonfeld) *vorhersagen*. Allerdings können diese Austauschfelder sozusagen *nachträglich* über den Effekt der spontanen Symmetriebrechung eine *Masse* erhalten, wie wir dies in Abschn. 4.3 beschreiben werden.

4.2 $SU(2)$, eine Vorstufe zur schwachen Wechselwirkung

4.2.1 $SU(2)$-Transformationen des Dubletts $\binom{\nu}{e}$

Die in den vorigen Abschnitten gemachten Überlegungen sollen jetzt auf die schwache Wechselwirkung ausgedehnt werden. Die elektromagnetische Wechselwirkung stellt das einfachste Beispiel einer Eichtheorie in zweierlei Hinsicht dar.

a) die Forderung nach der Masselosigkeit des Austauschbosons, des Photons, ist in der Realität wirklich erfüllt. Bei der schwachen Wechselwirkung erfordert deren kurze Reichweite eine Beschreibung durch Austausch *massiver* Bosonen. Wie dies im Rahmen einer Eichtheorie möglich ist, wird Gegenstand von Abschn. 4.3 sein.

b) Die lokalen Transformationen (4.36), die zur elektromagnetischen Wechselwirkung führten, sind lediglich Phasentransformationen. Derartige Transformationen werden als $U(1)$ (=*eindimensionale unitäre Transformationen*) klassifiziert. Um eine Wechselwirkung zu erhalten, bei welcher sich die Identität der Teilchen ändert, wie das bei der schwachen Wechselwirkung der Fall ist, sind reine Phasentransformationen nicht ausreichend.

Die notwendige Erweiterung soll nun anhand eines einfachen Modells, das als "erste Eichtheorie-Näherung zur schwachen Wechselwirkung" aufgefaßt werden kann, besprochen werden. Wie schon erwähnt, ist die elektromagnetische Wechselwirkung mit Phasentransformationen verknüpft, welche den Zustandsvektor des Elektrons verändern, bei der schwachen Wechselwirkung dagegen muß sich die Identität der Teilchen ändern. Der schwache leptonische Strom (2.78) verwandelt z.B. ein Neutrino in ein Elektron. Dies kann aber als eine Verallgemeinerung einer einfachen Phasentransformation aufgefaßt werden, *wenn* man Elektron und Neutrino zu einem *einzigen Objekt* zusammenfaßt. Eine Art verallgemeinerte Phase der Wellenfunktion dieses Objektes zeigt dann an, ob es sich um ein Elektron oder ein Neutrino handelt. In (4.36) ersetzen wir den Feldoperator

$$\psi_e(x) \text{ durch } \psi_D(x) = \begin{pmatrix} \psi_\nu(x) \\ \psi_e(x) \end{pmatrix}$$

Die neu definierte Größe $\psi_D(x)$ ist ein zweidimensionaler Vektor mit den Feldoperatoren $\psi_\nu(x)$ und $\psi_e(x)$ als Komponenten, ein sogenanntes *Teilchendublett* (der Index D steht für Dublett). Wenn keine Zweideutigkeiten entstehen, verwenden wir auch die Kurzschreibweise $\binom{\nu}{e}$ für $\psi_D(x)$. Was ist nun die Verallgemeinerung der Transformation (4.36)? Erinnern wir uns an die Argumentation bei deren Einführung: Phasen sind nicht absolut meßbar. $\psi'_e(x)$ ist deshalb gleichwertig mit $\psi_e(x)$. Kann auch ein transformiertes $\psi'_D(x)$ gleichwertig mit $\psi_D(x)$ sein, wenn wir Transformationen zulassen, welche ein Neutrino in ein Elektron verwandeln und umgekehrt? Das scheint nicht der Fall zu sein. In ihren physikalischen Eigenschaften unterscheiden sich Elektron und Neutrino so massiv, daß sich durch eine Messung leicht die Auswirkung einer

Transformation z.B. eines Elektrons in ein Neutrino erkennen läßt. Offensichtlich ist eine völlige Gleichwertigkeit von Neutrino und Elektron in der Natur nicht gegeben. Das hauptsächliche Unterscheidungsmerkmal ist die elektrische Ladung. Könnte man die elektromagnetische Wechselwirkung abschalten, so käme eine Beschreibung, welche Neutrino und Elektron als gleichwertig behandelt, der Realität sehr nahe. Wir vernachlässigen daher zunächst die elektromagnetische Wechselwirkung und gehen in unserem ersten einfachen Modell von der Annahme aus, daß Neutrino und Elektron nur relativ zueinander unterscheidbar sind, daß sich jedoch nicht *absolut* festlegen läßt, was ein Elektron und was ein Neutrino ist.

Es soll also z.B.

$$\psi'_D = \begin{pmatrix} e \\ \nu \end{pmatrix}$$

äquivalent sein zu

$$\psi_D = \begin{pmatrix} \nu \\ e \end{pmatrix}$$

Das soll heißen, daß alle physikalischen Resultate der neu aufzubauenden Theorie von einem Austausch $e \leftrightarrow \nu$ unberührt bleiben. Zum Beispiel hätte dies die Konsequenz, daß der Wirkungsquerschnitt für ν-ν Streuung genau derselbe ist wie für e-e Streuung (nach Abschalten der elektromagnetischen Wechselwirkung!).

Noch haben wir aber kein Analogon zu der Phasentransformation (4.36) gefunden. Letztere enthielt ja den *reellen kontinuierlichen* Parameter ρ, dessen Raum-Zeit-Ableitung $\partial_\mu \rho$ in die Eichtransformation des Feldes A_μ einging. Die Verallgemeinerung einer solchen Phasentransformation sind Transformationen, welche aus der Abbildung sogenannter *Lie'scher Gruppen* resultieren, und ebenfalls von (i.a. mehreren) reellen Parametern abhängen (vgl. dazu Anhang A.5).

Eine der Dublettstruktur von $\psi_D(x)$ adäquate Lie'sche Gruppe ist die Gruppe $SU(2)$. Diese kann definiert werden als die Gruppe aller unitärer 2×2 Matrizen U mit Determinante $+1$. Wir betrachten also die Transformationen:

$$\begin{pmatrix} \psi'_\nu(x) \\ \psi'_e(x) \end{pmatrix} = U(x) \begin{pmatrix} \psi_\nu(x) \\ \psi_e(x) \end{pmatrix} \quad ; U^\dagger = U^{-1} \quad ; \det(U) = +1 \qquad (4.54)$$

in Kurzschreibweise (bereits oben verwendet)

$$\begin{pmatrix} \nu \\ e \end{pmatrix}' = U \begin{pmatrix} \nu \\ e \end{pmatrix} \qquad (4.55)$$

Zur Parametrisierung der Matrizen U benötigt man drei reelle Parameter $(\alpha_1, \alpha_2, \alpha_3)$. Jede unitäre 2×2 Matrix läßt sich durch die Pauli-Matrizen, hier mit τ_i bezeichnet, ausdrücken:

4.2 $SU(2)$, eine Vorstufe zur schwachen Wechselwirkung

$$U(\alpha_1, \alpha_2, \alpha_3) = e^{-\frac{i}{2}(\alpha_1\tau_1 + \alpha_2\tau_2 + \alpha_3\tau_3)} = e^{-\frac{i}{2}\vec{\alpha}\vec{\tau}} \tag{4.56}$$

Die Matrizen $\tau_i/2$ werden *Generatoren* der Transformationen (4.56) genannt, da sich mit ihrer Hilfe *sämtliche* $SU(2)$ Transformationen generieren lassen. Die Matrizen U bilden zusammen mit dem Teilchendublett $\binom{\nu}{e}$ eine Darstellung der $SU(2)$-Gruppe, eine sogenannte Fundamentaldarstellung (s. dazu auch Anhang A.5 und z.B. [Ait 82]).

Um zu einer Wechselwirkung zu gelangen, müssen wir wieder wie im elektromagnetischen Fall *lokale* Transformationen zulassen, d.h. die Parameter $\vec{\alpha}$ sind Funktionen von x. Damit haben wir das $SU(2)$-Analogon zu der Transformation (4.36) gefunden:

$$\begin{pmatrix} \psi'_\nu(x) \\ \psi'_e(x) \end{pmatrix} = e^{-i\vec{\alpha}(x)\vec{\tau}/2} \begin{pmatrix} \psi_\nu(x) \\ \psi_e(x) \end{pmatrix} \tag{4.57}$$

Wir *fordern* Invarianz der noch zu findenden Bewegungsgleichung für $\psi_D(x)$ unter der Transformation (4.57). Um eine solche Bewegungsgleichung zu erhalten, fassen wir zunächst die Dirac-Gleichungen für das *freie* Neutrino und das *freie* Elektron zusammen:

Aus

$$i\gamma_\mu\partial^\mu\psi_\nu - m_\nu\psi_\nu = 0$$

und

$$i\gamma_\mu\partial^\mu\psi_e - m_e\psi_e = 0$$

bilden wir die Matrixgleichung

$$\begin{pmatrix} i\gamma_\mu\partial^\mu & 0 \\ 0 & i\gamma_\mu\partial^\mu \end{pmatrix} \begin{pmatrix} \psi_\nu \\ \psi_e \end{pmatrix} - \begin{pmatrix} m_\nu & 0 \\ 0 & m_e \end{pmatrix} \begin{pmatrix} \psi_\nu \\ \psi_e \end{pmatrix} = \begin{pmatrix} 0 \\ 0 \end{pmatrix} \tag{4.58}$$

welche wir symbolisch schreiben als:

$$i\gamma_\mu\partial^\mu\psi_D - m\psi_D = 0 \tag{4.59}$$

m ist hier eine 2×2-Matrix:

$$\begin{pmatrix} m_\nu & 0 \\ 0 & m_e \end{pmatrix}$$

(Man beachte, daß die Komponenten der Matrix

$$\begin{pmatrix} i\gamma_\mu\partial^\mu & 0 \\ 0 & i\gamma_\mu\partial^\mu \end{pmatrix}$$

selber wieder 4×4 Matrizen im Spinorraum sind).

Für die weiteren Überlegungen wird es notwendig sein, $m_\nu = m_e$ anzunehmen, was ein weiterer Ausdruck der hypothetischen Äquivalenz von Neutrino und Elektron ist. Das entkoppelte Gleichungssystem (4.58) ist nicht invariant unter (4.57). Der Grund ist wieder die Raum-Zeit-Ableitung ∂_μ, welche auch auf die Transformationsparameter $\alpha_i(x)$ wirkt. Da nur der Differentialquotient

$$\partial_\mu \psi_D(x) = \lim_{\Delta x_\mu \to 0} \frac{\psi_D(x + \Delta x_\mu) - \psi_D(x)}{\Delta x_\mu}, \qquad (4.60)$$

jedoch keine endlichen Felddifferenzen in der Bewegungsgleichung auftreten, genügt es, *infinitesimale* Transformationen zu betrachten, was die Rechnungen wesentlich vereinfacht:

$$\psi'_D(x) = 1 - i\vec{\alpha}(x)\vec{\tau}/2\psi_D(x) \quad ; \alpha_j \ll 1 \qquad (4.61)$$

Für das transformierte ψ'_D erhält man dann aus Gl. (4.59) durch Einsetzen von (4.61):

$$\begin{aligned}
&i\gamma_\mu \partial^\mu \psi'_D(x) - m\psi'_D(x) \\
&= i\gamma_\mu \partial^\mu (1 - i\vec{\alpha}(x)\vec{\tau}/2)\psi_D(x) - m(1 - i\vec{\alpha}(x)\vec{\tau}/2)\psi_D(x) \\
&= (1 - i\vec{\alpha}(x)\vec{\tau}/2)(i\gamma_\mu \partial^\mu - m)\psi_D(x) + \gamma_\mu(\partial^\mu \vec{\alpha}(x))\vec{\tau}/2\psi_D(x) \\
&= \gamma_\mu(\partial^\mu \vec{\alpha}(x))\vec{\tau}/2\psi_D(x)
\end{aligned} \qquad (4.62)$$

4.2.2 Die W-Bosonen

Verglichen mit der ursprünglichen Bewegungsgleichung (4.59) enthält (4.62) wieder einen Zusatzterm. Dieser kann wiederum interpretiert werden als Ausdruck des physikalisch notwendigen Informationstransportes von $x + \Delta x$ nach x beim "Vergleich" von $\psi_D(x + \Delta x)$ mit $\psi_D(x)$. $\psi'_D(x)$ genügt dann den gekoppelten Bewegungsgleichungen für Neutrino und Elektron

$$i\gamma^\mu \{\partial_\mu + i(\partial_\mu \vec{\alpha}(x))\vec{\tau}/2)\}\psi'_D(x) - m\psi'_D(x) = 0 \quad , \qquad (4.63)$$

in ausführlicher Matrixform:

$$\begin{aligned}
&i\left\{ \begin{pmatrix} \gamma^\mu \partial_\mu & 0 \\ 0 & \gamma^\mu \partial_\mu \end{pmatrix} + \frac{i}{2}\left[\partial_\mu \alpha_1(x) \begin{pmatrix} 0 & \gamma^\mu \\ \gamma^\mu & 0 \end{pmatrix} + \partial_\mu \alpha_2(x) \begin{pmatrix} 0 & -i\gamma^\mu \\ i\gamma^\mu & 0 \end{pmatrix} \right.\right. \\
&\left.\left. + \partial_\mu \alpha_3(x) \begin{pmatrix} \gamma^\mu & 0 \\ 0 & -\gamma^\mu \end{pmatrix} \right]\right\} \begin{pmatrix} \nu'(x) \\ e'(x) \end{pmatrix} - \begin{pmatrix} m & 0 \\ 0 & m \end{pmatrix} \begin{pmatrix} \nu'(x) \\ e'(x) \end{pmatrix} \\
&= \begin{pmatrix} 0 \\ 0 \end{pmatrix}
\end{aligned} \qquad (4.64)$$

Diese Gleichung geht aus der Gleichung für freie Teilchen (4.58) hervor durch die Ersetzung

4.2 $SU(2)$, eine Vorstufe zur schwachen Wechselwirkung

$$\partial_\mu \rightarrow \partial_\mu + i(\partial_\mu \vec{\alpha}(x))\vec{\tau}/2 \tag{4.65}$$

Nun folgt als entscheidender Schritt die physikalische Interpretation des Zusatstermes $i(\partial_\mu \vec{\alpha}(x))\vec{\tau}/2$. Ebenso wie im elektromagnetischen Falle $\partial_\mu \rho(x)$ mit dem Photonfeld $A_\mu(x)$ verknüpft war, nehmen wir nun an, daß $\partial_\mu \vec{\alpha}(x)$ ebenfalls mit einem physikalischen Teilchenfeld $\vec{W}_\mu(x)$ zusammenhängt. Wir bilden wieder eine *kovariante Ableitung* bezüglich dieses W-Feldes, indem wir in (4.65) $\partial_\mu \vec{\alpha}(x)$ durch $g\vec{W}_\mu(x)$ ersetzen (minimale Kopplung):

$$D_\mu = \partial_\mu + \frac{ig}{2}\vec{W}_\mu(x)\vec{\tau} \tag{4.66}$$

$W_\mu(x)$ gibt wiederum analog zu $A_\mu(x)$ in (4.41) an, wie stark $\psi_D(x+\Delta x)$ zu transformieren ist, wenn es mit $\psi_D(x)$ 'verglichen' werden soll ("Krümmung" im $SU(2)$-Raum). g ist dabei ein freier Kopplungsparameter (Kopplungskonstante), welcher $-e$ im elektromagnetischen Fall entspricht. Die Gleichung — wegen $m_\nu = m_e$ können wir die Matrix m durch den Skalar m ersetzen —

$$(i\gamma^\mu D_\mu - m)\psi'_D(x) = 0 \tag{4.67}$$

ist invariant unter der lokalen $SU(2)$-Transformation (4.61), wenn $W_\mu(x)$ ebenfalls entsprechend transformiert wird. Die analoge Transformation zu (4.47)

$$\vec{W}'_\mu(x) = \vec{W}_\mu(x) + \frac{1}{g}\partial_\mu \vec{\alpha}(x) \quad (falsch!) \tag{4.68}$$

ist aber *nicht* ausreichend, was die explizite Rechnung zeigt. Wir berechnen die linke Seite von (4.67):

$$(i\gamma^\mu D_\mu - m)\psi'_D(x) = [i\gamma^\mu(\partial_\mu + i\frac{g}{2}\vec{W}'_\mu(x)\vec{\tau}) - m]\psi'_D(x) \tag{4.69}$$

Einsetzen von ψ'_D aus (4.61) ergibt:

$$[i\gamma^\mu(\partial_\mu + i\frac{g}{2}\vec{W}'_\mu(x)\vec{\tau}) - m](1 - \frac{i}{2}\vec{\alpha}(x)\vec{\tau})\psi_D(x)$$
$$= (1 - \frac{i}{2}\vec{\alpha}(x)\vec{\tau})[i\gamma^\mu(\partial_\mu + \frac{ig}{2}\vec{W}'_\mu(x)\vec{\tau}) - m]\psi_D(x) +$$
$$+ \frac{1}{2}\gamma^\mu(\partial_\mu\vec{\alpha}(x))\vec{\tau}\,\psi_D(x) - \frac{g}{2}\gamma^\mu[\vec{W}'_\mu(x) \times \vec{\alpha}(x)]\vec{\tau}\,\psi_D(x) \tag{4.70}$$

Die Ersetzung (4.68) für W_μ würde zwar dafür sorgen, daß der unerwünschte Ableitungsterm $1/2 \cdot \gamma^\mu(\partial_\mu \vec{\alpha}(x))\vec{\tau}\psi_D(x)$ durch einen entsprechenden Gegenterm ausgelöscht wird, aber außerdem gibt es einen weiteren Zusatzterm $-(g/2)\gamma^\mu(\vec{W}'_\mu(x) \times \vec{\alpha}(x))\vec{\tau}\psi_D(x)$, welcher kein Analogon bei der Behandlung der elektromagnetischen Wechselwirkung hatte. Dieser weitere Zusatzterm ergibt sich als Folge der *Nichtvertauschbarkeit* der $SU(2)$-Generatoren $\vec{\tau}_i/2$, d.h. als Folge der Relation:

$$[\tau_i, \tau_j] = 2i\epsilon_{ijk}\tau_k \ .$$

Hier ist ϵ_{ijk} der vollständig antisymmetrische Tensor, also $\epsilon_{ijk} = 0$, wenn zwei Indizes identisch sind und $\epsilon_{ijk} = +1$ für gerade und $\epsilon_{ijk} = -1$ für ungerade Permutationen der Indizes.

$\vec{W}_\mu(x)$ ist also so zu transformieren, daß auch dieser unerwünschte Term kompensiert wird. Da $\vec{\alpha}(x)$ infinitesimal klein sein soll, brauchen dabei nur Terme linear in $\vec{\alpha}(x)$ berücksichtigt werden. Die gesuchte Transformationsgleichung für $\vec{W}_\mu$ ist somit:

$$\vec{W}'_\mu(x) = \vec{W}_\mu(x) + \frac{1}{g}\partial_\mu\vec{\alpha}(x) - \vec{W}_\mu(x) \times \vec{\alpha}(x) \tag{4.71}$$

oder

$$W^{i'}_\mu(x) = W^i_\mu(x) + \frac{1}{g}\partial_\mu\alpha_i(x) - \sum_{jk}\epsilon_{ijk}\vec{W}^j_\mu(x)\alpha_k(x) \tag{4.72}$$

Diese und

$$\psi'_D(x) = (1 - i\vec{\alpha}(x)\vec{\tau}/2)\psi_D(x) \tag{4.73}$$

sind die $SU(2)$ Eichtransformationen, welche die Bewegungsgleichung (4.67) invariant lassen. Eine solche Eichtheorie, bei welcher nicht alle Transformationen miteinander vertauschbar sind, wird "nicht-abel'sch" genannt.

Nicht-abel'sche Eichtheorien werden auch Yang-Mills-Theorien genannt. Yang und Mills haben 1954 zum ersten Mal eine derartige Theorie formuliert [Yan 54]. Ihr Versuch, die starke Wechselwirkung auf eine Eichsymmetrie im starken Isospinraum zurückzuführen, scheiterte zwar — das Austauschquant der starken Wechselwirkung hätte mit dem Pion identifiziert werden müssen, welches weder masselos ist, noch Spin 1 besitzt — hat jedoch grundlegende Bedeutung für die modernen Eichtheorien. Wir wollen uns nun mit der physikalischen Interpretation der Bewegungsgleichung (4.67), welche ausführlicher lautet

$$[i\gamma^\mu(\partial_\mu + \frac{ig}{2}\vec{W}_\mu\vec{\tau}) - m]\begin{pmatrix}\nu\\e\end{pmatrix} = 0 \ , \tag{4.74}$$

befassen. Welche Bedeutung hat der Term $(g/2)\gamma^\mu\vec{W}_\mu(x)\vec{\tau}\psi_D(x)$? Im elektromagnetischen Fall konnten wir $A_\mu(x)$ klassisch mit dem elektromagnetischen Feld und quantentheoretisch mit dem Photon identifizieren. Analog wäre $\vec{W}_\mu(x) = (W^1_\mu, W^2_\mu, W^3_\mu)$ mit entsprechenden schwachen Feldern zu identifizieren. Dabei müssen wir aber hier daran erinnern, daß unser einfaches Modell nur eine hypothetische, der schwachen Wechselwirkung in gewissen Punkten ähnliche Wechselwirkung beschreibt. (Makroskopische schwache Felder, wie sie im elektromagnetischen Fall möglich sind, lassen sich nicht realisieren. Das liegt an der enorm großen Masse der

4.2 SU(2), eine Vorstufe zur schwachen Wechselwirkung

physikalischen W-Bosonen. Diese schränkt die schwachen Felder auf Dimensionen von der Größenordnung 10^{-16}cm ein.) Quantentheoretisch beschreibt $\vec{W}_\mu$ drei neue Teilchen mit Spin 1. Der Spin 1 (Vektor)-Charakter ergibt sich ebenso wie beim Photonfeld aus dem Verhalten unter Lorentztransformationen.

Als Bewegungsgleichung für Spin 1-Teilchen kommt prinzipiell die Maxwell-Gleichung (4.49) oder die um einen Masseterm erweiterte Gleichung (4.52) in Frage. Es ist zu prüfen, ob eine derartige Gleichung invariant ist unter der Transformation (4.71). Sehen wir von dem Term $\vec{W}_\mu(x) \times \vec{\alpha}(x)$ in (4.71) ab, so können wir für jedes einzelne Feld W_μ^i analog zu A_μ die Invarianz der Maxwell-Gleichung nachweisen und ebenso die Tatsache, daß ein Masseterm durch Transformationen (4.71) verändert wird (Nichtinvarianz eines Masseterms). Der Zusatzterm $\vec{W}(x) \times \vec{\alpha}(x)$ stört allerdings die Invarianz der Maxwell-Gleichung. Physikalisch ist dies folgendermaßen zu verstehen: Betrachtet man nur ein einzelnes Feld, z.B. W_μ^1, so lautet dessen Transformationsgleichung:

$$W_\mu^{1'}(x) = W_\mu^1(x) + \frac{1}{g}\partial_\mu \alpha_1(x) - (W_\mu^2(x)\alpha_3(x) - W_\mu^3(x)\alpha_2(x)) \tag{4.75}$$

Der störende Zusatzterm enthält also die Felder W_μ^2 und W_μ^3, nicht aber W_μ^1 selbst. Er ist daher als ein Quellenterm zu interpretieren, welcher einen Beitrag zum schwachen Strom liefert. Physikalisch hat er die Bedeutung einer Wechselwirkung zwischen den W-Bosonen. Dies ist ein wichtiger Unterschied zur elektromagnetischen Wechselwirkung, bei der ja Photonen nicht miteinander wechselwirken können. Die W-Bosonen tragen schwache Ladung. Außerdem müssen sie auch elektromagnetische Ladungen tragen, da sie eine Umwandlung von Elektron und Neutrino ineinander bewirken. Um die Wirkung des Termes $\gamma^\mu(g/2)\vec{W}_\mu \vec{\tau} \psi_D(x)$ in der Bewegungsgleichung näher zu untersuchen, bilden wir die Lagrangedichte, aus welcher die Bewegungsgleichungen folgen:

$$\begin{aligned}\mathcal{L} &= \overline{\psi}_D(i\gamma^\mu D_\mu - m)\psi_D - \frac{1}{4}\vec{W}_{\mu\nu}\vec{W}^{\mu\nu} \\ &= \overline{\psi}_D(i\gamma^\mu \partial_\mu - m)\psi_D - \frac{g}{2}\overline{\psi}_D \gamma^\mu \vec{W}_\mu \vec{\tau} \psi_D - \frac{1}{4}\vec{W}^{\mu\nu}\vec{W}_{\mu\nu} \\ &= \mathcal{L}_F + \mathcal{L}_{F-B} + \mathcal{L}_B \end{aligned} \tag{4.76}$$

mit dem Feldstärketensor

$$W_{\mu\nu}^i = \partial^\mu W_\nu^i - \partial^\nu W_\mu^i + g\sum_{jk}\epsilon_{ijk}W_\mu^j W_\nu^k \tag{4.77}$$

$\mathcal{L}_F$, $\mathcal{L}_{F-B}$ und $\mathcal{L}_B$ bezeichnen die Teile von $\mathcal{L}$, welche Fermionenfelder ($\mathcal{L}_F$), Fermion- und Bosonenfelder ($\mathcal{L}_{F-B}$) und nur Bosonenfelder ($\mathcal{L}_B$) enthalten. Der Teil $\mathcal{L}_{F-B}$ beschreibt die Wechselwirkung zwischen Fermionen und Bosonen:

$$\mathcal{L}_{F-B} = -\frac{g}{2}\overline{\psi}_D \gamma^\mu \vec{W}_\mu \vec{\tau} \psi_D \tag{4.78}$$

Die möglichen Wechselwirkungsstrukturen lassen sich in sehr übersichtlicher Weise aus der Lagrangedichte ablesen. Jeder Feldoperator liefert ein entweder einlaufendes oder auslaufendes Teilchen. $\mathcal{L}_{F-B}$ aus (4.78) entspricht also Vertizes von der Form:

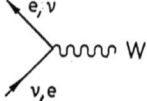

Wir wollen diesen Zusammenhang etwas näher betrachten.

Die durch $\mathcal{L}_{F-B}$ induzierte Übergangsamplitude S_{fi} zwischen zwei Zuständen $|i\rangle$ und $|f\rangle$ ist in 1. Ordnung Störungstheorie gegeben durch (für $|i\rangle \neq |f\rangle$):

$$\begin{aligned}
S_{fi} &= i\langle f| \int d^4x \mathcal{L}_{F-B}(x)|i\rangle \\
&= -i\langle f| \int d^4x \frac{g}{2}\overline{\psi}_D \gamma^\mu \vec{W}_\mu(x) \vec{\tau} \psi_D(x)|i\rangle
\end{aligned} \quad (4.79)$$

$\mathcal{L}_{F-B}$ kann in übersichtlicher Matrixform geschrieben werden:

$$\begin{aligned}
\mathcal{L}_{F-B} &= -\frac{g}{2}(\overline{\nu},\overline{e})\gamma^\mu \left\{ W_\mu^1 \begin{pmatrix} 0 & 1 \\ 1 & 0 \end{pmatrix} + W_\mu^2 \begin{pmatrix} 0 & -i \\ i & 0 \end{pmatrix} \right. \\
&\qquad\qquad \left. + W_\mu^3 \begin{pmatrix} 1 & 0 \\ 0 & -1 \end{pmatrix} \right\} \begin{pmatrix} \nu \\ e \end{pmatrix} \\
&= -\frac{g}{2}(\overline{\nu},\overline{e})\gamma^\mu \begin{pmatrix} W_\mu^3 & W_\mu^1 - iW_\mu^2 \\ W_\mu^1 + iW_\mu^{2^*} & -W_\mu^3 \end{pmatrix} \begin{pmatrix} \nu \\ e \end{pmatrix} \\
&= -\frac{g}{2}(\overline{\nu},\overline{e})\gamma^\mu \begin{pmatrix} W_\mu^3 & \sqrt{2}W_\mu^+ \\ \sqrt{2}W_\mu^- & -W_\mu^3 \end{pmatrix} \begin{pmatrix} \nu \\ e \end{pmatrix}
\end{aligned} \quad (4.80)$$

Im letzten Schritt wurde die Definition eingeführt:

$$\begin{aligned}
W_\mu^+ &= \frac{1}{\sqrt{2}}(W_\mu^1 - iW_\mu^2) \\
W_\mu^- &= \frac{1}{\sqrt{2}}(W_\mu^1 + iW_\mu^2)
\end{aligned} \quad (4.81)$$

$\mathcal{L}_{F-B}$ läßt sich dann in vier Terme zerlegen:

$$\mathcal{L}_{F-B} = -\frac{g}{2}(\overline{\nu}\gamma^\mu W_\mu^3 \nu - \overline{e}\gamma^\mu W_\mu^3 e) - \frac{g}{\sqrt{2}}(\overline{\nu}\gamma^\mu W_\mu^+ e + \overline{e}\gamma^\mu W_\mu^- \nu) \quad (4.82)$$

Die Feldoperatoren $W_\mu^\pm$ und W_μ^3 können W-Bosonen erzeugen und vernichten. Bezeichnen wir die Vernichtungsanteile mit kleinen Buchstaben, so erhalten wir die

4.2 $SU(2)$, eine Vorstufe zur schwachen Wechselwirkung

Aufspaltung (vgl. Anhang):

$$\begin{aligned} W_\mu^\pm &= w_\mu^\pm + (w_\mu^\mp)^\dagger \\ W_\mu^3 &= w_\mu^3 + (w_\mu^3)^\dagger \end{aligned} \tag{4.83}$$

Wir spalten die Feldoperatoren ν und e ebenfalls auf

$$\begin{aligned} \nu &= \nu_- + \nu_+ \\ e &= e_- + e_+ \end{aligned} \tag{4.84}$$

ν_- sei der Teil von ν, welcher ein Neutrino vernichtet, ebenso soll e_- ein Elektron vernichten. ν_+ erzeugt ein Antineutrino und e_+ ein Positron.

Als einfaches Beispiel betrachten wir nun die Wirkung des speziellen Termes $(-g/\sqrt{2})\,\bar{\nu}\,\gamma^\mu\,W_\mu^+\,e$ aus $\mathcal{L}_{F-B}$ auf einen Elektronzustand $|e\rangle$).
Wir erkennen leicht, daß nur beim Elektronoperator der Vernichtungsteil e_- wirksam ist:

$$\begin{aligned} -\frac{g}{\sqrt{2}}\bar{\nu}\gamma^\mu W_\mu^+ e|e^-\rangle &= -\frac{g}{\sqrt{2}}\left\{(\nu_-)^\dagger + \nu_+)^\dagger\right\}\gamma_0\gamma^\mu\left\{w_\mu^+ + (w_\mu^-)^\dagger\right\}\{e_- + e_+\}|e^-\rangle \\ &= -\frac{g}{\sqrt{2}}(\nu_-)^\dagger\gamma_0\gamma^\mu(w_\mu^-)^\dagger e_-|e^-\rangle \\ &\quad -\frac{g}{\sqrt{2}}(\nu_-)^\dagger\gamma_0\gamma^\mu(w_\mu^-)^\dagger e_+|e^-\rangle \end{aligned} \tag{4.85}$$

Im zweiten Term bleibt der anfänglich vorhandene Elektronzustand unberührt. Wenden wir uns deshalb dem ersten Term zu. Dieser beschreibt die Vernichtung des Elektrons und die Erzeugung eines W^- und eines Neutrinos:

$$-\frac{g}{\sqrt{2}}(\nu_-)^\dagger\gamma_0\gamma^\mu(w_\mu^-)^\dagger e_-|e^-\rangle \to |W^-, \nu\rangle \tag{4.86}$$

Das S-Matrixelement für diesen Prozeß ist im Impulsraum:

$$\begin{aligned} -i\langle W^-,\nu|\mathcal{L}_{F-B}|e^-\rangle &= +i\frac{g}{\sqrt{2}}\langle W^-,\nu|(\nu_-)^\dagger\gamma_0\gamma^\mu(w_\mu^-)^\dagger e_-|e^-\rangle \\ &= +i\frac{g}{\sqrt{2}}\bar{u}_\nu(\mathrm{p}_\nu)\gamma_0\gamma^\mu u_e(\mathrm{p}_e)\epsilon_\mu(\mathrm{p}_W)\cdot \\ &\quad \cdot(2\pi)^4\delta^4(\mathrm{p}_\nu + \mathrm{p}_W - \mathrm{p}_e) \end{aligned} \tag{4.87}$$

Dabei ist c_μ der Polarisationsvektor des W^--Bosons.
Die Terme in $\mathcal{L}_{F-B}$, welche ein $W^\pm$ enthalten, haben die Form des Vektoranteils des leptonischen Stromes aus Gl. (2.78), multipliziert mit dem $W^\pm$ Feld-Operator. In einer Eichtheorie-Beschreibung der schwachen Wechselwirkung (s. Kap. 5) werden derartige Terme die Ströme der Fermi-Theorie ersetzen und aus der Strom-Strom-Wechselwirkung wird eine durch die W-Bosonen vermittelte Austauschwechselwirkung. So ergibt z.B. der Term zweiter Ordnung aus der störungstheoretischen Entwicklung der S-Matrix nach $\mathcal{L}_{F-B}$:

$$-\frac{g^2}{2} T\left[\overline{\nu}(x)\gamma^\mu W^+_\mu(x)e(x)\overline{e}(x')\gamma^\nu W^-_\nu(x')\nu(x')\right] \tag{4.88}$$

einen Beitrag zur ν-e-Streuung. Oder die Kombination eines Nukleonendubletts $\begin{pmatrix} p \\ n \end{pmatrix}$ und des Leptonendubletts $\begin{pmatrix} \nu \\ e \end{pmatrix}$ ergibt einen dem Betazerfall entsprechenden Prozeß:

$$-\frac{g^2}{2} T\left[\overline{p}(x)\gamma^\mu W^+_\mu(x)n(x)\overline{e}(x')\gamma^\nu W^-_\nu(x')\nu(x')\right] \tag{4.89}$$

Außer den Beiträgen, welche Elektron und Neutrino ineinander umwandeln und somit die Fermionen-Ladung ändern, enthält $\mathcal{L}_{F-B}$ aber auch Terme, welche an das elektrisch *neutrale* W^3_μ gekoppelt sind. Derartige neutrale Ströme gab es in der Fermi-Theorie nicht. Neben der Existenz der W-Bosonen sind sie eine weitere wichtige neue Eigenschaft unseres Modelles und treten in modifizierter Form auch in der Glashow-Weinberg-Salam Theorie auf (s. Kap. 5).

Bei der Berechnung der Matrixelemente für Prozesse, bei denen ein W-Boson ausgetauscht wird, gehen die W-Propagatoren $P^W_{\mu\nu}(x-x')$ ein, welche definiert sind als die Vakuum-Matrixelemente

$$P^W_{\mu\nu}(x-x') = \langle 0|T[W_\mu(x), W_\nu{}^+(x')]|0\rangle \tag{4.90}$$

$P^W_{\mu\nu}(x-x')$ ist die Green's-Funktion zur Bewegungsgleichung des W-Bosons in niederster Ordnung Störungstheorie und gibt die Amplitude dafür, daß ein an der Stelle x' erzeugtes Boson wechselwirkungsfrei bis zur Stelle x propagiert. Der Formalismus der Quantenfeldtheorie liefert für das Matrixelement (4.90) das Resultat (s. z.B. [Bog 84], [Rom 69], [Bjo 78]):

$$P^W_{\mu\nu}(x-x') = \frac{i}{(2\pi)^4}\int d^4q \, e^{-iq(x-x')}\frac{-g_{\mu\nu} + q_\mu q_\nu/M^2_W}{q^2 - M^2_W} \tag{4.91}$$

Im Impulsraum ist der W-Propagator folglich durch

$$i\frac{-g_{\mu\nu} + q_\mu q_\nu/M^2_W}{q^2 - M^2_W} \tag{4.92}$$

gegeben. An dieser Stelle müssen wir vorläufig noch $M_W = 0$ annehmen (Eichinvarianz!). Später werden wir den realen Fall $M_W > 0$ besprechen.

Eine wesentliche Kritik an der Fermi-Theorie war das divergente Hochenergieverhalten gewesen. Dieses rührte von der Energie-Unabhängigkeit der T-Matrix her. Bei den Austauschprozessen dagegen hängt nun die T-Matrix infolge des W-Propagators vom Impulsübertrag q_μ ab. Für sehr große q^2 ($q^2 \gg M^2_W$) wird die T-Matrix proportional zu $1/q^2$.

Dadurch wird eine Divergenz für hohe Energien ($q^2 \to \infty$) verhindert.

4.2 $SU(2)$, eine Vorstufe zur schwachen Wechselwirkung

4.2.3 Vergleich mit der Realität

Worin unterscheidet sich unsere Modellwechselwirkung von der schwachen Wechselwirkung?

a) Ein offensichtlicher Punkt ist die Paritätsverletzung. Während der schwache leptonische Strom (2.78) rein linkshändig ist, sind die Ströme in (4.82) rein vektoriell und damit paritätserhaltend.

b) Die Eichtransformation (4.71) erfordert, daß die W-Bosonen ebenso wie das Photon masselos sind. Eine durch masselose Teilchen vermittelte Wechselwirkung hat aber unendliche Reichweite (im Ortsraum ergibt die Zeitkomponente des Propagators (4.92) mit $M_W = 0$ ein $1/r$ Potential), was in eklatantem Widerspruch steht zum kurzreichweitigen Charakter der schwachen Wechselwirkung.

c) Bei der Herleitung der Eichtransformationen (4.71) und (4.73) gingen wir von einer Symmetrie zwischen Elektron und Neutrino aus. Diese ist aber offensichtlich gestört durch die elektrische Ladung des Elektrons und durch dessen Masse.

Punkte b) und c) lassen beide den Schluß zu, daß die $SU(2)$ Symmetrie in der Natur nicht wirklich realisiert sein kann. Will man das Konzept der Eichtheorien nicht völlig aufgeben, so ergeben sich zwei Möglichkeiten: Entweder man betrachtet die Eichsymmetrie nur als eine gewisse Näherung an die Wirklichkeit, oder man bedient sich des 'Tricks' der spontanen Symmetriebrechung. Die zweite Möglichkeit ist besonders attraktiv, da sie das Prinzip der Eichsymmetrie nicht antastet. Wir werden den Mechanismus der *spontanen Symmetriebrechung* im nächsten Abschnitt besprechen. Damit kann man massive Eichbosonen erhalten und die unterschiedlichen Eigenschaften von Elektron und Neutrino sind ebenfalls erklärbar. Zunächst ist aber noch kurz auf Punkt a) einzugehen: Der vektorielle Charakter von $\mathcal{L}_{F-B}$ (4.82) ergibt sich aus der Gleichberechtigung von linkshändigen und rechtshändigen Feldkomponenten in der Transformation (4.73). Man kann sich nun fragen, was passiert, wenn nur die linkshändige Komponente an der Transformation beteiligt wird, indem diese durch den Operator $(1-\gamma_5)/2$ herausprojiziert wird (s. Anhang):

$$\psi'_D(x) = \left\{1 - \frac{i}{2}\vec{\alpha}(x)\vec{\tau}\,\frac{(1-\gamma_5)}{2}\right\}\psi_D(x) \tag{4.93}$$

Leider ist unter dieser Transformation und der Transformation (4.71) für W die Bewegungsgleichung (4.67) nicht invariant. Der Grund ist, daß der Faktor $(1-\gamma_5)/2$ nicht mit γ^μ vertauscht werden kann, wohl aber mit dem skalaren Masseterm:

$$\begin{aligned}(i\gamma^\mu D_\mu - m)\psi'_D &= (i\gamma^\mu D_\mu - m)\left\{1 - \frac{i}{2}\vec{\alpha}\vec{\tau}\,\frac{1-\gamma_5}{2}\right\}\psi_D \\ &= \left\{1 - \frac{i}{2}\vec{\alpha}\vec{\tau}\,\frac{1+\gamma_5}{2}\right\}i\gamma^\mu D_\mu \psi_D - \left\{1 - \frac{i}{2}\vec{\alpha}\vec{\tau}\,\frac{1-\gamma_5}{2}\right\}m\psi_D \\ &\neq 0\end{aligned} \tag{4.94}$$

Physikalisch ist dies so zu interpretieren, daß der dynamische Term $i\gamma^\mu D_\mu$ die Linkshändigkeit erhält — der nach *links* wirkende Faktor $(1+\gamma_5)/2$ projiziert ebenfalls auf linkshändige Endzustände (vgl. Gl. (2.85)), nicht aber der Masseterm. Dies ist eine andere Formulierung der wohlbekannten Tatsache, daß nur masselose Teilchen eine definierte, lorentzinvariante Händigkeit besitzen können. Will man also eine linkshändige Eichtheorie auf den $SU(2)_L$ (das L steht für linkshändig) -Transformationen (4.93) aufbauen, so ist dies nur mit masselosen Fermionen möglich. Eine solche Theorie läßt also überhaupt keine Massen zu, weder für die Austauschbosonen, noch für die Fermionen. Verglichen mit der bisherigen Situation bedeutet dies aber keine neue Schwierigkeit, da ja auch schon die normale $SU(2)$-Symmetrie die Gleichheit von Elektron- und Neutrinomasse verlangte, was genausowenig der Realität entspricht.

4.3 Spontane Symmetriebrechung

Es soll nun der Mechanismus besprochen werden, mit welchem es möglich ist, das Eichprinzip zu retten und trotzdem die oben angesprochenen Diskrepanzen zur Realität aufzulösen.

Von einer *spontanen Symmetriebrechung* spricht man allgemein dann, wenn zwar die fundamentale Lagrangedichte wie in Abschn. 4.1.1 beschrieben unter den Eichtransformationen invariant ist, aber das *Vakuum* die Eichsymmetrie nicht mehr besitzt. Das Vakuum ist nicht etwa leerer Raum, sondern ist definiert als Grundzustand der Quantenfelder und kann somit durchaus sehr verschiedenartige physikalische Eigenschaften besitzen. Die Möglichkeit, Invarianz der Bewegungsgleichungen, aber nicht des Vakuums, unter einer Transformation U zu haben, ergibt sich aus Folgendem: Das Vakuum $|0\rangle$ ist definiert als Zustand mit minimaler Energie $E_{\min}$. Damit gilt für den Hamilton-Operator H:

$$H|0\rangle = E_{\min}|0\rangle \qquad (4.95)$$

Sind nun die Bewegungsgleichungen invariant unter einer Transformation U, so ist H mit U vertauschbar:

$$[H, U] = 0 \qquad (4.96)$$

Damit erhält man für das transformierte Vakuum:

$$H(U|0\rangle) = UH|0\rangle = UE_{\min}|0\rangle = E_{\min}U|0\rangle \qquad (4.97)$$

Also ist $U|0\rangle$ ebenfalls ein Zustand mit Energie $E_{\min}$, und wenn es nur einen eindeutigen Vakuumzustand $|0\rangle$ gibt, so folgt:

$$U|0\rangle = |0\rangle \quad , \qquad (4.98)$$

d.h. das Vakuum ist ebenfalls invariant unter U. Gibt es aber mehrere entartete Vakuumzustände $|0\rangle_i$, so ist auch möglich

4.3 Spontane Symmetriebrechung

$$U|0\rangle_i = |0\rangle_j, \quad i \neq j, \tag{4.99}$$

denn der transformierte Zustand $U|0\rangle_i$ muß ja die Bedingung minimaler Energie erfüllen. Das Vakuum ist somit nicht notwendigerweise invariant unter U.

Das Prinzip der spontanen Symmetriebrechung ist durchaus ein geläufiges Phänomen in anderen Zweigen der Physik. Ein Beispiel ist die Bildung von Kristallen aus Flüssigkeiten unterhalb einer kritischen Temperatur. Die Kristalle (welche bei $T = 0$ das Phononvakuum darstellen) besitzen Vorzugsrichtungen und respektieren daher nicht die volle Rotationssymmetrie der Ausgangsgleichungen. Ein weiteres Beispiel sind ferromagnetische Stoffe. Oberhalb der Curie-Temperatur sind die Elektronenspins rein statistisch verteilt. Beim Unterschreiten der Curie-Temperatur richten sich diese aber innerhalb der Weiß'schen Bezirke einheitlich aus.

Zwei Punkte sind an diesen Beispielen bemerkenswert:

1. Die volle Symmetrie ist wiederhergestellt im flüssigen Zustand, bzw. oberhalb der Curie-Temperatur.
2. Die Vorzugsrichtungen sind zufällig. Alle Richtungen sind prinzipiell gleichberechtigt. Bei der Bildung sehr vieler Kristalle, bzw. sehr vieler Weiß'scher Bezirke sind somit alle Vorzugsrichtungen vertreten.

Sowohl globale als auch lokale (Eich-)Symmetrien können spontan gebrochen sein. Spontan gebrochene globale Symmetrien haben allerdings die unschöne Eigenschaft, daß sie untrennbar mit der Existenz eines masselosen skalaren Teilchens, des *Nambu-Goldstone-Bosons*, verknüpft sind ([Gol 61], [Nam 60], vgl. auch Abschn. 4.3.2). In der Elementarteilchenphysik gibt es nur einen Kandidaten für ein solches Teilchen, nämlich das Pion als Nambu-Goldstone-Boson einer spontan gebrochenen globalen chiralen Symmetrie (s. auch Kap. 2.2.5.2). Wir beschäftigen uns deshalb im folgenden mit der spontanen Brechung von Eichsymmetrien. Dies spielt für die Beschreibung der schwachen Wechselwirkung und auch bei den Großen Vereinigungstheorien eine große Rolle.

4.3.1 Higgs-Felder

Soll eine spontane Symmetriebrechung nach (4.99) vorhanden sein, so muß das Vakuum eine charakteristische Eigenschaft besitzen, welche die Unterscheidung verschiedener gleichwertiger Vakuumzustände zuläßt. Gehen wir zunächst wieder von dem Beispiel eines Kristalles bei $T = 0$ als Phononvakuum aus. Wichtig ist, daß hier das Vakuum nicht eigenschaftsloses Nichts bedeutet. Das Vakuum ist vielmehr ein Medium, in welchem sich die physikalischen Prozesse abspielen. Diese Prozesse, wie z.B. Fortpflanzung von Phononen (Schall) oder Photonen (Licht) werden stark beeinflußt von der Struktur dieses Mediums (Kristallstruktur). Ebenso läßt sich das Vakuum in der Elementarteilchenphysik als Zustand verstehen, dessen Eigenschaften stark durch sogenannte Higgs-Felder beeinflußt werden ([Hig 64],[Kib 67]). Als Higgs-Felder bezeichnet man skalare (Spin = 0) Teilchenfelder mit der charakteristischen Eigenschaft, daß der Zustand niedrigster Energie (= Vakuum) nicht, wie man das von anderen Feldern her üblicherweise kennt, bei einem verschwindenden, sondern bei einem *endlichen* Erwartungswert des Feldes erreicht wird.

Die Bewegungsgleichungen der W-Bosonen werden dann durch Wechselwirkung mit dem Higgsfeld so modifiziert werden, als hätten die Austauschbosonen eine Masse. Wir müssen hier betonen, daß es bisher keinerlei experimentelle Evidenz für die Existenz eines solchen Higgs-Feldes gibt. Wir haben es im Folgenden mit einer rein spekulativen Idee zu tun, die ihre Rechtfertigung lediglich aus dem Glauben an das Eichprinzip als grundlegendes Naturprinzip bezieht.

Wir betrachten nun als Beispiel ein Higgs-Feld $\Phi(x)$, welches aus zwei komplexen Komponenten ϕ^+ und ϕ^0 besteht und mit dem eine spontane Brechung der $SU(2)$-Symmetrie ermöglicht wird:

$$\Phi(x) = \begin{pmatrix} \phi^+(x) \\ \phi^0(x) \end{pmatrix} = \frac{1}{\sqrt{2}} \begin{pmatrix} \phi_1^+(x) + i\phi_2^+(x) \\ \phi_1^0(x) + i\phi_2^0(x) \end{pmatrix} \qquad (4.100)$$

$\phi_1^+, \phi_2^+, \phi_1^0, \phi_2^0$ reell

ϕ^+ ist positiv geladen und ϕ^0 ist elektrisch neutral.

Außer diesem Dublett sind auch andere Varianten denkbar, mit welchen eine spontane Brechung der $SU(2)$-Symmetrie möglich wäre, so etwa ein Higgs-Triplett. Gl. (4.100) stellt allerdings die minimal notwendige Feldkonfiguration dar.

4.3.2 Das Higgs-Potential

Wir besprechen nun das für ein Higgs-Feld charakteristische Verhalten. Dazu betrachten wir zunächst das Quantenfeld eines "normalen" skalaren Teilchens, etwa das Feld ϕ_π des Pions. Die Bewegungsgleichung eines freien solchen Teilchens ist die Klein-Gordon-Gleichung, welche aus folgender Lagrange-Funktion ableitbar ist:

$$\mathcal{L}_\pi^0 = \frac{1}{2}(\partial_\mu \phi_\pi)^\dagger (\partial^\mu \phi_\pi) - \frac{1}{2} m_\pi^2 \phi_\pi^\dagger \phi_\pi \qquad (4.101)$$

Will man die gegenseitige Wechselwirkung der Pionen berücksichtigen, so hat man zu $\mathcal{L}_\pi^0$ einen Term quadratisch in $\phi_\pi^\dagger \phi_\pi$ zu addieren:

$$\mathcal{L}_\pi = \frac{1}{2}(\partial_\mu \phi_\pi)^\dagger (\partial^\mu \phi_\pi) - \frac{1}{2} m_\pi^2 \phi_\pi^\dagger \phi_\pi - \frac{1}{4}\lambda (\phi_\pi^\dagger \phi_\pi)^2 \qquad (4.102)$$

In Analogie zu einem klassischen Feld können wir nun die nichtkinetischen Terme als Potential(-Operator) $V(\phi_\pi^\dagger \phi_\pi)$ des Quantenfeldes ϕ_π auffassen:

$$\mathcal{L}_\pi = \frac{1}{2}(\partial_\mu \phi_\pi)^\dagger (\partial^\mu \phi_\pi) - V(\phi_\pi^\dagger \phi_\pi) \qquad (4.103)$$

$$V(\phi_\pi^\dagger \phi_\pi) = \frac{1}{2} m_\pi^2 \phi_\pi^\dagger \phi_\pi + \frac{1}{4}\lambda (\phi_\pi^\dagger \phi_\pi)^2 \qquad (4.104)$$

4.3 Spontane Symmetriebrechung

Neue Physik erhalten wir nun, wenn wir m_π^2 ebenso wie λ lediglich als *Entwicklungskoeffizient* dieses Potentials um den Punkt $\phi_\pi = 0$ betrachten. Wir können dann zu einem Potential übergehen, dessen führender Entwicklungskoeffizient *negativ* ist. Setzen wir anstelle von ϕ_π das Dublett Φ aus (4.100), so erhalten wir das Higgs-Potential für dieses Dublett:

$$V(\Phi^\dagger \Phi) = -\mu^2 \Phi^\dagger \Phi + \lambda (\Phi^\dagger \Phi)^2 \tag{4.105}$$
$$\mu^2 > 0$$
$$\lambda > 0$$

(Man beachte, daß der Faktor $1/\sqrt{2}$ in der Darstellung von Φ durch die *reellen* Felder in (4.100) gerade den Vorfaktoren in (4.104) entspricht.)

Der Parameter μ kann jetzt allerdings nicht mehr als physikalische Masse interpretiert werden. Das Minimum des Higgs-Potentiales liegt nicht bei $\Phi = 0$, sondern bei einem endlichen Wert. Physikalische *Higgs-Teilchen* entsprechen dann Anregungen um dieses Minimum, und die Masse dieser Teilchen erhält man aus der Entwicklung von $V(\Phi^\dagger \Phi)$ um $\Phi_{\min}$. Die Masse der W-Bosonen resultiert aus der Wechselwirkung mit dem auch schon im Vakuum vorhandenen Feld $\Phi_{\min}$. Wir wollen diese Ideen nun quantitativ durchführen und betrachten die Lagrangedichte $\mathcal{L}_\Phi$ des Higgs-Feldes $\Phi(x)$ aus (4.100).

Da die gesamte Lagrange-Funktion eichinvariant bleiben soll, verlangen wir von $\mathcal{L}_\Phi$ ebenfalls $SU(2)$-Invarianz, also Invarianz unter den infinitesimalen und lokalen Transformationen:

$$\Phi'(x) = \{1 - \frac{1}{2}\vec{\alpha}\vec{\tau}\}\Phi(x) \tag{4.106}$$

Um dies zu erreichen, muß die normale Raum-Zeit-Ableitung ∂_μ ebenso wie bei den Fermionen-Feldern durch die kovariante Ableitung D_μ ersetzt werden:

$$\partial_\mu \rightarrow D_\mu = \partial_\mu + \frac{ig}{2}\vec{W}_\mu \vec{\tau}$$

Die $SU(2)$-invariante Lagrange-Dichte $\mathcal{L}_\Phi$ für Φ ist dann:

$$\mathcal{L}_\Phi = (D_\mu \Phi)^\dagger (D^\mu \Phi) + \mu^2 \Phi^\dagger \Phi - \lambda (\Phi^\dagger \Phi)^2 \tag{4.107}$$

Das Vakuum wird als Zustand niedrigster Energie berechnet, wobei Φ wie ein *klassisches* Feld behandelt wird. Man fordert also minimale potentielle Energie, d.h.[2] $V(\Phi_{\min}) = $ minimal, und verschwindende kinetische Energie: $(\partial_\mu \Phi_{\min})^\dagger (\partial^\mu \Phi_{\min}) = 0$. Das Verschwinden der kinetischen Energie ist gewährleistet durch: $\Phi(x) = $ konst. Es existieren aber durchaus auch Lösungen minimaler Energie mit $\Phi(x) \neq$ konst. Solche als *Instantonen* bezeichneten Feldkonfigurationen erhält

---

[2] Genau genommen müßte es heißen: $V(\Phi_{min}^\dagger \Phi_{min}) = $ minimal. Der Übersichtlichkeit wegen verwenden wir jedoch vielfach die vereinfachte (ungenaue) Schreibweise.

man, wenn man anstelle von $(\partial_\mu \Phi)^\dagger (\partial^\mu \Phi)$ den eichinvarianten Beitrag $(D_\mu \Phi)^\dagger (D^\mu \Phi) + \vec{W}_{\mu\nu} \vec{W}^{\mu\nu}$ minimiert. Es ist leicht nachzurechnen, daß die potentielle Energie minimal ist für (wir sehen von Instanton-Lösungen ab)

$$\Phi_{\min} = \frac{1}{\sqrt{2}} \begin{pmatrix} 0 \\ v \end{pmatrix} \quad \text{mit } v = \sqrt{\mu^2/\lambda} \ . \tag{4.108}$$

Wenn wir Φ nun wieder als Quantenfeld interpretieren, so besitzt dieses den endlichen Vakuumerwartungswert (VEW)[3]

$$\langle \Phi \rangle = \Phi_{\min} = \frac{1}{\sqrt{2}} \begin{pmatrix} 0 \\ v \end{pmatrix} \tag{4.109}$$

Aber auch alle Zustände, welche aus (4.108) durch eine globale $SU(2)$-Transformation hervorgehen

$$\Phi'_{\min} = e^{i\vec{\alpha}\vec{\tau}/2} \frac{1}{\sqrt{2}} \begin{pmatrix} 0 \\ v \end{pmatrix} \neq \Phi_{\min} \ , \tag{4.110}$$

besitzen dieselbe minimale Energie und sind deshalb ebenfalls mögliche Vakuumzustände. Das Vakuum ist also einerseits nicht $SU(2)$-invariant und es gibt andererseits unendlich viele völlig äquivalente mögliche Vakua.

Die Situation läßt sich graphisch darstellen (Abb. 4.2) für ein *einkomponentiges* komplexes Higgs-Feld φ, mit welchem zwar eine $SU(2)$-Brechung nicht erreicht werden kann, bei welchem aber ebenfalls schon eine Entartung des Vakuums auftritt.

Das *tatsächlich vorhandene* Vakuum, bzw. welcher der entarteten Vakuumzustände in der Natur realisiert ist, ist als ein Zufallsprodukt zu betrachten. Wir wissen aber, daß das physikalische Vakuum elektrisch neutral ist und somit ist (4.108) bis auf einen unwichtigen Phasenfaktor die einzige Möglichkeit, welche nicht in sofortigem Konflikt mit der Realität steht.

Wir betrachten nun folgende Parametrisierung von Anregungen des Feldes Φ um $\Phi_{\min}$:

$$\Phi(x) = e^{i\vec{\xi}(x)\vec{\tau}} \frac{1}{\sqrt{2}} \begin{pmatrix} 0 \\ v + \eta(x) \end{pmatrix} \tag{4.111}$$

Wie haben wir die (reellen) Felder $\vec{\xi}(x)$ und $\eta(x)$ zu interpretieren? $\vec{\xi}(x)$ ist eine Anregung von $\Phi(x)$ *entlang* des Potentialminimums. Man könnte daher versucht sein, das Feld $\vec{\xi}(x)$ mit drei neuen skalaren Teilchen mit Masse Null in Verbindung zu bringen. In der Tat wäre dies in einer Theorie ohne Eichsymmetrie der Fall und

---

[3] Bei dieser Argumentation wurde Φ wie ein klassisches Feld behandelt und die durch Quanteneffekte entstehenden Korrekturen vernachlässigt. Die Situation kann jedoch so interpretiert werden, daß $\mathcal{L}_\Phi$ schon ein effektives Potential enthält, welches Quantenkorrekturen berücksichtigt. Daß ein solches effektives Potential existieren kann, müßte allerdings gezeigt werden.

4.3 Spontane Symmetriebrechung

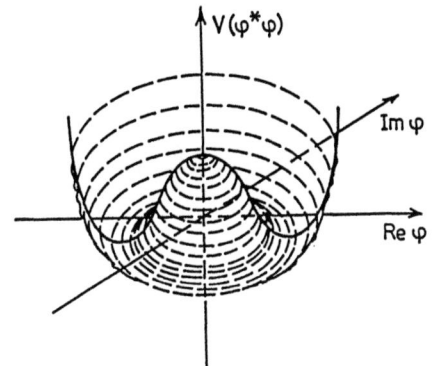

Abb. 4.2: Potential $V(\varphi^*\varphi)$ eines einkomponentigen komplexen Higgs-Feldes φ (nach [Gre 86]).

$\vec{\xi}(x)$ entspräche dann den lästigen *Goldstone-Bosonen*. Wir haben aber in (4.110) lediglich von der globalen, nicht aber von der lokalen $SU(2)$-Symmetrie Gebrauch gemacht. Nutzen wir nun die lokale Symmetrie aus, so können wir das Feld $\vec{\xi}(x)$ durch eine Eichtransformation eliminieren:

$$\Phi'(x) = e^{-i\vec{\xi}(x)\vec{\tau}} \Phi(x) = e^{-i\vec{\xi}(x)\vec{\tau}} e^{i\vec{\xi}(x)\vec{\tau}} \frac{1}{\sqrt{2}} \begin{pmatrix} 0 \\ v + \eta(x) \end{pmatrix}$$
$$= \frac{1}{\sqrt{2}} \begin{pmatrix} 0 \\ v + \eta(x) \end{pmatrix} \tag{4.112}$$

Das Feld $\vec{\xi}(x)$ besitzt somit keine physikalische Realität. Nur das einkomponentige skalare Feld $\eta(x)$ ist als physikalisches Teilchen, als *Higgs-Teilchen*, zu interpretieren. Das Higgs-Feld $\Phi(x)$, welches ursprünglich vier Freiheitsgrade besaß, hat also drei dieser Freiheitsgrade "eingebüßt". Diese drei Freiheitsgrade tauchen jedoch wieder auf bei den W-Bosonen, wenn diese eine Masse erhalten. Masselose Spin 1 Bosonen haben lediglich zwei transversale Polarisationsfreiheitsgrade (siehe Photon), massive besitzen dagegen außerdem einen weiteren Freiheitsgrad für longitudinale Polarisation. Man sagt, die Eichbosonen haben die Goldstone-Bosonen "aufgegessen".

Um die Masse des η-Teilchens zu berechnen, entwickeln wir das Potential V (Gl. (4.105)) um das Minimum $\Phi_{\min}$ mit Hilfe von (4.112):

$$V(\eta) = -\frac{1}{4}\mu^2 v^2 + \mu^2 \eta^2 + \lambda v \eta^3 + \frac{1}{4}\lambda \eta^4 \tag{4.113}$$

Daraus ist zu erkennen, daß das η-Teilchen (Higgs-Teilchen) die Masse

$$m_\eta = \sqrt{2\mu^2} \tag{4.114}$$

besitzt (s. auch Abschn. 5.1.5).

4.3.3 W-Massen

Betrachten wir nun die Auswirkung dieser Higgs-Felder auf die W-Bosonen in unserem hypothetischen Modell. Eine Wechselwirkung beider Felder wird impliziert durch den $SU(2)$-invarianten kinetischen Term in $\mathcal{L}_\Phi$:

$$\begin{aligned}
(D_\mu \Phi)^\dagger D^\mu \Phi &= \left\{\left(\partial_\mu + \frac{ig}{2}\vec{\tau}\vec{W}_\mu\right)\Phi\right\}^\dagger \left(\partial^\mu + \frac{ig}{2}\vec{\tau}\vec{W}^\mu\right)\Phi \\
&= \frac{g^2}{4}\Phi^\dagger(\vec{\tau}\vec{W}_\mu)^\dagger(\vec{\tau}\vec{W}^\mu)\Phi + \ldots \\
&= \frac{g^2}{4}\sum_{ij}W^i_\mu W^{j\mu}\Phi^\dagger \cdot \underbrace{\tau_i\tau_j}_{=\begin{cases}-\tau_j\tau_i & \text{für } i\neq j\\ 1 & \text{für } i=j\end{cases}} \cdot \Phi + \ldots \quad (4.115) \\
&= \frac{g^2}{4}\sum_i W^i_\mu W^{i\mu}\Phi^\dagger \Phi + \ldots \\
&= \frac{g^2}{8}\vec{W}_\mu \vec{W}^\mu (0, v+\eta)\begin{pmatrix}0\\ v+\eta\end{pmatrix} + \ldots \\
&= \frac{g^2 v^2}{8}\vec{W}_\mu \vec{W}^\mu + \frac{g^2 v}{8}\vec{W}_\mu \vec{W}^\mu 2\eta + \ldots
\end{aligned}$$

Der Term $(g^2 v^2/8)\vec{W}_\mu \vec{W}^\mu$ in der Lagrange-Funktion entspricht einer Masse des W-Bosons $M_W = gv/2$. Durch Variation von $\mathcal{L}$ nach W^i_μ ergibt sich nämlich die Bewegungsgleichung:

$$\left(\Box + \frac{g^2 v^2}{4}\right)W^i_\mu = J^w_\mu \quad (4.116)$$

Dabei soll J^w_μ alle Stromterme enthalten, ausgenommen den vom konstanten Vakuumerwartungswert des Φ-Feldes verursachten Term. Die W-Bosonen erhalten somit eine Masse als Folge ihrer Wechselwirkung mit dem im Vakuum vorhandenen Φ-Feld. Diese Massen stehen nicht in Konflikt mit der $SU(2)$-Eichinvarianz, da letztere durch das Φ-Feld zerstört wird. Die so erzeugte W-Boson-Masse ist nicht "manifest", d.h. unabänderlich vorgegeben, sondern nur "effektiv". Damit meinen wir das Folgende: Da die W-Masse das Ergebnis einer spontanen Symmetriebrechung ist, erwartet man eine kritische Temperatur T_K — äquivalent einer thermischen Energie $E_K = kT_K$ — oberhalb derer die Symmetrie wiederhergestellt sein sollte und die W-Massen verschwinden. Wodurch wird dieser Phasenübergang bewirkt? Der Vakuumzustand mit

$$\Phi_{\min} = \frac{1}{\sqrt{2}}\begin{pmatrix}0\\ v\end{pmatrix}$$

war aus der Forderung nach minimaler potentieller Energie und nach Verschwinden der kinetischen Energie hervorgegangen. Bei vorhandener thermischer Energie ist aber

4.3 Spontane Symmetriebrechung

die kinetische Energie des Higgs-Feldes nicht mehr vernachlässigbar. Das Higgs-Feld fluktuiert um den Wert $\Phi_{\min}$ mit einer durch die thermische Energie vorgegebenen Amplitude. Steigt die thermische Energie über den kritischen Wert E_K, so werden die Schwankungen von $\boldsymbol{\Phi}(x)$ so stark, daß die im Vakuum durch die Bedingung $\Phi_{\min}$ =konst gegebene Korrelation zwischen verschiedenen Raum-Zeit-Punkten verloren geht und sich ein Zustand mit $\langle \boldsymbol{\Phi} \rangle = 0$ einstellt. Die Ordnung des $\boldsymbol{\Phi}$-Feldes wird durch die thermische Energie zerstört und man spricht von einem Phasenübergang bei der kritischen Temperatur T_K. Der Zustand oberhalb T_K ist, im Gegensatz zum Vakuum, $SU(2)$-invariant, da ja $\langle \boldsymbol{\Phi} \rangle = 0$ ist (die Symmetrie-Brechung wurde ja durch $\langle \boldsymbol{\Phi} \rangle \neq 0$ hervorgerufen). Ebenso verschwindet der Masseterm der W-Bosonen:

$$\frac{g^2 v^2}{8} \vec{W}_\mu \vec{W}^\mu = \frac{g^2 \langle \boldsymbol{\Phi} \rangle^2}{4} \vec{W}_\mu \vec{W}^\mu \xrightarrow{T \geq T_K} 0 \qquad (4.117)$$

(vgl. Gl. (4.115)).

Zum Schluß soll noch erwähnt werden, daß sich auf ähnliche Weise auch *effektive Fermionenmassen* erzeugen lassen. Dazu ist ein Wechselwirkungsterm zwischen Fermionen und Higgs-Feldern einzuführen. Solche Terme sind ebenfalls in der im nächsten Kapitel beschriebenen Glashow-Weinberg-Salam Theorie enthalten.

5 Die Glashow-Weinberg-Salam Theorie der elektroschwachen Wechselwirkung

5.1 Die Verkopplung von schwacher und elektromagnetischer Wechselwirkung

5.1.1 Die Notwendigkeit einer gemeinsamen Beschreibung

Nachdem im letzten Kapitel anhand eines einfachen Modelles die generellen Prinzipien einer Eichtheorie behandelt wurden, soll nun die Glashow-Weinberg-Salam (GWS)-Theorie ([Gla 61], [Wei 67], [Sal 68]) der elektroschwachen Wechselwirkung besprochen werden. Von der elektromagnetischen Wechselwirkung wissen wir, daß sie durch eine $U(1)$-Eichtheorie beschrieben wird. Für die schwache Wechselwirkung waren wir im letzten Kapitel zunächst von einer $SU(2)$-Eichgruppe ausgegangen. Elektromagnetische und schwache Wechselwirkung können jedoch nicht als *getrennte* Eichtheorien behandelt werden. Das ist schon daraus zu erkennen, daß die in dem $SU(2)$-Dublett untergebrachten Leptonen, das Elektron und das Neutrino, unterschiedliche elektrische Ladung tragen.

Dazu betrachte man folgende Argumentation: Würde man versuchen, beide Wechselwirkungen als *unabhängige* Eichtheorien darzustellen, also beide durch das direkte Produkt $SU(2)_{schwach} \otimes U(1)_{EM}$ zu beschreiben, so würde das per definitionem implizieren, daß die Transformationen beider Gruppen miteinander vertauschbar sein müssen. Um zu erkennen, daß dies Gleichheit der elektrischen Ladung von Elektron und Neutrino bedeuten würde, betrachten wir das Produkt einer infinitesimalen $SU(2)$- und einer infinitesimalen $U(1)$-Transformation, wobei wir die Bedeutung der $U(1)$-Gruppe zunächst offen lassen und die $U(1)$-Ladungen von Elektron und Neutrino allgemein mit q_e und q_ν bezeichnen:

$$\underbrace{(1-\frac{i}{2}\vec{\alpha}\vec{\tau})}_{SU(2)}\underbrace{\begin{pmatrix}(1-iq_\nu\beta)\nu\\(1-iq_e\beta)e\end{pmatrix}}_{U(1)}$$

$$= (1-\frac{i}{2}\vec{\alpha}\vec{\tau})(1-\frac{i}{2}\beta(q_\nu+q_e)-\frac{i}{2}\beta(q_\nu-q_e)\tau_z)\begin{pmatrix}\nu\\e\end{pmatrix} \qquad (5.1)$$

Vertauschbarkeit von $SU(2)$- und $U(1)$-Transformationen würde nun bedeuten:

$$\left(1-\frac{i}{2}\vec{\alpha}\vec{\tau}\right)\left(1-\frac{i}{2}\beta(q_\nu+q_e)-\frac{i}{2}\beta(q_\nu-q_e)\tau_z\right)$$

$$= \left(1-\frac{i}{2}\beta(q_\nu+q_e)-\frac{i}{2}\beta(q_\nu-q_e)\tau_z\right)\left(1-\frac{i}{2}\vec{\alpha}\vec{\tau}\right) \qquad (5.2)$$

für alle $\vec{\alpha},\beta$. Da aber die τ-Matrizen nicht vertauschbar sind, ist dies nur möglich, wenn der Term $\frac{1}{2}\beta(q_\nu-q_e)\tau_z$ verschwindet und es würde folgen:

5.1 Die Verkopplung von schwacher und elektromagnetischer Wechselwirkung

$$q_\nu = q_e \tag{5.3}$$

Würden wir diese $U(1)$-Gruppe mit der elektromagnetischen Eichgruppe $U(1)_{EM}$ identifizieren, so würde (5.3) folglich die Gleichheit der elektrischen Ladung von Elektron und Neutrino verlangen.

Ein weiterer zunächst weniger offensichtlicher Grund, weshalb elektromagnetische und schwache Wechselwirkung gemeinsam behandelt werden müssen, ist die Struktur der von der $SU(2)$-Gruppe vorhergesagten neutralen Ströme. Experimentell findet man, daß diese im Gegensatz zu den geladenen Strömen *nicht* vollständig linkshändig sind. Das folgt unter anderem aus der Analyse von Neutrino-Nukleon- und von Neutrino-Elektron-Streuexperimenten ([Bal 78], vgl. dazu auch Abschn. 5.3.1). Die von den $SU(2)$-Transformationen generierten Ströme haben aber alle *dieselbe* (V-A)-Struktur. Es muß hier aber betont werden, daß historisch die theoretische Vorhersage der von V-A abweichenden Struktur der schwachen neutralen Ströme dem experimentellen Nachweis vorausging.

5.1.2 Elektroschwache Eichtransformationen

In der GWS-Theorie, welche auch als *Standardmodell* (der elektroschwachen Wechselwirkung) bezeichnet wird, werden nun schwache und elektromagnetische Wechselwirkung als verschiedene Komponenten *einer* Eichtheorie hergeleitet. Die zugrunde liegenden Eich-Transformationen sind die des direkten Produktes

$$SU(2)_L \otimes U(1) \tag{5.4}$$

Der wesentliche Punkt ist aber, daß weder die auf die linkshändigen Felder wirkenden $SU(2)_L$-Transformationen eindeutig mit der schwachen, noch die $U(1)$-Transformationen eindeutig mit der elektromagnetischen Wechselwirkung zu identifizieren sind. Die elektromagnetische Wechselwirkung entsteht vielmehr aus einer Kombination von $U(1)$ mit der neutralen $SU(2)_L$-Komponente (W_3-Komponente). Bevor das im einzelnen dargestellt wird, wollen wir Folgendes vorwegnehmen:

Beide Symmetrien, die $SU(2)_L$ und die $U(1)$, müssen spontan gebrochen sein. In der Natur findet man nur die elektromagnetische Wechselwirkung und die starke (Farb-) Wechselwirkung (s. Abschn. 6.1.1) als Folge einer ungebrochenen Symmetrie. Der 'Trick' der GWS-Theorie besteht nun darin, daß zwar $SU(2)_L$ und $U(1)$ spontan gebrochen werden, jedoch derart, daß eine Untergruppe beider Gruppen, nämlich die $U(1)_{EM}$ als *ungebrochene* Symmetrie resultiert.

Zunächst betrachten wir wieder nur die Wirkung der Eichtransformationen auf Elektron und Neutrino. Das Folgende gilt ebenso für Myon und My-Neutrinos, sowie für Tau-Lepton und Tau-Neutrino. Die Erweiterung auf den hadronischen Sektor wird in Abschn. 5.2 besprochen werden.

Da die geladenen schwachen Ströme rein linkshändig sind, müssen Transformationen vom Typ (4.93) betrachtet werden. Das Elektron- und das Neutrinofeld werden dazu in linkshändige und rechtshändige Komponenten zerlegt. Wir verwenden die übersichtlichen Kurzschreibweisen

$$L \equiv \begin{pmatrix} \nu_L \\ e_L \end{pmatrix} \quad \text{mit} \quad \nu_L = \frac{1}{2}(1-\gamma_5)\psi_\nu$$

$$e_L = \frac{1}{2}(1-\gamma_5)\psi_e \tag{5.5}$$

und

$$e_R \equiv \frac{1}{2}(1+\gamma_5)\psi_e \tag{5.6}$$

mit den Feldoperatoren ψ_ν und ψ_e aus Kap. 4.

Die rechtshändige Neutrinokomponente ν_R geht in die Theorie nicht ein. Dies ist *gleichbedeutend* mit der physikalischen *Nichtexistenz eines rechtshändigen Neutrinos*. Wir werden später sehen, daß ν_R in umfassenderen Theorien durchaus eine Rolle spielt (vgl. Kap. 6 u. 7). Die Eichtransformationen des *Dubletts* L und des *Singuletts* e_R sind:

unter $SU(2)_L$: $\quad L' = e^{-i\vec{\alpha}(x)\vec{\tau}/2} L \tag{5.7}$

$$e'_R = e_R \tag{5.8}$$

unter $U(1)$: $\quad L' = e^{-iY_L \beta(x)/2} L \tag{5.9}$

$$e'_R = e^{-iY_R \beta(x)/2} e_R \tag{5.10}$$

Das Transformationsverhalten (5.9), (5.10) definiert die Ladungen Y_L und Y_R der verschiedenen Felder bezüglich der $U(1)$-Gruppe. Sie bilden ein Analogon zur elektrischen Ladung und werden *Hyperladungen*[1] genannt. Der Faktor 1/2 im Exponenten ist Konvention. Man beachte, daß ν_L und e_L dieselbe Hyperladung Y_L tragen müssen, die Hyperladung Y_R von e_R dagegen davon unterschiedlich sein kann (s. Gl. (5.3)). Eine kombinierte $SU(2)_L \otimes U(1)$-Transformation ist infinitesimal gegeben durch:

$$(1-i\vec{\alpha}\vec{\tau}/2)(1-i\beta Y/2) = 1 - i\vec{\alpha}\vec{\tau}/2 - i\beta Y/2 + \text{quadratische Terme} \tag{5.11}$$

Invarianz der Lagrangedichte der Fermionen unter lokalen $SU(2) \otimes U(1)$-Transformationen kann man durch die Ersetzungen (Bildung der *kovarianten Ableitung*) erhalten:

$$\partial_\mu \rightarrow D_\mu = \begin{cases} \partial_\mu + \frac{1}{2}ig'Y_L B_\mu(x) + \frac{1}{2}ig\vec{\tau}\vec{W}_\mu(x) & \text{für } L \\ \partial_\mu + \frac{1}{2}ig'Y_R B_\mu(x) & \text{für } e_R \end{cases} \tag{5.12}$$

---

[1] Die hier eingeführte Hyperladung ist eine Eigenschaft der schwachen Wechselwirkung und darf nicht mit der im Zusammenhang mit der starken Wechselwirkung definierten Quantenzahl gleichen Namens verwechselt werden.

5.1 Die Verkopplung von schwacher und elektromagnetischer Wechselwirkung

Hierin sind $B_\mu(x)$ und $\vec{W}_\mu(x)$ wieder Eichfelder der $U(1)$- bzw. der $SU(2)$-Transformationen, welche nach (5.12) minimal mit Kopplungskonstanten g' und g an die Fermionen gekoppelt sind. In Analogie zu (4.47) und (4.71) ist das Transformationsverhalten von $B_\mu(x)$ und $\vec{W}_\mu(x)$ durch

$$B_\mu'(x) = B_\mu(x) + \frac{1}{g'}\partial_\mu\beta(x) \tag{5.13}$$

$$\vec{W}_\mu'(x) = \vec{W}_\mu(x) + \frac{1}{g}\partial_\mu\vec{\alpha}(x) - \vec{W}_\mu(x) \times \vec{\alpha}(x) \tag{5.14}$$

gegeben. Unter Berücksichtigung der Eichfelder erhält man die Lagrangedichte

$$\begin{aligned}\mathcal{L} = \; & i\overline{L}\gamma^\mu\left(\partial_\mu + \frac{1}{2}ig'Y_L B_\mu + \frac{1}{2}ig\vec{\tau}\vec{W}_\mu\right)L \\ & + i\overline{e}_R\gamma^\mu\left(\partial_\mu + \frac{1}{2}ig'Y_R B_\mu\right)e_R \\ & - \frac{1}{4}B_{\mu\nu}B^{\mu\nu} - \frac{1}{4}\vec{W}_{\mu\nu}\vec{W}^{\mu\nu}\end{aligned} \tag{5.15}$$

und die Bewegungsgleichungen der Fermionen:

$$i\gamma^\mu\left(\partial_\mu + \frac{1}{2}ig'Y_L B_\mu(x) + \frac{1}{2}ig\vec{\tau}\vec{W}_\mu(x)\right)L(x) = 0 \tag{5.16}$$

und

$$i\gamma^\mu\left(\partial_\mu + \frac{1}{2}ig'Y_R B_\mu(x)\right)e(x) = 0 \tag{5.17}$$

mit $B_{\mu\nu} = \partial_\mu B_\nu - \partial_\nu B_\mu$; $\vec{W}_{\mu\nu} = \partial_\mu\vec{W}_\nu - \partial_\nu\vec{W}_\mu$.

Man beachte, daß (5.16), (5.17) Bewegungsgleichungen für Fermionen *ohne Masse* darstellen: Da sich die linkshändigen und rechtshändigen Feldkomponenten unterschiedlich transformieren unter den Eichtransformationen (5.7), (5.8), (5.9) und (5.10), sind Masseterme nicht erlaubt (vgl. Gl. (4.94)). Die Masse des Elektrons und ebenso eine eventuell vorhandene Neutrinomasse muß daher als Effekt der spontanen Symmetriebrechung später über den Higgs-Mechanismus eingeführt werden.
Die Eichfelder $B_\mu(x)$ und $\vec{W}_\mu(x)$

$$B_\mu'(x) = B_\mu(x) + \frac{1}{g'}\partial_\mu\beta(x) \tag{5.18}$$

$$\vec{W}_\mu'(x) = \vec{W}_\mu(x) + \frac{1}{g}\partial_\mu\vec{\alpha}(x) - \vec{W}_\mu(x) \times \vec{\alpha}(x) \tag{5.19}$$

müssen aufgrund der Eichinvarianz zunächst ebenfalls masselos sein (s. Abschn. 4.2.2).

5.1.3 Die Eichfelder $B_\mu(x)$ und $\vec{W}_\mu(x)$

Wie aus der Diskussion in 5.1.1 hervorgeht, kann B_μ, das zu der $U(1)$-Gruppe in (5.4) gehörende Feld, nicht mit dem Photonfeld identifiziert werden. Ebenso ist W_μ nicht *ausschließlich* mit der schwachen Wechselwirkung verknüpft. Eindeutig ist zunächst nur die Zuordnung der Felder W^1 und W^2, welche die elektrisch geladenen $W^\pm$-Bosonen beschreiben:

$$W^\pm_\mu = \frac{1}{\sqrt{2}} \left(W^1_\mu \mp i\, W^2_\mu \right) \tag{5.20}$$

Diese vermitteln die geladenen Anteile der schwachen Wechselwirkung. B_μ und W^3_μ dagegen sind beide elektrisch neutral. Eine physikalische Interpretation dieser neutralen Felder wird erst möglich nach Einführen der spontanen Brechung der $SU(2)_L \otimes U(1)$-Symmetrie.

5.1.4 Spontane Brechung der $SU(2)_L \otimes U(1)$-Symmetrie, Generierung der Bosonen- und Fermionen-Massen

Die Massengenerierung durch ein $SU(2)_L$-Higgsfeld Φ ist in Kap. 4 schon teilweise dargestellt worden. Mit dem Vakuumerwartungswert

$$\langle \Phi \rangle = \frac{1}{\sqrt{2}} \begin{pmatrix} 0 \\ v \end{pmatrix} \tag{5.21}$$

hatten wir die Masse erhalten

$$M_W = \frac{gv}{2} \tag{5.22}$$

Für die geladenen W-Bosonen $W^\pm$ kann dieses Ergebnis direkt übernommen werden. Ein Zusammenhang zwischen M_W, g und G_F ergibt sich aus dem Vergleich von $W^\pm$-Austauschprozessen wie etwa (4.88) und (4.89) mit den entsprechenden Strom-Strom-Prozessen der Fermi-Theorie. Wir betrachten hier als Beispiel den μ-Zerfall (vgl. Abb. 5.1).

Das T-Matrixelement für den durch das W-Boson vermittelten μ-Zerfall ist im Impulsraum gegeben durch:

$$\begin{aligned} & T\left(\mu^- \to e^- + \nu_\mu + \bar{\nu}_e\right) \\ & = \frac{g^2}{2} \bar{u}(\nu_\mu) \gamma_\mu \frac{1-\gamma_5}{2} u(\mu) \frac{-g^{\mu\nu} + q^\mu q^\nu / M_W^2}{q^2 - M_W^2} \bar{u}(e) \gamma_\nu \frac{1-\gamma_5}{2} v(\nu_e) \end{aligned} \tag{5.23}$$

In der Strom-Strom-Theorie wird der μ-Zerfall dagegen beschrieben durch

$$\begin{aligned} & T\left(\mu^- \to e^- + \nu_\mu + \bar{\nu}_e\right) \\ & = \left(G_F/\sqrt{2}\right) \bar{u}(\nu_\mu) \gamma_\mu (1-\gamma_5) u(\mu) \bar{u}(e) \gamma^\mu (1-\gamma_5) v(\nu_e) \end{aligned} \tag{5.24}$$

5.1 Die Verkopplung von schwacher und elektromagnetischer Wechselwirkung

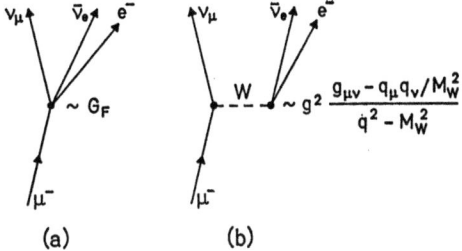

Abb. 5.1: μ-Zerfall
a) in der Fermi-Theorie
b) in der GWS-Theorie

Macht man den Grenzübergang $q^2 \to 0$, so erhält man durch Vergleich von (5.23) mit (5.24):

$$\frac{G_F}{\sqrt{2}} = \frac{g^2}{8M_W^2} \tag{5.25}$$

Benützt man noch das vorweggenommene Resultat (5.42) und das experimentelle Ergebnis $\sin^2 \theta_W = 0.23$ (s. Abschn. 5.3.1), so läßt sich die *Masse der $W^\pm$-Bosonen* vorhersagen:

$$M_W = \frac{g}{2}\left(\frac{\sqrt{2}}{2G_F}\right)^{1/2} = \frac{e}{2\sin\theta_W}\left(\frac{\sqrt{2}}{2G_F}\right)^{1/2} \approx 80 \text{ GeV} \tag{5.26}$$

Dieses Ergebnis ist in sehr guter Übereinstimmung mit dem experimentellen Resultat $M_W = 81.8$ GeV (s. Abschn. 5.3.2). Man sollte hier allerdings darauf hinweisen, daß (5.26) in erweiterten Modellen mit mehr Higgsfeld-Freiheitsgraden (z.B. ein Higgs-Triplett) nicht gültig ist. Die Übereinstimmung von (5.26) mit dem Experiment favorisiert somit das hier zu beschreibende einfachst mögliche Modell, darf jedoch nicht als fundamentaler Test einer elektroschwachen Eichtheorie allgemein gewertet werden.

Betrachten wir nun die *Kopplung der neutralen Eichfelder an das Higgs-Dublett*. Diese wird beschrieben durch:

$$\mathcal{L} = \frac{1}{4}\left[\left(gW_\mu^3\tau_3 + g'B_\mu\right)\Phi\right]^\dagger \left[gW^{3\mu}\tau_3 + g'B^\mu\right]\Phi \tag{5.27}$$

Diese Kopplung entspricht Diagrammen der Art wie in Abb. 5.2a. Berücksichtigen wir nur den Vakuumerwartungswert von Φ, so erhalten wir:

202   5 Die Glashow-Weinberg-Salam Theorie der elektroschwachen Wechselwirkung

$$\begin{aligned}\mathcal{L}_m &= \frac{1}{4}\frac{v^2}{2}\left(-gW_\mu^{3\dagger}+g'B_\mu^{\dagger}\right)\left(-gW^{3\mu}+g'B^\mu\right)\\&= \frac{1}{4}\frac{v^2}{2}\left[g^2 W_\mu^{3\dagger}W^{3\mu}+g'^2 B_\mu^{\dagger}B^\mu - gg'\left(W_\mu^{3\dagger}B^\mu + B_\mu^{\dagger}W^{3\mu}\right)\right]\\&= \frac{1}{4}\frac{v^2}{2}\left(W_\mu^{3\dagger},B_\mu^{\dagger}\right)\begin{pmatrix} g^2 & -gg' \\ -gg' & g'^2 \end{pmatrix}\begin{pmatrix} W^{3\mu} \\ B^\mu \end{pmatrix}\end{aligned}\qquad(5.28)$$

Die hier auftretende Massenmatrix

$$M=\frac{v^2}{4}\begin{pmatrix} g^2 & -gg' \\ -gg' & g'^2 \end{pmatrix}\qquad(5.29)$$

enthält Beiträge außerhalb der Diagonalen. Dies läßt eine Interpretation der Felder W_μ^3 und B_μ als physikalische Teilchen nicht zu. Eine physikalische Interpretation wird erst möglich nach Durchführen einer unitären Transformation U der Felder W_μ^3 und B_μ, welche M auf Diagonalgestalt M_D bringt:

$$M_D = UMU^{-1} \qquad(5.30)$$

Die Eigenwerte zu M lassen sich leicht berechnen und man erhält:

$$\begin{pmatrix} 0 & 0 \\ 0 & \frac{v^2}{4}(g^2+g'^2) \end{pmatrix} \qquad(5.31)$$

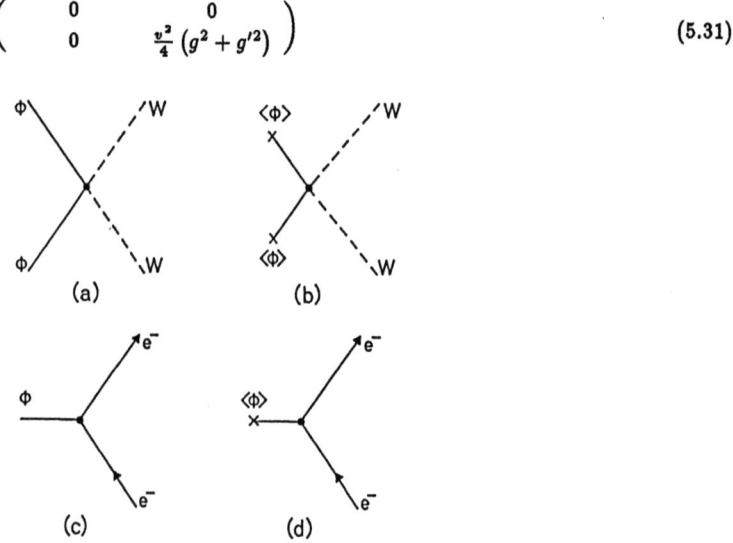

Abb. 5.2: Kopplung der Eichbosonen und Fermionen an das Higgsfeld Φ (Teil a) und c)) und an dessen Vakuumerwartungswert $\langle\Phi\rangle$ (Teil b) und d)). Abb. 5.2a,c beinhalten auch die Wechselwirkung des W-Bosons und des Elektrons mit einem physikalischen Higgs-Teilchen.

5.1 Die Verkopplung von schwacher und elektromagnetischer Wechselwirkung

Der wichtige Punkt an diesem Ergebnis ist, daß *ein* Eigenwert der Massenmatrix $\dot{M}$ immer gleich Null ist. Das ergibt die Möglichkeit, die zu diesem Eigenwert gehörende Feldkombination mit dem Photon in Verbindung zu bringen. Diese Kombination erkennen wir aus der Transformationsmatrix:

$$U = \frac{1}{\sqrt{g'^2 + g^2}} \begin{pmatrix} g' & +g \\ -g & g' \end{pmatrix} \tag{5.32}$$

Wir vermuten also, daß das *Photonfeld* A_μ gegeben ist durch:

$$A_\mu = \frac{g}{\sqrt{g'^2 + g^2}} B_\mu + \frac{g'}{\sqrt{g'^2 + g^2}} W_\mu^3 \tag{5.33}$$

Es ist üblich, die Abkürzungen

$$\frac{g}{\sqrt{g'^2 + g^2}} = \cos\Theta_W \quad \text{und} \quad \frac{g'}{\sqrt{g'^2 + g^2}} = \sin\Theta_W \tag{5.34}$$

einzuführen. Der Winkel Θ_W wird als *Weinberg-Winkel* bezeichnet. Damit können wir die zu den Massen-Eigenwerten von M gehörenden Felder schreiben als:[2]

$$A_\mu = B_\mu \cos\Theta_W + W_\mu^3 \sin\Theta_W \tag{5.35}$$

und

$$Z_\mu = -B_\mu \sin\Theta_W + W_\mu^3 \cos\Theta_W \tag{5.36}$$

Um nun A_μ tatsächlich mit dem Photonfeld identifizieren zu können, müssen wir nachprüfen, ob A_μ entsprechend den elektrischen Ladungen an die Fermionen koppelt, d.h. mit $-e$ an e_R und e_L und *nicht* an ν_L.

Aus (5.15) erkennt man die Kopplungsterme zwischen Leptonen und den Eichfeldern B_μ, $\vec{W}_\mu$:

$$\begin{aligned} \mathcal{L}_k &= -\overline{L}\gamma^\mu \left(\frac{1}{2} g' Y_L B_\mu + \frac{1}{2} g W_\mu^3 \tau_3 \right) L - \frac{1}{2} g' \overline{e}_R \gamma^\mu Y_R B_\mu e_R \\ &= -\frac{1}{2}\overline{\nu}_L \gamma^\mu \left(g' Y_L B_\mu + g W_\mu^3 \right) \nu_L - \frac{1}{2}\overline{e}_L \gamma^\mu \left(g' Y_L B_\mu - g W_\mu^3 \right) e_L \\ &\quad - \frac{1}{2} g' \overline{e}_R \gamma^\mu Y_R B_\mu e_R \end{aligned} \tag{5.37}$$

Mit der zu (5.35) und (5.36) inversen Transformation

$$\begin{aligned} B_\mu &= A_\mu \cos\Theta_W - Z_\mu \sin\Theta_W \\ W_\mu^3 &= A_\mu \sin\Theta_W + Z_\mu \cos\Theta_W \end{aligned} \tag{5.38}$$

---

[2] Das Vorzeichen des Feldes Z_μ ist durch die physikalischen Bedingungen nicht festgelegt. Neben der in (5.36) verwendeten gebräuchlichen Konvention verwenden manche Autoren auch das entgegengesetzte Vorzeichen $Z_\mu \to -Z_\mu$.

können die Felder B_μ, W_μ^3 durch A_μ und Z_μ ersetzt werden:

$$\begin{aligned}\mathcal{L}_k &= -\frac{1}{2}\overline{\nu}_L\gamma^\mu\left(g'Y_L\cos\Theta_W + g\sin\Theta_W\right)A_\mu\nu_L \\ &\quad +\frac{1}{2}\overline{\nu}_L\gamma^\mu\left(g'Y_L\sin\Theta_W - g\cos\Theta_W\right)Z_\mu\nu_L \\ &\quad -\frac{1}{2}\overline{e}_L\gamma^\mu\left(g'Y_L\cos\Theta_W - g\sin\Theta_W\right)A_\mu e_L \\ &\quad +\frac{1}{2}\overline{e}_L\gamma^\mu\left(g'\sin\Theta_W + g\cos\Theta_W\right)Z_\mu e_L \\ &\quad -\frac{1}{2}\overline{e}_R\gamma^\mu g'Y_R\left(\cos\Theta_W\right)A_\mu e_R \\ &\quad +\frac{1}{2}\overline{e}_R\gamma^\mu g'Y_R\left(\sin\Theta_W\right)Z_\mu e_R \\ &= \frac{1}{\sqrt{g^2+g'^2}}\Big[-gg'\left(Y_L+1\right)\overline{\nu}_L\gamma^\mu A_\mu\nu_L \\ &\quad +\left(g'^2 Y_L - g^2\right)\overline{\nu}_L\gamma^\mu Z_\mu\nu_L \\ &\quad -gg'\left(Y_L-1\right)\overline{e}_L\gamma^\mu A_\mu e_L \\ &\quad +\left(g'^2 Y_L + g^2\right)\overline{e}_L\gamma^\mu Z_\mu e_L \\ &\quad -gg'Y_R\overline{e}_R\gamma^\mu A_\mu e_R \\ &\quad +g'^2 Y_R\overline{e}_R\gamma^\mu Z_\mu e_R\Big]\end{aligned}$$ (5.39)

Es sind nun folgende Bedingungen zu erfüllen:

1. A_μ koppelt nicht an ν_L.

2. A_μ koppelt gleich stark an e_L und e_R.

Diese beiden Bedingungen lassen sich tatsächlich erfüllen, wenn die Hyperladungen die Werte

$$Y_L = -1 \quad \text{und} \quad Y_R = -2 \tag{5.40}$$

annehmen.

Mit diesen Festlegungen genügt die *Hyperladung* der Gleichung

$$Y = 2(Q - T_3) \quad , \tag{5.41}$$

wobei T_3 die dritte Komponente des *schwachen* Isospins ist. Gl. (5.41) besitzt die Form der von Gell-Mann [Gel 56] und Nishijima [Nish 55] aufgestellten Formel für die 'starke' Hyperladung und den 'starken' Isospin.

Da die Stärke der Kopplung zwischen A_μ und dem Elektron durch die Elementarladung $-e$ gegeben sein muß, ergibt sich ferner die Relation

$$e = \frac{gg'}{\sqrt{g^2+g'^2}} = g\sin\Theta_W \tag{5.42}$$

5.1 Die Verkopplung von schwacher und elektromagnetischer Wechselwirkung

Wir haben also das Ergebnis erhalten, daß das aus der Transformation (5.33) hervorgegangene Feld A_μ einerseits masselos ist und andererseits mit den Werten (5.40) für die Hyperladungen die dem Photon entsprechenden Kopplungen an die Leptonen besitzt. Wir identifizieren daher A_μ mit dem Photonfeld. In Tab. 5.1 sind nochmals die Kopplungen zwischen den Leptonen und den Eichfeldern A_μ und Z_μ zusammengefaßt.

Tab. 5.1: Kopplungskoeffizienten der Felder A_μ und Z_μ an Elektron und Neutrino. Diese Tabelle wird später bei Einführung der Quarkströme von Nutzen sein, weshalb hier auch formal die Kopplungen des rechtshändigen (experimentell bislang nicht nachgewiesenen) Neutrinos mit aufgeführt sind.

	A_μ		Z_μ
ν_L	$\frac{1}{2}e(Y+1) =$	0	$-\frac{1}{2}e(Y\tan\Theta_W - \cot\Theta_W)$
e_L	$\frac{1}{2}e(Y-1) =$	$-e$	$-\frac{1}{2}e(Y\tan\Theta_W + \cot\Theta_W)$
ν_R	$\frac{1}{2}eY =$	0	$-\frac{1}{2}eY\tan\Theta_W = 0$
e_R	$\frac{1}{2}eY =$	$-e$	$-\frac{1}{2}eY\tan\Theta_W$

Das zweite neutrale Boson, Z_μ, koppelt an die paritätsverletzenden neutralen Ströme. Dabei besitzt aber nur der Neutrinoanteil die von den geladenen Strömen her bekannte $\frac{1}{2}(1-\gamma_5)$-Struktur, bei welcher ja ausschließlich die linkshändigen Fermionen an der Wechselwirkung teilnehmen. Z_μ ist das neutrale Quantenfeld, welches neben $W^\pm$ der schwachen Wechselwirkung zuzuordnen ist.

Aus der Massenmatrix M_D (5.31) kann die *Masse des Z-Bosons* abgelesen werden

$$M_Z = \frac{v}{2}\sqrt{g^2 + g'^2} = M_W/\cos\theta \approx 90 \text{ GeV} \tag{5.43}$$

Auch dieses Ergebnis ist in bester Übereinstimmung mit dem experimentellen Wert $M_Z = 93$ GeV.

Fermionen-Massen Genauso wie die Massen der Bosonen ergeben sich die Massen der Fermionen — an erster Stelle die Elektronmasse — durch eine eichinvariante Wechselwirkung der Fermionen mit *demselben* Higgs-Feld Φ. Eine solche Wechselwirkung folgt allerdings *nicht zwingend* aus dem Eichprinzip, wie dies bei der Φ-W-Wechselwirkung infolge der Einführung der kovarianten Ableitung der Fall war, sondern muß mehr oder weniger willkürlich eingeführt werden. Dementsprechend sind auch die damit verknüpften Kopplungskonstanten freie Parameter der Theorie (sogenannte Yukawa-Kopplungskonstanten). Im GWS-Modell nimmt man eine Wechselwirkung folgender Form an [Wei 67]:

$$\mathcal{L}_{\phi-F} = -g_e \left[\overline{L}\Phi e_R + \overline{e}_R \Phi^\dagger L \right] \tag{5.44}$$

Der konstante Vakuumwert $\langle \Phi \rangle = \frac{1}{\sqrt{2}} \binom{0}{v}$ liefert dann den Elektron-Masseterm (vgl. Abb. 5.2d)

$$\frac{-g_e}{\sqrt{2}} \left[(\overline{\nu}_L, \overline{e}_L) \begin{pmatrix} 0 \\ v \end{pmatrix} e_R + \overline{e}_R (0, v) \begin{pmatrix} \nu_L \\ e_L \end{pmatrix} \right]$$

$$= -\frac{g_e v}{\sqrt{2}} (\overline{e}_L e_R + \overline{e}_R e_L) = -\frac{g_e v}{\sqrt{2}} \overline{e} e$$

mit $e = e_L + e_R$. \hfill (5.45)

g_e ist ein freier Parameter und so zu adjustieren, daß $m_e = g_e v/\sqrt{2}$ wird. Die Theorie liefert somit zwar keine Vorhersage für die Elektronmasse, aber einen Zusammenhang zwischen Fermionen-Massen und der Higgs-Fermionen-Kopplung. Diese beiden Größen sind zueinander proportional. Somit sollten sich Higgs-Teilchen um so leichter produzieren lassen, je größer die Massen der beteiligten Fermionen sind. Da nun auch die Fermionen-Massen an die spontane Symmetriebrechung geknüpft sind, erwartet man, daß diese ebenso wie die Boson-Massen verschwinden, wenn man Prozesse betrachtet, welche in einem Temperaturbad mit einer Temperatur T, welche Teilchenenergien $kT \gtrsim 100$ GeV entspricht, ablaufen.

5.1.5 Vergleich der GWS-Theorie mit der klassischen Strom-Strom-Theorie

Wir fassen nochmals die wesentlichen Bezugspunkte zwischen klassischer und moderner Theorie der schwachen Wechselwirkung zusammen.

1. Die punktförmige Strom-Strom-Wechselwirkung der Fermi-Theorie wird ersetzt (Abb. 5.3) durch eine von geladenen $W^\pm$-Bosonen vermittelte *Austauschwechselwirkung*:

$$\frac{G_F}{2\sqrt{2}} J_\mu^{c\dagger}(x) J^{c\mu}(x) \longrightarrow \frac{g^2}{16} J^{c\dagger\mu}(x) P_{\mu\nu}^W(x-x') J^{c\nu}(x') \tag{5.46}$$

Die Wechselwirkung dieser Bosonen mit dem Strom J_μ^c ist gegeben durch

$$\frac{g}{2\sqrt{2}} J^{c\mu} W_\mu^- + \text{h.k.} \tag{5.47}$$

Zwischen g, G_F und M_W gilt der Zusammenhang

$$\frac{g^2}{8 M_W^2} = \frac{G_F}{\sqrt{2}} \tag{5.48}$$

5.1 Die Verkopplung von schwacher und elektromagnetischer Wechselwirkung 207

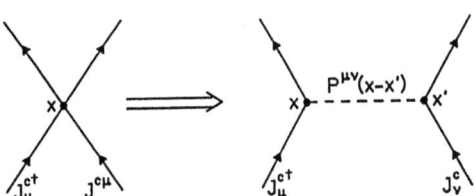

Abb. 5.3: Übergang von der Strom-Strom-Wechselwirkung zur Austauschwechselwirkung. Der punktförmige 4-Fermionen-Vertex wird ersetzt durch zwei mittels eines Eichbosons verbundene Vertizes.

2. Neben dem geladenen schwachen Strom ℓ^c sagt die Theorie an das Z-Boson koppelnde *neutrale Ströme* ℓ^{nc} vorher. Die Kopplung von ℓ^{nc} an das Z-Boson ist

$$\frac{\sqrt{g^2+g'^2}}{2}\ell^{nc}_\mu Z^\mu$$
$$= \frac{\sqrt{g^2+g'^2}}{2}\left[\bar{\nu}_L\gamma_\mu\nu_L + \bar{e}\gamma_\mu\left(2\sin^2\theta_W - \frac{1}{2} + \frac{1}{2}\gamma_5\right)e\right]Z^\mu \quad (5.49)$$

mit dem Weinberg-Winkel θ_W, definiert durch

$$\sin\theta_W = \frac{g'}{\sqrt{g^2+g'^2}} \quad (5.50)$$

(Experimenteller Wert: $\sin^2\theta_W = 0.229 \pm 0.003$ s. Abschn. 5.3)

3. Es besteht der Zusammenhang zwischen elektromagnetischer Kopplungskonstante (Elementarladung) e und den Kopplungskonstanten g und g':

$$e = \frac{gg'}{\sqrt{g^2+g'^2}} = g\sin\theta_W \quad (5.51)$$

4. Die aus der spontanen Symmetriebrechung resultierenden *Massen der $W^\pm$ und Z-Bosonen* ergeben sich in der Theorie mit einfachstem Higgs-Sektor zu:

$$M_W = \frac{gv}{2} \approx 80 \text{ GeV} \quad (5.52)$$

$$M_Z = \frac{gv}{2\cos\theta_W} \approx 90 \text{ GeV} \quad (5.53)$$

(Experimentelle Werte: $M_W = 81.8$ GeV, $M_Z = 92.6$ GeV s. Abschn. 5.3.2)

5. Die für den Mechanismus der spontanen Symmetriebrechung notwendigen Higgs-Felder müßten sich auch in Form eines physikalischen Teilchens mit Spin 0 (η-Feld in (4.111)) bemerkbar machen. Es ist eine der noch ausstehenden experimentellen Aufgaben, dieses *η-Teilchen (Higgs-Teilchen)* nachzuweisen.

Für das η lassen sich halbquantitative Vorhersagen machen, welche aus der Kopplung des Higgs-Feldes Φ an Bosonen (5.27) und Fermionen (5.44) und aus der Form des Higgs-Potentiales (4.105) folgen. Die Masse des η-Teilchens ist nach (4.108), (4.114), (5.48), und (5.52) gegeben durch

$$m_\eta = \sqrt{2\mu^2} = v\sqrt{2\lambda} = \left(\frac{\sqrt{2}\lambda}{G_F}\right)^{1/2} \tag{5.54}$$

Leider ist λ ein freier Parameter des Higgs-Potentiales, welcher nicht durch bekannte Meßgrößen festgelegt werden kann. Allerdings läßt sich m_η einschränken, wenn man die durch höhere Terme der Störungsreihe verursachten Korrekturen zum Higgs-Potential berücksichtigt. Nur für nicht zu kleine Werte von λ ist sichergestellt, daß das Minimum bei $\langle\Phi^0\rangle = v/\sqrt{2}$ ein absolutes Minimum nach Berücksichtigung dieser Korrekturen bleibt [Col 73]. Daraus läßt sich eine untere Grenze für m_η ableiten ([Lin 76], [Wei 76])

$$m_\eta \gtrsim 7 \text{ GeV} \tag{5.55}$$

Die auf diese Grenze führende Argumentation ist allerdings nicht völlig lückenlos. Die mögliche *Produktion des η-Higgs-Teilchens* und seine Zerfallseigenschaften entsprechen der Kopplung des Φ-Feldes an Bosonen und Fermionen (s. Abb. 5.2). Ein möglicher Reaktionsprozeß ergibt sich aus der Kombination zweier Higgsfeld-Fermion-Graphen (Abb. 5.4).

$$e^+ + e^- \to \eta \to f + \overline{f} \tag{5.56}$$

Dabei ist $f\overline{f}$ ein Fermion-Antifermion-Paar. Die Kopplungsstärke des Higgs-Feldes an Fermionen (auch Quarks, s. Abschn. 5.2) und auch Bosonen ist proportional zu deren Masse. Damit erwartet man für die Zerfallsrate $\omega(\eta \to f + \overline{f})$ des η in ein $f\overline{f}$-Paar:

$$\omega(\eta \to f\overline{f}) \sim G_F m_f^2 \tag{5.57}$$

Der Zerfall in schwere Quarks ist also als dominant zu erwarten. Entsprechend ist leider die Produktionsrate für das η nach Prozeß (5.56) ebenfalls proportional zu m_e^2. (Eine Berechnung des Wirkungsquerschnittes findet man bei [Qui 83] auf S. 129 f).

Das größte Problem für den Nachweis einer solchen Reaktion, welche durchaus in schon durchgeführten Hochenergie-Experimenten stattgefunden haben könnte, ist die hohe Untergrundrate, herrührend von elektromagnetischen und schwachen Prozessen. Wesentlich günstigere Verhältnisse gelten für Reaktionen, bei welchen das Higgs-Teilchen an ein Z^0- oder W-Boson koppelt, wie etwa die Prozesse (s. hierzu die Diagramme in Abb. 5.5):

$$e^+ + e^- \to \cdot W^+ + W^- \tag{5.58}$$

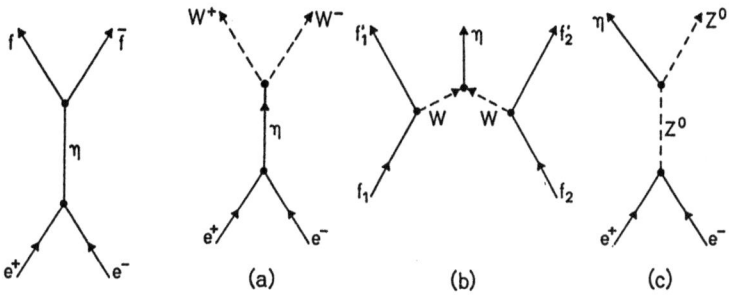

Abb. 5.4: Produktion des Higgs-Teilchens η in e^+e^--Streuung durch direkte Kopplung an die Leptonen. Es bezeichnen $f, \bar{f}$ ein Fermion-Antifermion-Paar, in welches das η zerfällt.

Abb. 5.5: Mechanismen zur Produktion des Higgs-Teilchens durch Kopplung an die 'schwachen' Bosonen. Da die Kopplung des η an ein Teilchen proportional zu dessen Masse ist, ergeben sich für diese Diagramme wesentlich größere Amplituden als für solche, bei welchen nur Fermionen beteiligt sind.

$$f_1 + f_2 \;\to\; f_1' + f_2' + W^+ + W^- \;\to\; f_1' + f_2' + \underbrace{\eta}_{\to f + \bar{f}} \tag{5.59}$$

oder

$$e^+ + e^- \;\to\; Z^0 + \underbrace{\eta}_{\to f + \bar{f}} \tag{5.60}$$

Der Nachweis derartiger Reaktionen sollte mit den Hochenergiebeschleunigern der neuen Generation, wie etwa dem LEP (=Large Electron-Positron Collider) am CERN möglich werden [Eic 84]. Bei Prozeß (5.58) ist allerdings der Nachweis der W-Bosonen allein nicht eindeutig, da diese auch über Z-Austausch produziert werden können.

5.2 Hadronischer schwacher Strom auf Quarkebene

5.2.1 Der geladene Quarkstrom q_μ^c

Bis hierher wurde die Eichtheorie der elektroschwachen Wechselwirkung immer nur auf dem Leptonensektor betrachtet. Wir wollen diese Theorie nun auf die Hadronen ausdehnen. Das Ziel ist ein einheitliches Verständnis aller schwachen Prozesse, also neben den rein leptonischen, wie etwa $\mu - e$ Streuung, auch z.B. des Kernbetazerfalls und auch der Zerfälle der Mesonen. Ein solches Verständnis ergibt sich zwanglos, wenn man den hadronischen Strom auf elementarer Quarkebene einführt.

Betrachten wir dazu zunächst den Zerfall des Neutrons in ein Proton. Da der Quarkgehalt des Neutrons udd und der des Protons uud ist, ist es naheliegend, den Betazerfall des Neutrons auf den Übergang $d \to u$ zurückzuführen und die linkshändigen Komponenten von d- und u- Quark in einem $SU(2)_L$-Dublett anzuordnen;

$$L_q = \begin{pmatrix} u_L \\ d_L \end{pmatrix} \tag{5.61}$$

Die rechtshändigen Komponenten dagegen bilden jeweils ein $SU(2)_L$-Singulett. Wir fügen der Lagrange-Dichte analog zu den Leptonen einen Quarkterm hinzu:

$$\begin{aligned} \mathcal{L}_q &= i\overline{L}_q \gamma^\mu \left(\partial_\mu + \frac{1}{2} ig' Y B_\mu + \frac{1}{2} ig \vec{\tau} \vec{W}_\mu \right) L_q \\ &+ i\overline{u}_R \gamma^\mu \left(\partial_\mu + \frac{1}{2} ig' Y B_\mu \right) u_R \\ &+ i\overline{d}_R \gamma^\mu \left(\partial_\mu + \frac{1}{2} ig' Y B_\mu \right) d_R + \text{Yukawa-Terme} \end{aligned} \tag{5.62}$$

Der dem Strom $h_\mu^{c\dagger}$ aus (2.79) entsprechende geladene Quarkstrom $q_\mu^{c\dagger}$, welcher an das Feld W^+ koppelt, ist dann gegeben durch

$$q_\mu^{c\dagger} = 2\overline{L}_q \gamma_\mu \tau^+ L_q = \overline{u} \gamma_\mu (1 - \gamma_5) d \tag{5.63}$$

Dieser Strom wechselwirkt über W-Austausch z.B. mit dem leptonischen Strom, was formal als Effekt zweiter Ordnung der Entwicklung der Streumatrix nach $\mathcal{L}_{F-B}$ zu verstehen ist:

$$\begin{aligned} &-\frac{g^2}{2} \langle f| \int d^4x\, d^4x' T\left[\mathcal{L}_{F-B}(x) \mathcal{L}_{F-B}(x') \right] |i\rangle \\ &= -\frac{g^2}{2} \langle f| \int d^4x\, d^4x' T\left[q_\mu^{c\dagger}(x) W^{+\mu}(x) W^{-\nu}(x') \mathcal{L}_\nu^c(x') \right] |i\rangle + \ldots \\ &= -\frac{g^2}{8} \int d^4x\, d^4x' P_W^{\mu\nu}(x-x') \langle f| q_\mu^{c\dagger}(x) \mathcal{L}_\nu^c(x') |i\rangle + \ldots \end{aligned} \tag{5.64}$$

Nach Integration über den W-Propagator $P_W^{\mu\nu}(x-x')$ geht dieses Matrixelement für niedrige Energien bis auf einen Faktor $-i$ in den Strom-Strom-Beitrag

$$\frac{G_F}{\sqrt{2}} \int d^4x \langle f| q_\mu^{c\dagger}(x) \mathcal{L}^{c\mu}(x) |i\rangle \tag{5.65}$$

über (vgl. Abschn. 5.1.4) und beschreibt (unter anderem) den Prozeß

$$d \to u + e^- + \overline{\nu}_e , \tag{5.66}$$

5.2 Hadronischer schwacher Strom auf Quarkebene

welcher im Neutron stattfindet und dessen Zerfall bedeutet. Die beiden anderen Quarks agieren dabei nur als Zuschauer ("Spectators"), solange man den Einfluß der starken (Farb-) Wechselwirkung vernachlässigt, d.h. sie sind nicht am schwachen Zerfallsprozeß beteiligt und nehmen keinen Einfluß auf diesen (vgl. Abb. 1.11b).
Fermi- und Gamow-Teller-Matrixelemente für diesen Prozeß werden wir in Abschn. 5.4.2 herleiten und quantitativ die Übereinstimmung mit der klassischen Theorie feststellen. Mit q_μ^{c+} haben wir also das Quark-Äquivalent zu dem klassischen geladenen Strom h_μ^{c+} gefunden. Wenden wir uns nun den neutralen Strömen zu.

5.2.2 Neutrale Quarkströme

Wie bei den Leptonen ist auch bei den Quarks die Zuordnung der richtigen Hyperladung in (5.62) maßgeblich, um die richtigen elektromagnetischen Eigenschaften zu erhalten.

Tab. 5.2: Kopplung der Fermionen an A_μ und Z_μ

Fermionfeld	Kopplung an A_μ (elektrische Ladung)	Kopplung an Z_μ
$\nu_L(Y=-1)$	0	$+\frac{1}{2}e(\sin\Theta_W \cos\Theta_W)^{-1}$
$e_L(Y=-1)$	$-e$	$+\frac{1}{2}e(\tan\Theta_W - \cot\Theta_W)$
$e_R(Y=-2)$	$-e$	$+e\tan\Theta_W$
$u_L(Y=\frac{1}{3})$	$+\frac{2}{3}e$	$-\frac{1}{2}e(\frac{2}{6}\tan\Theta_W - \cot\Theta_W)$
$d_L(Y=\frac{1}{3})$	$-\frac{1}{3}e$	$-\frac{1}{2}e(\frac{2}{6}\tan\Theta_W + \cot\Theta_W)$
$u_R(Y=\frac{4}{3})$	$\frac{2}{3}e$	$-\frac{2}{3}e\tan\Theta_W$
$d_R(Y=-\frac{2}{3})$	$-\frac{1}{3}e$	$+\frac{1}{3}e\tan\Theta_W$

Es ist aber sofort klar, daß sich das Dublett L_q unter den $U(1)$-Transformationen anders verhalten muß als das Leptondublett L (s. Gl. (5.9)). Ansonsten würde ein u-Quark resultieren, welches nicht an das Photon koppelt, also keine elektrische Ladung trägt. Die richtigen elektrischen Ladungen — $+(2/3)e$ für das u-Quark und $-(1/3)e$ für das d-Quark — erhalten wir, wenn wir den Quarkfeldern (schwache) Hyperladungen nach

5 Die Glashow-Weinberg-Salam Theorie der elektroschwachen Wechselwirkung

$$Y = 2(Q - T_3) \tag{5.67}$$

zuordnen. Dabei ist T_3 hier die dritte Komponente des schwachen Isospins.[3] Dies ist leicht anhand von Tab. 5.1 zu erkennen, wenn man die (in Tab. 5.2 durchgeführte) Ersetzung $\nu \to u$ und $e \to d$ macht. Nach Tab. 5.2 ergeben sich für *die Struktur der neutralen an das Z^0 koppelnden Ströme der Quarks* folgende Ausdrücke:

u-Quark:

$$\begin{aligned} q_\mu^{nc}(u) &= N\overline{u}\gamma_\mu \left\{ \frac{1}{2}e\left(\frac{2}{6}\tan\theta_W - \cot\theta_W\right)\frac{1}{2}(1-\gamma_5) \right. \\ &\quad \left. + \frac{2}{3}e\tan\theta_W \frac{1}{2}(1+\gamma_5) \right\} u \\ &= \overline{u}\gamma_\mu \left\{ \left(\frac{4}{3}\sin^2\theta_W - \frac{1}{2}\right) + \frac{1}{2}\gamma_5 \right\} u \end{aligned} \tag{5.68}$$

d-Quark:

$$\begin{aligned} q_\mu^{nc}(d) &= N\overline{d}\gamma_\mu \left\{ \frac{1}{2}e\left(\frac{2}{6}\tan\theta_W - \cot\theta_W\right)\frac{1}{2}(1-\gamma_5) \right. \\ &\quad \left. - \frac{1}{3}e(\tan\theta_W)\frac{1}{2}(1+\gamma_5) \right\} d \\ &= \overline{d}\gamma_\mu \left\{ \left(-\frac{2}{3}\sin^2\theta_W + \frac{1}{2}\right) - \frac{1}{2}\gamma_5 \right\} d \end{aligned} \tag{5.69}$$

und für das *Elektron*:

$$\begin{aligned} \ell_\mu^{nc}(e) &= N\overline{e}\gamma_\mu \left\{ \frac{1}{2}e(\cot\theta_W - \tan\theta_W)\frac{1}{2}(1-\gamma_5) \right. \\ &\quad \left. -e(\tan\theta_W)\frac{1}{2}(1+\gamma_5) \right\} e \\ &= \overline{e}\gamma_\mu \left\{ 2\sin^2\theta_W - \frac{1}{2} + \frac{1}{2}\gamma_5 \right\} e \end{aligned} \tag{5.70}$$

Dabei wurde der Normierungsfaktor $N = 2\cos\theta_W/g$ so gewählt, daß die Z-Austauschwechselwirkung im niederenergetischen Limes in die Strom-Strom-Wechselwirkung

$$\frac{G_F}{\sqrt{2}} q_\mu^{nc} q^{nc\mu} \tag{5.71}$$

übergeht.

---

[3] Für die schwache Wechselwirkung maßgeblich ist immer der schwache Isospin. Allerdings sind starker und schwacher Isospin für u- und d-Quark identisch bis auf ein definitionsabhängiges Vorzeichen. In diesem Buch ist $T_{stark}(u,d) = -T_{schwach}(u,d)$.

5.2 Hadronischer schwacher Strom auf Quarkebene

Während also die geladenen Ströme für *alle* Teilchen (Leptonen und Quarks) eine reine (V-A)-Struktur besitzen (rein $SU(2)_L$), ist die Struktur der neutralen Ströme abhängig von der elektrischen Ladung der beteiligten Teilchen (Mischung aus $SU(2)_L$ und $U(1)$).

5.2.3 Zerfall des π-Mesons, PCAC und CVC im Quarkbild

Im Quarkbild können die schwachen Zerfälle des π-Mesons ebenfalls auf die Wirkung des Quarkstromes q_μ^c in (5.64) bzw. (5.65) zurückgeführt und zumindest qualitativ leicht verstanden werden.

Wir listen zunächst die wichtigsten Zerfallsmoden der π-Mesonen in Tab. 5.3 auf:

Tab. 5.3: Wichtige Zerfallsmoden der Pionen. Das Verzweigungsverhältnis bezeichnet den Anteil des jeweiligen Zerfallsmodus am gesamten Zerfall.

Zerfallsmodus	Verzweigungsverhältnis
$\pi^\pm \to \mu^\pm + \overset{(-)}{\nu_\mu}$	($\sim 100\%, \tau(\pi^\pm) = 2.6\cdot 10^{-8}$ s)
$\pi^\pm \to e^\pm + \overset{(-)}{\nu_e}$	($1.3\cdot 10^{-4}$)
$\pi^\pm \to \mu^\pm + \overset{(-)}{\nu_\mu} + \gamma$	($1.2\cdot 10^{-4}$)
$\pi^\pm \to e^\pm + \overset{(-)}{\nu_e} + \gamma$	($5.6\cdot 10^{-8}$)
$\pi^\pm \to \pi^0 + e^\pm + \overset{(-)}{\nu_e}$	($1.0\cdot 10^{-8}$)
$\pi^0 \to \gamma + \gamma$	($98.8\%, \tau(\pi^0) = 0.83\cdot 10^{-16}$ s)
$\pi^0 \to \gamma + e^+ + e^-$	($1.2\cdot 10^{-2}$)
$\pi^0 \to e^+ + e^- + e^+ + e^-$	($3.2\cdot 10^{-5}$)

γ-Quanten im Endzustand sind auf die elektromagnetische Wechselwirkung zurückzuführen. Man beachte auch, daß alle beobachteten Zerfallsmoden des π^0 rein elektromagnetisch sind.

Wir interessieren uns hier nur für die rein schwachen Zerfälle und wollen zunächst den dominanten Zerfallsmodus $\pi^- \to \mu^- + \bar{\nu}_\mu$, bzw. den über die $e-\mu$ Universalität damit verknüpften Zerfall $\pi^- \to e^- + \bar{\nu}_e$ betrachten. Letzterer ist deshalb von Interesse, da er mit der teilweisen Erhaltung des Axialvektorstromes (PCAC) in Verbindung gebracht werden kann (s. Kap. 2.2.5.2).

Die Flavor-Wellenfunktion des π^- ist nach Tab. 1.5:

$$|\pi^-\rangle = |d\bar{u}\rangle$$

214   5 Die Glashow-Weinberg-Salam Theorie der elektroschwachen Wechselwirkung

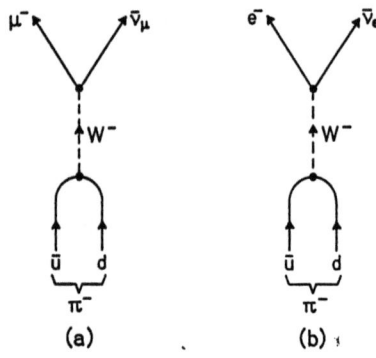

Abb. 5.6: Die Zerfälle a) $\pi^- \to \mu^- + \bar{\nu}_\mu$ und b) $\pi^- \to e^- + \bar{\nu}_e$ im Quarkmodell.

Mit dieser Flavor-Wellenfunktion ist es einleuchtend, daß der Graph in Abb. 5.6a den dominanten Beitrag zum Zerfall des π^- in μ^- und $\bar{\nu}_\mu$ liefert.

Können wir nun die Abb. 5.6a bzw. 5.6b entsprechenden Zerfallsamplituden berechnen, d.h. können wir die phänomenologische Konstante f_π, welche ja über die Goldberger-Treiman-Relation unter der Annahme von PCAC mit der Renormierung c_A in Verbindung gebracht werden kann (s. Kap. 2.2.5.2), berechnen? Die Antwort lautet leider: nein! Der Grund liegt, wie wir gleich sehen werden, aber nicht in einem mangelnden Verständnis der schwachen Wechselwirkung, sondern in einem ungenügenden Wissen über die Quark-Wellenfunktion des Pions. Das S-Matrixelement für den π^--Zerfall ist nach (5.64) im Ortsraum gegeben durch:

$$-\frac{g^2}{2} \int d^4x\, d^4x' \langle 0|\bar{u}(x)\gamma_\mu\gamma_5 d(x)|\pi^-\rangle P_W^{\mu\nu}(x-x') \cdot$$
$$\cdot \langle \mu^-, \bar{\nu}_\mu |\bar{\mu}(x')\gamma_\nu (1-\gamma_5)\nu_\mu(x')|0\rangle \qquad (5.72)$$

In die Berechnung geht also das Matrixelement $\langle 0|\bar{u}(x)\gamma_\mu\gamma_5 d(x)|\pi^-\rangle$ ein. Zu dessen Berechnung wäre die Kenntnis der Quark-Wellenfunktion des π^- notwendig, insbesondere geht der räumliche Überlapp von u- und d-Quark-Wellenfunktionen ein. Der Zerfall ist nur möglich, wenn sich u- und d-Quark im π-Meson "berühren".

Betrachten wir nun den Zerfall $\pi^- \to \pi^0 + e^- + \bar{\nu}_e$. Für diesen liefert das Quarkmodell zwei gleichrangige Beiträge, welche addiert werden müssen. Dazu rufen wir den Quarkgehalt des π^0 in Erinnerung (vgl. Tab. 1.5):

$$|\pi^0\rangle = \frac{1}{\sqrt{2}} \left(|u\bar{u}\rangle - |d\bar{d}\rangle \right)$$

Entsprechend können wir das Matrixelement symbolisch schreiben:

5.2 Hadronischer schwacher Strom auf Quarkebene

$$M(\pi^- \rightarrow \pi^0 + e^- + \bar{\nu}_e) = \frac{1}{\sqrt{2}} \left(- \right) \quad (5.73)$$

Da beide π-Mesonen 0^--Zustände sind, kann nur der Vektoranteil in q_μ^c wirksam sein, und es handelt sich um einen reinen Fermi-Zerfall (vgl. Auswahlregeln für Fermi- und Gamow-Teller-Zerfälle Tab. 2.1). Das Fermi-Matrixelement läßt sich aber leicht berechnen:

$$\begin{aligned} M_F = \langle \pi^0 | T^- | \pi^- \rangle &= \frac{1}{\sqrt{2}} \left(\langle u\bar{u} | - \langle d\bar{d} | \right) T^- | d\bar{u} \rangle \\ &= \frac{1}{\sqrt{2}} \left(\langle u\bar{u} | - \langle d\bar{d} | \right) \left(| u\bar{u} \rangle - | d\bar{d} \rangle \right) \\ &= \frac{2}{\sqrt{2}} = \sqrt{2} \end{aligned} \quad (5.74)$$

Dieses Ergebnis hätten wir natürlich auch ohne Kenntnis der Quarkstruktur des π^- allein aufgrund seiner Isospin-Quantenzahlen erhalten können.

Damit läßt sich für den Zerfall $\pi^- \rightarrow \pi^0 + e^- + \bar{\nu}$ eine Halbwertszeit von 2.3 s vorhersagen. Dies entspricht einem Verzweigungsverhältnis von 1.0 x 10^{-8}, was in völliger Übereinstimmung mit dem experimentellen Resultat ist (vgl. Tab. 5.3). Wir hatten in Abschn. 2.2.5.1 gesehen, daß schon in der klassischen Theorie die CVC-Hypothese die Existenz und Zerfallsrate dieses Zerfallsmodus vorhersagte. Allerdings lassen sich nun im Quarkmodell die Zusammenhänge anschaulich erkennen. Der erste Beitrag zum π^- Zerfall in (5.73) unterscheidet sich vom Neutronzerfall in einem Modell nicht wechselwirkender Quarks lediglich in den Zuschauer-Quarks. Wir können nun die CVC-Hypothese anschaulich so verstehen:

Die schwache Wechselwirkung eines Quarks wird durch die Zuschauer-Quarks nicht beeinflußt. Betrachten wir dazu die Quarkdiagramme Abb. 5.7, welche Beiträge niedrigster Ordnung zum Fermi-Zerfall des Neutrons und zu dessen π-Korrektur darstellen (vgl. Abb. 2.12a,2.12c). Das Korrekturdiagramm unterscheidet sich vom Diagramm a) durch die Anwesenheit einer Zuschauer-Quarkschleife. Wenn wir annehmen, daß die Zuschauer-Quarks keinen Einfluß auf den schwachen Zerfall haben, so genügt es, die Amplitude für den Zerfall des nackten Neutrons zu berechnen, was der CVC-Hypothese entspricht.

Zusammenfassend kann gesagt werden, daß zwar die Einführung des Quarkstromes q_μ^c anstelle des Stromes h_μ^c noch zu keinem quantitativen Verständnis der Zerfallskonstanten f_π geführt hat, wohl aber zu einer zumindest qualitativ konsistenten Beschreibung von π-Zerfall und Neutronzerfall.

216 5 Die Glashow-Weinberg-Salam Theorie der elektroschwachen Wechselwirkung

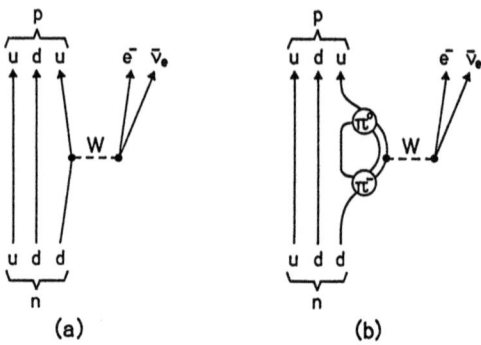

Abb. 5.7: Zerfall des nackten Neutrons (a) und Korrektur durch π^- Zerfall (b) im Quarkmodell. Die Kreise mit der Inschrift π^0, π^- in b) deuten virtuell gebildete π-Meson-Zustände an.

5.2.4 Schwache Zerfälle mit Strangeness, Cabibbo-Mischung

Mit dem bisher beschriebenen Modell können alle schwachen Prozesse erklärt werden, an welchen die Quarks der ersten Familie (u,d) beteiligt sind, jedoch wurden bislang nicht die Quarks der anderen Familien $(s, c, b, t, \ldots)$ in Betracht gezogen. Wir werden nun sehen, daß eine Erweiterung des Modells auf diese Quarks nicht ganz so einfach ist, wie dies bei den Leptonen der Fall war (vgl. Gl. (2.82)). Dazu betrachten wir die Zerfälle von Teilchen, welche ein s-Quark enthalten. Dies sind insbesondere die Zerfälle der K-Mesonen und der freien und in Kernen (Hyperkernen) gebundenen Λ- und Σ-Hyperonen (Quarkgehalt s. Tab. 1.5).

Aus der Fülle der Zerfälle betrachten wir die beiden illustrativen Beispiele:

$$K^- \to \mu^- + \overline{\nu}_\mu \tag{5.75}$$

und

$$\Lambda \to p + e^- + \overline{\nu}_e \tag{5.76}$$

Diese unterscheiden sich vom Zerfall des π^- und des Neutrons lediglich durch die Anwesenheit eines s-Quarks anstelle eines d-Quarks im Ausgangszustand. Dementsprechend versuchen wir eine Beschreibung dieser Zerfälle durch die Diagramme in Abb. 5.8. Solche Diagramme kommen allerdings in dem bisher diskutierten Modell nicht vor und lassen sich auch, wie wir sehen werden, nicht ohne weiteres einbauen. Versuchen wir aber zunächst einmal, solche Diagramme "phänomenologisch" einzuführen, so finden wir Folgendes:

Wenn man annimmt, daß das W-Boson in den K- und Λ-Zerfallsdiagrammen genau so stark an die Quarks koppelt wie bei π^-- und n-Zerfall und daraus Zerfallsraten

5.2 Hadronischer schwacher Strom auf Quarkebene

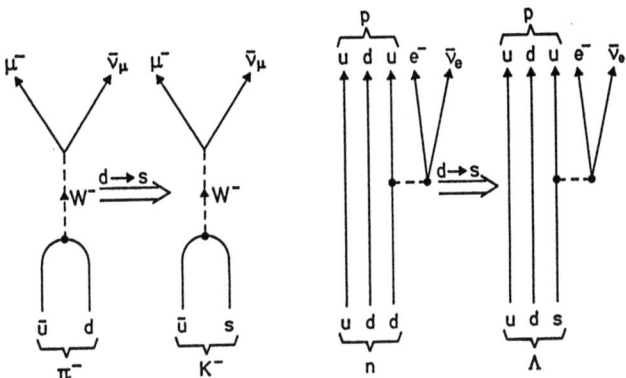

Abb. 5.8: Diagramme für K^-- und Λ-Zerfall. Sie gehen aus den entsprechenden Diagrammen für das π^- und n jeweils durch Ersetzen eines d-Quarks durch ein s-Quark hervor.

berechnet (s. z.B. [Com 73]), so findet man, daß diese in beiden Fällen um einen Faktor $(0.23)^{-2}$ größer sind als die experimentellen Raten. Das W-Boson koppelt also offensichtlich an einen Quarkstrom der Form $\overline{u}\gamma_\mu(1-\gamma_5)s$, aber um einen Faktor 0.23 schwächer als an den Strom $q_\mu^{c\dagger}$ aus (5.63). Dieses Ergebnis wird durch alle schwachen Prozesse, bei welchen sich die Strangeness ändert, bestätigt.
Die Modifikation des schwachen hadronischen Stroms, mit Hilfe derer sich die Strangeness-ändernden Prozesse zwanglos erklären lassen, geht auf eine Idee Cabibbos zurück [Cab 63]: Der in der schwachen Wechselwirkung auftretende Teilchenoperator $d_{schwach}$ $= d'$ ist nicht identisch mit dem durch den Masseneigenzustand definierten d-Quarkoperator, sondern gegeben durch eine Überlagerung von d- und s-Quarkoperatoren:

$$d' = d\cos\Theta_C + s\sin\Theta_C \tag{5.77}$$

Der hier auftretende Mischungswinkel $\Theta_C = 13°$ wird Cabibbo-Winkel genannt und ergibt sich aus der Unterdrückung der Strangeness-ändernden Prozesse (es ist $\tan\Theta_C$ = 0.23). Das $SU(2)_L$ Quarkdublett ist $\begin{pmatrix} u \\ d' \end{pmatrix}$. Der Quarkstrom $q_\mu^{c\dagger}$ (5.63) ist dann zu ersetzen durch

$$\begin{aligned} q_\mu^{c\dagger} &= \overline{u}\gamma_\mu(1-\gamma_5)d' \\ &= \overline{u}\gamma_\mu(1-\gamma_5)d\cos\Theta_C + \overline{u}\gamma_\mu(1-\gamma_5)s\sin\Theta_C \end{aligned} \tag{5.78}$$

Durch diese Transformation wird die Universalität der schwachen Wechselwirkung gerettet. Es gibt nur *eine* schwache Kopplungskonstante. Wir müssen diese aber auf das Dublett $\begin{pmatrix} u \\ d' \end{pmatrix}$ und nicht auf $\begin{pmatrix} u \\ d \end{pmatrix}$ beziehen. Somit müßte die Zerfallskonstante G_β im Kernbetazerfall um $\cos\Theta_C$ kleiner sein als G_F im μ-Zerfall:

$$G_\beta = G_F \cos \Theta_C \tag{5.79}$$

Der Faktor $\cos \Theta_C = 0.97$ weicht allerdings so wenig von 1 ab, daß sich diese Korrektur normalerweise nicht bemerkbar macht. In sehr genauen Messungen reiner Fermi-Übergänge (z.B. $^{14}O \rightarrow {}^{14}N$) konnte dieser Effekt aber nachgewiesen werden (s. z.B. [Beh 82]).

5.2.5 Der GIM-Mechanismus, c-Quark, Kobayashi-Maskawa-Matrix

Zwar können wir durch Cabibbos Modifikation von q_μ^c Prozesse mit $|\Delta S| = 1$ und $|\Delta S| = 0$ einheitlich beschreiben, jedoch entsteht ein Problem, wenn wir das Dublett $\binom{u}{d}$ in die $SU(2)_L \otimes U(1)$-Eichtheorie einbauen und alles andere belassen. Dieses Problem betrifft den Sektor der neutralen Ströme. Experimentell weiß man, daß es *keine Flavor-ändernden neutralen Ströme* (FCNC) gibt. Das heißt, es gibt keine schwachen Prozesse, bei denen z.B. ein s-Quark in ein d-Quark verwandelt wird, oder umgekehrt. Sonst müßte z.B. der Zerfall $K_L^0 \rightarrow \mu^+ + \mu^-$ mit vergleichbarer Rate zu $K^+ \rightarrow \mu^+ + \nu_\mu$ auftreten (s. Tab. 1.5, 1.6). Abb. 5.9a zeigt einen Graphen, welcher zum Zerfall $K_L^0 \rightarrow \mu^+ + \mu^-$ führt und auftritt, wenn ein neutraler $\overline{d}\gamma_\mu s$ Quarkstrom an das Z^0 koppelt. Es ist aber experimentell ([Par 84], [Sho 79]):

$$\frac{\omega\left(K_L^0 \rightarrow \mu^+ + \mu^-\right)}{\omega\left(K^+ \rightarrow \mu^+ + \nu_\mu\right)} = 3 \cdot 10^{-9} \tag{5.80}$$

(Die kleine beobachtete Rate für $K_L^0 \rightarrow \mu^+ + \mu^-$ kann erklärt werden als kombinierter Effekt höherer Ordnung von schwacher und elektromagnetischer Wechselwirkung).
Betrachten wir nun aber den Wechselwirkungsterm

$$\frac{G_F}{\sqrt{2}} q_\mu^{nc} \ell^{nc\mu} \tag{5.81}$$

und ersetzen d in q_μ^{nc} ebenfalls durch d', so enthält (5.81) den Term:

$$\frac{G}{\sqrt{2}} \overline{d} \gamma_\mu \left(C_V^d - C_A^d \gamma_5\right) d' \overline{\mu} \gamma^\mu \left(C_V^\mu - C_A^\mu \gamma_5\right) \mu , \tag{5.82}$$

wobei wir die Vektor- und Axialvektor-Kopplungskoeffizienten aus (5.68)-(5.70) mit $C_{V,A}^d$ und $C_{V,A}^\mu = C_{V,A}^e$ bezeichnet haben.
Mit $d' = d\cos\Theta_C + s\sin\Theta_C$ enthält der Term (5.82) aber einen Beitrag:

$$\frac{G}{\sqrt{2}} \cos\Theta_C \overline{d}\gamma_\mu \left(C_V^d - C_A^d \gamma_5\right) \sin\Theta_C s \overline{\mu}\gamma^\mu \left(C_V^\mu - C_A^\mu \gamma_5\right) \mu , \tag{5.83}$$

5.2 Hadronischer schwacher Strom auf Quarkebene

welcher den Zerfall $K_L \to \mu^+ + \mu^-$ mit einer Amplitude proportional $(G_F/\sqrt{2}) \cos\Theta_C \sin\Theta_C$ impliziert. Das Auftreten von $d' = d\cos\Theta_c + s\sin\Theta_c$ in dem neutralen Strom hat also unerwünschte Übergänge zwischen d- und s-Quark zur Folge. Wie lassen sich diese Übergänge eliminieren? Dadurch, daß ein entgegengesetzter Beitrag hinzugefügt wird. Wir definieren den zu d' orthogonalen Operator s':

$$s' = s\cos\Theta_C - d\sin\Theta_C \tag{5.84}$$

und addieren zum neutralen d'-Strom einen entsprechenden s'-Strom:

$$\begin{aligned}
q_\mu^{nc} &= \overline{d}'\gamma_\mu\left(C_V^d - C_A^d\gamma_5\right)d' + \overline{s}'\gamma_\mu\left(C_V^d - C_A^d\gamma_5\right)s' \\
&= [\overline{d}\cos\Theta_C + \overline{s}\sin\Theta_C]\gamma_\mu\left(C_V^d - C_A^d\gamma_5\right)[d\cos\Theta_C + s\sin\Theta_C] + \\
&\quad + [\overline{s}\cos\Theta_C - \overline{d}\sin\Theta_C]\gamma_\mu\left(C_V^d - C_A^d\gamma_5\right)[s\cos\Theta_C - d\sin\Theta_C] \\
&= \overline{d}\gamma_\mu\left(C_V^d - C_A^d\gamma_5\right)d + \overline{s}\gamma_\mu\left(C_V^d - C_A^d\gamma_5\right)s \tag{5.85}
\end{aligned}$$

Wir erkennen, daß sich die s-d Mischterme wegheben und somit Flavor-ändernde Ströme vermieden werden (vgl. Abb. 5.9).

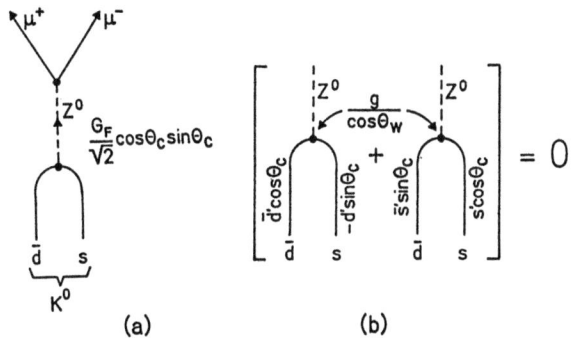

Abb. 5.9: Beiträge zum Zerfall $K_L^0 \to \mu^+ + \mu^-$. a) im Cabibbo-Modell; b) mit GIM-Mechanismus. Während im Cabibbo-Modell eine effektive Zerfallsamplitude proportional zu $(G_F/\sqrt{2})\cos\Theta_C \sin\Theta_C$ resultiert, heben sich die Beiträge beim GIM-Mechanismus gegenseitig auf.

c-Quark Wenn nun aber s' genau gleich wie d' an das Z-Boson koppeln soll, so verlangt die Eichtheorie, daß s' zu einem $SU(2)_L$-Dublett gehört und dieses auch an die geladenen $W^\pm$-Bosonen koppelt. Der fehlende $SU(2)_L$-Partner zu s' ist das c-(Charm-) Quark. Die linkshändigen Komponenten von u, d', s' und c Quarks bilden daher die $SU(2)_L$-Dubletts

$$\begin{pmatrix} u_L \\ d_L' \end{pmatrix} \begin{pmatrix} c_L \\ s_L' \end{pmatrix} \tag{5.86}$$

In einer auf diesen Quark-Dubletts aufbauenden Eichtheorie der elektroschwachen Wechselwirkung gibt es, wie experimentell gefordert, in niedrigster Ordnung Störungstheorie keine Flavor-ändernden neutralen Ströme, also keine $d \leftrightarrow s$ und auch keine $u \leftrightarrow c$ Übergänge. Dies ist unter dem Namen GIM (Glashow, Iliopoulos und Maiani, [Gla 70])-Mechanismus bekannt. Diese Autoren haben mit obiger Argumentation auf die notwendige Existenz des damals noch nicht bekannten c-Quarks geschlossen.

Nun können wir die volle Wechselwirkung der Ströme mit den Austauschbosonen in der GWS-Theorie angeben:

$$\mathcal{L}_{GWS}(x) = \frac{g}{2\sqrt{2}} \left(\ell^{c\mu}(x) W_\mu^-(x) + q^{c\mu}(x) W_\mu^-(x) \right) + h.k.$$
$$- \frac{g}{2\cos\Theta_W} \left(\ell^{nc\mu}(x) Z_\mu(x) + q^{nc\mu}(x) Z_\mu(x) \right) \tag{5.87}$$

mit

$$\ell^{c\mu} = \bar{e}\gamma^\mu (1-\gamma_5)\nu_e + (e,\nu_e \to \mu,\nu_\mu) + (e,\nu_e \to \tau,\nu_\tau)$$

$$\ell^{nc\mu} = \bar{\nu}_e \gamma^\mu (1-\gamma_5)\nu_e + \bar{e}\gamma^\mu \left(2\sin^2\Theta_W - \frac{1}{2} + \frac{1}{2}\gamma_5 \right) e$$
$$+ (e,\nu_e \to \mu,\nu_\mu) + (e,\nu_e \to \tau,\nu_\tau)$$

$$q^{c\mu} = \bar{d}'\gamma^\mu (1-\gamma_5) u + (d', u \to s', c) + (d', u \to b', t)$$

$$q^{nc\mu} = \bar{u}\gamma^\mu \left(-\frac{4}{3}\sin^2\Theta_W + \frac{1}{2} - \frac{1}{2}\gamma_5 \right) u$$
$$+ \bar{d}\gamma^\mu \left(\frac{2}{3}\sin^2\Theta_W - \frac{1}{2} + \frac{1}{2}\gamma_5 \right) d$$
$$+ (u, d \to c, s) + (u, d \to t, b)$$

Die hier verwendeten Bezeichnungen wie z.B. $(e,\nu_e \to \mu,\nu_\mu)$ stehen für Terme, welche aus den vorangehenden durch Austausch der Operatoren, etwa e gegen μ und ν_e gegen ν_μ, hervorgehen.

Die $SU(2)_L$-Multipletts sind:

$$\begin{pmatrix} u \\ d' \end{pmatrix}_L, \begin{pmatrix} c \\ s' \end{pmatrix}_L, \begin{pmatrix} t \\ b' \end{pmatrix}_L, \begin{pmatrix} \nu_e \\ e' \end{pmatrix}_L, \begin{pmatrix} \nu_\mu \\ \mu' \end{pmatrix}_L, \begin{pmatrix} \nu_\tau \\ \tau' \end{pmatrix}_L \tag{5.88}$$
$$u_R, d_R, c_R, s_R, t_R, b_R, e_R, \mu_R, \tau_R$$

In diesen Ausdrücken ist bereits die Erweiterung der Theorie auf die dritte Familie, bestehend aus τ-Lepton, τ-Neutrino, Top- und Bottom-Quark, ausgeführt.

Die Quarkzustände $|d'\rangle$, $|s'\rangle$ und $|b'\rangle$ gehen aus den Massen-Eigenzuständen $|d\rangle$, $|s\rangle$, $|b\rangle$ durch eine unitäre Transformation hervor (*Verallgemeinerung der GIM-Mischung*), ebenso wie die entsprechenden Operatoren:

5.2 Hadronischer schwacher Strom auf Quarkebene

$$\begin{pmatrix} d' \\ s' \\ b' \end{pmatrix} = U \begin{pmatrix} d \\ s \\ b \end{pmatrix} \quad \text{mit } U^\dagger = U^{-1} \tag{5.89}$$

$$U = \begin{pmatrix} U_{d'd} & U_{d's} & U_{d'b} \\ U_{s'd} & U_{s's} & U_{s'b} \\ U_{b'd} & U_{b's} & U_{b'b} \end{pmatrix} \equiv \begin{pmatrix} U_{ud} & U_{us} & U_{ub} \\ U_{cd} & U_{cs} & U_{cb} \\ U_{td} & U_{ts} & U_{tb} \end{pmatrix} \tag{5.90}$$

Die Matrix U heißt Kobayashi-Maskawa-Mischungsmatrix [Kob 73], kurz K-M-Matrix.

Kobayashi-Maskawa-Matrix Die naheliegendste Bezeichnungsweise der Matrixelemente von U in (5.90) ist die links gegebene, die übliche ist die rechts gegebene. Letztere ist etwas ungewohnt, da U_{us} natürlich *nicht* die *Mischung* von u- und s-Quarks bezeichnet (diese können aus Gründen der Ladungserhaltung nicht mischen), das Matrixelement U_{us} gibt vielmehr die Beimischung des Zustandes s im Zustand d' wieder und eine naheliegende Bezeichnung wäre daher $U_{d's}$. Äquivalent zu einer Mischung der Zustände kann aber auch eine phänomenologische Betrachtungsweise eingenommen werden, in welcher die Matrix U die *Übergangsamplituden* bei schwachen Prozessen enthält. Das Matrixelement U_{us} gibt also die relative Stärke des Überganges $u \leftrightarrow s$ wieder.

Man beachte, daß Gl. (5.89) die allgemeinste Form einer Mischung im Sechs-Quark-Schema darstellt, obwohl nur die unteren Quarks der drei Dubletts mischen. Eine zusätzliche Mischung von u, c und t Quark untereinander würde keine neue Physik enthalten, sondern wäre lediglich eine Redefinition der $SU(2)$-Dubletts. Anders ausgedrückt, wegen der Universalität der schwachen Wechselwirkung sind alle durch eine unitäre Transformation von u, c und t erzeugten Basen äquivalent, wenn d, s und b derselben Transformation unterzogen wird. Anstelle der Transformation (5.89) könnte man allerdings auch äquivalent eine Transformation von u, c und t betrachten und d, s und b festhalten.

Die Bestimmung der einzelnen Komponenten der Mischungsmatrix Gl. (5.90) ist Gegenstand intensiver Forschungen (s. z.B. [Big 85], [Chau 83,84,86] [Schu 86]). Die experimentelle Information kann zusammengefaßt werden (für Details s. [Schu 86], [Chau 86]):

$$\begin{aligned} U &= \begin{pmatrix} 0{,}9742 \pm 0{,}0006 & 0{,}2258 \pm 0{,}0027 & 0 \pm 0{,}01 \\ -0{,}2256 \pm 0{,}028 & 0{,}9731 \pm 0{,}0007 & 0{,}0471 \pm 0{,}0070 \\ 0{,}0106 \pm 0{,}0100 & -0{,}0459 \pm 0{,}0072 & 0{,}9989 \pm 0{,}0003 \end{pmatrix} \\ &+ i \begin{pmatrix} 0 & 0 & 0 \pm 0{,}01 \\ 0 \pm 0{,}0005 & 0 \pm 0{,}0001 & 0 \\ 0 \pm 0{,}0100 & 0 \pm 0{,}0024 & 0 \end{pmatrix} \end{aligned} \tag{5.91}$$

Besonderes theoretisches Interesse gilt dem Imaginärteil dieser Matrix. Nichtreelle Matrixelemente, oft auch parametrisiert durch Betrag und eine Phase $e^{i\delta}$, können zu einer Verletzung des CP-Symmetrie führen. Es ist eine bislang nicht eindeutig beantwortbare Frage, ob die im K-Mesonen-Zerfall experimentell nachgewiesene CP-Verletzung auf kleine imaginäre Anteile in der Quark-Massen-Mischungsmatrix (K-M-Matrix) zurückzuführen ist. Das wäre eine attraktive Lösung, da in diesem Fall die Wechselwirkungs-Matrixelemente selber CP-invariant sein könnten. Die Genauigkeit der experimentell bestimmten K-M-Matrixelemente reicht zwar nicht aus, um die Frage nach dem Ursprung der CP-Verletzung beantworten zu können, aber die Annahme einer CP-Verletzung in der K-M-Matrix hat eine andere experimentell nachprüfbare Konsequenz für den Zerfall der K-Mesonen. Man betrachte die auf den K_S-Zerfall normierten Amplituden für den K_L-Zerfall:

$$\eta_{00} = \frac{A(K_L \to \pi^0 \pi^0)}{A(K_S \to \pi^0 \pi^0)}$$

$$\eta_{+-} = \frac{A(K_L \to \pi^+ \pi^-)}{A(K_S \to \pi^+ \pi^-)}$$

Aufgrund theoretischer Rechnungen [Gil 79] gibt es die Vorhersage, daß bei einer CP-Verletzung in der K-M-Matrix das Verhältnis η_{00}/η_{+-} von 1 abweichen muß. Erst durch neueste Messungen [Bur 88], [Kle 89,89a] konnte dieser Effekt nachgewiesen werden, so daß der Ursprung der CP-Verletzung in der K-M-Matrix liegen könnte.

Neben der Massenmischung in der K-M-Matrix gibt es allerdings noch einen weiteren von der Theorie vorhergesagten und in der QCD begründeten Ursprung für CP-Verletzung. Das Vakuum der QCD läßt sich nicht eindeutig festlegen. Es sollte vielmehr eine Reihe entarteter und gleichwertiger Vakuumzustände geben, welche sich in ihrer Topologie unterscheiden und durch eine ganzzahlige topologische Quantenzahl ν charakterisiert werden können ([Call 76], [Jach 76]). Für das tatsächliche Vakuum würde man nun eine Überlagerung dieser entarteten Vakua mit zufälligen Phasen $e^{i\nu\Theta}$ erwarten. Ein solches Vakuum wäre CP-verletzend. Als meßbaren Effekt sagt die Theorie ein nichtverschwindendes elektrisches Dipolmoment für das Neutron vorher, welches proportional Θ sein sollte:

$$d_n = (2.7 - 5.2) \cdot 10^{-16} \, \Theta \text{ ecm}$$

Die experimentellen Grenzen für ein solches Dipolmoment des Neutrons (s. Abschn. 1.3.10) implizieren allerdings, daß $\Theta \lesssim 10^{-9}$ sein muß. Dieser extrem kleine Wert ist nicht verständlich, wenn angenommen wird, daß Θ eine rein zufällige Phase ist. Dieser Konflikt ist bekannt unter dem Namen Θ-Problem. Wir kommen auf dieses Problem in Kap. 9 nochmals zurück im Zusammenhang mit der Baryonenasymmetrie des Universums.

5.3 Tests der GWS-Theorie

Die Eichtheorie der elektroschwachen Wechselwirkung kann getestet werden aufgrund der Vorhersagen, welche über die der klassischen Theorie hinausgehen. Dies sind im

5.3 Tests der GWS-Theorie

wesentlichen die Existenz der Austauschbosonen und der neutralen Ströme. Ist der Weinberg-Winkel einmal festgelegt, so ist die Struktur der neutralen Ströme nach Tab. 5.2 bestimmt.

5.3.1 Neutrale Ströme und der Weinberg-Winkel

Die Existenz *neutraler leptonischer Ströme* läßt sich durch leptonische Streuexperimente nachprüfen. Einen eindeutigen Nachweis bilden die *elastischen ν_μ-Elektron-Streuprozesse* (s. Abb. 5.10)

$$\nu_\mu + e^- \to \nu_\mu + e^- \tag{5.92}$$

$$\bar{\nu}_\mu + e^- \to \bar{\nu}_\mu + e^- \tag{5.93}$$

Diese wären verboten, wenn es nur geladene Ströme gäbe, konnten experimentell jedoch eindeutig nachgewiesen werden ([Bal 78, s. auch [Dor 86]). Das Verhältnis der Wirkungsquerschnitte für die Prozesse (5.92) und (5.93) ist eine Funktion von $\sin^2 \Theta_W$. Als Ergebnis findet man (s. [Dor 86])

$$\sin^2 \Theta_W = 0.212 \pm 0.023 \pm 0.08.$$

Dabei bezeichnet der erste Fehler statistische und systematische experimentelle Unsicherheiten, der zweite theoretische Unsicherheiten.

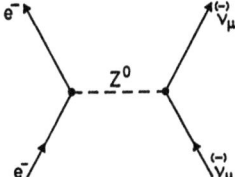

Abb. 5.10: Elastische ν_μ-e-Streuung. Dieser Prozeß ist im Gegensatz zu ν_e-e-Streuung *nur* über den Austausch eines Z^0 möglich. Seine Existenz bedeutet daher einen eindeutigen Nachweis der neutralen leptonischen Ströme.

Ebenfalls einen eindeutigen Nachweis neutraler Ströme bildet die Paritätsverletzung im *Elektron-Positron-Annihilationsprozeß* $e^+ + e^- \to \mu^+ + \mu^-$ (Abb. 5.10, 5.17), dessen Matrixelement als nützlicher Prototyp für alle *inelastischen* Prozesse angesehen werden kann. Die schwache Wechselwirkung kann zu diesem Prozeß *nur* durch neutrale Ströme beitragen. In bei PETRA durchgeführten Experimenten konnte nachgewiesen werden, daß die Winkelverteilung (Vorwärts-Rückwärts-Asymmetrie) für diesen Prozeß nicht mit der QED-Erwartung übereinstimmt. Sie ist jedoch erklärbar durch eine Interferenz von γ und Z^0-Austausch (Abb. 5.16, s. auch [Qui 83]).

Die *elastischen ν_e-Elektron-Streuprozesse*

224 5 Die Glashow-Weinberg-Salam Theorie der elektroschwachen Wechselwirkung

$$\nu_e + e^- \to \nu_e + e^- \tag{5.94}$$

und

$$\bar{\nu}_e + e^- \to \bar{\nu}_e + e^- \tag{5.95}$$

können *jedoch auch durch geladene* Ströme verursacht werden. In der GWS-Theorie sind W- und Z-Austauschdiagramme zu addieren (s. Abb. 5.11).

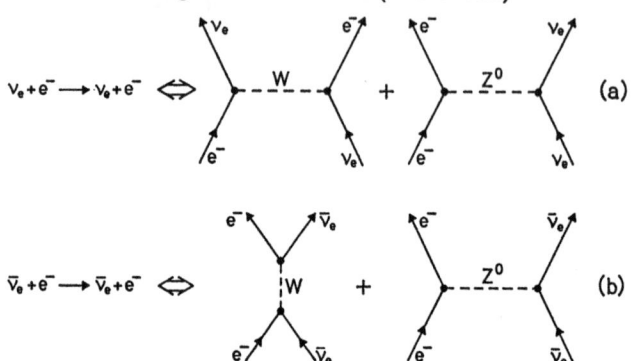

Abb. 5.11: W- und Z-Beiträge zu a) $\nu_e\text{-}e^-$-Streuung, b) $\bar{\nu}_e\text{-}e^-$-Streuung. Diese Prozesse sind zwar auch ohne neutrale Ströme möglich, die Wirkungsquerschnitte werden aber durch die letzteren modifiziert.

Die Wirkungsquerschnitte werden also gegenüber einer Theorie ohne Z-Bosonen modifiziert. Für $\bar{\nu}_e\text{-}e^-$-Streuung erhält man zum Beispiel im Limes kleiner Neutrino-Energien E_ν (s. z.B. [Lea 82] S. 56 ff; man beachte, daß in der Nomenklatur dieser Autoren die Größen $C_{V,A}$ durch $g_{V,A}$ zu ersetzen sind):

$$\sigma\left(\bar{\nu}_e + e^- \to \bar{\nu}_e + e^-\right)$$
$$= \frac{2}{\pi} G_F^2 m_e E_\nu \left\{ \frac{1}{3}\left(1 + \frac{C_V^e + C_A^e}{2}\right)^2 + \left(\frac{C_V^e + C_A^e}{2}\right)^2 \right\} \tag{5.96}$$

Da in die Wirkungsquerschnitte die Kopplungskoeffizienten C_V^e und C_A^e eingehen, kann durch Wirkungsquerschnittsmessungen auch die *Struktur der neutralen Ströme* geprüft werden. Wir erinnern daran, daß $C_V^e = C_A^e$ bedeuten würde, daß auch die neutralen Ströme rein linkshändig sind, also $(1 - \gamma_5)$-Struktur besitzen. Das erlaubt ebenfalls einen Test des GWS-Modells, in welchem nach (5.68)-(5.70) gilt:

$$\begin{aligned} C_V^e &= 2\sin^2\theta_W - \tfrac{1}{2} & C_V^u &= \tfrac{4}{3}\sin^2\theta_W - \tfrac{1}{2} & C_V^d &= -\tfrac{2}{3}\sin^2\theta_W + \tfrac{1}{2} \\ C_A^e &= -\tfrac{1}{2} & C_A^u &= -\tfrac{1}{2} & C_A^d &= \tfrac{1}{2} \end{aligned} \tag{5.97}$$

5.3 Tests der GWS-Theorie

Da der *Weinberg-Winkel* Θ_W aber ein freier Parameter der Theorie ist, bildet erst der Vergleich leptonischer und hadronischer schwacher Ströme einen echten Konsistenztest. Alle Prozesse müssen sich mit demselben Θ_W beschreiben lassen. Aus der Θ_W-Abhängigkeit des Wirkungsquerschnittes für $\bar{\nu}_e$-e^--Streuung konnten Reines et al. in einem Reaktorexperiment [Rei 76] den Wert

$$\sin^2 \Theta_W = 0.29 \pm 0.05 \tag{5.98}$$

extrahieren.

Die Wechselwirkung neutraler *leptonischer* Ströme mit *neutralen hadronischen Strömen* läßt sich in *tief-inelastischen Neutrino-Nukleon-Streuexperimenten* prüfen. ν_μ-Strahlen stehen an Hochenergiebeschleunigern als Folge der Mesonenzerfälle zur Verfügung.

Die inelastischen Prozesse

$$\overset{(-)}{\nu_\mu} + N \;\to\; \overset{(-)}{\nu_\mu} + X \qquad (X = \text{beliebiger hadronischer Endzustand})$$

sind reine Effekte neutraler Ströme (s. Abb. 5.12). Man vergleicht die Wirkungsquerschnitte für diese Reaktionen mit denen für die entsprechenden geladenen Reaktionen (s. Abb. 5.13):

$$\nu_\mu + N \;\to\; \mu^- + X$$
$$\bar{\nu}_\mu + N \;\to\; \mu^+ + X \tag{5.99}$$

und bildet die Verhältnisse

$$R_\nu \equiv \frac{\sigma(\nu_\mu + N_0 \to \nu_\mu + X)}{\sigma(\nu_\mu + N_0 \to \mu^- + X)} \tag{5.100}$$

$$R_{\bar{\nu}} \equiv \frac{\sigma(\bar{\nu}_\mu + N_0 \to \bar{\nu}_\mu + X)}{\sigma(\bar{\nu}_\mu + N_0 \to \mu^+ + X)} \tag{5.101}$$

Dabei ist angenommen, daß das Target N_0 aus ungefähr gleich viel Protonen wie Neutronen besteht (sog. isoskalares Target). Definiert man weiter das Verhältnis

$$r \equiv \frac{\sigma(\bar{\nu}_\mu + N_0 \to \mu^+ + X)}{\sigma(\nu_\mu + N_0 \to \mu^- + X)} \quad , \tag{5.102}$$

so kann gezeigt werden (s. [Lea 82] S. 85 ff), daß die Größe

$$\frac{R_\nu - r R_{\bar{\nu}}}{1 - r} = \frac{1}{2}(1 - 2\sin^2 \Theta_W) \tag{5.103}$$

unabhängig von Einflüssen der starken Wechselwirkung ist.
Die experimentellen Daten liefern den Wert ([Kim 81], [Dor 86])

226 5 Die Glashow-Weinberg-Salam Theorie der elektroschwachen Wechselwirkung

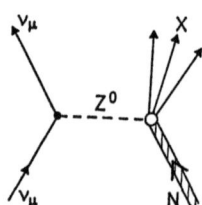
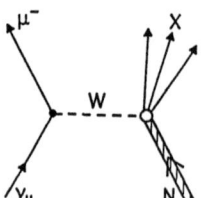

Abb. 5.12: ν_μ-N Streuung. Der Prozeß $\nu_\mu + N \to \nu_\mu + X$ erfolgt über den Austausch eines Z^0 und dient als Nachweis für die Existenz neutraler *hadronischer* Ströme.

Abb. 5.13: Der Streuprozeß $\nu_\mu + N \to \mu^- + X$ ist über den Austausch eines W-Bosons möglich.

$$\sin^2 \Theta_W = 0.232 \pm 0.003 \pm 0.005, \tag{5.104}$$

wobei wieder der erste Fehler statistische und systematische experimentelle Unsicherheiten beschreibt und der zweite theoretische Unsicherheiten. Dieses Resultat ist somit konsistent mit den Ergebnissen aus der ν_μ-e und $\bar{\nu}$-e Streuung.

Weitere Effekte neutraler schwacher Ströme sind paritätsverletzende Mischungen von Atomniveaus (rein leptonisch) und von Kernniveaus (rein hadronisch, vgl. Kap. 2.2.5). *Alle* durchgeführten Experimente sind konsistent mit dem GWS-Modell. Werte für den Winkel Θ_W lassen sich gemäß (5.26) und (5.43) auch aus den Massen von W- und Z-Bosonen ableiten. Ein globaler Fit *aller* existierenden Daten aus durch neutrale Ströme induzierten Reaktionen und aus den W- und Z-Massen liefert für den Weinberg-Winkel den Mittelwert [Lan 86]:

$$\sin^2 \Theta_W = 0.229 \pm 0.003 \tag{5.105}$$

5.3.2 Nachweis der W- und Z-Bosonen

Der direkteste Test der GWS-Theorie ist der experimentelle Nachweis der von ihr vorhergesagten Eichbosonen. Die W- und Z-Bosonen können (reell) produziert werden, wenn die ihrer Masse entsprechende Energie zur Verfügung steht.

Der direkte Nachweis reell produzierter Bosonen gelang 1983 am CERN in tiefinelastischer $p\bar{p}$-Streuung bei einer Schwerpunktenergie von 540 GeV ([UA1 83a-c], [UA2 83]).

Dabei wurden folgende Reaktionen untersucht (s. Abb. 5.14):

$$\begin{aligned} p + \bar{p} &\to X + \underbrace{W^\pm}_{} \\ &\to \begin{cases} e^+ + \nu_e \\ e^- + \bar{\nu}_e \end{cases} \end{aligned} \tag{5.106}$$

5.3 Tests der GWS-Theorie

$$p + \bar{p} \to X + \underbrace{Z^0}_{} \qquad (5.107)$$
$$\to \begin{cases} \mu^+ + \mu^- \\ e^+ + e^- \end{cases}$$

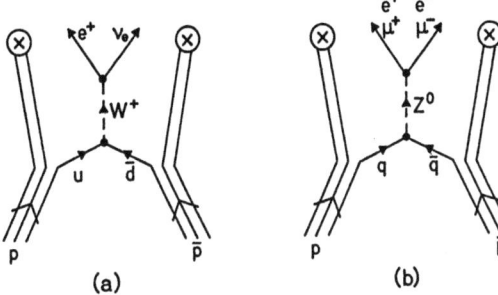

Abb. 5.14: Produktion von W- und Z-Bosonen in tief-inelastischer $p\bar{p}$-Streuung. Aus einem Quark und einem Antiquark geht ein Boson hervor. Dieses zerfällt dann sofort wieder in ein Leptonenpaar. Die restlichen Quarks agieren lediglich als Zuschauer.

Die Austauschbosonen selbst können jedoch auch bei reeller Produktion nicht beobachtet werden. Theoretisch erwartet man für diese eine Lebensdauer in der Gegend von 10^{-24}s, so daß ein Nachweis nur aufgrund der Zerfallsprodukte oder des Verhaltens des Wirkungsquerschnittes möglich ist. Der Nachweis des Z^0 [UA1 83b] bestand in der Identifizierung von 5 Ereignissen im UA1-Detektor mit einem $\mu^+\mu^-$ oder e^+e^- Paar, dessen invariante Masse (= totale Schwerpunktenergie) im Bereich der erwarteten Masse des Z^0 lag (s. Abb. 5.15).

Beim Zerfall $W^+ \to e^+ + \nu_e$ und $W^- \to e^- + \bar{\nu}_e$ kann dagegen das Neutrino nicht beobachtet werden. Der Nachweis dieses Prozesses ([UA1 83a], [UA2 83]) bestand daher in der Identifizierung von Ereignissen mit einem sehr hochenergetischen Elektron und einem großen Defizit in der Impulsbilanz. Es konnte gezeigt werden, daß die Kinematik dieser Ereignisse konsistent ist mit Reaktion (5.106).

Die bisherigen Experimente lieferten für die Boson-Massen und ihre Zerfallsbreiten Γ die Ergebnisse [Par 86]

$$M_W = 81.8 \pm 1.5 \text{ GeV} \qquad \Gamma_W < 6.5 \text{ GeV} \qquad (5.108)$$

$$M_Z = 92.6 \pm 1.7 \text{ GeV} \qquad \Gamma_Z < 4.6 \text{ GeV} \qquad (5.109)$$

in ausgezeichneter Übereinstimmung mit der theoretischen Erwartung (s. Kap. 5.1.4). Einen besonders schönen Nachweis des Z^0-Bosons erwartet man von den e^+e^--Speicherringen der kommenden Generation (z.B. LEP bei CERN). Der Wirkungsquerschnitt für den in Abb. 5.16 dargestellten Prozeß

228 5 Die Glashow-Weinberg-Salam Theorie der elektroschwachen Wechselwirkung

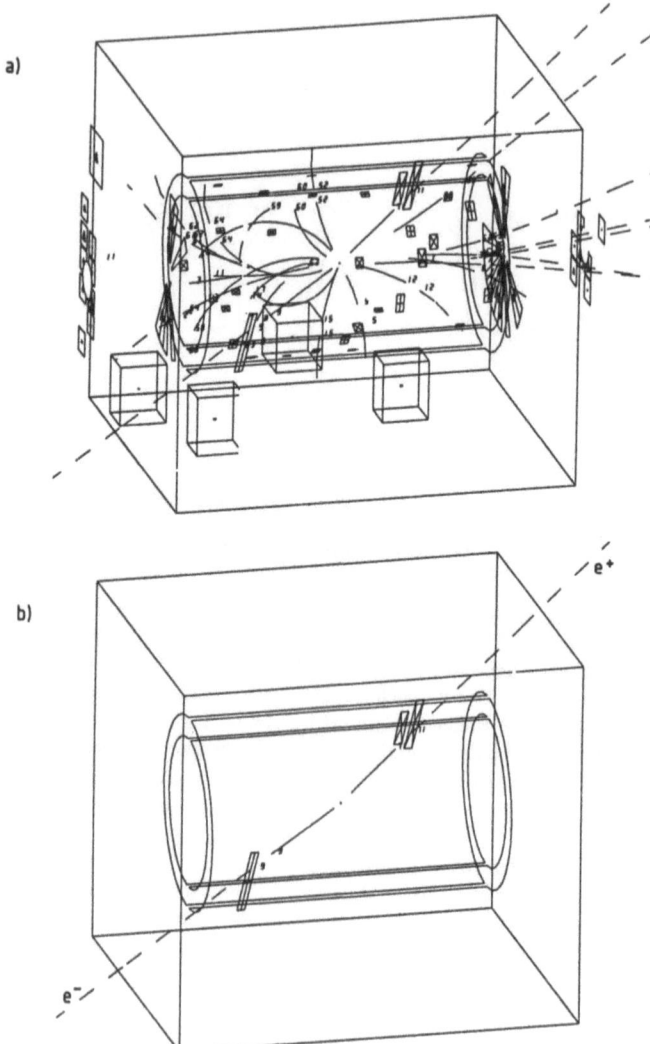

Abb. 5.15: Ein im UA1-Detektor beobachtetes Ereignis, welches einen Kandidaten für die Reaktion $p + \bar{p} \to Z^0 + X$ ($Z^0 \to e^+ + e^-$) darstellt. In Teil a) sind alle rekonstruierten Teilchenspuren wiedergegeben, in Teil b) nur die Spuren von Teilchen mit einem Transversalimpuls > 2 GeV/c. Diese Bedingung erfüllt nur das Elektron-Positron-Paar, das als Zerfallsprodukt des Z^0 interpretiert wird (aus [UA1 83b]).

5.4 Kernbetazerfall als schwache Wechselwirkung der Quarks

$$e^+ + e^- \to \mu^+ + \mu^- \tag{5.110}$$

oder allgemeiner, für beliebige elementare Fermionen f,

$$e^+ + e^- \to f + \bar{f} \tag{5.111}$$

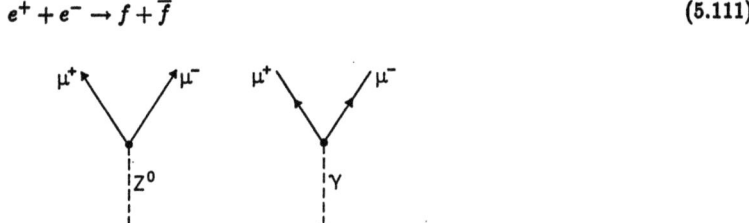

Abb. 5.16: Z^0-Produktion in e^+e^--Reaktionen. Die Abb. zeigt die Beiträge niedrigster Ordnung für e^+e^--Annihilation in $\mu\bar{\mu}$ (oder $\tau\bar{\tau}$)-Paare. Im linken Reaktionskanal ist im intermediären Zustand die gesamte Energie im Z^0 enthalten. Daher ist der Wirkungsquerschnitt für diesen Prozeß sehr stark von der Schwerpunktenergie abhängig (s. Abb. 5.17).

sollte als Folge des Z-Propagators $(g_{\mu\nu} - q_\mu q_\nu/M_Z^2)/(q^2 - M_Z^2)$ eine imposante Resonanzstruktur mit Maximum bei einer Schwerpunktenergie

$$E = \sqrt{q^2} \approx M_Z \tag{5.112}$$

aufweisen (Abb. 5.17).
Der Wirkungsquerschnitt im Maximum müßte dabei um etwa zwei Größenordnungen höher liegen als außerhalb der Resonanz bzw. als allein nach der QED zu erwarten.
Ein vergleichbar eindeutiges Signal ist in hadronischen Reaktionen nicht zu erwarten, da die Quarks in Hadronen gebunden sind und dadurch immer eine Impulsverteilung und keinen scharf definierten Impuls besitzen.

5.4 Kernbetazerfall als schwache Wechselwirkung der Quarks

Im Abschnitt 5.2.1 war *qualitativ* gezeigt worden, daß der Quarkstrom q_μ^c geeignet ist, den Neutronzerfall zu beschreiben.
Nun wollen wir die Zusammenhänge zwischen Quarkstrom und Betazerfall in einem einfachen Modell *quantitativ* durchleuchten. Als illustratives Ergebnis werden wir dabei einen theoretischen Wert für den Renormierungsfaktor c_A des Axialvektor-Stromes erhalten. Außerdem werden wir sehen, daß das Quarkmodell auch β-Übergänge zur Δ-Resonanz vorhersagt. Solche Übergänge spielen bei der Erklärung des sogenannten

230   5 Die Glashow-Weinberg-Salam Theorie der elektroschwachen Wechselwirkung

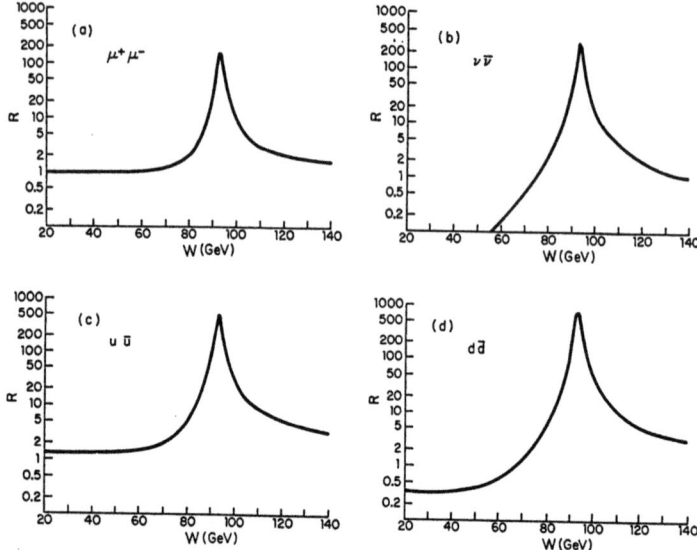

Abb. 5.17: Abhängigkeit der Wirkungsquerschnitte für die Reaktionen $e^+e^- \to \mu^+\mu^-$ bzw. $e^+e^- \to f\bar{f}$ von der Schwerpunktsenergie W im GWS-Modell. Aufgetragen ist die Energieabhängigkeit des Verhältnisses $R \equiv \sigma(e^+e^- \to f\bar{f})/\sigma_{QBD}(e^+e^- \to \mu^+\mu^-)$ im Standardmodell für 3 Generationen von Quarks und Leptonen. In (c), (d) steht $u\bar{u}$ und $d\bar{d}$ für Endzustände mit Quarks mit Ladung 2/3 bzw. -1/3. Die Resonanzstruktur entsteht durch den Propagator des Z- Bosons (aus C.Quigg, Gauge Theories of the Strong, Weak and Electrom. Interactions, Benjamin/Cummings, 1983 [Qui 83]).

"Quenching" der Gamow-Teller-Stärke eine wesentliche Rolle (s. Kap. 3). Nach (5.78) ist der geladene Quarkstrom im GWS-Modell mit Cabibbo-Mischung gegeben durch:

$$q_\mu^{c\dagger} = \overline{u}\gamma_\mu(1-\gamma_5)d' = (\cos\Theta_C)\overline{u}\gamma_\mu(1-\gamma_5)d$$
$$+ (\sin\Theta_C)\overline{u}\gamma_\mu(1-\gamma_5)s \qquad (5.113)$$

Für den Kernbetazerfall spielt der Strangeness-ändernde Anteil keine Rolle, da alle Kernwellenfunktionen infolge der Erhaltung der Strangeness in der starken Wechselwirkung Strangeness Null besitzen. Wir haben also nur den Teil $(\cos\Theta_C)\overline{u}\gamma_\mu(1-\gamma_5)d$ zu betrachten. Der Faktor $\cos\Theta_C$ kann in die Definition der Kopplungskonstanten G_β absorbiert werden (vgl. Gl. (5.79)). Wir wollen also nun eine Beziehung herleiten zwischen dem Quarkstrom $q_\mu^{c\dagger} = \overline{u}\gamma_\mu(1-\gamma_5)d$ und dem in der klassischen Theorie auftretenden Hadronenstrom $h_\mu^{c\dagger} = \overline{p}\gamma_\mu(1-c_A\gamma_5)n$.

Dazu berechnen wir Matrixelemente des Quarkstromes $q_\mu^{c\dagger}$ zwischen den baryonischen Zuständen $|n\rangle$, $|p\rangle$, $|\Delta\rangle$, $|\Delta^0\rangle$, $|\Delta^+\rangle$ und $|\Delta^{++}\rangle$. Zunächst müssen wir Wellenfunktionen für die baryonischen Zustände konstruieren. Wie dies in einem einfachen

5.4 Kernbetazerfall als schwache Wechselwirkung der Quarks

Modell gemacht werden kann, zeigen wir im nächsten Abschnitt.

5.4.1 Quarkmodell der Nukleonen

Wir nehmen an, daß in den hier betrachteten Baryonen — Nukleonen und Δ-Resonanz — als leichtesten baryonischen Zuständen die Quarks keinen Bahndrehimpuls tragen, daß sich also alle Quarks auf dem niedrigsten Niveau des sie zusammenhaltenden Potentials befinden. In diesem Fall genügt es, die Quarkwellenfunktionen durch ihre Symmetrien (sprich: Quantenzahlen) bezüglich Farbe, Quark-Spin und Quark-Isospin zu kennzeichnen. Wir wissen weiter aufgrund des experimentellen Hadronenspektrums und auch aufgrund theoretischer Argumente, daß alle Hadronen bezüglich der Farbe einen antisymmetrischen Zustand bilden, sie sind "farblos". Folglich unterscheiden sich die gesuchten Zustände lediglich in ihren Spin- und Isospin-Symmetrien.

Da fermionische Systeme, wie sie Quarksysteme auch darstellen, immer durch antisymmetrische Wellenfunktionen beschrieben werden, die Antisymmetrie aber schon in der Farbwellenfunktion enthalten ist, muß das Produkt aus Spin- und Isospin-Wellenfunktion Symmetrie aufweisen (Das Produkt einer symmetrischen mit einer antisymmetrischen Wellenfunktion ergibt wieder eine antisymmetrische Wellenfunktion).

Die Aufgabe besteht also darin, symmetrische Spin-Isospin-Zustände dreier Quarks zu finden. Dazu gehen wir nach dem von der Berechnung der Drehimpulskopplung zweier Systeme her allgemein bekannten Verfahren vor. Im ersten Schritt schreiben wir einen Zustand mit maximalen Spin- und Isospinquantenzahlen und ebenfalls maximalen m-Quantenzahlen nieder. Wir wählen den Zustand mit $T = 3/2$, $S = 3/2$, $T_3 = -3/2$ und $m_S = 3/2$ aus, welcher das Δ^{++}-Teilchen mit $m_S = 3/2$ verkörpert. Es gibt nur eine Komponente in der Spin-Isospin-Kopplung, welche zu einem solchen Zustand beiträgt. Wir schreiben in offensichtlicher Notation:

$$|\Delta^{++}, m_S = \tfrac{3}{2}\rangle = |u\uparrow\, u\uparrow\, u\uparrow\rangle \tag{5.114}$$

Man erkennt leicht, daß dieser Zustand die gewünschte Spin-Isospin-Symmetrie besitzt. Ausgehend von diesem Zustand lassen sich nun die anderen Zustände sukzessive konstruieren.

Im zweiten Schritt erhält man durch Anwendung von Auf- und Absteigeoperatoren alle Zustände mit $T = 3/2$ und $S = 3/2$. Zunächst wenden wir den Spin-Absteigeoperator

$$\sigma_Q^- = \sum_{q=1}^{3} \sigma^-(q) \tag{5.115}$$

mit dem auf das Quark q wirkenden Operator

$$\sigma^-(q) = \frac{1}{2}\left(\sigma_1(q) - i\sigma_2(q)\right) \tag{5.116}$$

5 Die Glashow-Weinberg-Salam Theorie der elektroschwachen Wechselwirkung

an. Dies liefert:

$$|\Delta^{++}, m_S = \tfrac{1}{2}\rangle = \frac{1}{\sqrt{3}}\sigma_Q^-|u{\uparrow}\,u{\uparrow}\,u{\uparrow}\rangle = \frac{1}{\sqrt{3}}(|u{\downarrow}\,u{\uparrow}\,u{\uparrow}\rangle + |u{\uparrow}\,u{\downarrow}\,u{\uparrow}\rangle + |u{\uparrow}\,u{\uparrow}\,u{\downarrow}\rangle)) \qquad (5.117)$$

Man beachte, daß dieser Zustand dadurch entsteht, daß der Operator σ_Q^- nacheinander auf alle drei Quarks wirkt.

Jetzt können wir den Zustand $|\Delta^+, m_S = 1/2\rangle$ erhalten, wenn wir den Isospin-Aufsteigeoperator

$$\tau_Q^+ = \sum_{q=1}^{3} \tau^+(q) \qquad (5.118)$$

anwenden:

$$|\Delta^+, m_S = \tfrac{1}{2}\rangle = \frac{1}{\sqrt{3}}\tau_Q^+|\Delta^{++}, m_S = \tfrac{1}{2}\rangle$$

$$= \frac{1}{3}\{|d{\downarrow}\,u{\uparrow}\,u{\uparrow}\rangle + |u{\downarrow}\,d{\uparrow}\,u{\uparrow}\rangle + |u{\downarrow}\,u{\uparrow}\,d{\uparrow}\rangle + |d{\uparrow}\,u{\downarrow}\,u{\uparrow}\rangle + |u{\uparrow}\,d{\downarrow}\,u{\uparrow}\rangle$$
$$+ |u{\uparrow}\,u{\downarrow}\,d{\uparrow}\rangle + |d{\uparrow}\,u{\uparrow}\,u{\downarrow}\rangle + |u{\uparrow}\,d{\uparrow}\,u{\downarrow}\rangle + |u{\uparrow}\,u{\uparrow}\,d{\downarrow}\rangle\} \qquad (5.119)$$

Weitere Zustände mit $T = 3/2$ und $S = 3/2$ lassen sich ebenfalls leicht berechnen, werden hier jedoch nicht benötigt.

Im dritten Schritt konstruieren wir nun die Wellenfunktion des Zustandes, welcher orthogonal ist zu $|\Delta^+, m_S = 1/2\rangle$ (Quantenzahlen: $T = 3/2$, $T_3 = -1/2$, $S = 3/2$, $m_S = 1/2$) und dieselben m-Quantenzahlen besitzt. Dieser muß dann durch $T = 1/2$ und $S = 1/2$ charakterisiert und somit ein Protonzustand sein, da es keine Zustände mit $T = 3/2$, $S = 1/2$ oder mit $T = 1/2$, $S = 3/2$ und der gewünschten Spin-Isospin-Symmetrie gibt, wie man in einem Zwischenschritt nachrechnen kann. Wir erhalten also auf diese Weise den Zustand:

$$|p, m_S = \tfrac{1}{2}\rangle$$
$$= \frac{1}{\sqrt{18}}\{2|d{\downarrow}\,u{\uparrow}\,u{\uparrow}\rangle + 2|u{\uparrow}\,d{\downarrow}\,u{\uparrow}\rangle + 2|u{\uparrow}\,u{\uparrow}\,d{\downarrow}\rangle - |u{\downarrow}\,u{\uparrow}\,d{\uparrow}\rangle - |u{\uparrow}\,u{\downarrow}\,d{\uparrow}\rangle$$
$$-|u{\downarrow}\,d{\uparrow}\,u{\uparrow}\rangle - |u{\uparrow}\,d{\uparrow}\,u{\downarrow}\rangle - |d{\uparrow}\,u{\downarrow}\,u{\uparrow}\rangle - |d{\uparrow}\,u{\uparrow}\,u{\downarrow}\rangle\} \qquad (5.120)$$

Die relative Phase zwischen Delta- und Protonwellenfunktion ist willkürlich. Der Neutronzustand $|n, m_S = 1/2\rangle$ ergibt sich nun wieder durch Anwendung des Operators τ_Q^+

$$|n, m_S = \tfrac{1}{2}\rangle = \tau_Q^+|p, m_S = \tfrac{1}{2}\rangle$$
$$= \frac{1}{\sqrt{18}}\{2|u{\downarrow}\,d{\uparrow}\,d{\uparrow}\rangle + 2|d{\uparrow}\,u{\downarrow}\,d{\uparrow}\rangle + 2|d{\uparrow}\,d{\uparrow}\,u{\downarrow}\rangle - |d{\downarrow}\,d{\uparrow}\,u{\uparrow}\rangle - |d{\uparrow}\,d{\downarrow}\,u{\uparrow}\rangle$$
$$-|d{\downarrow}\,u{\uparrow}\,d{\uparrow}\rangle - |d{\uparrow}\,u{\uparrow}\,d{\downarrow}\rangle - |u{\uparrow}\,d{\downarrow}\,d{\uparrow}\rangle - |u{\uparrow}\,d{\uparrow}\,d{\downarrow}\rangle\} \qquad (5.121)$$

5.4 Kernbetazerfall als schwache Wechselwirkung der Quarks

Die Wellenfunktionen der anderen Spinzustände, die wir im weiteren aber nicht benötigen, können analog durch Anwendung des Operators σ_Q^- konstruiert werden.

5.4.2 Beta-Matrixelemente im Quarkmodell

Mit Hilfe der Wellenfunktionen des vorigen Abschnitts können wir die Matrixelemente des Quarkstromes q_μ^c zwischen Nukleonenzuständen berechnen (vgl. [Boh 81]). Da das Nukleon ein aus den punktförmigen Quarks bestehendes ausgedehntes Objekt darstellt, kann analog zur Situation beim Atomkern (vgl. Abschn. 2.1.4) prinzipiell auch Bahndrehimpuls auf die Quarks übertragen werden, was den verbotenen Übergängen beim Kernzerfall entspricht. Wegen der noch wesentlich stärkeren Unterdrückung solcher Matrixelemente aufgrund des kleinen Nukleonenradius verglichen mit dem Atomkern, und wegen der ohnehin einfachen Modellannahmen wollen wir solche Beiträge vernachlässigen und in der erlaubten Näherung nur die Matrixelemente der nun auf die Quarks wirkenden Fermi- und Gamow-Teller-Operatoren berücksichtigen. Wir machen also den Übergang:

$$\langle p|q_0^{c\dagger}|n\rangle = \langle p|\overline{u}\gamma_0(1-\gamma_5)d|n\rangle \to \langle p|\tau_Q^-|n\rangle \tag{5.122}$$

$$\langle p|\vec{q}^{\,c\dagger}|n\rangle = \langle p|\overline{u}\vec{\gamma}(1-\gamma_5)d|n\rangle \to -\langle p|\vec{F}^{\,-}|n\rangle \tag{5.123}$$

mit den Operatoren τ^- und $\vec{F}^{\,-}$ definiert durch:

$$\tau_Q^- = \sum_{q=1}^{3}\tau^-(q) \tag{5.124}$$

$$\vec{F}^{\,-} = \sum_{q=1}^{3}\vec{\sigma}(q)\tau^-(q) \tag{5.125}$$

Die Summation läuft dabei über die Quarks in den Nukleonen. Man beachte, daß der Quarkstrom $q_\mu^{c\dagger}$ keinen Renormierungsfaktor enthält.

5.4.2.1 Vektorstrom (Fermi-Matrixelemente)   Aus (5.121) erhält man sofort das Ergebnis:

$$\langle p, m_s - \tfrac{1}{2}|\tau_Q^-|n, m_s = \tfrac{1}{2}\rangle = 1 \tag{5.126}$$

Aus Rotationssymmetrie folgt:

$$\langle p|\tau_Q^-|n\rangle = \delta_{m_s(p),m_s(n)} \tag{5.127}$$

Somit ist das aus dem Quarkstrom abgeleitete Matrixelement für den Fermiübergang (Vektorstrom) identisch mit demjenigen abgeleitet aus dem Nukleonenstrom (2.79). Dies folgt natürlich auch sofort aus den Isospinquantenzahlen. Wir können das als eine Bestätigung der CVC-Hypothese werten.

5.4.2.2 Axialvektorstrom (Gamow-Teller-Matrixelemente)

Die Berechnung des Gamow-Teller-Matrixelementes

$$\langle p, m_s = 1/2 | \boldsymbol{F}_z^- | n, m_s = 1/2 \rangle$$

kann explizit durchgeführt werden, wenn die Wellenfunktionen (5.120) und (5.121) benutzt werden.

Wir berechnen zunächst:

$$\boldsymbol{F}_z^- | n, m_s = \tfrac{1}{2} \rangle$$
$$= -\frac{1}{\sqrt{18}} \boldsymbol{F}_z^- \{ 2|u\!\!\downarrow d\!\!\uparrow d\!\!\uparrow\rangle + 2|d\!\!\uparrow u\!\!\downarrow d\!\!\uparrow\rangle + 2|d\!\!\uparrow d\!\!\uparrow u\!\!\downarrow\rangle$$
$$-|d\!\!\downarrow d\!\!\uparrow u\!\!\uparrow\rangle - |d\!\!\uparrow d\!\!\downarrow u\!\!\uparrow\rangle - |d\!\!\downarrow u\!\!\uparrow d\!\!\uparrow\rangle$$
$$-|d\!\!\uparrow u\!\!\uparrow d\!\!\downarrow\rangle - |u\!\!\uparrow d\!\!\downarrow d\!\!\uparrow\rangle - |u\!\!\uparrow d\!\!\uparrow d\!\!\downarrow\rangle \}$$
$$= -\frac{1}{\sqrt{18}} \{ 2|u\!\!\downarrow u\!\!\uparrow d\!\!\uparrow\rangle + 2|u\!\!\downarrow d\!\!\uparrow u\!\!\uparrow\rangle + 2|u\!\!\uparrow u\!\!\downarrow d\!\!\uparrow\rangle$$
$$+ 2|d\!\!\uparrow u\!\!\downarrow u\!\!\uparrow\rangle + 2|u\!\!\uparrow d\!\!\uparrow u\!\!\downarrow\rangle + 2|d\!\!\uparrow u\!\!\uparrow u\!\!\downarrow\rangle$$
$$+ |u\!\!\downarrow d\!\!\uparrow u\!\!\uparrow\rangle - |d\!\!\downarrow u\!\!\uparrow u\!\!\uparrow\rangle - |u\!\!\uparrow d\!\!\downarrow u\!\!\uparrow\rangle$$
$$+ |d\!\!\uparrow u\!\!\downarrow u\!\!\uparrow\rangle + |u\!\!\downarrow u\!\!\uparrow d\!\!\uparrow\rangle + |d\!\!\downarrow u\!\!\uparrow u\!\!\uparrow\rangle$$
$$- |u\!\!\uparrow u\!\!\uparrow d\!\!\downarrow\rangle + |d\!\!\uparrow u\!\!\uparrow u\!\!\downarrow\rangle + |u\!\!\uparrow u\!\!\downarrow d\!\!\uparrow\rangle$$
$$- |u\!\!\uparrow d\!\!\downarrow u\!\!\uparrow\rangle - |u\!\!\uparrow u\!\!\uparrow d\!\!\downarrow\rangle + |u\!\!\uparrow d\!\!\uparrow u\!\!\downarrow\rangle \} \tag{5.128}$$

Mit der Wellenfunktion (5.120) erhält man daraus:

$$\langle p, m_s = \tfrac{1}{2} | \boldsymbol{F}_z^- | n, m_s = \tfrac{1}{2} \rangle$$
$$= -\frac{1}{18}(-2 -2 -2 -2 -2 -2 -1 -2 -2 \\ -1 -1 +2 -2 -1 -1 -2 -2 -1) \tag{5.129}$$
$$= \frac{5}{3}$$

Die übrigen Matrixelemente von $\vec{\boldsymbol{F}}^-$ zwischen Nukleonenzuständen können dann aufgrund des Wigner-Eckart-Theorems durch das reduzierte (bezüglich des Spins) Matrixelement

$$\langle p \| \vec{\boldsymbol{F}}^- \| n \rangle = \sqrt{2} \frac{\langle p, m_s = \tfrac{1}{2} | \boldsymbol{F}_z^- | n, m_s = \tfrac{1}{2} \rangle}{(\tfrac{1}{2}\tfrac{1}{2}, 10|\tfrac{1}{2}\tfrac{1}{2})} = \sqrt{6}\frac{5}{3} \tag{5.130}$$

ausgedrückt werden.

Ein Vergleich mit dem aus dem Nukleonenstrom $\overline{\boldsymbol{\psi}}_p \boldsymbol{\gamma}_\mu (1 - c_A \boldsymbol{\gamma}_5) \boldsymbol{\psi}_n$ berechneten Matrixelement aus Kap. 2 ergibt den Renormierungsfaktor des Axialvektorstromes im Quarkmodell:

5.4 Kernbetazerfall als schwache Wechselwirkung der Quarks

$$c_A^q = \frac{5}{3} \qquad (5.131)$$

In dieses Ergebnis ging lediglich die Spin- und Flavor-Symmetrie der Quarks im Nukleon ein. Im Vergleich zum experimentellen Wert $c_A = 1.24$ ist diese Vorhersage zwar zu groß, geht aber immerhin in die richtige Richtung. Viel mehr war angesichts der einfachen Modellannahme nicht zu erwarten. Eine bessere Übereinstimmung mit dem experimentellen Wert erhält man, wenn man berücksichtigt, daß sich die Quarks innerhalb des Nukleons relativistisch bewegen.

Wir erkennen nun auch den Zusammenhang zwischen dem Gamow-Teller-Operator $\vec{Y}^-$ und dem Operator $\vec{F}^-$:

$$\vec{Y}^- = \frac{3}{5} \vec{F}^- \qquad (5.132)$$

5.4.2.3 Anregungen der Δ-Resonanz in Betaübergängen Das Quarkmodell liefert nicht nur einen Beitrag zum Verständnis der Axialvektor-Kopplungskonstanten c_A im Neutronzerfall, sondern sagt auch völlig neue Phänomene vorher. Da Nukleonen und Δ-Zustände sich lediglich in ihrer Symmetrie bezüglich Spin und Isospin unterscheiden, kann der Quarkstrom q_μ^c auch Nukleonen- in Delta-Zustände überführen:

$$\langle \Delta | q_\mu^c | N \rangle \neq 0 \qquad (5.133)$$

Wir erhalten daraus z.B. (s. Abb. 5.18a) den β-Zerfall der Δ-Resonanz (nicht beobachtbar, da die Δ-Resonanz 'stark' zerfällt):

$$\Delta^0 \to p + e^- + \bar{\nu} \qquad (5.134)$$

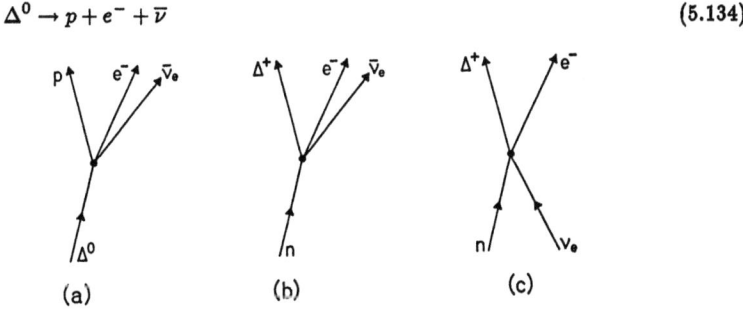

Abb. 5.18: a) Graphen für den β-Zerfall der Δ-Resonanz
b) den energetisch verbotenen Prozeß $n \to \Delta^+ + e^- + \bar{\nu}_e$
c) den durch ν-Einfang induzierten Übergang vom Nukleon zum Δ.

Der inverse Prozeß (Abb. 5.18b) ist zwar energetisch verboten ($m_\Delta - m_N \approx 300$ MeV), besitzt aber dennoch Bedeutung als Erklärungsmechanismus für das Quenching der Gamow-Teller-Stärke (s. Kap. 3).

236 5 Die Glashow-Weinberg-Salam Theorie der elektroschwachen Wechselwirkung

Nur der Axialvektoranteil des Quarkstromes kann Übergänge zwischen Nukleon und Δ-Resonanz erzeugen. Der Operator des Vektoranteils ist der Isospinoperator τ^-, welcher den Betrag des Isospins nicht ändern kann. Dies gilt nicht für den Operator $\vec{F}^-$. (Es ist zu beachten, daß $\vec{F}^-$ nicht einfach das Produkt aus dem Nukleon-Spin- und Nukleon-Isospin-Operator darstellt). Analog zu dem Matrixelement

$$\langle p, m_S = \tfrac{1}{2} | F_z^- | n, m_S = \tfrac{1}{2} \rangle$$

berechnen wir nun

$$\langle \Delta^{++}, m_S = \tfrac{1}{2} | F_z^- | p, m_S = \tfrac{1}{2} \rangle \ .$$

Wir erhalten:

$$F_z^- | p, m_S = \tfrac{1}{2} \rangle$$
$$= \frac{1}{\sqrt{18}} F_z^- \{ 2 | d\!\downarrow u\!\uparrow u\!\uparrow \rangle + 2 | u\!\uparrow d\!\downarrow u\!\uparrow \rangle + 2 | u\!\uparrow u\!\uparrow d\!\downarrow \rangle$$
$$- | u\!\downarrow u\!\uparrow d\!\uparrow \rangle - | u\!\uparrow u\!\downarrow d\!\uparrow \rangle - | u\!\downarrow d\!\uparrow u\!\uparrow \rangle$$
$$- | u\!\uparrow d\!\uparrow u\!\downarrow \rangle - | d\!\uparrow u\!\downarrow u\!\uparrow \rangle - | d\!\uparrow u\!\uparrow u\!\downarrow \rangle \}$$
$$= \frac{1}{\sqrt{18}} \{ -2 | u\!\downarrow u\!\uparrow u\!\uparrow \rangle - 2 | u\!\uparrow u\!\downarrow u\!\uparrow \rangle - 2 | u\!\uparrow u\!\uparrow u\!\downarrow \rangle$$
$$- | u\!\downarrow u\!\uparrow u\!\uparrow \rangle - | u\!\uparrow u\!\downarrow u\!\uparrow \rangle - | u\!\downarrow u\!\uparrow u\!\uparrow \rangle$$
$$- | u\!\uparrow u\!\uparrow u\!\downarrow \rangle - | u\!\uparrow u\!\downarrow u\!\uparrow \rangle - | u\!\uparrow u\!\uparrow u\!\downarrow \rangle \} \quad (5.135)$$

Mit (5.117) folgt daraus:

$$\langle \Delta^{++}, m_S = \tfrac{1}{2} | F_z^- | p, m_S = \tfrac{1}{2} \rangle$$
$$= \frac{1}{\sqrt{3}\sqrt{18}} (-2 - 2 - 2 - 1 - 1 - 1 - 1 - 1 - 1)$$
$$= -\frac{4}{\sqrt{6}} \quad (5.136)$$

Zur Berechnung weiterer Matrixelemente kann außer der Spin-Symmetrie auch die Isospin-Symmetrie ausgenutzt werden. Diese gestattet uns, $\vec{F}^-$ auszudrücken durch das Produkt eines Tensoroperators $\boldsymbol{S}$ im Spinraum und eines Operators $\boldsymbol{T}$ im Isospinraum (nicht identisch mit den Spin- und Isospinoperatoren!)

Die explizite Form von $\boldsymbol{S}$ und $\boldsymbol{T}$ braucht uns jedoch nicht zu interessieren. Die Matrixelemente der sphärischen Komponenten $\boldsymbol{F}_{\mu\nu} = \boldsymbol{S}_\mu \times \boldsymbol{T}_\nu$, $\mu, \nu = -1, 0, +1$, lassen sich durch doppelt-reduzierte Matrixelemente ausdrücken:

$$\langle T'T_z', S'S_z' | \boldsymbol{S}_\mu \boldsymbol{T}_\nu | TT_z, SS_z \rangle$$
$$= \langle T'S' ||| \boldsymbol{S}\boldsymbol{T} ||| TS \rangle (TT_z, 1\nu | T'T_z') \cdot$$
$$\cdot (SS_z, 1\mu | S'S_z') / \left(\sqrt{2T'+1}\sqrt{2S'+1} \right) \quad (5.137)$$

Dabei ist zu beachten, daß z.B.

5.4 Kernbetazerfall als schwache Wechselwirkung der Quarks

$$F_z^- = 1/\sqrt{2} \cdot F_{0,-1} = 1/\sqrt{2} \cdot S_0 T_{-1} \tag{5.138}$$

Aus (5.129) und (5.136) erhält man die Werte der doppelt-reduzierten Matrixelemente

$$\langle N|||F|||N\rangle = \langle \tfrac{1}{2}\tfrac{1}{2}|||F|||\tfrac{1}{2}\tfrac{1}{2}\rangle = 6 \cdot \frac{5}{3} \tag{5.139}$$

$$\langle \Delta|||F|||N\rangle = \langle \tfrac{3}{2}\tfrac{3}{2}|||F|||\tfrac{1}{2}\tfrac{1}{2}\rangle = -\frac{24\sqrt{2}}{5} \cdot \frac{5}{3} \tag{5.140}$$

Auf ähnliche Weise läßt sich berechnen

$$\langle \Delta|||F|||\Delta\rangle = \langle \tfrac{3}{2}\tfrac{3}{2}|||F|||\tfrac{3}{2}\tfrac{3}{2}\rangle = 12 \cdot \frac{5}{3} \tag{5.141}$$

Aus der Beziehung (5.137) und diesen doppelt-reduzierten Matrixelementen lassen sich dann alle weiteren möglichen Matrixelemente des Gamow-Teller-Operators gewinnen. So erhält man z.B. die einfach (bezüglich des Spins) reduzierten Matrixelemente:

$$\langle \Delta^{++}||F^-||p\rangle = -\frac{12}{5}\sqrt{2} \cdot \frac{5}{3} \tag{5.142}$$

$$\langle \Delta^+||F^-||n\rangle = -\frac{12}{5}\sqrt{\frac{2}{3}} \cdot \frac{5}{3} \tag{5.143}$$

Betrachten wir nun die Wirkung des Gamow-Teller-Operators Y^- auf den gesamten Atomkern, so erzeugt dieser neben den rein nukleonischen Anregungen, welche sich meist aus einer Neutron-Loch- und einer Proton-Teilchen-Anregung zusammensetzen, auch Zustände mit Δ-Teilchen und Nukleon-Loch-Anregungen. Wichtig ist dabei, daß die nukleonischen Anregungen auf nur wenige Nukleonen der Gesamtzahl an Nukleonen im Kern beschränkt sind, daß aber *alle* Nukleonen durch Y^- in ein Δ umgewandelt werden können. Wegen des Pauli-Prinzips kommen im Schalenmodell nur die Nukleonen für Gamow-Teller-Übergänge in Betracht, für welche die erreichbaren Endzustände (selbe ℓ-Schale) nicht schon alle besetzt sind. Da die Δ-Zustände im Kern alle unbesetzt sind, ergibt sich aber keine Einschränkung für $N \to \Delta$-Übergänge.

Die Stärke, mit der die einzelnen Nukleonen an den $N \to \Delta$-Übergängen teilnehmen, ist daher unabhängig von der Kernstruktur und allein durch das reduzierte Matrixelement (5.140) bestimmt. Könnte die zur Erzeugung der Δ-Anregung notwendige Energie beim Betazerfall aufgebracht werden, so wäre dieser Zerfallsmodus als dominanter Prozeß zu erwarten. Eine Möglichkeit der direkten Produktion dieser Δ-Anregungen im Kern durch die schwache Wechselwirkung wäre der Einfang sehr hochenergetischer Neutrinos (Abb. 5.18c) mit $E_\nu \gtrsim 300$ MeV.

5.4.2.4 Renormierung der Gamow-Teller-Stärke durch Δ-Anregungen

Zwar sind reelle Anregungen der Δ-Resonanz im β-Zerfall nicht möglich, jedoch spielen virtuelle Δ-Anregungen durchaus eine Rolle. Als Folge der Kernkräfte enthalten auch die niederenergetischen Kernwellenfunktionen kleine Beimischungen von Δ-Komponenten (s. auch Abschn. 3.2, 3.5):

$$\left| \begin{array}{c} \text{niederenergetischer} \\ \text{Kernzustand} \end{array} \right\rangle = \alpha |\text{Nukleonenzustand}\rangle \qquad (5.144)$$
$$+ \beta |\text{Zustand mit } \Delta\text{-Anregungen}\rangle$$

Obwohl β sehr klein ist (typisch $\beta^2 \approx 0.03$), liefert dies eine wesentliche Korrektur zu den Beta-Matrixelementen, da ja die Übergangsmatrixelemente für Δ-Anregungen proportional A und damit zumindest in schweren Kernen wesentlich größer sind als diejenigen, die zu reinen Nukleonenzuständen führen.

Diese Korrekturen sind destruktiv, was einer Reduzierung der Renormierungskonstanten c_A in der klassischen Theorie gleichkommt. In Kernstrukturrechnungen (s. z.B. [Gro 83b]) erhält man das Ergebnis, daß die dadurch bewirkte Reduzierung der Gamow-Teller-Übergangsraten, auch "Quenching" genannt, in der Gegend von 10-30% liegt (s. Abschn. 3.5).

6 Die schwache Wechselwirkung im Rahmen der Großen Vereinigungstheorien

Nachdem wir im letzten Kapitel schwache und elektromagnetische Wechselwirkung auf eine gemeinsame Beschreibung zurückgeführt haben, soll nun eine Einführung gegeben werden in die Theorien, welche alle drei Wechselwirkungen des Elementarteilchenbereiches zusammenhängend beschreiben. Diese Theorien sind bekannt unter dem Namen "Große Vereinigungstheorien" ("Grand Unification Theories", abgekürzt "GUT").

Dem interessierten Leser dieses Kapitels empfehlen wir den sehr ausführlichen Übersichtsartikel von Langacker [Lan 81].

6.1 Was versteht man unter einer großen Vereinigung?

Phänomenologisch sind die den Elementarteilchenbereich bestimmenden Wechselwirkungen, nämlich die elektromagnetische, die schwache und die starke, sehr unterschiedlicher Natur (vgl. hierzu auch Kap. 1.1). Das Potential der elektromagnetischen Wechselwirkung besitzt eine r^{-1}-Abhängigkeit, was bedeutet, daß diese unendliche Reichweite hat. Starke und schwache Wechselwirkung sind beide sehr kurzreichweitig. Die schwache Wechselwirkung ändert andererseits als einzige den Teilchenflavor, während dies die starke und elektromagnetische Wechselwirkung nicht tun. Auch unterscheiden sich die Wechselwirkungen bezüglich der an ihr teilnehmenden Teilchen sehr stark. Weiter sind, wie schon aus den Namen hervorgeht, die Kopplungskonstanten sehr unterschiedlich. Dazu betrachtet man i.a. die dimensionslosen Größen:

a) Die elektromagnetische Feinstrukturkonstante $\alpha_{EM} = 1/137$

b) Eine analoge starke Strukturkonstante $\alpha_s \approx g_\pi^2/4\pi \approx 14$

c) Die aus der Fermi-Konstante und der Protonmasse m_p gebildete Größe $G_F m_p^2 = 1.027 \cdot 10^{-5}$ (in technischen Einheiten ist dies $G_F m_p^2 c^4/(\hbar c)^3$).

Die Konstante $G_F m_p^2$ beinhaltet indessen eine gewisse Willkür in der Wahl der Energieskala durch die Protonenmasse m_p. Mit gleicher Berechtigung hätte man hier z.B. die Elektronmasse heranziehen können. Diese Willkür birgt schon den Schlüssel zum einheitlichen Verständnis der verschiedenen Wechselwirkungsstärken in sich. Im Rahmen der GWS-Theorie ist nämlich die natürliche schwache Energieskala durch die Masse der Vektorbosonen definiert. Die Größe $G_F M_W^2 \approx 7 \cdot 10^{-2}$ liegt zwischen α_s und α_{EM} (vgl. hierzu (5.48), (5.52) und (5.53)). Wir werden auf diese Zusammenhänge in Abschn. 6.1.2.2 zurückkommen.

Das Ziel ist nun, diese drei elementaren Wechselwirkungen (und letztendlich auch die Gravitation) als Resultat *eines* Grundprinzips zu verstehen. Man möchte daraus dann

240 6 Die schwache Wechselwirkung im Rahmen der Großen Vereinigungstheorien

die Eigenschaften der einzelnen Wechselwirkungen ableiten können. Außerdem sollten aber auch die unterschiedlichen Kopplungskonstanten eine fundamentale Erklärung finden. Dabei wäre man schon zufrieden, wenn man die *Relation* dieser Konstanten zueinander erklären könnte, wenn man also alle drei als Vielfache einer einzigen fundamentalen Grundkonstanten g berechnen könnte. (Eine völlig parameterfreie Theorie wäre ein noch wesentlich anspruchsvolleres Ziel). Für die elektromagnetische und schwache Wechselwirkung wurde das in der GWS-Theorie fast erreicht. Die Eigenschaften von schwacher *und* elektromagnetischer Wechselwirkung, die zusammen elektroschwache Wechselwirkung genannt werden, ließen sich aus der $SU(2)_L \otimes U(1)$-Eichsymmetrie herleiten. Die beiden Kopplungskonstanten G_F und α_{EM} wurden allerdings nicht auf *eine* fundamentale Konstante reduziert. Die Theorie enthält immer noch zwei Kopplungskonstanten g und g'. Aber diese unterscheiden sich nur noch wenig:

$$\frac{g'}{g} = \tan\Theta_W \approx 0.2 \qquad (6.1)$$

Daß die GWS-Theorie immer noch zwei Kopplungskonstanten enthält, kam ja dadurch zustande, daß die Theorie auf zwei unabhängigen Typen von Eichtransformationen aufbaut, den $SU(2)_L$-Transformationen und den $U(1)$-Transformationen. Die gesamte Eichgruppe G_{GWS} ist das direkte Produkt zweier Untergruppen:

$$G_{GWS} = SU(2)_L \otimes U(1) \qquad (6.2)$$

Wenn sich eine Gruppe dagegen *nicht* derart zerlegen läßt, heißt sie *einfach*. Die in den Großen Vereinigungstheorien (GUTs) verfolgte Philosophie ist, *alle* elementaren Wechselwirkungen als Folge der Eichinvarianz bzgl. einer *einfachen* Gruppe G darzustellen. Damit ist gewährleistet, daß die Theorie nur noch *eine* Kopplungskonstante enthält. Da sich die Eichtheorie der elektroschwachen Wechselwirkung als sehr erfolgreich erwiesen hat, sollte diese in der neuen umfassenden Theorie enthalten sein. Für die Gruppen bedeutet dies:

$$G \supset SU(2)_L \otimes U(1) \qquad (6.3)$$

6.1.1 Quantenchromodynamik

Die neue Theorie soll aber auch die starke Wechselwirkung enthalten. Wir wollen daher zunächst die Eichtheorie der starken Wechselwirkung, die Quantenchromodynamik (QCD), in ihren Grundzügen besprechen.

Wie schon in Kap. 1.2.2.2 diskutiert, können die experimentellen Fakten erklärt werden (im wesentlichen auch quantitativ) durch die Existenz einer Eichwechselwirkung, welche zwischen farbigen Quarks wirksam ist. Die zugehörige Theorie, die Quantenchromodynamik (QCD), baut auf Eichtransformationen der Gruppe $SU(3)_c$ auf. (Der Index c steht hier für Color=Farbe). Die erhaltenen Ladungen, die der globalen

6.1 Was versteht man unter einer großen Vereinigung?

$SU(3)_c$-Symmetrie entsprechen, sind die drei Farbladungen ("rot", "grün", "blau"). Der Name deutet die Analogie zur additiven Farbmischung an: So können alle drei Farbladungen, ebenso wie die normalen Farben, zu einem ungeladenen Singulett-("weißen") Zustand kombinieren. Das ist nicht möglich mit nur zwei Farbladungen (Allerdings ist dies möglich mit einer Farbladung und der entsprechenden Antiladung). Die starke Wechselwirkung zwischen den Hadronen ist dann lediglich als Restwechselwirkung der Farbkraft zwischen den Quarks zu verstehen. Da nur die Hadronen an der starken Wechselwirkung teilnehmen, tragen nur die Quarks, nicht aber die Leptonen, Farbladungen. Ein fundamentales Multiplett der $SU(3)_c$ enthält drei Quarks unterschiedlicher Farbladung.

Nach unseren heutigen Erkenntnissen ist die $SU(3)_c$-Symmetrie in der Natur ungebrochen verwirklicht. Dafür spricht z.B. das Quark-Confinement (s. unten). Die Eichbosonen, die Gluonen, sind folglich masselos. Die anderen Wechselwirkungen (schwach, elektromagnetisch) dürfen aber durch die Farbladungen der Quarks nicht beeinflußt werden, sie sind sozusagen "farbenblind". Das bedeutet, daß die $SU(3)_c$-Transformationen mit den $SU(2)_L \otimes U(1)$-Transformationen vertauschbar sein müssen. Entsprechend dürfen sich die Mitglieder eines $SU(3)_c$-Multipletts nur in der Farbladung, sonst aber in keiner Quantenzahl unterscheiden. Andernfalls wären diese durch ihre Eigenschaften bezüglich der elektroschwachen Wechselwirkung und durch ihre Massen unterscheidbar, und die $SU(3)_c$-Symmetrie wäre gebrochen. Die fundamentalen $SU(3)_c$-Tripletts sind:

$$\begin{pmatrix} u_r \\ u_g \\ u_b \end{pmatrix} \begin{pmatrix} d_r \\ d_g \\ d_b \end{pmatrix} \begin{pmatrix} c_r \\ c_g \\ c_b \end{pmatrix} \begin{pmatrix} s_r \\ s_g \\ s_b \end{pmatrix} \begin{pmatrix} t_r \\ t_g \\ t_b \end{pmatrix} \begin{pmatrix} b_r \\ b_g \\ b_b \end{pmatrix} \tag{6.4}$$

mit r=rot, g=grün, b=blau.

Man beachte, daß die starke Wechselwirkung gleichermaßen an linkshändige und rechtshändige Feldkomponenten koppelt. Die $SU(3)_c$-Eichtransformationen dieser Quarktripletts, welche Umwandlungen der Farbladungen beinhalten, sind gegeben durch:

$$\begin{pmatrix} q_r \\ q_g \\ q_b \end{pmatrix}' = e^{-\frac{i}{2}(\sum_{k=1}^{8} \alpha_k(x) \lambda_k)} \begin{pmatrix} q_r \\ q_g \\ q_b \end{pmatrix} \tag{6.5}$$

Die λ_k entsprechen den τ_i im $SU(2)$-Fall und $\lambda_k/2$ sind die *Generatoren der $SU(3)$-Transformationen* (s. auch Anhang A.5). Sie sind die acht als *Gell-Mann-Matrizen* bezeichneten linear unabhängigen unitären 3×3 Matrizen:

$$\lambda_1 = \begin{pmatrix} 0 & 1 & 0 \\ 1 & 0 & 0 \\ 0 & 0 & 0 \end{pmatrix} \quad \lambda_2 = \begin{pmatrix} 0 & -i & 0 \\ i & 0 & 0 \\ 0 & 0 & 0 \end{pmatrix} \quad \lambda_3 = \begin{pmatrix} 1 & 0 & 0 \\ 0 & -1 & 0 \\ 0 & 0 & 0 \end{pmatrix}$$

$$\lambda_4 = \begin{pmatrix} 0 & 0 & 1 \\ 0 & 0 & 0 \\ -1 & 0 & 0 \end{pmatrix} \quad \lambda_5 = \begin{pmatrix} 0 & 0 & -i \\ 0 & 0 & 0 \\ i & 0 & 0 \end{pmatrix} \quad \lambda_6 = \begin{pmatrix} 0 & 0 & 0 \\ 0 & 0 & 1 \\ 0 & 1 & 0 \end{pmatrix} \tag{6.6}$$

$$\boldsymbol{\lambda}_7 = \begin{pmatrix} 0 & 0 & 0 \\ 0 & 0 & -i \\ 0 & i & 0 \end{pmatrix} \quad \boldsymbol{\lambda}_8 = \frac{1}{\sqrt{3}} \begin{pmatrix} 1 & 0 & 0 \\ 0 & 1 & 0 \\ 0 & 0 & -2 \end{pmatrix}$$

Die Forderung nach Eichinvarianz unter den Transformationen (6.5) liefert *acht Eichfelder, die Gluonfelder* $\boldsymbol{G}^k$, $k = 1\ldots 8$. Diese transformieren sich unter infinitesimalen Transformationen nach:

$$\boldsymbol{G}_\mu^{k\,'}(x) = \boldsymbol{G}_\mu^k(x) + \frac{1}{g_s}\partial_\mu \alpha_k(x) + \sum_{l,m} c_{klm}\alpha_l(x)\boldsymbol{G}_\mu^m(x) \tag{6.7}$$

Der Term $\sum_{l,m} c_{klm}\alpha_l(x)\boldsymbol{G}_\mu^m(x)$ entspricht dem Term $-\vec{\alpha}(x) \times \vec{\boldsymbol{W}}_\mu(x)$ im $SU(2)$-Fall. Die Größen c_{klm} heißen *Strukturkonstanten* der $SU(3)$-Gruppe und entsprechen dem Tensor ϵ_{ijk}. Sie genügen der Beziehung:

$$[\boldsymbol{\lambda}_k, \boldsymbol{\lambda}_l] = 2i \sum_m c_{klm}\boldsymbol{\lambda}_m \tag{6.8}$$

Die acht Gluonfelder können analog zu (4.80) in einer Matrix angeordnet werden:

$$\sum_{k=1}^8 \boldsymbol{\lambda}_k \boldsymbol{G}^k = \begin{pmatrix} \boldsymbol{G}^3 + \frac{1}{\sqrt{3}}\boldsymbol{G}^8 & \boldsymbol{G}^1 - i\boldsymbol{G}^2 & \boldsymbol{G}^4 - i\boldsymbol{G}^5 \\ \boldsymbol{G}^1 + i\boldsymbol{G}^2 & -\boldsymbol{G}^3 + \frac{1}{\sqrt{3}}\boldsymbol{G}^8 & \boldsymbol{G}^6 - i\boldsymbol{G}^7 \\ \boldsymbol{G}^4 + i\boldsymbol{G}^5 & \boldsymbol{G}^6 + i\boldsymbol{G}^7 & -\frac{2}{\sqrt{3}}\boldsymbol{G}^8 \end{pmatrix} \tag{6.9}$$

Analog zu der Diskussion des elektroschwachen Falles in Kap. 4.2.2 können wir Abkürzungen einführen:

$$\begin{aligned}
\boldsymbol{G}_{gr} &= \frac{1}{\sqrt{2}}(\boldsymbol{G}^1 + i\boldsymbol{G}^2) \\
\boldsymbol{G}_{rg} &= \frac{1}{\sqrt{2}}(\boldsymbol{G}^1 - i\boldsymbol{G}^2) \\
\boldsymbol{G}_{br} &= \frac{1}{\sqrt{2}}(\boldsymbol{G}^4 + i\boldsymbol{G}^5) \\
\boldsymbol{G}_{rb} &= \frac{1}{\sqrt{2}}(\boldsymbol{G}^4 - i\boldsymbol{G}^5) \\
\boldsymbol{G}_{bg} &= \frac{1}{\sqrt{2}}(\boldsymbol{G}^6 + i\boldsymbol{G}^7) \\
\boldsymbol{G}_{gb} &= \frac{1}{\sqrt{2}}(\boldsymbol{G}^6 - i\boldsymbol{G}^7)
\end{aligned} \tag{6.10}$$

Damit können wir die Matrix (6.9) schreiben:

6.1 Was versteht man unter einer großen Vereinigung? 243

$$\sum_{k=1}^{8} \lambda_k G^k = \begin{pmatrix} G^3 + \frac{1}{\sqrt{3}} G^8 & \sqrt{2} G_{rg} & \sqrt{2} G_{rb} \\ \sqrt{2} G_{gr} & -G^3 + \frac{1}{\sqrt{3}} G^8 & \sqrt{2} G_{gb} \\ \sqrt{2} G_{br} & \sqrt{2} G_{bg} & -\frac{2}{\sqrt{3}} G^8 \end{pmatrix} \quad (6.11)$$

Die neu definierten Felder haben anschauliche Bedeutung. So transformiert z.B. das Feld G_{gr} ein rotes Quark in ein grünes. Die Gluonen selber tragen nicht nur eine Farbladung, sondern eine Kombination aus einer Farbe und einer Antifarbe. So trägt G_{gr} eine grüne Farbladung und eine rote Antifarbladung. Abb. 6.1a zeigt ein Beispiel für den Farbfluß in einer Gluon-Austausch-Wechselwirkung. Die naheliegende Umdefinition der Diagonalelemente der Matrix (6.9) in Felder G_{rr}, G_{gg} und G_{bb} ist etwas problematisch. Diese neuen Felder können nämlich nicht unabhängig sein, da die Spur der Gluon-Matrix verschwinden muß. Es gibt also nur zwei unabhängige Felder auf der Diagonalen. Insgesamt bilden die Gluonen ein Oktett zur $SU(3)_c$-Farbsymmetriegruppe.

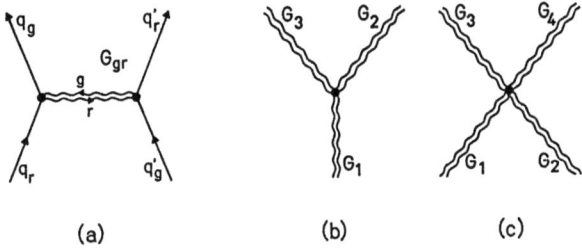

Abb. 6.1: Teil a) zeigt ein Beispiel für den Farbfluß beim Gluon-Austausch zwischen zwei Quarks. Das Gluon transportiert zwei Farbladungen in entgegengesetzter Richtung. In b) und c) sind Graphen zur Gluon-Gluon-Wechselwirkung dargestellt. Da die Gluonen selbst Farbe tragen, kann wie in b) an eine Gluon-Linie $G_1 - G_2$ ein weiteres Gluon G_3 koppeln. Ebenso können wie in c) zwei Gluon-Linien $G_1 - G_2$ und $G_3 - G_4$ miteinander koppeln.

Die Tatsache, daß die Gluonen selbst auch Farbladung tragen, führt zu zwei insbesondere im Zusammenhang mit den Großen Vereinigungstheorien wichtigen Eigenschaften der QCD, dem Confinement und der asymptotischen Freiheit der Quarks. Confinement bedeutet, daß Quarks nur in gebundenen Systemen, welche Farbsinguletts bilden, physikalisch existieren können. Beim Versuch, ein einzelnes Quark aus einem solchen System herauszulösen, muß soviel potentielle Energie aufgebracht werden, daß sich schließlich ein neues Quark-Antiquark Paar bilden kann. Zusammen mit den schon vorhandenen Quarks ergeben sich dann zwei Farbsingulett-Zustände. Der Grund für das starke Anwachsen der potentiellen Energie bei Überschreiten eines kritischen Abstandes zwischen den Quarks ist die Gluon-Gluon-Wechselwirkung als Folge der Farbladung der Gluonen (Abb. 6.1b,c). Jedes Gluon wird dadurch selbst wieder Quelle neuer Gluonen und so füllt sich der Raum zwischen zwei Quarks mit einem Gluonfeld an, dessen Stärke nahezu abstandsunabhängig ist. Die potentielle Energie steigt folglich ungefähr proportional zum Abstand der Quarks an. Zur Erinnerung sei gesagt, daß die potentielle Energie bei einer dem Coulomb'schen Gesetz gehorchenden Wechselwirkung bei größeren Abständen immer schwächer anwächst und schließlich einen Sättigungswert erreicht. Man kann also umgekehrt das Verhalten der Farbwechselwirkung bei großen Abständen auch durch ein Coulomb-artiges Wechselwirkungsgesetz beschreiben, wenn man eine effektive Kopplungskonstante g_{eff} definiert, welche nicht konstant ist, sondern mit dem Abstand anwächst.

Umgekehrt findet man, daß eine solche effektive Kopplungskonstante bei kleinen Abständen zwischen den Quarks ebenfalls klein wird und für Abstand Null ebenfalls gegen Null geht. Dieses Verhalten wird als *asymptotische Freiheit* bezeichnet.

Die Diskussion solcher effektiver Kopplungskonstanten werden wir in Kürze fortführen. Zunächst wollen wir aber das bei den Großen Vereinigungstheorien verfolgte Grundkonzept besprechen.

6.1.2 Grundprinzipien einer Großen Vereinigung

6.1.2.1 Die Vereinigungsgruppe G

Nun kommen wir zurück zur Vereinigung der elementaren Wechselwirkungen. Wie schon gesagt, ist angestrebt, alle Wechselwirkungen aus den Eichtransformationen *einer* Gruppe G abzuleiten. Die neue Theorie soll die GWS-Theorie enthalten, aber auch die QCD, als anerkannte Theorie der starken Wechselwirkung:

$$G \supset SU(2)_L \otimes U(1), \qquad G \supset SU(3)_c \qquad (6.12)$$

Da die $SU(3)_c$-Transformationen der QCD und die $SU(2)_L \otimes U(1)$-Transformationen voneinander unabhängig sind (miteinander vertauschbar sind) muß G sogar das direkte Produkt enthalten.

$$G \supset SU(3)_c \otimes SU(2)_L \otimes U(1) \qquad (6.13)$$

Weiter ist eine echte Vereinigung aller drei Wechselwirkungen nur dann erreicht, wenn sich die drei unterschiedlichen Wechselwirkungsstärken aus nur *einer* fundamentalen Kopplungskonstanten ableiten lassen. Das kann erreicht werden, wenn G *einfach* ist. (Obwohl diese Annahme normalerweise gemacht wird, sind auch andere sehr spezielle Lösungen denkbar. So könnte sich G z.B. in lauter gleiche Faktoren zerlegen lassen: $G = (G')^n = G' \otimes G' \otimes G' \ldots \otimes G'$. Man könnte dann allen Faktoren G' dieselbe Kopplungskonstante zuordnen). Die kleinste Gruppe, welche diese Bedingungen erfüllt, ist $G = SU(5)$. Bevor wir auf das $SU(5)$-Modell eingehen, soll aber zunächst in einem allgemeinen Rahmen diskutiert werden, wie man sich eine solche Vereinigung physikalisch vorzustellen hat.

6.1 Was versteht man unter einer großen Vereinigung?

6.1.2.2 Effektive Kopplungskonstanten und Symmetriebrechung
Aus den Eichtransformationen einer einfachen Gruppe, welche auf für diese Gruppe charakteristische Teilchenmultipletts wirken, folgt eine durch eine ebenfalls charakteristische Zahl n von Eichbosonen vermittelte Wechselwirkung zwischen den Elementen der verschiedenen Multipletts. Wichtig ist, daß aus einer einfachen Gruppe zunächst nur eine einheitliche Wechselwirkung mit nur *einer* typischen Kopplungskonstanten ableitbar ist. Beispiele hierfür sind die QCD und die hypothetische $SU(2)$-Wechselwirkung aus Kap. 4. Wie kann man dann trotzdem aus nur *einer* fundamentalen einfachen Gruppe G die drei *unterschiedlichen* Elementarteilchenwechselwirkungen erhalten? Dies ist nur möglich, wenn die der Gruppe G entsprechende Symmetrie in der Natur gebrochen ist.

Normalerweise wird hier nur spontane Symmetriebrechung in Betracht gezogen. Ab einer gewissen, extrem hohen Energiedichte ist diese Symmetriebrechung aufgehoben, die Symmetrie, die wir GUT-Symmetrie nennen wollen, ist wieder hergestellt. Nach dem kosmologischen Standardmodell war dies in den ungefähr ersten 10^{-35}s nach der Geburt unseres Universums der Fall (s. Kap. 9). Oberhalb der kritischen Energiedichte, bei der die Symmetriebrechung stattfindet, erwartet man dann in der Tat *eine* einheitliche Wechselwirkung, vermittelt durch n masselose Eichbosonen. Die Unterscheidung zwischen starker, schwacher und elektromagnetischer Wechselwirkung sollte bei derart hohen Energien hinfällig sein. Bei kleinerer Energiedichte unterhalb der Symmetriebrechung gehen dann aus den n masselosen Eichbosonen die schon bekannten W-Bosonen, Z-Boson, Photonen und Gluonen hervor. Außerdem sind bislang noch nicht bekannte weitere Eichbosonen zu erwarten.

Was aber bedeutet der Phasenübergang zwischen ungebrochener und gebrochener Symmetrie für die fundamentale Wechselwirkungskonstante g? Wie erhält man die drei so unterschiedlichen 'elementaren' Kopplungskonstanten G_F, α_{EM} und α_s? Die Antwort auf diese Frage haben wir im Prinzip schon in Kap. 5 und Abschn. 6.1.1 besprochen. Wir hatten in Kap. 5 festgestellt, daß im Rahmen der GWS-Theorie schwache und elektromagnetische Kopplung auf zwei nicht sehr unterschiedliche Konstanten g und g' zurückgeführt werden.

Betrachtet man die Zusammenhänge in umgekehrter Richtung, dann erhält man ausgehend von zwei nahezu gleichen Kopplungskonstanten zwei Wechselwirkungen sehr unterschiedlicher Stärke. Die Vergleichsgröße $G_F m_p^2$ beinhaltet, wie ebenfalls schon erwähnt, eine Willkür. Würde man als typische Energie M_W anstelle von m_p wählen, so erkennt man, daß $G_F M_W^2$ ähnlich groß ist wie α_{EM}. Für typische Betazerfalls-Energien von größenordnungsmäßig ≈ 1 MeV, eingesetzt anstelle von m_p, ergibt sich allerdings ein Mißverhältnis: $G_F E^2 : \alpha_{EM} \approx 1 : 10^8$. Die relative Stärke der schwachen Wechselwirkung verglichen mit der elektromagnetischen ist *energieabhängig*. Bei großen Energien gleichen sich beide Wechselwirkungsstärken an.

Das Mißverhältnis bei kleinen Energien entsteht durch die großen W- und Z-Massen als Effekt der spontanen Symmetriebrechung. Die Reichweite der Wechselwirkung ist umgekehrt proportional zur Masse des Austauschteilchens. Die Reichweite der schwachen Wechselwirkung ist $M_W^{-1} \approx 10^{-3}$fm, während die elektromagnetische Wechsel-

246   6 Die schwache Wechselwirkung im Rahmen der Großen Vereinigungstheorien

wirkung bekanntlich unendliche Reichweite besitzt. Innerhalb der Reichweite des W-Bosons, oder *äquivalent bei Wechselwirkungsenergien* $\gtrsim M_W$, sind elektromagnetische und schwache Prozesse "ähnlich stark".

In Abschn. 6.1.1 haben wir einen weiteren Effekt kennengelernt, welcher auch bei ungebrochener Symmetrie dazu führt, daß die experimentell beobachtbaren *effektiven* Kopplungskonstanten in Wahrheit keine Konstanten, sondern abstandsabhängig sind. Dies sind Wechselwirkungen der Felder mit sich selbst. Ein sehr ähnlicher Effekt, nämlich die Wechselwirkung von Photonen mit virtuellen Elektron-Positron-Paaren ist unter dem Begriff *Vakuum-Polarisation* bekannt. Das Vakuum reagiert auf des Vorhandensein einer Ladung wie ein Dielektrikum durch Bildung virtueller Elektron-Positron-Paare. Das auch im Vakuum vorhandene Quantenfeld der Elektronen und Positronen wird polarisiert (s. Abb. 6.2).

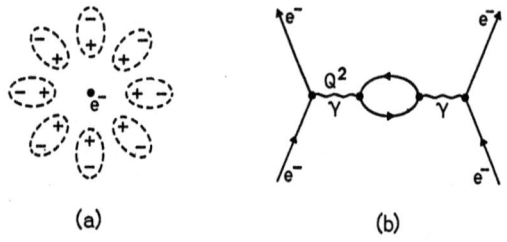

Abb. 6.2: a) Eine in ein Dielektrikum eingebrachte Ladung erzeugt in ihrer Umgebung Polarisationsladungen. Dadurch entsteht eine Abschwächung des ursprünglichen Feldes. In der QED kann auch das Vakuum als Dielektrikum verstanden werden. Dabei werden die Polarisationsladungen von virtuellen Elektron-Positron-Paaren gebildet. Dieser Effekt wird als Vakuumpolarisation bezeichnet.
b) Der Graph niedrigster Ordnung, welcher die Modifikation der e-e Wechselwirkung durch die Vakuumpolarisation beschreibt.

Dadurch wird das Feld bei größeren Abständen abgeschwächt, oder andersherum gesagt, bei höheren Energien — äquivalent kleineren Abständen — erhöht sich die wirksame Elektronenladung, und es treten Abweichungen vom Coulomb-Gesetz auf. Dies führt zu einem meßbaren Effekt, z.B. in der *Lambshift*.

Da in keinem Experiment die Vakuumpolarisation und andere Effekte höherer Ordnung ausgeschaltet werden können, ist die "echte" Kopplungskonstante e_0, auch nackte Ladung genannt, prinzipiell nicht meßbar. Diese müßte vielmehr auf äußerst komplizierte Weise aus den experimentellen Ergebnissen ermittelt werden, außerdem wären dann auf dem so ermittelten e_0 basierende Vorhersagen für neue Experimente genauso aufwendig zu berechnen. Durch das Konzept der *effektiven Kopplungskonstanten* e_{eff}, auch *gleitende Kopplungskonstante* genannt ("running coupling constant"), umgeht man einen Großteil derartiger aufwendiger Rechnungen. Diese effektiven Kopplungskonstanten berücksichtigen schon einen möglichst großen Teil der durch höhere Ordnungen erzeugten Renormierungseffekte eines Elektron-Photon-Vertex. Ein Teil dieser Renormierungseffekte geht auch in die Vakuumpolarisation

6.1 Was versteht man unter einer großen Vereinigung?

ein. Da nun diese Renormierungseffekte abhängig sind vom Quadrat des Viererimpulsübertrages q², ist auch e_{eff} von q² abhängig, $e_{eff} = e_{eff}(q^2)$. Auf Grund von Energie- und Impulserhaltung ist q² für ein virtuelles Austauschphoton immer negativ. Anstelle von q² führt man daher üblicherweise die positive Größe $Q^2 = -q^2$ ein.
Größeres Q^2 ist äquivalent zu kleineren Abständen zwischen zwei wechselwirkenden Ladungen. Die Abschirmeffekte sind dann kleiner, d.h. die effektive Ladung wächst mit Q^2. Das bedeutet, daß die aus einem hochenergetischen Streuexperiment ($Q^2 \gg 0$) bestimmte effektive Ladung unterschiedlich ist von der elektrostatisch ($Q^2 = 0$) bestimmten Elementarladung e ($e = e_{eff}(Q^2 = 0) \neq e_0!$).
In der QED läßt sich folgender Zusammenhang herleiten:

$$e_{eff}^2(Q^2) = e^2 \left(1 + \frac{e^2}{60\pi^2} \frac{Q^2}{m_e^2} + O(e^4)\right) \quad (6.14)$$

Dabei bedeutet $O(e^4)$ Terme proportional e^4 oder höheren Potenzen. Während (6.14) nur für nicht allzu große Q^2 gilt, läßt sich in den Eichtheorien allgemein für große Q^2 eine sogenannte *Renormierungsgruppengleichung* ableiten, durch welche die Q^2-Abhängigkeit der effektiven Kopplungskonstanten $g(Q^2)$ bestimmt ist in dem Bereich, in welchem $g(Q^2)$ so klein ist, daß Störungsrechnung möglich ist:

$$\frac{d[g(Q^2)]^2}{d[\ln Q^2]} = b g^4(Q^2) + O(g^6) \quad (6.15)$$

mit

$$b = -\frac{1}{(4\pi)^2}[\frac{11}{3}C - \frac{4}{3}T] \quad (6.16)$$

Für $Q^2 \gg m_f^2$, wobei m_f die Masse des schwersten an der Wechselwirkung teilnehmenden Fermions ist, sind C und T charakteristisch von der Eichgruppe und den Teilchenmultipletts abhängige Konstanten. Gl. (6.15) hat dann die Lösung:

$$\frac{1}{[g(Q^2)]^2} = \frac{1}{[g(Q_0^2)]^2} + b \ln(Q_0^2/Q^2) \quad (6.17)$$

Dabei ist Q_0^2 ein beliebiger Referenzpunkt. Wichtig ist nun, daß ein positives (negatives) b nach Gl. (6.17) zu einem Anstieg (Abfall) der effektiven Kopplungskonstanten $g(Q^2)$ bei wachsendem Q^2 führt. b ist positiv für die $U(1)$-Eichgruppe. Das bedeutet, daß die elektromagnetische Wechselwirkung bei größerem Q^2 stärker wird. Dies ist der schon diskutierte Abschirmeffekt durch die Vakuumpolarisation (s. Abb. 6.3).
In dieser Hinsicht bildet nun die elektromagnetische Wechselwirkung eine Ausnahme. Sowohl die $SU(2)$- als auch die $SU(3)$-Eichgruppen führen zu negativen Werten für b. Die Kopplungsstärken der entsprechenden Wechselwirkungen werden also mit zunehmendem Q^2 kleiner. Für die Farbwechselwirkung kann mit Hilfe von (6.17) folgender Verlauf für $\alpha_s = g_s^2/4\pi$ abgeleitet werden:

248   6 Die schwache Wechselwirkung im Rahmen der Großen Vereinigungstheorien

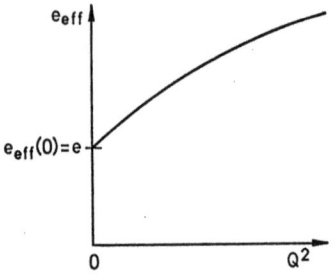

Abb. 6.3: Modifikation von $e_{eff}(Q^2)$ durch Vakuumpolarisation (schematisch).

$$\alpha_s(Q^2) = \frac{12\pi}{33 - 2n_f} \frac{1}{\ln(Q^2/\Lambda^2)} \tag{6.18}$$

Hier ist n_f die Anzahl der Quarkflavors und Λ ist ein Skalenfaktor, welcher experimentell (z.B. durch tief-inelastische Streuung) zu etwa 0.3 GeV bestimmt wurde (s. z.B. [Lan 86]). Gl. (6.18) erklärt die *asymptotische Freiheit* der Quarks ($\alpha_s(Q^2 \to \infty) \to 0$). Andererseits deutet der steile Anstieg zu kleinen Q^2 hin auf das *Confinement*. Allerdings kann aus (6.18) nicht auf eine Singularität von $g_s(Q^2)$ bei $Q^2 = 0$ geschlossen werden. Gl. (6.18) ist das Ergebnis einer Störungsrechnung mit dem Entwicklungsparameter α_s. Da α_s zu kleinen Q^2 hin immer größer wird, verliert die Störungsrechnung und damit auch Gl. (6.18) selbst ihre Gültigkeit im Bereich kleiner Q^2. Das unterschiedliche Verhalten von $g_s(Q^2)$ und $e_{eff}(Q^2)$ erklärt sich physikalisch dadurch, daß die Gluonen Farbladung tragen, die Photonen jedoch keine elektrische Ladung. Dadurch wird die Farbladung eines Quarks über ein endliches Raumgebiet verschmiert und das führt zu einem Anti-Abschirmeffekt (vgl. Abb. 6.4).

Aus dem Vorangegangenen sollte nun erkennbar werden, wie aus einer fundamentalen Kopplungskonstanten g_G, zugehörig zu einer einfachen 'Großen' Vereinigungsgruppe G, die Kopplungskonstanten der drei elementaren Wechselwirkungen hervorgehen. Man betrachte dazu die Q^2-Abhängigkeit der effektiven Kopplungskonstanten. *Oberhalb* der für die spontane Brechung der GUT-Symmetrie typischen Energie gibt es nur *eine* effektive Kopplungskonstante $g_G(Q^2)$, deren Verlauf charakteristisch für die Gruppe G ist. Für Q^2 *unterhalb* der spontanen Symmetriebrechung spaltet die Funktion $g_G(Q^2)$ auf in die drei Funktionen $g(Q^2)$, $g'(Q^2)$ und $g_s(Q^2)$ (Abb. 6.5).

Umgekehrt kann man nun aus den experimentell bekannten Kopplungskonstanten bei kleinen Q^2 mit Hilfe der Renormierungsgruppengleichungen (6.17) zu großen Q^2 hin extrapolieren. In der Tat findet man, daß die Funktionen $g(Q^2)$, $g'(Q^2)$ und $g_s(Q^2)$ sich mit wachsendem Q^2 immer mehr nähern und schließlich zusammenlaufen. Die Energie, bei der dies geschieht, ist jedoch enorm hoch und liegt bei 10^{15}GeV. Dies ist die Energie, bei welcher der Übergang von der gebrochenen zur ungebrochenen Phase der GUT-Symmetrie erwartet wird. Entsprechend sollte es Eichbosonen geben, X- und Y-Bosonen genannt, die durch diese Symmetriebrechung eine Masse derselben

6.1 Was versteht man unter einer großen Vereinigung?

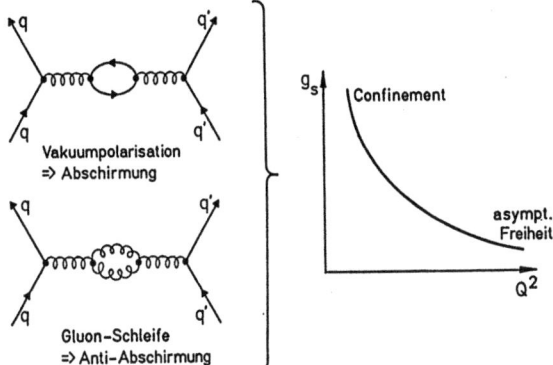

Abb. 6.4: Q^2-Abhängigkeit der starken Kopplung g_s. Hier tritt neben dem zu Abb. 6.2b analogen Abschirmeffekt (links oben) ein durch die Gluon-Selbstwechselwirkung erzeugter Anti-Abschirmeffekt (links unten) auf, welcher dominiert und den Verlauf von $g_s(Q^2)$ bestimmt.

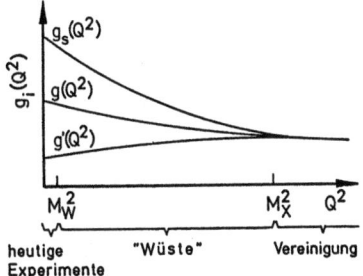

Abb. 6.5: Schematische Darstellung der Q^2-Abhängigkeit der effektiven Kopplungskonstanten g und g' der elektroschwachen und g_s der Farbwechselwirkung. Oberhalb $Q^2 = M_X^2$ gehen alle drei Kopplungskonstanten in eine einzige über.

Größenordnung $M_X \approx M_Y \approx 10^{15}$ GeV erhalten. Schematisch dargestellt hat man also folgende Energieabhängigkeit der Eichsymmetrie:

$$G \xrightarrow{E \approx M_X \approx 10^{15} \text{GeV}} SU(3)_c \otimes SU(2)_L \otimes U(1) \xrightarrow{E \approx M_W \approx 100 \text{ GeV}} SU(3)_c \otimes U(1)_{EM} \quad (6.19)$$

Die Abb. 6.5 bringt zum Ausdruck, daß das Konzept der GUTs die Aussage beinhaltet, daß es eine "Wüste" mit keiner 'neuen Physik' im Energiebereich zwischen $E = M_W$ und M_X gibt, d.h. über eine Massenskala von 12 Zehnerpotenzen! Es gibt indessen andere Typen von Theorien, die diese 'Wüste' mit neuen intermediären Massenskalen bevölkern.

250 6 Die schwache Wechselwirkung im Rahmen der Großen Vereinigungstheorien

Man kann sich weiter fragen, wie die Physik für $E \gtrsim M_X$, also oberhalb der großen Vereinigung, aussieht. Die Beantwortung dieser Frage ist weit spekulativer als alles bisher dargestellte. Tatsächlich gibt es sehr viele verschiedene Modelle für diesen Bereich, wobei keines voll befriedigt.

6.2 Die minimale Lösung (Georgi-Glashow-Modell)

Bevor wir in diesem Abschnitt auf das minimale $SU(5)$-Modell eingehen, wollen wir noch einmal die zwei Basispunkte herausstellen, auf denen ein GUT-Modell aufbaut.

1. Grundlegend für jedes GUT-Modell ist eine Eichgruppe G. Diese muß unbedingt das Produkt $SU(3)_C \otimes SU(2)_L \otimes U(1)$ beinhalten. Außerdem sollte sie einfach sein, d.h. nicht darstellbar als das direkte Produkt verschiedener Untergruppen. Nur dann gibt es eine universelle Kopplungskonstante (abgesehen von den schon erwähnten Sonderfällen). Dadurch ist zum Beispiel trivialerweise $G = SU(3) \otimes SU(2)_L \otimes U(1)$ ausgeschlossen. Das würde keine neue Physik ergeben. Die minimale Lösung, die diese und noch weitere Bedingungen, auf die wir hier nicht eingehen können, erfüllt, ist $G = SU(5)$ [Geo 74a].

2. Die physikalischen Realitäten, welche in direkte Beziehung zu dieser bislang abstrakten Gruppe G gebracht werden, sind Teilchenmultipletts. Mathematisch gesehen bilden diese Teilchenmultipletts Zustandsräume, auf welchen die durch G bestimmten Eichtransformationen wirken. Jeder Gruppe G kann eine Vielzahl möglicher Teilchenmultipletts zugeordnet werden. Letztere sind somit nicht eindeutig durch G festgelegt.

6.2.1 $SU(5)$-Multipletts und -Transformationen

Die Lösung des oben aufgeführten Punktes 2. ist nicht ganz so anschaulich wie etwa bei der schwachen $SU(2)_L$-Gruppe. Während in Gl. (5.88) nur $SU(2)_L$-Dubletts und Singuletts, also fundamentale und triviale Darstellungen, vorkommen, benötigt man nun sogenannte höhere Darstellungen (s. Anhang (5.2)). Ein bekanntes Beispiel für eine solche höhere Darstellung ist ein (evtl. aus zwei Fermionen zusammengesetzter) Spin 1 Zustand. Dieser bildet eine höhere Darstellung der $SU(2)$-Gruppe im Raum der Spinoren. Aber außerdem ergibt die Kombination von zwei Spin 1/2 Teilchen auch einen Spin 0 Zustand, ein $SU(2)$-Singulett. Formal wird dieser Tatbestand ausgedrückt durch die symbolische Schreibweise:

$$2 \otimes 2 = 3 \oplus 1 \tag{6.20}$$

Oft wird jedoch auch eine Schreibweise benutzt, bei der anstelle der Multipletts selbst deren Spin (allgemein Quantenzahlen) angegeben wird:

$$\tfrac{1}{2} \otimes \tfrac{1}{2} = 1 \oplus 0 \tag{6.21}$$

6.2 Die minimale Lösung (Georgi-Glashow-Modell)

(6.20) und (6.21) drücken denselben Tatbestand aus.
Die in den höheren Darstellungen auftretenden Objekte müssen aber nicht unbedingt zusammengesetzt sein. Das Transformationsverhalten unter den $SU(2)$ Spin-Transformationen eines Spin 1 Systems ist unabhängig von seiner inneren Struktur (ein Spin 1 Boson verhält sich genauso wie ein Zwei-Elektronen-Zustand mit Spin 1). Die $W^{\pm}$- und Z-Bosonen haben bezüglich des schwachen Isospins ebenfalls das Transformationsverhalten eines Spin 1 Teilchens bezüglich Spin-Transformationen. $W^{\pm}$ und Z bilden eine sogenannte adjungierte (dreidimensionale) Darstellung der $SU(2)$. Generell bilden die *Eichfelder immer adjungierte Darstellungen* (s. Anhang).
Wenden wir uns nun den $SU(5)$-Multipletts zu. Es ist leicht einzusehen, daß die elementaren Fermionenfelder nicht alle in Fundamentaldarstellungen (5-dimensional) der $SU(5)$ untergebracht werden können. Dazu müssen wir allerdings zunächst festlegen, was wir als elementare Fermionenfelder betrachten wollen. Diese Auswahl unterliegt ja einer gewissen Willkür, wie in Kap. 4 schon diskutiert wurde.

Die Eichtransformationen zerfallen bei masselosen Fermionen in zwei unabhängige Klassen, in linkshändige und rechtshändige. Die rechtshändigen Transformationen sind jedoch äquivalent zu linkshändigen, welche auf die jeweiligen ladungskonjugierten Zustände wirken. In den GUT-Modellen werden nun normalerweise alle *linkshändigen* Felder als elementar betrachtet (dies ist im Gegensatz zur Beschreibung der GWS-Theorie). Für diese Wahl gibt es keinen zwingenden physikalischen Grund. Es vereinfacht sich allerdings die mathematische Darstellung. So gibt es in der ersten Familie bestehend aus u, d, e^- und ν_e fünfzehn bekannte elementare Fermionenfelder:

$$u_g^C u_r^C u_b^C d_g^C d_r^C d_b^C \quad \begin{matrix} u_g u_r u_b \nu_e \\ \\ d_g d_r d_b e^- \end{matrix} \quad e^+ \tag{6.22}$$

Diese sind alle linkshändig und die Händigkeit wird nun nicht mehr explizit bezeichnet. Unter d verstehen wir hier und im Folgenden den Mischzustand d' aus Abschn. 5.2.5.
Die obige Anordnung ist suggestiv. $SU(3)_c$-Tripletts sind horizontal und $SU(2)_L$-Dubletts vertikal orientiert. Wollte man diese Felder in 3 Fundamental-Multipletts unterbringen, so entfielen auf jedes Multiplett logischerweise 5 Felder. Einer solchen Anordnung steht aber entgegen, daß prinzipiell nur die Felder innerhalb desselben Multipletts ineinander transformiert werden können. Durch Kombination von schwachen $SU(2)_L$- und starken $SU(3)_c$-Transformationen lassen sich aber die sechs Felder $u_g, u_r, u_b, d_g, d_r, d_b$ alle ineinander transformieren, müssen also demselben Multiplett angehören. Die nächsthöhere Darstellung der $SU(5)$ ist ein Dekuplett (10-dimensional). Somit ergibt sich die Möglichkeit, die 15 elementaren Felder auf eine 5-dimensionale und eine 10-dimensionale Darstellung zu verteilen, ohne neue unbekannte Felder einführen zu müssen. Die 6 oben schon genannten Quarkfelder müssen dann zwangsläufig in die **10** eingeordnet werden, wodurch die Plätze, auf denen die $SU(2)_L$-Transformationen wirken, bereits besetzt sind. (Dies kann anhand der unten folgenden Gleichungen (6.23), (6.25) und (6.26) nachgeprüft werden). e^- und ν_e

252 6 Die schwache Wechselwirkung im Rahmen der Großen Vereinigungstheorien

haben daher in diesem Multiplett keinen Platz und kommen in die $\bar{5}$ ($\bar{5}$ bedeutet komplementäre Darstellung zur Fundamentaldarstellung 5; der Unterschied zwischen beiden ist für das Verständnis in diesem Rahmen nicht wichtig). Die Frage, ob die restlichen d^C oder u^C Quarks zusammen mit e^- und ν_e unterzubringen sind, wird durch Beachten der elektrischen Ladung der Quarks zugunsten der d^C-Quarks entschieden. Die $SU(5)$-Multipletts müssen "elektrisch neutral" sein, d.h. die Ladungen der einzelnen Felder müssen sich zu 0 addieren. Das folgt aus der Beziehung $Q = T_3 + Y/2$ (Gl. (5.67)) und der $SU(5)$-Darstellung der Operatoren T_3 und Y, auf die wir allerdings nicht näher eingehen können. Alle drei $SU(5)$-Operatoren, Q, T_3 und Y werden durch spurfreie Matrizen dargestellt; das bedeutet, daß die Summe aller drei Quantenzahlen über jedes Multiplett Null sein muß. Der gruppentheoretische Zusammenhang ist der, daß diese Operatoren *Generatoren der $SU(5)$-Transformationen* sind und daß *alle Generatoren der $SU(n)$-Gruppen spurfrei sind*.

In Matrixform lassen sich die beiden Multipletts dann schreiben als:

$$\bar{5} = \begin{pmatrix} d_g^C \\ d_r^C \\ d_b^C \\ e^- \\ -\nu_e \end{pmatrix} \qquad 10 = \frac{1}{\sqrt{2}} \begin{pmatrix} 0 & -u_b^C & u_r^C & u_g & d_g \\ & 0 & -u_g^C & u_r & d_r \\ & & 0 & u_b & d_b \\ \text{anti-} & & & 0 & e^+ \\ \text{symmetrisch} & & & & 0 \end{pmatrix} \qquad (6.23)$$

Die Minuszeichen in diesen Darstellungen sind Konvention und könnten durch eine Redefinition der Felder beseitigt werden. Zur besseren Übersicht haben wir bei der **10** nur eine Hälfte der antisymmetrischen Matrix dargestellt.

Die $SU(5)$-Eichtransformationen dieser Multipletts sind gegeben durch

$$\bar{5}' = e^{i(\sum_{\ell=1}^{24} \alpha_\ell(x)\widetilde{T}_\ell)} \bar{5} \qquad (6.24)$$

und

$$10' = e^{(i \sum_{\ell=1}^{24} \alpha_\ell(x)\widetilde{T}_\ell)} 10 \, e^{-i(\sum_{k=1}^{24} \alpha_k(x)\widetilde{T}_k)} \qquad (6.25)$$

Die T_ℓ sind die 24 Generatoren der $SU(5)$-Transformationen (Der Unterschied der $\bar{5}$ zur 5 zeigt sich am Pluszeichen im Exponenten in (6.24)). Entsprechend gibt es 24 Eichfelder $B_\ell^{SU(5)}$, welche sich wieder in Matrixform darstellen lassen:

$$\mathbf{24} = \sqrt{2} \sum_\ell T_\ell B_\ell^{SU(5)} =$$

$$= \left(\begin{array}{ccc|cc} G_{11} - \frac{2B}{\sqrt{30}} & G_{12} & G_{13} & X_1^C & Y_1^C \\ G_{21} & G_{22} - \frac{2B}{\sqrt{30}} & G_{23} & X_2^C & Y_2^C \\ G_{31} & G_{32} & G_{33} - \frac{2B}{\sqrt{30}} & X_3^C & Y_3^C \\ \hline X_1 & X_2 & X_3 & \frac{W^3}{\sqrt{2}} + \frac{3B}{\sqrt{30}} & W^+ \\ Y_1 & Y_2 & Y_3 & W^- & -\frac{W^3}{\sqrt{2}} + \frac{3B}{\sqrt{30}} \end{array} \right) \qquad (6.26)$$

6.2 Die minimale Lösung (Georgi-Glashow-Modell)

Wir haben hier die Matrix der Gluonfelder vereinfacht dargestellt. Diese ist explizit durch (6.11) gegeben. Insbesondere ist zu beachten, daß $G_{11} + G_{22} + G_{33} = 0$ gelten muß.

Hier treten die schon bekannten $SU(3)_c$- und $SU(2)_L \otimes U(1)$-Eichfelder auf, nämlich die Gluonen, die W-Bosonen und das B-Boson (wie wir in Kap. 5 gesehen haben, kann letzteres allerdings nicht als physikalisches Teilchen interpretiert werden). Außerdem enthält (6.26) *neue Eichfelder*, genannt X- und Y-*Bosonen*, welche Übergänge zwischen Leptonen und Baryonen induzieren. Man kann aus dieser Matrix sofort zwei fundamentale Eigenschaften des $SU(5)$-Modelles ablesen:

1. Die Ankopplung des B-Feldes an das $SU(2)_L$-Dublett (5.5) verhält sich zu der des W^3-Feldes wie $(3/\sqrt{15}) : 1$. Das ergibt die Vorhersage für den Weinberg-Winkel:

$$\sin^2 \Theta_W = \frac{g'^2}{g^2 + g'^2} = \frac{9}{15 + 9} = \frac{3}{8} \tag{6.27}$$

Beim Vergleich mit dem experimentellen Wert, $\sin^2 \Theta_W = 0.23$, muß aber berücksichtigt werden, daß diese Vorhersage des $SU(5)$-Modells nur für Energien oberhalb der Symmetriebrechung gilt. Renormierungseffekte bringen die $SU(5)$-Vorhersage für $\sin^2 \Theta_W$ auf $0.20 \ldots 0.21$ herunter [Geo 74b]. Eine neuere Vorhersage im Rahmen dieses Modells ist [Lan 86]

$$\sin^2 \Theta_W = 0.218 + 0.006 \ln\left(\frac{100 \text{ MeV}}{\Lambda}\right)$$

mit dem Parameter Λ aus Gl. (6.18). Dies ist in guter Übereinstimmung mit dem experimentellen Wert (s. Kap. 5, Gl. (5.105)).

2. Sowohl die Summe über die Hyperladungen Y (letztere sind proportional den Koeffizienten des B-Feldes in (6.26)) als auch über T_3, die dritten Komponenten des schwachen Isospins, ist Null. Somit ist auch die Summe der elektrischen Ladungen $\sum_i Q_i$ eines Multipletts gleich Null. Daraus folgt, daß die Quarks genau *drittelzahlige* Vielfache der Elektronenladung tragen.

6.2.2 Brechung der $SU(5)$-Symmetrie

Die $SU(5)$-Symmetriebrechung erfolgt wie beim GWS-Modell spontan durch Ankopplung an Higgs-Felder. Die Kopplungen müssen $SU(5)$-invariant sein, weshalb die Higgs-Felder ebenfalls $SU(5)$-Multipletts bilden müssen. Die $SU(5)$-Brechung bei 10^{15} GeV kann durch ein 24-dimensionales Higgs-Multiplett ϕ mit $\langle \phi \rangle = 10^{15}$ GeV erzeugt werden. Durch eine geeignete $SU(5)$-Transformation kann jedes physikalisch akzeptable ϕ-Feld immer auf eine Gestalt gebracht werden, in welcher nur X- und Y-Bosonen an den endlichen Vakuumerwartungswert koppeln und Massen erhalten, während alle anderen Eichbosonen masselos bleiben.

Glücklicherweise ist eine $SU(5)$-invariante Wechselwirkung eines 24-dimensionalen Higgs-Feldes mit den $\bar{5}$- und **10**-Darstellungen der Fermionen nicht möglich. Dies ist aus den gruppentheoretischen Beziehungen

$$\bar{5} \otimes \bar{5} = \mathbf{10} \oplus \mathbf{15} \tag{6.28}$$

$$\bar{5} \otimes \mathbf{10} = \bar{\mathbf{5}} \oplus \overline{\mathbf{45}} \tag{6.29}$$

und

$$\mathbf{10} \otimes \mathbf{10} = \bar{\mathbf{5}} \oplus \overline{\mathbf{45}} \oplus \mathbf{50} \tag{6.30}$$

zu erkennen, da keine dieser Kombinationen ein 24er Multiplett enthält. Die Fermionen bleiben also vorerst masselos.

Zur Brechung der $SU(2)_L \otimes U(1)$-Symmetrie bei 100 GeV ist ein weiteres 5-dimensionales von ϕ unabhängiges Higgs-Feld H notwendig (minimale Lösung). Dieses hat Vakuum-Erwartungswerte von $\approx$100 GeV und erzeugt die $W^{\pm}$- und Z-Massen. Außerdem kann H mit den Fermionen gekoppelt werden (ein Quintett ist in den Produkten $\bar{5} \otimes \mathbf{10}$ und $\mathbf{10} \otimes \mathbf{10}$ enthalten) und erzeugt dadurch auch die Fermionen-Massen. Wir wollen hier nicht auf die in Kap. 5 erwähnte Massenmischung verschiedener Generationen eingehen. Solche Effekte sind allerdings wichtig für CP-Verletzung, Neutrinomasse, Neutrinozerfall und auch Doppel-Betazerfall (s. Kap. 7).

6.2.3 Protonzerfall

Die wichtigste niederenergetische Vorhersage des $SU(5)$-Modelles, wie auch der meisten anderen GUT-Modelle, ist die Instabilität der baryonischen Materie, insbesondere der Protonzerfall. Dieser ist eine Folge der Tatsache, daß Leptonen und Quarks in demselben Multiplett untergebracht sind und durch X- und Y-Bosonen ineinander transformiert werden können. Der Protonzerfall kann, wie in Abb. 6.6 gezeigt, durch Austausch eines der, durch die $SU(5)$-Eichsymmetrie neu hinzugekommenen, X- oder Y-Bosonen vermittelt werden. Der vorhergesagte dominante Zerfallskanal ist $p \to e^+ + \pi^0$.

Im $SU(5)$-Modell erlaubte Zerfallsmoden für das Proton und gebundene Neutron (s.u.) sind [Moh 86]:

$$
\begin{aligned}
p &\to e^+\pi^0 & n &\to \nu\omega \\
&\to e^+\rho^0 & &\to \bar{\nu}\rho^0 \\
&\to e^+\omega^0 & &\to \bar{\nu}\pi^0 \\
&\to e^+\eta & &\to e^+\rho^- \\
&\to \bar{\nu}\rho^+ & &\to e^+\pi^0 \\
&\to \bar{\nu}\pi^+ & &\to \bar{\nu}_\mu K^0 \; (*) \\
&\to \mu^+ K^0 & & (*) = \text{Zerfall durch Flavor-Mischung} \\
&\to \bar{\nu}_\mu K^+ \; (*) & &
\end{aligned}
$$

6.2 Die minimale Lösung (Georgi-Glashow-Modell)

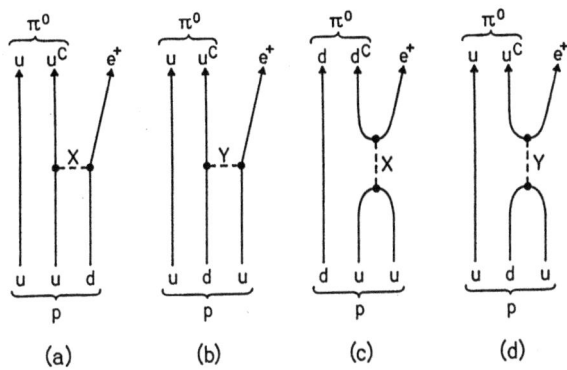

Abb. 6.6: Einige Diagramme zum Protonzerfall $p \to e^+ + \pi^0$ im $SU(5)$-Modell.

Dabei sagen die meisten Modelle für den Prozeß $p \to e^+\pi^0$ ein Verzweigungsverhältnis von 40 − 60% vorher und als nächst häufige Prozesse $p \to e^+\omega$, $p \to e^+\rho^0$, $p \to \bar{\nu}_e\pi^+$ mit Verzweigungen von 5 − 20%, 1 − 10% und 16 − 24% (s. [Moh 86]).

Die durch die X- und Y-Bosonen vermittelte "neue" Wechselwirkung muß aber zwangsläufig sehr schwach und extrem kurzreichweitig sein. Erinnern wir uns an den Zusammenhang (5.48) zwischen W-Bosonmasse und Fermi-Kopplungskonstante aus Kap. 5:

$$\frac{G_F}{\sqrt{2}} = \frac{g^2}{8M_W^2}$$

Entsprechend könnten wir eine effektive Kopplungskonstante

$$G_X = \frac{\alpha_5}{M_X^2} \tag{6.31}$$

mit

$$\alpha_5 = \frac{g_5^2}{4\pi} \tag{6.32}$$

definieren, welche die Stärke der über den X-Austausch integrierten Wechselwirkung angibt (vgl. die Diskussion in Abschn. 6.1.2.2). Die Lebensdauer des Protons berechnet sich analog zu der des Myons. Beide Zerfälle werden durch Bosonenaustausch vermittelt, und die Massen der Zerfallsprodukte können jeweils vernachlässigt werden. Die Lebensdauer des Myons ist gegeben durch (s. z.B. [Com 73]):

$$\tau_\mu = \frac{192\pi^3}{G_F^2 m_\mu^5} \tag{6.33}$$

6 Die schwache Wechselwirkung im Rahmen der Großen Vereinigungstheorien

Mit (5.48) kann dies geschrieben werden:

$$\tau_\mu = \frac{6144\pi^3 M_W^4}{g^4 m_\mu^5} \qquad (6.34)$$

Für die Lebensdauer des Protons erwartet man analog dazu (bis auf einen numerischen Faktor):

$$\tau_p \approx \frac{M_X^4}{\alpha_5^2 m_p^5} \qquad (6.35)$$

Der Faktor m_p^{-5} gibt die Phasenraumabhängigkeit näherungsweise wieder (da $m_p \gg m_\pi + m_e$, ist die Zerfallsenergie nahezu gleich m_p). Somit ergibt sich eine konkrete Vorhersage für τ_p, wenn α_5 und M_X bekannt sind. Beide Größen lassen sich durch Extrapolation der niederenergetischen elementaren Kopplungskonstanten g und g' (bzw. e und $\sin^2\Theta_W$) und g_s zu hohen Energien hin mittels der Renormierungsgruppengleichungen (6.17) ermitteln. Obwohl sich M_X und α_5 nicht als sehr empfindlich gegenüber Details des Modells erweisen, ist wegen der M_X^4-Abhängigkeit von τ_p eine genaue Bestimmung von M_X unter Berücksichtigung aller möglicher Korrekturen, z.B. durch Teilchen-Schwellen-Effekte und Higgs-Wechselwirkungen notwendig (s. beispielsweise [Hal 81]). Die Ergebnisse verschiedener solcher Untersuchungen sind aber alle sehr ähnlich [Lan 81, 86]):

$$M_X \approx 1.3 \cdot 10^{14} \text{ GeV} \cdot \frac{\Lambda}{100 \text{ MeV}}(\pm 50\%); \quad \alpha_5(M_X^2) = 0.0244 \pm 0.0002 \qquad (6.36)$$

mit Λ aus Gl. (6.18) (Entscheidend für τ_p ist α_5 bei $Q^2 = M_X^2$).

Außerdem geht in die genaue Berechnung von τ_p ein durch die Quark-Wellenfunktion des Protons bestimmter numerischer Faktor ein, welcher mit einem relativ großen Fehler behaftet ist. Insgesamt erhält man im minimalen $SU(5)$-Modell die Vorhersage (s. [Lan 81, 86]) für den Zerfall $p \to e^+ + \pi^0$

$$\begin{aligned}\tau_p(p \to e^+ + \pi^0) &= 6.6 \cdot 10^{28 \pm 0.7} \left[\frac{M_X}{1.3 \cdot 10^{14} \text{ GeV}}\right]^4 \text{Jahre} \\ &= 6.6 \cdot 10^{28 \pm 1.4} \left[\frac{\Lambda}{100 \text{ MeV}}\right]^4 \text{Jahre} \end{aligned} \qquad (6.37)$$

Mit $\Lambda = 300$ MeV ergibt dies $\tau_p(p \to e^+ + \pi^0) = 5.3 \cdot 10^{30 \pm 1.4}$ Jahre. Mit noch vernünftig hohen Annahmen über Λ sollte $\tau_p(p \to e^+ + \pi^0)$ also $< 10^{32}$ Jahre bleiben. Um sich die Größe dieser Zahl klarzumachen, bedenke man, daß unser Weltall gerade erst $2 \cdot 10^{10}$ Jahre alt ist. Die Wahrscheinlichkeit, daß ein gegebenes Proton in diesem Zeitraum zerfallen ist, beträgt $\approx 10^{-20}$. Das ist eine beruhigende Tatsache. Bei einer Lebensdauer des Protons $\lesssim 10^{16}$ Jahre wäre die durch den Zerfall im menschlichen Körper verursachte Strahlung lebensbedrohlich.

6.2 Die minimale Lösung (Georgi-Glashow-Modell)

6.2.3.1 Suche nach dem Zerfall des Protons Ein experimenteller Nachweis des Protonzerfalls ist wegen der enormen Größe der Vorhersage (6.37) für τ_p äußerst schwierig. Jede Tonne eines beliebigen Materials enthält $6 \cdot 10^{29}$ Nukleonen, je ungefähr zur Hälfte Protonen und Neutronen. Das $SU(5)$-Modell sagt auch den durch X- und Y-Bosonen induzierten Neutronzerfall mit einer nahezu gleichen Rate wie den Protonzerfall vorher. Diese Vorhersage hat zwar keine Bedeutung für freie Neutronen, da diese sowieso schwach zerfallen, wohl aber für in Atomkernen gebundene, und damit gegenüber der schwachen Wechselwirkung stabile Neutronen. Mit dem Mittelwert der Vorhersage (6.37) erwartet man also, daß pro Tonne Material ca. alle 10 Jahre ein Nukleon zerfällt. (Es wäre treffender, von Nukleonzerfall zu sprechen, der Begriff Protonzerfall hat sich jedoch allgemein eingebürgert). Daraus ergibt sich, daß Protonzerfalls-Experimente nur sinnvoll sind, wenn viele Tonnen an Material (Größenordnung 100 bis mehrere Tausend Tonnen) für mehrere Jahre auf Protonzerfall hin beobachtet werden (s. Abb. 6.7). Dazu ist eine extrem gute Untergrund-Unterdrückung notwendig, welche nur tief unter der Erde in Bergwerken oder in Gebirgsstollen erreicht werden kann. Es werden zur Zeit eine ganze Reihe solcher Experimente betrieben (s. z.B. [Mey 86]).

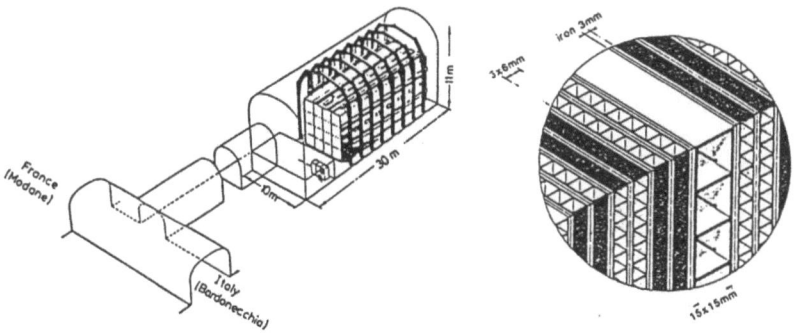

Abb. 6.7: p-Zerfall. Einer der bis vor kurzem in Betrieb befindlichen Detektoren, welche unter anderem den Protonzerfall nachweisen sollen, ist der Fréjus-Detektor im Fréjus-Straßentunnel. Der angegebene Maßstab läßt die gewaltigen Ausmaße des Detektors erkennen. Als zu untersuchendes Material wird hier Eisen verwendet, von dem der Detektor 750 Tonnen enthält. Der Ausschnitt rechts zeigt die Feinstruktur des Detektors. Da die potentiellen geladenen Zerfallsprodukte in Eisen nur eine kurze Reichweite besitzen, ist das Eisen in Form dünner Platten angeordnet, zwischen denen sich streifenförmige Szintillationsdetektoren befinden. Dadurch, daß diese Detektoren nach je zwei Lagen um 90° verdreht sind, lassen sich die Spuren ionisierender Teilchen dreidimensional rekonstruieren (nach [Mey 86]).

Die erreichten unteren Grenzen für die Protonlebensdauer, unter Annahme ausschließlich des Zerfallsmodus $p \to e^+ + \pi^0$ bzw. $p \to K^+ + \bar{\nu}_\mu$ sind [Mey 86]:

$$\tau_p(p \to e^+ + \pi^0) \quad > 4 \cdot 10^{32} \text{ Jahre}$$

$$\tau_p(p \to K^+ + \bar{\nu}_\mu) \quad > 6 \cdot 10^{31} \text{ Jahre}$$

(6.38)

Diese Werte liegen schon am oberen Rande der theoretischen $SU(5)$-Vorhersage. Obwohl eine Übereinstimmung angesichts der Schwierigkeiten bei der Berechnung von τ_p innerhalb des minimalen $SU(5)$-Modells nicht völlig auszuschließen ist, wird der bisherige Mißerfolg bei der Suche nach dem Protonzerfall allgemein als ein Indiz dafür gewertet, daß das minimale $SU(5)$-Modell nicht ausreichend ist.

Die Nichterhaltung der Baryonenzahl sollte neben dem Protonzerfall zu einem weiteren beobachtbaren Phänomen führen, sogenannten *Neutron-Antineutron* $(n\text{-}\bar{n})$ - *Oszillationen* (s. z.B. [Lan 86]). Für ein sich frei bewegendes Neutron wird mit einer gewissen Wahrscheinlichkeit der mit einer Baryonenzahl-Änderung $\Delta B = -2$ verknüpfte Übergang in ein Antineutron vorhergesagt. Die entsprechenden Diagramme sind allerdings wesentlich komplexerer Natur als beim Protonzerfall. Solche $n\text{-}\bar{n}$ Oszillationen konnten bislang nicht nachgewiesen werden [Bal 86].

6.2.4 Grenzen des minimalen Modells

Das minimale $SU(5)$-Modell hat etliche teilweise verblüffende Erfolge zu verbuchen. Die wesentlichen positiven Punkte sind:

1. Eine Vereinigung der starken, schwachen und elektromagnetischen Wechselwirkung ist durchgeführt, d.h. die Kopplungskonstanten dieser Wechselwirkungen sind aus der universellen Kopplung g_5 ableitbar.
2. Das $SU(5)$-Modell macht eine Vorhersage für $\sin^2 \Theta_W$, welche sehr gut mit dem experimentellen Wert übereinstimmt.
3. Die exakte Gleichheit von Proton- und Positronladung ist eine einfache Konsequenz der Anordnung von Leptonen und Quarks in demselben Multiplett.
4. Es gibt keine Probleme mit der Neutrinomasse, da diese automatisch Null ist. Dieser Punkt wird ausführlich in Kap. 7 besprochen.

Neben diesen positiven Punkten gibt es aber auch einige unbefriedigende Aspekte des minimalen $SU(5)$-Modelles, von denen einer, nämlich die zu kurz vorhergesagte Zerfallszeit des Protons, im letzten Abschnitt schon angesprochen wurde.

Die wesentlichen unbefriedigenden Punkte sind:

1. Die Anordnung der elementaren Fermionenfelder einer Familie in *zwei* unterschiedlichen Darstellungen erscheint nicht sehr fundamental. Es erschiene organischer, wenn *alle* Fermionen (zumindest einer Familie) in einem einzigen Multiplett untergebracht wären. Außerdem mangelt es der Eichgruppe selbst an einer Rechts-Links-Symmetrie. Sie enthält keine rechtshändige $SU(2)_R$ als Gegenstück zur $SU(2)_L$. Es ist zwar eine mehr philosophische Frage, wieso die Natur die Linkshändigkeit prinzipiell bevorzugen sollte, viele Theoretiker, welche sich mit diesen

6.2 Die minimale Lösung (Georgi-Glashow-Modell)

Fragen beschäftigen, favorisieren jedoch sogenannte *rechts-links-symmetrische Modelle* (s. z.B. [Moh 75], [Pat 74], [Moh 86])). Diese haben eine ganze Reihe interessanter Aspekte. Sie würden, um nur einen zu nennen, $(B-L)$ auf das Niveau einer lokalen Symmetrie wie die elektrische Ladung heben und zur Vermutung führen, daß eine *präonische Substruktur* von Quarks und Leptonen (s. Kap. 1) die Basis von $(B-L)$ als Eich-Generator der schwachen Wechselwirkung bildet (s. [Moh 86], S. 116 ff).

2. Das Modell macht keine Aussage über die Anzahl der verschiedenen Familien. Diese müssen als Reduplikationen der ersten Familie in das Modell eingeführt werden.
3. Das Modell besitzt 23 freie Parameter (Higgs-Feldparameter, Yukawa- und Eich-Kopplungskonstanten, Mischungswinkel). Zudem mußten ad hoc die Higgs-Felder ϕ und H eingeführt werden, für die es keine experimentelle Evidenz gibt.
4. Das Massenspektrum der Elementarteilchen bleibt weitgehend unerklärt. Das Modell macht auch keine Aussage über Massenmischungen zwischen den einzelnen Familien (vgl. Kap. 7).
5. Die Protonlebensdauer wird zu kurz vorhergesagt.
6. Das Modell kann die in der Kosmologie so wichtige CP-Verletzung nicht auf natürliche Weise beschreiben (vgl. Kap. 9).
7. Es bleibt völlig ungeklärt, wieso M_X so extrem groß ist im Verhältnis zu allen anderen Massen (sog. "Massenhierarchieproblem", s. auch Abschn. 6.4.4).
8. Die vierte elementare Wechselwirkung, die Gravitation, bleibt von der Vereinigung ausgeschlossen.

Einige dieser kritischen Punkte sind allerdings typisch für *alle* GUT-Modelle (besonders Punkte 3., 4., und 8.). Punkt 1. wird im $SO(10)$-Modell behoben, worauf wir anschließend kurz eingehen wollen. Um über 2. eine Aussage machen zu können, scheinen sog. *horizontale Eichtheorien*, also Eichtheorien, die z.B. die Umwandlung eines Elektrons in ein Myon beinhalten, notwendig [Cha 80]. Die ad hoc-Einführung der Higgs-Felder (Punkt 3.) könnte möglicherweise dadurch vermieden werden, daß letztere als gebundene Zwei-Fermionen-Systeme verstanden werden. Die Eichwechselwirkung könnte dann die Dynamik dieser Systeme bestimmen und selbst für die spontane Symmetriebrechung verantwortlich sein ([Beg 74], [Sus 79], [Pes 80]). Dieser Mechanismus wird als *dynamische Symmetriebrechung* bezeichnet. Die Resultate in dieser Richtung sind jedoch noch nicht sehr weit fortgeschritten, und wir wollen darauf nicht näher eingehen. Allgemein ist zu 3. zu sagen, daß die Anzahl der freien Parameter und neuen elementaren Felder in den umfangreicheren Modellen rapide anwächst.

Eine gegenüber der normalen $SU(5)$-Vorhersage vergrößerte Halbwertszeit für den Protonzerfall $p \rightarrow e^+ + \pi^0$ wird in den *supersymmetrischen* (SUSY) Erweiterungen der GUT-Modelle erreicht (s. Abschn. 6.4). Auch kommt man in diesen Modellen der Lösung von 4., 7. und 8. näher. Allerdings ist der Preis dafür recht hoch, da mehr neue Teilchen eingeführt werden müssen, als in den normalen GUT-Modellen schon existieren. Eine weitere Klasse von Modellen, die auf die Einbeziehung der

Gravitation abzielen, sind die sogenannten *Superstring-Theorien*, welche aber bislang hauptsächlich bei sehr großen Energien ($E > M_X$) diskutiert wurden (s. Abschn. 6.4.6).

6.3 $SO(10)$, die einfachste Erweiterung von $SU(5)$

6.3.1 $SO(10)$-Multipletts

Wir gehen nun zunächst auf eine recht organische Erweiterung des besprochenen $SU(5)$-Modells zum $SO(10)$-Modell ein. Dieses Modell, das zuerst von Fritzsch und Minkowski [Fri 75] und Georgi [Geo 75] eingeführt wurde, beseitigt vor allem den Kritikpunkt 1. aus dem vorigen Abschnitt, welcher allerdings hauptsächlich ästhetischer Natur und weniger physikalisch begründet ist. Die $SO(10)$ ist ebenfalls eine einfache Gruppe und enthält die $SU(5)$ als Untergruppe

$$SO(10) \supset SU(5) \tag{6.39}$$

Das bedeutet, daß die $SO(10)$-Eichtransformationen die $SU(5)$-Transformationen beinhalten. Es kommen aber neue Eichtransformationen, und damit auch neue Eichbosonen hinzu, welche Elemente des $SU(5)$-Quintetts in solche des Dekupletts transformieren und umgekehrt. Zu der $SO(10)$-Gruppe gibt es eine für die $SO(n)$-Gruppen typische sogenannte Spinordarstellung (Eine Spinordarstellung der $SO(3)$-Gruppe bilden z.B. die Pauli-Spinoren). Diese ist 16-dimensional und enthält die 5- und die 10-dimensionale $SU(5)$-Darstellung. Das 16-te Element ist ein $SU(5)$-Singulett (Abb. 6.8):

$$\mathbf{16}_{SO(10)} = \mathbf{10}_{SU(5)} \oplus \mathbf{\overline{5}}_{SU(5)} \oplus \mathbf{1}_{SU(5)} \tag{6.40}$$

Als $SU(5)$-Singulett kann das 16-te Element an keiner der bekannten Wechselwirkungen teilnehmen (genau genommen an keiner der $SU(5)$-Wechselwirkungen). Ein Singulett kann zwar prinzipiell noch an einer $U(1)$-Wechselwirkung teilnehmen (s. z.B. das Singulett e_R bzgl. der $SU(2)_L \otimes U(1)$), jedoch ist auch eine von Null verschiedene Hyperladung ausgeschlossen, weil die Summe der Hyperladungen eines Multipletts verschwinden muß.

Dieses neue Teilchen ist als rechtshändiger Partner ν_R des normalen Neutrinos zu interpretieren. Zur Bezeichnung ν_R wollen wir zwei klärende Punkte herausstellen:

- ν_R nimmt an keiner $SU(5)$-Wechselwirkung teil, also insbesondere auch nicht an der normalen schwachen Wechselwirkung des GWS-Modells. ν_R nimmt allerdings an einer durch die neuen $SO(10)$-Eichbosonen vermittelten superschwachen Wechselwirkung teil, welche das rechtshändige Gegenstück zur normalen schwachen Wechselwirkung darstellt. Dadurch rechtfertigt sich die Bezeichnung "rechtshändiges" Neutrino.

6.3 $SO(10)$, die einfachste Erweiterung von $SU(5)$

- Wie schon bei der $SU(5)$ ist auch das 16-dimensionale Fermionen-Multiplett der $SO(10)$ rein linkshändig. Das in diesem Multiplett auftretende neue Feld ist demnach nicht ν_R selbst, sondern das linkshändige Feld $(\nu_R)^{CP}$. Dieses darf wiederum nicht mit dem normalen linkshändigen Neutrino ν_L verwechselt werden (ebensowenig, wie ν_R mit dem bekannten Antineutrino).

Eine Konsequenz dieses neuen Teilchens ist, daß nun eine endliche Neutrinomasse unausweichlich erscheint. Diese Zusammenhänge werden ausführlich in Kap. 7 behandelt.

6.3.2 Brechung der $SO(10)$-Symmetrie und intermediäre Symmetrien

Da die $SO(10)$-Symmetrie die $SU(5)$-Symmetrie enthält, ergibt sich die naheliegende Möglichkeit, daß das $SO(10)$-Modell für Energien $E < M_X \approx 10^{15}$GeV nicht vom $SU(5)$-Modell unterscheidbar ist, und daß die $SO(10)$-Symmetrie bei einer noch größeren Energie M gebrochen wird. In dem Energiebereich unterhalb dieser Energie, aber oberhalb M_X, wäre dann eine näherungsweise $SU(5)$-Symmetrie vorhanden:

$$SO(10) \xrightarrow{M \geq M_X} SU(5) \xrightarrow{M_X} SU(3)_c \otimes SU(2)_L \otimes U(1)$$
$$\xrightarrow{M_W} SU(3)_c \otimes U(1)_{EM} \qquad (6.41)$$

Aber außer der $SU(5)$-Untergruppe enthält die $SO(10)$ auch ein Produkt aus einer $SU(4)$- und zwei $SU(2)$-Gruppen. Es ist deshalb auch denkbar, daß es unterhalb M keinen Bereich mit näherungsweiser $SU(5)$-Symmetrie gibt, sondern daß bei Energien unterhalb M immer noch eine Rechts-Links-Symmetrie besteht. Das ist der Fall in dem *Pati-Salam-Modell* [Pat 74], [Moh 75]:

$$SO(10) \xrightarrow{M} SU(4)_{EC} \otimes SU(2)_L \otimes SU(2)_R \qquad (6.42)$$

Von dieser Zwischensymmetrie aus sind dann verschiedene Brechungsschemata denkbar, auf die hier nicht eingegangen werden soll. In Abb. 6.8 a) und b) ist das $SO(10)$-Fermionenmultiplett einmal nach $SU(5)$-Multipletts aufgeteilt und zum anderen nach der $SU(4)_{EC} \otimes SU(2)_L \otimes SU(2)_R$-Struktur angeordnet.

Die zweite Möglichkeit erscheint eleganter. Die $SU(4)_{EC}$-Transformationen ergeben eine Erweiterung der starken Wechselwirkung, die sog. *"Extended Color"*, mit den Leptonen als vierter Farbladung. Der $SU(2)_R$-Faktor kann mit dem rechtshändigen Gegenpol zur linkshändigen $SU(2)_L$ identifiziert werden. Die Austauschteilchen dieser Gruppe wären die rechtshändigen $W_R^\pm$-Bosonen. Da diese eine (bislang nicht beobachtete) rechtshändige schwache Wechselwirkung vermitteln würden, müssen sie sehr schwer sein. Sie würden unter anderem auch einen Beitrag zum neutrinolosen doppelten Betazerfall liefern. Dabei sind die Neutrinomasse und die Masse des rechtshändigen Bosons M_{W_R} verknüpft, so daß $m_\nu \to 0$ für $M_{W_R} \to \infty$. Aus einer Analyse des 0ν-$\beta\beta$-Zerfalls erhält man die Grenze $M_{W_R} \gtrsim 800$ GeV [Moh 86a]. Die höchste

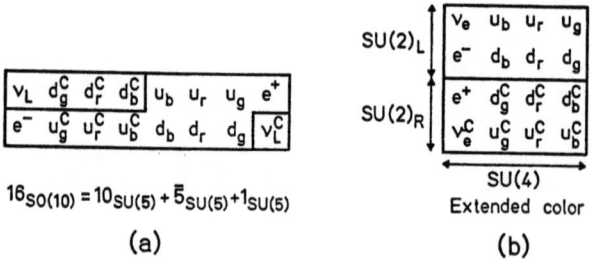

Abb. 6.8: Alle Fermionen einer Familie können in einem $SO(10)$-Multiplett untergebracht werden. Das 16. Element dieses Multipletts ist das bislang nicht nachgewiesene rechtshändige Neutrino ν_R, bzw. dessen CP-Partner ν_L^C. Teil b) zeigt die Aufteilung des $SO(10)$-Multipletts nach der $SU(4)_{BC} \otimes SU(2)_L \otimes SU(2)_R$-Struktur.

Grenze mit 1.6 TeV folgt allerdings aus der theoretischen Analyse eines Beitrages zur K_L-K_S-Massendifferenz durch W_L-W_R-Mischung [Moh 88].

Neben dem minimalen $SU(5)$- und dem $SO(10)$-Modell gibt es noch nahezu beliebig viele andere Modelle mit meistens größeren Eichgruppen und mehr elementaren Teilchenfeldern. Eine der favorisierten größeren Eichgruppen ist die E_6-Gruppe, eine der sogenannten Ausnahmegruppen (dies sind Gruppen, von denen es nur wenige gibt und für die kein allgemeines Konstruktionsprinzip existiert, im Gegensatz zu den $SU(n)$ und $SO(n)$ Gruppen). In einem Typ von E_6-Modellen können alle Fermionen in nur zwei irreduziblen 27-dimensionalen Multipletts untergebracht werden [Ach 78]. Diese Modelle enthalten interessanterweise kein t-Quark. Die E_6-Gruppe enthält wiederum die $SO(10)$ als Untergruppe. Eine Favorisierung der E_6 ergibt sich insbesondere im Rahmen der "Superstring"-Theorien (s. auch 6.4.6). Da die Anzahl der freien Parameter in Modellen mit größeren Eichgruppen leicht weit über 100 betragen kann, ist die quantitative Vorhersagekraft dieser Modelle gering. Anstelle hier auf weitere solcher Modelle einzugehen, wollen wir nun die Idee der supersymmetrischen Erweiterung von GUT-Modellen skizzieren.

6.4 Supersymmetrische GUT-Modelle

Wir wollen eine Klasse von Modellen besprechen, in welchen versucht wird, einer Lösung einer Reihe von in den normalen GUT-Modellen unberücksichtigten Problemen näherzukommen. Dies sind die sogenannten supersymmetrischen GUT-Modelle. Die Hauptziele sind:

a) Einbezug der Gravitation in die Vereinigung
b) Die Erklärung des Massenspektrums der Elementarteilchen.

6.4 Supersymmetrische GUT-Modelle

Außerdem besitzen SUSY-GUT-Modelle noch eine Reihe weiterer Vorzüge. Ein wichtiger technischer Punkt sind die sogenannten *Nichtrenormierungstheoreme*, welche in diesen Modellen gültig sind und gewährleisten, daß die Renormierung vieler Größen durch Beiträge höherer Ordnung verschwindet. Es ist dann ausreichend, diese Größe auf dem sogenannten *"Baum-Niveau"* (tree level) zu berechnen, d.h. unter Berücksichtigung nur solcher Diagramme, bei welchen keine geschlossenen inneren Linien auftreten. Weiter werden wir sehen, daß die SUSY-GUT-Modelle das Problem des nicht beobachteten Protonzerfalls lösen könnten. Schließlich sei noch erwähnt, daß diese Modelle möglicherweise auch erklären können, wieso die kosmologische Konstante Λ so klein ist (s. auch Kap. 9).

Da einerseits der in den SUSY-GUT-Modellen verwendete Formalismus sehr komplex ist und andererseits sich diese Modelle momentan noch in einem stark spekulativen Stadium befinden und einem laufenden Wandel unterliegen, wollen wir die Grundideen nur sehr qualitativ beschreiben. Für interessierte Leser verweisen wir hier auf [Fer 82], [Roy 84], [Nil 84], [Tay 84], [Moh 86], [Dra 87].

6.4.1 Was ist Supersymmetrie?

Als Supersymmetrie (SUSY) bezeichnet man eine Symmetrie zwischen Fermionen und Bosonen. 1974 formulierten Wess und Zumino [Wes 74] erstmals eine renormierbare Theorie, welche eine solche Symmetrie zwischen fermionischen und bosonischen Freiheitsgraden enthält. Im Vergleich zu den bislang diskutierten Symmetrien ist die Supersymmetrie eine völlig neuartige Symmetrie, da sich nun der *Spin* des Teilchens ändert, welches einer Symmetrie-Transformation unterworfen ist. Eine solche Symmetrie muß als *ähnlich fundamental* betrachtet werden *wie die CPT-Symmetrie*, welche eine Symmetrie zwischen Teilchen und Antiteilchen darstellt. Betrachten wir zunächst *globale Supersymmetrie*.

Bezeichnen wir den Generator der Supersymmetrie mit Q, so muß dieser die Eigenschaft besitzen:

$$Q(Fermion) = Boson$$
$$Q(Boson) = Fermion \tag{6.43}$$

Da sich die elementaren Fermionen und Bosonen (abgesehen vom Graviton) um Spin 1/2 unterscheiden, muß der Operator Q ebenfalls die Spinquantenzahl 1/2 tragen und Spincharakter besitzen. Das bedeutet, Q trägt einen 4-er Index $\alpha = 0, 1, 2, 3$ und erfüllt Antikommutator-Vertauschungsregeln. Diese sind gegeben durch:

$$\{Q_\alpha, Q_\beta\} = 2\gamma^\mu_{\alpha\beta} p_\mu \tag{6.44}$$

Außerdem gilt die Vertauschungsregel:

$$[Q_\alpha, p_\mu] = 0 \tag{6.45}$$

Dabei ist p_μ der Operator des Viererimpulses.

Bemerkenswert an (6.44) ist die Tatsache, daß die Supersymmetrie, im Gegensatz zu den gewöhnlichen Eichsymmetrien, eine Relation herstellt zwischen inneren Teilchenfreiheitsgraden und äußeren Raum-Zeit-Freiheitsgraden. Hieraus resultiert die Konsequenz, daß eine *lokale* Supersymmetrie auch die Gravitation enthalten muß (s. Abschn. 6.4.5).

6.4.2 Das supersymmetrische Teilchenspektrum

Jedes auf einer normalen Eichsymmetrie aufbauende GUT-Modell kann zu einer supersymmetrischen Version ausgebaut werden. So gibt es ein minimales *SUSY-SU(5)-Modell* oder z.B. ein *SUSY-SO(10)-Modell*. Die Symmetrie zwischen Fermionen und Bosonen bedeutet, daß es zu jedem Fermion einen bosonischen Partner in demselben Supermultiplett gibt und umgekehrt. Die beiden Partner haben zwar unterschiedlichen Spin, aber (in der Näherung ungebrochener Symmetrie) dieselbe Masse. Unter den bekannten Elementarteilchen gibt es aber *keine*, die sich gegenseitig als SUSY-Partner zuordnen ließen. Deshalb muß zu jedem bekannten Teilchen der supersymmetrische Partner neu eingeführt werden, so daß die Anzahl der elementaren Teilchen in den SUSY-Versionen mindestens doppelt so groß ist, wie in den entsprechenden Normal-Versionen der GUT-Modelle. Es gibt feste Regeln zur Bezeichnung der SUSY-Partnerteilchen zu den bekannten Teilchen: Die (skalaren) Partner der Fermionen, erhalten ein "s" vor dem Namen, z.B. sind s-Quarks die Partner der Quarks. Die Partner der Bosonen erhalten die Endung "-ino". So ist das Photino der Partner des Photons. Wenn man zur lokalen Supersymmetrie übergeht (s. 6.4.5), so ist das entsprechende Eichfeld das Gravitino, der Partner des Gravitons. Es gibt drei Klassen solcher Supermultipletts, geordnet nach dem Spin ihrer Elemente. Die *chiralen Multipletts* enthalten die Spin 1/2 Fermionen und dazugehörige skalare Bosonen. Eichmultipletts enthalten die *Eichinos ("gauginos")* und schließlich bilden Graviton und Gravitino das *Gravitationsmultiplett*.

Da keines der vielen SUSY-Partner-Teilchen bisher experimentell beobachtet wurde ([Roy 84], [Kom 85]), sind solche Modelle der Bedingung unterworfen, diese Partner-Teilchen mit Eigenschaften zu "versehen", die sie bisher experimentell nicht zugänglich machten. Es wäre natürlich eine ungeheure Bestätigung für die Idee der Supersymmetrie, wenn auch nur eines der neuen SUSY-Partner-Teilchen experimentell gefunden würde. Neben den bekannten Teilchen und deren Partnerteilchen sind in den SUSY-Modellen noch weitere Felder notwendig, um die Brechung der Supersymmetrie zu erzeugen. Da diese Felder "unphysikalische" Eigenschaften besitzen, sind sie nur akzeptabel, wenn sie von der beobachtbaren Welt entkoppelt bleiben. Man spricht in diesem Zusammenhang von einem sichtbaren und einem unsichtbaren oder *versteckten Teilchensektor*. Die Nichtbeobachtbarkeit des unsichtbaren Sektors wird in einigen Modellen gewährleistet durch eine multiplikative Quantenzahl, welche in diesen Modellen erhalten ist, die *"R-Parität"*. Diese ist für Teilchen des sichtbaren Sektors positiv und für die des unsichtbaren negativ. Dadurch ist der Zerfall eines

6.4 Supersymmetrische GUT-Modelle

Tab. 6.1: Die SUSY-Partner der bekannten Teilchen

normale Teilchen	SUSY Partner	Kurzbezeichnung	Spin
Quark	s-Quark	$(\tilde{q})$	0
Lepton	s-Lepton	$(\tilde{l})$	0
Gluon	Gluino	$(\tilde{g})$	1/2
W-Boson	Wino	$(\tilde{w})$	1/2
Photon	Photino	$(\tilde{\gamma})$	1/2
Higgs	Higgsino	$(\tilde{h})$	1/2
Graviton	Gravitino		3/2

Teilchens des unsichtbaren Sektors in Teilchen ausschließlich des sichtbaren Sektors nicht möglich.

6.4.3 Proton-Zerfall in SUSY-GUT-Modellen

Die Erweiterung der normalen GUT-Modelle zu SUSY-GUT-Modellen hat interessante Konsequenzen für den Protonzerfall. Die Lebensdauer des Protons ist ja nach (6.35) proportional zur vierten Potenz der Masse des X-Bosons, welche als ungefähr gleich der Energie angenommen wird, bei welcher die Brechung der GUT-Symmetrie (z.B. $SU(5)$) stattfindet. Diese Energie kann mit Hilfe der Renormierungsgruppengleichungen (6.17) aus dem Niederenergie-Verhalten der Kopplungskonstanten extrapoliert werden. In die Renormierungsgruppengleichungen geht aber die Zahl der beteiligten Teilchen ein (Parameter T in (6.16)). Die Einführung der SUSY-Partner-Teilchen und damit die zahlenmäßige Vergrößerung des Teilchenspektrums führt nun dazu, daß die große Vereinigung erst bei einer Energie von etwa 10^{16} GeV erreicht wird. Es ist [Lan 86] im minimalen SUSY-GUT-Modell

$$M_X^{\text{SUSY}} \approx 4.8 \cdot 10^{15} \text{ GeV} \left[\frac{\Lambda}{100 \text{ MeV}} \right]$$

(vgl. Gl. (6.36)).
Somit wird der Protonzerfall $p \to e^+ + \pi^0$ auf experimentell unkritische Raten verlangsamt (s. Gl. (6.37)). Allerdings wird in diesen Modellen der Kanal $p \to e^+ + \pi^0$ nicht mehr als dominant vorhergesagt, sondern der Zerfall $p \to K^+ + \bar{\nu}_\mu$ (bzw. $n \to K^0 + \bar{\nu}_\mu$), welcher aber experimentell schwerer zugänglich ist. Für einen durch

diesen Kanal dominierten Protonzerfall besteht die weniger restriktive experimentelle Grenze $\tau_p(p \to K^+ + \bar{\nu}_\mu) > 6 \cdot 10^{31}$ Jahre [Mey 86].

6.4.4 Das Massenhierarchie-Problem

Einer der unbefriedigenden Aspekte der GUT-Modelle ist die Tatsache, daß die Teilchenmassen weitgehend an die Realität anzupassende freie Parameter darstellen. Von einer echten elementaren Beschreibung der Teilchen und ihrer Wechselwirkung würde man verlangen, daß sie die Teilchenmassen *vorhersagen* kann. Von einer detaillierten Vorhersage der Teilchenmassen ist man in allen gegenwärtigen Modellen aber weit entfernt. Es wäre schon ein großer Fortschritt, wenn die *Grobstruktur* des Massenspektrums eine Erklärung fände. Besonders eklatant ist der immense Unterschied zwischen der Energieskala der GUT-Symmetriebrechung und der $SU(2)_L \otimes U(1)$-Brechung $M_X : M_W \approx 10^{13}$. Der immense Bereich zwischen M_W und M_X wird oft als "Wüste" bezeichnet. Wie schon bei Abb. 6.5 bemerkt, rührt dieser Begriff daher, daß man zumindest im $SU(5)$-Modell in diesem Bereich keine neuen Teilchen und auch keine neuen Reaktionsprozesse erwartet. Demgegenüber ist das Verhältnis von W-Bosonmassen zu typischen Fermionen-Massen $M_W : M_f \approx 10^4$ eher gemäßigt. Aber es gibt noch eine weitere, möglicherweise noch fundamentalere Energieskala, die Energie, bei der Quanteneffekte der Gravitation eine Rolle spielen, gegeben durch die Planck-Masse

$$M_{Pl} = \frac{1}{\sqrt{G_N}} = 1.2 \cdot 10^{19} \text{ GeV} \gg M_X \qquad (6.46)$$

Betrachtet man andererseits das Spektrum der Fermionen, so gibt auch dieses Rätsel auf. Insbesondere ist unklar, wieso die Massen von Generation zu Generation um ein Vielfaches ansteigen. Die normalen GUT-Modelle können das Massenspektrum der Elementarteilchen nicht nur weitgehend nicht erklären, sondern die Realität erscheint in diesen Modellen sogar als unwahrscheinlicher Extremfall. Die Massen werden ja durch Wechselwirkung mit den Higgs-Feldern generiert, deren Potentiale freie Parameter des jeweiligen Modells darstellen. Diese Parameter können nun zwar so angepaßt werden, daß die beobachteten, bzw. im Falle von z.B. M_X mit Experimenten verträglichen, Massen (im allgemeinen) reproduziert werden, doch entsteht die Frage, ob diese Parameterwahl "natürlich" ist. Dieses Natürlichkeitsargument ist im Prinzip ein Wahrscheinlichkeitsargument: Wenn es auch in vielen Fällen nicht unmöglich ist, die Parameter des Modells so zu wählen, daß die experimentell geforderten Eigenschaften resultieren, so stellt sich die Wirklichkeit doch häufig als ein extremer Sonderfall des Modelles dar, der sich nur für einen verschwindend kleinen Parameterbereich oder für enorm von 1 abweichende Verhältnisse von an sich "gleichberechtigten" Parametern ergibt. Sollte die Natur das Ergebnis eines Zufalls sein, der sich über etliche 10 Ziffern hinter dem Komma erstreckt? Elementarteilchenphysiker (und Kosmologen, s. Kap. 9) glauben nicht an solchen Zufall und versuchen, derartige Modelle durch andere zu ersetzen, wo diese Frage nicht auftaucht. Die Sequenz $M_{Pl} \gg M_X \gg M_W$ findet in den supersymmetrischen GUT-Modellen eventuell eine natürliche Erklärung.

6.4 Supersymmetrische GUT-Modelle

Wir gehen davon aus, daß jede elementare Theorie immer *einen* fundamentalen freien Massen- (=Kopplungs-) Parameter enthalten muß. Es stellt sich die Frage: In welchen elementaren Masseneinheiten ist dieser Parameter natürlicherweise zu messen? Nehmen wir an, dies sei M_{Pl}, die größte aus bekannten Naturkonstanten berechenbare Masse. Dann ist M_W gemessen in dieser Einheit extrem klein. Dies legt den Schluß nahe, daß es ein *näherungsweise* gültiges physikalisches Gesetz gibt, welches $M_W = 0$ fordert. Bei der Besprechung der Eichtheorien in Kap. 4 hatten wir festgestellt, daß *jede* Eichsymmetrie masselose Eichbosonen zur Folge hat. Somit fordert die $SU(2)_L$-Eichsymmetrie $M_W = 0$. Aber diese Eichsymmetrie ist gebrochen als Folge der Vakuumerwartungswerte der Higgs-Felder. Das Dilemma ist nun, daß die Eichtheorien keine Vorhersagen machen können für die Größe dieser Vakuumerwartungswerte. Diese werden durch in der Theorie völlig willkürlich wählbare Parameter beschrieben. Was die Situation noch verschlimmert, ist die Tatsache, daß die Parameter der skalaren Higgs-Felder gegenüber störungstheoretischen Korrekturen höherer Ordnung instabil sind. Selbst wenn man von sehr kleinen Massenparametern (gemessen an M_{Pl} und M_X) ausgeht, gibt es keinen Grund anzunehmen, daß diese nach Berücksichtigung solcher Korrekturen klein bleiben. Der Fortschritt, den die Supersymmetrie hier liefert, liegt darin, daß sie eine Relation zwischen skalaren und fermionischen Feldern herstellt. Bei exakter Supersymmetrie bestünde Massengleichheit zwischen den Fermionen und ihren skalaren SUSY-Partnern:

$$m_s = m_f \tag{6.47}$$

Wenn nun die Fermionen masselos sind als Folge einer chiralen Symmetrie, so gilt dies auch für die skalaren Felder. Die Brechung der chiralen Symmetrie und damit die Generierung der Eichbosonmassen wird somit erst möglich als Folge der Brechung der Supersymmetrie und ist damit an deren Massenskala gekoppelt. Wichtig ist dabei, daß die sogenannten Nichtrenormierungstheoreme gewährleisten, daß die bei der SUSY-Brechung erzeugten Massen der skalaren Felder *stabil* bleiben gegenüber Korrekturen höherer Ordnung. Der Hintergrund hierzu ist der, daß es zu jedem Diagramm mit einer bosonischen Schleife nun ein weiteres Diagramm gibt, in welchem eine Schleife mit dem entsprechenden SUSY-Partner auftritt und welches das erste Diagramm kompensiert.

Die Hoffnung besteht nun darin, einen Mechanismus für die SUSY-Brechung zu finden, welcher Gl. (6.47) nur wenig modifiziert, so daß

$$m_s^2 - m_f^2 \approx (100 \text{ GeV})^2 \quad \text{und} \quad m_f^2 \approx 0 \tag{6.48}$$

gilt, was der Skala der $SU(2)_L \otimes U(1)$-Brechung entspräche.

Für den Leser kann hier der allerdings teilweise berechtigte Eindruck entstehen, daß damit die Problematik lediglich auf eine höhere Ebene verschoben worden ist. Es gibt aber einen weiteren Gesichtspunkt, welcher das Supersymmetrie-Konzept so attraktiv macht. Wenn man die Supersymmetrie, die zunächst lediglich als globale Symmetrie zwischen Fermionen und Bosonen definiert werden kann, in Analogie zu den Eichsymmetrien zu einer *lokalen* Symmetrie erweitert, so zeigt sich, wie schon angesprochen, daß eine solche Theorie die Gravitation beinhaltet. Sie wird demzufolge als *Super-Gravitation* bezeichnet.

6.4.5 Super-Gravitation

Wenn man Invarianz der Bewegungsgleichungen unter *lokalen* SUSY-Transformationen verlangt, so ist es eine Folge der Vertauschungsregeln (6.44), daß diese Transformationen mit Eichtransformationen der Gravitation verkoppelt sind. *Lokal supersymmetrische Modelle enthalten folglich automatisch auch die Gravitation* und werden aus diesem Grund auch als Modelle der *Super-Gravitation (SUGRA)* bezeichnet. Zusätzlich zum Eichfeld der Gravitation, dem Gravitonfeld mit Spin 2, erhält man in einer solchen Theorie ein weiteres Eichfeld mit Spin 3/2. Dies beschreibt das SUSY-Partnerteilchen des Gravitons, das Gravitino.

6.4.5.1 Brechung der Supersymmetrie und die Massenhierarchie Supersymmetrie ist in der Natur nicht verwirklicht, und demnach muß eine akzeptable Theorie eine Brechung dieser Symmetrie enthalten. Eine spontane Symmetriebrechung kann erzeugt werden durch ein komplexes skalares Super-Higgsfeld z. Analog zum Higgs-Potential aus Kap. 4 wird auch das Verhalten von z durch ein entsprechendes Potential $V(z, z^*)$ bestimmt. Es ist jedoch üblich, zur Beschreibung der supersymmetrischen Modelle eine weitere Funktion $G(z, z^*)$ einzuführen, aus welcher sich $V(z, z^*)$ ableiten läßt:

$$V(z, z^*) = 9 e^{(4/3)G} \left(\frac{\partial^2 G}{\partial z\, \partial z^*} \right)^{-1} \frac{\partial^2}{\partial z\, \partial z^*} \left(e^{-(1/3)G} \right) \tag{6.49}$$

Modelle mit kanonischer Kopplung Es gibt verschiedene Möglichkeiten, die für die Funktion G untersucht wurden. G bestimmt nicht nur das Potential V, sondern auch den kinetischen Anteil für das Feld z. Es wurden nun zuerst Modelle untersucht, in welchen diese kinetischen Terme in der Lagrange-Funktion die gewohnte kanonische Form $\partial_\mu z\, \partial^\mu z^*$ erhalten. G unterliegt dann der Bedingung:

$$\frac{\partial^2 G}{\partial z\, \partial z^*} = 1 \tag{6.50}$$

Man nennt diese Modelle kanonische Modelle. In den Modellen mit kanonischer (auch als minimal bezeichneter) Kopplung ist sowohl das $SU(2)_L \otimes U(1)$-Higgsfeld Φ als auch das Gravitino durch die Gravitation an die für die SUSY-Brechung typischen Massen von der Größenordnung M_S gekoppelt. Man erhält in solchen Modellen die wichtige Vorhersage für die Gravitinomasse $m_{3/2}$:

$$m_{3/2} \approx M_W \approx M_S \cdot \frac{M_S}{M_{Pl}} \tag{6.51}$$

6.4 Supersymmetrische GUT-Modelle

Für eine intermediäre Massenskala $M_S \approx 10^{10}$ bis 10^{11} GeV der SUSY-Brechung wird

$$m_{3/2} \approx M_W \approx 100 \text{ GeV} \qquad (6.52)$$

Kosmologische Schwierigkeiten der Modelle mit kanonischer Kopplung In den Modellen mit kanonischer Kopplung ergeben sich zwei beträchtliche kosmologische Schwierigkeiten. Die Masse $m_{3/2}$ des Gravitinos ist von derselben Größenordnung wie die Masse $M_W = 82$ GeV. Wäre dies das leichteste Teilchen des unsichtbaren Sektors und stabil, so würde es aufgrund seiner Produktion im Urknall einen Beitrag zu der Massendichte des Universums liefern, welcher die gesamte beobachtete Masse um ein Vielfaches übersteigt. Dies wäre nicht in Einklang zu bringen mit den kosmologischen Daten (vgl. Kap. 9).

Ein zweites kosmologisches Problem stellt die kosmologische Konstante Λ dar, welche proportional ist zur Energiedichte des Vakuums ("Nullpunkt-Energie") und von der wir wissen, daß sie extrem klein sein muß (vgl. Kap. 9). Der Beitrag des Potentials V zu Λ ist gegeben durch

$$\Lambda = 8\pi V(z, z^*)\big|_{\text{Minimum}} \times M_{Pl}^{-2}$$

(dabei ist V wieder als klassisches Feld wie in Gl. (4.108) behandelt). Die Bedingung $\Lambda = 0$ erfordert daher, daß das Potential des Super-Higgs-Feldes z den Wert 0 annimmt, da dieses den größten Beitrag zur Vakuumenergie liefert, daß also gilt:

$$V(z, z^*)\big|_{\text{Minimum}} = 0 \qquad (6.53)$$

Dies ist aber nicht automatisch gewährleistet. Vielmehr erhält man typischerweise $V(z, z^*)\big|_{\text{Minimum}} \approx M^4$, wobei M die elementare Massenskala der Theorie darstellt, $M = M_{Pl}$ oder $M = M_S$, und damit $\Lambda \approx M_{Pl}^2$ oder $\Lambda \approx M_S^4/M_{Pl}^2$. Damit wäre Λ aber um mindestens 88 Größenordnungen größer als beobachtet (s. Kap. 9)! Das geforderte extrem kleine Λ kann nur erreicht werden durch eine außerordentliche Feinjustierung des Potentials $V(z, z^*)$. Die "unnatürliche" Bedingung, resultierend aus der experimentellen Grenze für Λ,

$$V(z, z^*)\big|_{\text{Minimum}} = e^G \left[\frac{\partial G}{\partial z}\frac{\partial G}{\partial z^*} - 3\right]\bigg|_{\text{Minimum}} \lesssim 10^{-88} M^4 \qquad (6.54)$$

läßt sich in den Modellen mit kanonischer Kopplung nicht verstehen.

Modelle mit nichtkanonischer Kopplung Die genannten kosmologischen Probleme können umgangen werden, wenn man davon abgeht, für das Feld z nur die bekannten kanonischen kinetischen Terme zuzulassen, welche durch die Bedingung (6.50) gewährleistet wurden. In einer Gruppe von Modellen, welche auch *skalenlose* ("No-scale"-) *Modelle* genannt werden, wird für G die folgende Form angenommen ([Ell 84a,b], [Crem 83], [Ell 85], [Dra 87]):

$$\mathbf{G} = -3\log \mathbf{f}(z, z^*) \tag{6.55}$$

mit

$$\mathbf{f}(z, z^*) = C + z + z^*$$

mit einer Konstanten C. Der entscheidende Punkt ist nun, daß das aus diesem $\mathbf{G}$ folgende $\mathbf{V}(z, z^*)$ eine "flache Richtung" aufweist. Das bedeutet, $\mathbf{V}(z, z^*)$ ist minimal entlang der gesamten imaginären Achse in der z-Ebene. Dies kann durch explizite Rechnung anhand von (6.49) nachgeprüft werden. Man findet für das Minimum mit Re(z) = 0 die Werte

$$\langle \mathbf{G} \rangle = -3\log C \tag{6.56}$$

und

$$\langle \mathbf{V} \rangle = 0 \tag{6.57}$$

Dies ergibt die kosmologisch gewünschte Bedingung $\Lambda = 0$ [Crem 83]. Weiter legt $\mathbf{V}(z, z^*)$ den Vakuumerwartungswert des Feldes z nicht fest, sondern es sind alle z mit Re(z) = 0 gleich wahrscheinlich. Hierin ist der Name "No-Scale" begründet. Es gibt keinen Eingangsparameter, welcher die Massenskala M_s der Supersymmetrie-Brechung festlegt. Als fundamentale Massenskala wird lediglich M_{Pl}, die Planck-Masse betrachtet. Die Gravitinomasse ist durch $e^{\langle G \rangle/2}$ gegeben und allein von der Konstanten C abhängig. Für $m_{3/2}$ läßt sich daher ein kosmologisch unbedenklicher Wert erhalten, wenn C einen geeigneten Wert annimmt, z.B. könnte $m_{3/2} \approx M_{Pl}$ sein. Das Gravitino ist dann so schwer, daß es ganz vom niederenergetischen Bereich entkoppelt ist (vgl. Kap. 9). Seine Produktionsrate bei der Geburt des Universums wäre dann so stark unterdrückt gewesen, daß es für die weitere Entwicklung keine Rolle spielt.

Es ist nun eine spezielle Eigenschaft dieser Modelle, daß sich die Massenskala der Brechung der Supersymmetrie in selbstkonsistenter Weise bestimmt. Die von der schwachen Wechselwirkung verursachten Strahlungskorrekturen führen zu einer Aufhebung der Entartung des Minimums von $\mathbf{V}(z, z^*)$. Die Lage des dadurch erzeugten absoluten Minimums ist aber abhängig von der Masse der W-Bosonen. Andererseits sind diese Massen aber wiederum durch den Vakuumerwartungswert $\langle z \rangle$ bestimmt. Eine genaue Analyse zeigt, daß diese Selbstkonsistenz-Bedingung zu einem exponentiellen Zusammenhang zwischen M_W und $m_{3/2}$ führt:

$$M_W = m_{3/2} e^{-d\langle \text{Im}(z) \rangle}$$

d ist ein modellabhängiger Parameter. Dieser exponentielle Faktor läßt ein sehr kleines M_W ($M_W \approx 10^{-17} m_{3/2}$ für $m_{3/2} \approx M_{Pl}$) als natürliche Lösung erscheinen. Mit diesen skalenlosen Modellen besteht also eine gewisse Hoffnung, das Massenspektrum der GUT-Modelle besser zu verstehen. Weitere Modelle mit nichtkanonischer Kopplung

6.4 Supersymmetrische GUT-Modelle

wurden zunächst von Chang, Ouvry und Wu [Cha 83] und von Dragon, Schmidt und Ellwanger [Dra 84,85,87] untersucht. In diesen Modellen wird als "natürliche Erweiterung" der globalen Supersymmetrie für $f(z,z^*)$ die Form

$$f(z,z^*) = 1 - \frac{1}{3}zz^*$$

hergeleitet. Mit diesem f ergibt sich ebenfalls ein Potential $V(z,z^*)$ mit einem entarteten Minimum, so daß auch hier die Gravitinomasse $m_{3/2}$ zunächst nicht festgelegt ist. Abschließend soll hier erwähnt werden, daß in den No-Scale-SUSY-GUT-Modellen das Gravitino das *einzige* mögliche superschwere Teilchen ist. Alle anderen supersymmetrischen Teilchen haben Massen der Größenordnung 20 bis einige Hundert GeV, so daß der Nachweis der leichteren dieser Teilchen im Bereich des in naher Zukunft technisch Möglichen läge (s. z.B. [Dra 85,86,87], [Moh 86]). Für das Gravitino leitete [Wei 82] eine untere Grenze von $m_{3/2} \gtrsim 10$ Tev aus der primordialen Nukleosynthese ab. Diese ist jedoch stark modellabhängig. Unter der Annahme einer inflationären Expansion des Universums (s. Kap. 9) besteht für $m_{3/2}$ keine solche Einschränkung (s. [Nil 84]).

6.4.6 Superstrings

Wenn auch die Supersymmetrie ein recht attraktives Konzept darstellt, welches in der Lage sein könnte, einige der offenen Fragen der GUT-Modelle zu lösen, so ist man sich heute jedoch weitgehend einig, daß allein die Kombination von Supersymmetrie und herkömmlicher Quantenfeldtheorie nicht zu einer konsistenten Quantentheorie der Gravitation führt. Zwar beseitigt die Supersymmetrie etliche der Divergenzen, welche in der Quantenfeldtheorie der nichtgravitativen Kräfte auftreten (Nichtrenormierungstheoreme!), doch gilt dies nicht für die Gravitation. Solange die Theorie punktförmige Objekte (Fermionen) enthält, divergiert diese für Energien größer M_{Pl} (zum Problem der Quantisierung der Gravitation siehe z.B. [deWit 62]).

Dieses Problem kann möglicherweise gelöst werden, wenn Fermionen nicht mehr als punktförmige Objekte, sondern als eindimensionale ausgedehnte Objekte, sogenannte "Strings", in die Theorie eingehen. Es ist eventuell möglich, eine Theorie aufzubauen, welche für Energien wesentlich unterhalb M_{Pl} nicht unterscheidbar ist von einer punktförmigen Quantenfeldtheorie mit Supersymmetrie, oberhalb von M_{Pl} aber durch den String-Charakter der Fermionen die Divergenzen vermeidet. Derartige Theorien, allgemein *Superstring-Theorien* genannt, können in zwei Typen *I und II* klassifiziert werden. Während in Typ I-Theorien die Fermionen durch offene Strings beschrieben werden, an deren Enden die jeweiligen Quantenzahlen sitzen, so daß eine Wechselwirkung einem Aneinanderknüpfen von Strings entspricht, enthalten die Typ II-Theorien nur geschlossene Strings mit über den gesamten String 'verschmierten' Quantenzahlen.

Neben den Divergenzen bilden die sogenannten *Anomalien* ein weiteres Problem der Quantenfeldtheorien. Wie schon in Kap. 4 angesprochen, wird als Anomalie der Umstand bezeichnet, daß eine ursprünglich vorhandene Symmetrie der Lagrangefunktion durch reine Quanteneffekte zerstört wird und somit die Erhaltung der entsprechenden Quantenzahl nicht gewährleistet ist. Ob eine Eichtheorie solche Anomalien enthält oder nicht, hängt von der jeweiligen Eichgruppe und den Teilchenmultipletts ab. Green und Schwarz [Gre 85] fanden nun heraus, daß eine Typ I-Superstring-Theorie ausschließlich für die Eichgruppe $SO(32)$ anomaliefrei ist. Beschränkt man sich auf geschlossene Strings, so kommt als zweite mögliche Eichgruppe $E_8 \otimes E_8$ in Frage (E_8 ist die größte endliche Ausnahme-Gruppe). Beide möglichen Eichgruppen $SO(32)$ und $E_8 \otimes E_8$ sind riesig und besitzen 496 Generatoren, beide enthalten auch die 24 Generatoren der minimalen $SU(5)$-Vereinigungsgruppe. In irgendeiner noch unklaren Weise muß die $SO(32)$ bzw. $E_8 \otimes E_8$ Symmetrie stufenweise bis zur $SU(5)$- oder $SO(10)$-Symmetrie heruntergebrochen werden, so daß sich die Superstring-Theorie bei kleineren Energien ($E \lesssim 10^{15}$ GeV) nicht von den normalen GUT-Modellen unterscheidet. Dabei wäre die gesamte "Nieder"energiephysik in nur *einem* der E_8-Faktoren enthalten [Gro 85]. Der zweite E_8-Faktor wirkt sich hier nicht aus. In einer ersten Stufe der Symmetriebrechung könnte der Niederenergie-E_8-Faktor nach der in Abschn. 6.3.2 erwähnten E_6-Gruppe gebrochen werden. Eine $E_8 \otimes E_8$ Superstring-Theorie [Gre 85] bedingt jedoch noch eine weitere Komplikation. Sie ist nur möglich in einem 10-dimensionalen geometrischen Raum. Dieser muß dann auf die beobachtbaren 4 Raum-Zeit-Dimensionen zusammenfallen ("kompaktifizieren") (bzgl. weiterführ. Lit. s. [Wit 81], [Lee 84], [Der 86], [Sha 86], [Val 86], [Dra 87], [Moh 88] und insbes. [Gre 86a]).

Wenn man auch derzeit noch weit von einem quantitativen Verständnis entfernt ist, so besteht doch Hoffnung, daß die Superstrings einen Schlüssel zu einer einheitlichen Beschreibung *aller* Teilchen und ihrer Wechselwirkungen liefern könnten.

7 Neutrinos

Wir wollen uns in diesem Kapitel ausführlich mit den Teilchen befassen, welche seit der Zeit von Fermi und Pauli eng verknüpft sind mit dem Verständnis der schwachen Wechselwirkung und welchen heute eine Schlüsselrolle in den Großen Vereinigungstheorien zukommt, den Neutrinos. Um diese Rolle besser zu verstehen, müssen wir zunächst einige theoretische Grundlagen der Beschreibung des Neutrinos behandeln.

7.1 Majorana- contra Dirac-Neutrinos

Bei der mathematischen Beschreibung von Neutrinos entsteht eine Zweideutigkeit, welche beim Elektron nicht vorhanden ist. Betrachten wir zunächst den einfacheren Fall verschwindender Neutrinomasse.

7.1.1 Beschreibung masseloser Neutrinos

Wie im Anhang gezeigt, sind bei masselosen Fermionen nur zwei der vier bei massiven Fermionen auftretenden Basis-Dirac-Spinoren voneinander linear unabhängig (Gl. A.52-A.54). Es können z.b. die Eigenspinoren $u_\pm^0$ zum Helizitätsoperator $\mathcal{H}$ als Basis gewählt werden:

$$u_+^0 = i v_-^0 = \sqrt{E} \begin{pmatrix} \chi_+ \\ \chi_+ \end{pmatrix} \tag{7.1}$$

und

$$u_-^0 = i v_+^0 = \sqrt{E} \begin{pmatrix} \chi_- \\ -\chi_- \end{pmatrix} \tag{7.2}$$

mit $\chi_+ = \begin{pmatrix} 1 \\ 0 \end{pmatrix}$, $\chi_- = \begin{pmatrix} 0 \\ -i \end{pmatrix}$ für Impuls in $+z$-Richtung

Außerdem können wir leicht nachrechnen, daß die Spinoren $u_\pm^0$ definierte Händigkeit (Chiralität) besitzen. Definieren wir die händigen Projektionen eines Spinors u durch:

$$u_L = \frac{1}{2}(1 - \gamma_5)u \tag{7.3}$$

$$u_R = \frac{1}{2}(1 + \gamma_5)u, \tag{7.4}$$

so finden wir

$$u_L^0 = \frac{1}{2}(1-\gamma_5)u_-^0 = \frac{\sqrt{E}}{2}\begin{pmatrix} \chi_- + \chi_- \\ -\chi_- - \chi_- \end{pmatrix} = \sqrt{E}\begin{pmatrix} \chi_- \\ -\chi_- \end{pmatrix} = u_-^0 \qquad (7.5)$$

und

$$\frac{1}{2}(1+\gamma_5)u_-^0 = \frac{\sqrt{E}}{2}\begin{pmatrix} \chi_- - \chi_- \\ -\chi_- + \chi_- \end{pmatrix} = 0 \qquad (7.6)$$

Analog folgt

$$u_R^0 = \frac{1}{2}(1+\gamma_5)u_+^0 = u_+^0 \qquad (7.7)$$

$$\frac{1}{2}(1-\gamma_5)u_+^0 = 0 \qquad (7.8)$$

Man beachte aber, daß die nach (7.3) und (7.4) definierten Projektionen für massive Fermionen *keine* Lösung der Dirac-Gleichung darstellen.

Um bei den Spinoren v der Antiteilchen ein physikalisch sinnvolles Vorzeichen entsprechend der Orientierung des Drehimpulses für die Händigkeit zu erhalten, müssen $v_{L,R}$ definiert werden als:

$$v_L = \frac{1}{2}(1+\gamma_5)v \qquad (7.9)$$

$$v_R = \frac{1}{2}(1-\gamma_5)v \qquad (7.10)$$

Dann erhält man mit (7.1), (7.2)

$$v_L^0 = \frac{1}{2}(1+\gamma_5)v_-^0 = v_-^0 \qquad (7.11)$$

$$\frac{1}{2}(1-\gamma_5)v_-^0 = 0 \qquad (7.12)$$

$$v_R^0 = \frac{1}{2}(1-\gamma_5)v_+^0 = v_+^0 \qquad (7.13)$$

$$\frac{1}{2}(1+\gamma_5)v_+^0 = 0 \qquad (7.14)$$

Für masselose Fermionen sind folglich *Chiralität* und *Helizität identisch*. Allerdings wird der linkshändige Teilchenspinor u_L durch den Operator $(1-\gamma_5)/2$ herausprojiziert, während der linkshändige Antiteilchenspinor durch $(1+\gamma_5)/2$ projiziert wird:

$$u_L^0 = u_-^0 = iv_+^0 = iv_R^0 \qquad (7.15)$$

7.1 Majorana- contra Dirac-Neutrinos

$$u_R^0 = u_+^0 = i\,v_-^0 = i\,v_L^0 \tag{7.16}$$

Der Spinor u_L^0 beschreibt somit sowohl ein linkshändiges Teilchen als auch ein rechtshändiges Antiteilchen. Das zum Elektronfeld Gl. (2.54) analoge Dirac-Feld für ein masseloses Neutrino $\nu^D(x)$ hat somit die spezielle Gestalt (p ist als Argument unterdrückt):

$$\nu^D(x) = \frac{1}{\sqrt{V}} \int \frac{d^3p}{\sqrt{2E}} (b_{\nu_L} u_L^0 e^{-i\,px} - i\,d_{\bar\nu_R}^+ u_L^0 e^{i\,px} + b_{\nu_R} u_R^0 e^{-i\,px} - i\,d_{\bar\nu_L}^+ u_R^0 e^{i\,px}) \tag{7.17}$$

Der Operator

$$b_{\nu_L} \quad (b_{\nu_R})$$

vernichtet ein linkshändiges (rechtshändiges) Neutrino, während

$$d_{\bar\nu_R}^+ \quad (d_{\bar\nu_L}^+)$$

ein rechtshändiges (linkshändiges) Antineutrino erzeugt. Zur besseren Übersicht führen wir nun die Größen

$$\hat\nu_L^D(p,x) = \left(b_{\nu_L}(p)e^{-i\,px} - i\,d_{\bar\nu_R}^+(p)e^{i\,px}\right)u_L^0(p) \tag{7.18}$$

und

$$\hat\nu_R^D(p,x) = \left(b_{\nu_R}(p)e^{-i\,px} - i\,d_{\bar\nu_L}^+(p)e^{i\,px}\right)u_R^0(p) \tag{7.19}$$

ein. Mit diesen ist das Feld $\nu^D(x)$ gegeben durch:

$$\nu^D(x) = \frac{1}{\sqrt{V}} \int \frac{d^3p}{\sqrt{2E}} \left(\hat\nu_L^D(p,x) + \hat\nu_R^D(p,x)\right) \tag{7.20}$$

$\hat\nu_L^D(p,x)$ ist ein linkshändiger Operator in dem Sinne, daß gilt:

$$\frac{1}{2}(1-\gamma_5)\hat\nu_L^D(p,x) = \hat\nu_L^D(p,x) \tag{7.21}$$

Ebenso ist $\hat\nu_R^D(p,x)$ ein rechtshändiger Operator.
Somit gilt für die händigen Felder:

$$\nu_L^D(x) = \frac{1}{\sqrt{V}} \int \frac{d^3p}{\sqrt{2E}} \hat\nu_L^D(p,x) \tag{7.22}$$

und

$$\nu_R^D(x) = \frac{1}{\sqrt{V}} \int \frac{d^3p}{\sqrt{2E}} \hat{\nu}_R^D(p,x) \qquad (7.23)$$

Man beachte aber, daß $\hat{\nu}_L^D(p,x)$ *sowohl* ein linkshändiges Neutrino vernichten *als auch* ein rechtshändiges Antineutrino erzeugen kann. Der Operator $\hat{\nu}_L^D(p,x)$ enthält somit die den experimentell bekannten Freiheitsgraden entsprechenden Neutrino-Operatoren. Die Existenz der durch $\hat{\nu}_R^D(p,x)$ beschriebenen Neutrino-Freiheitsgrade ist dagegen experimentell *nicht* verifiziert:

$\hat{\nu}_L^D(p,x)$ beschreibt *bekannte* Teilchen: linkshändiges Neutrino (b_{ν_L}) und rechtshändiges Antineutrino ($d_{\bar{\nu}_R}{}^+$)

$\hat{\nu}_R^D(p,x)$ beschreibt *hypothetische* Teilchen: rechtshändiges Neutrino (b_{ν_R}) und linkshändiges Antineutrino ($d_{\bar{\nu}_L}{}^+$)

Wenn, wie hier angenommen, keine Massen auftreten, sind ν_L^D und ν_R^D voneinander unabhängig und stellen sogenannte *Weyl-Felder* dar.

Da die Spinoren u^0, v^0 nur zwei Freiheitsgrade besitzen, erhebt sich hier die Frage, ob nicht eine Beschreibung des Neutrinos möglich ist, in welcher die den hypothetischen Teilchen entsprechenden Operatoren

b_{ν_R} und $d_{\bar{\nu}_L}{}^+$

nicht vorkommen? Dies ist in der Tat der Fall. Wir erhalten eine solche Beschreibung, wenn wir nicht zwischen Teilchen- und Antiteilchen-Operatoren unterscheiden (vgl. Abb. 7.1). Wir nehmen also an, daß Neutrino und Antineutrino in einem gewissen Sinne (später näher spezifiziert) identisch sind. *Man beachte, daß diese Möglichkeit für geladene Teilchen*, wie etwa das Elektron, *von vornherein ausscheidet*, da sich Teilchen und Antiteilchen im Vorzeichen der Ladung unterscheiden. Anstelle von (7.18), (7.19) machen wir nun folgenden Ansatz:

$$\hat{\nu}_L^M(p,x) = \left(c_{\nu_L}(p)e^{-ipx} - ic_{\nu_R}{}^+(p)e^{ipx}\right)u_L^0 \qquad (7.24)$$

$$\hat{\nu}_R^M(p,x) = \left(c_{\nu_R}(p)e^{-ipx} - ic_{\nu_L}{}^+(p)e^{ipx}\right)u_R^0 \qquad (7.25)$$

Der Operator $\hat{\nu}_R^M(p,x)$ enthält nun keine neuen Freiheitsgrade, sondern die in ihm enthaltenen Teilchenoperatoren sind hermite'sch konjugiert zu denen aus $\hat{\nu}_L^M(p,x)$. Das dadurch definierte Neutrinofeld enthält nur zwei Freiheitsgrade

c_{ν_L} und c_{ν_R}

(Wir haben hier aus später ersichtlichen Gründen die neuen Operatoren c_{ν_L} und c_{ν_R} eingeführt. Im Moment genügt es, $c_{\nu_{L,R}} = b_{\nu_{L,R}}$ anzunehmen). Das Neutrinofeld ist in dieser Beschreibung gegeben durch

7.1 Majorana- contra Dirac-Neutrinos

$$\nu^M(x) = \frac{1}{\sqrt{V}} \int \frac{d^3p}{\sqrt{2E}} (\hat{\nu}_L^M(p,x) + \hat{\nu}_R^M(p,x)) \tag{7.26}$$

Ein solches Neutrino wird Majorana-Neutrino genannt.

Wenn das Neutrino keine Masse besitzt, und wenn nur das linkshändige Feld ν_L an der schwachen Wechselwirkung teilnimmt, läßt sich experimentell nicht nachprüfen, ob die Majorana- oder die Dirac-Beschreibung richtig ist. Dazu müßte man nämlich nachprüfen, ob die in dem nicht wechselwirkenden Anteil $\hat{\nu}_R$ auftretenden Terme von denen in $\hat{\nu}_L$ unabhängig sind (Dirac), oder ob beide durch Ladungskonjugation verknüpft sind (Majorana).

Stellen wir uns dazu ein *Emissions-Absorptionsexperiment* vor (s. Abb. 7.2): Ein rechtshändiges Antineutrino wird von einer Quelle (z.B. Atomkern) emittiert. Dieser Vorgang wird beschrieben durch den schwachen Strom

$$\ell_\mu^c = \bar{e}\gamma_\mu(1-\gamma_5)\nu$$

Betrachten wir nun nacheinander die Fälle $\nu = \nu^D$ und $\nu = \nu^M$.

Im *Dirac-Fall* ist es die Wirkung von $d_{\bar{\nu}_R}{}^+$ in ν_L^D, durch welche das Antineutrino entsteht. Das rechtshändige Antineutrino kann nun aber nicht wieder durch die Wirkung von ν_L^D absorbiert werden, da ν_L^D nicht den zu $d_{\bar{\nu}_R}{}^+$ hermite'sch konjugierten Operator $d_{\bar{\nu}_R}$ enthält. Die Absorption kann nur durch $\nu_L^{D\dagger}$ bewirkt werden, muß also über den schwachen Strom

$$\ell_\mu^{c\dagger} = \bar{\nu}\gamma_\mu(1-\gamma_5)e$$

erfolgen und ist mit der Emission eines Positrons gekoppelt. Es ist also z.B. der Prozeß möglich

$$\bar{\nu}_R + {}^A_Z X \longrightarrow e^+ + {}^A_{Z-1}X \quad , \tag{7.27}$$

nicht aber

$$\bar{\nu}_R + {}^A_Z X \longrightarrow e^- + {}^A_{Z+1}X \tag{7.28}$$

Man beachte, daß $\bar{\nu}_R$ hier, wie üblich, das *bekannte* Antineutrino bezeichnet und *nicht* ein rechtshändiges Neutrinofeld, welches Teilchen- *und* Antiteilchen-Operatoren enthielte.

Im *Majorana-Fall* dagegen wird das Antineutrino durch den Operator $c_{\nu_R}{}^+$ erzeugt. ν^M enthält aber auch den entsprechenden Vernichtungsoperator c_{ν_R}. Somit könnte das Antineutrino auch durch die Wirkung von ν^M absorbiert werden, allerdings nur durch die rechtshändige Komponente ν_R^M, welche bei reiner Linkshändigkeit ($(1-\gamma_5)$-Struktur) der schwachen Wechselwirkung aber nicht wirksam ist. Wiederum ist also nur Prozeß (7.27) möglich, nicht aber (7.28).

Durch eine rechtshändige Komponente der schwachen Wechselwirkung kann das Antineutrino auch unter Emission eines Elektrons absorbiert werden. Eine Verwirklichung dieses Gedankenexperiments bildet in gewisser Weise der neutrinolose Doppel-Betazerfall (s. Abschn. 7.3.4).

Generell gilt: *Der Majorana-Fall ist für m=0 nur vom Dirac-Fall unterscheidbar, wenn die schwache Wechselwirkung eine rechtshändige Komponente besitzt. Im Majorana-Fall ist es nicht mehr sinnvoll, von Neutrino und Antineutrino zu sprechen, sondern es gibt lediglich ein linkshändiges und ein rechtshändiges Neutrino.* Die Zuordnung einer Leptonenzahl L als erhaltene Quantenzahl kann jedoch weiterhin sinnvoll sein. Während man im Dirac-Fall dem Teilchen (Neutrino) $L = +1$ und dem Antiteilchen (Antineutrino) $L = -1$ zuordnet, kann man im Majorana-Fall eine solche Quantenzahl *den händigen Komponenten* des Neutrinofeldes zuordnen. Solange diese Komponenten völlig entkoppelt sind (keine rechtshändigen Ströme und Neutrinomasse= 0), bleibt L streng erhalten.

7.1.1.1 Formale Eigenschaften eines Majorana-Feldes

Gegenüber Ladungskonjugation besitzt das Majorana-Feld (7.26) die wichtige Eigenschaft:

$$(\boldsymbol{\nu}^M)^C = \eta_C \boldsymbol{\nu}^M \quad \text{mit } \eta_C = 1 \tag{7.29}$$

Das Majorana-Feld ist also zu sich selbst ladungskonjugiert, was die Ununterscheidbarkeit zwischen Teilchen und Antiteilchen ausdrückt. Explizit erhält man mit (7.26) und der Definition der Ladungskonjugation (A.122)

$$\begin{aligned}(\hat{\boldsymbol{\nu}}_R^M)^C = i\gamma^2 \widetilde{\boldsymbol{\nu}}_L^{M\dagger} &= (i c_{\nu_R} e^{-i\,\mathsf{px}} + c_{\nu_L}{}^+ e^{i\,\mathsf{px}})v_L^0 \\ &= (c_{\nu_R} e^{-i\,\mathsf{px}} - i c_{\nu_L}{}^+ e^{i\,\mathsf{px}})u_R^0 \\ &= \hat{\boldsymbol{\nu}}_R^M \end{aligned} \tag{7.30}$$

und entsprechend

$$(\hat{\boldsymbol{\nu}}_L^M)^C = i\gamma^2 \widetilde{\boldsymbol{\nu}}_R^{M\dagger} = \hat{\boldsymbol{\nu}}_L^M \tag{7.31}$$

Damit kann das Majorana-Feld $\boldsymbol{\nu}^M$ geschrieben werden:

$$\boldsymbol{\nu}^M = \boldsymbol{\nu}_L + \boldsymbol{\nu}_R^C \tag{7.32}$$

oder mit Hilfe der Paritätstransformation $\boldsymbol{\nu}_R = (\boldsymbol{\nu}_L)^P$:

$$\boldsymbol{\nu}^M = \boldsymbol{\nu}_L + (\boldsymbol{\nu}_L)^{CP} \tag{7.33}$$

$\boldsymbol{\nu}^M$ ist ein Eigenzustand zum CP-Operator mit dem CP-Eigenwert $\eta_{CP} = +1$. Nach der Phasentransformation

$$\begin{aligned}\boldsymbol{\nu}_L^M &\to \boldsymbol{\nu}_L^M \\ \boldsymbol{\nu}_R^M &\to -\boldsymbol{\nu}_R^M\end{aligned} \tag{7.34}$$

7.1 Majorana- contra Dirac-Neutrinos

erhält man dagegen ein Majorana-Feld mit CP-Eigenwert $\eta_{CP} = -1$.
Wir verallgemeinern nun die Definition eines Majorana-Feldes. Ein Majorana-Feld ist definiert durch:

$$\nu^M = \nu_L + \eta_{CP}\nu_R^C \quad \text{mit } |\eta_{CP}| = 1 \tag{7.35}$$

Nur für $\eta_{CP} = \pm 1$ ist ν^M Eigenzustand zu CP. Wir werden im weiteren nur diesen Fall betrachten, d.h. wir nehmen CP-Invarianz an.

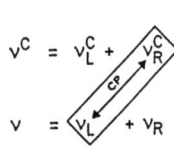

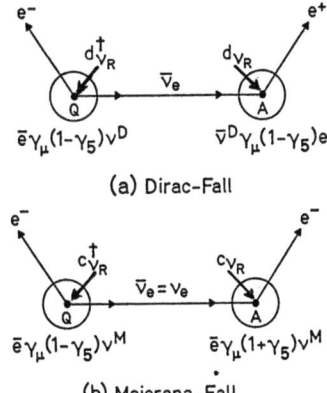

(a) Dirac-Fall

(b) Majorana-Fall

Abb. 7.1: Dieses Schema zeigt die jeweils mögliche Zuordnung der experimentell bekannten (eingerahmt) Neutrinozustände (einer Familie) in der theoretischen Beschreibung durch Dirac- und durch Majorana-Feld.

Abb. 7.2: Gedankenexperiment zur Unterscheidung von Majorana- und Dirac-Neutrino. Im Dirac-Fall kann das von der Quelle Q emittierte Antineutrino nur durch die Wirkung des Operatorstromes ℓ_μ^{c+} und damit verknüpft unter Positronemission bei A absorbiert werden. Im Majorana-Fall dagegen kann das Antineutrino durch einen rechtshändigen Strom absorbiert werden, was mit der Emission eines Elektrons verknüpft ist.

7.1.1.2 Konstruktion von Majorana-Feldern aus Dirac-Neutrinofeldern

Die Definition (7.35) kann dazu benutzt werden, um Majorana-Felder aus Dirac-Feldern zu konstruieren. Wir spalten ein gegebenes Dirac-Feld ν^D folgendermaßen auf:

$$\nu^D = \frac{1}{\sqrt{2}}(\nu_1^M + \nu_2^M) \tag{7.36}$$

mit $\nu_1^M = \dfrac{1}{\sqrt{2}}\left\{(\nu_L^D + \nu_L^{DC}) + (\nu_R^{DC} + \nu_R^D)\right\}$

und $\nu_2^M = \dfrac{1}{\sqrt{2}}\left\{(\nu_R^D - \nu_R^{DC}) - (\nu_L^{DC} - \nu_L^D)\right\}$

ν_1^M und ν_2^M sind Majorana-Felder. Dies gilt für massive ebenso wir für masselose Felder. Explizit erhält man für das masselose Feld ν^D aus (7.17) für die Größen $\hat{\nu}_1^M$ und $\hat{\nu}_2^M$

$$\sqrt{2}\hat{\nu}_1^M = \left\{(b_{\nu_L} + d_{\bar{\nu}_L})e^{-i\,px} - i(d_{\bar{\nu}_R}{}^+ + b_{\nu_R}{}^+)e^{i\,px}\right\} u_L^0$$
$$+ \left\{(d_{\bar{\nu}_R} + b_{\nu_R})e^{-i\,px} - i(b_{\nu_L}{}^+ + d_{\bar{\nu}_L}{}^+)e^{i\,px}\right\} u_R^0$$

$$\sqrt{2}\hat{\nu}_2^M = \left\{(b_{\nu_R} - d_{\bar{\nu}_R})e^{-i\,px} - i(d_{\bar{\nu}_L}{}^+ - b_{\nu_L}{}^+)e^{i\,px}\right\} u_R^0$$
$$- \left\{(d_{\bar{\nu}_L} - b_{\nu_L})e^{-i\,px} - i(b_{\nu_R}{}^+ - d_{\bar{\nu}_R}{}^+)e^{i\,px}\right\} u_L^0$$

(7.37)

Hierbei wurde die Beziehung $u_{L,R}^{0C} = v_{L,R}^0 = -i\,u_{R,L}^0$ verwendet. Mit der Identifikation

$$c_L = (b_{\nu_L} + d_{\bar{\nu}_L})/\sqrt{2}$$
$$c_R = (b_{\nu_R} + d_{\bar{\nu}_R})/\sqrt{2}$$

(7.38)

erkennt man, daß $\hat{\nu}_1^M$ die durch (7.24), (7.25) gegebene Form besitzt und ein Majorana-Feld mit $\eta = 1$ darstellt. Man erhält also aus dem Dirac-Feld ν_D durch eine Transformation der Teilchenoperatoren zwei Majorana-Felder. Die Zahl der Teilchen-Freiheitsgrade ist in beiden Fällen 4. Da wir von einem masselosen Feld ausgingen, nehmen in beiden Fällen nur zwei Freiheitsgrade an der schwachen Wechselwirkung teil, wenn diese nur rein linkshändig ist. Diese sind enthalten in ν_L^D im Dirac-Fall und in ν_1^M im Majorana-Fall. Beide Beschreibungen sind äquivalent.

Während bisher die Feldbeschreibungen für masselose Neutrinos behandelt wurden, wollen wir in den nächsten Abschnitten auch eventuell vorhandene Neutrinomassen berücksichtigen.

7.1.2 Massive Neutrinos

Die im letzten Abschnitt durchgeführten Überlegungen zum Dirac- bzw. Majorana-Charakter des Neutrinos bezogen sich auf den Fall masseloser Neutrinos. Wir werden nun auf die durch eine mögliche Neutrinomasse hervorgerufenen Modifikationen eingehen. Der Fall eines massiven Dirac-Neutrinos ist ganz analog zu den geladenen Fermionen, etwa dem Elektron zu behandeln (s. dazu Anhang Abschn. A.1-A.4). Die damit verknüpfte Masse wird *Dirac-Masse* genannt.

Wir behandeln nun die Besonderheiten eines Majorana-Neutrino-Feldes mit Masse. Dazu betrachten wir das Feld

7.1 Majorana- contra Dirac-Neutrinos

$$\hat{\nu}^M = (c_+ u_+ + c_- u_-)e^{-i\,px} + \eta_{CP}(c_+^+ u_+ + c_-^+ u_-)e^{i\,px} \quad . \tag{7.39}$$

Mit den Spinoren $u_\pm$ und $v_\pm$ aus (A.50) und (A.51) und den entsprechenden Teilchenoperatoren $c_\pm$ ist $\hat{\nu}^M$ Lösung der Dirac-Gleichung, da es eine Superposition von ebenen Wellen darstellt, welche für sich Lösungen sind. Gl. (7.39) stellt ein massives Majorana-Feld mit CP-Eigenwert $\eta_{CP} = \pm 1$ dar. Für $m \neq 0$ gibt es jedoch keine Lösungen definierter Chiralität, d.h. zum Beispiel

$$P_R u_+ = \frac{1}{2}(1 + \gamma_5)u_+ \neq u_+ \tag{7.40}$$

und

$$P_L u_+ = \frac{1}{2}(1 - \gamma_5)u_+ \neq 0 \tag{7.41}$$

Mit den Projektionsoperatoren $P_{L,R}$ kann ν^M jedoch in einen linkshändigen und rechtshändigen Anteil zerlegt werden:

$$\begin{aligned}\hat{\nu}^M_L = P_L \hat{\nu}^M &= (P_L c_+ u_+ + P_L c_- u_-)e^{-i\,px} \\ &\quad + \eta_{CP}(P_L c_+^+ v_+ + P_L c_-^+ v_-)e^{i\,px}\end{aligned} \tag{7.42}$$

$$\begin{aligned}\hat{\nu}^M_R = P_R \hat{\nu}^M &= (P_R c_+ u_+ + P_R c_- u_-)e^{-i\,px} \\ &\quad + \eta_{CP}(P_R c_+^+ v_+ + P_R c_-^+ v_-)e^{i\,px}\end{aligned} \tag{7.43}$$

Mit den im Anhang angegebenen Eigenschaften der Spinoren kann man aus (7.42) und (7.43) folgern, daß

$$\hat{\nu}^M_R = \eta_{CP}\hat{\nu}^{M\,C}_R \tag{7.44}$$

und somit $\hat{\nu}^M$ tatsächlich auch die Form (7.35) besitzt.

Da (7.43) und (7.42) zu jedem Teilchenoperator auch den dazu hermite'sch konjugierten enthält, folgt, daß ν^M_L ein und denselben Eigenzustand sowohl erzeugen als auch vernichten kann. Damit wird die Absorption des "rechtshändigen" Antineutrinos (genau genommen ist der Ausdruck "rechtshändig" nicht mehr ganz richtig, da auch eine kleine linkshändige Komponente enthalten ist) durch einen *linkshändigen* Strom

$$\bar{e}\gamma_\mu(1 - \gamma_5)\nu^M \tag{7.45}$$

möglich. Der Majorana-Charakter des Neutrinos wird somit experimentell prüfbar. Die Zerlegung des Spinors u_- in rechts- und linkshändige Anteile ergibt für $m \ll E$, wobei E die Energie des Neutrinos ist (s. Anhang Gl. (A.65))

$$\begin{aligned}u_-(\vec{p}) = P_L u_-(\vec{p}) + P_R u_-(\vec{p}) &= \frac{1}{2}(1 + \frac{|\vec{p}|}{E+m})u^0_L(\vec{p}) + \frac{1}{2}(1 - \frac{|\vec{p}|}{E+m})u^0_R(-\vec{p}) \\ &\approx u^0_L(\vec{p}) + \frac{m}{2E}u^0_R(-\vec{p})\end{aligned} \tag{7.46}$$

Der Anteil der "falschen" Chiralität ist damit $m/(2E)$ und die Absorptionsrate in einer $(1-\gamma_5)$-Wechselwirkung ist proportional $(m/(2E))^2$. Eine solche Majorana-Masse des Neutrinos ist verknüpft mit der Verletzung der Leptonenzahl, da sich diese beim Übergang $\nu_L \to \nu_R^C$ um zwei Einheiten ändert. Im Rahmen der GUT-Modelle ist es üblich, die Quantenzahl $B-L$ zu betrachten, welche durch eine Majorana-Masse ebenfalls verletzt wird.

Man muß also unterscheiden zwischen den Spinoren $u_\pm$ und $v_\pm$, welche ein freies Neutrino beschreiben und den händigen Projektionen, welche die an der schwachen Wechselwirkung teilnehmenden Zustände beschreiben. Ebenso wie im Falle masseloser Neutrinofelder lassen sich auch massive Majorana-Felder aus Dirac-Feldern gewinnen. Dazu gehen wir von folgender auf der Entwicklung (7.46) basierender Operatorgleichung zwischen den Majorana-Operatoren $c_\pm$ und den Operatoren $c_{L/R}$ aus (7.38) aus:

$$c_+ u_+(\vec{p}) = \alpha c_R u_R^0(\vec{p}) + \beta c_L u_L^0(-\vec{p})$$

$$c_- u_-(\vec{p}) = \alpha c_L u_L^0(\vec{p}) + \beta c_R u_R^0(-\vec{p})$$

(7.47)

und

$$c_+^+ v_+(\vec{p}) = -i\left\{\alpha c_R^+ u_L^0(\vec{p}) + \beta c_L^+ u_R^0(-\vec{p})\right\}$$

$$c_-^+ v_-(\vec{p}) = -i\left\{\alpha c_L^+ u_R^0(\vec{p}) + \beta c_R^+ u_L^0(-\vec{p})\right\}$$

mit
$$\left.\begin{array}{rcl}\alpha &=& \frac{1}{2}(1+\frac{|\vec{p}|}{E+m}) \\ \beta &=& \frac{1}{2}(1-\frac{|\vec{p}|}{E+m})\end{array}\right\} \text{ für } m \ll E$$

Das ergibt für ν^M aus (7.39) die Darstellung in der Wechselwirkungsbasis

$$\nu_L^M(t,\vec{x}) = \frac{1}{\sqrt{V}}\int \frac{d^3p}{\sqrt{2E}}\Big\{[c_L u_L^0(\vec{p})(\alpha e^{i\vec{p}\vec{x}}+\beta e^{-i\vec{p}\vec{x}})e^{-iEt}]$$
$$-i\eta[c_R^+ u_L^0(\vec{p})(\alpha e^{-i\vec{p}\vec{x}}+\beta e^{i\vec{p}\vec{x}})e^{iEt}]\Big\}$$

(7.48)

$$\nu_R^M(t,\vec{x}) = \frac{1}{\sqrt{V}}\int \frac{d^3p}{\sqrt{2E}}\Big\{[c_R u_R^0(\vec{p})(\alpha e^{i\vec{p}\vec{x}}+\beta e^{-i\vec{p}\vec{x}})e^{-iEt}]$$
$$-i\eta[c_L^+ u_R^0(\vec{p})(\alpha e^{-i\vec{p}\vec{x}}+\beta e^{i\vec{p}\vec{x}})e^{iEt}]\Big\}$$

(7.49)

Anhand einer analogen Aufspaltung für ein massives Dirac-Feld ν^D erkennt man, daß auch hier der Zusammenhang (7.36) gilt:

7.1 Majorana- contra Dirac-Neutrinos

$$\nu^M = \frac{1}{\sqrt{2}} \{(\nu_L^D + \nu_L^{DC}) + (\nu_R^{DC} + \nu_R^D)\} \tag{7.50}$$

Ein zweites Majoranafeld gleicher Masse ist gegeben durch

$$\nu_2^M = \frac{1}{\sqrt{2}} \{(\nu_L^D - \nu_L^{DC}) + (\nu_R^D - \nu_R^{DC})\} \tag{7.51}$$

Dies ist ein Spezialfall des allgemeinen Falles, welchen wir im nächsten Abschnitt behandeln werden.

7.1.2.1 Lagrangedichte für Neutrinos mit Masse

Ebenso wie ein Dirac-Feld ist auch das Majorana-Feld ν^M Lösung der Dirac-Gleichung:

$$i\gamma^\mu \partial_\mu \nu^M - m\nu^M = 0 \tag{7.52}$$

Diese Gleichung kann in zwei gekoppelte Gleichungen für die händigen Komponenten aufgespalten werden. Die Kopplung wird dabei durch den Masseterm erzeugt, welcher die zum kinetischen Term entgegengesetzte Händigkeit beimischt. Mit der Majorana-Eigenschaft (7.35) kann (7.52) geschrieben werden:

$$i\gamma^\mu \partial_\mu \nu_L - \eta m \nu_R^C = 0$$
$$i\gamma^\mu \partial_\mu \nu_R - \eta^* m \nu_L^C = 0 \tag{7.53}$$

Der Leser kann nachprüfen, daß sich diese Gleichungen aus folgender Lagrangedichte ableiten:

$$\mathcal{L}^M = \overline{\nu}_L i\gamma^\mu \partial_\mu \nu_L - \eta \frac{m}{2} \overline{\nu}_L \nu_R^C - \eta^* \frac{m}{2} \overline{\nu_R^C} \nu_L \tag{7.54}$$

Nimmt man CP-Invarianz von $\mathcal{L}^M$ an, so sind nur reelle η möglich. Davon wollen wir hier ausgehen.

In (7.54) tritt die *"Majorana-Masse"* m als Kopplung zwischen den *abhängigen* Feldern ν_L und ν_R^C in Erscheinung. Der Phasenfaktor η kann durch Definition einer Vorzeichen-behafteten Masse eliminiert werden:

$$\hat{m} = \eta |m| \tag{7.55}$$

Erinnern wir daran, daß im Gegensatz zu (7.54) die Lagrangedichte für ein Feld mit Dirac-Masse gegeben ist durch:

$$\mathcal{L}^D = \overline{\nu} i\gamma^\mu \partial_\mu \nu - m^D (\overline{\nu}_L \nu_R + \overline{\nu}_R \nu_L) \tag{7.56}$$

In $\mathcal{L}^D$ koppelt m^D die *unabhängigen* Felder ν_L und ν_R. Daraus kann der im letzten Abschnitt behandelte Sonderfall zweier Majorana-Neutrinos gleicher Masse konstruiert werden.

Betrachtet man die Masseterme in $\mathcal{L}$ als Kopplungen verursacht z.B. durch Higgs-Felder, und geht von einer Lagrangedichte $\mathcal{L}_0$ zunächst *ohne* Masseterme aus,

$$\mathcal{L}_0 = \overline{\nu} i \gamma^\mu \partial_\mu \nu$$

so ergibt sich als logische Verallgemeinerung von (7.54) und (7.56) die Lagrangedichte:

$$\begin{aligned}\mathcal{L} = \mathcal{L}_0 + \mathcal{L}_m &= \overline{\nu} i \gamma^\mu \partial_\mu \nu - m^D(\overline{\nu}_L \nu_R + \overline{\nu}_R \nu_L) \\ &\quad - \frac{1}{2} \hat{m}_1^M (\overline{\nu_R^C} \nu_L + \overline{\nu}_L \nu_R^C) \\ &\quad - \frac{1}{2} \hat{m}_2^M (\overline{\nu_L^C} \nu_R + \overline{\nu}_R \nu_L^C)\end{aligned} \tag{7.57}$$

Hier sind also sowohl Dirac-Massenterme als auch Majorana-Massenterme enthalten. Ein *Sonderfall* liegt vor, wenn $m^D = 0$ ist. Dann sind die unabhängigen Felder ν_L und ν_R völlig entkoppelt, und man erhält die beiden Majorana-Felder

$$\nu_1^M = \nu_L + \eta_1 \nu_R^C \tag{7.58}$$

$$\nu_2^M = \nu_R + \eta_2 \nu_L^C \tag{7.59}$$

Falls also die schwache Wechselwirkung rein linkshändig ist, d.h. nur ν_L und ν_R^C an ihr teilnehmen, ist das zweite Feld ν_2^M völlig entkoppelt und damit nicht beobachtbar. Die Massen m_1^M und m_2^M dieser beiden Majorana-Felder sind voneinander unabhängig und können unterschiedlich sein (dementsprechend auch die CP-Eigenwerte). Etwas komplexer ist die Situation, falls alle drei Massen m^D, m_1^M und m_2^M in (7.57) ungleich Null sind. In diesem Fall ist es vorteilhaft, $\mathcal{L}_m$ in Matrixform darzustellen:

$$-\mathcal{L}_m = \frac{1}{2}(\overline{\nu}_L \overline{\nu_L^C}) \begin{pmatrix} \hat{m}_1^M & m^D \\ m^D & \hat{m}_2^M \end{pmatrix} \begin{pmatrix} \nu_R^C \\ \nu_R \end{pmatrix} + h.k. \tag{7.60}$$

Durch eine unitäre Transformation U, welche die Massenmatrix

$$M = \begin{pmatrix} \hat{m}_2^M & m^D \\ m^D & \hat{m}_1^M \end{pmatrix} \tag{7.61}$$

diagonalisiert, ist es möglich, diesen allgemeinen Fall auf den Spezialfall ohne Dirac-Masse zurückzuführen. Wir können dann schreiben:

$$\begin{aligned}-\mathcal{L}_m &= \frac{1}{2}(\overline{\nu}_L \overline{\nu_L^C}) U^{-1} U M U^{-1} U \begin{pmatrix} \nu_R^C \\ \nu_R \end{pmatrix} + h.k. \\ &= \frac{1}{2}(\overline{\nu}_{1L}, \overline{\nu}_{2L}) M' \begin{pmatrix} \nu_{1R} \\ \nu_{2R} \end{pmatrix} + h.k. \\ &= \frac{1}{2} \overline{\nu}_{1L} \hat{m}_1 \nu_{1R} + \frac{1}{2} \overline{\nu}_{2L} \hat{m}_2 \nu_{2R} + h.k.\end{aligned} \tag{7.62}$$

mit

$$M' = \begin{pmatrix} \hat{m}_1 & 0 \\ 0 & \hat{m}_2 \end{pmatrix} \tag{7.63}$$

$$U = \begin{pmatrix} \cos\alpha & \sin\alpha \\ -\sin\alpha & \cos\alpha \end{pmatrix} \tag{7.64}$$

(wobei α so zu bestimmen ist, daß M' die gezeigte Diagonalform erhält) und den transformierten Feldern:

$$\nu_{1L} = \nu_L \cos\alpha + \nu_L^C \sin\alpha \tag{7.65}$$

$$\nu_{1R} = \nu_R^C \cos\alpha + \nu_R \sin\alpha \tag{7.66}$$

$$\nu_{2L} = -\nu_L \sin\alpha + \nu_L^C \cos\alpha \tag{7.67}$$

$$\nu_{2R} = -\nu_R^C \sin\alpha + \nu_R \cos\alpha \tag{7.68}$$

Die Felder ν_1 und ν_2 besitzen weiter die Eigenschaften:

$$\nu_{1R} = (\nu_{1L})^{CP} \tag{7.69}$$

und

$$\nu_{2R} = (\nu_{2L})^{CP} \tag{7.70}$$

Daraus folgt, daß

$$\nu_1 = \nu_{1L} + \text{sign}(\hat{m}_1)\nu_{1R}^C \tag{7.71}$$

$$\nu_2 = \nu_{2L} + \text{sign}(\hat{m}_2)\nu_{2R}^C \tag{7.72}$$

zwei unabhängige Majorana-Felder mit den Massen $|\hat{m}_1|$ und $|\hat{m}_2|$ darstellen. Dabei bezeichnet $\text{sign}(\hat{m})$ die Vorzeichenfunktion, also $\text{sign}(\hat{m}) = +1$ für positives $\hat{m}$ und $\text{sign}(\hat{m}) = -1$ für negatives $\hat{m}$. *Wir wollen auch hier darauf hinweisen, daß $\nu_{1,2}$ die Masseneigenzustände oder freien Teilchenzustände sind. Die Wechselwirkungszustände sind dagegen für den rein linkshändigen schwachen Strom $\bar{e}\gamma_\mu(1-\gamma_5)\nu_e + h.k.$ die Zustände ν_L und ν_R^C.*

7.2 Neutrinos innerhalb der GUT-Modelle

Nachdem wir in den vorigen Abschnitten den allgemeinen Formalismus der Majorana-Felder behandelt haben, wollen wir nun konkrete Neutrino-Modelle behandeln. Solche Modelle resultieren aus den GUT-Modellen der Elementarteilchen, welche in Kap. 6 behandelt wurden. Wir verweisen hier z.B. auf [Lan 81], [Pet 86], [Ver 86], [Moh 88] und [Lan 88].

7.2.1 $SU(5)$-Neutrinos

Das einfachste GUT-Modell ist das minimale $SU(5)$-Modell. In diesem Modell gibt es nur *ein* unabhängiges Neutrinofeld ν_L (wir betrachten zunächst nur eine Familie), welches linkshändig ist, d.h. das $SU(5)$-Modell enthält nur die experimentell bekannten zwei Teilchenfreiheitsgrade. Somit ist das Neutrino im minimalen $SU(5)$-Modell zwangsläufig ein Majorana-Teilchen. Eine Dirac-Masse ist nicht möglich, da im $SU(5)$-Modell kein ν_R existiert und damit auch keine Kopplung $m^D \overline{\nu}_R \nu_L$. Es bleibt also die Frage nach einer Majorana-Masse. Eine solche ist zunächst denkbar. Jedoch soll ja die $SU(5)$-Symmetrie erhalten bleiben und damit müßte der durch eine Kopplung an ein Higgs-Feld erzeugte Masseterm $SU(5)$-invariant sein. Solche Massenkopplungen müssen deshalb allgemein die Form haben:

$$-m \sum_{\alpha} (\overline{\chi}_L \otimes (\psi_L)^{CP})_\alpha \phi^\alpha - h.k. \tag{7.73}$$

Dabei steht χ_L für die Fermionen eines Multipletts, ψ_L für die eines weiteren (eventuell desselben) Multipletts. $(\overline{\chi}_L \otimes (\psi_L)^{CP})$ bezeichnet ein durch Kombination der beiden Fermionen-Multipletts gebildetes neues Multiplett. Dieses muß dieselbe Dimension (Index α) besitzen wie das Higgs-Feld ϕ. Um eine Majorana-Neutrinomasse $m\overline{\nu}_L (\nu_L)^{CP}$ zu erhalten, wäre $\chi_L = \psi_L = \overline{\mathbf{5}}$ zu setzen. Die Kombination von zweimal $\overline{\mathbf{5}}$ ergibt ein 10-dimensionales und ein 15-dimensionales Multiplett:

$$\overline{\mathbf{5}} \otimes \overline{\mathbf{5}} = \mathbf{10} \oplus \mathbf{15} \tag{7.74}$$

Somit müßte das Higgs-Feld ebenfalls entweder ein 10- oder 15-dimensionales Multiplett bilden. Das minimale $SU(5)$-Modell enthält jedoch nur ein 24- und ein 5-dimensionales Higgs-Feld. Folglich ist im minimalen $SU(5)$-Modell keine Majorana-Kopplung möglich und das Neutrino bleibt masselos.

7.2.2 $SO(10)$-Neutrinos

In Kap. 6 hatten wir Argumente gegeben, die es nahelegten, das $SU(5)$-Modell zu erweitern. Betrachten wir deshalb das $SO(10)$-Modell. Es enthält (s. Abb. 6.8) neben dem linkshändigen Neutrinofeld ν_L auch ein rechtshändiges Neutrino ν_R (Genau genommen enthält das 16-Multiplett das linkshändige Feld $(\nu_R)^{CP} = \nu_L^C$; ν_R darf nicht verwechselt werden mit dem rechtshändigen Antineutrino $\nu_R^C = (\nu_L)^{CP}$, üblicherweise bezeichnet durch $\overline{\nu}$).

ν_L und ν_R können zu einem Dirac-Feld kombiniert werden:

$$\nu^D = \nu_L + \nu_R \tag{7.75}$$

Dieses Dirac-Feld ist zusammen mit den anderen (geladenen) Fermionenfeldern in einem Multiplett angeordnet. Von letzteren weiß man, daß sie Dirac-Massen besitzen. $SO(10)$-Invarianz hat dann aber zur Konsequenz, daß für das Neutrinofeld

7.2 Neutrinos innerhalb der GUT-Modelle

ebenfalls ein Dirac-Massenterm existiert und dieser nicht unabhängig ist von den anderen (Dirac-) Fermionen-Massen. Eine genauere Analyse zeigt, daß dieser Dirac-Masseterm proportional zur u-Quark-Masse ist, mit einem Proportionalitätsfaktor ≈1. Im einfachsten Fall erwartet man also (s. z.B. [Lan 81]):

$$m_\nu^D \approx m_u \approx 5 \text{ MeV} \tag{7.76}$$

Eine derart große Neutrinomasse ist natürlich völlig unrealistisch, da experimentell für ν_L nur Massen in der Gegend von höchstens einigen eV in Frage kommen. Eine mögliche Auflösung dieses Widerspruchs ergibt sich nun daraus, daß im $SO(10)$-Modell auch Majorana-Massen erlaubt sind (s. z.B. [Gel 79], [Lan 81], [Pet 86]). Ein 126-dimensionales $SO(10)$ Higgs-Feld ρ_{126} könnte sowohl Dirac-Massen für alle Fermionen als auch Majorana-Massen für das Neutrino erzeugen. Die Komponente $\rho_{126}(1)$, welche den Massenterm $\langle\rho_{126}(1)\rangle\bar{\nu}_R(\nu_R)^{CP}$ liefert, ist ein Singulett (angezeigt durch die 1 in Klammern) unter $SU(5)$-Transformationen und ist für die Brechung der $SO(10)$- zur $SU(5)$-Symmetrie verantwortlich. Deshalb könnte $\langle\rho_{126}(1)\rangle$ sehr groß sein, möglicherweise in der Gegend von M_X.

Dies würde auch die Nichterhaltung der Quantenzahl $B - L$ (Baryonenzahl minus Leptonenzahl) zur Folge haben. *Während in $SO(10)$ (und auch in $SU(5)$) sowohl die Baryonenzahl, als auch die Leptonenzahl für sich keine erhaltenen Quantenzahlen sind (s. z.B. Protonzerfall), so ist doch im minimalen $SU(5)$-Modell stets die Differenz $B - L$ erhalten.* Das $SO(10)$-Modell bietet dagegen Mechanismen, die zur Nichterhaltung auch dieser Quantenzahl führen.

Eine spontane Brechung der globalen $(B - L)$-Symmetrie hätte die Existenz eines neuen Teilchens, genannt *Majoron*, zur Folge ([Gel 81], [Chi 81], [Geo 81]). Dieses Goldstone-Boson (vgl. Kap. 4.3) müßte z.B. beim Doppel-Betazerfall emittiert werden (vgl. Abb. 2.18), konnte jedoch bislang nicht zweifelsfrei nachgewiesen werden ([Avi 87], [Eji 87], [Cal 87a]).

Eine Majorana-Masse des Neutrinos würde die $(B - L)$-Quantenzahl verletzen, da dadurch Oszillationen zwischen Neutrinos und Antineutrinos möglich werden ($\Delta L = 2$), die Baryonenzahl jedoch nicht beeinflußt wird.

$\rho_{126}(1)$ koppelt nur an ν_R, nicht aber an ν_L. Somit ist es möglich, unter gewissen Annahmen über ρ keinen Majorana-Term für ν_L und einen sehr großen für ν_R zu erhalten. Die Massenmatrix hat in diesem Fall die Gestalt

$$M = \begin{pmatrix} 0 & m^D \\ m^D & \hat{m}^M \end{pmatrix} \tag{7.77}$$

mit

$$m^D \approx 1 \text{ MeV} \ldots 1 \text{ GeV}$$

und

$m^M \gg m^D$.

Diese Matrix wird durch die Transformation

$$M' = UMU^{-1} \tag{7.78}$$

mit

$$U = \begin{pmatrix} 1 & -\dfrac{m^D}{\hat{m}^M} \\ \dfrac{m^D}{\hat{m}^M} & 1 \end{pmatrix} \tag{7.79}$$

diagonalisiert. Man erhält dann die beiden Majorana-Neutrinozustände:

$$\nu_1 \approx \nu_R^C - \frac{m^D}{\hat{m}^M}\nu_R - \nu_L + \frac{m^D}{\hat{m}^M}\nu_L^C \tag{7.80}$$

$$\nu_2 \approx \frac{m^D}{\hat{m}^M}\nu_R^C + \nu_R + \frac{m^D}{\hat{m}^M}\nu_L + \nu_L^C \tag{7.81}$$

mit den Massen

$$m_1 \approx \frac{(m^D)^2}{m^M} \tag{7.82}$$

und

$$m_2 \approx m^M \tag{7.83}$$

Die Masse des leichten Neutrinos m_1 ist also um den Faktor $m^D/(m^M)$ gegenüber der ursprünglichen Dirac-Masse m^D unterdrückt und für $m^M \gtrsim 10^9 \text{GeV}$ liegt m_1 sicher unter der experimentellen Grenze. Dies ist der von Gell-Mann, Ramond und Slansky [Gel 79], Yanagida [Yan 79a] und Stech [Ste 80] vorgeschlagene Mechanismus zur Erzeugung *kleiner* Neutrinomassen in $SO(10)$ GUTs.

Das an der Wechselwirkung teilnehmende Neutrino ν_L ist im wesentlichen identisch mit dem leichten Neutrino ν_1. Allerdings enthält ν_2, das superschwere Neutrino, auch einen kleinen ν_L-Anteil. Das bedeutet, daß auch ν_2 mit kleiner Amplitude an der normalen linkshändigen schwachen Wechselwirkung teilnimmt.

Könnte ein solches sehr schweres Neutrino zu meßbaren Effekten führen, durch die seine Existenz beweisbar wäre? In einem normalen Zerfallsprozeß, wie dem Kernbetazerfall, könnte ein solches Neutrino nicht entstehen, wenn seine Masse größer als die Zerfallsenergie Δ ist. Damit ist der Nachweis schwerer Neutrinos im einfachen Betazerfall auf Neutrino-Massen bis zu einigen MeV, bei Elementarteilchenzerfällen, wie dem μ-Zerfall, bis zu einigen Hundert MeV prinzipiell beschränkt. Schwere Neutrinos mit Massen unterhalb der Zerfallsenergie sollten sich jedoch als zweite Komponente im

Energiespektrum des Zerfalls zeigen. Im Kurie-Diagramm erwartet man einen Knick bei der Elektronenergie $\Delta - m_2$. Ein anderer Prozeß, bei welchem auch Neutrinos mit Massen größer als 100 MeV noch eine Rolle spielen könnten, ist der neutrinolose Doppel-Betazerfall. Hier treten die Neutrinos nur als virtuelle Zustände auf (s. Abschn. 7.3.4), so daß auch Neutrinozustände mit Massen wesentlich größer als die Zerfallsenergie zu Effekten führen können.

7.2.3 Ein Modell mit drei Neutrinofeldern je Familie

Das im vorigen Abschnitt geschilderte Modell mit einem linkshändigen und einem rechtshändigen Neutrinofeld bietet die einfachste Möglichkeit, relativ zwanglos ein sehr leichtes Neutrino zu erhalten (verknüpft mit der Existenz eines sehr schweren). Allerdings ist dieses Modell nicht voll befriedigend, da die Masse m_1^M aus Gl. (7.60) als sehr klein angenommen werden muß. Selbst wenn diese Bedingung in nullter Ordnung erfüllt ist, könnten Korrekturen höherer Ordnung sie zerstören. Eine Alternative ist die Einführung eines weiteren Neutrinofeldes N_L, welches für sich ein $SO(10)$-Singulett bildet. Eine mögliche Form von $\mathcal{L}_m$ in einem solchen Modell mit drei unabhängigen Neutrinofeldern ist gegeben durch [Hal 83]:

$$\mathcal{L}_m = -\frac{1}{2}(\overline{\nu}_L, \overline{\nu_L^C}, \overline{N}_L) \begin{pmatrix} 0 & m^D & \epsilon \\ m^D & 0 & M^D \\ \epsilon & M^D & \delta \end{pmatrix} \begin{pmatrix} \nu_R^C \\ \nu_R \\ N_R^C \end{pmatrix} + h.k. \qquad (7.84)$$

Wenn man annimmt, daß ein 126-dimensionales Higgsfeld nicht existiert, verschwinden die Majorana-Massenterme für ν_L und ν_R, wie in (7.84) dargestellt. m^D ist wieder eine Dirac-Masse von der Größe der u-Quarkmasse und M^D ist eine wesentlich größere Dirac-Kopplung, die mit der Brechung der $SU(2)_R$-Symmetrie verknüpft ist. Infolge einer näherungsweise gültigen Symmetrie könnten die Matrixelemente ϵ und δ klein sein, so daß die Relation gilt

$$M^D \gg m^D > \epsilon, \delta \qquad (7.85)$$

Diagonalisieren dieser Massenmatrix liefert drei Majorana-Zustände, von denen einer sehr leicht, und zwei sehr schwer sind:

$$\begin{aligned} \nu_1 &\approx \nu_L, & m_1 &\approx \frac{m^D}{M^D}\left(\frac{m^D}{M^D}\delta - 2\epsilon\right) & ; & \eta_1 &= +1 \\ \nu_2 &\approx \nu_R, & m_2 &\approx M^D & ; & \eta_2 &= -1 \\ \nu_3 &\approx N_L, & m_3 &\approx M^D & ; & \eta_3 &= +1 \end{aligned} \qquad (7.86)$$

Wieder ist die Unterdrückung der Dirac-Neutrinomasse m^D erreicht worden auf Kosten der Existenz sehr schwerer Neutrinos.

An diesem Modell erkennt man ein generelles Dilemma, in dem man sich bei den GUT-Modellen befindet. Will man die Nachteile der einfacheren Modelle beseitigen, so ist dies meist mit der Einführung neuer Teilchenfelder und damit auch neuer Parameter verknüpft. In dem hier dargestellten Modell wurde nun außerdem ein Prinzip aufgegeben, welches zunächst eine Motivation zur Einführung der $SO(10)$-Symmetrie gewesen war: Die Unterbringung aller Fermionen einer Familie in einem einzigen Multiplett. Das neu eingeführte Neutrinofeld N_L bildet ja für sich selbst ein Singulett. Will man nun das aufgegebene Prinzip wieder verwirklichen, so muß man entweder zu einer höheren Darstellung oder zu einer größeren Gruppe übergehen. Da dann aber die entsprechenden (i.a. wesentlich größeren) Multipletts weitere freie Plätze enthalten, müssen diese durch neu einzuführende Teilchenfelder aufgefüllt werden. Die Zahl der freien Parameter und der experimentell nicht bekannten Teilchen erhöht sich dadurch sehr schnell und die Vorhersagekraft solcher Modelle nimmt stark ab. Auf solche weiteren Modelle wollen wir deshalb nicht eingehen. Bezüglich der Neutrinomasse kann aber gesagt werden: In den meisten GUT-Modellen besitzt das leichteste Neutrino eine kleine bis sehr kleine Majorana-Masse (zwischen 10^{-11}eV und einigen eV, s. [Lan 88]). Die Kleinheit dieser Masse ist gekoppelt an die Existenz eines oder mehrerer sehr schwerer Neutrinozustände. Wichtig ist weiter, daß in jedem Fall zwischen Wechselwirkungs- und Masseneigenzuständen unterschieden werden muß. Der an der normalen linkshändigen schwachen Wechselwirkung teilnehmende Neutrinozustand ν_L ist eine Überlagerung von leichten (dominant) und auch schweren Zuständen.

7.2.4 Neutrinos in Superstring-Modellen

Auch für die am Ende von Kap. 6 erwähnten Superstring-Modelle bedingen die Eigenschaften der Neutrinos starke Restriktionen (s. z.B. [Moh 88], [Val 87], [Ber 87]). Solche Modelle besitzen die Tendenz, Majorana-Neutrinos mit inakzeptabel großen Massen vorherzusagen. Der Grund ist, daß keine Higgsfelder auftreten, welche eine hinreichend große Majorana-Masse m^M (s. Gl. (7.77)) für das rechtshändige Neutrino generieren könnten. Es ist daher in solchen Modellen notwendig, die Kleinheit der Neutrinomassen auf wesentlich komplexere Mischungsmechanismen als in 7.2.2 beschrieben zurückzuführen. Dazu wird eine intermediäre Massenskala von der Größenordnung TeV benötigt, welche möglicherweise mit der Skala der SUSY-Brechung M_S identisch sein könnte. In einer Klasse von Modellen mit einer zusätzlichen an das rechtshändige Neutrino koppelnden $U(1)$-Eichwechselwirkung, einer supersymmetrischen $(B - L)$-Wechselwirkung, resultieren kleine Majorana-Neutrinomassen als Folge einer nahezu erhaltenen R-Parität. Diese Modelle haben interessanterweise in naher Zukunft experimentell nachprüfbare Konsequenzen. So ist die Masse des Elektron-Neutrinos unter gewissen Voraussetzungen proportional zur Wurzel aus der Masse des Eichbosons Z_R der neu eingeführten Wechselwirkung [Val 87]. Für eine Neutrinomasse von ≈ 1 eV ergibt sich eine Bosonmasse von $M_{Z_R} \approx 100$ GeV. Somit stellt Z_R ein interessantes Objekt für eine experimentelle Suche dar.

7.3 Möglichkeiten experimenteller Prüfung der Natur der Neutrinos

In den vorigen Abschnitten ist gezeigt worden, daß die Neutrinos eine Ausnahmestellung unter den Elementarteilchen einnehmen, welche unter Umständen eine recht komplexe theoretische Beschreibung erfordert. Es ist eine Folge dieser komplexen Beschreibung, daß die experimentellen Fragestellungen nach Neutrinomasse und Neutrinomischungen eng miteinander verknüpft sind. Auch folgt aus den vorigen Abschnitten, daß es von großem theoretischen Interesse ist zu klären, ob Neutrinos Dirac- oder Majorana-Teilchen sind. Diese Frage ist außerdem eng verknüpft mit der Frage nach einer exakten Leptonenzahl-Erhaltung. Wenn die verschiedenen Neutrino-Flavors aufgrund von Massentermen miteinander mischen, so ist klar, daß die flavorbezogenen Leptonenzahlen, also die elektronische, die myonische und die tauonische Leptonenzahl, für sich nicht erhalten sein können. Sind die Neutrinos aber Dirac-Teilchen, so besteht immer noch die Möglichkeit, daß die totale Leptonenzahl, also die Summe der einzelnen Leptonenzahlen, erhalten ist. Wenn dagegen die Neutrinos massive Majorana-Teilchen sind, so ist auch dies nicht mehr möglich, da Teilchen und Antiteilchen, welchen entgegengesetzte Leptonenzahlen zuzuordnen wären, dann nicht mehr unterscheidbar sind. Wir wollen nun auf experimentelle Möglichkeiten eingehen, welche zur Beantwortung dieser Fragen beitragen können.

7.3.1 Neutrino-Oszillationen

7.3.1.1 Formalismus In einer großen Zahl von Experimenten wird nach dem Phänomen der Neutrino-Oszillationen gesucht. Letztere wurden zuerst von Pontecorvo [Pon 57,58] diskutiert. Neuere Darstellungen findet man bei [Bil 78,87]. Zum Verständnis der Neutrino-Oszillationen müssen wir von der in Abschn. 7.1 und 7.2 vorhandenen Beschränkung auf eine Familie abgehen. In voller Allgemeinheit besitzt die Neutrino-Massenmatrix auch Freiheitsgrade im Raum der Neutrinoflavors. So sind z.B. die Größen $\hat{m}_{1,2}^M$ und m^D in (7.60) durch 3×3 Matrizen zu ersetzen (für drei Neutrinoflavors). Ist die Massenmatrix nicht diagonal im Flavorraum, so sind die durch Diagonalisieren dieser Matrix resultierenden Massenzustände keine Flavor-Zustände. Die *Flavor-Zustände* sind definiert als *Wechselwirkungszustände*, was bedeutet, daß z.B. das Elektron-Neutrino definiert ist als der Zustand, welcher ausschließlich in dem elektronischen schwachen Strom auftritt, nicht aber in dem myonischen oder tauonischen. Die Nichtidentität von Massen-Eigenzustand und Flavorzustand bedeutet, daß z.B. das Elektron-Neutrino eventuell keine definierte Masse besitzt. (Die Nichtidentität von Massen-Eigenzustand und Wechselwirkungszustand war ja schon bei *einem* Neutrinoflavor aufgetreten). Jeder Zustand $|\nu_e\rangle$ enthält vielmehr mehrere Massenkomponenten $|\nu_i\rangle$ (die Zustände $|\nu_e\rangle$ und $|\nu_i\rangle$ sollen hier keine Raum-Zeit-Abhängigkeit enthalten):

$$|\nu_e\rangle = \sum_{i=1}^n U_{ei}|\nu_i\rangle \tag{7.87}$$

Hier seien $|\nu_i\rangle$ die Eigenzustände zur Massenmatrix (Massenzustände) mit den zugehörigen Massen m_i und U ist eine unitäre Mischungsmatrix. Die Zahl der mischenden Flavors sei n. *Diese Nichtidentität von Massen-Eigen- und Flavor-Zuständen führt zum Phänomen der Neutrino-Oszillationen.* Betrachten wir dazu einen stationären Fall und nehmen an, daß von einer ν_e-Quelle am Ort $\vec{x} = 0$ kontinuierlich Elektron-Neutrinos definierter Energie E emittiert werden. Der dadurch erzeugte Neutrinozustand $|\nu(x)\rangle$ stellt eine Überlagerung ebener Wellen zu den verschiedenen Massenkomponenten $|\nu_i\rangle$ dar:

$$|\nu(x)\rangle = e^{-iEt} \sum_i U_{ei}|\nu_i\rangle e^{+i\vec{p}_i\vec{x}} \tag{7.88}$$

Man beachte, daß die Phasenrelation der verschiedenen Komponenten $|\nu_i\rangle$ von $\vec{x}$ abhängig ist. Nur für $\vec{x} = 0$ ist zunächst gewährleistet, daß die Phasenrelationen dem Elektron-Neutrino $|\nu_e\rangle$ entsprechen. Für $\vec{x} \neq 0$ ist indessen i.a. $|\langle \nu_e|\nu(t,\vec{x})\rangle|^2 < 1$. Wenn wir annehmen, daß $m_i \ll E$ für alle i ist, können wir für den Impulsbetrag p_i die Näherung $p_i \approx E - m_i^2/(2E)$ verwenden.

Für Punkte $\vec{x}$ entlang der Impulsrichtung $\vec{p}$ im Abstand r von der Quelle ($|\vec{x}| = r$) wird damit aus (7.88):

$$|\nu(t,r)\rangle = e^{-iEt}e^{iEr} \sum_i U_{ei}|\nu_i\rangle e^{-im_i^2 r/(2E)} \tag{7.89}$$

Die Wahrscheinlichkeitsamplitude, am Ort r ein Elektron-Neutrino vorzufinden, ist gegeben durch den Überlapp:

$$\langle \nu_e|\nu(t,r)\rangle = e^{-iE(t-r)} \sum_i U_{ei}U_{ei}^* e^{im_i^2 r/(2E)} \tag{7.90}$$

Die Wahrscheinlichkeit, im Abstand r vom Emissionspunkt den Zustand $|\nu_e\rangle$ anzutreffen, ergibt sich zu:

$$\begin{aligned}
P_{\nu_e \to \nu_e}(r) &= |\langle \nu_e|\nu(t)\rangle|^2 = \left\{\sum_i |U_{ei}|^2 e^{-im_i^2 r/(2E)}\right\} \left\{\sum_j |U_{ej}|^2 e^{-im_j^2 r/(2E)}\right\} \\
&= \sum_i |U_{ei}|^4 + \sum_{i<j} |U_{ei}U_{ej}|^2 2\cos(2\pi r/L_{ij})
\end{aligned} \tag{7.91}$$

mit der *Oszillationslänge*:

$$L_{ij} = \frac{4\pi E}{|m_i^2 - m_j^2|} \tag{7.92}$$

7.3 Möglichkeiten experimenteller Prüfung der Natur der Neutrinos

Die Wahrscheinlichkeit, einen nicht an das Elektron koppelnden Zustand anzutreffen, ist dementsprechend:

$$\sum_{x \neq e} P_{\nu_e \to \nu_x}(r) = 1 - P_{\nu_e \to \nu_e}(r) \tag{7.93}$$

Wir haben in obigen Betrachtungen die Neutrinos als *stabile* Teilchen behandelt. Bzgl. der Modifikationen, die sich bei Zulassung eines Zerfalls des schwereren Neutrinos in ein zweites plus ein Photon ergeben, s. z.B. [Bil 78,87].

Mischung von zwei Neutrinoflavors: Bei der Analyse experimenteller Daten beschränkt man sich meist auf die Annahme einer Zwei-Zustands-Mischung (meist ν_e-ν_μ-Mischung. Im Folgenden kann aber im Prinzip e, μ durch beliebige Flavor-Indizes ℓ, ℓ' ersetzt werden). Dann ist die allgemeinste Mischungsmatrix U gegeben durch

$$U = \begin{pmatrix} \cos\Theta & \sin\Theta e^{i\rho} \\ -\sin\Theta e^{-i\rho} & \cos\Theta \end{pmatrix} \tag{7.94}$$

Wenn CP-Invarianz angenommen wird, läßt sich zeigen, daß der Phasenfaktor $e^{i\rho}$ lediglich die Werte 1 oder i annehmen kann [Wol 81]. (Dieser Phasenfaktor ist zwar für das Phänomen der Neutrino-Oszillationen ohne Bedeutung, spielt jedoch beim neutrinolosen Doppel-Betazerfall eine Rolle). Ausgedrückt in der Massen-Eigenzustandsbasis $|\nu_1\rangle$, $|\nu_2\rangle$ sind also die Elektron- und My-Neutrino-Zustände nach (7.94) gegeben durch

$$\begin{aligned} |\nu_e\rangle &= \cos\Theta |\nu_1\rangle + e^{i\rho}\sin\Theta |\nu_2\rangle \\ |\nu_\mu\rangle &= e^{-i\rho}\sin\Theta |\nu_1\rangle + \cos\Theta |\nu_2\rangle \end{aligned} \tag{7.95}$$

Die Wahrscheinlichkeit, ein bei $r = 0$ als ν_e emittiertes Neutrino mit Energie E im Abstand r wieder als ν_e anzutreffen, ist nach (7.91) gegeben durch:

$$\begin{aligned} P_{\nu_e \to \nu_e}(r) &= \cos^4\Theta + \sin^4\Theta + 2\cos^2\Theta\sin^2\Theta\cos\left(\frac{2\pi r}{L}\right) \\ &= 1 - \frac{1}{2}\sin^2(2\Theta)(1 - \cos\left(\frac{2\pi r}{L}\right)) \\ &= 1 - \sin^2(2\Theta)\sin^2\left(\frac{\pi r}{L}\right) \end{aligned} \tag{7.96}$$

mit der Oszillationslänge

$$L = \frac{4\pi E}{|m_1^2 - m_2^2|} \tag{7.97}$$

Dabei sind m_1 und m_2 die Masseneigenwerte der Massenmatrix (=Massen der Zustände $|\nu_1\rangle$ und $|\nu_2\rangle$).

Die Wahrscheinlichkeit, ein ν_μ anzutreffen, ist

$$P_{\nu_e \to \nu_\mu}(r) = \frac{1}{2}\sin^2(2\Theta)(1 - \cos(\frac{2\pi r}{L}))$$

$$= \sin^2(2\Theta)\sin^2(\frac{\pi r}{L}) \tag{7.98}$$

Die Wahrscheinlichkeiten

$$P_{\nu_e \to \nu_e} \text{ und } P_{\nu_e \to \nu_\mu}$$

oszillieren also mit der charakteristischen Länge L, woraus sich der Name Neutrino-Oszillationen ableitet (vgl. Abb. 7.3). Die *Amplitude der Oszillationen* ist abhängig vom Mischungswinkel Θ und wird am größten für $\Theta = 45°$ *(maximale Mischung)*. Dann ist das Elektron-Neutrino an den Punkten $r = L(n + 1/2)$ mit ganzzahligem n vollständig in ein My-Neutrino umgewandelt.

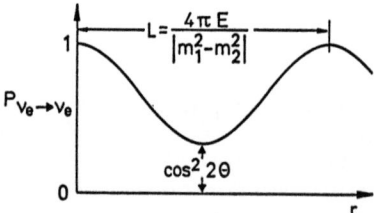

Abb. 7.3: Neutrino-Oszillation im ν_e-ν_μ-System. Die Wahrscheinlichkeit, daß ein bei $r = 0$ emittiertes Elektron-Neutrino im Abstand r wieder als Elektron-Neutrino angetroffen wird, oszilliert mit einer charakteristischen Länge $L = 4\pi E/|m_1^2 - m_2^2|$.

Da man im Fall nicht verschwindender Neutrinomassen i.a. $m_1 \neq m_2$ und auch $\Theta \neq 0$ erwartet, bilden Neutrino-Oszillationen eine wichtige Testmöglichkeit, um nach einer Neutrinomasse zu suchen. Wir wollen aber daran erinnern, daß man für $\Theta \neq 0$ streng genommen nicht mehr von der Masse des Elektron- oder My-Neutrinos sprechen kann. Die Zustände ν_e und ν_μ besitzen dann keine definierte Masse. Bei kleinem Mischungswinkel Θ besitzen die Massen-Eigen- und Flavorzustände jedoch einen großen Überlapp. Wir wollen die entsprechenden Massen dann als "Elektron"-, "My"- oder "Tau"-Neutrinomasse bezeichnen, wobei die Anführungszeichen auf die Nichtexaktheit dieser Bezeichnung hinweisen sollen.

Empfindlichkeit verschiedener Experimente auf Neutrino-Oszillationen Beobachtung von Neutrino-Oszillationen bedeutet: 1.Nachweis des cos -Terms in der Neutrino-Intensität (Gl. (7.96)) und/oder 2.Nachweis, daß der konstante Term in $P_{\nu_e \to \nu_e} \neq 1$ ist oder der konstante Term in $P_{\nu_e \to \nu_x} \neq 0$.

Um den cos -Term beobachten zu können, ist zu fordern, daß die Dimensionen von Neutrinoquelle und Detektor kleiner sind als die Oszillationslänge. Ferner sieht man, daß $P_{\nu_\ell \to \nu_{\ell'}}(r) \approx 0$ (für $\ell \neq \ell'$) und $P_{\nu_\ell \to \nu_{\ell'}}(r) \approx 1$ (für $\ell = \ell'$), wenn die

7.3 Möglichkeiten experimenteller Prüfung der Natur der Neutrinos

Oszillationslänge viel größer ist als der Abstand zwischen Quelle und Detektor. Ein Oszillationseffekt ist also nur für

$$L \lesssim r \tag{7.99}$$

beobachtbar. Setzen wir in Gl. (7.97) die entsprechenden numerischen Werte von $\hbar$, c ein, so erhalten wir

$$L = 2.5 \frac{E/(\text{MeV})}{|m_1^2 - m_2^2|/(\text{eV})^2} \text{Meter} \tag{7.100}$$

D.h., für Neutrinoenergien etwa von 1 MeV, 10 MeV und 1 GeV ist die Oszillationslänge 2.5 m, 25 m bzw. 2.5 km bei einer Massendifferenz $|m_1^2 - m_2^2| = 1$ (eV)^2. Aus (7.99) und (7.97) folgt, daß Oszillationseffekte beobachtbar sind für

$$|\Delta m^2| \equiv |m_1^2 - m_2^2| \gtrsim \frac{4\pi E}{r} \tag{7.101}$$

bzw., mit dem Parameter $|\Delta m_{min}^2| = 4\pi E_{min}/r_{max}$, für

$$|\Delta m^2| \gtrsim |\Delta m_{min}^2|$$

Tab. 7.1 gibt Werte des Parameters Δm_{min}^2 für verschiedene Typen von Neutrinoquellen und damit einen Vergleich der Empfindlichkeitsbereiche verschiedener Experimente zum Nachweis von Neutrinooszillationen.

Tab. 7.1: Werte des Parameters Δm_{min}^2, der die Empfindlichkeitsbereiche verschiedener Neutrinooszillations-Experimente charakterisiert (aus [Bil 78])

Neutrinoquelle	E_{min}(MeV)	r_{max}(m)	$|\Delta m_{min}^2|((\text{eV})^2)$
Reaktor	1	10^2	$3 \cdot 10^{-2}$
Mesonenfabrik	10	10^2	$3 \cdot 10^{-1}$
Hochenergie-Beschleuniger	10^3	10^4	$3 \cdot 10^{-1}$
Sonne	$2 \cdot 10^{-1}$	$1.5 \cdot 10^{11}$	$4 \cdot 10^{-12}$

7.3.1.2 Reaktorexperimente Kernreaktoren stellen die intensivsten terrestrischen Quellen von $\bar{\nu}_e$-Neutrinos dar. Diese können daher benützt werden, um den $\bar{\nu}_e$-Fluß über einen relativ großen Abstandsbereich (Größenordnung 100 m) zu messen. Solche Experimente sind recht empfindlich auf kleine Massendifferenzen $|\Delta m^2| = |m_1^2 - m_2^2|$ (s. Tab. 7.1), haben allerdings den Nachteil, daß nur die *Abnahme* des $\bar{\nu}_e$-Flusses, nicht aber das Auftreten eines ν-Oszillationen indizierenden $\bar{\nu}_\mu$-Flusses experimentell zugänglich ist, da gewöhnlich im Detektor die $\bar{\nu}_e$ mittels der Reaktion $\bar{\nu}_e + p \to e^+ + n$ nachgewiesen werden (s. z.B. [Zac 86]). Aus diesem Grund sind solche Experimente nicht sehr empfindlich für kleine Mischungswinkel Θ. Außerdem ist die Analyse der experimentellen Daten z.T. abhängig von theoretischen Annahmen über das $\bar{\nu}_e$-Spektrum im Reaktor-Kern ([Kla 82c], [Kla 86a]). Tab. 7.2 gibt eine Übersicht über die bisher durchgeführten Experimente. Die Ergebnisse werden üblicherweise als Kontur-Diagramm in einer $(\Delta m^2 - \sin^2 2\Theta)$-Ebene aufgetragen. Abb. 7.4 zeigt solche Konturplots für die in Tab. 7.2 genannten Experimente.

Tab. 7.2: Liste der bisher durchgeführten Reaktor ν-Oszillationsexperimente

Experiment	Reaktor-Leistung [GW_{th}]	Abstände der Detektoren [m]	Oszillationseffekt
Gösgen (CH)	2.8	37.9, 45.9, 64.7	NEIN
Bugey (F)	2.8	13.6, 18.3	JA*)
Savannah River (USA)	2.3	18.5, 23.8	NEIN
Rovno (UDSSR)	1.38	18, 25	NEIN

*) zurückgenommen [Pes 88]

7.3.1.3 Beschleunigerexperimente
An Hochenergie-Beschleunigern stehen infolge von π- und K-Zerfällen intensive ν_μ und $\bar{\nu}_\mu$ Strahlen zur Verfügung. Damit lassen sich Neutrino-Oszillationsexperimente durchführen, bei welchen nach dem *Auftreten* neuer Neutrino-Flavors gesucht wird, d.h. man untersucht die Funktionen $P_{\nu_\mu \to \nu_e}(r)$ und $P_{\nu_\mu \to \nu_\tau}(r)$. Solche Experimente sind folglich sensitiv auf kleine Mischungswinkel Θ, jedoch weniger sensitiv auf kleine Massendifferenzen. Resultate solcher Untersuchungen (s. [Kle 86], [Wot 84]) zeigt Abb. 7.5. Auch diese Ergebnisse sind verträglich mit der Neutrinomasse Null.

7.3.1.4 Sonnenneutrinos Eine äußerst interessante Neutrinoquelle stellt die Sonne dar. Ihr Neutrinospektrum und die wichtigsten Neutrinos produzierenden Reaktionen zeigen die Abb. 7.6 und Tab. 7.3. In einem berühmt gewordenen Experiment

7.3 Möglichkeiten experimenteller Prüfung der Natur der Neutrinos

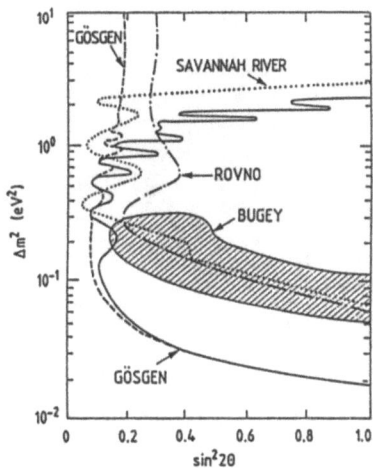

Abb. 7.4: Ausschluß-Diagramme in der ($\Delta m^2 - \sin^2 2\Theta$)-Ebene für die bisher durchgeführten Reaktorexperimente (nach [Zac 86]). In den Gösgen- [Zac 85], Savannah River- [Sob 86] und Rovno- [Pom 86] Experimenten sind jeweils die Bereiche rechts von den einzelnen Kurven mit einer Konfidenz von > 90% ausgeschlossen. Im Falle des Bugey-Experiments [Cav 84] ist der schraffierte Bereich mit einer Konfidenz von > 90% erlaubt (s. aber [Pes 88]). Im Falle der drei Gösgen-Experimente sind die Ergebnisse zweier Analysen angegeben: Die durchgezogene und die gestrichelte Kurve basieren beide auf den für drei verschiedene Abstände gemessenen $\bar{\nu}_e$-Spektren, wobei bei der ersteren keinerlei Annahmen bzgl. des im Reaktor-Kern erzeugten $\bar{\nu}_e$-Spektrums gemacht wurden.

ist es Davis gelungen, von der Sonne emittierte Elektron-Neutrinos mittels der Kernreaktion $^{37}\text{Cl}(\nu_e, e^-)^{37}\text{Ar}$ nachzuweisen ([Dav 68], [Dav 84]). Allerdings blieb die von ihm ermittelte Rate von 1.95 ± 0.3 SNU[1] um etwa einen Faktor drei unter der aus dem Standard-Sonnenmodell vorhergesagten Rate [Bah 82, 86] zurück. Eine spekulative Erklärung dieser Tatsache bietet die Annahme von Neutrino-Oszillationen. Tatsächlich stellt eine Messung der Sonnenneutrinos ein ν-Oszillationsexperiment mit gigantischen Ausmaßen dar. Die Meßstrecke r, auf welcher sich Oszillationen auswirken können, ist der Abstand Sonne-Erde ($\approx 1.5 \cdot 10^{11}$ m). Dadurch wirken sich schon extrem kleine Massendifferenzen aus.

Bis vor kurzem hatte man angenommen, daß sich Oszillationen der Sonnenneutrinos nur auswirken würden für einigermaßen große Mischungswinkel. Mikheyev und Smirnov haben jedoch in einer bedeutenden Arbeit ([Mik 85,86], s. auch [Bet 86a]), welche auf grundlegenden Überlegungen Wolfensteins [Wol 78] beruht, festgestellt, daß in-

---

[1] SNU (= Solar Neutrino Unit) ist die Einheit, in welcher die enorm kleinen Einfangraten für Sonnenneutrinos gemessen werden. Es ist: 1 SNU = 1 Einfang pro 10^{36} Targetatome und pro Sekunde.

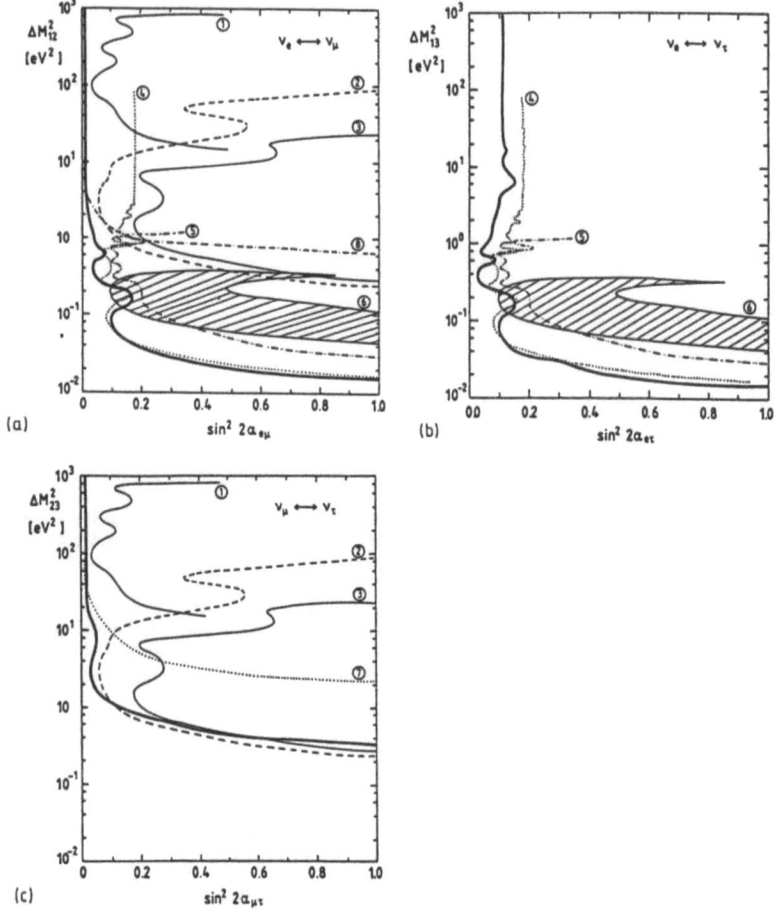

Abb. 7.5: Ausschluß-Diagramme analog zu Abb. 7.4, jedoch unter Einschluß von Ergebnissen aus Hochenergie-Beschleunigerexperimenten (aus [Kle 86]). Die Teilbilder a)-c) entsprechen den jeweils angegebenen Oszillationsmodi. Bereiche rechts von den Kurven sind mit > 90% Konfidenz ausgeschlossen (Ausnahme ist das Bugey-Experiment (6), für das der schraffierte Bereich *erlaubt* ist; s. aber [Pes 88]). Dünne Linien entsprechen *einzelnen* Experimenten, die unter der Annahme von Zwei-Zustands-Mischungen analysiert werden (also in Abb. 7.5a etwa unter der Annahme $\Theta_{e\tau} = \Theta_{\mu\tau} = 0$). Die dicke Linie entspricht einer Drei-Flavor-Oszillations-Analyse *aller* Experimente (d.h. z.B. für Abb. 7.5a Zulassung von $0 \leq \sin^2 2\Theta_{e\tau} \leq 1$ und $0 \leq \sin^2 2\Theta_{\mu\tau} \leq 1$). Die analysierten Experimente sind (1) CCFRR [Hab 84], (2) CDHS [Dyd 84], (3) CHARM [Ber 84], (4) Goesgen [Vui 82], (5) Goesgen [Gab 84], (6) Bugey [Cav 84], (7) ν_τ-Suche [Bak 81], [Arm 81], [Err 81], [Ush 81], [Tay 83], [Bal 84], (8) BNL [Ahr 85].

7.3 Möglichkeiten experimenteller Prüfung der Natur der Neutrinos

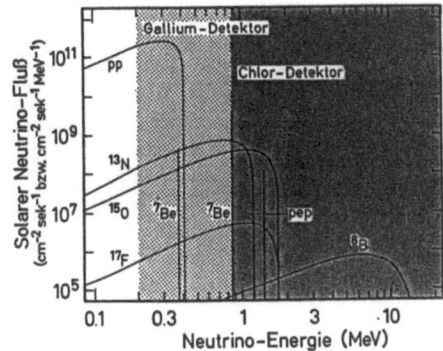

Abb. 7.6: Das solare Neutrinospektrum nach dem sogen. Standard-Sonnenmodell [Ham 87] (Linienquellen: Fluß auf der Erdoberfläche pro cm^2 und s, kontin. Quellen: Fluß pro cm^2, s u. MeV). Eingezeichnet sind die 'Ansprech'-Bereiche des Cl- und des Ga-Detektors.

Tab. 7.3: Die wesentlichen für das Spektrum in Abb. 7.6 verantwortlichen Reaktionen in der Sonne.

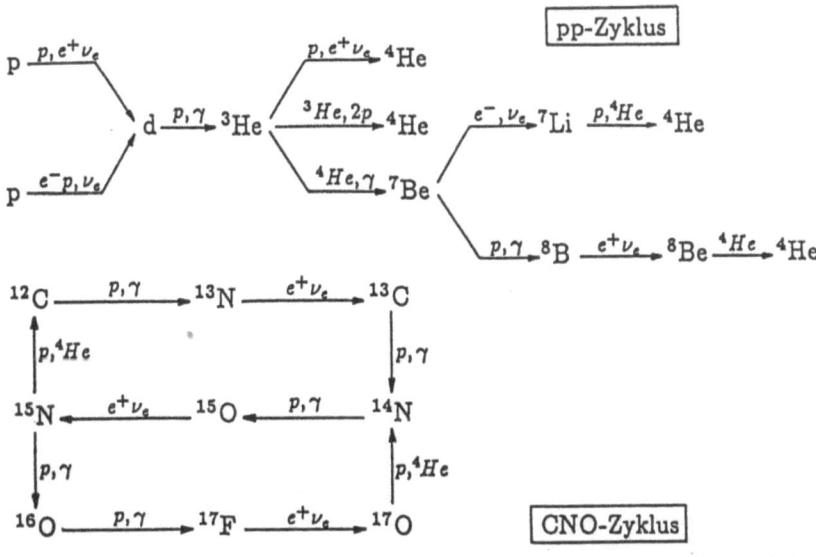

nerhalb der Sonne auftretende Neutrino-Oszillationen andere Eigenschaften besitzen als im Vakuum. Als Folge von Streuprozessen mit den Elektronen der Sonnenmaterie (Wechselwirkung über geladene Ströme) tritt bei einer kritischen Elektronendichte eine Art Resonanzphänomen auf. Bei dieser kritischen Dichte werden die im Medium wirksamen effektiven Massen von ν_μ und ν_e identisch (s. Abb. 7.7). Dadurch geht die Oszillationslänge L nach Gl. (7.97) gegen Null. Außerdem zeigt sich, daß das Phänomen praktisch unabhängig vom Mischungswinkel Θ ist. Der Oszillationseffekt kann durch diesen *Mikheyev-Smirnov- (MS-) Effekt* derart verstärkt werden, daß die Elektron-Neutrinos selbst bei sehr kleinem Mischungswinkel Θ vollständig in My-Neutrinos gewandelt werden. Eine ausführliche Darstellung findet man bei [Mik 88], [Bil 87]; bzgl. Untersuchung dieses Effektes in einem *nicht homogenen Medium* s. auch [Hal 86].

Alternative Mechanismen zur Erzeugung von Oszillationen solarer Neutrinos lassen sich auch in Supergravitations- und Superstring-Modellen angeben ([San 87], [Moh 86b]).

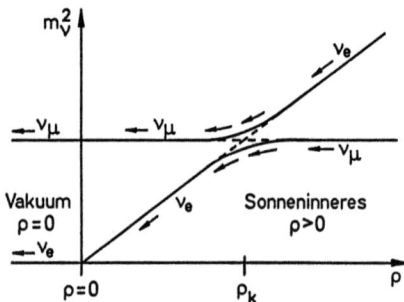

Abb. 7.7: Der Mikheyev-Smirnov Effekt. Die in der Bewegungsgleichung auftretende effektive Masse von ν_e wird im Elektronengas modifiziert. Je größer die Dichte des Gases ρ, desto schwerer erscheint das Elektron-Neutrino. Bei einer kritischen Dichte ρ_k werden die Massen von ν_e und ν_μ identisch. Dies bewirkt ein Resonanzverhalten, da an diesem Punkt die Oszillationslänge L auf 0 geht. Da die ρ-Achse in eindeutige Relation zum Abstand vom Sonnenmittelpunkt zu bringen ist, bewegt sich ein im Sonnen-Inneren entstandenes ν_e auf der oberen durchgezogenen Linie und verläßt die Sonne als ν_μ. Ein ν_μ dagegen wird zum ν_e.

Ob nun wirklich ein *globales* Defizit an Sonnenneutrinos vorliegt, läßt sich allerdings momentan nicht eindeutig beantworten. Die Reaktion ^{37}Cl$(\nu_e, e^-)^{37}$Ar kann nämlich nur durch Neutrinos mit $E > 0.81$ MeV induziert werden. Der Hauptteil des Sonnenneutrinos besitzt jedoch eine kleinere Energie (s. Abb. 7.6). Ungefähr 80% der im ^{37}Cl-Detektor 'gesehenen' Neutrinos stammen aus dem Zerfall des ^{8}B. So können mit dieser Reaktion nur die stark modellabhängigen hochenergetischen Sonnenneutrinos nachgewiesen werden. Das beobachtete Defizit an Neutrinos ließe sich eventuell auch durch ein modifiziertes Sonnenmodell erklären, das zu einer niedrigeren zentralen Temperatur in der Sonne und damit zu einem niedrigeren ^{8}B-Neutrinofluß führt

7.3 Möglichkeiten experimenteller Prüfung der Natur der Neutrinos

([Dav 84], [Dea 86]). Es ließe sich ferner durch die Annahme eines magnetischen Moments des Neutrinos $\mu_\nu \approx 10^{-11}\mu_e$ erklären (s. [Moh 88]) oder durch die Annahme der Existenz hypothetischer schwach wechselwirkender, massiver Teilchen (WIMP's ≡ weakly interacting massive particles) in der Sonne. Das Photino wäre ein möglicher Kandidat. Der Einfluß dieser Teilchen auf den Wärmetransport in der Sonne würde die erwartete Neutrinorate reduzieren (s. [Sper 85], [Kra 85], [Fau 85], [Stei 78]).

Zur Antwort auf die Frage, ob nun Sonnenmodell oder Neutrino-Oszillationen die Ursache sind, sollen weitere solare Neutrino-Experimente beitragen. Hierzu gehört vor allem das von Kuzmin [Kuz 66] vorgeschlagene Gallium-Experiment ('Gallex', s. [Ham 86,88]), in dem die solaren Neutrinos mittels der Reaktion $^{71}\text{Ga}(\nu_e, e^-)^{71}\text{Ge}$ nachgewiesen werden sollen, ferner das KAMIOKANDE-Experiment, das primär für den Nachweis des Proton-Zerfalls ausgelegt war (s. [Suz 86]), und das geplante Sudbury-Schwerwasser-Experiment ([Sin 87], [Aar 87]), in dem der Nachweis der Neutrinos über die Reaktionen

$$\nu_e + d \to p + p + e^-$$

und

$$\nu_x + d \to n + p + \nu_x$$

geschehen soll. Aus den relativen Raten für diese zwei Prozesse würde man im Prinzip *unabhängig* vom Sonnenmodell unmittelbar ablesen können, ob die Umwandlung von ν_e in Neutrinos anderen Flavors für das solare Neutrino-Problem verantwortlich ist. Der Gallium-Detektor ist sensitiv für Neutrinos mit $E > 0.23$ MeV und damit für den Hauptteil des Sonnenneutrinoflusses (s. Abb. 7.6). Für ein aussagekräftiges Resultat benötigt man neben dem Sonnenmodell u.a. eine genaue Kenntnis des Neutrino-Einfangwirkungsquerschnittes an ^{71}Ga ([Gro 86b], [Kla 86a]). Während der Einfang der niederenergetischen pp-Neutrinos hauptsächlich zum Grundzustand von ^{71}Ge führt (das Matrixelement für diesen Übergang $^{71}\text{Ga} \to ^{71}\text{Ge}_{g.s.}$ ist aus dem β^+-Zerfall von ^{71}Ge bekannt), wird die Einfangrate höherenergetischer Neutrinos entscheidend durch die Verteilung der Gamow-Teller-Stärke im ^{71}Ge bestimmt (Abb. 7.8 u. Gl. (2.144)).

Tab. 7.4 zeigt die unter Berücksichtigung einer realistischen GT-Stärkeverteilung berechneten ν-Einfangwirkungsquerschnitte in ^{71}Ga für Neutrinos aus den verschiedenen solaren Quellen.

Abb. 7.9, 7.10 stellen die Empfindlichkeit solarer Ga- und Cl-Neutrinoexperimente auf Oszillationseffekte dar. Abb. 7.11 zeigt das *Ergebnis* des Davis'schen ^{37}Cl-Experiments, interpretiert als Folge des Mikheyev-Smirnov-Effekts, ausgehend vom Standard-Sonnenmodell. Das Gallium-Experiment würde in dieser Interpretation im wesentlichen dazu dienen, den Mischungswinkel festzulegen. In Abb. 7.10, 7.11 ist bei großen Mischungswinkeln (bei $\Delta m^2 \approx -10^{-7}(\text{eV})^2$ bzw. $-3\cdot 10^{-6}$ (eV)^2) der Effekt der Passage der Neutrinos durch die Erde (bei Nacht) auf ihrem Wege zum Detektor zu sehen, der den solaren MS-Effekt teilweise abschwächt.

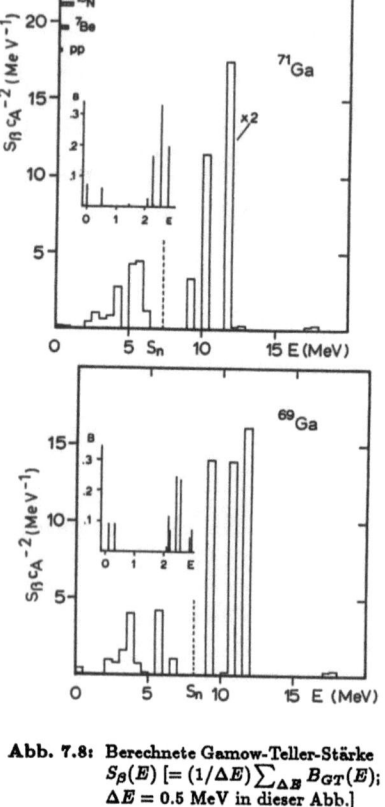
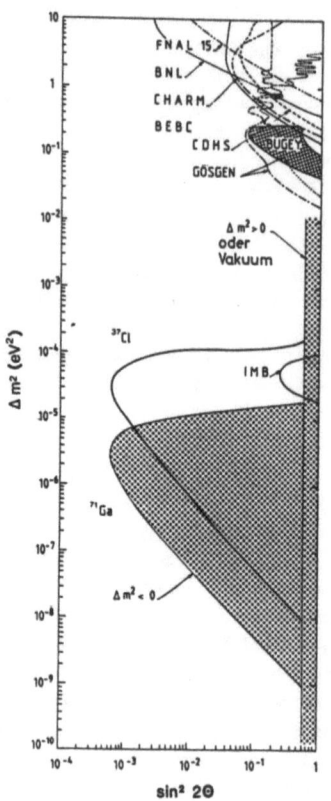

Abb. 7.8: Berechnete Gamow-Teller-Stärke $S_\beta(E)$ [$= (1/\Delta E)\sum_{\Delta E} B_{GT}(E)$; $\Delta E = 0.5$ MeV in dieser Abb.] für ^{69,71}Ga $\xrightarrow{\beta^-}$ ^{69,71}Ge (aus [Gro 86b]). Die für den Nachweis von solaren Neutrinos aus verschiedenen Quellen wesentlichen Energiebereiche sind angedeutet.

Abb. 7.9: Empfindlichkeit solarer Neutrino-Experimente auf Oszillationseffekte. Gezeigt sind Konturlinien in einer ($|\Delta m^2| - \sin^2 2\Theta$)-Darstellung. Der gepunktete Bereich (für ^{71}Ga, für Cl entsprechend der Bereich rechts der Kurve) entspräche einer Unterdrückung des ν_e-Flusses um 30% für den Fall, daß diese auf Neutrino-Oszillationen zurückzuführen wäre (aus [Bou 86])).

7.3 Möglichkeiten experimenteller Prüfung der Natur der Neutrinos

Tab. 7.4: Produktionsraten von ^{71}Ge durch Neutrino-Einfang in ^{71}Ga ausgehend vom Standard-Sonnenmodell und einem Nicht-Standardmodell [Dav 84] (aus [Ham 86])

Neutrinoquelle und -Energie [MeV]	Standard-Sonnenmodell Fluß† 10^{10}/(cm²s)	Prod.-Rate [SNU]	Nicht-Standard-Modell Fluß† 10^{10}/(cm²s)	Prod.-Rate [SNU]
pp (0 − 0.42)	6.0	69.3±0.6	6.19	71.5±0.6
pep (1.44)	0.015	3.2±0.2	0.015	3.2±0.2
^{7}Be (0.38, 0.86)	0.475	34.5±1.5	0.21	15.2±0.7
^{8}B (0 − 14.06)	0.00054	16.2±2.6	0.00011	3.3±0.5
^{13}N (0 − 1.20)	0.06	3.7±0.1	0.0048	0.3±0.01
^{15}O (0 − 1.73)	0.05	5.9±0.3	0.0064	0.8±0.04
Total		132.8±5.3		94.3±2.1

† Fluß auf der Erde

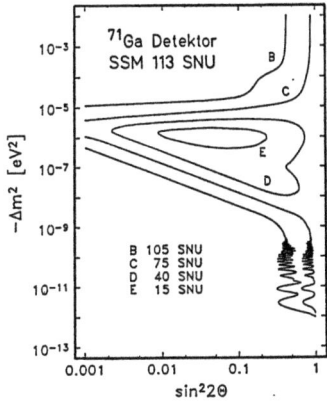
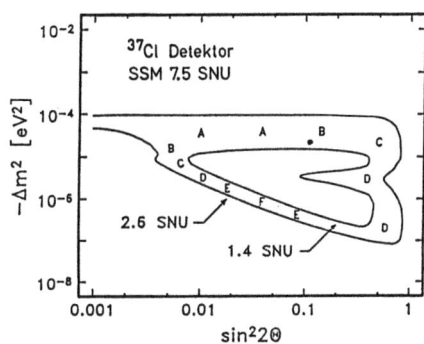

Abb. 7.10: ($|\Delta m^2| - \sin^2 2\Theta$)-Darstellung für den im Aufbau befindlichen Ga-Detektor. Die mit B-E bezeichneten Kurven bezeichnen die erlaubten Werte für Δm^2 und $\sin^2 2\Theta$ unter der Annahme verschiedener gemessener Raten — ausgehend vom Standard-Sonnenmodell (SSM) und dem MS-Effekt (aus [Ham 86]).

Abb. 7.11: ($|\Delta m^2| - \sin^2 2\Theta$)-Darstellung für das Cl-Experiment. Die Kurven entsprechen dem 2σ-Bereich des experimentellen Ergebnisses (1.4...2,6 SNU). Buchstaben entsprechen unterschiedlichen Zählraten des Gallium-Detektors (in SNU): A (115), B (105), C (75), D (40), E (15), F (10) (aus [Ham 86])

7.3.2 Einfluß der Neutrinomasse auf das Energiespektrum erlaubter Betaübergänge

Im Kernbetazerfall kann im wesentlichen das *Massenspektrum* des an das Elektron koppelnden Neutrinozustandes untersucht werden. Das Elektronspektrum eines erlaubten Übergangs wird durch eine endliche Neutrinomasse modifiziert. Das um den Einfluß des Coulomb-Feldes korrigierte statistische Energiespektrum im Kernbetazerfall aus Kap. 2

$$d\rho = \frac{1}{2\pi^3} F(Z, E_e)(\Delta - E_e)^2 p_e E_e dE_e \qquad (7.102)$$

$$E_e \leq E_{max} = \Delta$$

beruhte auf der Annahme eines masselosen Neutrinos. Bei *endlicher "Elektron"-Neutrinomasse "m_{ν_e}"* (s. Abschn. 7.3.1.1) erhält man ein modifiziertes statistisches Energiespektrum[2]

$$d\rho = \frac{1}{2\pi^3} F(Z, E_e)(\Delta - E_e)\left((\Delta - E_e)^2 - m_\nu^2\right)^{\frac{1}{2}} p_e E_e dE_e \qquad (7.103)$$
$$\text{für } E_e \leq E_{max} = \Delta - m_\nu$$

Daraus ergibt sich die Möglichkeit, durch eine Analyse experimenteller Zerfallsspektren Aussagen über die Neutrinomasse zu gewinnen. Das naheliegende Unterscheidungsmerkmal wäre die kleinere Maximalenergie des Elektrons E_{max} bei endlicher Neutrinomasse. Dies auszunutzen, ist jedoch kaum möglich, da dazu die experimentell bestimmte maximale Elektronen-Energie E_{max} mit der von E_{max} unabhängig bestimmten Zerfallsenergie zu vergleichen wäre. Solche Bestimmungen der Zerfallsenergie besitzen aber nicht die nötige Genauigkeit. Ein meßbarer Effekt, nach welchem experimentell gesucht wird, wäre eine *Formänderung* des Spektrums im Endpunktbereich, welche sich bei endlicher Neutrinomasse als Abwärtskrümmung im Kurie-Diagramm zeigen sollte (s. Abb. 2.7). Ein besonders intensiv untersuchter Übergang ist der β-Zerfall des Tritiums nach ^{3}He. Dies ist ein erlaubter Übergang mit extrem kleiner Zerfallsenergie von $\Delta = 18.6$ keV und somit sehr gut geeignet, um nach Abweichungen im Elektronspektrum, verursacht durch eine Neutrinomasse im eV bis keV-Bereich, zu suchen. Denn aus (7.103) geht hervor, daß derartige Abweichungen um so deutlicher sein sollten, je größer des Verhältnis m_ν/Δ ist.

Lubimov et al. [Lub 80,85] haben aus einer Analyse des Tritium-Elektronspektrums im Endbereich, aufgenommen mit einem β-Magnetspektrometer, auf eine endliche Neutrinomasse geschlossen. Sie erhielten das Ergebnis 20 eV $<$ "m_{ν_e}" $<$ 45 eV. Dieses Ergebnis wäre, genau gesagt, so zu interpretieren, daß die Hauptkomponente von ν_e, von der man allgemein annimmt, daß sie auch die leichteste ist, eine endliche Masse in der Gegend von 30 eV besitzt. Es gibt jedoch starke Zweifel an der Richtigkeit dieses Ergebnisses. Andere Autoren konnten mit ähnlichen Methoden nur eine

---

[2]Herleitung analog Gleichungen (2.27) bis (2.31) mit $p_\nu^2 dp_\nu = p_\nu E_\nu dE_\nu = \sqrt{E_\nu^2 - m_\nu^2} E_\nu dE_\nu$

7.3 Möglichkeiten experimenteller Prüfung der Natur der Neutrinos

obere Grenze für "m_{ν_e}" erhalten ([Ber 85], [Kün 86], [Fri 86]). Kündig ([Kün 86], [Fri 86]) gibt mit einer Konfidenz von 95% als obere Grenze an (s. Abb. 7.12)

$$"m_{\nu_e}" < 18 \text{ eV} \tag{7.104}$$

Es muß erwähnt werden, daß derartige Experimente extrem schwierig sind. Zum einen ist die Elektronenrate gerade im Spektrums-Endbereich besonders klein, was eine apparative Anordnung mit hoher Ausbeute und geringer Untergrundrate erfordert. Zum andern könnte eine der durch eine mögliche Neutrinomasse verursachten ähnliche Spektrumsdeformation auch als Folge eines Energieverlustes der Elektronen in dem Tritium-Präparat oder der Apparatur auftreten. Aus diesem Grunde muß das zu untersuchende Zerfallspräparat extrem dünn sein. Auch molekulare Bindungsenergien und Effekte infolge endlicher apparativer Auflösung können bei einer Neutrinomasse von etlichen eV schon eine Rolle spielen.

Ist das Elektron-Neutrino ein Mischungszustand aus verschiedenen Masseneigenzuständen $|\nu_i\rangle$ nach (7.87), so ist der Betazerfall als Zerfall in verschiedene Zerfallskanäle zu betrachten, wobei diese verschiedenen Kanäle durch die Neutrino-Masseneigenzustände definiert werden. Die Intensität des Zerfalls in den Kanal $|\nu_i\rangle$ ist, abgesehen von der Phasenraum-Modifikation durch die endlichen Neutrinomassen nach (7.103), durch $|U_{ei}|^2$ gegeben. Das Elektronspektrum ergibt sich als Überlagerung der einzelnen Spektren:

$$d\rho_{total} = \sum_i |U_{ei}|^2 d\rho_i \tag{7.105}$$

wobei $d\rho_i$ das Spektrum des Masseneigenzustandes $|\nu_i\rangle$ mit Masse m_i nach (7.103) ist.

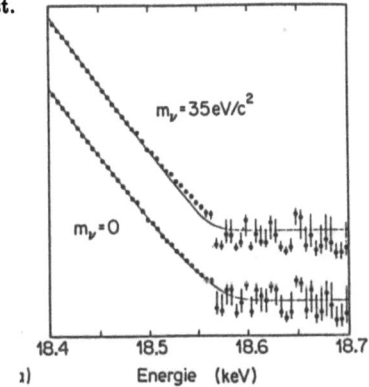
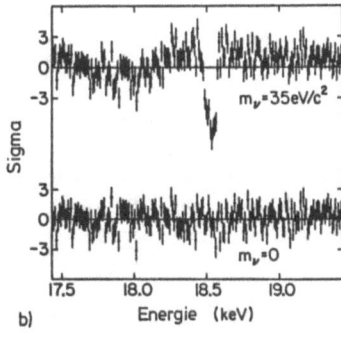

Abb. 7.12: (a) Elektronspektrum des Tritium-Zerfalls aus der Messung von Kündig et al. [Kün 86]. Die an die Meßpunkte angepaßten durchgezogenen Linien entsprechen einer Neutrinomasse von 0 bzw. 35 eV.
(b) Differenz der angepaßten Funktion in a) und den Daten dividiert durch die Standardabweichung für die Werte $m_\nu = 0$ bzw. 35 eV (aus [Kün 86]).

Im Fall des durch (7.95) beschriebenen Zwei-Neutrino-Systems (z.B. $\nu_e - \nu_\mu$) erhält man explizit:

$$d\rho_{total} = \frac{1}{2\pi^3} F(Z, E_e)(\Delta - E_e) p_e E_e \Big\{ \cos^2\Theta \sqrt{(\Delta - E_e)^2 - m_1^2}$$
$$+ \sin^2\Theta \sqrt{(\Delta - E_e)^2 - m_2^2} \Big\} dE_e \qquad (7.106)$$

Hinweise für das Auftreten eines solchen Effektes wurden ebenfalls für den Tritium-Zerfall angegeben [Sim 85,86]. Eine Erhöhung der Zählrate gegenüber Gl. (2.38) im Anfangsbereich des Elektron-Spektrums wurde interpretiert als eine Überlagerung des "m_{ν_e}" = 0 Spektrums durch eine zusätzliche Komponente mit m_ν = 17.1 keV und einem Mischungskoeffizienten von $\sin^2\Theta \approx 0,03$. Eine solche Neutrinokomponente könnte im Prinzip die dominante Komponente von ν_μ sein oder auch einen weiteren bisher nicht entdeckten Neutrino-Freiheitsgrad darstellen. Andere Experimente allerdings, wie etwa die Untersuchung des Zerfalls ^{35}S $\to$ ^{35}Cl $+ e + \nu_e$ mit $\Delta = 167$ keV (s. z.B. [Alt 85], ferner Ref. in [Sim 86]) und des Zerfalls von ^{64}Cu [Schre 83] stehen im Widerspruch zur Existenz eines 17 keV Neutrinos mit einer derart großen Kopplung an das Elektron. Die erstere der oben gegebenen Deutungen stünde auch im Widerspruch zu den ν-Oszillations-Experimenten, die eine Obergrenze für ν_e-ν_μ-Mischung von $\Theta \lesssim 3°$ ergeben (s. Abb. 7.5a), d.h. eine viel schwächere Kopplung an das Elektron als gemäß $\sin^2\Theta \approx 0.03$ für das schwere Neutrino gefordert.

Über die *Massen von μ- und τ-Neutrino* lassen sich Aussagen gewinnen durch Analyse der Zerfälle von K-Mesonen, Pionen und τ-Leptonen. Die erreichten Obergrenzen sind:

$$"m_{\nu_\mu}" < 0.25 \text{ MeV} \quad \text{[Abe 84]} \quad (90\% \text{Konfidenz}) \qquad (7.107)$$

$$"m_{\nu_\tau}" < 35 \text{ MeV} \quad \begin{cases} \text{[Alb 88]} \\ \text{[Kolt 86]} \\ \text{[Schu 88]} \end{cases} \quad (95\% \text{Konfidenz}) \qquad (7.108)$$

7.3.3 Neutrinozerfall

Wenn die Neutrinos eine endliche Masse besitzen und die Massen-Eigenzustände nicht identisch sind mit den Wechselwirkungszuständen, so ergibt sich weiter die Möglichkeit von Neutrinozerfällen. Ist bei der durch (7.95) gegebenen Mischung $m_2 > 3m_1$, so wird der Prozeß

$$\nu_2 \to \nu_1 + \nu_1 + \bar{\nu}_1 \qquad (7.109)$$

energetisch möglich. Bei kleinem Mischungswinkel Θ ist das als Zerfall des "μ"-Neutrinos zu interpretieren.

7.3 Möglichkeiten experimenteller Prüfung der Natur der Neutrinos

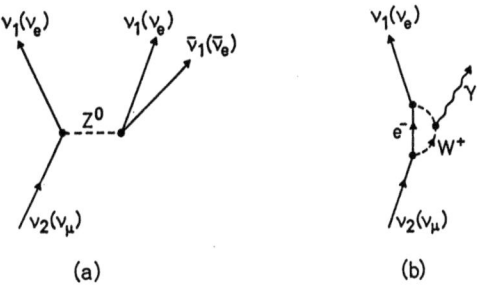

Abb. 7.13: Graphen zum Neutrinozerfall.
a) Der Zerfallsmodus $\nu_2 \to \nu_1 + \nu_1 + \bar{\nu}_1$
b) $\nu_2 \to \nu_1 + \gamma$.

Der konkurrierende Zerfallsprozeß

$$\nu_2 \to \nu_1 + \gamma \qquad (7.110)$$

ist dagegen schon für $m_2 > m_1$ möglich. Bzgl. einer Berechnung der Lebensdauer solcher Prozesse sei auf [Sat 77], [Pal 82], [Bil 87] verwiesen. Neutrinozerfall konnte bislang experimentell nicht nachgewiesen werden. Er hätte vor allem kosmologische Konsequenzen (s. Abschn. 9.5. bzgl. kosmologischer Einschränkungen der Neutrino-Lebensdauern). Untere Grenzen für beide Prozesse versucht man aus Reaktorexperimenten zu gewinnen [Obe 87]. Scharfe Lebensdauer-Grenzen für den Prozeß (7.110) erhielt man aus der gleichzeitigen Beobachtung des Neutrinoflusses von der Supernova 1987A (s. Abschn. 7.3.5 und Kap. 8) und des während dieser Zeit mittels des SMM-("Solar Maximum Mission-") Satelliten gemessenen γ-Flusses (s. [Obe 88]):

$$\frac{\tau_{\bar{\nu}_e}}{m_{\bar{\nu}_e}} > 8.3 \cdot 10^{14} \, \frac{s}{eV}$$

$$\frac{\tau_{\nu_i}}{m_{\nu_i}} > 3.3 \cdot 10^{14} \, \frac{s}{eV}$$

7.3.4 Neutrinoloser Doppel-Betazerfall

In Abschn. 7.1.1 war der sukzessive Prozess diskutiert worden (s. Abb. 7.2):

$$\begin{array}{c} {}^A_Z X \to {}^A_{Z+1}X + e^- + \bar{\nu}_e \\ \downarrow \\ \bar{\nu}_e + {}^{A'}_{Z'}X \to {}^{A'}_{Z'+1}X + e^- \end{array} \qquad (7.111)$$

$$L = -1 \qquad\qquad L = +1 \quad \Rightarrow \Delta L = 2$$

Die Absorption des Antineutrinos im zweiten Schritt verletzt die Leptonenzahl-Erhaltung und ist daher nicht möglich, wenn das Neutrino ein Dirac-Teilchen ist. Aber auch für ein masseloses Majorana-Neutrino mit rein linkshändiger Wechselwirkung ist dieser Zweistufenprozeß verboten. Er stellt deshalb einen Test sowohl für die Neutrinomasse als auch für die Struktur der schwachen Wechselwirkung dar. Eine wesentlich größere Amplitude als die Emission eines reellen Neutrinos in einem Atomkern und die nachfolgende Absorption in einem weiteren Atomkern besitzt aber die Emission und Absorption eines Neutrinos in *ein und demselben* Atomkern. Dies ergibt den in Abschn. 2.4.1.2 und 3.6.2 schon diskutierten neutrinolosen Doppel-Betazerfall (0ν $\beta\beta$-Zerfall):

$$^A_Z X \rightarrow ^A_{Z+2}X + 2e^- \tag{7.112}$$

Dabei wird zwischen zwei Nukleonen in *demselben* Atomkern ein virtuelles Neutrino ausgetauscht. Die Argumente aus Abschn. 7.1.1 behalten dabei ihre Gültigkeit. Für ein *Dirac-Neutrino* ist der neutrinolose Doppel-Betazerfall prinzipiell nicht möglich, da der mit der $\bar\nu$-Absorption verknüpfte Operator d_R lediglich zusammen mit Positronerzeugung, nicht aber mit Elektronerzeugung im leptonischen Strom auftritt (vgl. Abb. 7.2). Im Fall eines *Majorana-Neutrinos* stellt dagegen die *Linkshändigkeit* der schwachen Wechselwirkung ein Hindernis für den 0ν $\beta\beta$-Zerfall dar. Bei rein linkshändiger Wechselwirkung ist der emittierte Neutrinozustand (eine Unterscheidung zwischen Neutrino und Antineutrino ist ja im Majorana-Fall nicht mehr möglich) rein *rechtshändig*, dagegen kann aber nur ein *linkshändiges* Neutrino absorbiert werden. Der neutrinolose Doppel-Betazerfall kann also nur auftreten, wenn (s. Abb. 7.14)

1. das Neutrino ein Majorana-Teilchen ist

2. das aus der Linkshändigkeit der schwachen Wechselwirkung folgende Verbot umgangen wird durch

    (a) Eine rechtshändige Komponente des schwachen leptonischen Stroms <u>oder</u>

    (b) Durch eine Änderung der Händigkeit des Neutrinos zwischen Emission und Absorption. Dies ist möglich, wenn das Neutrino eine endliche (Majorana)-Masse besitzt.

Im Rahmen der GUT-Modelle können Möglichkeiten 2(a) und 2(b) allerdings nicht als unabhängig betrachtet werden. Dort ist eine rechtshändige Komponente nur in Verbindung mit einer gleichzeitigen Majorana-Masse wirksam (s. z.B. [Moh 86], [Ros 88]).

<u>Fall a)</u>: Sei der geladene schwache leptonische Strom gegeben durch:

$$\mathcal{L}^c_\mu = \bar{e}\gamma_\mu(1-\gamma_5)\nu_e + \eta\bar{e}\gamma_\mu(1+\gamma_5)\nu_e \tag{7.113}$$

Dann ist die 0ν $\beta\beta$-Zerfallsamplitude proportional zu η, dem rechtshändigen Anteil.

7.3 Möglichkeiten experimenteller Prüfung der Natur der Neutrinos

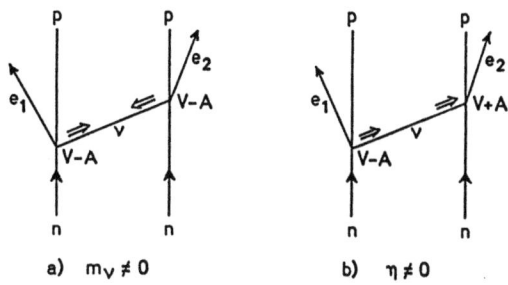

Abb. 7.14: Neutrinoloser Doppelbetazerfall ($0\nu\,\beta\beta$) ist nur für Majorana-Neutrinos möglich, und zwar, wenn $m_\nu \neq 0$ (a) oder $\eta \neq 0$ (b) (s. Text).

<u>Fall b)</u>: Betrachten wir Gl. (7.46). Daraus ist zu erkennen, daß der den Masseneigenzustand beschreibende Spinor $u_-(\vec{p})$ (Lösung der freien Dirac-Gleichung) neben dem dominanten linkshändigen Anteil auch einen rechtshändigen Anteil mit der Amplitude $\beta \approx m/(2E)$ enthält. Daraus ergibt sich, daß die durch eine Majorana-Masse m_ν induzierte $0\nu\,\beta\beta$-Zerfallsamplitude proportional zu m_ν ist. Beide Effekte, rechtshändige Ströme und eine Majorana-Masse, können außerdem interferieren und man erhält insgesamt für die Zerfallsrate $\omega_{0\nu}$ in der allgemeinsten Form einer bilinearen Abhängigkeit:

$$\omega_{0\nu} = G_\beta^4 |A^2 m_\nu^2 + B^2 m_\nu \eta + C^2 \eta^2| \tag{7.114}$$

mit für den jeweiligen Atomkern charakteristischen Konstanten A, B und C, welche die Phasenraumabhängigkeit und die Kernstruktur beinhalten. Durch Vergleich mit (2.199) erkennen wir:

$$A^2 = c_A^4 F^{0\nu} |1 - x_F|^2 |R_0 M^{0\nu}|^2 / m_e^2 \tag{7.115}$$

In jedem Fall stellt der neutrinolose Doppel-Betazerfall eine Verletzung der Leptonenzahl-Erhaltung dar. Im Rahmen der GUT-Modelle ist dieser Prozeß eine Folge der Brechung der $(B - L)$-Symmetrie (s. Kap. 6 u. Abschn. 7.2.2). Experimente, welche nach einem solchen Zerfallsmodus suchen, testen also sowohl den Charakter des Neutrinos als auch der Wechselwirkung. Ähnlich wie die Protonzerfalls-Experimente sind auch solche Experimente extrem schwierig. Dazu muß man sich klar machen, daß der Doppel-Betazerfall ein Effekt zweiter Ordnung in G_β ist und somit mit extrem kleiner Rate abläuft. Die typischen Halbwertszeiten für den konventionellen 2ν-Zerfall liegen bei 10^{20} Jahren. Beim 0ν-Zerfall hat man es darüber hinaus mit einem Prozeß zu tun, der nur, wenn überhaupt, durch eine minimale Symmetrieverletzung ermöglicht wird. Das unterdrückt die Zerfallsrate nochmals um einen großen (und bislang unbekannten) Faktor. Im Gegensatz zum Protonzerfall ist es nun aber bei Experimenten zum Doppel-Betazerfall weitaus schwieriger, große Mengen an Quellenmaterial zu untersuchen. Beim Protonzerfall kann man sich günstige Materialien auswählen (z.B. Wasser), beim Doppel-Betazerfall ist man dagegen auf die Isotope angewiesen, welche aufgrund ihrer energetischen Lage bezüglich ihrer Nachbar-Isotope für Doppel-Betazerfall in Frage kommen (vgl. Abb. 2.16). Außerdem ist die Zerfallsenergie mit maximal einigen MeV ungleich kleiner als beim Protonzerfall und damit spielt die absorbierende Wirkung der Quelle selbst eine wesentlich größere Rolle. Es gibt zwei Methoden, um nach Doppel-Betazerfall zu suchen.

1. Die *geochemische* Methode

2. die *direkte* Beobachtung des Zerfalls mit einem geeigneten Detektor.

7.3.4.1 Geochemische Experimente

Die geochemische Methode basiert auf der Tatsache, daß sich die Zerfallsisotope aus dem Doppel-Betazerfall von Kernen, welche in Mineralien enthalten sind, während der gesamten geologischen Vergangenheit seit der Entstehung dieses Minerals angesammelt haben. Diese Isotope müssen demzufolge abnormal häufig in diesem Mineral vorhanden sein. Wegen der extrem langen "Meßzeit" ist diese geochemische Methode besonders *sensitiv*. Der Nachteil ist aber, daß das abnormal häufig vorhandene Isotop keinen Aufschluß über die Art seiner Entstehung gibt. Insbesondere ist es nicht möglich, den normalen 2ν- vom neutrinolosen Doppel-Betazerfall zu unterscheiden. Mit solchen Experimenten kann *nur die totale Zerfallsrate*, also die Summe aus 0ν- und 2ν-Zerfall bestimmt werden. Außerdem müssen die zu untersuchenden Quellen ganz bestimmte geologische und chemische Bedingungen erfüllen (z.B. muß ausgeschlossen sein, daß die Quelle, unabhängig vom Doppel-Betazerfall, schon von vornherein eine signifikante Menge des Zerfalls-Tochterisotops enthält). Das schränkt die $\beta\beta$-Quellen, welche für eine geochemische Analyse geeignet sind, im wesentlichen auf sehr reine Tellur- und Selenerze ein.

Andererseits ist der Doppel-Betazerfall bislang überhaupt nur für die beiden Isotope ^{82}Se und ^{130}Te nachgewiesen, für letzteres nur in geochemischen Messungen [Kir 67,68,69,82,83,86], für ersteres auch in einem Zähler-Experiment [Ell 87]. Die Halbwertszeiten sind $T^{1/2}(^{130}\text{Te}) = (2.60 \pm 0.28) \cdot 10^{21}$ Jahre [Kir 83] und $T^{1/2}(^{82}\text{Se}) = (1.45 \pm 0.15) \cdot 10^{20}$ Jahre [Kir 82] bzw. $T^{1/2}_{2\nu}(^{82}\text{Se}) = (1.1^{+0.8}_{-0.3}) \cdot 10^{20}$ Jahre [Ell 87]. Da man für ^{82}Se aus Zähler-Experimenten (s.u.) $T^{1/2}_{0\nu}(^{82}\text{Se}) > 1.1 \cdot 10^{22}$ Jahre bestimmt hat [Ell 86], ist der geochemisch nachgewiesene ^{82}Se-Zerfall überwiegend 2ν-Zerfall. Für ^{130}Te kann man entsprechendes aus Phasenraum-Argumenten schließen und zwar durch Vergleich mit der für ^{128}Te erreichten experimentellen Grenze von $T^{1/2}(^{128}\text{Te}) > 8 \cdot 10^{24}$ Jahre [Kir 83]. ^{128}Te hat mit 0.4 MeV eine sehr viel kleinere Zerfallsenergie als ^{130}Te ($\Delta = 2.5$ MeV). Würde man annehmen, daß der in Tellurerzen beobachtete relative Überschuß an ^{130}Xe durch 0ν $\beta\beta$-Zerfall von ^{130}Te entstanden ist, so müßte auch die 0ν $\beta\beta$-Zerfallsrate von ^{128}Te etwa 100fach höher sein als beobachtet. Der Phasenraum des 0ν-Zerfalles ist nämlich wesentlich schwächer von Δ abhängig, als der des 2ν-Zerfalles (s. [Mut 88a]), da sich die beiden Zerfallsarten in der Zahl der Fermionen im Endzustand unterscheiden. Das beobachtete kleine Verhältnis der Zerfallsraten von ^{128}Te zu ^{130}Te ist nur erklärbar, wenn man annimmt, daß bei

7.3 Möglichkeiten experimenteller Prüfung der Natur der Neutrinos

^{130}Te der 2ν-Zerfall dominiert. Bei dieser Argumentation muß man allerdings annehmen, daß die Kernstruktur-Matrixelemente in beiden Kernen in gewissen Grenzen ähnlich sind. Da man in geochemischen Experimenten die Zerfallsraten für 0ν- und 2ν-Zerfall nur aufgrund solcher indirekter Argumente trennen kann, erhält man aus diesen eine modellunabhängige Aussage bezüglich des 0ν-Zerfalls und damit bezüglich einer $(B - L)$-Verletzung prinzipiell nur in Form der *Obergrenze*:

$$\omega_{0\nu} \leq \omega_{total} \tag{7.116}$$

Es wird kaum möglich sein, aus solchen Experimenten eine gesicherte *positive* Evidenz für den 0ν-Zerfall abzuleiten. Dennoch liefert die geochemisch ermittelte Obergrenze für die Zerfallsrate von ^{128}Te gegenwärtig zusammen mit derjenigen aus dem Zerfall von ^{76}Ge (s.u.) die schärfste Grenze für eine Majorana-Masse des Neutrinos (s. Tab. 7.5).

7.3.4.2 Detektor-Experimente In Detektor-Experimenten ist es bislang nur für einen einzigen Kern gelungen, $\beta\beta$-Zerfall nachzuweisen, und zwar für ^{82}Se. Für diesen Kern wurde die Halbwertszeit für 2ν-Zerfall zu $(1.1^{+0.8}_{-0.3}) \cdot 10^{20}$ Jahre [Ell 87] bestimmt. Der Hauptvorteil der Detektor-Experimente gegenüber der geochemischen Methode liegt in der direkten Identifikation des Zerfallsmodus. Ein zweiter Vorteil ist, daß diese Methode für eine größere Anzahl von Isotopen geeignet ist. Dennoch gibt es auch hier prädestinierte Kerne. Ein besonders glücklicher Umstand liegt bei dem potentiellen $\beta\beta$-Emitter ^{76}Ge vor. Dieses Isotop kommt mit einer Häufigkeit von 7.8% in natürlichem Germanium vor, aus welchem hochauflösende Halbleiter-Detektoren hergestellt werden. Es gibt weltweit eine ganze Reihe von Experimenten, bei denen dies ausgenutzt wird und die zu untersuchende potentielle $\beta\beta$-Quelle identisch mit einem Germanium-Detektor ist ([Avi 86,86a,88], [Bel 86], [For 84], [Eji 86, 87], [Zde 86], [Cal 86a-d], s. Abb. 7.15). ^{76}Ge besitzt zudem eine relativ große Zerfallsenergie von 2.041 MeV, was die zu erwartenden Zerfallsraten erhöht. Ein weiterer günstiger Umstand der Detektor-Experimente ist die größere Empfindlichkeit für die

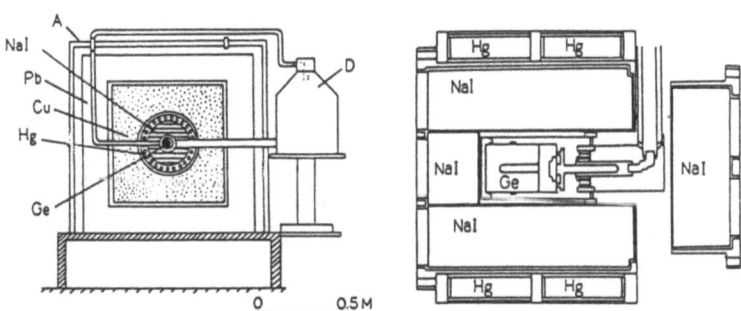

Abb. 7.15: Aufbau zur Messung des Doppel-Betazerfalls von ^{76}Ge. Der verwendete Germanium-Detektor dient gleichzeitig als $\beta\beta$-Quelle (aus [Eji 86]).

interessanteren 0ν-Zerfallsereignisse verglichen mit den 2ν-Zerfällen. Beim 0ν-Zerfall teilen sich nämlich die beiden Zerfalls-Elektronen die gesamte Zerfallsenergie. Deshalb erwartet man bei Addition der beiden Elektronen-Energiesignale, die in einem ausreichend großen Germanium-Detektor automatisch erfolgt, eine scharfe Linie an exakt der Stelle der Zerfallsenergie (s. Abb. 2.19).

Außer der Vielzahl von Experimenten mit ^{76}Ge, welche unter den Zählerexperimenten momentan die empfindlichsten Grenzen für eine $(B-L)$-Verletzung liefern, wird eine ganze Reihe weiterer Isotope untersucht (s. z.B. Beiträge in [Kla 86,88,88a]). Dabei besteht die Kunst darin, möglichst viel Quellenmaterial zu untersuchen und dennoch die Eigenabsorption der Quelle bezüglich der Elektronen hinreichend klein zu halten. Das muß durch eine entsprechende geometrische Anordnung erreicht werden. Zur Untersuchung von ^{100}Mo wurde z.B. das Quellenmaterial zwischen eine Vielzahl von stabförmigen Plastik-Szintillatoren verteilt [Zde 81] bzw. zwischen Si (Li)-Detektoren angeordnet [Eji 86], [Oka 88], [Als 88]. Eine weitere Möglichkeit ist die Verwendung von Gaszählrohren, wobei entweder die Zähldrähte oder das Füllgas das zu untersuchende Isotop, z.B. ^{136}Xe (s. [Ales 88]), enthalten. Die Detektor-Experimente eröffnen zumindest prinzipiell auch die Möglichkeit, zwischen m_ν-induziertem und η (rechtshändige Ströme)-induziertem neutrinolosen $\beta\beta$-Zerfall zu unterscheiden. Das ist möglich, wenn man außer den $0^+ \to 0^+$-Grundzustandsübergängen auch Übergänge zu angeregten Zuständen untersucht. Aufgrund von Spin-Auswahlregeln sind nämlich neutrinolose Übergänge von 0^+- nach 2^+-Zuständen nur als Folge rechtshändiger Ströme möglich, nicht aber als Folge einer Majorana-Masse (s. z.B. [Doi 81,85]). Nach solchen Übergängen zu angeregten Zuständen ist ebenfalls experimentell gesucht worden (s. z.B. [Eji 86, 87], [Mor 86], [Bus 88] und Abb. 2.16). Dabei kann eine Koinzidenzbedingung zwischen den beiden emittierten Elektronen und dem auf den $\beta\beta$-Zerfall folgenden γ-Quant zu einer weiteren Unterdrückung des Untergrundes benützt werden. Tab. 3.4 und 7.5 geben eine Zusammenstellung bisher erreichter Grenzen für 2ν- und 0ν-Zerfall. Bezüglich weiterer Ergebnisse verweisen wir auf Beiträge in [Kla 86,88,88a]. Untere Grenzen für den neutrinolosen $\beta\beta$-Zerfall unter Majoron-Emission (s. Abschn. 2.4) liegen in derselben Größenordnung, z.B. findet man für ^{76}Ge: $T^{1/2}_{0\nu,\chi} > 1.4 \cdot 10^{21}$ Jahre [Cal 87a].

7.3.4.3 Grenzen für die effektive Neutrinomasse $\langle m_\nu \rangle$ und η aus dem Doppel-Betazerfall
Der allgemeine Zusammenhang zwischen der Rate des neutrinolosen Zerfalls $\omega_{0\nu}$ und den $(B-L)$-verletzenden Größen m_ν und η ist durch Gl. (7.114) gegeben. Wir haben dabei in Gl. (7.114) i.a. m_ν durch eine *effektive* Neutrinomasse $\langle m_\nu \rangle$ zu ersetzen (s. Abschn. 7.3.4.4).

Eine experimentelle Grenze für $\omega_{0\nu}$ läßt sich danach in eine parabelförmige Grenzlinie in der m_ν-η Ebene umsetzen. Da der Parameter B in (7.114) im allgemeinen nicht verschwindet, ist dies keine achsensymmetrische Parabel, und die maximal mögliche Neutrinomasse m_ν ergibt sich nicht bei $\eta = 0$, sondern für ein endliches η. Ebenso ergibt sich das größtmögliche η bei einem endlichen Wert für m_ν. Es ist jedoch hinreichend genau, diesen Mischterm zu vernachlässigen und die absoluten Obergrenzen für

7.3 Möglichkeiten experimenteller Prüfung der Natur der Neutrinos

$m_\nu(\eta)$ unter der Bedingung $\eta = 0$ ($m_\nu = 0$) abzuleiten (s. Abb. 7.16). Aus der experimentellen Untergrenze für die 0ν $\beta\beta$-Halbwertszeit von ^{76}Ge folgt, daß $\eta < 10^{-7}$ ist (s. Abb. 7.16 u. [Tom 87]). Die aus dem Doppel-Betazerfall erhaltene Obergrenze für rechtshändige Ströme ist damit um mehrere Größenordnungen kleiner als diejenige aus Winkelkorrelationsmessungen im einfachen Betazerfall, aus μ-Zerfall oder K-Zerfall (s. [Doi 85], [Wic 87,88]). Man darf allerdings nicht vergessen, daß dies nur unter der Voraussetzung eines Majorana-Neutrinos richtig ist. Weiter muß betont werden, daß es sich hier um eine rein phänomenologische Analyse handelt ohne Berücksichtigung der in den theoretischen Modellen (GUTs) enthaltenen Zusammenhänge.

Betrachten wir nun den Fall $\eta = 0$, so erhalten wir (s. Gl. (7.114)) die schon in Kap. 2 angegebene Relation (2.199) zwischen $\omega_{0\nu}$ und m_ν:

$$\omega_{0\nu} = (G_\beta c_A)^4 F^{0\nu} |1 - x_F|^2 |R_0 M^{0\nu}|^2 \frac{\langle m_\nu \rangle^2}{m_e^2} \tag{7.117}$$

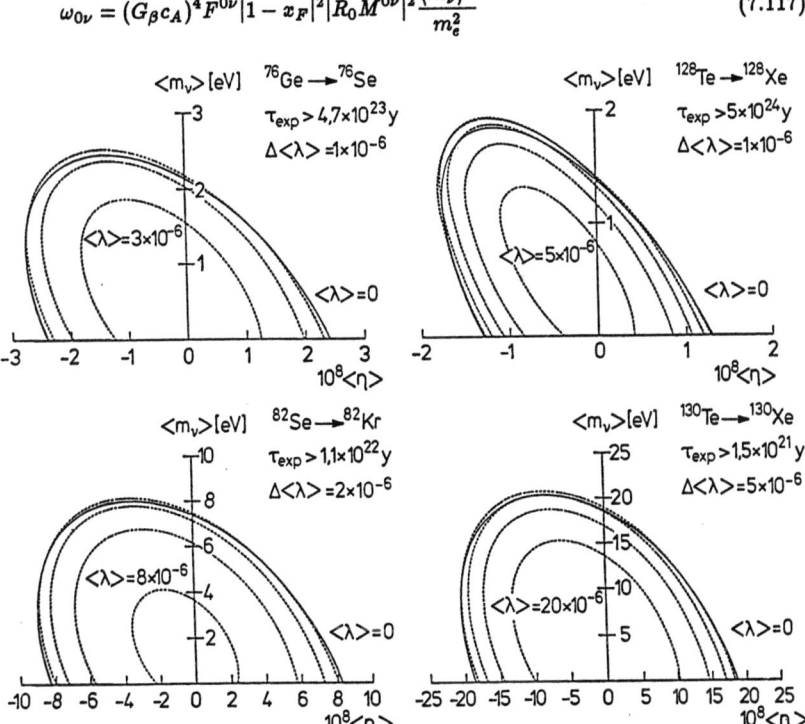

Abb. 7.16: Erlaubte Bereiche (innerhalb der Ellipsen) für effektive Neutrinomasse $\langle m_\nu \rangle$ und η (für einige festgehaltene Werte von λ), abgeleitet aus den experimentellen unteren Grenzen der Halbwertszeiten für 0ν $\beta\beta$-Zerfall von ^{76}Ge, ^{82}Se ^{128}Te und ^{130}Te (aus [Tom 87]).

Die Berechnung der Kernstruktur-Matrixelemente $M^{0\nu}$ wurde bereits in Kap. 3.6 besprochen.

Die aus einigen Experimenten erhaltenen Grenzen für $\langle m_\nu \rangle$ sind in Tab. 7.5 zusammengefaßt. Abb. 7.16 zeigt entsprechende Analysen in der $\langle m_\nu \rangle, \eta$-Ebene mit λ als Parameter[3].

Die schärfsten Grenzen für die Neutrinomasse stammen demnach gegenwärtig aus ^{76}Ge und ^{128}Te. Von besonderem Interesse ist daher ein Plan, die erreichten Grenzen für m_ν durch Verwendung von Detektoren aus *angereichertem* ^{76}Ge weiter einzuengen (s. [Kla 86b,87], [Cal 86a]).

Tab. 7.5: Aus verschiedenen Experimenten resultierende Untergrenzen für die 0ν $\beta\beta$-Halbwertszeiten $T_{1/2}^{0\nu}$ einiger Kerne und die daraus abgeleiteten Obergrenzen für die effektive Neutrinomasse (s. Abschn. 7.3.4.4). Die bei der Analyse verwendeten Matrixelemente stammen aus [Gro 86a] bzw. [Tom 87]. Die letzteren Rechnungen berücksichtigen Teilchen-Teilchen-Kräfte in der RPA, s. Kap. 3.6.

				$\langle m_\nu \rangle$ (eV)	
				Matrix-Element aus	
Kern	$T_{1/2}^{0\nu}$		Referenz	[Gro 86a]	[Tom 87]
^{48}Ca	$> 2 \cdot 10^{21}$	(80%CL)	[Bar 70]	$< 40^\dagger$	
^{76}Ge	$> 3.9 \cdot 10^{23}$	(1σ)	[Cal 86c]	< 0.8	< 2.9
^{82}Se	$> 1.1 \cdot 10^{22}$	(1σ)	[Ell 86]	< 2.9	< 8
^{128}Te	$> 8 \cdot 10^{24}$	(2σ)(G)	[Kir 83]	< 0.35	< 2
^{130}Te	$(2.60 \pm 0.28) \cdot 10^{21}$	(G)	[Kir 83]	< 4.1	< 26

(G) bedeutet geochemische Messung, † aus [Hax 84]

7.3.4.4 Neutrinomischungen im 0ν $\beta\beta$-Zerfall Betrachten wir die aus dem 0ν $\beta\beta$-Zerfall erhaltenen Obergrenzen für die Neutrinomasse, so stellt sich die Frage, wieweit diese *prinzipiell* mit solchen vergleichbar sind, die aus *einfachem* β-Zerfall abgeleitet werden. Hier muß man sich klar machen, daß die verschiedenen Experimente unterschiedliche physikalische Größen messen. Wenn das Elektron-Neutrino Dirac-

---

[3]Die allgemeinste Form einer effektiven Hamiltondichte der schwachen Wechselwirkung, bei welcher auch rechtshändige Ströme zugelassen sind, läßt sich schreiben ([Hax 84], [Doi 85]):

$$H_\beta = (\frac{G_\beta}{\sqrt{2}} \cos\Theta_c)(l_{L\mu} h_L^{\mu+} + \kappa l_{L\mu} h_R^{\mu+} + \eta l_{R\mu} h_L^{\mu+} + \lambda l_{R\mu} h_R^{\mu+}) + h.c.$$

mit den links- und rechtshändigen leptonischen bzw. hadronischen Strömen $l_{L,R}$, $h_{L,R}$.

7.3 Möglichkeiten experimenteller Prüfung der Natur der Neutrinos

Charakter hat, so besitzen die aus dem Doppel-Betazerfall erhaltenen Massengrenzen keine Gültigkeit, da ja prinzipiell nur Majorana-Neutrinos den $0\nu\,\beta\beta$-Zerfall induzieren können. Aber auch für die von den Theorien bevorzugten Majorana-Neutrinos besteht die Möglichkeit, Massen zu besitzen, welche *über* den in Tab. 7.5 angegebenen Grenzen liegen. Dies ist möglich, wenn es zu *destruktiven Interferenzeffekten zwischen mehreren Neutrinozuständen* kommt. Gibt es nicht nur *einen* an das Elektron koppelnden Neutrino-Masseneigenzustand, so können solche Interferenzeffekte im $0\nu\,\beta\beta$-Zerfall auftreten. Sei wieder der an das Elektron koppelnde Neutrinozustand, ausgedrückt durch die Massen-Eigenzustände $|\nu_i\rangle$, gegeben durch (7.87):

$$|\nu_e\rangle = \sum_i U_{ei}|\nu_i\rangle$$

Wir nehmen zunächst an, daß alle Massen m_i relativ klein sind ($m_i < 1$ MeV). Betrachten wir nun den Beitrag eines Massen-Eigenzustandes $|\nu_i\rangle$ zur Zerfallsamplitude, so haben wir die für den Fall nur eines Neutrinos gültige Amplitude aus Gl. (7.114) $G_\beta^2 A m_\nu$ (wir vernachlässigen wieder rechtshändige Ströme) zu multiplizieren mit der Kopplung des Massen-Eigenzustandes $|\nu_i\rangle$ an das Elektron relativ zu der Kopplung von $|\nu_e\rangle$ an das Elektron bei Emission und bei Absorption. Dabei ist aber zu beachten, daß bei der Emission der CP-konjugierte Zustand $|\nu_e^{CP}\rangle$ auftritt. Für diesen gilt

$$|\nu_e^{CP}\rangle = \sum_i U_{ei}^*|\nu_i^{CP}\rangle \qquad (7.118)$$

Somit ergeben sich die relativen Kopplungsfaktoren (s. Abb. 7.17)

$$\langle \nu_i^{CP}|\nu_e^{CP}\rangle = U_{ei}^* \quad \text{bei Emission} \qquad (7.119)$$

$$\langle \nu_e|\nu_i\rangle = \langle \nu_i|\nu_e\rangle^* = U_{ei}^* \quad \text{bei Absorption} \qquad (7.120)$$

Für die $0\nu\,\beta\beta$-Zerfallsamplitude des i-ten Massenzustandes erhält man also

$$G_\beta^2 A (U_{ei}^*)^2 m_i \qquad (7.121)$$

und für die totale Amplitude aller Massenzustände

$$G_\beta^2 A \sum_i (U_{ei}^*)^2 m_i \qquad (7.122)$$

Es ist wichtig zu beachten, daß hier im Gegensatz zu den Neutrino-Oszillationen nicht nur das Betragsquadrat der Mischungsparameter U_{ei} eingeht, sondern auch deren *Phase*. Daraus folgt die potentielle Möglichkeit *destruktiver* Interferenzen. Aus (7.122) erkennt man, daß in der für den Fall *eines* Neutrinos gültigen Gleichung (7.117) im Fall *mehrerer* Massenzustände die Masse m_ν ersetzt werden muß durch die *effektive Masse*:

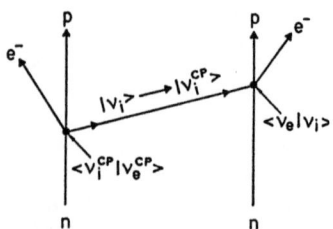

Abb. 7.17: Zur Herleitung der effektiven Masse $\langle m_\nu \rangle$ im neutrinolosen Doppel-Betazerfall. Die maßgeblichen Kopplungskoeffizienten der einzelnen Massenzustände $|\nu_i\rangle$ an den beiden Vertizes sind $\langle \nu_i^{CP}|\nu_e^{CP}\rangle$ und $\langle \nu_e|\nu_i\rangle$.

$$\langle m_\nu \rangle = |\sum_i (U_{ei}^*)^2 m_i| \tag{7.123}$$

Bei entsprechenden CP-Phasen der Mischungskoeffizienten U_{ei} ergibt sich somit die Möglichkeit $\langle m_\nu \rangle < m_i$ für alle i [Wol 81].

Interferenzen durch ν_e-ν_μ-Mischung Am naheliegensten sind Interferenzeffekte zwischen Elektron- und μ-Neutrino. Die mögliche ν_e-ν_μ-Mischungsmatrix U war schon bei den Neutrino-Oszillationen angegeben worden (Gl. (7.94)). Die beiden CP-invarianten Fälle $\rho = 0$ und $\rho = \pi/2$ ergeben im neutrinolosen Doppel-Betazerfall zum einen konstruktive Interferenz

$$\langle m_\nu \rangle = m_1 \cos^2 \Theta + m_2 \sin^2 \Theta; \qquad \rho = 0 \tag{7.124}$$

zum anderen destruktive Interferenz

$$\langle m_\nu \rangle = |m_1 \cos^2 \Theta - m_2 \sin^2 \Theta|; \qquad \rho = \frac{\pi}{2} \tag{7.125}$$

Mit Hilfe der CP-Eigenwerte $\eta_{1,2}$ der beiden Massen-Eigenzustände können diese Fälle zusammengefaßt werden:

$$\langle m_\nu \rangle = |\eta_1 m_1 \cos^2 \Theta + \eta_2 m_2 \sin^2 \Theta| \tag{7.126}$$

Für $\eta_1 \eta_2 = -1$, also destruktive Interferenz, erhält man das Ergebnis, daß die "echten" Neutrinomassen m_1 und m_2 *beide* größer sein können als die aus dem 0ν $\beta\beta$-Zerfall extrahierte effektive Masse $\langle m_\nu \rangle$. Damit $\langle m_\nu \rangle$ sehr viel kleiner wird als m_1 und m_2 ("ν_e"- und "ν_μ"-Masse), muß die Bedingung erfüllt sein

$$\tan^2 \Theta \approx \frac{m_1}{m_2} \tag{7.127}$$

7.3 Möglichkeiten experimenteller Prüfung der Natur der Neutrinos

Soll etwa ein experimentelles Resultat $\langle m_\nu \rangle < 2$ eV ($\beta\beta$-Zerfall von ^{128}Te) in Einklang gebracht werden mit einer "Elektron"-Neutrinomasse $"m_{\nu_e}" = m_1 > 20$ eV (Tritium-Experiment), so muß obige Relation innerhalb von $\approx 10\%$ erfüllt sein. Damit kein Widerspruch zu den Ergebnissen aus den Neutrinooszillations-Experimenten entsteht, sind aber noch weitere Bedingungen zu erfüllen. Die Oszillationsexperimente sind sensitiv auf das Produkt $\Delta m^2 \sin^2 \Theta$ und schränken die möglichen ν_e-ν_μ-Mischungen ein auf Bereiche mit entweder kleinem Mischungswinkel Θ oder kleiner Massendifferenz Δm^2 (Abb. 7.4). Dies läßt für (7.125) zwei Lösungen mit $m_1 > 2$ eV zu:

a) Im Falle kleiner Massendifferenz $\Delta m^2 < 1$ eV erhält man

$$m_1 \approx m_2 \quad \text{und} \quad |\Theta| \approx 45° \tag{7.128}$$

d.h., die ν_e-ν_μ-Mischung ist maximal, aber die beiden Massen sind nahezu gleich.

b) Für kleine Mischungswinkel existiert die Möglichkeit:

$$|\Theta| \lesssim 3°, \quad m_2 \approx \frac{m_1}{\Theta^2} \gtrsim 400 m_1 \gg 0.5 \text{ keV} \tag{7.129}$$

d.h., geringe ν_e-ν_μ-Mischung mit einer $"\nu_\mu"$-Masse, die sehr viel größer ist als die $"\nu_e"$-Masse.

Stark destruktive Interferenzen im neutrinolosen Doppel-Betazerfall als Folge von ν_e-ν_μ-Mischung sind also nur für recht spezielle Parameterwerte möglich. Eine $"\nu_e"$-Masse wesentlich größer als ≈ 1 eV ist daher zwar möglich, aber nicht als sehr wahrscheinlich zu betrachten.

Interferenz schwerer und leichter Neutrinos Zum Schluß betrachten wir noch den Einfluß eines schweren oder superschweren Neutrinos ($m_\nu \gg 1$ MeV) im 0ν $\beta\beta$-Zerfall ([Hal 83], [Kim 84]). Dieser Fall unterscheidet sich vom Fall nur leichter Neutrinos ($m_\nu < 1$ MeV) dadurch, daß die Größe A in (7.114) nicht mehr als von der Neutrinomasse unabhängig angenommen werden kann. Bei der Herleitung des in das Kernstrukturmatrixelement $M^{0\nu}$ eingehenden Neutrino-Propagators $H(r)$ in (2.205) war die Neutrinomasse gegenüber dem Neutrinoimpuls vernachlässigt worden. Dies ist nicht mehr zulässig für $m_\nu \gg 1$ MeV. Näherungsweise kann unter Berücksichtigung der Masse m_s des schweren Neutrinos das modifizierte Potential H_s hergeleitet werden (s. [Kim 84], [Hax 84]). (Der Index s soll andeuten, daß es sich um ein schweres Neutrino handelt.):

$$H_s(m_s, r) \approx \frac{e^{-m_s r}}{r} \quad \text{für } 10 \text{ MeV} \lesssim m_s \lesssim 1 \text{ GeV} \tag{7.130}$$

(Die der Funktion $g(r)$ (s. Abschn. 2.4.1.2) entsprechende Korrektur wurde hier nicht berücksichtigt).

Die Reichweite eines schweren virtuellen Neutrinos ist somit um einen Faktor

$e^{-m_s r}$

gegenüber der eines leichten unterdrückt. Für sehr schwere Neutrinos ($m_s > 1$ GeV) verliert auch (7.130) seine Gültigkeit, da dann die Ausdehnung der Nukleonen eine Rolle spielt.

Für schwere Neutrinos muß also das für leichte Neutrinos berechnete Kernstruktur-Matrixelement $M^{0\nu}$ modifiziert werden. Dies kann durch eine m_s-abhängige Korrekturfunktion F ausgedrückt werden

$$M_s^{0\nu}(m_s) = F(m_s, A) M^{0\nu} \tag{7.131}$$

Durch Vergleich von $H_s(m_s, r)$ und $H(r)$ erkennt man, daß F kleiner als 1 sein muß, und zwar um so kleiner, je größer m_s ist. Wichtig für die Analyse experimenteller Ergebnisse ist die Abhängigkeit der Korrekturfunktion F von der Massenzahl A. Diese resultiert aus dem exponentiellen Unterdrückungsfaktor in H_s, welcher in Kernen mit großem A wirksamer ist als in leichten Kernen. Analog zu (7.123) können wir nun eine *effektive im Doppel-Betazerfall beobachtbare Masse $\langle m_\nu(A) \rangle$ beim Auftreten schwerer Neutrinos* definieren:

$$\langle m_\nu(A) \rangle = | \sum_{l=leicht} (U_{el}^*)^2 m_l + \sum_{s=schwer} F(m_s, A)(U_{es}^*)^2 m_s | \tag{7.132}$$

Für nur ein leichtes und ein schweres Neutrino, welche interferieren, ist somit die wirksame effektive Masse:

$$\langle m_\nu(A) \rangle = |\eta_l m_l \cos^2 \Theta + \eta_s m_s \sin^2 \Theta \, F(m_s, A)| \tag{7.133}$$

mit den CP-Eigenwerten $\eta_{l,s}$ und den Massen $m_{l,s}$ des leichten und des schweren Neutrinos. Wiederum ist für $\eta_l \eta_s = -1$ destruktive Interferenz möglich, so daß $\langle m_\nu(A) \rangle <$ "m_{ν_e}" $\equiv m_l$ resultiert. Allerdings kann diese *destruktive Interferenz nicht in allen $\beta\beta$-Kernen gleich stark* wirksam sein. Der Beitrag des schweren Neutrinos enthält ja den Faktor $F(m_s, A)$, welcher von Kern zu Kern unterschiedlich ist. Durch Kombination der experimentellen Grenzen für 0ν $\beta\beta$-Zerfall aus mehreren Kernen erhält man deshalb eine Einschränkung für die möglichen Werte von m_l. Aus der Dreiecksungleichung und (7.133) angewandt auf die zwei Kerne ^{76}Ge und ^{128}Te kann folgende Ungleichung hergeleitet werden (unter der Annahme $\eta_l \eta_s = -1$) [Gro 86a]:

$$\langle m_\nu(^{76}\text{Ge}) \rangle + \langle m_\nu(^{128}\text{Te}) \rangle \gtrsim |m_s \sin^2 \Theta \{F(m_s, 76) - F(m_s, 128)\}| \tag{7.134}$$

Nehmen wir etwa nahezu vollständige destruktive Interferenz für ^{128}Te an, d.h.

$$m_l \cos^2 \Theta \approx m_s \sin^2 \Theta F(m_s, 128) \tag{7.135}$$

so läßt sich (7.134) umformen zu:

7.3 Möglichkeiten experimenteller Prüfung der Natur der Neutrinos

$$m_l \lesssim \frac{F(m_s, 128)}{|F(m_s, 76) - F(m_s, 128)|} \left\{ \langle m_\nu(^{76}\text{Ge}) \rangle + \langle m_\nu(^{128}\text{Te}) \rangle \right\} \quad (7.136)$$

Unter vernünftigen Annahmen über die Funktion $F(m_s, A)$ (berechnet aus einer einfachen Nukleon-Nukleon-Korrelationsfunktion, s. [Hal 83]) erhält man aus (7.136) und den experimentellen Werten für $\langle m_\nu(^{128}\text{Te}) \rangle$ und $\langle m_\nu(^{76}\text{Ge}) \rangle$ aus Tab. 7.5 die in Abb. 7.18 gezeigte Obergrenze für $m_l = "m_{\nu_e}"$ in Abhängigkeit von m_s.
Dieses Diagramm zeigt außerdem die nach (7.135) für maximale destruktive Interferenz notwendige Kopplung $\sin^2\Theta$ des schweren Neutrinos an das Elektron. Die Grenze für m_l in Abb. 7.18 ist auch gültig in dem Modell aus Abschn. 7.2.3 mit einem leichten und zwei schweren Neutrinos nahezu gleicher Masse (s. [Gro 86a]).

Zusammenfassend können wir feststellen: Außer den umstrittenen Tritium-Experimenten sind alle Experimente konsistent mit verschwindenden Neutrinomassen. Die in verschiedenen GUT-Modellen geforderten zusätzlichen schweren Neutrinos sind bislang nicht gefunden worden. Es ist auch noch offen, ob Neutrinos durch Majorana- oder durch Dirac-Felder beschrieben werden. Wenn das Elektron-Neutrino ein Majorana-Neutrino ist, liefert der neutrinolose Doppel-Betazerfall die empfindlichsten Grenzen für die Masse des (dominant) Elektron-Neutrinos und den Beitrag rechtshändiger Ströme. Die Massengrenzen sind dann nur mit Mühe unter ganz bestimmten Modellannahmen in Einklang zu bringen mit dem umstrittenen Tritium-Experiment.

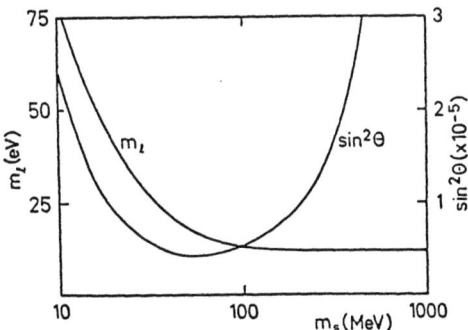

Abb. 7.18: Gemäß den Ergebnissen aus dem $0\nu\ \beta\beta$-Zerfall maximal mögliche Masse m_l des leichten "Elektron"-Neutrinos als Funktion der Masse m_s eines schweren interferierenden Neutrinos. Aufgetragen ist ebenfalls die Kopplung $\sin^2\Theta$ des schweren Neutrinos an das Elektron (aus [Gro 86a]).

7.3.5 Neutrinos aus Supernova-Explosionen

Eine weitere, sehr spektakuläre Möglichkeit, Neutrinoeigenschaften zu erforschen, bilden Supernova-Explosionen. Bei einem derartigen Ereignis werden riesige Mengen von

Neutrinos innerhalb von wenigen Sekunden freigesetzt (s. Kap. 8). Aus der Laufzeit eines solchen Neutrinopulses lassen sich dann im Prinzip Rückschlüsse auf die Neutrinomassen ziehen. Als erster scheint darauf Zatsepin [Zat 68] hingewiesen zu haben. Die Explosion einer Supernova in einer der Messung zugänglichen Entfernung ist ein sehr seltenes Ereignis, welches aber im Februar 1987 in Form von SN 1987A eintrat. Die in einer Entfernung von 52 kpc emittierten Neutrinos konnten mit primär z.T. für den Nachweis des Protonzerfalls gebauten Detektoren nachgewiesen werden ([Agl 87], [Hir 87], [Bio 87], [Ale 88]). Die Laufzeit zwischen Emission zur Zeit t_{em} und Nachweis zur Zeit t_{obs} ist

$$t_{obs} - t_{em} = t_0 \frac{1}{\sqrt{1 - (m_\nu/E)^2}} \approx t_0 \left(1 + \frac{m_\nu^2}{2E^2}\right) \tag{7.137}$$

Dabei ist t_0 die Laufzeit des Lichtes, m_ν die Ruhemasse und E die Energie der Neutrinos. Da nun Neutrinos unterschiedlicher Energie emittiert werden, sind ebenfalls die Laufzeiten bei endlicher Ruhemasse unterschiedlich. Unter der Annahme derselben Emissionszeit t_{em} für alle Neutrinos könnte aus Beobachtungszeiten und Energien der Neutrinos nach (7.137) direkt die Masse m_ν bestimmt werden (s. Abb. 7.19).

Das Zeitintervall ΔT_{obs}, innerhalb dessen die Neutrinos bei gleichzeitiger Emission auf der Erde ankommen, wenn ihr Energiespektrum die minimale Energie E_1 und die maximale Energie E_2 besitzt, ist nach Gl. (7.137)

$$\Delta T_{obs} = t_0 m_\nu^2 \left(\frac{1}{2E_1^2} - \frac{1}{2E_2^2}\right) \tag{7.138}$$

Die Kamiokande-Kollaboration hat in einem Zeitintervall von $\Delta T_{obs} = 12.439$ s (1.915 s) elf (acht) Neutrinos zwischen der minimalen Energie $E_1 = 8.9$ MeV und der maximalen Energie $E_2 = 36.9$ MeV registriert. (Die Größen in Klammern gelten, wenn man die letzten drei registrierten Neutrinos nicht berücksichtigt (s. z.B. [Arn 87a])). Damit erhielte man, unter der Annahme gleichzeitiger Emission, für $\Delta T_{obs} = 12.439$ s eine Neutrinomasse von 19.6 eV bzw. für $\Delta T_{obs} = 1.915$ s eine Masse von 7.8 eV.

Die Emissionszeiten können aber nach den gängigen Modellvorstellungen in einem Bereich Δt von etlichen Sekunden variieren (s. Kap. 8). Dies schwächt die möglichen Aussagen bzgl. der Neutrinomasse erheblich ab (Abb. 7.20). Bei Emission innerhalb eines Zeitintervalls Δt erhält man als maximales bzw. minimales Zeitintervall, innerhalb dessen die Neutrinos auf der Erde eintreffen, jetzt anstelle von Gl. (7.138)

$$\Delta T_{obs}(\Delta t) = t_0 m_\nu^2 \left(\frac{1}{2E_1^2} - \frac{1}{2E_2^2}\right) \pm \Delta t \tag{7.139}$$

Die obere Grenze entspricht dem Fall, daß das schnellste Neutrino, d.h. das mit der größten Energie, als erstes und das mit der kleinsten Energie als letztes ausgesendet worden ist. Die untere Grenze erhält man im umgekehrten Fall.

7.3 Möglichkeiten experimenteller Prüfung der Natur der Neutrinos

Damit ergibt sich unter der Annahme von $\Delta t = 4$ s mit den Zahlen der Kamiokande-Kollaboration für $\Delta T_{obs} = 12.439$ s eine *obere Grenze* der Neutrinomasse von 22.6 eV und für $\Delta T_{obs} = 1.915$ s eine Grenze von 13.5 eV (s. Abb. 7.20).
Entsprechend ergibt sich eine obere Grenze von 27 eV, wenn man $\Delta t = 15$ s annimmt [Arn 87a]. Zuverlässige Aussagen über eine *obere Grenze* der Neutrinomasse von $m_\nu \lesssim 20$ eV hinaus sind also kaum möglich (s. auch [Kol 87]).

Aus dem Kamiokande-Experiment wurde mit einer statistischen Signifikanz von nur 2.5 Standardabweichungen eine Periodizität der beobachteten Neutrinos von $P = 8.9$ ms herausgelesen ([Har 87], s. indessen auch [Öge 87]). Dies entspräche der Rotation eines jungen Pulsars (rotierenden Neutronensterns), einer anisotropen Neutrinoemission und (nach [Har 87]) einer Neutrinomasse (gemittelt über alle Flavors) von < 0.2 eV (s. hierzu auch [Öge 87]).

Bzgl. einer 'Nutzung' der SN-Neutrinos zur Bestimmung von Grenzen für einen eventuellen Neutrinozerfall sei auf Abschn. 7.3.3 verwiesen.

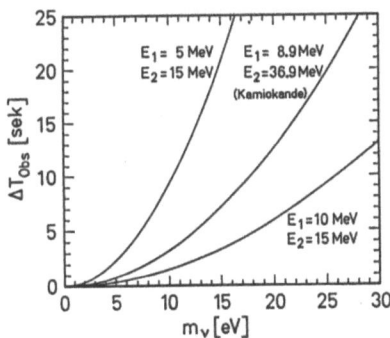
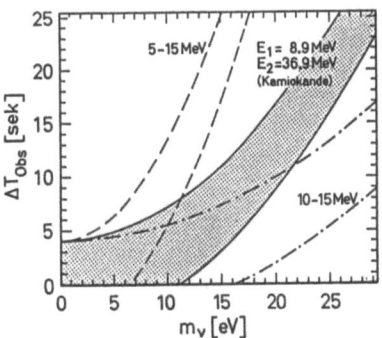

Abb. 7.19: Zur Supernova 1987a: Neutrinomasse als Funktion des Zeitintervalls ΔT_{obs} zwischen der Beobachtung *gleichzeitig* emittierter Neutrinos unterschiedlicher Energien E_1, E_2 auf der Erde. Innerhalb von $\Delta T_{obs} = 12.439$ s (1.915 s) wurden im Kamiokande-Experiment 11 (8) Neutrinos mit Energien zwischen 8.9 und 36.9 MeV beobachtet.

Abb. 7.20: Zur Supernova 1987a: Neutrinomasse als Funktion von ΔT_{obs} bei Annahme von Emission der Neutrinos innerhalb eines Zeitintervalls $\Delta t = 4$ s. Entsprechend Gl. (7.139) hat man jetzt pro Wert von ΔT_{obs} einen *Bereich* von möglichen m_ν zwischen zwei jeweils zusammengehörigen Kurven. Für $\Delta T_{obs} = 1.915$ s ergibt sich z.B. $m_\nu < 13.5$ eV.

8 Schwache Wechselwirkung und Astrophysik

Wir beschränken uns im Folgenden auf einige Wirkungen der schwachen Wechselwirkung in Zusammenhang mit der Sternentwicklung. Ausgeklammert, da an anderer Stelle in diesem Buch behandelt, bleiben solare Neutrinos, sowie die Schlüsse auf die Neutrino-Masse aus der Supernova SN1987A (s. hierzu Kap. 7).

8.1 Der Kollaps schwerer Sterne und die schwache Wechselwirkung

Die gegenwärtige Vorstellung von der Entwicklung der Sterne ist in Abb. 8.1 und Tab. 8.1 schematisch dargestellt (für Einzelheiten s. [Wea 80], [Woo 82,86a], [Arn 80,87], auch [Sau 72]). Im Verlaufe dieser Entwicklung hat die schwache Wechselwirkung mehrfach entscheidenden Einfluß. Hierzu gehört die Initierung des Gravitationskollapses des Zentrums (Core's) eines massiven Sterns, der eine Supernova-Explosion auslöst, die Neutronisierung der Core-Materie (Bildung eines Neutronensterns), schließlich der Aufbau der schweren Elemente oberhalb von Eisen durch den

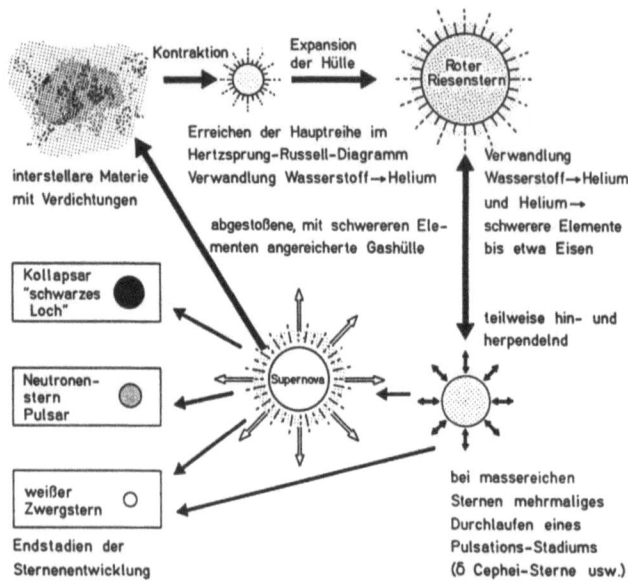

Abb. 8.1: Entwicklung der Sterne und ihrer Endzustände (schematisch)(nach [Her 80]).

8.1 Der Kollaps schwerer Sterne und die schwache Wechselwirkung

Tab. 8.1: Endzustände der Sternentwicklung

Anfangsmasse (in $M_\odot$)	Endstadium	
	Typ	Masse (in $M_\odot$)
$0.01 - (6 \pm 2)$	Weißer Zwerg (entarteter Elektronenstern)	< 1.4
$\approx 8 - \approx 100$	Neutronenstern bzw. Seltsamer (strange) Stern oder Schwarzes Loch	$0.1 - 2^*$ > 2 Schwarzschildradius bei $2\, M_\odot$: 6 km

$M_\odot$ bezeichnet die Sonnenmasse; * theoretisch; i.a. $\gtrsim 0.5 M_\odot$, wenn aus Core's massiver Sterne entstanden

sogen. r-Prozeß im Endstadium der Supernova-Explosion — unter ihnen der sogen. Kosmochronometer, die Aufschluß über das Alter der Galaxis bzw. des Universums liefern.

Die schwache Wechselwirkung bestimmt auch wesentlich die Masse des Core's und darüber Stärke und Schicksal der bei der Supernova-Explosion sich ausbildenden Schockwelle.

Während des Kollapses zu Neutronenstern oder Schwarzem Loch ist ferner die einzige mögliche direkte Diagnostik des Geschehens im Innern Beobachtung der Neutrinoemission. Das emittierte Neutrinospektrum mit seinen Flavors, Luminositäten und seinem Zeitverhalten ist Abdruck der gesamten inneren Evolution und testet damit gleichzeitig Theorien des Sternkollapses und der Bildung von Neutronensternen und Schwarzen Löchern.

Die Bildung von Neutronensternen ist einer der wenigen Fälle, wo die schwache Wechselwirkung eine entscheidende Rolle in einem makroskopischen Naturereignis spielt. Man nimmt heute allgemein an, daß massive Sterne im Bereich $M \gtrsim 8 M_\odot$ in Supernova-Explosionen (vom Typ II) enden.

Betrachten wir die Entwicklung eines schweren Sterns von $(10-25) M_\odot$ etwas genauer. Sie ist durch zwei Phasen gekennzeichnet (s. [Baa 34], [Bur 57], [Hoy 60], [Col 60,66], [Arn 77,80], [Wea 80], [Bro 82], [Bet 85], [Bru 85,87], [Kah 86], [Woo 86a], [Arn 87]):

1. Das *hydrostatische Leben des Sterns* (s. Abb. 8.2, 8.3). Am längsten lebt er als sogen. Hauptreihenstern unter *Wasserstoff-Brennen*, während dessen Wasserstoff zu Helium fusioniert, wandert dann im *Hertzsprung-Russell-Diagramm*, das die Leucht-

kraft (absolute Helligkeit) als Funktion der Oberflächentemperatur der Sterne darstellt, mit Einsatz des He-Brennens in den Bereich der *roten Riesensterne*. Sukzessive zünden dann im Zentrum des Sterns mit zunehmender Kontraktion und Temperatur weitere Brennphasen, während die niedriger brennenden Zonen außen weiterbrennen: Nach Verbrauch der Masse des He-Brennstoffes folgen die relativ kurzen Phasen des C, Ne, O, Si-Brennens (s. Tab. 8.2). In ihnen kann der Stern bereits nur noch durch Neutrino-Emission gekühlt werden. In der letzten dieser nuklearen Brennphasen wird der Core des Sterns im wesentlichen in Elemente der 'Eisen-Gruppe' verwandelt. Der Aufbau schwererer Elemente ist durch Kernfusion nicht möglich.

Tab. 8.2: Hydrostatische Brennphasen des Sternentwicklung

Brennstoff	Temperatur (10^9 K)	Hauptprodukte	Brenndauer für $25 M_\odot$ Stern [Wea 80]	Kühlung durch
^{1}H	0.02	^{4}He, ^{14}N	$7 \cdot 10^6$ Jahre	Photonen, Neutrinos
^{4}He	0.2	^{12}C, ^{16}O, ^{22}Ne	$5 \cdot 10^5$ Jahre	Photonen
^{12}C	0.8	^{20}Ne, ^{23}Na, ^{24}Mg	600 Jahre	Neutrinos
^{20}Ne	1.5	^{16}O, ^{24}Mg, ^{28}Si	1 Jahr	Neutrinos
^{16}O	2.0	^{28}Si, ^{32}S	180 Tage	Neutrinos
^{28}Si	3.5	^{54}Fe, ^{56}Ni, ^{52}Cr	1 Tag	Neutrinos

Das Silizium-Brennen ist genauer betrachtet ein Prozeß der Photodesintegration von ^{28}Si und des gleichzeitigen Aufbaus des nuklearstatistischen Gleichgewichts (NSG), im Sinne der Thermodynamik eines 'chemischen' Gleichgewichts bzgl. Reaktionen der starken ($n, p, \alpha, \ldots$-induzierte Reaktionen) und elektromagnetischen Wechselwirkung — die schwache Wechselwirkung (β^--Zerfälle, e^--Einfang) befindet sich (noch) *nicht* im Gleichgewicht.

Das NSG stellt sich ab $T \approx 3.5 \cdot 10^9$ K ein, die sich ausbildende Elementverteilung wird hauptsächlich durch ^{56}Ni, später, bei höheren Temperaturen, ^{54}Fe dominiert. Die hydrostatischen Brennphasen haben hiermit ihren Abschluß gefunden. Der Stern hat eine *Zwiebelschalen-Struktur* ausgebildet (Abb. 8.2).

2. *Gravitationskollaps:* Übersteigt die Masse des 'Fe'-Core's die sogen. *Chandrasekhar-Grenze* [Chan 39]

$$M_{Ch} = 1.45 (2 Y_e)^2 M_\odot \tag{8.1}$$

8.1 Der Kollaps schwerer Sterne und die schwache Wechselwirkung

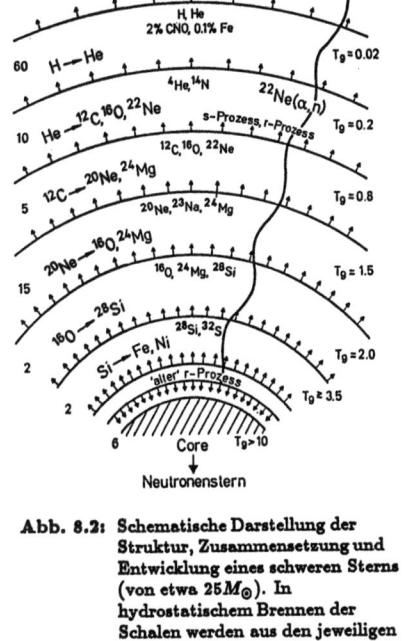

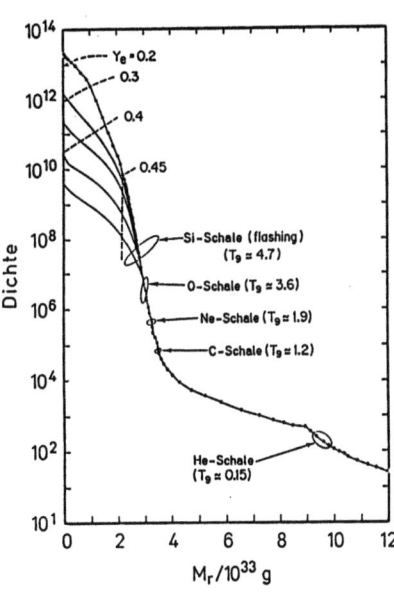

Abb. 8.2: Schematische Darstellung der Struktur, Zusammensetzung und Entwicklung eines schweren Sterns (von etwa $25 M_\odot$). In hydrostatischem Brennen der Schalen werden aus den jeweiligen Anfangsverteilungen (deren Hauptanteile angegeben sind) Elemente höherer Kernladungszahl bis zum Fe, Ni aufgebaut. Gravitationskollaps des Core's führt zur Bildung eines Neutronensterns und Ejektion von $\approx 95\%$ der Sternmasse (Supernova-Explosion). Die abgestoßenen äußeren Schalen werden von einer Detonationsschockfront durchlaufen, die explosives Schalenbrennen induziert. Die Synthese schwerer Elemente (r-Prozeß) findet im explosiven Helium-Brennen statt.

Abb. 8.3: Entwicklung der Dichteverteilung eines schweren Sterns vor und in verschiedenen Phasen des Gravitationskollaps (nach [Arn 77,80]). M_r ist die Masse innerhalb einer Kugel vom Radius r. T_9 bezeichnet typische Temperaturen der hydrostatisch brennenden Schalen in 10^9 K. Die gestrichelten Linien bezeichnen Kontourlinien mit konstantem Y_e (Anzahl der Elektronen pro Nukleon) und entsprechen verschiedenen Graden von Neutronisierung des Core's. Die gesamte Entwicklung — vom Verlassen des hydrostatischen Gleichgewichts an — dauert 1 Sekunde.

(Y_e ist die Anzahl der vorhandenen Elektronen pro Nukleon) so kann der Druck des relativistisch entarteten Elektronengases (neben dem der Beitrag des 'Kerngases', das wegen der großen Masse der Kerne noch weit von der Entartung entfernt ist, vollkommen unwesentlich ist) der Schwerkraft nicht mehr standhalten, und der Core wird instabil (s. z.B. [Lan 75]).

Gl. (8.1) gilt für ein relativistisch entartetes Elektronengas bei Temperatur $T = 0$ (d.h. bei vollständiger Entartung). Für einen Wert von $Y_e \approx 0.41$ ergibt sie $M_{Ch} \approx 1.0 M_\odot$. Die nicht-vernachlässigbare Temperatur bei Einsatz des Kollapses in Sternen erhöht indessen den Druck über den eines kalten Elektronengases und erhöht entsprechend die kritische Masse um einen Faktor $1 + (\pi T/\mu_e)^2$. Dies ist äquivalent einer additiven Korrektur der rechten Seite von Gl. (8.1) um $0.584 s_e^2 M_\odot$, wobei s_e die Elektron-Entropie pro Nukleon und μ_e das chemische Potential des Elektronengases ist (s. [Bro 82]). Weitere Berücksichtigung von konvektiver Mischung von Fe und Si, wodurch heißeres Material in den Core gebracht wird, führt [Wea 78] zu einer Präkollaps-Core-Masse von $M \approx 1.5 M_\odot$.

Bei einer zentralen Dichte von $\rho \approx 4 \cdot 10^9$ g cm^{-3} und $T \approx 8 \cdot 10^9$ K [Arn 77] setzt ein dynamischer Kollaps ein (*Gravitationskollaps*). Zu dieser Zeit ist $Y_e \approx 0.41 - 0.43$ [Bro 82]. (Die weitere Entwicklung des Core's ist im wesentlichen entkoppelt von der der umgebenden Schalen). Grund für den Kollaps ist (s. z.B. [Bro 82]) Photodesintegration von Eisengruppen-Kernen und dann das Einsetzen von Elektroneneinfang an freien Protonen und Kernen,

$$e^- + p \to n + \nu, \quad e^- + {}^Z\text{A} \to {}^{Z-1}\text{A} + \nu \tag{8.2}$$

das mit Anwachsen der Fermi-Energie des entarteten Elektronengases möglich wird. Die Elektroneinfang-Raten bestimmen damit zunächst die Dynamik des Kollapses und über Gl. (8.1) auch die Größe des kollabierenden Core's — und damit das Schicksal der später ausgelösten Schockwelle (s.u.). Die emittierten Neutrinos können die Core-Zone zunächst ungestreut verlassen. Der inverse β-Prozeß (Gl. (8.2)) verbraucht zwar Energie (ca. 9 MeV pro Neutron), bei dem Schrumpfungsvorgang wird aber so viel Gravitationsenergie gewonnen, daß die Verluste bei weitem ausgeglichen werden.

Für einen Stern in thermodynamischen Gleichgewicht gilt für die Gesamtenergie (s. [Lan 75])

$$E = U + V = -\frac{3\gamma - 4}{5\gamma - 6} \frac{G_N M^2}{R} \tag{8.3}$$

Dabei ist die innere Energie U bzw. die Gravitationsenergie V

$$U = \frac{1}{5\gamma - 6} \frac{G_N M^2}{R}, \quad V = -\frac{3\gamma - 3}{5\gamma - 6} \frac{G_N M^2}{R} \tag{8.4}$$

γ bezeichnet den Adiabatenindex ($\gamma = (\partial \ln p / \partial \ln \rho))_s$, der also für einen gebundenen Stern, d.h. $E \leq 0, \geq 4/3$ sein muß, G_N die Gravitationskonstante, M und R Masse bzw. Radius des Sterns.

Da die innere thermische Energie ebenfalls proportional zu kT ist,

8.1 Der Kollaps schwerer Sterne und die schwache Wechselwirkung

$$U \sim M N_A k T \tag{8.5}$$

(N_A ist die Avogadro'sche Konstante), gilt für die Temperatur

$$T \sim G_N M / N_A k R \tag{8.6}$$

Die Temperaturerhöhung zur Ermöglichung der jeweils nächsten der oben skizzierten hydrostatischen Brennphasen ist entsprechend Gl. (8.6) also jeweils mit einer Kontraktion verbunden.

Rechnungen ([Arn 77], [Wea 80]) zeigen, daß für Sterne mit Massen $\gtrsim 12 M_\odot$ die hydrostatischen Brennphasen unter *nicht*-entarteten Bedingungen (d.h. Elektronengas nicht entartet) ablaufen. Das führt dazu, daß eine Brennphase jeweils bei nahezu konstanter Temperatur abläuft.

Anders sind die Bedingungen für ein *entartetes* Elektronengas. Der Druck hängt hier nicht mehr von der Temperatur ab, sondern nur noch von der Dichte:

$$p = \frac{1}{m_e} \frac{1}{5} (3\pi^2)^{2/3} n_e^{5/3} \tag{8.7}$$

bzw.

$$p = \frac{1}{4} (3\pi^2)^{1/3} n_e^{4/3} \tag{8.8}$$

für ein nicht-relativistisches, entartetes bzw. ein relativistisches, entartetes Elektronengas mit der Anzahldichte n_e. Damit wird der Selbstregelmechanismus (Temperaturerhöhung → Druckerhöhung → Expansion → Temperatursenkung) des nicht-entarteten Falles aufgehoben. Freigesetzte Energie führt im entarteten Falle zu weiterer Temperaturerhöhung und damit zu instabilen Prozessen.

Bei der Dichte von $4 \cdot 10^9$ g cm^{-3} (entspricht einer Elektronenzahldichte $n_e \approx 2.4 \cdot 10^{33}$ cm^{-3}) und der Temperatur $T = 8 \cdot 10^9$ K liegt ein relativistisch entartetes Elektronengas vor. Für die Fermi-Energie ϵ_0 das letzteren bzw. das chemische Potential μ_e gilt (s. [Lan 75], [Bro 82])

$$\epsilon_0 = (3\pi^2)^{1/3} n_e^{1/3}, \quad \text{d.h.} \quad \epsilon_0 \sim (\rho Y_e)^{1/3} \tag{8.9}$$

bzw.

$$\mu_e = 11.1 (\rho_{10} Y_e)^{1/3} \tag{8.10}$$

wobei ρ die Gesamtdichte und ρ_{10} dieselbe in Einheiten von 10^{10} g cm^{-3} bezeichnet.

Mit wachsender Dichte (Kontraktion) wächst also die Fermi-Energie ϵ_0 (die am absoluten Nullpunkt mit dem chemischen Potential zusammenfällt, s. z.B. [Lan 75]; bis ca. $100 \cdot 10^9$ K kann die Fermi-Energie durch das chemische Potential abgeschätzt werden.) Bei $\rho \approx 10^9 - 10^{10}$ g cm^{-3} beträgt sie $\approx 4-8$ MeV und wächst bis auf 25 MeV vor dem Neutrino-Trapping bei $\rho \approx 2 \cdot 10^{11}$ g cm^{-3} ([Ful 82a,b], [Schra 75]). Dies ermöglicht unter irdischen Bedingungen energetisch verbotenen Elektron-Einfang an freien Protonen und an Kernen. Die Raten für bereits terrestrisch β^+-instabile Kerne wachsen bis zu 9 Größenordnungen an.

Betrachten wir die Isobarenkette $A = 56$ mit $T_0 \geq 0$ als Beispiel, da ^{56}Ni wichtiges Endprodukt des Si-Brennens ist. Abb. 8.4 zeigt diese Kette von $T_0 = 0$ bis $T_0 = 4$ (nur die untersten Niveaus sind angegeben). Da eine Temperatur von 10^9K $\approx$10 keV entspricht, kann der Elektron-Einfang von angeregten Zuständen von ^{56}Co und ^{56}Mn (z.T. auch von ^{56}Fe) ausgehen.

Die in Ladungsaustauschreaktionen (und auch Elektron-Einfang) mit besonders grossen Raten angeregten Spinflip-Zuständen (SFS) (s. Kap. 3.2) sind (für die Grundzustände) angegeben. Werden sie energetisch erreichbar, erhöhen sich die Zerfallsraten drastisch. So sinkt für ^{56}Ni die terrestrische Halbwertszeit von 6.1 d bei $\rho \approx 10^9$g cm^{-3} und $T = 10^9$K auf $\approx$0.4 s [Kla 80].

Der Adiabatenindex γ für ein relativistisch entartetes Gas ist $\gamma = 4/3$ (bei konstantem Y_e). Nimmt jedoch Y_e als Folge der Elektron-Einfänge mit steigender Dichte ab, so wird $\gamma < 4/3$. Nach Gl. (8.3) hat man dann kein hydrostatisches Gleichgewicht mehr, und es setzt der Kollaps ein.

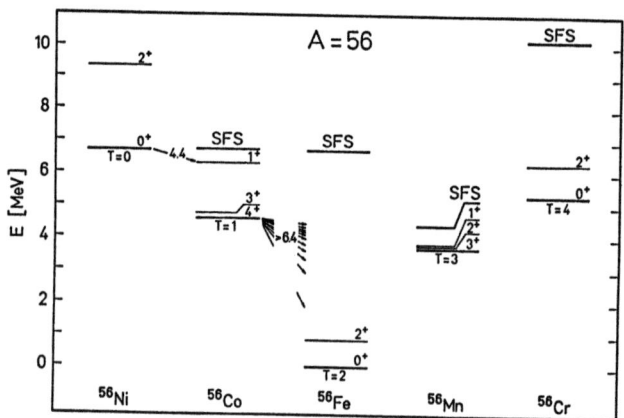

Abb. 8.4: Die astrophysikalisch wichtigen Isobare mit $A = 56$ und die energetische Lage der den jeweiligen Grundzuständen entsprechenden hauptsächlichen Gamow-Teller-Betastärke (SFS). Sie wird bei hohen Temperaturen teilweise erreichbar und führt zur Reduzierung der β-Halbwertszeiten (aus [Kla 80]).

Es wird zunächst die Gesamtzahl der Elektronen abnehmen, durch entsprechende Kontraktion ihre Dichte aber ungeändert bleiben und damit auch der Druck der Materie, der im wesentlichen durch den Druck des Elektronengases bestimmt ist.

Das weitere Geschehen betrachten wir anhand von Abb. 8.5, die schematisch die Struktur des Core's darstellt. Etwa eine mittlere freie Neutrino-Weglänge innerhalb des Core's befindet sich die *Neutrino-Photosphäre* oder *Neutrinosphäre*. In der *Neutronisierungs-'Schale'* ($\rho \gtrsim 10^{11}$g cm^{-3}) findet der hauptsächliche Elektron-Einfang statt, innerhalb der sogen. *Neutrino-'Trapping'-Zone*

8.1 Der Kollaps schwerer Sterne und die schwache Wechselwirkung

$(4 \cdot 10^{11} \lesssim \rho_{trap} \lesssim 10^{12}$g cm^{-3}, [Arn 77,80]) übertrifft, als Folge der neutralen schwachen Ströme, die zur Streuung von Neutrinos an Nukleonen und Kernen führen (s. Abschn. 8.1.1), die Neutrinodiffusionszeit die Kollapszeit ($\tau_{diff} > \tau_{koll}$), so daß durch Neutronisierung gebildete Neutrinos weiter *mit* der Materie einfallen. Bei $\rho \approx 6 \cdot 10^{12}$ g cm^{-3} ist bereits $\tau_{diff} = 10^{-1}$s, die Kollapszeit von $\rho = 10^{12}$g cm^{-3} bis $\rho = \infty$ ist $\tau_{koll} \approx 2 \cdot 10^{-3}$ s [Bet 79]. (Der gesamte Kollaps dauert weniger als 1 s). Im Bereich des Neutrino-'Trapping' ist die Neutrinokühlung unterbunden, es bildet sich ein thermalisiertes Neutrinogas aus. Das thermodynamische Gleichgewicht wird damit auf die schwache Wechselwirkung ausgedehnt (*β-Gleichgewicht*), und der weitere Kollaps erfolgt nahezu adiabatisch.

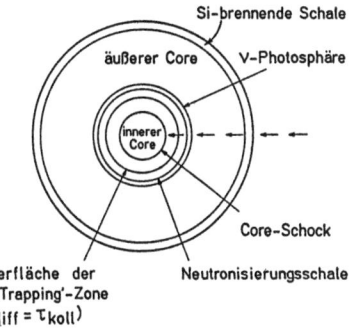

Abb. 8.5: Die Struktur des Core's eines schweren Sterns nach Ablauf seiner hydrostatischen Brennphasen (s. Text) (aus [Arn 80].

Der Kollaps wird bis nahe an Dichten $\rho = 2.7 \cdot 10^{14}$ g cm^{-3} (Kernmateriedichte) von der Zustandsgleichung mit $\gamma < 4/3$ bestimmt.

Die Neutronisierung der Materie durch Elektron-Einfänge führt zwar dazu, daß Kerne infolge ihres Neutronenüberschusses instabil werden und zerfallen, so daß schließlich freie Neutronen gegenüber Kernen anzahlmäßig (nicht massenmäßig!) überwiegen, der Druck wird indessen bis zu nuklearen Dichten überwiegend durch relativistisch entartete Elektronen (und oberhalb des Neutrino-'Trapping', auch Neutrinos — *nach* Neutrino-Trapping ist z.B. nach [Bet 86] $Y_{Lepton} = Y_e + Y_\nu \approx 0.41$, $Y_\nu \to 0.09$, s. aber auch Abb. 8.6 und [Bru 85]) — aufrechterhalten.

Abb. 8.6 zeigt die *mittlere* Massenzahl und Kernladungszahl der im Verlaufe der Neutronisierung gebildeten Kerne. Man hat also ein Gas von Elektronen, Neutronen und Kernen vorliegen, dessen Druck durch die relativistisch entarteten Elektronen bestimmt ist. Im Gegensatz zu früheren Annahmen wird nach Abb. 8.6 vor Erreichen von Kerndichten ein voller Übergang zu einem entarteten Neutronengas (Adiabatenindex 5/3) *nicht* stattfinden. Der 'Neutronenstern' beginnt also als heißes, leptonreiches quasistatisches Objekt, das sich über Neutrinoemission in sein Endstadium entwickelt, d.h. er beginnt quasi als *'Neutrinostern'* [Arn 77].

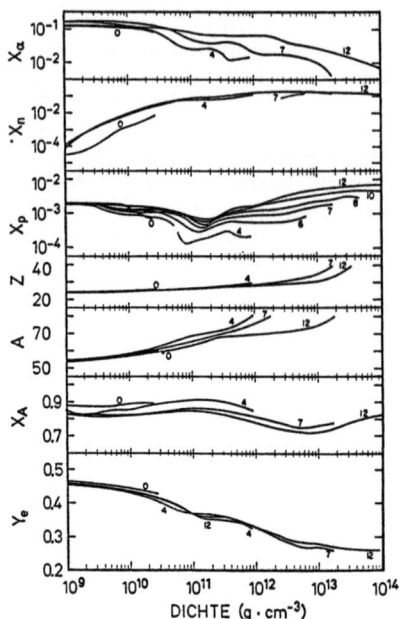

Abb. 8.6: Änderung der Zusammensetzung des Core's während des Gravitationskollapses (Nrn. entsprechen verschiedenen Stadien des Kollapses). X_n, X_p, X_α, X_A bezeichnen die *Massen*anteile (nicht die *Anzahl*dichte!) von Neutronen, Protonen, α-Teilchen und Kernen. Y_e bezeichnet den Elektronenanteil (Anzahl der Elektronen pro Nukleon) (aus [Bru 85]).

Mit Erreichen und Überschreiten der Kernmateriedichte wird die Materie nahezu inkompressibel, der Adiabatenindex wird $> 4/3$ (s. z.B. [Lan 75], [Bet 79]) und der Kollaps wird gestoppt. Durch Überschwingen in den Bereich von Über-Kernmateriedichte und Rückprall ('bounce') bildet sich eine nach außen laufende Schockwelle aus (s. auch Abschn. 8.1.2). An diesem Punkt erlauben dann die gegenwärtigen Standardvorstellungen drei Möglichkeiten für die weitere Entwicklung.

Die erste ist, daß die Schockwelle, den Energieentzug auf ihrem Wege nach außen durch Dissoziation von Kernen und Neutrinoemission überlebend, die Hülle des Sterns abstößt unter Zurücklassung eines Neutronensterns (prompte Supernova-Explosion) ([Col 60,66], [Bro 82], [Coo 84], [Bar 85], [Kah 86]).

Die zweite ist, daß die Schockwelle zum Stehen kommt, daß weiter Materie auf den inneren (s.u.) Core einfällt, so daß schließlich die Stabilitätsgrenze eines Neutronensterns (etwa $2M_\odot$) überschritten wird und ein Schwarzes Loch gebildet wird (keine Supernova-Explosion) (s. [Wea 85], [Woo 86a]).

8.1 Der Kollaps schwerer Sterne und die schwache Wechselwirkung

Die dritte ist, daß die Schockwelle zunächst zwar zum Stehen (nach 100 − 300 km) kommt, dann aber, nach einer Pause von 0.1 − 0.5 s, wieder auflebt durch Aufheizung durch den intensiven Neutrinofluss außerhalb der Neutrinosphäre und hinter der Schockwelle ([Bet 85], [Wil 86], [Woo 86a]).

Man nimmt an, daß erstere Möglichkeit vorwiegend bei Sternen mit $10M_\odot \leq M \leq 16M_\odot$ auftritt, die dritte bei solchen mit $16M_\odot \leq M \leq 80M_\odot$ ([Wil 86]). Diese Annahmen sind indessen stark abhängig von der Zustandsgleichung insbesondere oberhalb nuklearer Kerndichten (s. [Kah 86]).

Die insgesamt beim Kollaps freigesetzte Energie entspricht der Gravitationsenergie eines Neutronensterns vom Radius R, d.h. (s. Gl. (8.4))

$$E \approx \frac{G_N M^2}{R} \qquad (8.11)$$

und beträgt typisch ca. $3 \cdot 10^{53}$ erg. Der Hauptteil hiervon wird durch Neutrinos fortgetragen. Gravitationsstrahlung kann bei sphärischem Kollaps nicht auftreten, bei *nicht*-spärischem Kollaps beträgt sie höchstens einige Prozent [Schra 80]. Die totale Licht- und kinetische Energie eines Supernova-Ausbruches beträgt ca. 10^{51} erg, d.h. ca. 1% [May 87].

Der Neutronenstern kann dann u.U. in einen *Seltsamen Stern (Strange Star)* ([Oli 87], [Alc 86], [Bay 85]) übergehen, der aus 'strange matter' (etwa der gleichen Anzahl von u, d, und s-Quarks und einer kleinen Anzahl von Elektronen, die Ladungsstabilität garantiert) besteht. Es gibt Vermutungen [Wit 84], daß 'strange matter' stabil ist und den Grundzustand hadronischer Materie für Objekte mit Baryonenzahlen zwischen ≈ 100 und $2.5 \cdot 10^{57}$ bilden könnte. Die obere Grenze entspricht einem Objekt von $2M_\odot$ und ist bestimmt durch Gravitationskollaps.

Das Ergebnis dieses Übergangs eines kalten Neutronensterns (älter als 10^7 Jahre, $T \leq 10^5$ K) in einen Seltsamen Stern wäre ein Gamma-'Burst' von $\approx 10^{58}$ MeV innerhalb von 0.5 ms bis 2 s.

Diese allgemeinen Vorstellungen vom Sternkollaps fanden besonders eindrucksvolle zumindest prinzipielle Bestätigungen durch Entdeckung des Pulsars (rotierenden Neutronensterns) NP0532 in Zentrum des *Krebsnebels* (dem Überrest einer Supernova aus dem Jahre 1054 n.Chr.) im Jahre 1968 (erste Aufdeckung eines Zusammenhanges zwischen einem Supernova-Überrest und einem Neutronenstern), sowie durch den Nachweis von Neutrinos aus der *Supernova 1987A*, die am 23. Februar 1987 in der Großen Magellan'schen Wolke, 170000 Lichtjahre von uns entfernt, aufleuchtete. Dies war, seit die durch Kepler im Jahre 1604 beobachteten, die erste Supernova in unserer kosmischen Nachbarschaft, die mit bloßen Auge zu beobachten war (nur auf der Südhalbkugel). Nach den spektralen Eigenschaften handelt es sich um eine Supernova vom Typ II, der Vorgängerstern war ein Überriese von $(15-20)M_\odot$. (Anti-)Neutrinosignale wurden über die Reaktion $\bar{\nu}_e + p \rightarrow e^+ + n$ einige Stunden *vor* dem *Sicht*barwerden der Supernova von verschiedenen Neutrino-Detektoren (z.T. Detektoren, mit denen man seit Jahren nach Protonzerfall sucht) in Japan (Kamioka), den USA (IMB), der UdSSR (Baksan) und in Frankreich (Mont Blanc) gesehen, und zwar innerhalb weniger (12) Sekunden jeweils zwischen 5 und 11 Neutrinos ([Agl 87], [Hir 87], [Bio 87], [Ale 88]). Damit sind erstmals Neutrinos nachgewiesen worden, die ihren Ursprung außerhalb unseres Sonnensystems haben (Leider ergeben sich einige Probleme bei ihrer Interpretation aus den ungenauen Zeitmessungen und unterschiedlichen energetischen Ansprechschwellen der Detektoren). Die insgesamt durch Neutrinos freigesetzte Energie wird etwa in Übereinstimmung mit der theoretischen Erwartung gefunden ([Hir 87], [Sat 87]).

Bzgl. Schlüssen auf die Neutrinomasse verweisen wir auf Kap. 7.3.5. Nach der Existenz eines Pulsars läßt sich erst suchen, nachdem die Supernova-Hülle durchsichtig geworden sein wird.

8.1.1 Schwache Reaktionen im Core schwerer Sterne, Neutrino-Emission bei Supernova-Explosionen

Tab. 8.3 gibt eine Zusammenfassung von Reaktionen, die eine wichtige Rolle im Sternkollaps spielen. Einige von ihnen wollen wir über das bereits gesagte hinaus diskutieren (wir verweisen auch auf [Free 77]).

Tab. 8.3: Astrophysikalische schwache Prozesse

$$
\left.\begin{array}{l} e^- + p \rightleftharpoons \nu_e + n \\ e^+ + n \rightleftharpoons \overline{\nu}_e + p \end{array}\right\} \text{geladene Ströme}
$$

$$
\left.\begin{array}{l} e^- + \nu \rightarrow e^- + \nu \\ e^+ + e^- \rightarrow \nu + \overline{\nu} \\ e^- + Z \rightarrow e^- + Z + \nu + \overline{\nu} \end{array}\right\} \text{gelad. und neutrale Ströme}
$$

$$
\left.\begin{array}{l} n + n \rightarrow n + n + \nu + \overline{\nu} \\ A^* \rightarrow A + \nu + \overline{\nu} \\ \nu + \nu \rightarrow \nu + \nu \\ \nu + p \rightarrow \nu + p \\ \nu + n \rightarrow \nu + n \\ \nu + A \rightarrow \nu + A \end{array}\right\} \text{nur über neutrale Ströme}
$$

Generell ist zu sagen, daß die Elektronen und Positronen, die in Neutrinoprozesse eintreten, sich im thermodynamischen Gleichgewicht befinden (d.h. durch Fermi-Dirac-Verteilungen beschrieben werden), da die elektromagnetische Wechselwirkung zwischen den einzelnen schwachen Prozessen genügend Zeit hat, dieses herzustellen. Zur Zeit des Beginns des Kollapses sind die Elektronen entartet, d.h. $\mu_{e^-}/kT \gg 1$ (μ_e bezeichnet das chemische Potential der Elektronen (s. [Lan 75])). Als Folge der entsprechenden Phasenraumbesetzung werden Wechselwirkungen mit Elektronen im Endzustand behindert und zwar um einen Faktor

8.1 Der Kollaps schwerer Sterne und die schwache Wechselwirkung

$$1 - f_{e^-}(E) = 1 - [\exp{(E - \mu_{e^-})/kT} + 1]^{-1} \tag{8.12}$$

Dies betrifft also z.B. den ν_e-Einfang im inversen β-Zerfall ($\nu_e + n \to p + e^-$ oder $\nu_e + {}^Z A \to {}^{Z+1}A + e^-$), in dem der aus Kernmodellen berechnete Wirkungsquerschnitt mit dem Faktor (8.12) zu multiplizieren ist, betrifft aber nicht den $\bar\nu_e$-Einfang ($\bar\nu_e + p \to n + e^+$).

Elektron-Einfang Wir haben gesehen (s. Abschn. 8.1.1), daß Elektron-Einfang an Protonen und Kernen einer der wichtigsten Prozesse vor und während des Kollapses ist. Über die Deleptonisierung und Größe von äußerem und innerem Core (s. 8.1.2) bestimmt seine Rate maßgeblich die Dynamik des Kollapses. Ferner ist er die Hauptquelle der Neutrinoproduktion zu Anfang des Kollapses (s.u. und Abb. 8.7).

Das Problem des Elektron-Einfangs an Kernen bei hohen Temperaturen und Dichten wurde entsprechend von zahlreichen Autoren behandelt. Basierend auf Arbeiten über die Betastärkeverteilung in Kernen ([Kla 76], [Kla 80]) (s. auch Abschn. 8.1.1, Abb. 8.4) haben Fuller, Fowler und Newman [Ful 82a,b] die interessierenden Raten erstmalig mit einem einfachen Schalenmodell-Ansatz berechnet. Sie geben Tabellen von Elektron- und Positron-Einfangsraten und Emissionsraten als Funktion von Temperatur und Dichte für 226 Kerne mit Massen zwischen $A = 21$ und 60 für den Bereich $0.01 \cdot 10^9 \leq T \leq 100 \cdot 10^9$ K (0.86 keV $\leq kT \leq 8.6$ MeV) und $10 \leq \rho/\mu_e \leq 10^{11}$g cm^{-3}. Insbesondere Fuller [Ful 82c] gab wesentliche Verbesserungen gegenüber groben Abschätzungen von [Bet 79] an, die erheblichen Einfluß auf das Kollapsgeschehen haben. Die besten Rechnungen sind gegenwärtig bei [Coo 84a], [Wam 86] zu finden.

Elastische ν-Streuung an Kernen Von besonderer Bedeutung ist kohärente elastische Streuung von Neutrinos an Kernen über schwache neutrale Ströme, da sie u.a. die Opazität der Materie für Neutrinos beträchtlich erhöht: Für niedrige ν-Energien (einige MeV) ist [Free 74]:

$$\frac{d\sigma}{d(\cos\vartheta)} \sim A^2 E^2 (1 + \cos\vartheta) \quad , \tag{8.13}$$

wobei ϑ = Streuwinkel, A = Massenzahl des Kerns, E = Neutrinoenergie. Der mittlere Streuwinkel ist $\approx 70°$. Für $E = 10$ MeV und Streuung an einem Kern mit $A = 50$ ist

$$\sigma \approx 0.7 \cdot 10^{-39} \text{ cm}^2$$

d.h. die mittlere freie Weglänge bei Dichten von 10^{13}g cm^{-3} ist etwa 100 m.

Die Wirkungsquerschnitte für die konventionellen die Neutrino-Opazität bewirkenden Prozesse, den inversen β-Zerfall und die Neutrino-Elektron-Streuung, sind um mehr als zwei Größenordnungen kleiner (s. Abb. 8.7). Die verlängerte Weglänge im Stern durch ν-A-Vielfach-Streuung macht diese Prozesse und insbesondere Absorption wahrscheinlicher und erhöht die Neutrino-Opazität. Dieser Prozeß beeinflußt damit wesentlich das 'Trapping' der Neutrinos (s. 8.1), sowie die Deleptonisation des Core's (s. 8.1.2).

8 Schwache Wechselwirkung und Astrophysik

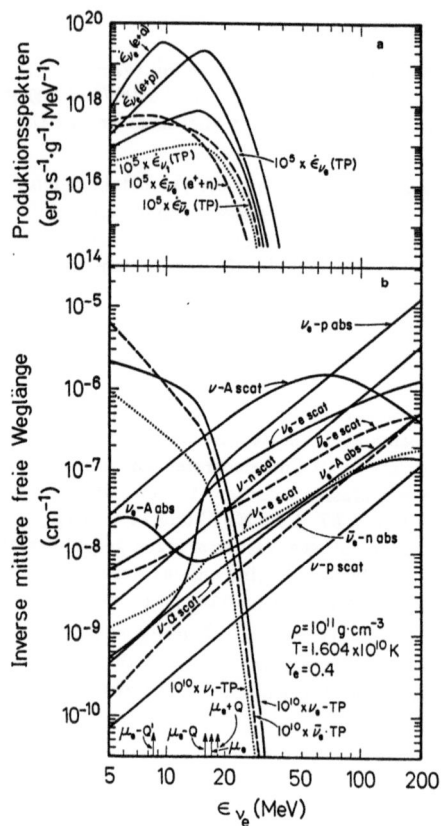

Abb. 8.7: (a) Typische Neutrinoenergie-Produktionsspektren für Materie bei $\rho = 10^{11}$g cm^{-3}, $T = 1.6 \cdot 10^{10}$ K, $Y_e = 0.4$. Durchgezogene Linien zeigen die ν_e-Spektren aus Elektron-Einfang an Protonen, $\dot{\epsilon}_{\nu_e}(e+p)$; an Kernen, $\dot{\epsilon}_{\nu_e}(e+A)$ und thermischer Erzeugung (Elektron-Positron-Vernichtung), $\dot{\epsilon}_{\nu_e}(TP)$. Gestrichelte Linien zeigen die $\bar{\nu}_e$-Energieproduktion für Positron-Einfang an Neutronen, $\dot{\epsilon}_{\nu_e}(e^+ + n)$, und thermische Produktion, $\dot{\epsilon}_{\nu_e}(TP)$. Die gepunkteten Kurven zeigen die ν_t-Energieproduktion für thermische Produktion $\dot{\epsilon}_{\nu_t}(TP)$. Dabei ist ν_t eine Sammelbezeichnung für die Summe von $\nu_\mu, \bar{\nu}_\mu, \nu_\tau, \bar{\nu}_\tau$.
(b) Inverse mittlere freie Weglängen für Neutrinos für verschiedene Wechselwirkungen für denselben thermodynamischen Zustand wie in Abb. (a) (aus [Bru 85]).

Thermalisierung der Neutrinos Die hierfür primär verantwortlichen Prozesse sind Absorption und Emission von ν_e und $\bar{\nu}_e$ an freien Nukleonen und von ν_e an Kernen, sowie besonders elastische Neutrino-Elektron-Streuung. (Der Neutrino-Energieverlust in ν-A-Streuung ist vernachlässigbar). Abb. 8.7 zeigt inverse mittlere freie Weglängen

8.1 Der Kollaps schwerer Sterne und die schwache Wechselwirkung

für verschiedene Reaktionen unter den Bedingungen $\rho = 10^{11}\text{g cm}^{-3}$, $T = 1.6 \cdot 10^{10}$ K, $Y_e = 0.4$.

Neutrinoheizung der Schockwelle Die Hauptprozesse, die die zum Stillstand gekommene Schockwelle durch Neutrino-Heizung eventuell wieder in Gang bringen (s. oben), sind die Absorptionsprozesse

$$n + \nu_e \to p + e^-, \quad p + \bar{\nu}_e \to n + e^+ \tag{8.14}$$

Streuung an Elektronen,

$$e^- + \nu_{e,\mu,\tau} \to \nu_{e,\mu,\tau} + e^- \tag{8.15}$$

liefert (ohne Berücksichtigung kohärenter Streuung an Kernen) etwa weitere 20% der durch Absorption übertragenen Energie [Bet 85]. (Streuung der $\nu_{\mu,\tau}$ kann nur über neutrale Ströme ablaufen). Insgesamt werden nach [Bet 85] etwa 0.1% der Energie der auslaufenden Neutrinos absorbiert und der Schockwelle zugeführt.

Neutrino-Emission bei Supernova-Explosionen Neutrinos tragen den Hauptteil der im Kollaps freigesetzten Energie fort. Für die Form des Spektrums gibt es zunächst folgende einfache Argumente:

1. Im Inneren des Core's sind die Neutrinos im thermodynamischen Gleichgewicht mit Materie. Die mittlere Energie der ν_e in der Neutrinosphäre beträgt etwa 10 MeV. Da die ν_μ, ν_τ und ihre Antiteilchen bei diesen Temperaturen nur über die neutralen und nicht über die geladenen schwachen Ströme mit der Materie wechselwirken, liegt ihre Neutrinosphäre tiefer innerhalb des Core's. Ihre Spektren sind einander ähnlich sowie 'heißer' als die der ν_e und $\bar{\nu}_e$.

   Da die Wirkungsquerschnitte für Wechselwirkung mit Materie proportional zum Quadrat der Neutrinoenergie sind (s. z.B. Abschn. 2.5.3), können niederenergetische Neutrinos andererseits aus Regionen tiefer im Stern herausdiffundieren. Die Energieverteilung der emittierten Neutrinos ist daher keine rein thermische Verteilung entsprechend der Temperatur der Neutrinosphäre (bzw. der Radius der Neutrinosphäre ist eigentlich abhängig von ν-Energie und -Flavor).

2. Der kollabierende Core enthält anfangs etwa 10^{57} Protonen, die über die Reaktion

$$p + e^- \to n + \nu_e \tag{8.16}$$

   überwiegend in Neutronen umgewandelt werden. Da jedes so erzeugte Neutrino etwa 10 MeV davonträgt, erwartet man insgesamt etwa 10^{52} erg aus 'Neutronisations-Neutrinos'. Dies sind $\lesssim 5\%$ aller abgestrahlten Neutrinos.

Der Rest der Neutrinos stammt aus Paarerzeugung

$$e^+ + e^- \to \nu_i + \bar{\nu}_i, \tag{8.17}$$

wobei $i = e, \mu, \tau$, und wobei die Produktion der ν_μ, ν_τ nur über neutrale Ströme geschehen kann.

Der Prozeß (8.17) hat — ebenso wie $\bar{\nu}$-Produktion durch Positron-Einfang an freien Neutronen — praktisch keine Bedeutung während des Kollapses [Bru 85]. Da die Neutronisierung *während* des Kollapses abläuft, wogegen die Paarerzeugungsneutrinos überwiegend aus dem 'thermisch' strahlenden Core kommen, erwartet man ([May 87], [Bur 86]) (für $m_\nu = 0!$) zunächst einen scharfen ν_e-Puls von größenordnungsmäßig 10 ms Dauer, gefolgt von der durch die Diffusionszeit bestimmten Emission des Hauptteils des Flusses über ca. 20 s (Abb. 8.8, 8.9). Etwa ein Drittel bis die Hälfte der freiwerdenden Energie wird in den ersten 1 − 3 s abgestrahlt.

Die genaue Rechnung zeigt, daß der Neutronisierungs-ν_e-Puls hauptsächlich herrührt von Elektron-Einfang an thermisch dissoziierten freien Protonen hinter der Schockwelle, wenn diese die Neutrinosphäre passiert. Auch der Anstieg der Luminositäten aller anderen Neutrinotypen setzt zu diesem Zeitpunkt ein.

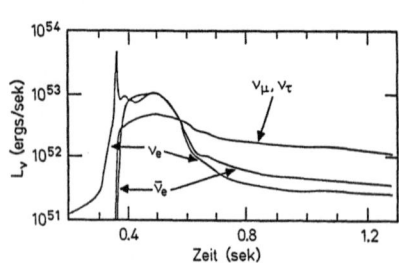

Abb. 8.8: Luminosität eines $2M_\odot$ 'Fe'-Core's eines ≈$25M_\odot$ Hauptreihensterns als Funktion der Zeit nach Einsatz des Kollaps für die verschiedenen Neutrino-Flavors (aus [Bru 87]).

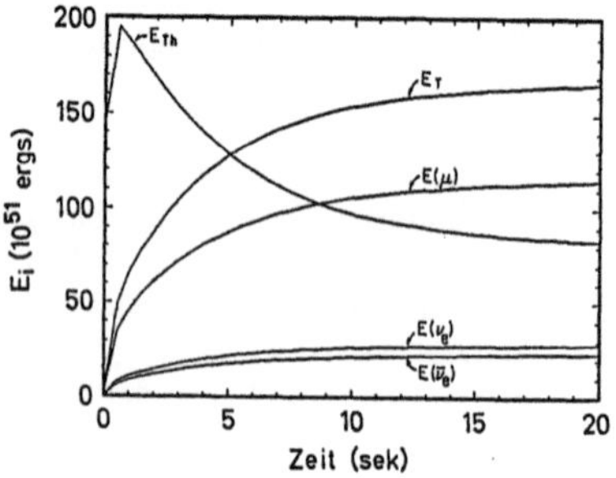

Abb. 8.9: Abkühlung eines heißen Proto-Neutronensterns von $1.4M_\odot$ in den ersten 20 s nach dem Gravitationskollaps. E_{Th} bezeichnet die integrierte innere Energie, E_T die total abgegebene Energie, E_{ν_e}, $E_{\bar{\nu}_e}$ die als ν_e bzw. $\bar{\nu}_e$ abgestrahlte Energie, E_μ die als ν_μ, $\bar{\nu}_\mu$, ν_τ und $\bar{\nu}_\tau$ abgestrahlte Energie. Alle Energien sind in Einheiten von 10^{51} erg angegeben (aus [Bur 86]).

Abb. 8.8 zeigt die berechnete Neutrino-Luminosität (abgestrahlte Energie in erg/s), als Funktion der Zeit nach Kollapsbeginn für den Kollaps eines 'Fe'-Core's von $2M_\odot$ eines $25M_\odot$ Hauptreihensterns nach [Bru 87], Abb. 8.9 die in Form von ν_e, $\bar{\nu}_e$ und ν_μ, $\bar{\nu}_\mu$, ν_τ und $\bar{\nu}_\tau$ abgestrahlte Energie für die ersten 20 s nach dem Kollapsbeginn

8.1 Der Kollaps schwerer Sterne und die schwache Wechselwirkung

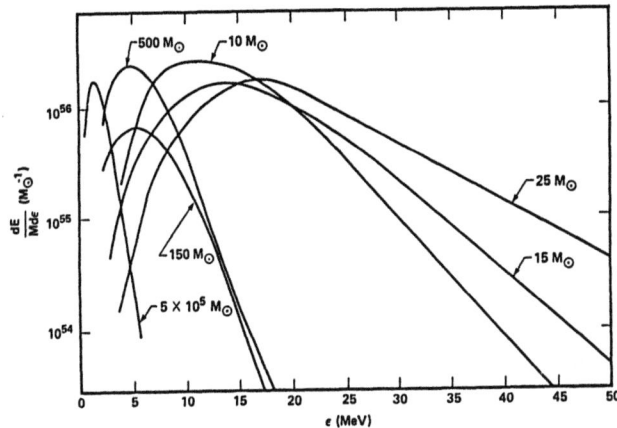

Abb. 8.10: Zeitintegrierte Antineutrinospektren von Sternen als Funktion ihrer Anfangsmasse. Die Größe $(dE/Md\epsilon)d\epsilon$ ist die totale in Form von $\bar{\nu}_e$ mit Energien zwischen ϵ und $\epsilon + d\epsilon$ emittierte Energie dividiert durch die totale Sternmasse in Einheiten von $M_\odot$. Die Fläche unter jeder Kurve multipliziert mit der Masse des Sterns (in $M_\odot$) ist damit die *totale* während des Kollapses emittierte $\bar{\nu}$-Energie. In allen Fällen wurden die Spektren integriert bis zum Aufhören jeglicher ν-Emission. Die 10, 15 und 25 $M_\odot$ Sterne erzeugen Supernovae mit Neutronensternen als Endstadium. Die 150, 500 und $5 \cdot 10^5 M_\odot$ Sterne kollabieren zu schwarzen Löchern (aus [Woo 86]).

(aus [Bur 86]). Abb. 8.10 zeigt zeitintegrierte Antineutrinospektren als Funktion der Anfangsmasse des kollabierenden Sterns (nach [Woo 86]).

Für Sterne mit Massen > $16 M_\odot$ mit verzögerten Explosionen (s. Abschn. 8.1) zeigt die *Neutrino*luminosität ein Oszillationsverhalten, das sich dem exponentiellen Abfall überlagert. Diese Oszillationen in der Luminosität entsprechen Oszillationen im Masseneinfall auf den Proto-Neutronenstern ([Woo 86], [May 87]). Während also mittlere Neutrinoluminosität, mittlere Neutrino-Energie und totale abgestrahlte Energie nur von der Anfangsmasse des 'Fe'-Cores abhängen, ist die wichtigste Eigenschaft, die stark abhängig von *Mechanismus* der Explosion ist, die *Zeitstruktur* der Luminosität (Beispiele finden sich in [May 87]).

Da der Wirkungsquerschnitt der Reaktion $\nu_e + e \to \nu_e + e$ um etwa zwei Größenordnungen kleiner ist als der von $\bar{\nu}_e + p \to e^+ + n$ (s. [Hax 87]), wurden Neutrinos aus diesem Neutronisierungs-Neutrino-'Burst' für die SN1987A wahrscheinlich in keinem der terrestrischen Detektoren gesehen ([Bru 87], [Sat 87]).

Die zeitliche Entwicklung der beobachteten Antineutrinorate und der Energien der beobachteten Antineutrinos stimmt brauchbar mit theoretischen Erwartungen für einen 'Fe'-Core von 1 bis $1.8 M_\odot$ überein, der einer Anfangsmasse des Sterns von 12 bis $18 M_\odot$ entsprechen mag (s. [Bru 87], [Sat 87, 87a], [Kah 87]). Es ist aber zu beachten, daß die in Kap. 7 angesprochenen Neutrino-Materieoszillationen die Spektren im Prinzip beeinflussen können (bzgl. entsprechender Diskussionen s. z.B. [Nöt 87], [Ara 87], [Wal 87]).

Schließlich soll angemerkt werden, daß für nicht zu entfernte Supernova-Ereignisse der Neutronisierungs-Neutrino-'Burst' auch mit den im Aufbau befindlichen solaren Gallium-Detektoren beobachtbar sein sollte (s. [Gro 86b] und Abb. 7.8). Tab. 8.4 zeigt die berechnete Nachweisrate für einen 30t-Ga-Detektor für den Fall einer Supernova-Explosion in einem Abstand von 1 kpc von der Erde.

Die aus *allen* bisher stattgefundenen Gravitationskollapsen von Typ II-Supernovae und von schwereren Sternen zu Schwarzen Löchern aufgebaute *kosmische Antineutrino-Hintergrundstrahlung* wurde von [Woo 86] abgeschätzt. Die berechneten $\bar{\nu}$-Flüsse liegen außerhalb der Reichweite gegenwärtiger Neutrino-Detektoren.

Tab. 8.4: Zur Nachweisbarkeit einer Supernova-Explosion in einem Abstand von 1 kpc mit einem 30t-Gallium-Detektor. Gezeigt ist die berechnete Anzahl von Kernen, die durch einen Neutronisierungs-Neutrino-'Burst' von $1.8 \cdot 10^{53}$ erg erzeugt würden (aus [Gro 86b]). Zum Vergleich ist der Sättigungswert aus dem normalen solaren ν-Fluß angegeben (d.h. die im statistischen Gleichgewicht zwischen Erzeugung und Zerfall vorhandene Anzahl).

Einfangs-produkt	$T_{1/2}$	Anzahl der Kerne erzeugt durch		
		Solare Neutrinos	SN-Neutrinos	
			ν-Spektrum aus	
			[Wil 71]	[Rob 77]
^{71}Ge	11.2 d	18	120	255
^{69}Ge	39 h	0.3	147	370
^{68}Ge	288 d		67	275

8.1.2 Deleptonisierung, Gravitationskollaps und Supernova-Explosion

Die Deleptonisierung des Core's spielt eine kritische Rolle während des Kollapses und für die eventuelle Explosion. Zum Verständnis des Zusammenhangs zwischen Deleptonisierung und Kollapsdynamik müssen wir zunächst den in 8.1 besprochenen Kollaps etwas genauer betrachten: Der kollabierende Core teilt sich — wie schon in Abb. 8.5 angedeutet — in zwei Bereiche: einen homolog kollabierenden *inneren Core* und einen mit Überschallgeschwindigkeit (halbe freie-Fall-Geschwindigkeit) kollabierenden *äußeren Core*. Homolog heißt: Die Kollapsgeschwindigkeit ist proportional zum Radius, d.h. die Dichteverteilung des kollabierenden Bereichs bleibt sich selbst ähnlich. Im Bereich des inneren Core ist die Einfallgeschwindigkeit kleiner als die lokale Schallgeschwindigkeit. Abb. 8.11 zeigt ein Diagramm der Einfallgeschwindigkeit als Funktion des Radius etwa 2 ms vor vollständigem Kollaps (aus [Arn 77]). Der homologe innere Core-Bereich reicht bis zu $r = 40$ km. Schallwellen, die von weiter innen kommen, können diesen Punkt nicht überschreiten, da das Material außerhalb mit größerer Geschwindigkeit einfällt. Dieser Punkt bestimmt andererseits die Grenze

8.1 Der Kollaps schwerer Sterne und die schwache Wechselwirkung

des 'ungeschockten' inneren Core's, d.h. die mit Erreichen von Kernmateriedichte im inneren Core ausgelöste auslaufende Druckwelle wird an dieser Stelle zu einer auslaufenden Schockwelle (Geschwindigkeit größer als Schallgeschwindigkeit; s. z.B. [Bro 82], [Bet 86]). Der Mechanismus der Explosion des Sterns ist letztlich der, daß der Entropieanstieg im Schockbereich (bzw. in der Schockwelle) zur Dissoziation von Kernen in Nukleonen und zu Druckanstieg führt, der plötzliche Druckanstieg ändert dann die Bewegungsrichtung des (einfallenden) Materials im Schockbereich und treibt es aus dem Stern.

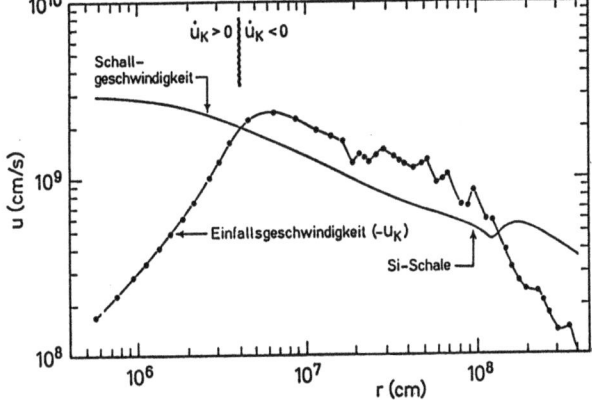

Abb. 8.11: Einfallsgeschwindigkeit der Materie im Core etwa 2 ms vor vollständigem Kollaps. Im homologen inneren Core ($r < 40$ km) ist die Geschwindigkeit proportional zu r und kleiner als die lokale Schallgeschwindigkeit. Im Bereich $r > 40$ km (äußerer Core) verläuft der Einfall mit Überschallgeschwindigkeit. Außerhalb der Si-brennenden Schale hat man wieder Unterschallgeschwindigkeiten (aus [Arn 77]).

Da die auslaufende Schockwelle den Druck des weiter einfallenden äußeren Core's überwinden muß und, wichtiger, beim Durchlaufen des äußeren Core's Energie durch Dissoziation von Kernen verliert (≈ 9 MeV pro Nukleon), ist für eine erfolgreich auslaufende Schockwelle (Supernova-Explosion) wesentlich, daß der zu durchlaufende Bereich des 'Fe'-Core's, d.h. die Massendifferenz $M_i - M_f$ zwischen Core zu Beginn des Kollaps und innerem Core möglichst klein ist.

Die Masse des inneren Core's M_f ist im wesentlichen die Chandrasekhar-Masse für den Elektronanteil $Y_e^{(f)}$, der nach dem Kollaps bleibt (s. auch Abb. 8.3). Diese Größe aber ist wesentlich von den Matrixelementen für den Elektron-Einfang an Kernen abhängig sowie vom Neutrinotransport im Core.

Nach Gl. (8.1) hat man für einen Leptonanteil $Y_L^{(f)} \approx 0.41$, d.h. $Y_e^{(f)} \approx Y_L - Y_\nu \approx 0.41 - 0.09 = 0.32$ [Bet 86]

$$M_f \gtrsim M_{Ch} \quad \text{(s. Diskussion zu Gl. (8.1)) und}$$

$$M_{Ch} = 1.45 \langle 2Y_e \rangle^2 M_\odot \approx 0.6 M_\odot \tag{8.18}$$

($\langle Y_e \rangle$ ist das Mittel von Y_e über den Core).
Andere Autoren geben indessen andere Werte für Y_e (s. z.B. [Bru 85] u. Abb. 8.6 daraus). Diese sensitiven Abhängigkeiten haben noch nicht ihre endgültige Lösung gefunden. Daß Schalenmodell-Effekte in der Berechnung der Elektron-Einfangraten an Kernen die Masse M_f leicht 'verändern' können, zeigt Fuller [Ful 82c]. Er berücksichtigte die z.b. bei [Bet 79] ignorierte Blockierung erlaubter Gamow-Teller-Übergänge mit wachsender Neutronisierung des Core's, d.h. zunehmender Auffüllung der Neutronenschalen der Kerne. Dies führte zu einer Vergrößerung von M_f um 50 − 60%.

Y_e bestimmt andererseits die *Gesamt*masse M_i des Core's zu Kollapsbeginn (s. Gl. (8.1)), d.h. auch die Massendifferenz $(M_i - M_f)$. Die Einfangraten von [Ful 82a-c] führten z.B. zu einer Verkleinerung der Anfangs-Core-Masse um etwa 10% (s. [Kah 86]).

Eine Vergrößerung von $Y_e^{(f)}$ und damit der Masse des inneren Core's bedeutet eine Vergrößerung der anfänglichen Energie der Schockwelle. Die kinetische Energie des inneren Core's wird durch den Rückprall (bounce) schnell in letztere überführt. Diese kinetische Energie ist grob ([Bro 82], [Yah 82]) proportional dem Gewinn an Gravitationsenergie:

$$E_{kin} \sim -E_{grav} \sim \frac{GM_f^2}{R_f} \tag{8.19}$$

Die Gravitationsenergie ist wegen $R_f \sim M_f^{1/3}$

$$E_{grav} \sim M_f^{5/3} \tag{8.20}$$

Da nach Gl. (8.1) $M_f \sim (Y_e^{(f)})^2$, folgt

$$E_{Schock} \approx E_{kin} \sim \left(Y_e^{(f)}\right)^{10/3} \tag{8.21}$$

Die Energie der Schockwelle beträgt etwa $5 \cdot 10^{51}$ erg. In einem Abstand von ca. 1000 km vom Zentrum reicht sie aus, um das weiter außen liegende Material in den interstellaren Raum zu werfen (vergl. Abb. 8.11). Das 'innen' bleibende Material wird weiter einfallen. Dieser Radius — der sogen. *Massenschnitt* — hängt empfindlich ab von der Energie der Schockwelle und damit der Anteil an schweren Elementen (des äußeren 'Fe'-Core's), der freigesetzt wird (s. etwa [Bro 82], Tab. 8.5 gibt ein Beispiel).

Als hauptsächlicher die anfängliche Schockstärke sowie die Masse und damit den Rammdruck des äußeren Core's bestimmender Faktor ist der Elektron-Einfang bzw. Y_e möglicherweise der wichtigste Faktor, der über den 'Erfolg' einer Supernova-Explosion entscheidet [Bru 85].

Tab. 8.5: Masse des zurückbleibenden Neutronensterns und Radius des Massenschnitts als Funktion der Schockenergie (aus [Bro 82])

Schockenergie (in 10^{51}erg)	Zurückbleibende Masse (in $M_\odot$)	Radius des Massenschnitts (km)
2.0	1.60	1330
2.5	1.56	1080
3	1.53	930
4	1.49	730

8.2 Die Synthese der schweren Elemente im Universum

Die erste Elementsynthese findet — wenn man darunter die Synthese von Nukleonen zu komplexen Kernen versteht — etwa 10^2 s nach dem Urknall statt. Zu diesem Zeitpunkt ist die Temperatur des Universums auf $0.9 \cdot 10^9$ K abgesunken, und da nun einmal gebildete Deuteronen nicht mehr aufgebrochen werden können, werden schlagartig die vorhandenen Neutronen zu Helium 'verkocht', das seitdem ca. 25% der Masse des Universums bildet (s. auch Kap. 9). Erst ca. 700000 Jahre später, mit der Entkopplung von Materie und Strahlung, wird das Jeans-Kriterium erfüllbar, d.h. die Gravitationsenergie übersteigt die thermische Energie der Moleküle, es setzt die Bildung von Galaxien und Sternen ein — und damit die Synthese aller weiteren Elemente. Alle Elemente im Universum (ihre beobachtete Häufigkeitsverteilung zeigt Abb. 8.12) sind — mit Ausnahme von Li, Be, B, die durch Spallation in der kosmischen Strahlung entstehen (s. z.B. [Aus 81]) — in Sternen erzeugt worden. Zum Verständnis ihrer Erzeugung benötigt man infolgedessen zuverlässige Sternmodelle. Daß es dabei im wesentlichen um schwere Sterne von ca. 10-25 Sonnenmassen ($M_\odot$) geht, zeigt die Abb. 8.13, in der die Produktion pro Stern gewichtet ist mit der relativen Häufigkeit der verschiedenen Sternmassen.

Kerne bis hinauf zum Eisen können durch Fusion während der hydrostatischen Brennphasen schwerer Sterne erzeugt werden (s. [Bur 57]). Ihre relativen Häufigkeiten werden dann durch kurzzeitiges explosives Brennen dieser Schalen (s.u.) in Supernova-Explosionen moduliert ([Wea 80], [Woo 82]). Für den Aufbau schwerer Elemente sind — wenn man von dem p-Prozeß absieht, der neutronenarme Kerne links von der Stabilitätslinie im wesentlichen über (p,γ)-, (γ,n)-, und (γ,α)-Reaktionen (s. [Bur 57]) aufbaut — nur zwei Prozesse denkbar: langsamer und schneller Neutroneneinfang im sogenannten s (slow)- bzw. r (rapid)-Prozeß (s. Abb. 8.14). In der kosmischen Elementverteilung sind die von diesen zwei Prozessen herrührenden Komponenten sofort sichtbar (Abb. 8.12). Langsamer Neutroneneinfang (bei dem die Halbwertszeiten für β-Zerfall klein sind gegenüber denen für Neutroneneinfang, $\tau_\beta \ll \tau_n$) kann die Häufigkeitsmaxima bei Kernen mit magischer Neutronenzahl ($A \approx 90, 144, 208$)

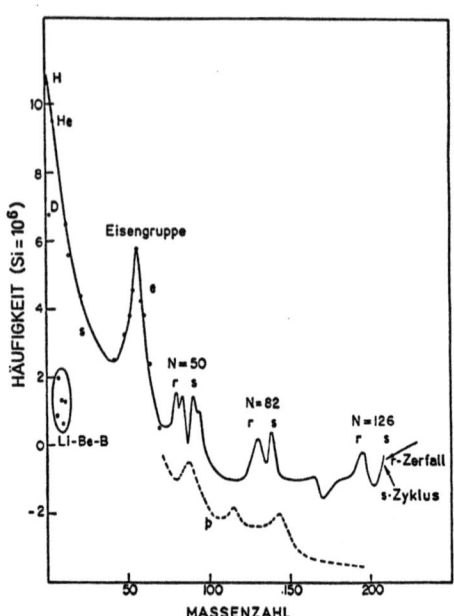

Abb. 8.12: Vereinfachte Darstellung der beobachteten solaren (kosmischen) Elementhäufigkeiten als Funktion der Massenzahl A (bezogen auf $Si = 10^6$). Die ausgeprägten Maxima nahe den magischen Neutronenzahlen $N = 50, 82, 126$ lassen sich auf r- und s-Prozeß zurückführen.

erklären — durch die kleinen Neutronen-Einfangswirkungsquerschnitte für diese Kerne. Es ist bekannt, daß dieser Prozeß z.B. in der hydrostatisch He-brennenden Schale schwerer Sterne abläuft, 'getrieben' durch die Neutronen aus der Reaktion ^{22}Ne(α, n) (s. Abb. 8.2 bzw. 8.3), die Neutronendichten der Größenordnung 10^{10}cm^{-3} produziert. Die andere Komponente in der kosmischen Häufigkeitsverteilung mit Maxima, die um 10-15 Masseneinheiten niedriger liegen als die der s-Komponente (z.B. bei $A \approx 130, 195$), läßt sich nur durch eine kurzzeitige, sehr hohe Neutronenkonzentration ($n_n > 10^{18}$cm^{-3}) und einen Prozeß, in dem $\tau_\beta \gg \tau_n$ ist, erklären.

Wir wollen uns im Folgenden auf die Diskussion des r-Prozesses beschränken. (Für den s-Prozeß verweisen wir auf z.B. [Scha 86]). Wir werden sehen, daß eine genaue Kenntnis (d.h. Berechnung!) des β-Zerfalls neutronenreicher Kerne entscheidend ist für das Verständnis dieses Prozesses. Erst ein Verständnis der Erzeugung der schweren Elemente einschließlich der sogenannten Aktinidenchronometer Th, U, Pu erlaubt andererseits kosmochronologische Aussagen über das Alter unserer Milchstraße.

8.2 Die Synthese der schweren Elemente im Universum

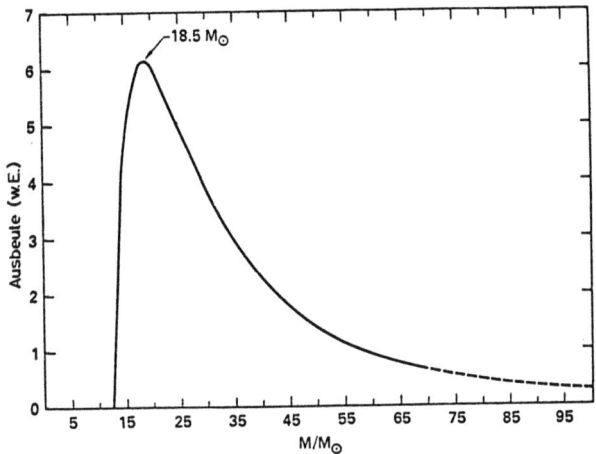

Abb. 8.13: Schematische Darstellung der Ausbeute an Kernen mit $Z > 2$ in Supernova-Explosionen als Funktion der Sternmasse. Die Ausbeuten pro Stern wurden mit der massenabhängigen Sternentstehungsrate [Mil 79] gewichtet (aus [Wea 80]).

8.2.1 Der r-Prozeß

8.2.1.1 Prinzip, Abhängigkeit vom β-Zerfall
Was weiß man über den r-Prozeß? Sein Prinzip kennt man seit 30 Jahren (Abb. 8.14, 8.15): Die (noch zu präzisierende, durch H-Brennen und s-Prozeß aufgebaute) Anfangselementverteilung (in früheren Modellen im wesentlichen Fe) wird einem hohen Neutronenfluß ausgesetzt. Durch schnellen sukzessiven n-Einfang und β-Zerfall ($\tau_{n,\gamma}, \tau_{\gamma,n} \ll \tau_\beta < \tau_{\text{r-Prozeß}}$) wird die Anfangsverteilung kurzzeitig in eine r-Elementverteilung überführt, die etwa 20-30 Einheiten rechts von der β-Stabilitätslinie verläuft. Die magischen Neutronenzahlen führen zu den Stufen bei $N = 82$ und 126, die infolge der mit größerer Nähe zur β-Stabilitätslinie größeren β-Halbwertszeiten wie Flaschenhälse wirken, in denen sich die Elementbildung aufstaut. Bei Nachlassen des Neutronenflusses zerfällt dann diese r-Verteilung extrem n-reicher Kerne über β-Zerfall zurück zur Stabilitätslinie. Projektion der an den magischen Neutronen-Zahlen aufgestauten Häufigkeiten auf die β-Stabilitätslinie führt zu den r-Maxima links von den s-Maxima in Abb. 8.12.

Sowohl die Elementverteilung im r-Pfad als auch die resultierende Endverteilung stabiler Elemente hängt damit empfindlich ab von den β-Zerfallseigenschaften der am Prozeß teilnehmenden neutronenreichen Kerne — ca. 6000 Kernen zwischen β-Stabilitätslinie und Neutron-drip-Linie (s. hierzu Abb. 2.1):

— Die β-Halbwertszeiten im r-Pfad bestimmen die Geschwindigkeit, mit der die schweren Elemente aufgebaut werden bzw. bis zu welchen Massen sich der r-Pfad erstrecken kann. Diese β-Halbwertszeiten werden besonders wichtig, wenn man den

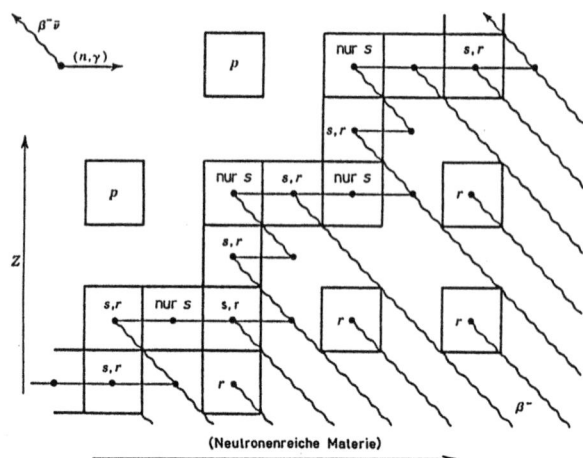

Abb. 8.14: Charakterisierung eines Ausschnitts der Nuklidkarte nach der Erzeugbarkeit ihrer Kerne im r- bzw. s-Prozeß. Der s-Prozeß-Pfad von (n,γ)-Reaktionen gefolgt von (relativ!) schnellem β-Zerfall ($\tau_\beta \ll \tau_n$) läuft durch mit s bezeichnete Kerne. Neutronenreiche stabile Kerne werden über mehrfachen β-Zerfall der Elementverteilung des r-Prozeß-Pfades (s. Abb. 8.15) erzeugt, die durch Vielfach-Neutroneinfang ($\tau_\beta \gg \tau_n$) in explosiven Prozessen kurzzeitig aufgebaut wird. Solche Kerne, die von r-Prozeß-Produktion abgeschirmt sind, sind mit 'nur s' bezeichnet. Die seltenen protonreichen Kerne, die von r- und s-Prozeß nicht erreicht werden, sind mit 'p' bezeichnet (nach [Clay 83]).

r-Prozeß, wie es nötig ist, dynamisch, d.h. als explosiven Prozeß behandelt;

— die β-Halbwertszeiten der Kerne zwischen r-Pfad und β-Stabilitätslinie und die Raten für β-verzögerte Neutronenemission bestimmen maßgeblich die sich nach dem β-Zerfall zur Stabilitätslinie einstellende Verteilung der stabilen Nuklide;

— die Raten für β-verzögerte Spaltung bestimmen, wo der r-Pfad zu hohen Massenzahlen A hin abbricht und beeinflussen die Produktionsraten der schweren Kerne und insbesondere der sogenannten Kosmochronometer (s. 8.2.3) ^{235}U, ^{238}U, ^{244}Pu, ^{232}Th.

Nun sind die meisten der am r-Prozeß teilnehmenden Kerne, in Abb. 8.15 etwa alle rechts vom Fuß des 'Gebirges' der stabilen Elemente liegenden, in irdischen Labors gegenwärtig und für die absehbare Zukunft nicht erzeugbar — mit Ausnahme vielleicht eines Bereichs schwerer Kerne, der durch thermonukleare Explosionen zugänglich werden mag. D.h., daß man bzgl. der β-Zerfallseigenschaften auf theoretische Extrapolationen angewiesen ist. Da Rechnungen auf der Basis mikroskopischer Kernmodelle, wie sie in Kap. 3 beschrieben wurden, für diesen Bereich erst seit kurzem existieren [Kla 81,84a,86a,88c], [Sta 89], war man in früheren Studien des r-Prozesses auf recht grobe Näherungen angewiesen.

Soweit zum Grundsätzlichen des r-Prozesses, das man — mit Ausnahme der empfind-

8.2 Die Synthese der schweren Elemente im Universum

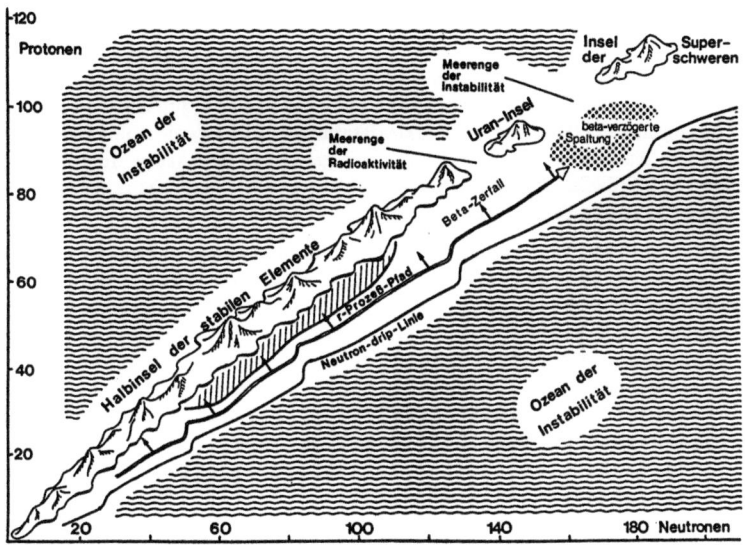

Abb. 8.15: Die Elementsynthese durch raschen Neutroneinfang — r-Prozeß — in schematischer Darstellung. Die Nuklide, die in Supernova-Explosionen kurzzeitig, für 0.4 s aufgebaut werden, liegen auf dem r-Prozeß-Pfad weitab von der Halbinsel der stabilen Elemente und nahe der Neutron-drip-Linie, an der die Neutronen-Abtrennungsenergie gleich Null wird, d.h. die Kerne mit Neutronen voll 'gesättigt' sind. Nach Absinken der Neutronendichte zerfallen die neutronenreichen Nuklide durch Betazerfall zurück zur Halbinsel der stabilen Elemente; auch die Uran-Insel wird dabei noch erreicht. Bei noch schwereren Kernen aber bricht der r-Prozeß-Pfad durch β-verzögerte Spaltung ab, was die Bildung superschwerer Kerne verhindert. Die Betazerfalls-Eigenschaften der Kerne zwischen r-Prozeß-Pfad und der β-Stabilitätslinie (etwa 6000 Nuklide, von denen die meisten in irdischen Labors nicht untersuchbar sind) bestimmen entscheidend die resultierende Endverteilung stabiler Nuklide (Der schraffierte Bereich von Nukliden bestimmt die beim Abschalten von Kernreaktoren durch den Betazerfall der Spaltprodukte entstehende Restwärme, s. [Kla 88b]).

lichen Abhängigkeit vom β-Zerfall — seit 30 Jahren kennt [Bur 57]. Genauso lange ist andererseits die Frage offen, *wo* im Universum Verhältnisse anzutreffen sind, unter denen dieser Prozeß wirklich ablaufen kann.

8.2.1.2 Ort des r-Prozesses Es ist zunächst klar, daß die benötigten Neutronendichten nur in explosiven Prozessen zu erhalten sind, und daß praktisch nur Supernova-Explosionen in irgendeiner Weise in Frage kommen. Die Frage reduziert sich also auf 'Wo in der Supernova'.

Die ursprüngliche Vorstellung war (s. [Bur 57], [Hoy 60], [Nor 79]), daß der r-Prozeß in einem Teil des in der Supernova-Explosion zusammen mit den hydrostatisch brennenden äußeren Schalen herausgeschleuderten Core-Materials in der Nähe des sich bildenden Neutronensterns abläuft (s. Abb. 8.2). Hier ist das Material durch die auslaufende Schockwelle zunächst vollständig photodesintegriert und sehr neutronenreich durch Elektron-Einfang (s. Abschn. 8.1). Falls dies Material herausgeschleudert wird, so werden während Expansion und Abkühlung auf $< 10^{10}$K zunächst n-reiche Kerne der 'Eisengruppe' synthetisiert im nuklearstatischen Gleichgewicht mit freien Neutronen. Nach 'Ausfrieren' aller Reaktionen mit geladenen Teilchen würden Neutronen-Einfang und β-Zerfall fortlaufen und die Eisengruppen-'Saat'-Kerne (seed nuclei) in r-Prozeß Kerne überführen.

Quantitative Untersuchungen dieses sogenannten 'klassischen' r-Prozeß-Szenarios unter Zugrundelegung detaillierter Supernova-Modelle und mittels hydrodynamischer Explosionrechnungen, wie sie seit 1976 durchgeführt wurden, führten indessen nach anfänglichen Hoffnungen schnell zu einer Dämpfung der Erwartungen und schlossen dieses Szenario schließlich praktisch aus [Hil 82]. Der Hauptgrund für dieses negative Ergebnis liegt in der zunächst unbeachtet gebliebenen Existenz der neutralen schwachen Ströme ([Free 74], [Tub 75]). Diese machen die kohärente Streuung im Neutronenstern gebildeter Neutrinos an Atomkernen (hauptsächlich Fe) möglich (s. Abschn. 8.1.1), erhöhen dadurch die Aufenthaltswahrscheinlichkeit der Neutrinos in der Schicht über dem Neutronenstern und damit die Rate für die Reaktion $\nu + n \to e^- + p$. Als Konsequenz stellt sich im Gleichgewicht eine wesentlich niedrigere Neutronen-Konzentration bzw. Neutron/Proton-Verhältnis ein als für einen r-Prozeß unter den Bedingungen dieses 'klassischen' Szenarios erforderlich. Andere Inkonsistenzen wurden z.B. von ([Hil 78,79], [Nor 79], [Kla 81]) beschrieben. Hierzu gehörte insbesondere, daß der Massenschnitt (s. Abb. 8.11), den man annehmen mußte, um solare r-Häufigkeiten zu erhalten, zu riesiger Überproduktion von r-Elementen führen würde.

Zu dem hinfällig gewordenen 'klassischen' r-Prozess wurden verschiedene Alternativen vorgeschlagen und untersucht, u.a. neuerdings auch ein primordialer r-Prozeß in einem homogenen Urknall (s. [Kaj 88], [App 85]). Unter ihnen ist das *Explosive He-Brennen* ([Hil 77,81], [Tru 78], [Kla 81,82a,86a,88c], [Hil 81], [Thi 83]) die heutzutage in sich konsistenteste — trotz einiger noch umstrittener Fragen wie etwa der Quelle der Neutronen in diesem Prozeß (s.u.).

8.2.2 Explosives Helium-Brennen

Die in der Supernova-Explosion erzeugte Detonationsschockfront, die die abgestoßenen äußeren Schalen durchläuft, führt in diesen zu einer kurzzeitigen Zunahme von Dichte und Temperatur um etwa einen Faktor 3 und induziert dadurch explosives Schalenbrennen. Die explosiven Brennphasen der inneren Schalen (Si, O, Ne, ...) wurden von Weaver und Woosley ([Wea 80], [Woo 82]) ausführlich studiert und führen hauptsächlich zu der erwähnten Modulierung der 'hydrostatischen' Elementverteilung bis hinauf zum Fe. Die Frage war nun, ob die extrem hohe während des Durchlaufs der Detonationsschockfront durch die Helium-Schale für 0.5 s erzeugte Neutronendichte von ca. 10^{18}cm^{-3} (diese Zahl ergibt sich aus Kernreaktions-Netzwerkrechnungen unter

8.2 Die Synthese der schweren Elemente im Universum

Berücksichtigung der vorhandenen 'Neutronengifte'), einen r-Prozeß betreiben könne, der zu einer solaren r-Elementverteilung führt. Die Neutronen stammen dabei im wesentlichen aus der Reaktion ^{22}Ne(α, n), das ^{22}Ne ist eines der Hauptendprodukte des hydrostatischen He-Brennens und wird aus dem im H-(CNO-)Brennen erzeugten ^{14}N gemäß ^{14}N$(\alpha, \gamma)^{18}$F$(\beta^+)^{18}$O$(\alpha, \gamma)^{22}$Ne produziert (s. Abb. 8.2) (Es wurde auch die Reaktion ^{13}C(α, n) als Quelle der Neutronen diskutiert, wofür das ^{13}C aus der H-brennenden Schale in die He-Schale zu mischen wäre [Cow 83,85]). Die dem hohen Neutronenfluß ausgesetzte Anfangs-Elementverteilung in der He-brennenden Schale wäre als solar anzunehmen (d.h. wie in Sternen der Population I), modifiziert durch CNO- und s-Prozeß. Ein in diesem Szenario ablaufender r-Prozeß wäre also mehr ein Umformen einer s-Verteilung in eine r-Verteilung als ein Aufbauen der schweren Elemente ausgehend vom Fe-Peak wie im oben besprochenen r-Prozeß nahe dem Neutronenstern.

Das Ergebnis hydrodynamischer Explosionsrechnungen für die Elementerzeugung im explosiven He-Brennen zeigen die Abb. 8.15 bis 8.17 ([Kla 81,86a], [Thi 83], s. auch [Cam 83]). Die erstere Abbildung zeigt schematisch, daß die kurzzeitig aufgebaute Elementverteilung im r-Pfad etwa bei einer Ordnungszahl $Z \approx 90$ in einen Bereich massiver β-verzögerter Spaltung hineinläuft, die den r-Pfad abbricht. Dies schließt die Bildung superschwerer Elemente ($Z \gtrsim 102$) im r-Prozeß und damit wohl in der Natur aus. Abb. 8.16 zeigt die nach Rückzerfall der Verteilung im r-Pfad durch β-Zerfall unter Berücksichtigung verzögerter n-Emission und Spaltung entstehende Endverteilung β-stabiler Elemente. Lassen wir für diese weiteren Zerfall über α-Emission und spontane Spaltung zu für eine Zeit, die der Größenordnung des Alters der Galaxis entspricht (10^{10}a), so ergibt sich die in Abb. 8.17 gezeigte Verteilung: Oberhalb von Bi sind nur noch die sogenannten Kosmochronometer Th, U, Pu übriggeblieben.

Die Rechnung ergibt eine bemerkenswerte Übereinstimmung der berechneten kosmischen r-Elementverteilung mit der Beobachtung — allerdings nur bei Verwendung der mikroskopisch berechneten [Kla 84a] β-Zerfallsdaten. Die früher verwendeten, für n-reiche Kerne systematisch längeren β-Halbwertszeiten der sogenannten Gross Theory [Tak 73] würden eine längere 'Neutronenbestrahlung' erfordern, die in diesem Szenario ausgeschlossen ist.

Die berechneten absoluten Häufigkeiten an r-Elementen nach der Explosion sind nach Abb. 8.17 um einen Faktor von einigen 10^3 größer als die beobachteten solaren r-Häufigkeiten. Diese *Anreicherung an r-Material* findet indessen nur in einem Teil (etwa 1/10) der He-Schale des Sterns statt. Bezogen auf die Gesamtmasse des Sterns von etwa $25 M_\odot$ entspricht sie einem Anreicherungsfaktor von r-Material von 10-20, und ist damit vergleichbar mit dem Anreicherungsfaktor, den Weaver und Woosley ([Wea 80], [Woo 82]) aus dem explosiven Brennen der inneren Schalen für leichtere Elemente herleiten.

Die Übereinstimmung zwischen Rechnung und Experiment in Abb. 8.17 gilt auch für Stellen, wo dies zunächst nicht evident ist, wie etwa im Bereich um Bi. Nach Abb. 8.17 würde man auf eine Diskrepanz zwischen den berechneten und beobachteten relativen Häufigkeiten für Pb und Bi schließen. In der Bestimmung der 'experimentellen' r-Häu-

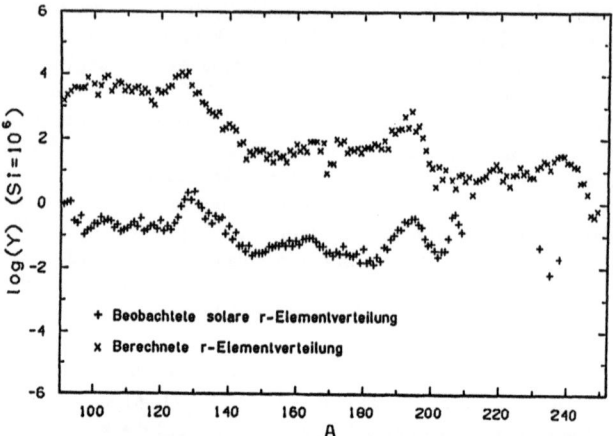

Abb. 8.16: Die nach dem β-Zerfall der kurzzeitig im r-Prozeß aufgebauten Elementverteilung (Abb. 8.15) sich ergebende Verteilung stabiler Elemente in Abhängigkeit von der Massenzahl A (nach [Thi 83]). Ebenfalls gezeigt ist die beobachtete solare r-Elementverteilung nach Cameron.

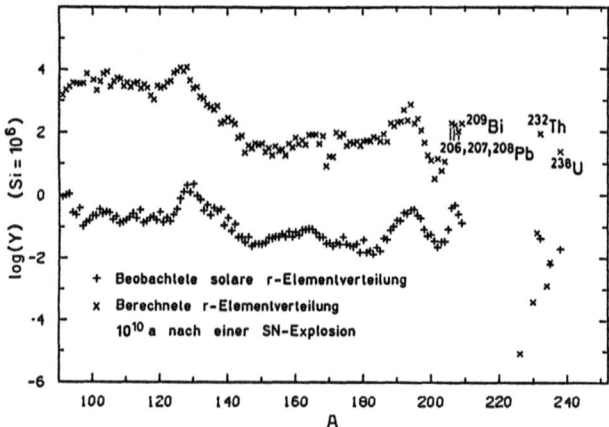

Abb. 8.17: Wie in Abb. 8.16, nur nach weiterem α-Zerfall der schweren β-stabilen Kerne über 10^{10} Jahre (aus [Thi 83]).

figkeiten durch Subtraktion der s-Häufigkeiten von den beobachteten solaren Häufigkeiten wurde aber weder von Cameron [Cam 73,82] noch von [Käp 82] der Zyklus am Ende des s-Prozesses ^{209}Bi (n,γ) ^{210}Bi (β^-) ^{210}Po (α) ^{206}Pb (n,γ) ^{207}Pb (n,γ)

8.2 Die Synthese der schweren Elemente im Universum

^{208}Pb (n,γ) ^{209}Pb (β^-) ^{209}Bi ... berücksichtigt. Berücksichtigung dieses Prozesses führt aber zu einer flachen r-Häufigkeitskurve für die stabilen Pb- und Bi-Isotope mit einem leichten Abfall von ^{206}Pb nach ^{208}Pb [War 82], gerade wie dies von der Rechnung in Abb. 8.17 vorhergesagt wird.

Die mit den mikroskopischen β-Zerfallsdaten erreichte Konsistenz in der Beschreibung der Erzeugung der schweren Elemente im Universum geht noch weiter. Der neue r-Prozeß-Ort dürfte auch die Erklärung beobachteter Isotopenanomalien in Meteoriten erleichtern, wie r-Überhäufigkeiten in ^{107}Ag, ^{130}Te, Nd, ... Der Vermutung, daß diese kurz vor der Kondensationsphase der protosolaren Wolke durch eine in der Nähe explodierende Supernova (die die Kondensation des Sonnensystems 'getriggert' hat) eingebracht wurden, stand bislang das Problem entgegen, daß nur die äußersten Schichten der Supernova in Form von Staub in die protosolare Wolke eindringen können [Mar 79]. D.h., obige Erklärung würde r-Überhäufigkeiten in den äußeren Schalen der Supernova erfordern. Gerade dies aber würde das explosive He-Brennen leisten.

Schließlich sollte erwähnt werden, daß die erhaltene Lösung für den Ort des r-Prozesses unabhängig ist von noch ungelösten theoretischen Detail-Problemen der Auslösung der Supernova-Explosion durch den Gravitationskollaps. Denn es geht in die Rechnung nur die *Tatsache* der Explosion schwerer Sterne ein, und der bekannte Teil der im Gravitationskollaps freigesetzten Energie, der sich als Energie der Schockfront wiederfindet. Die durch die Schockfront in der weit vom Explosionszentrum entfernten He-brennenden Schale sich einstellenden hydrodynamischen Bedingungen lassen sich unter Annahme einer Punktquelle und weitgehend unabhängig von Einzelheiten der 'Zündung' der Explosion sowie auch von Details des spezifischen Sternmodells beschreiben.

8.2.3 Kosmochronometer und das Alter des Universums

Die Abb. 8.15 demonstriert den massiven Einfluß, den β-verzögerte Spaltung auf die Elementverteilung im r-Pfad als auch auf den Zerfall zur Stabilitätslinie und die resultierende Endverteilung im Bereich schwerer Kerne haben muß, insbesondere auf die Produktionsraten der sogen. Kosmochronometer — schwerer Kerne langer Halbwertszeit, die in der Natur ausschließlich durch den r-Prozeß gebildet werden.

Die Kenntnis der Betazerfalls-Eigenschaften ist neben anderen Kerndaten (z.B. den Kernmassen) damit eine der wesentlichen Voraussetzungen, um die Methode der *Nukleokosmochronologie* auf eine zuverlässige Basis zu stellen ([Kla 79,80,80a,83, 85a,88c], [Thi 83]). Diese Methode gewinnt durch Vergleich der Verhältnisse berechneter Produktionsraten hinreichend langlebiger im r-Prozeß erzeugter Nuklide (der Kosmochronometer) mit den zur Zeit der Kondensation des Sonnensystems vorgefundenen Verhältnissen (die in Meteoriten 'eingefroren' sind), Information über die Dauer der Nukleosynthese-Periode und damit über das Alter unserer Galaxis. Sie steht als eine Art kosmischer ^{14}C-Methode neben weiteren Methoden zur Bestimmung des Alters des Universums bzw. der Galaxis: a) der Bestimmung des Alters ältester Sterne in Kugelhaufen, b) der Extrapolation der Zeit des Urknalls aus der Hubble-Konstanten. Zusammen mit letzterer spielt das Alter des Universums eine wichtige Rolle in kosmologischen Modellen (s. Kap. 9).

Bezeichnen wir mit T den Zeitraum 'kontinuierlicher' Synthese von r-Kernen in der Galaxis durch Supernova-Explosionen bis zur Isolation der präsolaren Wolke, so können wir für das Alter des Universums schreiben

$$t_o = (T + t_{\text{Sonne}} + \Delta + 10^9) \text{ Jahre} \qquad (8.22)$$

Dabei bezeichnet $t_{\text{Sonne}} = 4.55 \cdot 10^9$ Jahre das Alter des Sonnensystems seit seiner Kondensation und $\Delta \simeq 10^8$ Jahre ist die Zeit zwischen 'Isolation' der präsolaren Wolke (oder der letzten Passage eines Spiralarms durch die präsolare Wolke) und ihrer Kondensation. Die Zahl 10^9 in Gl. (8.22) steht für die Annahme, daß die Synthese von r-Elementen etwa 10^9 Jahre nach dem Urknall begann. Dies ist eine grobe Abschätzung des Zeitraums bis zur Bildung von Galaxien und entwickelter Sterne. Das pränukleare Brennen schwerer Sterne (die Kelvin-Helmholtz-Zeit) und das nukleare Brennen eines $25 M_\odot$-Sterns bis zum Gravitationskollaps dauert etwa 10^7 bzw. $8 \cdot 10^6$ Jahre.

Kerne, deren Häufigkeiten empfindlich auf die Zeit T sind, die zu bestimmen ist, müssen Halbwertszeiten $T_{1/2} \gg \Delta$ haben. Die besten Kandidaten sind ^{238}U, ^{232}Th mit ihren $T_{1/2} = 4.47 \cdot 10^9$ Jahre und $1.405 \cdot 10^{10}$ Jahre. Ihre meteoritisch beobachteten Häufigkeiten sollten Anteile aus der gesamten Zeitdauer der Nukleosynthese enthalten und sind praktisch unabhängig von Δ. Dagegen sind die kürzerlebigen 'reinen r-Kerne' ^{244}Pu wie auch ^{129}I ($T_{1/2} = 8.26 \cdot 10^7$ Jahre und $1.57 \cdot 10^7$ Jahre) hauptsächlich Sonden letzter Syntheseereignisse und empfindlich auf Δ. Das ^{235}U mit $T_{1/2} = 7.04 \cdot 10^8$ Jahren nimmt eine Zwischenstellung ein.

Die Größe, aus der im Prinzip T extrahiert wird, ist (s. [Thi 83])

$$R_{ij} = \frac{Y_i^P / Y_j^P}{Y_i(T+\Delta)/Y_j(T+\Delta)} \qquad (8.23)$$

wobei Y_i^P und Y_j^P die Produktionsraten zweier Chronometer im r-Prozeß sind und $Y_{ij}(T + \Delta)$ ihre Häufigkeiten zur Zeit der Kondensation des solaren Materials. Man muß weiter Annahmen über die Evolution der Galaxis machen. Wegen der großen Zahl synthetisierender Ereignisse (Supernova-Explosionen) und der Durchmischung des galaktischen Materials durch die (differentielle) galaktische Rotation, deren Periode mit ca. $2.5 \cdot 10^8$ Jahren $\ll T$ ist, läßt sich die Annahme kontinuierlicher Nukleosynthese rechtfertigen, eventuell mit einer monotonen Abnahme, die die Kondensation von Materie in Weißen Zwergen, Neutronensternen und Schwarzen Löchern und die dadurch bewirkte Abnahme der an den synthetisierenden Prozessen teilnehmenden Materie berücksichtigt.

Ein einfaches Modell galaktischer Nukleosynthese, das von Fowler und Hoyle [Fow 60] und Fowler [Fow 72,78] eingeführt wurde, ist das folgende: Kontinuierliche Nukleo-

8.2 Die Synthese der schweren Elemente im Universum

synthese (mit einer exponentiell mit einer Zeitkonstanten T_R abnehmenden Syntheserate) über die Zeit T, unter expliziter Berücksichtigung eines letzten 'Spikes', der dem letzten 'Durchgang' eines Spiralarms (Dichtewelle) durch die präsolare Wolke entspricht, in dem der Bruchteil S der totalen galaktischen Nukleosynthese für einen stabilen Kern beigetragen wird, und durch den die Kondensation des Sonnensystems 'getriggert' wurde; es folgt dann die Zeit Δ freien Zerfalls bis zur Kondensation des Sonnensystems vor $4.55 \cdot 10^9$ Jahren (s. Abb. 8.18). Die Häufigkeit Y_i einer Kernsorte i zur Zeit $(T+\Delta)$ der Kondensation des Sonnensystems ist in diesem Modell in einfacher Weise verknüpft mit ihrer Produktionsrate Y_i^P im r-Prozeß, ihrer Halbwertszeit τ_i und den Parametern T, S, T_R, Δ (s. [Thi 83]).

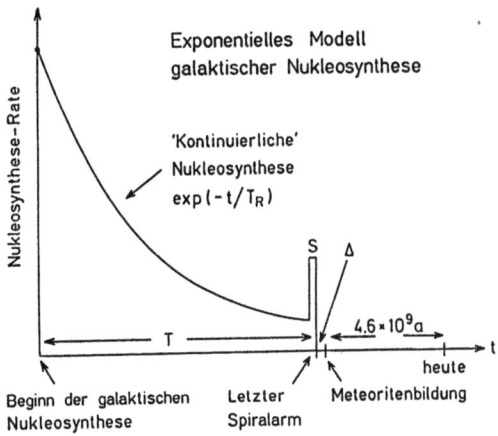

Abb. 8.18: Illustration eines einfachen, exponentiellen Modells galaktischer Nukleosynthese, das bei der Bestimmung des Alters der Galaxis verwendet wurde (s. Text).

Kennt man also vier Paare von Chronometern mit ihren *Produktionsverhältnissen* Y_i^P/Y_j^P und ihre Häufigkeitsverhältnisse $Y_i(T+\Delta)/Y_j(T+\Delta)$ zur Zeit $(T+\Delta)$, so lassen sich die vier Parameter T, S, T_R, Δ aus einem System vier einfacher Gleichungen

$$\frac{Y_i(T+\Delta)}{Y_j(T+\Delta)} = \frac{Y_i^P}{Y_j^P} \frac{f(T, S, T_R, \Delta, \tau_i)}{f(T, S, T_R, \Delta, \tau_j)} \tag{8.24}$$

bestimmen.

Wenn auch ein 'kontinuierliches' Modell wie das beschriebene für den Zeitbereich *vor* einigen 10^8 Jahren vor der Kondensation des Sonnensystems sinnvoll sein dürfte, wäre die Berücksichtigung *mehrerer* letzter 'Spikes' sicherlich wünschenswert. Dies würde andererseits aber die gute Kenntnis der Verhältnisse von mehr chronometrischen Paaren erfordern.

Beobachtungswerte für $Y_i(T + \Delta)/Y_j(T + \Delta)$ aus Untersuchungen von Meteoriten für die wichtigsten Chronometerpaare sind in Tab. 8.6 angegeben. Tab. 8.7 zeigt bisher verwendete Annahmen über die Produktionsverhältnisse der Chronometer im r-Prozeß. Die meisten der früher angenommenen Werte vernachlässigten den Einfluß der β-verzögerten Spaltung wie auch β-verzögerter Neutronenemission vollständig. Erste Versuche, beides einzubeziehen ([Wen 74,76], [Kru 81]) litten noch unter spärlicher Kenntnis der Spaltbarrieren und insbesondere der Betazerfalls-Daten. Außerdem war in keinem Fall die Lage des r-Prozeßpfades in der Z-N-Ebene konsistent berechnet worden. Der Effekt β-verzögerter Spaltung führt zu einer Reduzierung der Verhältnisse der Produktionsraten (s. Tab. 8.7).

Für das Alter der Milchstraße ergibt sich hiermit aus den Gl. (8.24) ein höherer Wert, als früher aus den Aktinidenchronometern erhalten wurde (s. Tab. 8.8 und die Disk. in [Thi 83], [Kla 85,85a]). Der abgeleitete Wert für die Nukleosynthesedauer $T = 14.6^{+2}_{-5} \cdot 10^9$ Jahre in Tab. 8.8 entspricht dem Mittelwert der mit den beiden experimentellen ^{232}Th/^{238}U-Verhältnissen aus Tab. 8.6 erhaltenen Werte 16.1 bzw. $13.2 \cdot 10^9$ Jahre. Derartige Altersbestimmungen hängen also nicht nur empfindlich ab von Kerndaten wie β-Zerfall und Kernmassenformeln, sondern ebenso empfindlich von den experimentellen Häufigkeiten der Chronometer in Meteoriten.

Tab. 8.6: Elementhäufigkeiten von Kosmochronometern zur Zeit der Kondensation des Sonnensystems (aus Untersuchungen von Meteoriten)

$\dfrac{\text{Kern } i}{\text{Kern } j}$	$\dfrac{Y_i(T+\Delta)}{Y_j(T+\Delta)}$	Autoren
$\dfrac{^{232}\text{Th}}{^{238}\text{U}}$	2.50 ± 0.2 2.32	[Sym 81] [And 82]
$\dfrac{^{235}\text{U}}{^{238}\text{U}}$	0.313 ± 0.026	[Sym 81], [Beg 80]
$\dfrac{^{244}\text{Pu}}{^{238}\text{U}}$	0.005 ± 0.001	[Mar 77], [Hud 82]
$\dfrac{^{129}\text{I}}{^{127}\text{I}}$	$(0.8 \ldots 2.3) \cdot 10^{-4}$	[Jor 80]

Das erhaltene Ergebnis ergibt (s. Tab. 8.8) auch ein größeres Alter, als mittels des ^{187}Re/^{187}Os, sowie des — noch recht unsicheren — ^{176}Lu/^{176}Hf-Chronometerpaares in demselben exponentiellen Modell von verschiedenen Autoren erhalten wurde.

Dieser Vergleich berücksichtigt aber zunächst nicht, daß in diesen letzteren Analysen eine Annahme über einen der beiden Parameter T, T_R zu machen war. Denn

8.2 Die Synthese der schweren Elemente im Universum

Tab. 8.7: Produktionsverhältnisse der Kosmochronometer im r-Prozeß nach verschiedenen Autoren

^{232}Th/^{238}U	^{232}Th/^{238}U	^{232}Th/^{238}U	Autoren
1.65	1.65	—	[Fow 60]
1.90	1.89	0.96	[See 70]
1.65	1.42	0.90	[Fow 78]
1.70	0.89	0.53	[Wen 76]
1.50	1.10	0.40	[Kru 81]
$1.9^{+0.2}_{-0.4}$	$1.5^{+0.5}_{-0.6}$	$0.9^{+0.1}_{-0.2}$	'Standard'-Werte nach [Sym 81]
1.39	1.24	0.12	[Thi 83]

wenn auch für diese sehr langlebigen Kerne die Zeit freien Zerfalls Δ und der Beitrag des 'letzten Spikes' vernachlässigt werden kann, so hat man doch immer noch zwei Modellparameter T und T_R, aber jeweils nur ein Chronometerpaar. In diesen Analysen war der von [Fow 78] aus den Aktinidenchronometern bestimmte, mit der Zeitabhängigkeit der effektiven Nukleosyntheserate in gegenwärtig diskutierten Evolutionsmodellen unvereinbare Wert $T_R/T = 0.43$ verwendet worden. Die obige Analyse der Aktinidenchronometer ergibt indessen $T_R = \infty$. Verwendung dieses letzteren Ergebnisses in der Analyse dieser Autoren führt dagegen zu Ergebnissen, die konsistent mit dem Aktinidenalter sind [Thi 83]: Es ergibt sich dann $T_{Re/Os} \approx 15 \cdot 10^9$ Jahre und $T_{Lu,Hf} \approx 13 \cdot 10^9$ Jahre. Grundsätzlich sind mit diesen beiden Chronometerpaaren andererseits beträchtliche Unsicherheiten verbunden: z.B. wird für das Re/Os-Paar das Verhältnis der Neutroneneinfangs-Wirkungsquerschnitte für ^{176}Os und ^{177}Os für stellare s-Prozeß-Temperaturen benötigt, und eine große Unsicherheit resultiert aus der temperatur- und dichteabhängigen Halbwertszeit von ^{187}Re [Yok 83]. Indessen ergibt auch die letzere Studie mit ihrem Ansatz eines komplexeren Modells galaktischer Evolution, wenn man die neuesten Neutroneneinfangs-Wirkungsquerschnitte für die Os-Isotope verwendet, Alter $T_{Galaxis} > 15 \cdot 10^9$ Jahre.

Tab. 8.8 gibt ferner die Alter an, die man aus Kugelsternhaufen erschlossen hat, die zu den ältesten Objekten im Universum gehören. Das systematische Ansteigen der neueren Beobachtungswerte gegenüber früheren Bestimmungen beruht u.a. auf besseren Beobachtungen der primordialen He-Häufigkeit in der Galaxis. Neuere Beobachtungen ([Tam 86]) ergeben Alter von $(18 \pm 3) \cdot 10^9$ Jahren.

Es ist weiter interessant, das Aktiniden-Ergebnis mit kürzlichen Messungen der Hubble-Konstanten zu vergleichen. Sandage und Tammann [San 82] geben als globalen Wert $H = 50 \pm 7 \mathrm{kms}^{-1}\mathrm{Mpc}^{-1}$ an. Die dem entsprechende obere Grenze für das Alter des Universums (Hubble-Zeit) ist $t_o = H^{-1} = (19.5^{+3.2}_{-2.4}) \cdot 10^9$ Jahre. (Alter für extremes Friedmann-Modell mit Decelerationsparameter $q_0 = 0$). I.a. sind die

Zusammenhänge aber wesentlich komplexer, s. Kap. 9.
Eine unabhängige Bestimmung des Alters des Universums ist von großer Bedeutung für kosmologische Fragestellungen (s. Kap. 9).

Tab. 8.8: Nukleosynthesedauer T und das Alter des Universums t_o nach verschiedenen Autoren

Methode	Autor	$T(10^9\text{Jahre})$	$t_o(10^9\text{Jahre})$*
Aktiniden-Chronometer	Fowler 1972	6.9 ± 2	12.6 ± 2
	Fowler 1978, 1985	6.1 ± 2.3	11.8 ± 2.3
	Thielemann, Metzinger, Klapdor 83	14.6^{+2}_{-5}	20.3^{+2}_{-5}
Re/Os-Chronometer**	Winters et al. 1980	10.4	16.1
	Winters et al. 1982	8.9	14.6
Lu/Hf-Chronometer**	Beer, Käppeler 1980	9.5	15.25
Kugelsternhaufen	Iben 1968, 1974	-	14 ± 3
	Sandage 1982	-	18 ± 2
	Nissen 1982	-	$16 - 25$
	Tammann 1986	-	18 ± 3
Hubble-Zeit	Sandage, Tammann 1982	-	19.5 ± 3

* für die Chronometer- und Kugelhaufen-Alter unter der Annahme $t_o - T_{\text{Galaxis}} \approx 10^9$ Jahre (im Falle des Wertes von Tammann 1986 wurde $t_o - T_{\text{Galaxis}} = 2 \cdot 10^9$ Jahre angenommen). Gleichsetzen dieser Differenz mit der Quasar-Bildungszeit könnte zu größeren Werten führen (bis zu $0.2 H_0^{-1}$) ([San 82] u. Kap. 9)
** unkorrigiert bzgl. $T_R = \infty$, s. Text.

9 GUT und Kosmologie

9.1 Das kosmologische Standardmodell

Die gängige kosmologische Standardvorstellung ist, daß unser Universum im sogenannten *Urknall* ("Big Bang") aus einer singulären (oder zumindest sehr extremen) Konfiguration von Raum und Zeit hervorging (eine detaillierte Einführung in die Kosmologie findet man in ([Wei 72], [Wei 77], [Gut 81]), worauf wir den interessierten Leser verweisen). Aus diesem Anfangszustand extrem hoher Energiedichte heraus müßte sich unser Universum durch eine explosionsartige Expansion entwickelt haben. Wichtig und der intuitiven Vorstellung widersprechend ist die Tatsache, daß man auch in dieser sehr frühen Entwicklungsphase trotz dieser explosionsartigen Expansion des Kosmos zu jedem Zeitpunkt thermisches Gleichgewicht annehmen kann. Dies ist möglich, wenn alle Wechselwirkungsraten r_i der Teilchen wesentlich größer sind als die Expansionsrate H (s. Gl. (9.9)) des Kosmos, d.h. seine relative Größenänderung pro Zeiteinheit:

$$r_i \gg H \tag{9.1}$$

Man sollte darauf hinweisen, daß es auch kosmologische Modelle gibt, die ohne eine Anfangssingularität auskommen. Hier sind z.B. die sogenannten *"Steady-State"-Modelle* (s. [Hoy 75], [Bon 60]) zu nennen, welche annehmen, daß sich das Universum in einer Art stationärem Zustand befindet und die durch die Expansion verursachte Verdünnung der Materie durch ständige Materie-Erzeugung aus dem Vakuum ausgeglichen wird. Eine weitere von den Standardvorstellungen abweichende Möglichkeit wäre ein Beginn ohne Materie und nachfolgende Generierung der gesamten Materie während der ersten Sekunden [Wess 85]. Eine ähnliche Idee liegt auch dem später diskutierten inflationären Universum zugrunde.

Wir gehen aber im folgenden zunächst von der Standard-Vorstellung aus. Danach waren die ungeheuer großen Teilchen-Energien, bei denen die GUT-Modelle gravierende neue Phänomene vorhersagen ($E \gtrsim 10^{14-16}$GeV) bei der Geburt unseres Universums für sehr kurze Zeit (typisch 10^{-35}s) als thermische Energie vorhanden. Kosmologie und GUT-Modelle sind deshalb eng miteinander verknüpft. Erst die Große Vereinigung ermöglicht es, die Entwicklung des Universums zurückzuverfolgen bis zu derart frühen Zeiten und den entsprechend unvorstellbar großen Temperaturen.

An dieser Stelle sei kurz an den Zusammenhang zwischen Teilchenenergien, Temperatur und Energiedichte erinnert. (Bezüglich der zugrunde liegenden thermodynamischen Zusammenhänge verweisen wir auf einführende Literatur in die Thermodynamik, wie z.B. [Kit 73] [Lan 75]). Im thermodynamischen Gleichgewicht entspricht einer Temperatur T näherungsweise die mittlere Teilchenenergie $E = kT$. Dies gilt, wenn die Teilchenmasse vernachlässigbar klein ist im Vergleich zu E. k bezeichnet hier die Boltzmann-Konstante und es ist 1 K $\hat{=}$ 8.6·10^{-14} GeV. Der exakte Zusammenhang zwischen Temperatur und Teilchenenergie enthält allerdings einen spinabhängigen Faktor, welcher aber bei Größenordnungsbetrachtungen keine Rolle spielt. Für die Energiedichte ρ_S erhält man dann[1]:

$$\rho_S \approx n \cdot kT \tag{9.2}$$

Hier ist $n = \sum n_i$ die totale Teilchendichte, welche sich aus den Dichten n_i der einzelnen Teilchenarten zusammensetzt. Für ein relativistisches Gas, bei welchem also die kinetischen Energien viel größer als die Massen sind, so daß Teilchenerzeugung aus thermischer Energie stattfinden kann, gilt:

$$n_i \approx (kT)^3 \tag{9.3}$$

Der exakte Zusammenhang lautet:

$$n = \sum n_i = \frac{1.202}{\pi^2}(N_B + \frac{3}{4}N_F)\,(kT)^3 \tag{9.4}$$

Dabei sind N_B und N_F die Anzahlen von bosonischen bzw. fermionischen Freiheitsgraden. Für das Photon ist z.B. $N_B = 2$ und für Elektron und Positron zusammen ist $N_F = 4$.

Aus (9.2) und (9.3) folgt für die Energiedichte

$$\rho_S \approx \sum_i (kT)^4 = \sum_i E^4 \tag{9.5}$$

Der exakte Zusammenhang unter Berücksichtigung der Spin-Statistik lautet:

$$\rho_S = \frac{\pi^2}{30}(N_B + \frac{7}{8}N_F)\,(kT)^4 \tag{9.6}$$

Ein absolutes Ende findet die Rückwärtsextrapolation der kosmologischen Entwicklung in den gegenwärtigen Theorien bei der *Planck-Zeit* $t_{Pl} = \sqrt{G_N} = 5.4 \cdot 10^{-44}$ s, als die Temperatur der Planckmasse $M_{Pl} = 1.2 \cdot 10^{19}$ GeV entsprach. Zu diesem Zeitpunkt betrug der Durchmesser des heute beobachtbaren Universums nach den Vorstellungen des Standardmodells einige Mikrometer. Um Abläufe vor diesem Zeitpunkt zu beschreiben, wäre eine Quantentheorie der Gravitation notwendig, die aber momentan noch nicht existiert. Keiner der bisherigen Versuche, die Gravitation zu quantisieren, hat auf eine renormierbare Theorie geführt. Ein wesentliches Hindernis für eine Quantisierung der Gravitation besteht auch in der Tatsache, daß an Quanteneffekten der Gravitation Raum und Zeit teilnehmen müßten, die Raum-Zeit-Struktur also Quanten-Fluktuationen unterworfen sein müßte. Damit ist aber die Grundlage für die gewohnte Beschreibung physikalischer Vorgänge genommen und Begriffe wie Zukunft, Vergangenheit und Kausalität verlieren ihre Bedeutung (s. z.B. [Mis 73]). Der Zustand des Universums vor t_{Pl} läßt sich deshalb möglicherweise nicht mehr als zeitlicher Ablauf darstellen.

---

[1] Wir verwenden das Symbol ρ sowohl zur Bezeichnung von Energiedichten, als auch von Massedichten, da beide im natürlichen Einheitensystem mit $c = 1$ dieselbe Dimension besitzen.

9.1 Das kosmologische Standardmodell

Im kosmologischen Standardmodell muß der Zustand des Universums zur Zeit t_{Pl} als gegebene Anfangsbedingung hingenommen werden. Es wird sich zeigen, daß die spezielle Natur dieser Anfangsbedingungen heute starke Zweifel an der Gültigkeit des Standardmodelles aufkommen läßt.

Bei der zur Zeit t_{Pl} vorhanden gewesenen enorm hohen Energiedichte $\rho \approx M_{Pl}^4$ gab es entsprechend den GUT-Modellen noch keine Brechung der Teilchensymmetrien. Das Universum befand sich also damals in einem Zustand maximaler Symmetrie. Die Teilchen waren alle masselos, oder zumindest können alle Massen zu diesem frühen Zeitpunkt vernachlässigt werden. Der Zustand der Materie entsprach einem idealen Gas effektiv masseloser Teilchen im thermodynamischen Gleichgewicht (Bedingung (9.1) war erfüllt). Somit war jeder Teilchen-Freiheitsgrad gleich stark besetzt. Das heißt, die Anzahldichte einer jeden Teilchensorte war bis auf einen Spin-Statistik-Faktor gleich. Im Standardmodell geht man davon aus, daß die nun folgende Expansion des Universums im wesentlichen durch das Wechselspiel zwischen Strahlungsdruck und gravitativen Kräften bestimmt war. Man nimmt weiter an, daß das Universum homogen und isotrop war (in den Raumkoordinaten!). Die Metrik, die in der allgemeinen Relativitätstheorie einen homogenen und isotropen (3-dimensionalen) Raum beschreibt, ist die *Robertson-Walker-Metrik*, in welcher ein infinitesimales Linienelement $d\tau$ einer Raum-Zeit-Kurve gegeben ist durch:

$$(d\tau)^2 = (dt)^2 - R^2(t)\left\{\frac{(dr)^2}{1-kr^2} + r^2\left[(d\vartheta)^2 + \sin^2\vartheta\,(d\varphi)^2\right]\right\} \tag{9.7}$$

Dabei sind r, ϑ und φ Polarkoordinaten eines Raumpunktes auf der Raum-Zeit-Kurve. Die metrischen Freiheitsgrade sind enthalten in den Parametern R und k. Dabei kann k nur diskrete Werte annehmen. Es ist:

$$k = \begin{cases} +1 & \text{für sphärische Metrik} \\ 0 & \text{für euklidische Metrik} \\ -1 & \text{für hyperbolische Metrik} \end{cases} \tag{9.8}$$

Eine zeitliche Änderung des Parameters k ist nicht möglich, d.h. der für k als Anfangsbedingung angenommene Wert ist charakteristisch für das jeweilige Modell.

Die Dynamik ist vollständig enthalten in dem *Skalenfaktor* $R(t)$, dessen Name daher rührt, daß der räumliche Abstand zweier nahe benachbarter "fester" Raumpunkte (konstante Koordinaten r, ϑ und φ) zeitlich mit $R(t)$ skaliert. Bei sphärischer Metrik ($k = +1$) hat $R(t)$ außerdem die anschauliche Bedeutung eines "Radius" des Universums. Wir können nun die schon erwähnte Expansionsrate H, auch *Hubble-Konstante* genannt, definieren ($\dot{R}(t) \equiv dR(t)/dt$):

$$H(t) = \dot{R}(t)/R(t) \tag{9.9}$$

$R(t)$ gehorcht den *Einstein-Friedmann-Lemaitre*-Gleichungen:

$$\left(\frac{\dot{R}(t)}{R(t)}\right)^2 = \frac{8\pi G_N}{3}\rho(t) - \frac{k}{R^2(t)} + \frac{1}{3}\Lambda \qquad (9.10)$$

und

$$\frac{\ddot{R}(t)}{R(t)} = -\frac{4\pi G_N}{3}(\rho(t) + 3p(t)) + \frac{1}{3}\Lambda \qquad (9.11)$$

Dabei ist p der Gesamtdruck. Die erste dieser Gleichungen folgt aus den allgemeinen Einstein'schen Feldgleichungen unter Annahme der Robertson-Walker-Metrik (9.7). Die zweite Gleichung erhält man unter der Annahme $\Lambda = $ konst aus der lokalen Energiebilanz

$$\frac{d(\rho R^3)}{dt} = -p\frac{d(R^3)}{dt} \qquad (9.12)$$

unter Verwendung der ersten Gleichung. In kosmologischen Arbeiten wird die sogenannte *kosmologische Konstante* Λ oft ignoriert. Eine strikte Ableitung der Einstein'schen Feldgleichungen zeigt aber, daß diese einen Λ-Term enthalten *müssen* ([Lov 72], [Wei 72]). Es ist daher Aufgabe der beobachtenden Kosmologie, den Wert von Λ bzw. der ihr entsprechenden Energiedichte das Vakuums (s. Kap. 9.3, 9.4) zu bestimmen. (Für den Fall $\Lambda = 0$ werden die Gl. (9.10), (9.11) auch Einstein-Friedmann-Gleichungen genannt, für den Fall $\Lambda \neq 0$ Friedmann-Lemaitre-Gleichungen).

Zusätzlich zu (9.10) und (9.11) benötigt man noch die Zustandsgleichung $p = p(\rho)$ der Materie. Hier sind zwei Grenzfälle von praktischer Bedeutung. Zum einen hat man für ein relativistisches Gas (frühe Phase des Kosmos)

$$p_s = \frac{1}{3}\rho_s \sim n^{4/3} \qquad (9.13)$$

In diesem Zustand, in welchem die Teilchenmassen vernachlässigbar sind, besitzen massive und masselose Teilchen dieselbe Zustandsgleichung und man spricht von einem *strahlungsdominierten* Universum. Zum anderen hat man für kalte, druckfreie Materie (spätere *materiedominierte* Entwicklungsphasen des Kosmos):

$$p_M = 0 \qquad (9.14)$$

Eine weitere nützliche Größe ist die totale Entropie S. Diese kann ebenfalls herangezogen werden, um Aussagen über die Entwicklung des Kosmos zu gewinnen. Die Zahl der bei der Temperatur T beitragenden Teilchen-Freiheitsgrade $N_{F,B}(T)$ änderte sich nach den Vorstellungen des Standardmodells im Verlauf der kosmologischen Entwicklung nicht sehr wesentlich ($\lesssim$ Faktor 10^2), woraus folgt, daß sich auch die totale Entropie S nur mäßig änderte. Die Expansion kann also als näherungsweise adiabatisch angenommen werden, und es läßt sich ein einfacher Zusammenhang zwischen R und T wie folgt herleiten (s. z.B. [Gut 81]):

Die gesamte Entropie ist das Produkt aus Volumen und Entropiedichte s:

9.1 Das kosmologische Standardmodell

$$S \sim R^3 s \tag{9.15}$$

Unter der Annahme einer temperaturunabhängigen Anzahl von Freiheitsgraden besteht die Proportionalität:

$$s \sim T^3 \tag{9.16}$$

Somit erhält man für die totale Entropie[2]

$$S \sim (RT)^3 \;, \tag{9.17}$$

und für deren zeitliche Ableitung

$$0 = \dot{S} \sim 3(RT)^2 \frac{d}{dt}(RT) \;. \tag{9.18}$$

Daraus folgt

$$RT = \text{konst.} \tag{9.19}$$

Im *Anfangsstadium* der Expansion dominierte die Strahlungsenergie ρ_s ($kT \gg$ alle Teilchenmassen), für welche (9.5) gilt, so daß mit (9.19) für ρ_s folgt

$$\rho_s \sim R^{-4} \tag{9.20}$$

Vernachlässigt man den Λ- und den Krümmungsterm in (9.10), dann erhält man mit (9.20) für die Expansionsfunktion $R(t)$:

$$R(t) \sim \sqrt{t} \tag{9.21}$$

Diesen Zusammenhang hätte man natürlich auch direkt aus (9.10), (9.11) und der Zustandsgleichung (9.13) erhalten können.

Später ($t \gtrsim 10^5$ Jahre), als die thermische Energie sehr viel kleiner geworden war, und die Massen der Teilchen zu dominieren begannen ($kT \lesssim$ Teilchenmassen), wurde die weitere Entwicklung durch druckfreie ($p_M = 0$) Materie dominiert, für welche sich analog herleiten läßt:

$$\rho_M(t) \sim (R(t))^{-3} \tag{0.22}$$

und

---

[2] Der genaue Zusammenhang ist

$$S = \frac{2\pi}{45}(N_B + \frac{7}{8}N_F)R^3 T^3$$

$$R(t) \sim t^{2/3} \tag{9.23}$$

Nach Gl. (9.19) fiel die Temperatur (≙Teilchenenergie) also zunächst im strahlungsdominierten Universum gemäß

$$T \sim t^{-1/2} \tag{9.24}$$

Aus den quantenfeldtheoretischen Zusammenhängen bei der Anfangsbedingung $kT \approx M_{Pl}$ folgt der Proportionalitätsfaktor zu (9.24):

$$T = t^{-1/2} \frac{M_{Pl}^{1/2} y}{k} \tag{9.25}$$

Der numerische Faktor y ist modellabhängig und kann meist vernachlässigt werden. Die Temperatur T erreichte damit zur Zeit $t_X \approx 10^{-36}$s den Wert $kT \approx 10^{15}$GeV, bei welchem die Brechung der GUT-Symmetrie stattfand. Dabei erhielten die superschweren X- und Y-Bosonen ihre Masse. Danach reichte die thermische Energie nicht mehr aus zur Erzeugung von X-, Y-Bosonen und diese "froren" aus dem thermodynamischen Gleichgewicht aus, d.h. die vorhandenen X-, Y-Teilchen zerfielen in Quarks und Leptonen, z.B. gemäß (vgl. Kap. 6)

$$X \rightarrow u + u \qquad \overline{X} \rightarrow \overline{u} + \overline{u}$$

$$X \rightarrow \overline{d} + e^+ \qquad \overline{X} \rightarrow d + e^-$$

$$Y \rightarrow \overline{d} + \overline{\nu}_e \qquad \overline{Y} \rightarrow d + \nu_e$$

$$Y \rightarrow \overline{u} + e^+ \qquad \overline{Y} \rightarrow u + e^-$$

Danach gab es keine superschweren Bosonen mehr. Für die Zeit zwischen $t_X \approx 10^{-36}$s und $t_W \approx 10^{-10}$s bestand dann das Universum aus einer Suppe aus masselosen Leptonen, Quarks, W- und Z-Bosonen und Photonen (und eventuell anderen hypothetischen Teilchen wie etwa verschiedenen Higgs-Bosonen) plus den entsprechenden Antiteilchen. Bei $t_W \approx 10^{-10}$s war die thermische Energie auf etwa 10^2GeV gefallen und die spontane Brechung der $SU(2)_L \otimes U(1)$-Symmetrie fand statt. Die elementaren Teilchen erhielten dadurch ihre bekannten Massen und im Folgenden froren auch die W- und Z-Bosonen aus dem thermodynamischen Gleichgewicht aus.

Interessant wurde es dann wieder bei $t \approx 10^{-6}$s. Als die Temperatur auf $kT \approx 1$ GeV gefallen war, fand ein Phasenübergang von einem *Quark-Gluon-Plasma* zum Confinement der Quarks statt, d.h. es bildeten sich Nukleonen und Mesonen. Im weiteren Verlauf konnten auch die Nukleonen nicht mehr aus thermischer Energie erzeugt werden und Nukleonen begannen mit Antinukleonen in Photonen zu zerstrahlen. Natürlich kann die Zerstrahlung nicht vollständig gewesen sein. Der übrig gebliebene Rest bildet die heute im Universum vorhandene Materie. Das Verhältnis der übrig gebliebenen Nukleonen zu den ursprünglich vorhandenen ist dabei mit $\approx 10^{-9}$ extrem

9.1 Das kosmologische Standardmodell

klein. Dieses Verhältnis findet man durch Vergleich der Zahl an Vernichtungsgammaquanten, welche heute noch in Form der 3 K *Hintergrundstrahlung* sichtbar sind, mit der Zahl der Protonen im heutigen Universum. Die quantitative Erklärung dieses Nukleonenüberschusses ist eines der noch nicht befriedigend gelösten kosmologischen Probleme (s. Abschn. 9.2.4).

Tab. 9.1: GUT-Kosmologie

	Zeit t	Energie $E = kT$	Temperatur T	"Durchmesser" des Universums R ($R_0 = 10^{28}$ cm)
Planck-Zeit t_{Pl}	10^{-44} s	10^{19} GeV	10^{32} K	10^{-3} cm
GUT ($SU(5)$)-Brechung, M_X	10^{-36} s	10^{15} GeV	10^{28} K	10 cm
$SU(2)_L \otimes U(1)$-Brechung, M_W	10^{-10} s	10^2 GeV	10^{15} K	10^{14} cm
Quark-Confinement, $p\bar{p}$-Zerstrahlung	10^{-6} s	1 GeV	10^{13} K	10^{16} cm
ν entkoppeln, e^+e^--Vernichtung	1 s	10^{-3} GeV	10^{10} K	10^{19} cm
Bildung leichter Kerne	10^2 s	10^{-4} GeV	10^9 K	10^{20} cm
γ entkoppeln, Übergang des Strahlungskosmos in Materiekosmos, Bildung von Atomen, Bildung von Sternen und Galaxien	10^{12} s ($\approx 10^5$ Jahre)	10^{-9} GeV	10^4 K	10^{25} cm
heute, t_0	$\approx 5 \cdot 10^{17}$ s ($\approx 2 \cdot 10^{10}$ Jahre)	$3 \cdot 10^{-13}$ GeV	3 K	10^{28} cm

Bei einer Energie von etwas mehr als 1 MeV (erreicht bei $t \approx 1$s) war dann die Teilchendichte so weit abgefallen, daß Bedingung (9.1) für die Neutrinos nicht mehr erfüllt war. Diese wurden in der Folge nicht mehr thermalisiert und ihre Gesamtzahl änderte sich nicht mehr sehr wesentlich (wenn man hier von einem eventuell möglichen Neutrinozerfall absieht). Folge sollte eine 1.9 *K-Neutrino-Hintergrundstrahlung* (für $m_\nu = 0$; 0.005 K für $m_\nu = 30$ eV) sein, die bislang nicht beobachtet werden konnte (s. aber [Tup 87]).

Bei einer nur wenig niedrigeren Energie zerstrahlten dann auch Elektronen und Positronen und schließlich war bei einer Zeit von $t \approx 100$ s die Energie so weit abgesunken, daß sich die leichtesten Atomkerne ^{2}H, ^{3}He und ^{4}He zu bilden begannen. Schließlich, bei einer thermischen Energie von ≈ 1 eV konnten sich atomare Systeme bilden; die Energie der Photonen war nicht mehr ausreichend, diese zu ionisieren. Als Folge entkoppelten die Photonen ebenfalls und können für die weitere Entwicklung nach $t \gtrsim 10^5$ Jahren vernachlässigt werden. Bei 3000°K wird das *Jeans-Kriterium* erfüllbar (Gaswolken werden instabil gegenüber Kontraktion, wenn die Gravitationsenergie die thermische Energie der Moleküle übersteigt) und über die Bildung von Sternen und Galaxien — und damit der Bildung aller übrigen chemischen Elemente — erreichte das Universum dann den heutigen Zustand.

9.2 Grenzen des Standardmodells

In einem Standardmodell, wie im vorigen Abschnitt geschildert, scheint zunächst einmal eine vernünftige Verknüpfung von GUT-Modellen und Kosmologie geschaffen zu sein. Bei näherer Analyse stößt man jedoch auf verschiedene Probleme, oder zumindest Merkwürdigkeiten. Diese betreffen im wesentlichen die Anfangsbedingungen zur Zeit $t_{Pl} \approx 0.5 \cdot 10^{-43}$ s. Wenn wir keine Vorstellungen von der Physik vor t_{Pl} haben, was können wir dann überhaupt über diese Anfangsbedingungen annehmen? Das Universum könnte sich im thermodynamischen Gleichgewicht befunden haben, vielleicht aber auch nicht. Besaß dieser Anfangszustand schon eine Netto-Baryonenzahl? Wenn die Baryonenzahl zu jeder Zeit erhalten war, müßte er das. Das unbefriedigende am Standardmodell ist, daß die weitere Entwicklung des Universums bis zum heutigen Zustand quantitativ *sehr kritisch* von den Anfangsbedingungen abhängt. Man muß sehr *spezielle* Anfangsbedingungen *annehmen*, um unser heutiges Universum erklären zu können. Dies wird unten an Beispielen gezeigt werden.

Eine befriedigendere Situation wäre gegeben, wenn die spätere Entwicklung praktisch nicht von den Anfangsbedingungen bei t_{Pl} abhinge. Dann wäre die Unwissenheit über Abläufe vor t_{Pl} nicht wichtig. Das wäre der Fall, wenn das Universum irgendwann nach t_{Pl} eine Phase durchlaufen hätte, während derer alle vorherigen Bedingungen sozusagen egalisiert worden wären und sich dann automatisch (aufgrund bekannter physikalischer Gesetze) die Bedingungen eingestellt hätten, die zum heutigen Universum führten. Eine Lösungsmöglichkeit bietet sich hier durch Annahme einer sogenannten "inflationären" Phase an. Dies wird Gegenstand von Kap. 9.3 sein. Zunächst soll aber auf einige Widersprüchlichkeiten eingegangen werden, welche zur Forderung eines solchen inflationären Universums führen.

9.2.1 Die Krümmung des Weltalls

Bei der Einführung der Gl. (9.10), (9.11) hatten wir schon die Möglichkeit einer entweder sphärischen oder hyperbolischen Krümmung unseres Weltalls angesprochen. Wir hatten gesagt, daß die Metrik eine ein für allemal festgelegte Eigenschaft des Universums (Anfangsbedingung!) ist, d.h., ein sphärisches Universum bleibt immer sphärisch und wird nie euklidisch oder gar hyperbolisch. Gleiches gilt für die beiden anderen Alternativen. Die Zukunft des Universums hängt aber entscheidend von der Metrik ab. Ein sphärisches Weltall wird irgendwann eine maximale Ausdehnung erreichen und daraufhin wieder kollabieren (*geschlossenes Universum*), während sich euklidisches und hyperbolisches Universum für immer ausdehnen (*offenes Universum*).

9.2 Grenzen des Standardmodells

(Die letztgenannten Zusammenhänge gelten nur für $\Lambda = 0$, s. Abschn. 9.3, 9.4!). Die Frage nach der tatsächlichen Metrik unseres Universums ist daher fundamental. Mehr quantitativ würde man bei nicht-euklidischer Metrik nach der Stärke der Krümmung fragen. Um eine Aussage hierüber machen zu können, muß aber zunächst ein Maßstab festgelegt werden. Der einzige Term in Gl. (9.10), (9.11), welcher nicht invariant ist gegen eine Veränderung das Krümmungsradius R, ist der Term $-k/R^2$ in (9.10). Für $R \to \infty$ geht dieser gegen Null. Wir nennen ihn *Krümmungsterm*. Von schwacher Krümmung kann man sicher dann sprechen, wenn der *Krümmungsterm* $-k/R^2(t)$ in (9.10) keinen großen Einfluß auf die Entwicklung von $R(t)$ besitzt, also wenn

$$\left| \frac{k}{R^2(t)} \right| \ll \left| \frac{8\pi G_N}{3} \rho(t) + \frac{1}{3}\Lambda \right| \tag{9.26}$$

Der Fall starker Krümmung läßt sich aber nur bei hyperbolischer Metrik durch die entgegengesetzte Bedingung

$$\left| \frac{k}{R^2(t)} \right| \gg \left| \frac{8\pi G_N}{3} \rho(t) + \frac{1}{3}\Lambda \right|$$

charakterisieren. Dagegen ist bei sphärischer Metrik immer

$$\frac{k}{R^2(t)} \leq \frac{8\pi G_N}{3} \rho(t) + \frac{1}{3}\Lambda$$

(($\dot{R}/R)^2$ muß immer positiv sein).
Als Maß für die Stärke der Krümmung eignet sich deshalb besser die Abweichung der Dichte $\rho(t)$ von dem für euklidische Geometrie charakteristischen kritischen Wert ρ_{krit} (man setze $k = 0$ in Gleichung (9.10)):

$$\rho_{krit}(t) = \frac{3}{8\pi G_N} \left\{ \left(\frac{\dot{R}(t)}{R(t)} \right)^2 - \frac{1}{3}\Lambda \right\} = \frac{3}{8\pi G_N} \left\{ H^2(t) - \frac{1}{3}\Lambda \right\} \tag{9.27}$$

Da wir uns nun zunächst noch mit dem kosmologischen Standardmodell befassen, vernachlässigen wir Λ in den folgenden Betrachtungen. Für $\Lambda = 0$ liegt die heutige Materiedichte ρ_0 (wir kennzeichnen den *heutigen* Wert einer Größe mit dem Index 0) nach experimentellen Befunden sicher innerhalb der Grenzen (wir werden später eine wesentlich schärfere Bedingung angeben)

$$0.1\rho_{krit} \lesssim \rho_0 \lesssim 10\rho_{krit} \tag{9.28}$$

(s. z.B. [Wei 72], [Mis 73], [Blo 84]). Das scheint keine sehr einschränkende Bedingung zu sein. Ungleichung (9.28) läßt noch alle Lösungen $k = 0, +1, -1$ zu. Verfolgt man aber (9.10), (9.11) zurück bis zu der extrem kleinen Zeit $t_X \approx 10^{-36}$s, so erhält man eine immens verschärfte Bedingung. Das liegt daran, daß sich eine einmal vorhandene

Abweichung der Größe $\rho(t)$ vom kritischen Wert $\rho_{krit}(t)$, also eine einmal vorhandene Krümmung, mit zunehmendem t ständig verstärkt. Für die heute dominierende druckfreie Materie ist die zeitliche Entwicklung nach (9.22) durch $\rho_M(t) \sim 1/R^3(t)$ und für den Strahlungskosmos nach (9.20) durch $\rho_s(t) \sim 1/R^4(t)$ bestimmt. Somit wächst $\rho(t)$ weit schneller als der Krümmungsterm k/R^2 für $R \to 0$. Zur Zeit t_X hätte danach

$$\frac{|\rho(t_X) - \rho_{krit}(t_X)|}{\rho_{krit}(t_X)} \lesssim 10^{-50} \tag{9.29}$$

gelten müssen (s. [Gut 81]), um die Bedingung (9.28) einzuhalten. Bedingung (9.29) bedeutet eine ungeheure Einschränkung der möglichen Anfangsbedingungen. Selbst, wenn man alle GUT-Überlegungen beiseite läßt und nur bis $t \approx 1$ s (entspricht $kT \approx 1$ MeV) zurückextrapoliert, liefert (9.28) immer noch:

$$\frac{|\rho(1\ \text{s}) - \rho_{krit}(1\ \text{s})|}{\rho_{krit}(1\ \text{s})} \lesssim 10^{-14} \tag{9.30}$$

Unser Universum war also kurz nach seiner Geburt *extrem flach* (euklidisch oder nahezu euklidisch) und es ist eine *Anforderung an alle kosmologischen Modelle, diese Flachheit zu erklären.*

9.2.2 Das Horizontproblem

Wie schon erwähnt, können wir heute die Photonen aus der Zeit der Materie-Antimaterie-Vernichtung in Form der Mikrowellen-Hintergrundstrahlung sehen. Diese zeigt eine beeindruckende Isotropie (Anisotropie $\lesssim 0.13\%$, s. z.B. [Blo 84]). Eine derartige Gleichverteilung scheint nur einleuchtend erklärbar, wenn die Abläufe in allen Raumgebieten, in denen die uns heute sichtbare Strahlung entstand, während dieser Entstehung in kausalem Zusammenhang gestanden haben. Nun ist die Ausdehnung der zur Zeit t kausal zusammenhängenden Gebiete, genannt der *Ereignishorizont*, eng verknüpft mit der Strecke $l(t)$, die ein Lichtstrahl in der Zeit t zurücklegt. Es ist aber zu berücksichtigen, daß die in dem Zeitintervall dt' zurückgelegte Strecke $dl' = dt'$ durch die Expansion während der Zeit zwischen t' und t um den Faktor $R(t)/R(t')$ vergrößert wurde, so daß man für $l(t)$ erhält:

$$l(t) = R(t) \int_0^t R^{-1}(t')\, dt' \tag{9.31}$$

Für ein adiabatisch expandierendes Weltall gilt bei vernachlässigbarem Krümmungsterm (s. (9.21) und (9.23)):

$$R(t) \sim t^\alpha \qquad \text{mit } \alpha = \frac{1}{2} \ldots \frac{2}{3} \tag{9.32}$$

9.2 Grenzen des Standardmodells

Der Exponent α nimmt dabei den unteren oder oberen Wert an, je nachdem, ob Strahlung oder Materie die Expansion bestimmt. Damit wird

$$l(t) = \beta t \quad \text{mit } \beta = 2\ldots 3 \tag{9.33}$$

Aus den Beobachtungsgrößen Alter des Universums t_0 ($\approx 15 - 20 \cdot 10^9$ Jahre), Durchmesser des sichtbaren Universums L_0 ($\approx t_0$; entfernteste Quasare) und aus der obigen Beziehung $l(t) \lesssim 3t$ folgert man also:

$$l_0 \lesssim 3 L_0 \tag{9.34}$$

Gl. (9.34) bedeutet, daß der von uns beobachtbare Teil des Universums nicht wesentlich kleiner ist als das Gebiet, das ein Lichtstrahl (oder irgendein Signal) überhaupt in der Entwicklungsgeschichte des Universums durchquert haben kann.
Die zeitliche Entwicklung des Durchmessers $L(t)$ des Raumgebietes, aus dem das uns heute beobachtbare Universum entstand, skaliert aber mit $R(t)$:

$$L(t) \sim R(t) \sim t^\alpha \tag{9.35}$$

$L(t)$ hat sich daher zeitlich deutlich langsamer entwickelt als $l(t)$. Daraus resultiert das *Horizontproblem*, nämlich für die Zeit der Entstehung der Hintergrundstrahlung $t_\gamma \ll t_0$ folgert man

$$l(t_\gamma) \ll L(t_\gamma) \tag{9.36}$$

Das Raumgebiet, aus dem sich unser beobachtbares Universum entwickelte, konnte damals nicht kausal zusammenhängend gewesen sein (s. Abb. 9.1). Wie aber ist dann die beobachtete Isotropie dieser Strahlung zu erklären?

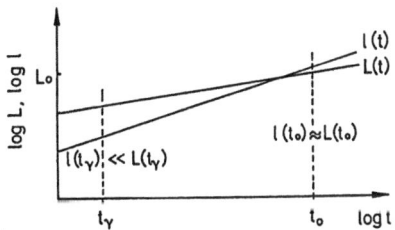

Abb. 9.1: Das Horizontproblem im kosmologischen Standard-Modell. Das Schaubild zeigt die zeitliche Entwicklung des Durchmessers $L(t)$ des heute beobachtbaren Teiles des Universums und die Strecke $l(t)$, die ein Lichtstrahl seit der Geburt des Universums durchquert haben kann. Der durch $l(t)$ vorgegebene Durchmesser von kausal zusammenhängenden Gebieten war zur Zeit der Entstehung der Hintergrundstrahlung viel kleiner als $L(t)$.

9.2.3 Magnetische Monopole

Wenn die GUT-Vorstellungen richtig sind, begann bei der Temperatur $T_X \approx 10^{28}$K die $SU(5)$-Symmetriebrechung, indem sich das 24-dimensionale Higgsfeld ϕ im $SU(5)$-Raum ausrichtete. Wie dies vor sich ging, hatten wir anhand der spontanen Rotationssymmetriebrechung beim Phasenübergang eines ferromagnetischen Stoffes in Kap. 4 anschaulich zu machen versucht. Da die Orientierungsphasenwinkel bei der spontanen Symmetriebrechung zufällig sind, müssen beim Phasenübergang Raumdomänen mit unterschiedlichen Ausrichtungen entstanden sein. Diese wuchsen und berührten sich schließlich.

An den Grenzflächen der Domänen mit unterschiedlicher $SU(5)$-Brechung sollten nun mit einer gewissen Wahrscheinlichkeit topologisch stabile Defektstellen (eine Art topologischer "Knoten") entstanden sein. Diese stabilen Gebilde müßten auch heute noch existieren und würden eine isolierte magnetische Ladung tragen. Sie werden deshalb als *magnetische Monopole* bezeichnet [t'Ho 74]. Ihre Masse M_M ist korreliert mit der Temperatur des Phasenübergangs und müßte deshalb sehr groß sein ($M_M \approx 10^{16}$ GeV). Eine Berechnung der nach dem Standardmodell zu erwartenden Monopoldichte ist zwar mit großen theoretischen Unsicherheiten verbunden. Man kann jedoch eine einfache untere Grenze angeben ([Kib 76], [Gut 81]). Dazu nimmt man an, daß pro Raumdomäne mindestens ein Monopol entstand. Ist l der Durchmesser einer solchen Domäne, so erwartet man für die Monopoldichte n_M

$$n_M \gtrsim l^{-3} \tag{9.37}$$

und somit für den Beitrag zur Massendichte des Universums:

$$\rho_{\text{Monopol}} = M_M n_M \gtrsim M_M l^{-3} \tag{9.38}$$

Nun gilt natürlich auch für ρ_{Monopol} die obere Grenze $10\rho_{krit}$ nach (9.28) und andererseits kann l nicht größer sein als der zur Zeit der Symmetriebrechung gegebene Ereignishorizont, da jede Raumdomäne kausal zusammenhängen muß. Dadurch ergibt sich für l eine von T_M abhängige Obergrenze, wobei T_M definiert ist durch $kT_M = M_M$. Umgekehrt ergibt sich aus (9.28), (9.38) und dieser Kausalitätsforderung für T_M die Bedingung:

$$kT_M \lesssim 10^{10} \text{ GeV} \tag{9.39}$$

Das bedeutet, ein Phasenübergang bei der für die $SU(5)$-Brechung typischen Energie $kT_X \approx 10^{15}$ GeV hätte zu einer viel zu großen Monopoldichte geführt.

Trotz intensiver experimenteller Suche konnte andererseits bis heute die Existenz magnetischer Monopole nicht nachgewiesen werden (s. z.B. [Sto 83], [Bos 83], ferner [Bak 88], [Ric 87]).

Ähnlich den magnetischen Monopolen können sich bei Phasenübergängen auch flächenartige und lineare Fehlstellen gebildet haben. Während großflächige Defekte wegen ihrer enormen Masse dramatische, nicht beobachtete Folgen hätten, wäre die

9.2 Grenzen des Standardmodells

Existenz linearer Fehlstellen, sogenannter *kosmischer Strings*, unauffälliger. Allerdings könnten diese Strings infolge ihrer Gravitationswirkung für die Bildung von Galaxien und Galaxienhaufen veranwortlich sein. Ein direkter Nachweis kosmischer Strings könnte gelingen aufgrund ihrer hohen Masse. Strings würden den sie umgebenden Raum derart krümmen, daß wir von den hinter ihnen liegenden Objekten Doppelbilder wahrnehmen müßten. Außerdem besteht die Möglichkeit, daß Strings supraleitend sind, in welchem Fall sie durch Wechselwirkung mit geladenen Teilchen Radiowellen induzieren könnten (s. z.B. [Vil 88]).

9.2.4 Baryonenasymmetrie, CP-Verletzung

Ein weiteres großes kosmologisches und elementarteilchentheoretisches Problem stellt die Baryonen-Antibaryonen-Asymmetrie oder allgemeiner die Materie-Antimaterie-Asymmetrie dar. Allerdings wird dieses Problem auch im in 9.3 diskutierten inflationären Universum nicht vollständig gelöst.

Offensichtliches Merkmal unseres heutigen Universums ist die Dominanz der Materie über die Antimaterie. Es gibt keinerlei experimentelle Hinweise auf das Vorhandensein größerer Mengen von Antimaterie im Universum (Diese müßte sich beim Zusammentreffen mit Materie durch die entstehende Strahlung verraten). Somit scheint unser Universum vollständig aus Materie zu bestehen. Allerdings ist aus dem Verhältnis Baryonenzahl zu Photonenzahl (aus Hintergrundstrahlung)

$$N_B/N_\gamma \approx 10^{-9\pm 1} \tag{9.40}$$

ersichtlich, daß nur ein verschwindend kleiner Bruchteil der ursprünglich vorhandenen Materie die Zerstrahlung mit der Antimaterie bei der Geburt unseres Universums überlebt hat. Es muß also *vor* der Zerstrahlung ($t \lesssim 10^{-6}$s) einen winzigen Überschuß von $\approx 10^{-9} : 1$ an Materie über Antimaterie gegeben haben. Aber selbst ein derart kleiner Überschuß ist nicht leicht zu erklären. Er ist immer noch viel zu groß, um als statistische Fluktuation eines thermodynamischen Gleichgewichtszustandes interpretiert werden zu können.

Um die Generierung eines Materieüberschusses aus einem anfänglichen Gleichgewicht zu ermöglichen, sind notwendige Bedingungen (s. z.B. [Wei 79]):

1. Die elementaren Wechselwirkungen müssen CP-verletzend sein. (CP-Verletzung ist äquivalent einer Verletzung der Zeitumkehrinvarianz, falls das CPT-Theorem gültig ist, s. Abschn. 1.3.10.) Dadurch können Prozesse, welche zu Baryonen führen, mit größerer Rate ablaufen als die entsprechenden CP-konjugierten Prozesse, welche zu Antibaryonen führen. Z.B. führen folgende Zerfälle

$$\begin{array}{ll} X \xrightarrow{r} u + u & X \xrightarrow{1-r} \bar{d} + e^+ \\ \overline{X} \xrightarrow{\bar{r}} \bar{u} + \bar{u} & \overline{X} \xrightarrow{1-\bar{r}} d + e^- \end{array} \tag{9.41}$$

mit den jeweils über den Pfeilen angegebenen Verzweigungsverhältnissen zu einem Überschuß von u, d und e^- über $\bar{u}$, $\bar{d}$ und e^+, falls $r > \bar{r}$ ist. Aus CP-Invarianz würde dagegen $r = \bar{r}$ folgen. In den meisten Modellen spielt allerdings der Zerfall von X- und Y-Bosonen für die Generierung einer Netto-Baryonenzahl eine untergeordnete Rolle im Vergleich zum Zerfall von Higgs-Bosonen.

2. Die Baryonenzahl B darf keine erhaltene Größe sein (wenn B erhalten ist, sind die Zerfälle (9.41) nicht alle gleichzeitig erlaubt.)

3. Bedingungen 1. und 2. können zu einem Baryonenüberschuß nur im thermodynamischen *Nicht*gleichgewicht führen. Bedingung 1. erlaubt zwar, daß die Reaktionsraten, die zur Bildung von Baryonen führen, größer sind als solche, die zu Antibaryonen führen, aber im thermodynamischen Gleichgewicht ist keine Zeitrichtung ausgezeichnet, und dasselbe würde auch für die inversen Reaktionen gelten. Baryonen würden mit größerer Rate zerfallen als Antibaryonen. Im thermodynamischen Gleichgewicht sind die Verhältnisse der Teilchenzahlen *unabhängig* von der Reaktionsdynamik.

In der Elementarteilchenphysik gibt es zwei für eine CP-Verletzung sehr sensitive Größen. Dies sind die zwar beobachtete, aber theoretisch sehr schwierig zu quantifizierende CP-Verletzung beim K^0-Zerfall und die experimentelle Obergrenze für das elektrische Dipolmoment des Neutrons $|d| < 5 \cdot 10^{-25}$ ecm [Lob 86], [Ram 86]. d kann in Verbindung gebracht werden mit einem in der Quantenchromodynamik auftretenden CP-verletzenden Phasenfaktor $e^{i\theta}$ [Pec 77] in der Quark-Mischungsmatrix (5.90). Die Obergrenze für d impliziert $\theta \lesssim 10^{-9}$ (s. auch Abschn. 5.2.5).

Die CP-verletzende Phase θ ist somit extrem klein und die Schwierigkeit in der GUT-Kosmologie besteht nun darin, einerseits eine hinreichend große Netto-Baryonenzahl auf natürliche Weise zu erklären und andererseits θ unterhalb der experimentell geforderten Grenze vorherzusagen (sog. *"θ-Problem"*). Es gibt zwei prinzipiell unterschiedliche Möglichkeiten, eine Baryonen-Asymmetrie generierende CP-Verletzung in die Modelle einzubauen. Die *erste Möglichkeit* ist, eine *spontan gebrochene CP-Invarianz* anzunehmen. Solche Modelle können jedoch i.a. keine ausreichende Netto-Baryonenzahl erklären. Der Grund ist die in diesen Modellen resultierende niedrige kritische Temperatur T_{CP} für den Phasenübergang zwischen CP-invarianter und CP-gebrochener Phase ($kT_{CP} \lesssim 1000$ GeV). Die relevanten Zerfallsprozesse von X-, Y- und Higgs-Bosonen wären in der *CP-invarianten* Phase abgelaufen und hätten keine Baryonen-Asymmetrie erzeugt[3]. Weiter würde man eine nicht beobachtete Domänenstruktur des Universums erwarten: Neben Gebieten mit Materie-Dominanz müßte es auch solche mit Antimaterie-Dominanz geben. Die *zweite Möglichkeit* besteht in der Annahme einer *manifesten* (fest vorgegebenen) *CP-Verletzung*. Da es in diesem Fall keine CP-invariante Phase gibt, treten hier die bei der spontanen CP-Brechung aufgeführten Probleme nicht auf. Allerdings ist es nicht einfach, in solchen Modellen gleichzeitig zu erklären, wieso der CP-verletzende Parameter θ so klein ist

---
[3]In Superstring-Modellen könnte die Baryonen-Asymmetrie dagegen durch Higgsino-Zerfall bei hinreichend niedrigen Temperaturen erzeugt werden [Moh 87b]!

([Pec 77], [Wei 78], [Wil 78], [Moh 80], [Pec 86]). Eine neuere Übersicht zur Frage der manifesten CP-Verletzung gibt [Kim 87].

9.3 Inflation

Wir wollen nun das inflationäre Universum besprechen, ein hypothetisches kosmologisches Modell, welches von den Standardvorstellungen abweicht und einen Großteil der bestehenden kosmologischen Probleme lösen könnte. Es muß aber betont werden, daß die Selbstkonsistenz der im Folgenden ausgeführten Modellvorstellungen noch weitgehend ungeklärt ist, und diese somit ausschließlich als Lösungsansatz zu verstehen sind.

Die in 9.2 angesprochenen kosmologischen Probleme, die im Standardmodell auftreten, ließen sich zumindest teilweise lösen, wenn das Universum in seiner frühen Entwicklungsphase eine sogenannte inflationäre Epoche durchlaufen hätte ([Gut 81], [Lin 82], [Lin 84], [Alb 82]). Um zu verstehen, was das bedeutet, betrachten wir die *Friedmann-Einstein-Lemaitre Gleichungen* (9.10), (9.11). Der bisher betrachtete Fall $\Lambda = 0$ entspricht der Annahme, daß das Vakuum keinen Beitrag zur Energiedichte des Universums liefert. Dies erscheint in der klassischen Physik als eine Selbstverständlichkeit. In der Quantenfeldtheorie jedoch enthält ja schon das Vakuum die verschiedensten Quantenfelder. Diese befinden sich in einem Zustand niedrigster Energie, welche jedoch nicht notwendigerweise gleich Null ist. Wir nehmen also im Folgenden an, daß man dem Vakuum eine nicht verschwindende Energiedichte ρ_V zuschreiben kann. Die kosmologische Konstante Λ der allgemeinen Relativitätstheorie findet somit in den modernen Quantenfeldtheorien ihre Deutung als Energiedichte des Vakuums. Der Zusammenhang zwischen beiden Größen ist ([McCre 51], [Zel 68]):

$$\Lambda = 8\pi G_N \rho_V \tag{9.42}$$

Das Gleichungssystem (9.10), (9.11) schreibt man dann zweckmäßigerweise:

$$\left(\frac{\dot{R}(t)}{R(t)}\right)^2 = \frac{8\pi G_N}{3}(\rho(t) + \rho_V(t)) - \frac{k}{R^2(t)} \tag{9.43}$$

und

$$\frac{\ddot{R}(t)}{R(t)} = -\frac{4\pi G_N}{3}(\rho(t) - 2\rho_V(t) + 3p(t)) \tag{9.44}$$

Aus der zweiten dieser Gleichungen erkennt man, daß eine positive Vakuumenergiedichte einen negativen Druck $p_V = -\rho_V$ erzeugt. Falls nun ρ_V über die Materie- und Krümmungsterme dominiert, also falls

$$|\rho_V| \gg \rho, p \quad \text{und} \quad \left|\frac{8\pi G_N}{3}\rho_V\right| \gg \frac{|k|}{R^2} \quad, \tag{9.45}$$

ergeben sich für $R(t)$ neuartige exponentielle Lösungen: Für $\rho_V > 0$ erhält man

$$R(t) \approx R(0)\exp\left\{\sqrt{(8\pi G_N \rho_V/3)}t\right\} \tag{9.46}$$

Ein Universum, das sich so verhält, wird de Sitter-Universum oder, wegen der exponentiell anwachsenden Expansion, *inflationäres Universum* genannt ([Sta 80], [Gut 81], [Lin 82]).

Bevor wir auf die Lösung der angesprochenen kosmologischen Probleme im inflationären Universum eingehen, wollen wir zunächst erläutern, wie ein solches exponentielles Verhalten überhaupt verursacht werden könnte. Wir haben in Kap. 4 den Mechanismus der spontanen Symmetriebrechung durch Higgs-Felder diskutiert. Diese hypothetischen Higgs-Felder haben ja in der Phase gebrochener Symmetrie endliche Vakuumerwartungswerte und, damit verknüpft, von Null verschiedene Energiedichten $V(\Phi_{min})$[4]. Die Higgs-Felder sind daher gute Kandidaten für die Erzeugung großer Vakuumenergiedichten ρ_V. Allerdings ist das Standard-Higgs-Potential $V(\boldsymbol{\Phi})$ aus Kap. 4 immer *negativ* für $0 \leq |\langle\boldsymbol{\Phi}\rangle| \lesssim v$. Die Vakuumenergiedichte $\rho_V = V(\Phi_{min})$ hätte also das *falsche* Vorzeichen, um eine exponentielle Expansion zu erzeugen.

Ein weiteres Problem bildet die *Beendigung* der exponentiellen Phase. Um zum heutigen Zustand des Universums zu gelangen, muß die Vakuumenergie ρ_V während der exponentiellen Expansion irgendwann dramatisch gesunken sein, wodurch die Inflation gestoppt wurde und in eine gemäßigtere Entwicklung überging. Eine solche dramatische Änderung von ρ_V könnte mit einem Phasenübergang verknüpft gewesen sein. Dieser durfte aber andererseits wiederum nicht zu schnell ablaufen, damit genügend Zeit für die Inflation blieb. Unter gewissen Voraussetzungen kann die Existenz eines temperaturabhängigen Higgs-Potentials $V_{CW}(\phi, T)$, genannt *Coleman-Weinberg-Potential*, gezeigt werden ([Col 73], [Wei 74], [Dol 74]). Dieses kann möglicherweise die gestellten Anforderungen erfüllen. Bei nicht zu hohen Temperaturen besitzt $V_{CW}(\phi, T)$ zwei Minima (s. Abb. 9.2), eines bei $\langle\phi\rangle = 0$ und eines bei einem endlichen Wert $|\langle\phi\rangle| = w$. Oberhalb einer kritischen Temperatur T_1 ist das Minimum bei $\langle\phi\rangle = 0$ am tiefsten, unterhalb T_1 dagegen das zweite Minimum. Beim Abkühlen unter T_1 findet folglich ein Phasenübergang von $\langle\phi\rangle = 0$ nach $|\langle\phi\rangle| = w$ statt. Dieser Phasenübergang tritt jedoch nicht sofort ein, wenn T_1 unterschritten wird. Das Feld ϕ, dessen zeitliche Entwicklung durch die Klein-Gordon-Gleichung beschrieben wird, kann nur mit einer endlichen Geschwindigkeit anwachsen. Wenn diese klein genug ist, so entsteht eine unterkühlte Phase (s. Abb. 9.3), d.h. das Higgs-Feld besitzt immer noch eine Energiedichte, welche ungefähr der bei T_1 entspricht, während die thermische Energie der Strahlungsfelder schon weit unter diesen Wert abgesunken ist. Diese Situation, bei der also $\rho_V \gg \rho_s$ ist, ermöglicht eine inflationäre Entwicklung. Wenn ϕ schließlich das absolute Minimum bei $|\langle\phi\rangle| = w$ erreicht hat, ist die Inflation beendet ([Lin 82], [Alb 82]). Die bisher im Vakuum enthaltene Energie materialisiert sich dann, indem sie zunächst in Oszillationen des ϕ-Feldes um $\langle\phi\rangle$, als physikalische Higgs-Teilchen zu interpretieren (entsprechend Feld $\eta(x)$ aus

---
[4]Zur Notation siehe Fußnote 3, S. 192.

9.3 Inflation

Gl. (4.112)), umgesetzt wird. Diese Higgs-Teilchen zerfallen danach in leichtere Teilchen. Die Temperatur steigt dabei wieder erheblich an, eventuell bis zu einem Wert nahe T_X, so daß auch X- und Y-Bosonen entstehen können. Die weitere Entwicklung unterscheidet sich nicht von der im Standardmodell.

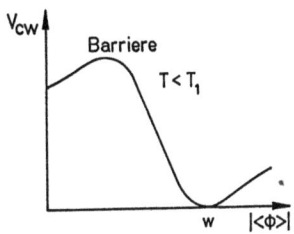

Abb. 9.2: Das Higgs-Potential vom Coleman-Weinberg-Typ ist temperaturabhängig. Es besitzt zwei Minima, die durch eine Barriere getrennt sind. So wird der Übergang von $\langle\phi\rangle = 0$ nach $|\langle\phi\rangle| = w$ verzögert.

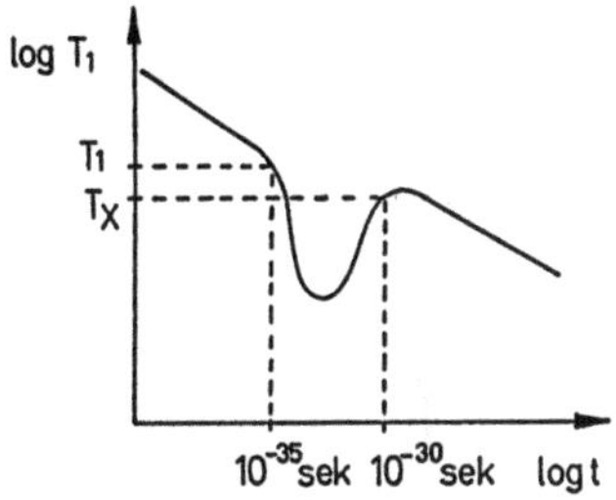

Abb. 9.3: Entwicklung der kosmologischen Temperatur im inflationären Universum. Da der Phasenübergang bei der kritischen Temperatur T_1 infolge der Barriere im Higgs-Potential nicht schlagartig erfolgen kann, fällt die Temperatur während der Inflation zunächst sehr stark. Wenn dann die im Higgs-Feld enthaltene Energie freigesetzt wird, steigt die Temperatur wieder an.

Der mit der Brechung der GUT-Symmetrie verbundene Phasenübergang sollte domänenartig stattgefunden haben, d.h. im unterkühlten Zustand sollte ϕ innerhalb begrenzter kausal zusammenhängender Raumgebiete, die auch *Linde'sche Blasen* genannt werden, korreliert angewachsen sein [Lin 82]. Diese Linde'schen Blasen sollten sich dann während der Inflation extrem vergrößert haben. In einer ersten, später allerdings als zu einfach erkannten Abschätzung kommt Linde zu dem Schluß, daß während einer Inflation, welche von $t \approx 10^{-35}$s bis $t \approx 10^{-30}$s dauerte, eine solche Blase von $\lesssim 10^{-20}$cm auf $\approx 10^{3000}$cm angewachsen sein könnte. Damit wäre unser beobachtbares Universum ($L_0 \approx 10^{28}$cm) nur ein winziger Bruchteil einer einzigen solchen Blase.

Eine mehr quantitative Analyse zeigt allerdings, daß das Coleman-Weinberg-Potential starken Korrekturen infolge höherer störungstheoretischer Ordnungen und gravitativer Effekte in dem anfänglich stark gekrümmten Raum unterworfen ist. Ellis und Mitarbeiter [Ell 82a] argumentieren, daß das *renormierte* Coleman-Weinberg-Potential den Phasenübergang nicht lange genug hinauszögern kann, um genügend Inflation zu erzeugen. Die Situation wird verbessert durch Einführung der Supersymmetrie. Das Coleman-Weinberg-Potential bleibt dann stabil gegenüber Korrekturen höherer Ordnung aufgrund der Nichtrenormierungstheoreme. Die Barriere zwischen dem lokalen

Minimum bei $\langle\phi\rangle = 0$ und dem absoluten Minimum bei $|\langle\phi\rangle| = w$ ist dann groß genug, um den Phasenübergang wirkungsvoll zu verzögern. Allerdings stellt sich das Problem in der SUSY-GUT-Kosmologie dann andersherum dar. Aus dem Potential mit einem absoluten Minimum bei $\langle\phi\rangle = 0$ entsprechend der vollen Eichsymmetrie bei sehr hohen Temperaturen entwickelt sich nämlich bei niedriger Temperatur ein Potential mit mehreren Minima entsprechend den verschiedenen Symmetriestufen, etwa $O(10)$, $SU(5) \otimes U(1)$, $SU(3)_c \otimes SU(2)_L \otimes U(1)$ ([Ell 82b], [Aff 84]). Abgesehen davon, daß nicht unbedingt klar ist, welches dieser Minima bei kleinen Temperaturen das tiefste ist, befinden sich Potentialbarrieren von der Größenordnung M_X zwischen diesen Minima. Falls also das Universum anfangs z.B. in der $O(10)$-Phase gewesen wäre, so besteht die Gefahr, daß diese Barrieren ein Durchtunneln bis zur $SU(3)_c \otimes U(1)_{EM}$-Symmetrie nicht zugelassen und das Universum in einer Phase höherer Symmetrie gefangen gehalten hätten.

Abschließend muß nochmals betont werden, daß bis jetzt nicht völlig geklärt ist, unter welchen Bedingungen eine Inflation stattgefunden haben könnte und ob diese verträglich ist mit den Erkenntnissen der Elementarteilchentheorie (s. auch [Bra 86]).

9.3.1 Lösung kosmologischer Probleme im inflationären Universum

Wenn auch die Selbstkonsistenz eines inflationären Universums noch nicht geklärt ist, so stellt es doch eine sehr interessante Hypothese dar, da dadurch viele kosmologische Probleme auf einfache Weise gelöst werden könnten. Zunächst kann man davon ausgehen, daß während der Inflation alle Materie so extrem verdünnt worden ist, daß heute keine Teilchen mehr aus der Zeit *vor* der Inflation beobachtbar sind. Alles heute Beobachtbare stammt aus der Zeit *nach* der Inflation. Falls also insbesondere *magnetische Monopole* vor oder auch noch in der Anfangsphase der Inflation entstanden sind, können wir diese heute nicht mehr finden. Ähnliches gilt für eine *Domänenstruktur* des Universums. Diese kann zwar vorhanden sein, jedoch haben sich die einzelnen Domänen (=Linde'sche Blasen) während der Inflation so extrem ausgedehnt, daß unser sichtbares Weltall völlig innerhalb einer einzigen solchen Domäne liegt und wir daher eine solche Struktur nicht feststellen können.

Die *Flachheit des Universums* ist auch leicht zu erklären. Möglicherweise war das Universum vor der Inflation stark gekrümmt, aber durch die exponentielle Ausdehnung wurde der Krümmungsterm k/R^2 in (9.43) um einen riesigen Faktor unterdrückt. Man kann sich das bildlich — um eine Dimension reduziert — vorstellen wie bei einem Luftballon, der aufgeblasen wird: Infolge der Inflation entspricht unser sichtbares Universum nur einem winzigen Teilbereich der Oberfläche dieses Luftballons. Die Krümmung der Oberfläche ist innerhalb dieses kleinen Bereiches kaum meßbar, obwohl sie vor dem Aufblasen sehr groß gewesen sein kann.

Das *Horizontproblem* wird in folgender Weise umgangen: Für ein sich adiabatisch ausdehnendes Universum folgert man $l_0 \lesssim 3L_0$ (Gl. (9.34)). Während der inflationären, *nicht adiabatischen* Expansion konnte $l(t)$, welches sich nach (9.31) berechnet, jedoch ebenfalls exponentiell anwachsen und damit wird $l_0 \gg L_0$ möglich. Horizontabstand

9.4 Die kosmologische Konstante Λ

und Ausdehnung des heute sichtbaren Universums besitzen in einem solchen Modell den in Abb. 9.4 angedeuteten Verlauf mit $l(t_\gamma) > L(t_\gamma)$, womit das Horizontproblem nicht mehr existiert.

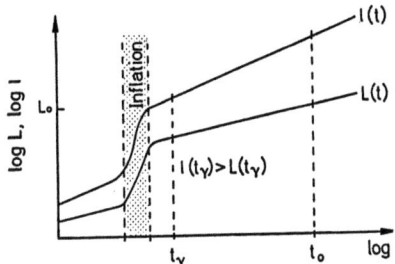

Abb. 9.4: Die Entwicklung des Horizontabstandes $l(t)$ und des Durchmessers $L(t)$ des Raumgebietes, aus welchem sich das heute beobachtbare Universum entwickelte. Eine inflationäre Phase könnte dafür gesorgt haben, daß zu jeder Zeit $l(t) > L(t)$ gilt.

9.4 Die kosmologische Konstante Λ

9.4.1 'Experimentelle' Einschränkungen für Λ

Nachdem $\Lambda \neq 0$ (äquivalent $\rho_V \neq 0$) im Rahmen der Quantenfeldtheorien natürlich und für die Deutung der frühen Entwicklungsphase des Kosmos sogar notwendig erscheint, kann man sich fragen, ob nicht auch in der weiteren Entwicklung bis zur Gegenwart eine nicht verschwindende Vakuumenergie eine Rolle gespielt haben könnte. Astronomische Beobachtungen ergeben eine obere Grenze für den heutigen Wert von $\Lambda \lesssim 3 \cdot 10^{-56}$ cm^{-2} [Abb 88]. Obige Frage läßt sich möglicherweise trotzdem durchaus mit ja beantworten. Zu diesem Ergebnis kommen verschiedene Autoren ([Blo 84], [Pee 84], [Tur 84], [Kla 86c], [Tay 86], [Prie 87], [Chu 87]) durch Analyse von (9.43), (9.44) aufgrund der Beobachtungsgrößen t_0, ρ_0, H_0 und R_0. Diese Zusammenhänge wollen wir nun etwas näher betrachten.

Wir nehmen im Folgenden an, daß sich der Wert von Λ irgendwann im Verlauf der GUT-Kosmologie auf einen konstanten (wie wir sehen werden, sehr kleinen) Wert eingestellt und bis heute nicht mehr geändert hat. Diese Annahme ist zwar nicht zwingend, vereinfacht jedoch die Überlegungen. Die weitere Expansion $R(t)$ des Universums nach (9.43), (9.44), nachdem der Strahlungsdruck unbedeutend geworden war ($t \gtrsim 10^5$ Jahre), wird beschrieben durch die vereinfachten Friedmann-Lemaitre-Gleichungen (9.43), (9.44):

$$\left(\frac{\dot{R}(t)}{R(t)}\right)^2 = \frac{8\pi G_N}{3}(\rho(t) + \rho_V) - \frac{k}{R^2(t)} \tag{9.47}$$

und

$$\frac{\ddot{R}(t)}{R(t)} = -\frac{4\pi G_N}{3}(\rho(t) - 2\rho_V) \tag{9.48}$$

und kann charakterisiert werden durch folgende fünf Parameter:

1. Das heutige Alter des Universums t_0,

2. die Hubblekonstante $H_0 = (\dot{R}(t)/R(t))_{t=t_0}$

3. die Materiedichte $\rho_0 = \rho(t_0)$,

4. Λ, oder die äquivalente Vakuumenergiedichte $\rho_V = \Lambda/8\pi G_N$ und

5. die Metrik, definiert durch k und $R_0 = R(t_0)$. (Wir zählen R_0 und k zusammen als *einen* reellen Parameter, da k und R in (9.47), (9.48) durch die *eine* reelle Größe $\lambda = k/R^2$ ersetzt werden können.)

Mit diesen fünf Parametern ist das Problem allerdings schon überbestimmt. Sind drei davon bekannt, so lassen sich die restlichen zwei berechnen. Konkrete experimentelle Werte existieren für H_0 und t_0. Außerdem weiß man, daß $\rho_0 > \rho_B$ sein muß, wobei ρ_B die baryonische Materiedichte darstellt. Darunter versteht man sowohl die sichtbare (strahlende) Materie in Form von Sternen als auch dunkle interstellare baryonische Materie in Form von interstellarem Staub und Gas und von nicht leuchtenden Endzuständen von Sternen wie etwa Neutronensternen und schwarzen Löchern. Aus einer Analyse der primordialen Heliumsynthese folgt $\rho_B = 0.5(+0.7, -0.3) \cdot 10^{-30}$ g/cm³ [Blo 84]. Ausgehend von einem Alter des Universums von $t_0 \gtrsim 15 \cdot 10^9$ Jahren ([Tam 86], [Kla 86a], s. Kap. 8) und einer Hubble-Konstanten $H_0 = 43 - 100$ km Mpc^{-1}s^{-1} ([San 84], [Van 82], [Vau 86]), schließt man aus einer numerischen Analyse von (9.47), (9.48) auf eine positive Vakuumenergie für nahezu den gesamten Parameterbereich (s. [Kla 86c]). Verschärft wird diese Aussage noch, wenn man annimmt, daß unser Universum infolge der Inflation nahezu perfekt euklidisch ist, also für $k = 0$. In diesem Fall erhält man die Eingrenzung (für $50 \leq H_0 \leq 100$ km Mpc^{-1}s^{-1} und $15 \leq t_0 \leq 24 \cdot 10^9$ Jahre)

$$1.6 \lesssim \rho_V \lesssim 18 \quad \text{in } 10^{-30}\text{g/cm}^3 \tag{9.49}$$

oder äquivalent

$$3.0 \lesssim \Lambda \lesssim 34 \quad \text{in } 10^{-57}\text{cm}^{-2} \quad , \tag{9.50}$$

konsistent mit der aus Beobachtungen erschlossenen [Abb 88] oberen Grenze. Im Falle euklidischer Metrik findet man nichtverschwindende Werte von Λ und ρ_V bis hinab zu einem Weltalter $t_0 \gtrsim 13 \cdot 10^9$ Jahre für $H_0 \geq 50$ km Mpc^{-1}s^{-1} (bzw. $t_0 \gtrsim 15.2 \cdot 10^9$ Jahre für $H_0 \geq 43$ km Mpc^{-1}s^{-1}). Die Zusammenhänge sind in Abb. 9.5 in einer

9.4 Die kosmologische Konstante Λ

t_0-ρ_0-Ebene für den mittleren Wert $H_0 = 75$ km Mpc^{-1}s^{-1} dargestellt. Für $k = 0$, $\Lambda = 0$ und $H_0 = 75$ km Mpc^{-1}s^{-1} ergäbe sich ein Weltalter von $8.7 \cdot 10^9$ Jahren, also viel zu klein im Vergleich zum beobachteten Wert. Für $k = 0$ müßte ρ_0 den Wert $\rho_0 = \rho_{krit} \approx 20 \, \rho_B$ annehmen ,d.h. es gäbe eine beträchtliche Dichte *nicht-baryonischer dunkler Materie* $\rho_D = \rho_0 - \rho_B$ im Universum zusätzlich zur baryonischen Dichte ρ_B, welche die Expansionsrate schneller auf den heute beobachteten Wert H_0 gebremst hätte. Kandidaten für diese nicht-baryonische dunkle Materie fallen in zwei Kategorien, massive neutrinoartige und axion- oder massive photinoartige ([Schra 86], s. auch Abschn. 9.5.1).

Genau der gegenteilige Effekt zu dem der dunklen Materie wird durch ein zusätzliches positives ρ_V erzielt. Dies ist darauf zurückzuführen, daß zwar $\dot{R}$ in der Anfangsphase ($R \lesssim 0.2R_0$) von dem Materieterm dominiert wird und zusammen mit diesem rasch abnimmt, dann aber durch den wachsenden Einfluß von $\rho_V (\rho_V/\rho \sim R^3)$ wieder zunehmen kann und schließlich wieder zu einem exponentiellen Wachstum führt. Im Extremfall könnte die Entwicklung von R zwischenzeitlich praktisch völlig zum Stillstand gekommen sein ($\dot{R} = 0$), wie in Abb. 9.6 (s. Kurve 2) angedeutet. Als Folge liefert ein Modell mit positivem, konstanten ρ_V ein größeres t_0 (Schnittpunkt mit $R/R_0 = 1$) als ein Modell mit $\rho_V = 0$ und sonst gleichen Parametern (s. Abb. 9.6).

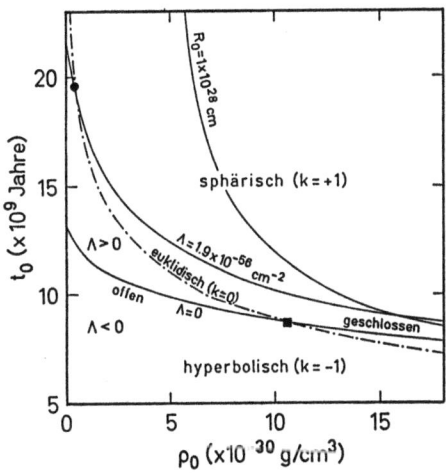

Abb. 9.5: Das heute erreichte Alter t_0 des Universums in Abhängigkeit von der heutigen Massendichte ρ_0 für verschiedene kosmologische Modelle (für $H_0 = 75$ km Mpc^{-1}s^{-1}). In den Standardmodellen mit $\Lambda = 0$ wird selbst für $\rho_0 = 0$ nur ein relativ kleines t_0 erreicht. Größere Alter resultieren in Modellen mit positivem Λ. Dargestellt ist außerdem die Kurve, auf welcher alle euklidischen Modelle liegen und eine beispielhafte Kurve für Modelle mit fest vorgegebener Raumkrümmung R_0. Der Wert 10^{28} cm für das angenommene R_0 entspricht ungefähr dem Durchmesser des beobachtbaren Universums (nach [Kla 86c]).

Abb. 9.6 zeigt auch, daß $\rho_V > 0$ zu einem ewig expandierenden Universum auch im Falle einer *sphärischen* Metrik ($k = +1$) führen kann. Da andererseits die nichtverschwindende Vakuumenergiedichte in Hinsicht auf das Erreichen einer euklidischen Metrik die dunkle Materie quasi 'ersetzen' kann, ist ein Vorteil von Modellen mit $\rho_V \neq 0$, daß eine erhebliche Dichte dunkler Materie vermieden wird (s. Abb. 9.5) und damit die Notwendigkeit bzw. das Problem ihrer Erklärung durch Heranziehung von mehr oder weniger exotischen Teilchen (s. z.B. [Schra 86]). Der durch ein $\rho_V \neq 0$ erzeugte Wendepunkt in den Funktionen $R(t)/R_0$ (in Abb. 9.6 durch die logarithmische Skala verschoben, s. aber [Prie 87]), bei denen die kosmische Expansionrate ein Minimum durchlief, liegt bei wenigen Milliarden Jahren nach dem Urknall (für Werte von ρ_V zwischen ≈ 5 und $\approx 20 \cdot 10^{30}$ g/cm^3 bei $R(t)/R_0 \approx 0.2 - 0.3$ [Prie 87]). Von dieser Zeit an — d.h. für den größeren Teil des 'Lebens' des Universums — würde also die Vakuumenergiedichte, d.h. die Energie virtueller Materie, die kosmische Expansion dominieren. Es ist auffällig, daß andererseits die entferntesten Quasare, die wir heute sehen (bei einer Rotverschiebung $z \equiv \Delta\lambda/\lambda \approx 4$) gerade bei

$$\frac{R(t(z))}{R_0} = \frac{1}{1+z} \approx 0.2$$

'geboren' wurden (s. [Prie 87 , [Chu 87]).

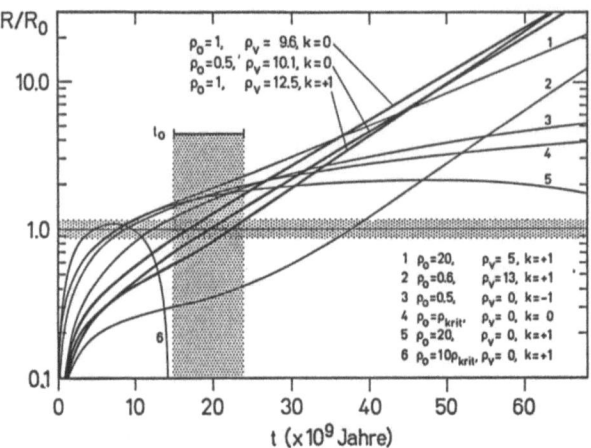

Abb. 9.6: Die zeitliche Entwicklung des normierten Krümmungsradius $R(t)/R_0$ für einige ausgewählte kosmologische Modelle. $t = 0$ ist mit der Geburt des Universums zu identifizieren, während sich die Gegenwart (t_0) in dem jeweiligen Modell durch den Schnittpunkt der Kurve $R(t)/R_0$ mit der eingezeichneten Geraden bei $R/R_0 = 1$ ergibt. Nur Modelle mit $\rho_V > 0$ sind mit dem angegebenen Alter des Universums verträglich (schraffierter Bereich). In diesen Modellen wächst $R(t)$ in der Zukunft immer weiter an, während ein Universum mit $k = +1$ und $\rho_V = 0$ in der Zukunft wieder kollabieren würde (im Modell Nr. 6 hätte der Kollaps schon stattgefunden) (nach [Kla 86c]).

9.4 Die kosmologische Konstante Λ

Allerdings besitzt auch das dargestellte Modell mit der Annahme einer konstanten von Null verschiedenen kosmologischen Konstanten Λ eine unschöne Eigenschaft (s. z.B. [Schra 86], [Wei 89]). In diesem Modell wäre der heutige Zustand des Universums ein ungewöhnlicher Spezialfall. Als Ergebnis resultierte ja, daß heute ρ_V etwa von derselben Größenordnung sein müßte wie ρ_0 (vgl. Gl. (9.49)). Da sich aber $\rho_0(t)$ wie $R^{-3}(t)$ entwickelt, wäre diese Relation bei zeitlich konstantem Λ nicht kennzeichnend für das Modell als solches, sondern nur für die gegenwärtige Zeitepoche. Wieso aber ist gerade die derzeitige Epoche durch eine solche Relation zwischen ρ_V und ρ_0 ausgezeichnet? Wir erinnern daran, daß wir in Abschnitt 9.2.1 aufgrund einer ähnlichen Argumentation zu dem Flachheitsproblem gelangt waren. Rein physikalisch und mathematisch sind beides keine echten Inkonsistenzen, aber von einem philosophischen Gesichtspunkt aus sind die möglichen Spezialllösungen vielleicht unbefriedigend.

9.4.2 Das Λ-Problem

Nach den Beobachtungen [Abb 88] und den obigen Überlegungen ist also Λ 'experimentell' auf einen relativ engen Bereich eingeschränkt. Will man dieses 'experimentelle' Λ mit theoretischen Erwartungen aus der Quantenfeldtheorie vergleichen, so stößt man sofort auf ein immenses Größenordnungsproblem. Um dieses zu illustrieren, betrachten wir als Beispiel das Potential (4.105) des 2-dimensionalen komplexen Higgsfeldes Φ, das die $SU(2)_L \otimes U(1)$-Symmetrie bricht und die W- und Z-Bosonenmassen generiert:

$$V_\Phi(\Phi^\dagger \Phi) = -\mu^2 \Phi^\dagger \Phi + \lambda(\Phi^\dagger \Phi)^2 \quad \text{mit } \mu^2 > 0, \lambda > 0$$

In der gebrochenen Phase liefert Φ den Beitrag Λ_Φ zu Λ:

$$\Lambda_\Phi = -4\pi G \mu^2 |\langle\Phi\rangle|^2 \tag{9.51}$$

$|\langle\Phi\rangle|$ ist mit der W-Masse verknüpft (Gl. (5.21), (5.22)):

$$M_W = \frac{gv}{2} = \frac{g}{\sqrt{2}} |\langle\Phi\rangle|$$

und für $|\mu|$ erhält man eine untere Grenze von ≈ 7 GeV aus der Forderung, daß das Minimum gegen Korrekturen höherer Ordnung stabil bleibt (vgl. Abschn. 5.1.5). Damit ergibt sich die Abschätzung:

$$\Lambda_\Phi \lesssim -6\cdot 10^{-32} \text{ GeV}^2 = -1.55\cdot 10^{-4} \text{ cm}^{-2} \tag{9.52}$$

Dieser Beitrag entspricht der Temperatur zur Zeit der $SU(2)_L \otimes U(1)$-Brechung. Da man in den GUT-Modellen annimmt, daß dieses Higgs-Feld oder ein ähnliches (vielleicht vom Coleman-Weinberg-Typ, und mit dem 'richtigen' Vorzeichen für Λ) auch *heute* vorhanden ist, würde man naiverweise erwarten, daß Λ_Φ aus (9.52) einen entsprechenden Beitrag auch zur derzeitigen Vakuumenergie liefert. Heute würde jedoch schon ein um viele Größenordnungen kleineres Λ das Universum dominieren, da ja im Gegensatz zu ρ_V Materie- und Strahlungsenergiedichte mit R^{-3} bzw. R^{-4} abgenommen haben. Die theoretische Abschätzung (9.52) für Λ steht in krassem Wiederspruch zu der experimentellen Eingrenzung (9.50). In supersymmetrischen GUT-Modellen mit kanonischer Kopplung erwartet man sogar $\rho_V \approx M_S^4$ oder $\rho_V \approx M_{Pl}^4$ (vgl. Abschn. 6.4.5.1), womit Λ_{SUSY} um mindestens 88 Zehnerpotenzen zu groß ist. Eine Verbesserung bilden die Modelle mit nichtkanonischer Kopplung auf dem unsichtbaren Sektor. In diesen gilt ja für das Minimum des Skalarpotentials $V(\#)_{Minimum} = 0$ und damit $\Lambda = 0$. Diese Eigenschaft wird dann aber durch Strahlungskorrekturen der schwachen Wechselwirkung zerstört, so daß die Situation ähnlich ist wie in der obigen Abschätzung mit dem minimalen Higgs-Feld $\#$.

Die einfachste Lösung des Λ-Problems besteht darin, einfach den Energie-Nullpunkt zu verschieben und ein — im Fall des $SU(2)_L \otimes U(1)$ Higgs-Feldes $\#$ — modifiziertes Potential $\overline{V}_\Phi(\#)$ zu definieren, in welchem der Vakuumbeitrag als Konstante wieder subtrahiert ist:

$$\overline{V}_\Phi(\#) = V_\Phi(\#) - \langle V_\Phi(\#) \rangle \qquad (9.53)$$

Vom GUT-Standpunkt aus erfüllt zwar $\overline{V}_\Phi(\#)$ den gleichen Zweck wie das ursprüngliche $V_\Phi(\#)$, d.h. alle physikalischen Größen bleiben unverändert, aber zunächst ist dies eine sehr unbefriedigende Lösung, da nicht der Ursprung des ad hoc eingeführten Zusatzterms $\langle V_\Phi(\#) \rangle$ zu erkennen ist. Die Tatsache, daß Λ so klein ist, läßt somit eigentlich nur zwei Schlüsse zu: Entweder, die in den quantisierten Eichtheorien entwickelten theoretischen Vorstellungen sind falsch oder die GUT-Modelle (und auch schon die GWS-Theorie der elektroschwachen Wechselwirkung) liefern noch eine unvollständige Beschreibung, d.h. es gibt noch einen zusätzlichen Mechanismus, der dafür sorgt, daß Λ *automatisch* so klein wird.

Ein solcher Mechanismus könnte entstehen bei der Einbeziehung der Gravitation in die quantenfeldtheoretische Beschreibung. Schon durch Kopplung der Quantenfelder an das klassische Gravitationsfeld werden die Eigenschaften des Quantenvakuums verändert. Die Bewegungsgleichungen enthalten dann zusätzliche Raum-Zeit-Krümmungsabhängige Terme. Streeruwitz [Stre 75] berechnete solche Effekte für ein beispielhaftes massives skalares Feld (kein Higgs-Feld!) und fand einen Beitrag zur kosmologischen Konstanten proportional der Skalarmasse. Ein 'experimentell' möglicher Wert von $\rho_V = 10^{-29}$g/cm^3 würde nach diesen Rechnungen einer Skalarmasse von $\approx 5 \cdot 10^{-3}$ eV entsprechen. Das deutet an, daß durch Kopplung der vielen bekannten weit schwereren Teilchenfelder an die Gravitation massive Effekte zu erwarten sind (s. hierzu auch [Haw 84], [Bau 83], [Poll 84]). Eine Übersicht über die heute diskutierten Ansätze zur Lösung des Λ-Problems findet man bei [Wei 89], s. auch [Pee 88], [Rat 88].

9.5 Neutrinos im Kosmos

9.5.1 Die Massendichte ρ_0

Es gibt klare Hinweise aus dem Rotationsverhalten einzelner Galaxien und ganzer Gruppen von Galaxien (s. z.B. [Blo 84], [Schra 86]), daß die tatsächliche Massendichte ρ_0 des Universums beträchtlich größer ist als der sichtbare (leuchtende) Anteil. So findet man aus der Dynamik der *sichtbaren* Teile der Galaxien $\Omega \equiv \rho/\rho_{krit} \leq 0.01$ (vgl. Ungl. (9.28)), Galaxien in binären Systemen oder in kleineren Gruppen wechselwirken dagegen mit einer 10mal größeren Masse, d.h. für sie ist $\Omega \approx 0.1$, und Cluster von Galaxien wechselwirken entsprechend $\Omega \approx 0.1 - 0.3$ (s. [Schra 86]).

Da andererseits die Nukleosynthese im Urknall zu einem $\Omega_B \equiv \rho_B/\rho_{krit} \approx 0.1$ geführt hat ([Yan 79,84], [Blo 84]), dürfte die überwiegende Zahl der Baryonen als dunkle Materie auftreten, und die aus dynamischen Gründen geforderten dunklen Halos von Galaxien und Galaxien-Clustern könnten durchaus rein baryonischer Natur sein. Hier kämen vor allem schwarze Löcher und gewöhnliche Objekte kleiner Masse in Frage. Eine Forderung nach der Existenz *nicht-baryonischer dunkler Materie* ρ_D ist indessen unvermeidlich bei einer Forderung von $\Lambda = 0$, gleichbedeutend mit (für euklidische Metrik) $\Omega = 1$ ($\rho = \rho_{krit}$) (s. Abschn. 9.4.1). Ihr Anteil müßte in diesem Fall erheblich größer sein als die gesamte (sichtbare und unsichtbare) baryonische Massendichte ρ_B, die etwa $0.5 \cdot 10^{-30}$ g/cm^3 beträgt:

$$\rho_0 = \rho_B + \rho_D \tag{9.54}$$

Für solche zusätzliche nicht-baryonische unsichtbare Massendichte ρ_D bieten die Theorien viele Kandidaten an, u.a. magnetische Monopole, Higgs-Bosonen, oder etwa Teilchen aus den SUSY-Modellen, wie Gravitinos oder Photinos (s. z.B. [Schra 86]). Die Favoritenrolle haben allerdings die normalen Neutrinos (s. auch [Raf 87]). Dunkle Materie in Form von Neutrinos würde u.U. auch eine Erklärung für die kürzlich entdeckte ([deLa 86], [Koo 86], [Kirs 82]) *großräumige Struktur des Universums* liefern, bestehend aus Hohlräumen mit Durchmessern von 50 $h_{1/2}$Mpc ($h_{1/2} \equiv H_0/50$ km Mpc^{-1}s^{-1}), wobei die meisten Galaxien an deren Wänden angeordnet sind (s. [Schra 86]). Bzgl. bisheriger Anstrengungen und Ergebnisse experimenteller Suche nach dunkler Materie verweisen wir auf ([Ric 87], [Avi 86], [Cal 87b]).

Aus den Beobachtungsgrößen t_0 und H_0 ergibt sich zusammen mit der Aussage über Λ ebenfalls eine Aussage über ρ_0. Mit $H_0 \geq 50$ km Mpc^{-1}s^{-1}, $t_0 \geq 15 \cdot 10^9$ Jahre und der weiteren Beobachtungsgröße q_0, dem sogen. Decelerationsparameter,

$$q_0 = - \left[\frac{\ddot{R}(t)R(t)}{\dot{R}^2(t)} \right]_{t=t_0}, \tag{9.55}$$

für welche eine vorsichtige Abschätzung ergibt: $-1.3 < q_0 < 2$ ([Ehl 76], [Tam 82]), erhalten wir den in Abb. 9.7 dargestellten erlaubten Parameterbereich. Dies bedeutet, daß

$$\rho_0 < 11 \cdot 10^{-30} \text{ g/cm}^3 \tag{9.56}$$

sein muß. Bei diesem oberen Grenzwert wäre die Metrik allerdings schon stark sphärisch. Wenn man euklidische Geometrie annimmt (aufgrund der Inflation), so erhält man die schärfere Grenze

$$\rho_0 < 3 \cdot 10^{-30} \text{ g/cm}^3 \quad \text{bzw.} \quad \rho_D \lesssim 5\rho_B \tag{9.57}$$

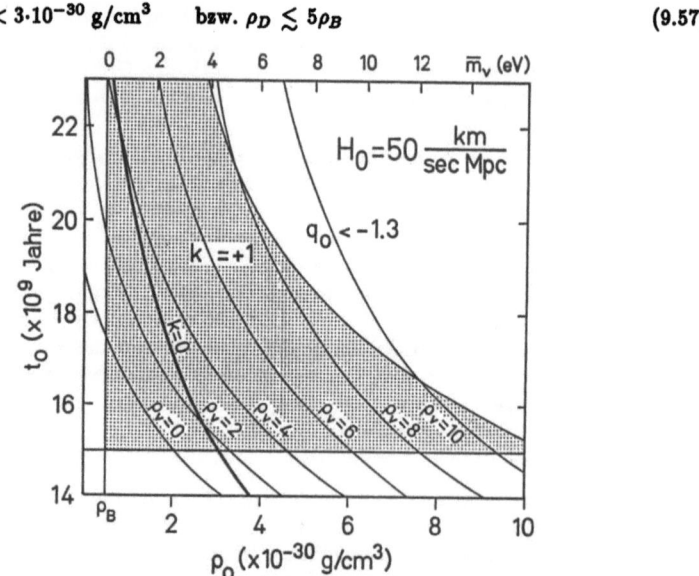

Abb. 9.7: Auftragung wie in Abb. 9.5, jedoch Darstellung des interessierenden Teilbereiches, für $H_0 = 50$ km Mpc^{-1}s^{-1}. Erlaubte Modelle sind durch die verschiedenen Beobachtungsgrößen auf den schraffierten Bereich eingeschränkt. Die obere Abszisse gibt die mittlere Neutrinomasse an unter Annahme von drei Neutrinoflavors und der Annahme, daß die gesamte nicht-baryonische dunkle Materie aus Neutrinos besteht (s. Kap. 9.5.2) (aus [Kla 86c].

Für $H_0 = 75$ km Mpc^{-1}s^{-1} ergäbe sich (s. [Kla 86c]) entsprechend für den euklidischen Fall

$$\rho_0 < 1.7 \cdot 10^{-30} \text{ g/cm}^3 \quad \text{bzw.} \quad \rho_D \lesssim 2\rho_B \quad . \tag{9.58}$$

Demnach wäre also insbesondere bei euklidischer Geometrie nicht sehr viel Raum für dunkle nicht-baryonische Materie. Größere Werte von ρ_D werden indessen unvermeidlich bei der Annahme $\Lambda = 0$, die allerdings dann auch ein kleineres Alter des Universums verlangte.

9.5 Neutrinos im Kosmos

9.5.1.1 Primordiale ^{4}He-Synthese und Zahl der Neutrino-Flavors
Neutrinos entkoppelten aus dem thermodynamischen Gleichgewicht, als die Reaktionsrate je Neutrino bei einer Temperatur $kT \approx 1$ MeV geringer wurde als die Expansionsrate des Universums. Zu diesem Zeitpunkt stabilisierte sich auch das Verhältnis von Neutronen- zu Protonenzahl N_n/N_p und konnte nicht mehr seinem Gleichgewichtswert $N_n/N_p = \exp(-[m_n - m_p]/kT)$ folgen, da die Reaktionen

$$n + e^+ \leftrightarrow p + \bar{\nu}_e$$

und

$$n + \nu_e \leftrightarrow p + e^-$$

im Folgenden mit zu kleiner Rate abliefen, um das Gleichgewicht aufrecht zu erhalten. Der Anteil an Neutronen verringerte sich daraufhin nur noch langsam infolge Neutronzerfall von $N_n/(N_n + N_p) \approx 1/6$ bei $kT \approx 1$ MeV auf $N_n/(N_n + N_p) \approx 1/7$ bei $kT \approx 100$ keV, wo dann die primordiale Synthese von ^{4}He begann. Während dieser verschmolzen alle vorhandenen Neutronen mit Protonen zu ^{4}He-Kernen, da die thermische Energie nicht mehr zu deren Aufbruch ausreichte. Man erwartet daher, daß der Massenanteil des primordialen ^{4}He an der gesamten baryonischen Materie ungefähr 1/4 ist. Der genaue Wert hängt jedoch unter anderem von der Zahl der Neutrino-Arten ab. Die Neutrinos bestimmten bei $kT \approx 1$ MeV zusammen mit den Photonen praktisch ausschließlich die Energiedichte und damit auch die Expansionsrate des Kosmos ($H = \sqrt{8\pi G \rho/3}$ bei euklidischer Metrik und $\Lambda = 0$). Eine größere Zahl an Neutrino-Arten bedeutet eine größere Expansionsrate und damit ein früheres Entkoppeln (bei größerer Temperatur) der Neutrinos und ein Einfrieren des Verhältnisses N_n/N_p bei einem größeren Wert. Man erwartet also, daß der Anteil an primordialem Helium um so größer ist, je mehr Neutrino-Arten existieren.

Aus der experimentellen oberen Grenze für den Anteil $Y(^4\text{He})$ an primordialem ^{4}He von 0.25 (s. [Blo 84]) erhält man nun umgekehrt das Ergebnis, daß maximal vier leichte Majorana-Neutrino-Arten existieren können. Dazu muß allerdings auch noch die Abhängigkeit der Größe $Y(^4\text{He})$ von dem Verhältnis N_B/N_γ oder äquivalent dazu von der baryonischen Massendichte ρ_B berücksichtigt werden. Je mehr Nukleonen (im Verhältnis zu Neutrinos) vorhanden waren, desto schneller fror das Verhältnis N_n/N_p aus. Außerdem geht die Lebensdauer des Neutrons sehr empfindlich ein. Abb. 9.8 zeigt diese Zusammenhänge (aus [Blo 84], nach Rechnungen von [Yan 79] und [Oli 81], s. auch [Yan 84]).

Nur die Ergebnisse für *drei* Neutrino-Arten sind voll verträglich mit allen experimentellen Daten. Vier Neutrino-Arten scheinen noch möglich, wenn man eine sehr kurze Halbwertszeit des Neutrons annimmt.

Diese Argumentation gilt allerdings nur für leichte Neutrinos mit $m_\nu \lesssim 1$ MeV, da man in der Häufigkeit schwererer Neutrinos einen thermodynamischen Unterdrückungsfaktor zu berücksichtigen hat (s. unten). Diese kosmologische Vorhersage der Anzahl der Generationen scheint durch bisherige Beschleuniger-Experimente mit gegenwärtigen Grenzen von < 5 bestätigt zu werden [Cli 86].

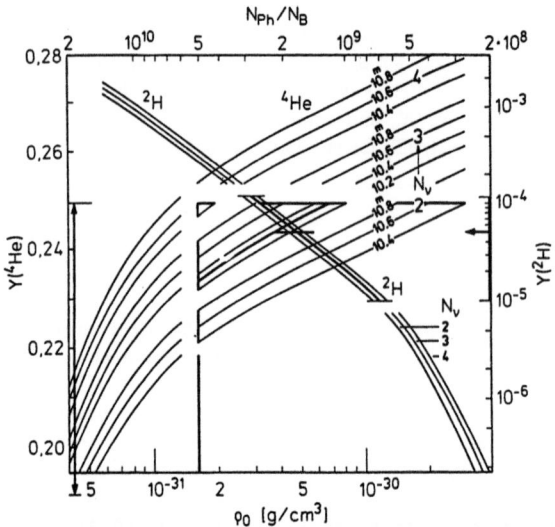

Abb. 9.8: (aus [Blo 84]) Masseanteil Y von primordialem ^{4}He und ^{2}H in Abhängigkeit von der heutigen mittleren Dichte der baryonischen Materie bzw. dem Anzahlverhältnis Photonen zu Baryonen. Die beobachteten Masseanteile sind am linken (^{4}He) bzw. rechten (^{2}H) Rand mit ihren Fehlergrenzen angegeben. N_m bezeichnet die mögliche Anzahl der Neutrino-Arten. Die Halbwertszeit des Neutrons liegt zwischen 10.2 und 10.8 min. Der 'beste' Wert liegt bei 10.3 min.

9.5.2 Kosmologische Einschränkungen für die Neutrino-Masse

Im thermodynamischen Gleichgewicht bei $kT > 1$ MeV war das Verhältnis der Zahl von Neutrinos N_ν zu der Zahl an Photonen N_γ allein durch die Spin-Statistik bestimmt und auf vier Photonen kamen drei Neutrinos pro Neutrinoflavor (für Majorana-Neutrinos! Dirac-Neutrinos haben doppelt so viele Freiheitsgrade, so daß sie im thermodynamischen Gleichgewicht auch doppelt so häufig sind, vgl. Gl. (9.4) mit $N_F = 2$ für Majorana- und $N_F = 4$ für Dirac-Neutrinos). Nach der Neutrino-Entkopplung stieg aber die Photonenzahl als Folge von e^+e^--Vernichtung um etwa einen Faktor 11/4 an (ein Wert von 10/4 berechnet sich grob, wenn man ebenfalls von thermodynamischem Gleichgewicht zwischen Neutrinos und Elektronen bzw. Positronen ausgeht), so daß man heute $N_\nu : N_\gamma = 3 : 11$ für Majorana-Neutrinos erwartet. Die Temperatur $T = 2.96$ K der Hintergrundstrahlung entspricht nach Gl. (9.4) einer Photonendichte von ≈ 400 cm^{-3}, was folglich nach obiger Argumentation eine Neutrinodichte von ≈ 100 cm^{-3} zur Zeit der Neutrino-Entkopplung ergibt (für Majorana-Neutrinos). Somit sollte es heute $\approx 10^9$ mal mehr Neutrinos als Baryonen geben und sie könnten schon bei einer vergleichsweise winzigen Teilchenmasse die Dynamik des Universums dominieren. Aus den oben abgeleiteten Grenzen für ρ_0 las-

9.5 Neutrinos im Kosmos

sen sich Grenzen für Neutrino-Massen gewinnen. Wenn man von drei verschiedenen leichten Neutrinoflavors ausgeht — mehr als vier sind, wie oben ausgeführt, nicht mit der primordialen Nukleosynthese verträglich — so bedeutet $\rho_0 < 11 \cdot 10^{-30}$ g/cm^3 für die mittlere Neutrinomasse $\bar{m}_\nu$ (s. Abb. 9.7):

$$\bar{m}_\nu = \frac{1}{3} \sum_{i=1}^{3} m_i \lesssim 17 \text{ eV} \tag{9.59}$$

Das realistischere euklidische Modell ergibt aber

$$\bar{m}_\nu \lesssim 4 \text{ eV} \tag{9.60}$$

Dies ist für jede Neutrinoart an sich schon ein recht kleiner Wert im Vergleich mit anderen experimentellen Grenzen (vgl. Abschn. 7.3). Unter einer weiteren Annahme erhält man jedoch eine noch viel kleinere Schranke für die Masse des Elektron-Neutrinos ν_e. Wenn man davon ausgeht, daß die Fermionen-Massen von Generation zu Generation ansteigen, so kann man spekulieren, daß

$$\begin{aligned} m_{\nu_e} : m_{\nu_\mu} : m_{\nu_\tau} &\approx m_e : m_\mu : m_\tau \\ &= 1 : 207 : 3491 \end{aligned} \tag{9.61}$$

ist. Dann hätten die Elektron-Neutrinos nur einen vernachlässigbar kleinen Anteil an der Masse des Universums und es wäre:

$$m_{\nu_e} \lesssim 10^{-3} \text{ eV} \tag{9.62}$$

Noch erheblich kleinere Grenzen ergeben sich, wenn man von der in rechts-links-symmetrischen GUT-Modellen vorhergesagten Beziehung [Moh 81,88]

$$m_{\nu_e} : m_{\nu_\mu} : m_{\nu_\tau} = m_e^2 : m_\mu^2 : m_\tau^2 \tag{9.63}$$

ausgeht (s. auch [Moh 87a]). Dies sind andererseits Neutrino-Massenbereiche, die in vielen GUT-Modellen erwartet werden.

Superschwere Neutrinos Die von den GUT-Modellen vorhergesagten schweren Neutrinos müssen getrennt diskutiert werden.

1. Die Herleitung der obigen Massengrenzen ist ungültig für Neutrinos schwerer als ≈ 1 MeV. Im Falle der Existenz solcher Neutrinos ist nämlich ihre kosmologische Häufigkeit um einen Boltzmann-Faktor $\exp(-m_\nu/kT_f)$ gegenüber der leichter Neutrinos unterdrückt. Dabei ist $T_f \gtrsim 1$ MeV/k die Temperatur, bei der die schweren Neutrinos entkoppelten. Der Faktor $\exp(-m_\nu/kT_f)$ gibt die thermodynamische Häufigkeit eines Neutrinos mit Masse m_ν im Vergleich zu einem masselosen Neutrino zum Zeitpunkt des Entkoppelns bei der Temperatur T_f an.

2. Aufgrund dieses Boltzmann-Faktors sind andererseits Neutrinos mit einer Masse größer als ≈ 10 GeV kosmologisch wieder erlaubt — unter 'Umgehung' von Gl. (9.59).

Das kosmologisch relevante Produkt aus Häufigkeit und Teilchenmasse $\exp(-m_\nu/kT_f)m_\nu$ wird nämlich bei größeren Massen m_ν wieder kleiner und schließlich klein gegen die für die leichten Neutrinos abgeschätzten maximalen Massendichten.

Es besteht also ein verbotenes Massenfenster zwischen einigen eV und 10 GeV. Die Untergrenze von 10 GeV für schwere Neutrinos gilt allerdings wiederum nur, wenn diese stabil sind. Da schwere Neutrinos sehr wahrscheinlich instabil sind, muß der Zerfallsmodus und die Lebensdauer des jeweiligen hypothetischen Neutrinos berücksichtigt werden (s. [Tur 81], [Kol 84,86]; einen sehr detaillierten Überblick über die existierenden kosmologischen und experimentellen Grenzen für instabile Neutrinos gibt [Roo 88]). Wenn solche schweren Neutrinos in sehr leichte Teilchen zerfallen sind (Photonen, leichte Neutrinos, etc.), dann hat die Energiedichte der relativistischen Zerfallsprodukte mit R^{-4} abgenommen (vgl. Gl. (9.20)) — im Gegensatz zu einem R^{-3}-Abfall der Energiedichte für massive Teilchen — und damit kann die beobachtete Grenze für ρ_0 eingehalten werden, wenn der Zerfall lange genug zurückliegt, wenn also die Zerfallszeit der schweren Neutrinos kurz genug ist. Damit kann man umgekehrt wiederum die Halbwertszeiten der hypothetischen schweren Neutrinos einschränken.

Bezeichnet man die Zerfallszeit der Neutrinos mit τ und den Krümmungsradius des Universums zur Zeit des Neutrinozerfalles mit R_τ, so erhält man infolge des um einen Faktor R stärkeren Abfalles der Energiedichte der Zerfallsprodukte eine um den Faktor R_0/R_τ vergrößerte obere Grenze für eine kosmologisch erlaubte Neutrinomasse. Mit der für stabile Neutrinos abgeleiteten Grenze m_ν^{stabil} gilt für die Grenze $m_\nu^{instabil}$ instabiler Neutrinos:

$$m_\nu^{instabil} \leq m_\nu^{stabil} \cdot \frac{R_0}{R_\tau} \tag{9.64}$$

oder, wegen $R \cdot T = \text{const}$:

$$m_\nu^{instabil} \leq m_\nu^{stabil} \cdot \frac{T_\tau}{T_0} \tag{9.65}$$

Dabei ist T_τ die Temperatur zur Zeit des Zerfalles und T_0 die heutige Temperatur des Universums (≈ 3 K). Weiter erhält man nach (9.19) und (9.23) einen Zusammenhang zwischen der Temperatur T_τ und der Lebensdauer τ, wenn die Zeit zwischen Entstehung des Universums und Entstehung der Neutrinos vernachlässigt wird ($\tau \gg 1$ s):

$$\tau \sim (kT_\tau)^{-3/2} \tag{9.66}$$

Der Proportionalitätsfaktor zu obiger Beziehung hängt vom Zeitpunkt des Überganges des Strahlungs- in den Materiekosmos ab. Unter der Annahme, daß dieser Übergang durch die Neutrinomasse bestimmt ist, d.h., daß die Temperatur T zur Zeit des Überganges gegeben ist durch $T = m_\nu/k$, folgt:

$$\tau \approx \frac{M_{Pl}}{\sqrt{m_\nu(kT_\tau)^3}} \tag{9.67}$$

9.5 Neutrinos im Kosmos

Mit Hilfe dieses Zusammenhanges läßt sich in (9.65) die Temperatur T_τ eliminieren, und es resultiert eine Obergrenze für die Zerfallszeit τ in Abhängigkeit von der Neutrinomasse $m_\nu^{instabil}$:

$$\tau \lesssim \frac{(m_\nu^{stabil})^{3/2} M_{Pl}}{(kT_0)^{3/2}} \cdot \frac{1}{(m_\nu^{instabil})^2} \tag{9.68}$$

Setzt man für m_ν^{stabil} die oben erhaltene Grenze von einigen eV ein, so folgt der numerische Zusammenhang:

$$\tau \lesssim 10^2 \text{Jahre} \cdot \left(\frac{100 \text{ keV}}{m_\nu^{instabil}}\right)^2 \tag{9.69}$$

So liegt z.B. die Grenze für die Lebensdauer eines 1 MeV Neutrinos bei einem Jahr. Allerdings gibt es bislang keinen eindeutigen Hinweis auf eine Modifikation der Hintergrundstrahlung durch Photonen aus Zerfällen schwerer Neutrinos (s. die Diskussion bei [Mal 86]).

A Anhang

A.1 Relativistisch invariante Bewegungsgleichungen der Quantenmechanik

A.1.1 Die Klein-Gordon-Gleichung

Die Schrödinger-Gleichung für freie Teilchen ergibt sich aus einer quantenmechanischen Interpretation der nichtrelativistischen Energie-Impulsbeziehung:

$$E = \frac{|\vec{p}|^2}{2m} \tag{A.1}$$

Dazu faßt man E und $\vec{p}$ als Operatoren auf, welche auf eine Wellenfunktion $\psi(t,\vec{x})$ wirken:

$$\begin{aligned} E &\to i\,\partial_t \\ \vec{p} &\to -i\,\vec{\nabla} \end{aligned} \tag{A.2}$$

Das ergibt, wie allgemein bekannt, die Schrödinger-Gleichung:

$$i\,\partial_t \psi(t,\vec{x}) = -\frac{\Delta}{2m}\psi(t,\vec{x}) \tag{A.3}$$

Analog dazu kann eine relativistisch invariante quantenmechanische Bewegungsgleichung aus der *relativistischen* Energie-Impulsbeziehung

$$E^2 = \vec{p}^{\,2} + m^2 \tag{A.4}$$

abgeleitet werden.

Eine direkte Anwendung der Ersetzungsregeln (A.2) für E und $\vec{p}$ ergibt allerdings eine quadratische Gleichung, die Klein-Gordon-Gleichung:

$$-\partial_t^2 \phi(t,\vec{x}) = -\Delta \phi(t,\vec{x}) + m^2 \phi(t,\vec{x}) \tag{A.5}$$

oder

$$(\Box + m^2)\phi(\mathsf{x}) = 0 \tag{A.6}$$

mit

$$\Box \equiv \partial_t^2 - \Delta, \quad \mathsf{x}^\mu = (t,\vec{x})$$

A.1 Relativistisch invariante Bewegungsgleichungen der Quantenmechanik

Das einkomponentige Feld ϕ enthält *keinen Spin-Freiheitsgrad*, es ist ein *Lorentz-Skalar*. Die Klein-Gordon-Gleichung beschreibt folglich die Bewegung eines Teilchens ohne Spin (Skalar, oder Pseudoskalar, wie es z.B. das Pion darstellt). Historisch war die Klein-Gordon-Gleichung nach ihrer Herleitung bald in Mißkredit geraten. Man versuchte nämlich, analog zur Schrödinger-Gleichung die Größe $\phi(t,\vec{x})$ als Wellenfunktion, also Wahrscheinlichkeitsamplitude, zu interpretieren. Man erkannte jedoch sehr schnell, daß dies nicht möglich ist. Ebenso wie bei der Schrödinger-Gleichung den Wahrscheinlichkeitsstrom hat man zwar auch bei der Klein-Gordon-Gleichung einen entsprechenden erhaltenen Strom j_μ:

$$\partial^\mu j_\mu = 0 \qquad (A.7)$$

mit

$$\vec{j} = -i[\phi^* \vec{\nabla} \phi - (\vec{\nabla} \phi^*)\phi] \qquad (A.8)$$

und

$$j_0 = \rho = i[\phi^* \frac{\partial \phi}{\partial t} - (\frac{\partial \phi^*}{\partial t})\phi] \qquad (A.9)$$

Die "Wahrscheinlichkeitsdichte" ρ ist jedoch nicht positiv definit. Der Grund dafür ist die Tatsache, daß die Klein-Gordon-Gleichung eine Gleichung zweiter Ordnung in der Zeitableitung ∂_t ist. Dies war der Hauptgrund dafür, daß man die Klein-Gordon-Gleichung zunächst verwarf und stattdessen nach einer Gleichung suchte, die linear in ∂_t ist. Dies ist die später zu diskutierende Dirac-Gleichung. *In der modernen Quantenfeldtheorie nimmt jedoch die Klein-Gordon-Gleichung eine gleichberechtigte Stellung neben der Dirac-Gleichung ein. Welche Gleichung jeweils angemessen ist, hängt ausschließlich vom Spin des Teilchens ab.* Die Größe $\phi(x)$ kann aber nicht als Wellenfunktion interpretiert werden, sondern besitzt die Bedeutung eines *Feldoperators* (s. A.2.2.1).

Eine Gleichung der Form (A.6) ist ebenfalls geeignet, um Teilchen mit Spin 1 (Vektorteilchen) zu beschreiben. Betrachten wir hierzu das Photonfeld A_μ.

Dieses genügt den Maxwell-Gleichungen:

$$\Box A_\mu = 0 \qquad \mu = 0,1,2,3 \qquad (A.10)$$

Diese Form ist allerdings nur in Lorentz-Eichung gültig, also unter der Nebenbedingung:

$$\partial^\mu A_\mu = 0 \qquad (A.11)$$

In einer *beliebigen* Eichung lauten die Maxwell-Gleichungen

$$\Box A_\mu - \partial_\mu(\partial^\nu A_\nu) = 0 \qquad (A.12)$$

Für ein *massives Spin 1 Teilchenfeld* (z.B. W-Boson) ist in (A.12) der Operator $\Box$ wieder durch $\Box + m^2$ (entspricht klassisch $-E^2 + (\vec{p})^2 + m^2$) zu ersetzen:

$$(\Box + m^2)A_\mu - \partial_\mu(\partial^\nu A_\nu) = 0 \tag{A.13}$$

Diese Gleichung impliziert automatisch die Bedingung $\partial^\mu A_\mu = 0$, was man erkennt, wenn man die Viererdivergenz von (A.13) bildet:

$$\partial^\mu(\Box + m^2)A_\mu - \partial^\mu\partial_\mu(\partial^\nu A_\nu) = 0$$

$$\Rightarrow \quad \partial_\nu\partial^\nu(\partial^\mu A_\mu) + m^2(\partial^\mu A_\mu) - \underbrace{\partial^\mu\partial_\mu(\partial^\nu A_\nu)}_{\partial_\nu\partial^\nu(\partial^\mu A_\mu)} = 0$$

$$\Rightarrow \quad m^2(\partial^\mu A_\mu) = 0$$

$$\Rightarrow \quad \partial^\mu A_\mu = 0 \quad \text{für } m \neq 0$$

Jede *Komponente* eines massiven Spin 1 Feldes (Vektorfeldes) erfüllt also ebenfalls die Klein-Gordon-Gleichung

$$(\Box + m^2)A_\mu = 0 \tag{A.14}$$

A.1.2 Die Dirac-Gleichung

A.1.2.1 Herleitung der Dirac-Gleichung Die Dirac-Gleichung erhält man aus einem linearen Operator-Ansatz der relativistischen Energie-Impulsbeziehung heraus:

$$Eu = (\boldsymbol{\alpha} m + \vec{\boldsymbol{\beta}}\,\vec{p})u \tag{A.15}$$

Die hier eingeführte und zur Realisierung eines linearen Ansatzes notwendige Größe u wird sich als Dirac-Spinor erweisen, auf welchen die Operatoren $\boldsymbol{\alpha}$ und $\vec{\boldsymbol{\beta}}$ wirken. Die Größen $\boldsymbol{\alpha}$ und $\vec{\boldsymbol{\beta}}$ sollen so beschaffen sein, daß (A.15) verträglich ist mit der relativistischen Beziehung (A.4) zwischen den Größen E und $\vec{p}$.

$$\begin{aligned} E^2 = m^2 + \vec{p}^2 &= (\boldsymbol{\alpha} m + \vec{\boldsymbol{\beta}}\,\vec{p})^2 \\ &= \underbrace{\boldsymbol{\alpha}^2 m^2}_{m^2} + \underbrace{(\vec{\boldsymbol{\beta}}\,\vec{p})^2}_{\vec{p}^2} + \underbrace{\boldsymbol{\alpha} m\vec{\boldsymbol{\beta}}\,\vec{p} + \vec{\boldsymbol{\beta}}\,\vec{p}\,\boldsymbol{\alpha} m}_{0} \end{aligned} \tag{A.16}$$

$\boldsymbol{\alpha} m + \vec{\boldsymbol{\beta}}\,\vec{p}$ muß also eine "Quadratwurzel" von $m^2 + \vec{p}^2$ sein. Das ist erfüllt, wenn wie durch die geschweiften Klammern unter (A.16) schon angedeutet:

$$\boldsymbol{\alpha}^2 = 1 \tag{A.17}$$

$$\boldsymbol{\beta}_i\boldsymbol{\beta}_j + \boldsymbol{\beta}_j\boldsymbol{\beta}_i = 2\delta_{ij} \tag{A.18}$$

A.1 Relativistisch invariante Bewegungsgleichungen der Quantenmechanik

$$\alpha\beta_i + \beta_i\alpha = 0 \tag{A.19}$$

Diese Bedingungen lassen sich nicht realisieren, wenn für α und β_i lediglich komplexe Zahlen zugelassen werden. Eine mögliche Realisierung ist jedoch durch folgende 4×4 Matrizen, genannt γ-Matrizen, gegeben:

$$\gamma^0 = \alpha = \begin{pmatrix} 1 & 0 & 0 & 0 \\ 0 & 1 & 0 & 0 \\ 0 & 0 & -1 & 0 \\ 0 & 0 & 0 & -1 \end{pmatrix}$$

$$\vec{\gamma} = \alpha\vec{\beta} = \begin{pmatrix} 0 & \vec{\sigma} \\ -\vec{\sigma} & 0 \end{pmatrix}$$

und (A.20)

$$\gamma_5 = i\gamma^0\gamma^1\gamma^2\gamma^3 = \begin{pmatrix} 0 & 0 & 1 & 0 \\ 0 & 0 & 0 & 1 \\ 1 & 0 & 0 & 0 \\ 0 & 1 & 0 & 0 \end{pmatrix}$$

(die Bedeutung der Matrix γ_5 wird in A.1.2.3 diskutiert).

In der hier gegebenen sogenannten *Standard-Darstellung* besitzen die Matrizen γ^0 und γ^i, $i = 1, 2, 3$ die Eigenschaften:

$$\left.\begin{array}{l}(\gamma^0)^2 = \mathbf{1} \\ (\gamma^i)^2 = -\mathbf{1} \\ \gamma^0\gamma^i + \gamma^i\gamma^0 = 0 \\ \gamma^i\gamma^j + \gamma^j\gamma^i = 0\end{array}\right\} \text{für } i \neq j, \quad i,j = 1,2,3 \tag{A.21}$$

Dabei ist **1** die Einheitsmatrix:

$$\mathbf{1} = \begin{pmatrix} 1 & 0 & 0 & 0 \\ 0 & 1 & 0 & 0 \\ 0 & 0 & 1 & 0 \\ 0 & 0 & 0 & 1 \end{pmatrix} \tag{A.22}$$

Dies läßt sich zusammenfassen zu:

$$\gamma^\mu\gamma^\nu + \gamma^\nu\gamma^\mu = 2g^{\mu\nu}\mathbf{1}; \qquad \mu,\nu = 0,1,2,3 \tag{A.23}$$

mit dem metrischen Tensor

$$g = \begin{pmatrix} 1 & 0 & 0 & 0 \\ 0 & -1 & 0 & 0 \\ 0 & 0 & -1 & 0 \\ 0 & 0 & 0 & -1 \end{pmatrix} \tag{A.24}$$

Die Matrix γ_5 antikommutiert mit allen γ_μ:

$$\gamma_5 \gamma^\mu = -\gamma^\mu \gamma_5 \tag{A.25}$$

Mit den Matrizen γ_μ erhält man aus (A.15) durch Multiplikation von links mit $\alpha = \gamma^0$ die lineare Beziehung

$$\gamma^0 E u = (m\mathbf{1} + \vec{\gamma}\,\vec{p})u \tag{A.26}$$

Interpretieren wir nun E und $\vec{p}$ als quantenmechanische Operatoren, welche auf eine Wellenfunktion ψ wirken, so erhalten wir die *Dirac-Gleichung*:

$$(\gamma^0 E - \vec{\gamma}\,\vec{p} - m\mathbf{1})\psi = 0 \tag{A.27}$$

Benutzen wir die relativistische Schreibweise

$$\mathbf{p}^\mu \equiv (\mathbf{p}^0, \vec{\mathbf{p}}) \equiv (E, \vec{p}) \tag{A.28}$$

und

$$\mathbf{p}_\mu \equiv g_{\mu\nu} \mathbf{p}^\nu \equiv (E, -\vec{p}) \quad , \tag{A.29}$$

so läßt sich (A.27) auf die Form bringen

$$(\gamma^\mu \mathbf{p}_\mu - m\mathbf{1})\psi = 0 \tag{A.30}$$

Faßt man ψ als Wellenfunktion $\psi(x)$ in der vierdimensionalen Raum-Zeit auf, so gilt wieder die quantenmechanische Ersetzungsregel (A.2)

$$\mathbf{p}_\mu \to (i\partial_t, i\vec{\nabla}) \equiv \frac{i\partial}{\partial x^\mu} \equiv i\partial_\mu$$

und man erhält die *Dirac-Gleichung in Differentialform*:

$$(i\gamma^0 \partial_t + i\vec{\gamma}\,\vec{\nabla} - m)\psi(x) = 0 \tag{A.31}$$

(Im Weiteren lassen wir den Einheitsoperator weg. Es ist dem Zusammenhang zu entnehmen, wann m für $m\mathbf{1}$ steht).
Der Operator

$$\gamma^\mu \mathbf{p}_\mu = i\gamma^0 \partial_t + i\vec{\gamma}\,\vec{\nabla} \tag{A.32}$$

wirkt also in der Raum-Zeit und außerdem durch die γ-Matrizen in einem weiteren vierdimensionalen Raum, dem Spinorraum. Die Wellenfunktion $\psi(x)$ muß deshalb neben den Raum-Zeit-Freiheitsgraden ebenfalls noch Spinorfreiheitsgrade besitzen. $\psi(x)$ ist eine Dirac'sche *Spinor-Wellenfunktion*

$$\psi(x) = \begin{pmatrix} \psi_1(x) \\ \psi_2(x) \\ \psi_3(x) \\ \psi_4(x) \end{pmatrix} \tag{A.33}$$

Man kann allgemein aufgrund des Transformationsverhaltens unter Raumdrehungen zeigen, daß eine solche Spinorwellenfunktion, welche Lösung der Dirac-Gleichung (A.30) ist, Teilchen mit Spin 1/2, also insbesondere das Elektron beschreibt.

A.1.2.2 Lösungen der Dirac-Gleichung

Die Dirac-Gleichung für freie Teilchen (A.30) besitzt ebenso wie die Schrödinger-Gleichung Lösungen mit der Raum-Zeit-Abhängigkeit einer ebenen Welle. Neben Lösungen des Typs:

$$\psi_-(x) = u e^{-i p_\mu x^\mu} = u e^{-i(Et-\vec{p}\vec{x})} \qquad (A.34)$$

welche einer Energie $+E$ entsprechen, gibt es aber auch Lösungen, welche als Lösungen negativer Energie in Erscheinung treten:

$$\psi_+(x) = v e^{i p_\mu x^\mu} = v e^{i(Et-\vec{p}\vec{x})} \qquad (A.35)$$

u und v sind dabei konstante (raum- und zeitunabhängige) Dirac-Spinoren, welche später noch näher betrachtet werden.

Zum Verständnis der Lösungen (A.35) betrachten wir folgende Zweideutigkeit: Ersetzen von Gl. (A.15) durch

$$(-E)v = (\alpha m + \vec{\beta}\vec{p})v \qquad (A.36)$$

erfüllt die Bedingung $E^2 = m^2 + \vec{p}^2$ ebenso. Der Übergang $E \to -E$ liefert also eine zur Dirac-Gleichung (A.30) gleichwertige Gleichung.

Die Spinorwellenfunktion

$$\psi'_+(x) = v e^{-i(Et+\vec{p}\vec{x})} \qquad (A.37)$$

ist Lösung dieser Gleichung und besitzt die richtige Zeitabhängigkeit. $\psi_+(x)$ muß als Positron-Wellenfunktion interpretiert werden. Der Übergang $E \to -E$ in (A.35) entspricht der Umkehrung der Zeitrichtung $t \to -t$. Die Lösungen (A.35) beschreiben entsprechend Feynman's Interpretation Elektronen, welche sich rückwärts in der Zeit bewegen mit dem Impuls $-\vec{p}$. Diese sind dann als sich zeitlich vorwärts bewegende Positronen mit Impuls $+\vec{p}$ zu deuten.

u und v sind Vierer-Spinoren, welche folgende Gleichungen erfüllen müssen (vgl. (A.26); folgt durch Einsetzen der Lösungen (A.34) und (A.35) in die Dirac-Gleichung (A.30)):

$$(\gamma^\mu p_\mu - m)u = 0 \qquad (A.38)$$

$$(\gamma^\mu p_\mu + m)v = 0 \qquad (A.39)$$

Diese Gleichungen werden oftmals ebenfalls als Dirac-Gleichungen bezeichnet. Man beachte, daß p_μ hier *kein* Operator ist, sondern der *Eigenwert* des Viererimpulses der ebenen Welle (A.34) bzw. (A.35). Für u und v findet man aus (A.38) und (A.39)[1]

---
[1] Man beachte, daß u und v für ein gegebenes Teilchen eigentlich nur von $\vec{p}$ und s abhängen, da E über die relativistische Energie-Impulsbeziehung festgelegt ist.

$$u(\mathsf{p},s) = \sqrt{E+m}\begin{pmatrix} \chi_s \\ \dfrac{\vec{\sigma}\vec{p}}{E+m}\chi_s \end{pmatrix} \qquad (A.40)$$

$$v(\mathsf{p},s) = \sqrt{E+m}\begin{pmatrix} \dfrac{\vec{\sigma}\vec{p}}{E+m}\hat{\epsilon}\chi_s^* \\ \hat{\epsilon}\chi_s^* \end{pmatrix} \quad \text{mit } \hat{\epsilon} = \begin{pmatrix} 0 & -1 \\ 1 & 0 \end{pmatrix} \qquad (A.41)$$

Der Faktor $\sqrt{E+m}$ dient lediglich der Normierung. Die Spinoren $u(\mathsf{p},s)$ und $v(\mathsf{p},s)$ enthalten neben dem Viererimpuls p eine weitere diskrete Variable s, welche die Spinstellung des Teilchens angibt. χ_s ist der nichtrelativistische zwei-komponentige Pauli-Spinor eines Spin 1/2 Teilchens (Elektron). In $v(\mathsf{p},s)$, das zur Beschreibung von Antiteilchen (Positron)-Zuständen notwendig ist, kommt der Spinor $\overline{\chi}_s = \hat{\epsilon}\chi_s^*$ vor, welcher aus dem Pauli-Spinor χ_s des Antiteilchens hervorgeht. Mit der Definition $\overline{u} = u^\dagger\gamma^0$ und $\overline{v} = v^\dagger\gamma^0$ erhält man folgende Relationen:

$$\overline{u}(\mathsf{p},s)u(\mathsf{p},s') = 2\delta_{ss'}m \qquad (A.42)$$

$$\overline{v}(\mathsf{p},s)v(\mathsf{p},s') = -2\delta_{ss'}m \qquad (A.43)$$

$$\overline{u}(\mathsf{p},s)v(\mathsf{p},s') = 0 \qquad (A.44)$$

Da u und v linear von χ_s abhängig sind, genügt es, für χ_s zwei orthogonale Basisvektoren zu betrachten. Am einfachsten ist es, die Vektoren

$$\chi_\uparrow = \begin{pmatrix} 1 \\ 0 \end{pmatrix} \quad \text{und } \chi_\downarrow = -i\begin{pmatrix} 0 \\ 1 \end{pmatrix} \qquad (A.45)$$

zu wählen. (Die Phase $-i$ ist willkürlich). Damit erhält man zu jedem Wert von p_μ die vier Basis-Viererspinoren

$$\begin{aligned}
u(\mathsf{p},\uparrow) &= \sqrt{E+m}\begin{pmatrix} \binom{1}{0} \\ \dfrac{\vec{\sigma}\vec{p}}{E+m}\binom{1}{0} \end{pmatrix} \\
u(\mathsf{p},\downarrow) &= -i\sqrt{E+m}\begin{pmatrix} \binom{0}{1} \\ \dfrac{\vec{\sigma}\vec{p}}{E+m}\binom{0}{1} \end{pmatrix} \\
v(\mathsf{p},\uparrow) &= \sqrt{E+m}\begin{pmatrix} \dfrac{\vec{\sigma}\vec{p}}{E+m}\binom{0}{1} \\ \binom{0}{1} \end{pmatrix}
\end{aligned} \qquad (A.46)$$

A.1 Relativistisch invariante Bewegungsgleichungen der Quantenmechanik

$$v(\mathbf{p},\downarrow) = -i\sqrt{E+m}\begin{pmatrix} \frac{\vec{\sigma}\vec{p}}{E+m}\binom{1}{0} \\ \binom{1}{0} \end{pmatrix}$$

Diese beschreiben Zustände, bei denen der Spin bezüglich der z-Achse ausgerichtet ist.

A.1.2.3 Helizitätszustände

Anstelle der z-orientierten Zustände ist es meist nützlicher, Spin-Eigenzustände bezüglich des Helizitäts-Operators

$$\mathcal{H} = \frac{\vec{\sigma}\vec{p}}{|\vec{p}|} \tag{A.47}$$

zu betrachten, d.h. Zustände, bei denen der Spin bezüglich des Impulses ausgerichtet ist. Es ist aber zu beachten, daß $\mathcal{H}$ nicht relativistisch invariant ist, da für nicht masselose Teilchen durch eine entsprechende Koordinatentransformation ein Vorzeichenwechsel der jeweiligen Eigenwerte von $\mathcal{H}$ erreicht werden kann. Darauf kommen wir noch zurück.

Wir definieren nun die Pauli-Spinoren χ_+ und χ_- als Eigenzustände von $\mathcal{H}$:

$$\mathcal{H}\chi_+ = \chi_+ \tag{A.48}$$

$$\mathcal{H}\chi_- = -\chi_- \tag{A.49}$$

Man kann die Phase zwischen χ_+ und χ_- so wählen, daß $-i\hat{\mathbf{e}}\chi_\pm = \chi_\mp$, und erhält damit die vier Basisspinoren:

$$u_\pm(\mathbf{p}) = \sqrt{E+m}\begin{pmatrix} \chi_\pm \\ \frac{\vec{\sigma}\vec{p}}{E+m}\chi_\pm \end{pmatrix} = \sqrt{E+m}\begin{pmatrix} \chi_\pm \\ \pm\frac{|\vec{p}|}{E+m}\chi_\pm \end{pmatrix} \tag{A.50}$$

$$v_\pm(\mathbf{p}) = \sqrt{E+m}\begin{pmatrix} \frac{\vec{\sigma}\vec{p}}{E+m}\hat{\mathbf{e}}\chi_\pm \\ \hat{\mathbf{e}}\chi_\pm \end{pmatrix} = -i\sqrt{E+m}\begin{pmatrix} \frac{|\vec{p}|}{E+m}\chi_\mp \\ \mp\chi_\mp \end{pmatrix} \tag{A.51}$$

$u_+(u_-)$ und $v_+(v_-)$ sind somit Spinoren, welche ein Elektron bzw. Positron mit Spin parallel (antiparallel) zur Flugrichtung beschreiben. Die explizite Form für $\chi_\pm$ ist vom Impuls $\vec{p}$ abhängig. Für $\vec{p}$ in $+z$-Richtung kann $\chi_+ = \binom{1}{0}$, $\chi_- = \binom{0}{-i}$ genommen werden (vgl. (A.45)).

A.1.2.4 Spinoren für masselose Teilchen

Für $m = 0$ ergibt sich ein interessanter Sonderfall. Die Spinoren $u_\pm(p)$ und $v_\pm(p)$ gehen dann über in:

$$u^0_\pm(p) = \sqrt{E} \begin{pmatrix} \chi_\pm \\ \pm\chi_\pm \end{pmatrix} \tag{A.52}$$

und

$$v^0_\pm(p) = -i\sqrt{E} \begin{pmatrix} \chi_\mp \\ \mp\chi_\mp \end{pmatrix} \tag{A.53}$$

Es besteht somit die lineare Abhängigkeit

$$v^0_\pm(p) = -i\, u^0_\mp(p) \tag{A.54}$$

und die Dirac-Spinoren bilden lediglich einen *zwei*dimensionalen Vektorraum. Die Dirac-Gleichung zerfällt in zwei äquivalente Gleichungen für die Zweierspinoren $\chi_\mp$:

$$(\boldsymbol{\gamma}_\mu p^\mu) u = \left\{ E \cdot \mathbf{1} - \vec{p} \begin{pmatrix} 0 & \vec{\boldsymbol{\sigma}} \\ -\vec{\boldsymbol{\sigma}} & 0 \end{pmatrix} \right\} \sqrt{E} \begin{pmatrix} \chi_\pm \\ \pm\chi_\pm \end{pmatrix} = 0 \tag{A.55}$$

$$\Rightarrow \left\{ \begin{array}{l} \sqrt{E}[E\chi_\pm - \vec{p}\vec{\boldsymbol{\sigma}}(\pm\chi_\pm)] = \sqrt{E}[E \mp \vec{p}\vec{\boldsymbol{\sigma}}]\chi_\pm = 0 \\ \sqrt{E}[-E\chi_\pm + \vec{p}\vec{\boldsymbol{\sigma}}(\pm\chi_\pm)] = -\sqrt{E}[E \mp \vec{p}\vec{\boldsymbol{\sigma}}]\chi_\pm = 0 \end{array} \right\}$$

Damit genügen zur Beschreibung von Fermionen mit $m = 0$ Zweierspinoren, welche Lösungen der Gleichungen (A.48), (A.49) sind:

$$\frac{1}{2}(1 - \boldsymbol{\mathcal{K}})\chi_+ = 0 \tag{A.56}$$

$$\frac{1}{2}(1 + \boldsymbol{\mathcal{K}})\chi_- = 0 \tag{A.57}$$

Dies ist die *klassische Zwei-Komponenten Theorie des Neutrinos*. Die Zweierspinoren $\chi_\pm$ werden dann auch als *Weyl-Spinoren* bezeichnet.

Die Operatoren $\frac{1}{2}(1 - \boldsymbol{\mathcal{K}})$ und $\frac{1}{2}(1 + \boldsymbol{\mathcal{K}})$ sind *Projektionsoperatoren* auf die Zustände χ_- und χ_+, d.h. es ist:

$$\frac{1}{2}(1 \mp \boldsymbol{\mathcal{K}})\chi_\pm = 0 \tag{A.58}$$

und

$$\frac{1}{2}(1 \mp \boldsymbol{\mathcal{K}})\chi_\mp = \chi_\mp \tag{A.59}$$

A.1 Relativistisch invariante Bewegungsgleichungen der Quantenmechanik 395

Der Operator $\frac{1}{2}(1 \pm \gamma_5)$ Die Operatoren $\frac{1}{2}(1 \pm \mathcal{H})$ sind, wie schon erwähnt, nur im Falle $m = 0$ relativistisch invariant. Die relativistisch invarianten Operatoren, welche den Operatoren $\frac{1}{2}(1 \pm \mathcal{H})$ im Fall $m \neq 0$ entsprechen, sind gegeben durch die *Chiralitäts-Operatoren* $\frac{1}{2}(1 \pm \gamma_5)$. Für $m = 0$ kann leicht nachgerechnet werden, daß diese Operatoren die Anteile $u_\pm^0$ aus einem beliebigen Viererspinor herausprojizieren:

$$\frac{1}{2}(1 \pm \gamma_5)u^0(\mathsf{p}) = \frac{1}{2}(1 \pm \gamma_5)\sqrt{E} \begin{pmatrix} \chi \\ \frac{\vec{\sigma}\vec{p}}{|\vec{p}|}\chi \end{pmatrix}$$

$$= \frac{1}{2}\sqrt{E} \begin{pmatrix} \chi \pm \frac{\vec{\sigma}\vec{p}}{|\vec{p}|}\chi \\ \frac{\vec{\sigma}\vec{p}}{|\vec{p}|}\chi \pm \chi \end{pmatrix} = c_\pm \sqrt{E} \begin{pmatrix} \chi_\pm \\ \pm\chi_\pm \end{pmatrix} = c_\pm u_\pm^0(\mathsf{p})$$

mit einem Proportionalitätsfaktor $|c_\pm| \leq 1$.
Die letzte Gleichung ergibt sich aus

$$\mathcal{H}(\chi \pm \frac{\vec{\sigma}\vec{p}}{|\vec{p}|}\chi) = \frac{\vec{\sigma}\vec{p}}{|\vec{p}|}\chi \pm \left(\frac{\vec{\sigma}\vec{p}}{|\vec{p}|}\right)\left(\frac{\vec{\sigma}\vec{p}}{|\vec{p}|}\right)\chi = \frac{\vec{\sigma}\vec{p}}{|\vec{p}|}\chi \pm \chi \tag{A.60}$$

Bei der Anwendung der Operatoren $\frac{1}{2}(1 \pm \gamma_5)$ auf die Spinoren v könnte jedoch leicht Verwirrung entstehen. Es ist nämlich:

$$\frac{1}{2}(1 \pm \gamma_5)v^0(\mathsf{p}) = c_\mp v_\mp^0(\mathsf{p}) \tag{A.61}$$

Damit projiziert $\frac{1}{2}(1+\gamma_5)$ den Anteil aus v^0, welcher einem Spin *antiparallel* zum Impuls $\vec{p}$, also einem Pauli-Spinor χ_-, entspricht. Beschreibt v also z.B. einen Positron-Spinor, so projiziert $\frac{1}{2}(1 + \gamma_5)$ den *linkshändigen* Positron-Zustand heraus. Dennoch wollen wir allgemein den Anteil

$$\psi_R \equiv \frac{1}{2}(1 + \gamma_5)\psi \tag{A.62}$$

einer Wellenfunktion rechtshändig nennen und entsprechend den Teil

$$\psi_L \equiv \frac{1}{2}(1 - \gamma_5)\psi \tag{A.63}$$

linkshändig. Der Sinn dieser Nomenklatur wird beim Übergang zur Beschreibung durch Feldoperatoren deutlich werden. Allgemein nennt man ψ_L bzw. ψ_R *chirale Wellenfunktionen*.

Für *Teilchen mit Masse* ist Folgendes zu beachten: Wir können auch für massive Fermionen die linkshändige Komponente eines Spinors definieren durch den Projektionsoperator $\frac{1}{2}(1-\gamma_5)$:

$$
\begin{aligned}
u_L(\mathrm{p}) &= \frac{1}{2}(1-\gamma_5)u(\mathrm{p}) = \frac{1}{2}(1-\gamma_5)\sqrt{E+m}\begin{pmatrix} \chi_s \\ \dfrac{\vec{\sigma}\vec{p}}{E+m}\chi_s \end{pmatrix} \\
&= \frac{1}{2}\sqrt{E+m}\begin{pmatrix} \chi_s - \dfrac{\vec{\sigma}\vec{p}}{E+m}\chi_s \\ \dfrac{\vec{\sigma}\vec{p}}{E+m}\chi_s - \chi_s \end{pmatrix} \neq u_-(\mathrm{p})
\end{aligned}
\qquad (\text{A.64})
$$

Damit ist aber $u_L(\mathrm{p},s)$ weder eine Lösung der Dirac-Gleichung, noch ist der in u_L auftretende Zweierspinor $\chi_s - (\vec{\sigma}\vec{p}/(E+m))\chi_s$ ein Eigenzustand des Operators $\mathcal{H}$. Die durch die Operatoren $\frac{1}{2}(1\pm\gamma_5)$ definierte relativistisch invariante Chiralität ist also nur für Teilchen ohne Masse eine streng erhaltene Quantenzahl.

Die Eigenspinoren $u_\pm$ für massive Fermionen lassen sich, wie im Folgenden für u_- gezeigt, in Teile definierter Händigkeit zerlegen:

$$u_-(\mathrm{p}) = \boldsymbol{P}_L u_-(\mathrm{p}) + \boldsymbol{P}_R u_-(\mathrm{p})$$

$$= \frac{1}{2}\sqrt{E+m}\left\{ \begin{pmatrix} \boldsymbol{I} & -\boldsymbol{I} \\ -\boldsymbol{I} & \boldsymbol{I} \end{pmatrix}\begin{pmatrix} \chi_- \\ -\dfrac{|\vec{p}|}{E+m}\chi_- \end{pmatrix} + \begin{pmatrix} \boldsymbol{I} & \boldsymbol{I} \\ \boldsymbol{I} & \boldsymbol{I} \end{pmatrix}\begin{pmatrix} \chi_- \\ -\dfrac{|\vec{p}|}{E+m}\chi_- \end{pmatrix} \right\}$$

$$= \frac{1}{2}\sqrt{E+m}\left\{ \begin{pmatrix} \chi_- + \dfrac{|\vec{p}|}{E+m}\chi_- \\ -\chi_- - \dfrac{|\vec{p}|}{E+m}\chi_- \end{pmatrix} + \begin{pmatrix} \chi_- - \dfrac{|\vec{p}|}{E+m}\chi_- \\ \chi_- - \dfrac{|\vec{p}|}{E+m}\chi_- \end{pmatrix} \right\}$$

$$= \frac{1}{2}\sqrt{E+m}\left\{ \left(1+\dfrac{|\vec{p}|}{E+m}\right)\begin{pmatrix} \chi_- \\ -\chi_- \end{pmatrix} + \left(1-\dfrac{|\vec{p}|}{E+m}\right)\begin{pmatrix} \chi_- \\ \chi_- \end{pmatrix} \right\}$$

Aus der Beziehung $\chi_-(\vec{p}) = \chi_+(-\vec{p})$ folgt dann[2]:

$$
\begin{aligned}
u_-(\mathrm{p}) &= \frac{1}{2}\sqrt{E+m}\left\{ \left(1+\dfrac{|\vec{p}|}{E+m}\right)\begin{pmatrix} \chi_-(\vec{p}) \\ -\chi_-(\vec{p}) \end{pmatrix} + \left(1-\dfrac{|\vec{p}|}{E+m}\right)\begin{pmatrix} \chi_+(-\vec{p}) \\ \chi_+(-\vec{p}) \end{pmatrix} \right\} \\
&= \frac{1}{2}\left\{ \left(1+\dfrac{|\vec{p}|}{E+m}\right)u_-^0(\vec{p}) + \left(1-\dfrac{|\vec{p}|}{E+m}\right)u_+^0(-\vec{p}) \right\}
\end{aligned}
\qquad (\text{A.65})
$$

---

[2] Die zwischen $\chi_-(\vec{p})$ und $\chi_+(-\vec{p})$ auftretende Phase wurde hier zu 1 gewählt

A.2 Zweite Quantisierung, Feldoperatoren

A.2.1 Erzeugungs- und Vernichtungsoperatoren

Um Prozesse beschreiben zu können, bei welchen Teilchen erzeugt oder vernichtet werden (z.B. Paarerzeugung), führt man das Konzept der zweiten Quantisierung ein. Man definiert zu jedem Teilchentyp Erzeugungs- und Vernichtungsoperatoren $b^+(\vec{p}\ldots)$ und $b(\vec{p}\ldots)$, welche außer von dem Impuls $\vec{p}$ eventuell noch von anderen Quantenzahlen (Spin) abhängig sind. Die Wirkung dieser Operatoren auf das Vakuum ist definiert durch:

$$b^+(\vec{p},\ldots)|0\rangle = \left| \begin{array}{l} \text{freier Teichenzustand mit den} \\ \text{Quantenzahlen } \vec{p}, E = \sqrt{\vec{p}^2 + m^2}, \ldots \end{array} \right\rangle \quad \text{(A.66)}$$

$$b(\vec{p},\ldots)|0\rangle = 0 \quad \text{(A.67)}$$

Das Pauli-Prinzip für Fermionen, bzw. die Bose-Statistik für Bosonen, wird durch entsprechende Kommutator- bzw. Antikommutatorregeln dieser Operatoren gewährleistet. Obwohl die Energie über die Beziehung $E^2 = \vec{p}^2 + m^2$ für ein freies Teilchen eindeutig durch $\vec{p}$ festgelegt ist, wird oft auch der Viererimpuls p_μ als Variable in den Teilchenoperatoren benutzt.

A.2.1.1 Skalare Teilchen Bei einem skalaren reellen Teilchen (Spin 0) ist die Angabe des Impulses $\vec{p}$ ausreichend zur Charakterisierung eines freien Zustandes. Man hat also die Operatoren

$$b^+(\vec{p}), \quad b(\vec{p}) \quad , \quad \text{(A.68)}$$

welche die Kommutatorregeln

$$[b(\vec{p}), b^+(\vec{p}\,')] = \delta^3(\vec{p}\,' - \vec{p}) \quad \text{(A.69)}$$

$$[b(\vec{p}), b(\vec{p}\,')] = [b^+(\vec{p}), b^+(\vec{p}\,')] = 0 \quad \text{(A.70)}$$

mit $[A, B] \equiv AB - BA$, erfüllen.

A.2.1.2 Vektorteilchen (z.B. Photon) Beim Vektorteilchen (Spin 1) muß außer dem Impuls $\vec{p}$ auch der Polarisationszustand λ angegeben werden. Die Operatoren

$$b^+(\vec{p}, \lambda), \quad b(\vec{p}, \lambda) \quad \text{(A.71)}$$

erfüllen ebenfalls die für Bosonen gültigen Kommutatorregeln

$$[b(\vec{p}, \lambda), b^+(\vec{p}\,', \lambda')] = \delta_{\lambda\lambda'}\delta^3(\vec{p}\,' - \vec{p}) \quad \text{(A.72)}$$

$$[b(\vec{p}, \lambda), b(\vec{p}\,', \lambda')] = [b^+(\vec{p}, \lambda), b^+(\vec{p}\,', \lambda')] = 0 \quad \text{(A.73)}$$

A.2.1.3 Spinorteilchen (Teilchen mit Spin 1/2) Zur Beschreibung eines Spinorteilchen-Zustandes muß der Impuls $\vec{p}$ und die Spinstellung s angegeben werden. Außer den Operatoren

$$b^\dagger(\vec{p}, s), \quad b(\vec{p}, s) \tag{A.74}$$

werden aber auch die entsprechenden Operatoren für die Antiteilchen benötigt. Wir bezeichnen diese mit

$$d^\dagger(\vec{p}, s) \quad \text{und} \quad d(\vec{p}, s) \tag{A.75}$$

Die Operatoren erfüllen die Antikommutatorregeln

$$\{b(\vec{p}, s), b^\dagger(\vec{p}\,', s')\} = \delta_{ss'}\delta^3(\vec{p}\,' - \vec{p}) \tag{A.76}$$

$$\{d(\vec{p}, s), d^\dagger(\vec{p}\,', s')\} = \delta_{ss'}\delta^3(\vec{p}\,' - \vec{p}) \quad , \tag{A.77}$$

mit $\{A, B\} \equiv AB + BA$. Alle anderen Antikommutatoren verschwinden.
Dadurch ist das Pauli-Prinzip gewährleistet: Es können nicht zwei Teilchen in demselben Zustand erzeugt werden, da ja z.B.:

$$b^\dagger(\vec{p}, s)b^\dagger(\vec{p}, s) = \frac{1}{2}\{b^\dagger(\vec{p}, s)b^\dagger(\vec{p}, s)\} = 0 \tag{A.78}$$

A.2.2 Quantenfelder

Während die obigen Operatoren Impuls- und Spin-Eigenzustände beschreiben, benötigt man zur Beschreibung eines allgemeinen Zustandes, entsprechend der Wellenfunktion $\psi(t, \vec{x})$ in der Schrödinger-Theorie, Größen, welche nun Quantenfelder genannt werden. Die relativistischen Bewegungsgleichungen (Dirac-Gleichung, Klein-Gordon-Gleichung) stellen sich dann als Bewegungsgleichungen solcher Quantenfelder dar.
Für die verschiedenen Fälle sind diese Quantenfelder folgendermaßen gegeben:

A.2.2.1 Skalares reelles Feld $\phi(x)$

$$\phi(x) = \phi^{(+)}(x) + \phi^{(-)}(x) \tag{A.79}$$

mit

$$\phi^{(-)}(x) = \frac{1}{\sqrt{2V}} \int \frac{d^3p}{\sqrt{E}} b(\vec{p})e^{-i\,px} \tag{A.80}$$

$$\phi^{(+)}(x) = \frac{1}{\sqrt{2V}} \int \frac{d^3p}{\sqrt{E}} b^\dagger(\vec{p})e^{i\,px} = \phi^{(-)\dagger}(x) \tag{A.81}$$

Die eingeklammerten $+$ und $-$-Zeichen bezeichnen hier keine elektrische Ladung.

A.2 Zweite Quantisierung, Feldoperatoren

A.2.2.2 Skalares komplexes Feld $\rho(x)$:
Ein komplexes, skalares Feld $\rho(x)$ kann immer aus zwei reellen Feldern $\phi_{1,2}$ aufgebaut werden:

$$\rho(x) = \phi_1(x) + i\phi_2(x) \tag{A.82}$$

A.2.2.3 Vektorfeld $A_\mu(x)$

$$A_\mu(x) = A_\mu^{(+)}(x) + A_\mu^{(-)}(x) \tag{A.83}$$

mit

$$A_\mu^{(-)}(x) = \frac{1}{\sqrt{2V}} \sum_{\lambda=0}^{3} \int \frac{d^3p}{\sqrt{E}} \epsilon_\mu(\vec{p},\lambda) b(\vec{p},\lambda) e^{-ipx} \tag{A.84}$$

$$A_\mu^{(+)}(x) = \frac{1}{\sqrt{2V}} \sum_{\lambda=0}^{3} \int \frac{d^3p}{\sqrt{E}} \epsilon_\mu^*(\vec{p},\lambda) b^\dagger(\vec{p},\lambda) e^{ipx} = A_\mu^{(-)\dagger}(x) \tag{A.85}$$

$\epsilon_\mu(\vec{p},\lambda)$ ist der Polarisationsvektor des durch $\vec{p}$ und λ charakterisierten Zustandes.

A.2.2.4 Spinorfeld $\psi(x)$

$$\psi(x) = \psi_-(x) + \psi_+^+(x) \tag{A.86}$$

mit

$$\psi_-(x) = \frac{1}{\sqrt{V}} \sum_{s=1}^{2} \int \frac{d^3p}{\sqrt{2E}} b(\vec{p},s) u(p,s) e^{-ipx} \tag{A.87}$$

$$\psi_+^+(x) = \frac{1}{\sqrt{V}} \sum_{s=1}^{2} \int \frac{d^3p}{\sqrt{2E}} d^\dagger(\vec{p},s) v(p,s) e^{ipx} \tag{A.88}$$

$u(p,s)$, $v(p,s)$ sind die im Zusammenhang mit der Dirac-Gleichung diskutierten Viererspinoren.
Das Spinorfeld $\psi(x)$ ist eine Überlagerung von ebenen Wellen, welche Lösung der Dirac-Gleichung sind, bei welcher aber die Koeffizienten dieser ebenen Wellen durch die Operatoren $b(\vec{p},s)$ und $d^\dagger(\vec{p},s)$ ersetzt sind.
Lösungen, welche die Spinoren $v(p,s)$ enthalten, bedürfen, wie schon unter A.1.2.2 erwähnt, einer gesonderten Betrachtung. Die mit dem Operator $d^\dagger(\vec{p},s)$ in Verbindung zu bringenden Lösungen (A.35) können nach zwei Gesichtspunkten interpretiert werden. Während Dirac diesen Zuständen eine negative Energie zuordnete, und diese sich nur durch eine Nichtbesetzung (Loch) bemerkbar machen sollten (als Positronen), ist nach der heute gängigen Interpretation von Feynman der Vorzeichenunterschied im Exponenten zwischen $\psi_-(x)$ und $\psi_+^+(x)$ (Gl. (A.34), (A.35)) auf den Faktor t zurückzuführen. Danach erzeugt $d^\dagger(\vec{p},s)$ Zustände mit Elektronen, welche sich rückwärts in der Zeit bewegen. Diese besitzen positive Energie und erscheinen als Antiteilchen, d.h. als Positronen.

A.3 Lagrange-Formalismus

Der Lagrange-Formalismus wird in der Quantenfeldtheorie ganz analog zur klassischen Mechanik angewendet. Dadurch lassen sich alle Bewegungsgleichungen für die Quantenfelder aus einer einzigen Größe, der Lagrangedichte $\mathcal{L}(x)$, ableiten. Die Lagrangedichte ist eine Funktion der beteiligten Felder $\psi(x)$, $A_\mu(x)$ ... und ihrer Raum-Zeit-Ableitungen $\partial_\mu \psi(x)$, $\partial_\mu A_\nu(x)$, ... Die Forderung, daß das Wirkungsintegral

$$W = \int_t^{t'} d^4x \, \mathcal{L}\left(\psi(x), A_\mu(x), \ldots, \partial_\mu \psi(x), \partial_\mu A_\nu(x)\right) \tag{A.89}$$

stationär ist für beliebige Feldvariationen mit fixierten Werten an den Randpunkten t und t', führt auf die *Euler-Lagrange-Gleichungen* (s. z.B. [Gol 63])

$$\partial_\mu \frac{\partial \mathcal{L}(x)}{\partial(\partial_\mu \psi(x))} - \frac{\partial \mathcal{L}(x)}{\partial \psi(x)} = 0$$

$$\partial_\mu \frac{\partial \mathcal{L}(x)}{\partial(\partial_\mu A_\nu(x))} - \frac{\partial \mathcal{L}(x)}{\partial A_\nu(x)} = 0 \tag{A.90}$$

$$\vdots$$

Diese stellen die Bewegungsgleichungen für die Felder $\psi(x)$, $A_\mu(x)$ ... dar. Dabei ist wichtig zu bemerken, daß in der Quantenfeldtheorie die kanonisch konjugierten Felder, welche z.B. für $\psi(x)$ definiert sind durch

$$\pi(x) = \frac{\partial \mathcal{L}(x)}{\partial(\partial_t \psi(x))} \tag{A.91}$$

als unabhängige Größen zu betrachten sind.

Bei der Herleitung der Bewegungsgleichungen werden die Quantenfelder wie klassische Felder behandelt. Die Verträglichkeit der Resultate mit den Vertauschungsregeln für die Quantenfelder ist von Fall zu Fall nachzuprüfen.

A.3.1 Lagrangedichte des Dirac-Feldes

Wir betrachten nun als konkreten Fall die Lagrangedichte eines Dirac-Feldes. Dazu bilden wir die hermite'sch konjugierte Gleichung zur Dirac-Gleichung:

$$-i \partial_\mu \psi^\dagger(x)(\gamma^\mu)^\dagger - m\psi^\dagger(x) = 0 \tag{A.92}$$

Diese Gleichung kann weiter modifiziert werden durch Multiplikation mit γ^0 von rechts und die algebraischen Eigenschaften der γ-Matrizen:

A.3 Lagrange-Formalismus

$$-i\partial_\mu \psi^\dagger(x)\gamma^0\gamma^\mu - m\psi^\dagger(x)\gamma^0 = 0 \tag{A.93}$$

Diese Gleichung wird *adjungierte Gleichung zur Dirac-Gleichung* genannt.
Mit der Definition des *adjungierten Feldoperators*

$$\overline{\psi}(x) = \psi^\dagger(x)\gamma^0 \tag{A.94}$$

erhält diese die Form:

$$-i\partial_\mu \overline{\psi}(x)\gamma^\mu - m\overline{\psi}(x) = 0 \tag{A.95}$$

Die Dirac-Gleichung und die adjungierte Gleichung können aus der Lagrangedichte

$$\mathcal{L}_D(x) = i\overline{\psi}(x)\gamma^\mu \partial_\mu \psi(x) - m\overline{\psi}(x)\psi(x) \tag{A.96}$$

durch die *Euler-Lagrange-Gleichungen*

$$\partial_\mu \frac{\partial \mathcal{L}_D}{\partial(\partial_\mu \overline{\psi})} - \frac{\partial \mathcal{L}_D}{\partial \overline{\psi}} = 0 \tag{A.97}$$

und

$$\partial_\mu \frac{\partial \mathcal{L}_D}{\partial(\partial_\mu \psi)} - \frac{\partial \mathcal{L}_D}{\partial \psi} = 0 \tag{A.98}$$

erhalten werden.
Der *kanonisch konjugierte Feldoperator* zu $\psi(x)$ ist in diesem Fall

$$\pi(x) = i\overline{\psi}(x)\gamma^0 \tag{A.99}$$

A.3.2 Lagrangedichte eines Elektrons mit elektromagnetischer Wechselwirkung, Feynman-Diagramme

Während bei der Beschreibung freier Elektronen die Einführung der Feldoperatoren noch nicht notwendig erscheint, so ändert sich dies, wenn Wechselwirkungen mit einbezogen werden. Wir betrachten hier zunächst die elektromagnetische Wechselwirkung. Klassisch erhält man die Bewegungsgleichung eines Elektrons im elektromagnetischen Feld durch die Ersetzungen:

$$\begin{aligned} E &\rightarrow E + e\phi(x) \\ \vec{p} &\rightarrow \vec{p} + e\vec{A}(x) \end{aligned} \tag{A.100}$$

Kombinieren wir dies mit den quantenmechanischen Ersetzungsregeln (A.2), so ergeben sich neue Ersetzungen für die quantenmechanische Beschreibung eines Elektrons in einem äußeren Feld:

$$\partial_\mu \rightarrow \partial_\mu - ieA_\mu \tag{A.101}$$

mit $A_\mu = (\phi, -\vec{A})$

Aus der Dirac-Gleichung erhält man mit (A.101):

$$i\gamma^\mu(\partial_\mu - ieA_\mu)\psi(x) - m\psi(x) = 0 \tag{A.102}$$

$A_\mu(x)$ kann jedoch ebenfalls als Quantenfeld interpretiert werden und (A.102) beschreibt dann auch die Wechselwirkung von Elektronen mit Photonen.

Die Lösung dieser Gleichung erfolgt meist mit störungstheoretischen Methoden. Dazu benötigt man die Lagrangedichte, aus welcher sich (A.102) herleiten läßt. Eine solche ist, wie leicht nachzuprüfen ist:

$$\mathcal{L}(x) = i\overline{\psi}(x)\gamma^\mu(\partial_\mu - ieA_\mu(x))\psi(x) - m\overline{\psi}(x)\psi(x) \tag{A.103}$$

Die Übergangsamplitude S_{fi} (S = Streumatrix) zwischen zwei freien Zuständen $|i\rangle$ und $|f\rangle$ wird in der zeitabhängigen Störungstheorie durch eine unendliche Reihe dargestellt:

$$\begin{aligned}
S_{fi} &= \sum_n \frac{(-i)^n}{n!} \langle f| \int_{-\infty}^{+\infty} d^4x_1\, d^4x_2 \ldots d^4x_n T[\boldsymbol{H}(x_1), \boldsymbol{H}(x_2), \ldots, \boldsymbol{H}(x_n)]|i\rangle \\
&= -i\langle f| \int_{-\infty}^{+\infty} d^4x \boldsymbol{H}(x)|i\rangle - \frac{1}{2}\langle f| \int_{-\infty}^{+\infty}\int_{-\infty}^{+\infty} d^4x_1 d^4x_2 T[\boldsymbol{H}(x_1), \boldsymbol{H}(x_2)]|i\rangle \\
&\quad + \ldots
\end{aligned} \tag{A.104}$$

$\boldsymbol{H}(x)$ ist der Hamilton-Operator der Wechselwirkung und T bedeutet das *zeitgeordnete* Produkt

$$T[\boldsymbol{H}(x_1), \boldsymbol{H}(x_2)] = \begin{cases} \boldsymbol{H}(x_1)\boldsymbol{H}(x_2) & \text{für } t_1 \geq t_2 \\ \boldsymbol{H}(x_2)\boldsymbol{H}(x_1) & \text{für } t_1 < t_2 \end{cases} \tag{A.105}$$

Der Wechselwirkungsteil $\mathcal{L}_{EM}$ der Lagrangedichte $\mathcal{L}$ aus (A.103) ist gleich $-\boldsymbol{H}_{EM}$:

$$\boldsymbol{H}_{EM} = -\mathcal{L}_{EM} = -e\overline{\psi}\gamma^\mu A_\mu \psi \tag{A.106}$$

In erster Ordnung ist dann die Übergangsamplitude S_{fi} gegeben durch die Matrixelemente dieses Operators (multipliziert mit $-i$). Zerlegen wir $\mathcal{L}_{EM}$ in seine Elektron- und Positron-Bestandteile, so erhalten wir:

$$\begin{aligned}
-e\overline{\psi}\gamma^\mu A_\mu \psi &= -e(\psi_-^{+} + \psi_+)\gamma^0\gamma^\mu A_\mu(\psi_- + \psi_+^{+}) \\
&= -e\psi_-^{+}\gamma^0\gamma^\mu \psi_- A_\mu \\
&\quad -e\psi_-^{+}\gamma^0\gamma^\mu \psi_+^{+} A_\mu \\
&\quad -e\psi_+\gamma^0\gamma^\mu \psi_- A_\mu \\
&\quad -e\psi_+\gamma^0\gamma^\mu \psi_+^{+} A_\mu
\end{aligned} \tag{A.107}$$

Wenden wir den ersten Term $-e\psi_-^{+}\gamma^0\gamma^\mu\psi_- A_\mu$ auf einen Zustand $|i\rangle$ an, so haben wir von rechts nach links zu lesen:

A.3 Lagrange-Formalismus

Der Operator A_μ vernichtet ein Photon (klassisch: Reaktion auf ein vorhandenes EM-Feld) oder erzeugt ein Photon (Aufbau eines EM-Feldes). ψ_- vernichtet ein in diesem Zustand eventuell vorhandenes Elektron. Enthält der Zustand keine Elektronen, so ist dieser Term wirkungslos. $\psi_-{}^+$ erzeugt ein neues Elektron an demselben Raum-Zeit-Punkt, dessen Spinor durch $\gamma^0\gamma^\mu$ mit dem des vernichteten verknüpft ist. Der Nettoeffekt dieses ersten Termes ist also eine eventuelle Änderung des Bewegungszustandes eines Elektrons unter Einwirkung des Photonfeldes A_μ, wie sie auch schon durch die normale Quantenmechanik beschrieben werden kann.

Eine Interpretation mit Vernichtung und Erzeugung ist jedoch *notwendig* bei den Termen zwei und drei. So beschreibt der zweite Term zum Beispiel die Erzeugung eines Positrons und eines Elektrons (Paarerzeugung).

Die einzelnen Terme der störungstheoretischen Entwicklung der S-Matrix lassen sich graphisch darstellen. Diese *Feynman-Diagramme*, bei welchen man sich einen zeitlichen Ablauf von unten nach oben (oft werden diese Diagramme auch mit zeitlichem Ablauf von links nach rechts dargestellt) zu denken hat, stehen in eineindeutiger Beziehung zu den mathematischen Ausdrücken, welche bei der Berechnung der S-Matrix auftreten. Diese Beziehung ist durch die Feynman-Regeln gegeben (s. z.B. [Ait 82], [Hal 84]). Die Beiträge erster Ordnung der Störungsreihe aus (A.107) stehen in Relation zu folgenden Feynman-Diagrammen:

$$ie\int A_\mu(\mathsf{x})\langle e^-(\mathsf{p}',s')|\psi_-{}^+\gamma^0\gamma^\mu\psi_-|e^-(\mathsf{p},s)\rangle d^4x$$
$$= ie\int d^4\mathsf{q}\,\tilde{A}_\mu(\mathsf{q})\overline{u}(\mathsf{p}',s')\gamma^0\gamma^\mu u(\mathsf{p},s)\int \frac{d^4\mathsf{x}}{V\sqrt{2p_0 2p'_0}}e^{-i(\mathsf{p}+\mathsf{q}-\mathsf{p}')\mathsf{x}} \qquad (A.108)$$

$$ie\int A_\mu(\mathsf{x})\langle e^+(\mathsf{p},s), e^-(\mathsf{p}',s')|\psi_-{}^+\gamma^0\gamma^\mu\psi_+{}^+|0\rangle d^4x$$
$$= ie\int d^4\mathsf{q}\,\tilde{A}_\mu(\mathsf{q})\overline{u}(\mathsf{p}',s')\gamma^0\gamma^\mu v(\mathsf{p},s)\int \frac{d^4\mathsf{x}}{V\sqrt{2p_0 2p'_0}}e^{-i(\mathsf{q}-\mathsf{p}-\mathsf{p}')\mathsf{x}} \qquad (A.109)$$

$$ie \int A_\mu(x)\langle 0|\psi_+\gamma^0\gamma^\mu\psi_-|e^-(\mathbf{p},s), e^+(\mathbf{p}',s')\rangle d^4x$$
$$= ie \int d^4q\, \tilde{A}_\mu(q)\bar{v}(\mathbf{p}',s')\gamma^0\gamma^\mu u(\mathbf{p},s) \int \frac{d^4x}{V\sqrt{2p_0 2p'_0}} e^{-i(p+p'+q)x} \tag{A.110}$$

$$ie \int A_\mu(x)\langle e^+(\mathbf{p}',s')|\psi_+\gamma^0\gamma^\mu\psi_+^+|e^+(\mathbf{p},s)\rangle d^4x$$
$$= ie \int d^4q\, \tilde{A}_\mu(q)\bar{v}(\mathbf{p},s)\gamma^0\gamma^\mu v(\mathbf{p}',s') \int \frac{d^4x}{V\sqrt{2p_0 2p'_0}} e^{-i(p+q-p')x} \tag{A.111}$$

In diesen *Feynman-Diagrammen* sind Elektronen (Teilchen) durch Pfeile in Zeitrichtung und Positronen (Antiteilchen) durch Pfeile gegen die Zeitrichtung gekennzeichnet. Die dargestellten (A.108)ff. Beiträge niedrigster Ordnung sind nur von Null verschieden, wenn ein *äußeres* Feld A_μ vorhanden ist. Energieerhaltung verbietet die Absorption oder Emission eines Photons durch ein *freies* Elektron. Gehen wir zur zweiten Ordnung der Störungsreihe (A.104) über, so finden wir darin z.B. einen Term, welcher die Elektron-Elektron-Streuung vermittelt durch Photon-Austausch beschreibt (Møller-Streuung):

$$-\frac{e^2}{2} T[\psi_-^+(x_1)\gamma^0\gamma^\mu\psi_-(x_1)A_\mu(x_1), A_\nu(x_2)\psi_-^+(x_2)\gamma^0\gamma^\nu\psi_-(x_2)] \tag{A.112}$$

Das Matrixelement dieses Operators zwischen Zwei-Elektronen-Zuständen ergibt

$$-\frac{e^2}{2} \int d^4x_1\, d^4x_2 \langle e^-(\mathbf{p}'_1,s'_1), e^-(\mathbf{p}'_2,s'_2)|\cdot$$
$$\cdot T[\psi_-^+(x_1)\gamma^0\gamma^\mu\psi_-(x_1)A_\mu(x_1), A_\nu(x_2)\psi_-^+(x_2)\gamma^0\gamma^\nu\psi_-(x_2)]|e^-(\mathbf{p}_1,s_1), e^-(\mathbf{p}_2,s_2)\rangle$$
$$= -\frac{e^2}{2} \int d^4x_1\, d^4x_2 \langle e^-(\mathbf{p}'_1,s'_1), e^-(\mathbf{p}'_2,s'_2)|\cdot$$
$$\cdot T[\psi_-^+(x_1)\gamma^0\gamma^\mu\psi_-(x_1)\psi_-^+(x_2)\gamma^0\gamma^\nu\psi_-(x_2)]\cdot$$
$$\cdot |e^-(\mathbf{p}_1,s_1), e^-(\mathbf{p}_2,s_2)\rangle \langle 0|T[A_\mu(x_1), A_\nu(x_2)]|0\rangle \tag{A.113}$$

A.3 Lagrange-Formalismus

Für $t_1 \geq t_2$ ist der Faktor

$$P^A_{\mu\nu}(x_1 - x_2) \equiv \langle 0|T[\boldsymbol{A}_\mu(x_1), \boldsymbol{A}_\nu(x_2)]|0\rangle$$
$$= \langle 0|T[\boldsymbol{A}^{(-)}_\mu(x_1), \boldsymbol{A}^{(+)}_\nu(x_2)]|0\rangle \qquad (A.114)$$

und gibt die Amplitude für die Fortpflanzung eines Photons vom Punkt x_2 nach x_1. Für $t_1 < t_2$ erfolgt die Fortpflanzung in umgekehrter Richtung von x_1 nach x_2. $P^A_{\mu\nu}(x)$ heißt Photon-Propagator. Es ist nützlich, für $P^A_{\mu\nu}(x)$ eine Fouriertransformation durchzuführen:

$$P^A_{\mu\nu}(x) = \frac{1}{(2\pi)^4} \int d^4q \, e^{-i\,qx} \tilde{P}^A_{\mu\nu}(q) \qquad (A.115)$$

Man findet, daß $\tilde{P}^A_{\mu\nu}(q)$ in Lorentz-Eichung gegeben ist durch (s. z.B. [Fey 62])

$$\tilde{P}^A_{\mu\nu}(q) = \frac{-i\,g_{\mu\nu}}{q^2} \qquad (A.116)$$

Somit erhalten wir für das Matrixelement (A.113):

$$-e^2 \bar{u}(p'_1, s'_1)\gamma^0\gamma^\mu u(p_1, s_1)\bar{u}(p'_2, s'_2)\gamma^0\gamma^\mu u(p_2, s_2) \int \frac{d^4q}{(2\pi)^4} \frac{-i\,g_{\mu\nu}}{q^2} \cdot$$
$$\cdot \int \left\{ d^4x_1\, d^4x_2 e^{-i\,q(x_1-x_2)} e^{-i(p_1-p'_1)x_1} e^{-i(p_2-p'_2)x_2} \right\} - (e'_1 \leftrightarrow e'_2) \qquad (A.117)$$

Das Integral über $d^4x_1\, d^4x_2$ ergibt den Faktor

$$(2\pi)^4 \delta^4(q + p_1 - p'_1)(2\pi)^4 \delta^4(-q + p_2 - p'_2)$$

Der Austauschterm $(e'_1 \leftrightarrow e'_2)$ resultiert von der Ununterscheidbarkeit der beiden Elektronen und ist zu interpretieren als Wiederholung des explizit niedergeschriebenen Terms unter Austausch der Indizes 1 und 2 an den gestrichenen Größen. Die beiden Diagramme, die diesem Matrixelement entsprechen, zeigt Abb. A.1.

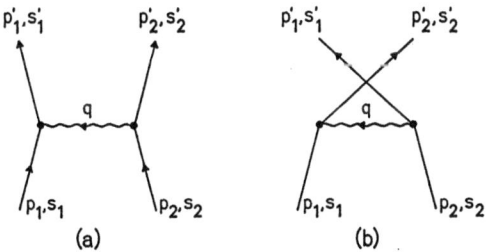

Abb. A.1: Direkter (a) und Austauschterm (b) bei der e^--e^--Streuung.

A.3.2.1 Feynman-Regeln der QED

Allgemein gelten für die Umsetzung derartiger Feynman-Diagramme in entsprechende Matrixelemente im Impulsraum folgende Regeln:

1a) Jede einlaufende (aus der Vergangenheit) Elektronlinie entspricht einem Faktor $u(p, s)$.

1b) Jede auslaufende (in die Zukunft) Elektronlinie entspricht einem Faktor $\overline{u}(p, s)$.

2a) Jede einlaufende Positronlinie entspricht einem Faktor $\overline{v}(p, s)$.

2b) Jede auslaufende Positronlinie entspricht einem Faktor $v(p, s)$.

3a) Je ein äußeres elektromagnetisches Feld liefert einen Faktor $A_\mu(q)$.

3b) Ein einlaufendes (absorbiertes) Photon ergibt einen Polarisationsfaktor $\epsilon_\mu(q, \lambda)$.

3c) Ein auslaufendes (emittiertes) Photon ergibt einen Polarisationsfaktor $\epsilon_\mu^*(q, \lambda)$.

4) Jeder Vertex entspricht einem Faktor $-ie\gamma_\mu$; an jedem Vertex gilt die Erhaltung des Viererimpulses: $p = p' + q$. Der Pfeil in der Photonlinie gibt den Impulsfluß an.

5) Ein ausgetauschtes (virtuelles) Photon liefert einen Propagatorfaktor $\tilde{P}^A_{\mu\nu}(p) = -ig_{\mu\nu}/q^2$

6) Treten virtuelle Elektronlinien auf, so gibt jede dieser Linien einen Propagatorfaktor $i/(\gamma_\mu p^\mu - im)$

7) Über die Propagatorimpulse ist zu integrieren.

Analoge Regeln können auch für andere Quantenfeldtheorien, wie etwa die GWS-Theorie oder die QCD aufgestellt werden. Wegen der komplexeren Struktur der zugrunde liegenden Eichgruppen sind diese allerdings umfangreicher. Wir verweisen hier auf entsprechende Spezialliteratur [Lea 82], [Ait 82], [Gre 86].

A.4 Diskrete Symmetrien eines Dirac-Feldes

A.4.1 Paritätstransformation

Die Bewegungsgleichungen für freie Teilchen — also insbesondere die Dirac-Gleichung — sind invariant unter einer Raumspiegelung. (Eine Paritätsverletzung wird ja ausschließlich durch die schwache Wechselwirkung erzeugt). Das bedeutet, daß das paritätstransformierte Dirac-Feld $\psi^P(t, \vec{x})$ ebenfalls die Dirac-Gleichung erfüllen muß

$$-i\gamma^\mu \partial_\mu \psi^P(t, \vec{x}) + m\psi^P(t, \vec{x}) = 0 \tag{A.118}$$

Die naheliegende Vermutung $\psi^P(t, \vec{x}) = \psi(t, -\vec{x})$ läßt aber die Dirac-Gleichung *nicht* invariant, da der Übergang $\vec{x} \to -\vec{x}$ zur Folge hat: $\partial_t \psi \to \partial_t \psi$ und $\vec{\nabla} \to -\vec{\nabla}$. Es ist leicht zu sehen, daß dagegen

$$\psi^P(t, \vec{x}) = \gamma_0 \psi(t, -\vec{x}) \tag{A.119}$$

(A.118) erfüllt.

A.4.2 Ladungskonjugation (Teilchen-Antiteilchen-Konjugation)

Bei der Ladungskonjugation wird ein Elektronzustand in einen Positronzustand transformiert und umgekehrt. Das ladungskonjugierte Feld ψ^C muß deshalb ebenfalls die Dirac-Gleichung erfüllen.

Die Ladungskonjugation ändert das Vorzeichen der Ladung, und somit müssen für ψ_e und ψ_e^C die Gleichungen gelten:

$$-i\gamma^\mu \partial_\mu \psi_e(x) - e\gamma^\mu A_\mu(x)\psi_e(x) + m\psi_e(x) = 0 \tag{A.120}$$

$$-i\gamma^\mu \partial_\mu \psi_e^C(x) + e\gamma^\mu A_\mu(x)\psi_e^C(x) + m\psi_e^C(x) = 0 \tag{A.121}$$

Unter Benützung der algebraischen Eigenschaften der γ-Matrizen kann leicht nachgeprüft werden, daß (A.121) aus (A.120) folgt, wenn

$$\psi^C = i\gamma^2 \gamma^0 \bar{\psi}^T = i\gamma^2 \psi^\dagger \tag{A.122}$$

gesetzt wird.

Interessant ist das Verhalten der Spinoren u und v unter Ladungskonjugation:

$$u(\mathsf{p}, s) \to u^C(\mathsf{p}, s) = i\gamma^2 \gamma^0 \bar{u}^T(\mathsf{p}, s) = v(\mathsf{p}, s) \tag{A.123}$$

$$v(\mathsf{p}, s) \to v^C(\mathsf{p}, s) = i\gamma^2 \gamma^0 \bar{v}^T(\mathsf{p}, s) = u(\mathsf{p}, s) \tag{A.124}$$

Explizit erhält man für den ladungskonjugierten Feldoperator des freien Dirac-Feldes $\psi(x)$:

$$\psi^C(x) = \frac{1}{\sqrt{V}} \sum_s \int d^3p \frac{1}{\sqrt{2E}} [b^\dagger(p,s)v(p,s)e^{ipx} + d(p,s)u(p,s)e^{-ipx}] \quad (A.125)$$

Man erkennt daran direkt die Vertauschung der Rollen von Elektron und Positron. Wir bezeichnen $\psi(x)$ als das Teilchen-Feld und $\psi^C(x)$ als das Antiteilchenfeld. Im Fall von Elektronen z.B. ist $\psi_e(x)$ das Elektronfeld, in Kurzschreibweise $e(x)$ und $\psi_e^C(x)$ das Positronfeld, kurz $e^+(x)$.

A.4.3 Zeitumkehr

In ähnlicher Weise wie für die Ladungskonjugation läßt sich, unter der Voraussetzung der Zeitumkehrinvarianz der Dirac-Gleichung, zeigen, daß sich ein Dirac-Feld unter der Zeitumkehrtransformation $t \to -t$ folgendermaßen verhält:

$$\psi^T(t, \vec{x}) = i\gamma_1\gamma_3\psi^*(-t, \vec{x}) \quad (A.126)$$

A.4.4 Händige Dirac-Felder, Ladungskonjugation und CP-Konjugation

Allgemein kann ein Dirac-Feld ψ zerlegt werden in einen linkshändigen und einen rechtshändigen Anteil:

$$\psi = \psi_L + \psi_R \quad (A.127)$$

mit

$$\begin{aligned}\psi_L &= \frac{1}{2}(1-\gamma_5)\psi \\ &= \frac{1}{\sqrt{V}} \int d^3p \frac{1}{\sqrt{2E}}[b_L(p)u_L(p)e^{-ipx} + d_R^\dagger(p)v_R(p)e^{ipx}]\end{aligned} \quad (A.128)$$

$$\begin{aligned}\psi_R &= \frac{1}{2}(1+\gamma_5)\psi \\ &= \frac{1}{\sqrt{V}} \int d^3p \frac{1}{\sqrt{2E}}[b_R(p)u_R(p)e^{-ipx} + d_L^\dagger(p)v_L(p)e^{ipx}]\end{aligned} \quad (A.129)$$

Man beachte aber, daß für massive Teilchen die Spinoren $u_{L/R}$ und $v_{L/R}$ keine Lösungen der Dirac-Gleichungen sind (s. Gl. (A.64)) und die Operatoren $b_{L/R}$ und $d_{L/R}$ nicht freien Bewegungszuständen entsprechen.
Der linkshändige Feldoperator ψ_L (A.128) besteht aus einem Anteil, welcher linkshändige Elektronen vernichtet und einem Term, welcher rechtshändige Positronen erzeugt. Analoges gilt für ψ_R. Man darf also die Händigkeit des Feldoperators nicht mit

der Händigkeit der in ihm enthaltenen Teilchenspinoren identifizieren, sondern muß diese im Sinne einer "Händigkeitsänderung" auffassen. Sowohl durch die Vernichtung eines linkshändigen Teilchens als auch durch die Erzeugung eines rechtshändigen Teilchens nimmt die Zahl der linkshändigen Teilchen gegenüber der der rechtshändigen um eins ab.
Wir können eine Händigkeitsquantenzahl als Differenz der Zahl rechtshändiger minus linkshändiger Teilchen definieren. Diese Quantenzahl wird dann durch Operatoren der Form $\overline{\psi}_L O_i \psi_L$ und $\overline{\psi}_R O_i \psi_R$ erhalten, nicht aber durch $\overline{\psi}_L O_i \psi_R$ oder $\overline{\psi}_R O_i \psi_L$ ($O_i = 1, \gamma^\mu, \gamma^\mu \gamma_\nu, \gamma_5, \gamma^\mu \gamma_5$).
Aus (A.123), (A.124) geht hervor, daß sich die Helizität der Spinoren u und v bei der Ladungskonjugation nicht ändert (Spin- und Impulsquantenzahl bleiben unberührt):

$$u_L^C = v_L \tag{A.130}$$

$$u_R^C = v_R \tag{A.131}$$

Ein linkshändiger (rechtshändiger) Elektronspinor u geht durch Ladungskonjugation in einen Positronspinor *derselben* Händigkeit über. Bei den *Feldoperatoren* gilt aber folgender Zusammenhang:

$$\begin{aligned} i\gamma^2(\tilde{\psi}_L)^\dagger &= \frac{1}{\sqrt{V}} \int d^3p \frac{1}{\sqrt{2E}} [b_L^+(\mathrm{p}) v_L(\mathrm{p}) e^{i\mathrm{px}} + d_R(\mathrm{p}) u_R(\mathrm{p}) e^{-i\mathrm{px}}] \\ &= \frac{1}{2}(1+\gamma_5)\psi^C = (\psi^C)_R \end{aligned} \tag{A.132}$$

$i\gamma^2(\tilde{\psi}_L)^\dagger$ ist also ein *rechtshändiger* Operator und beschreibt *nicht* die ladungskonjugierten Zustände zu den durch ψ_L beschriebenen. (Für das Elektronfeld ψ_e beschreibt $i\gamma^2(\tilde{\psi}_L)^\dagger$ die Vernichtung rechtshändiger Positronen und die Erzeugung linkshändiger Elektronen). Da die Paritätstransformation linkshändige in rechtshändige Feldkomponenten transformiert und umgekehrt,

$$\psi_{L,R}^P = \psi_{R,L} \tag{A.133}$$

beschreibt $i\gamma^2(\tilde{\psi}_L)^\dagger$ das CP-konjugierte Feld bzgl. ψ_L:

$$(\psi_L)^{CP} = i\gamma^2(\tilde{\psi}_L)^\dagger \tag{A.134}$$

A.5 Lie'sche Gruppen und kontinuierliche Symmetrietransformationen

Das Konzept der Eichtransformationen läßt sich mathematisch durch die sogenannten Lie'schen Gruppen und ihre Darstellungen formulieren. Eine wichtige Eigenschaft der Eichtransformationen ist ihre "stetige" und "differenzierbare" Abhängigkeit von x. Intuitiv ist einigermaßen klar, was mit einer stetig und differenzierbar von x abhängigen Transformation gemeint ist, eine exakte Definition soll nun gegeben werden (Einführungen in das Konzept der Lie'schen Gruppe findet man z.B. in [Her 66] oder [Fon 70]).

A.5.1 Definition einer Lie'schen Gruppe

Die Elemente g einer Lie'schen Gruppe G der Dimension n lassen sich parametrisieren durch n reelle Zahlen $\alpha_i(g)$, so daß folgende Eigenschaften erfüllt sind:

a) Es läßt sich die ϵ-Umgebung $U_\epsilon(g)$ eines Gruppenelementes g durch

$$g' \in U_\epsilon(g) \tag{A.135}$$

für $|\sum_i (\alpha_i(g') - \alpha_i(g))^2| < \epsilon; \quad \epsilon > 0$

definieren, so daß gilt:
Zu jeder ϵ-Umgebung $U_\epsilon(g_1 \circ g_2)$ des Produktes zweier Gruppenelemente g_1 und g_2 gibt es Umgebungen $U_{\delta 1}(g_1)$ und $U_{\delta 2}(g_2)$, so daß für alle $g'_1 \in U_{\delta 1}(g_1)$ und $g'_2 \in U_{\delta 2}(g_2)$ gilt

$$g'_1 \circ g'_2 \in U_\epsilon(g_1 \circ g_2)$$

b) es gibt eine Umgebung $U_\epsilon(e)$ des Einheitselementes, in welcher die n Parameter $\alpha_i(g)$ unabhängig voneinander sind. Es gibt keine algebraische Relation zwischen diesen Parametern, aufgrund derer einer oder mehrere durch andere ersetzt werden könnten. Es sind also wirklich n Parameter notwendig.

c) Für

$$g_1, g_2, g_3 \in U_\epsilon(e) \quad \text{und} \quad g_3 = g_1 \circ g_2$$

sind die $\alpha_i(g_3)$ analytische Funktionen von $\alpha_i(g_1)$ und $\alpha_i(g_2)$. Ebenso sind für

$$g_1, g_1^{-1} \in U_\epsilon(e)$$

die $\alpha_i(g_1^{-1})$ analytische Funktionen von $\alpha_i(g_1)$.

A.5.2 Darstellungen einer Gruppe

Nachdem die Lie'schen Gruppen als abstrakte mathematische Objekte definiert wurden, soll eine Verbindung hergestellt werden zwischen Elementen einer solchen Gruppe G und den physikalisch relevanten Transformationen eines Teilchenmultipletts M.
Eine solche Verbindung wird definiert durch eine spezielle Abbildung $\boldsymbol{D}$, Darstellung genannt, der Elemente $g \in G$ in den Raum U linearer Transformationen $\boldsymbol{T}$ eines linearen Vektorraums M (Teilchenmultiplett) mit Norm (bezeichnet mit $\| \ \|$), und folgenden Eigenschaften:

A.5 Lie'sche Gruppen und kontinuierliche Symmetrietransformationen

- Für zwei Transformationen $D(g_1), D(g_2) \in U$ gilt

$$D(g_1 \circ g_2) = D(g_1)D(g_2) \tag{A.136}$$

ausführlich $[D(g_1 \circ g_2)]\psi = D(g_1)[D(g_2)\psi]$ für alle $\psi \in M$ mit $D(g_1 \circ g_2) \in U$.
Die Abbildung D ist also ein Homomorphismus der Gruppe G nach U.
Wir fordern nun weiter, daß die Abbildung D "kontinuierlich" ist in folgendem Sinn:

- für $g \to g'$, $g, g' \in G$, muß gelten

$$D(g) \to D(g') \ ,$$

wobei die Konvergenz der Transformationen eines Elementes $\psi \in M$ definiert ist durch

$$\|(D(g) - D(g'))\psi\| \xrightarrow{g \to g'} 0$$

Anschaulich heißt dies, daß "benachbarte" Gruppenelemente zu nahezu gleichen Transformationen führen.

A.5.2.1 Generatoren einer Darstellung

Es gibt eine reelle Parametrisierung $\alpha_1, \alpha_2, \ldots \alpha_n$ der n-dimensionalen Lie'schen Gruppe G, so daß jedes Element $g \in \mathsf{U}_\epsilon(e)$ aus einer ϵ-Umgebung des Einheitselements geschrieben werden kann als:

$$g = e + \sum_{i=1}^{n} \alpha_i \ell_i \tag{A.137}$$

Dabei ist die Addition definiert durch die Addition im Raum der linearen Transformationen U:

$$D(g_1 + g_2) = D(g_1) + D(g_2) \tag{A.138}$$

Die Größen ℓ_i heißen dann *Generatoren der Gruppe G* und die durch die Darstellung D zugeordneten Transformationen $L_i = D(\ell_i)$ heißen *Generatoren der Darstellung D zur Gruppe G*. Alle infinitesimalen Transformationen δT lassen sich durch die Generatoren L_i ausdrücken:

$$\delta T = I - i \sum_{j=1}^{n} \alpha_j L_j \tag{A.139}$$

Die Generatoren L_i erfüllen die Kommutatorregeln

$$[L_j, L_k] = i \sum_{\ell} c_{jk\ell} L_\ell \ , \tag{A.140}$$

welche unabhängig von der speziellen Darstellung sind. Die Koeffizienten c_{jkl} sind charakteristische Größen der Gruppe G und heißen *Strukturkonstanten*. Für *abelsche Gruppen* sind alle c_{jkl} gleich Null. Betrachtet man den auf den L_j als Basisvektoren aufgebauten linearen Vektorraum, so definiert (A.140) diesen als sogenannte *Lie'sche Algebra*. Anstelle der Generatoren werden häufig die hermite'schen Größen $F_l = i L_l$ benutzt.

A.5.2.2 Einfache Gruppen und irreduzible Darstellungen Von besonderer Bedeutung sind einfache Gruppen und irreduzible Darstellungen. Eine *einfache Gruppe* G besitzt *höchstens diskrete* Untergruppen (Gruppen mit nur endlich vielen Elementen), welche einen Normalteiler N von G bilden, d.h., für welche gilt:

$$g \circ N = N \circ g \quad \text{für alle } g \in G \quad ,$$

wobei $g \circ N$ die Menge aller Elemente $g \circ g_N$, $g_N \in N$ bezeichnet.

Eine *nicht-einfache Gruppe* G kann in das direkte Produkt von einfachen Untergruppen zerlegt werden (möglicherweise nicht eindeutig):

$$G = G_1 \otimes G_2 \otimes \ldots G_n \tag{A.141}$$

Das heißt, jedes Element $g \in G$ kann geschrieben werden als $g = g_1 \circ g_2 \circ \ldots g_n$ mit $g_i \in G_i$, wobei die Faktoren g_i untereinander vertauschbar sind.

Eine *irreduzible Darstellung* D_{irr} ist eine Darstellung, bei welcher der Vektorraum M (Teilchenmultiplett), auf welchem die Transformationen T wirken, keinen invarianten Unterraum M_T gegenüber diesen besitzt (außer $M_T = M$). D.h., aus:

$$T\psi \in M_T$$

mit

$$T = D_{irr}(g)$$

für alle $\psi \in M_T$ und alle $g \in G$ folgt

$$M_T = M$$

Die Darstellung einer einfachen Gruppe kann, muß jedoch nicht notwendigerweise, irreduzibel sein. Aus irreduziblen Darstellungen können leicht reduzible Darstellungen aufgebaut werden. So bildet zum Beispiel das Tensorprodukt einer m- mit einer m'-dimensionalen Darstellung eine mm'-dimensionale Darstellung, welche i.a. reduzibel ist:

Seien zwei Darstellungen D_ψ und D_χ einer Gruppe G gegeben, welche auf die Vektoren $\psi \in M_1$ und $\chi \in M_2$ wirken. Dann definieren wir eine neue Darstellung mit Transformationen T, welche auf dem Tensorprodukt $M_1 \otimes M_2$ der beiden Vektorräume M_1 und M_2 wirken, durch:

A.5 Lie'sche Gruppen und kontinuierliche Symmetrietransformationen

$$T(\psi \otimes \chi) = T_\psi(\psi) \otimes T_\chi(\chi) \tag{A.142}$$

Reduzible Produktdarstellungen können in die direkte Summe irreduzibler Darstellungen zerlegt werden. Es ist üblich, eine derartige Zerlegung durch eine Dimensionsformel auszudrücken:

$$m \otimes m' = m_1 \oplus m_2 \oplus \ldots m_\ell \quad \text{mit} \quad \sum_i m_i = mm' \tag{A.143}$$

Hierbei bedeuten m und m' die Dimensionen der beiden Vektorräume, aus welchen das Tensorprodukt gebildet wird, und m_i ist die Dimension des Vektorraumes, welcher zur i-ten irreduziblen Darstellung der Zerlegung gehört.

Ein elementares Beispiel hierzu, welches allgemein geläufig ist, stellt die Drehimpulskopplung zweier Teilchen mit Spin 1/2 dar. Diese können einen Spin 0 (Singulett) und einen Spin 1 (Triplett)-Zustand bilden. Gruppentheoretisch bilden die Spin 1/2 Teilchen je eine 2-dimensionale Darstellung der Spin-Gruppe $SU(2)$. Die Kopplung zweier Drehimpulse entspricht der Tensorproduktbildung. Man hat in diesem Beispiel den Zusammenhang:

$$2 \otimes 2 = 1 \oplus 3 \tag{A.144}$$

Triviale und fundamentale Darstellung Bei der *trivialen Darstellung* D_{triv} werden alle Elemente $g \in G$ auf die identische Transformation abgebildet

$$D_{triv}(g) = I \tag{A.145}$$

Der Vektorraum der Teilchenmultipletts zerfällt in diesem Fall in einzelne Singuletts (1-dimensionale Unterräume).

Die *fundamentale Darstellung* D_F (auch Selbstdarstellung genannt), ist eine Abbildung der Gruppe G mit Dimension n in einen Vektorraum von Transformationen ebenfalls der Dimension n.

A.5.3 Die $SU(n)$ Gruppen

Die Gruppe $SU(n)$ kann definiert werden als die Menge aller unitären $n \times n$ Matrizen U mit $\det(U) = +1$. Sie bildet eine Teilgruppe zur Gruppe $U(n)$. Letztere enthält außerdem auch die unitären $n \times n$ Matrizen mit $\det(U) = -1$.

Diese Matrizen können charakterisiert werden durch $2 \times n \times n$ reelle Zahlen, von welchen aber infolge der geforderten Eigenschaften $U^\dagger = U^{-1}$ (Unitarität) und $\det(U) = 1$ nur $n^2 - 1$ voneinander unabhängig sind.

Dementsprechend ist die Dimension der Gruppe $SU(n)$ ebenfalls $n^2 - 1$.

A.5.3.1 Fundamentale Darstellung der Gruppe $SU(n)$

Eine fundamentale Darstellung D_F der Gruppe $SU(n)$ wird gebildet durch die Matrizen U und einen n-dimensionalen komplexen Vektorraum M, auf welchem diese durch Matrixmultiplikation von links wirken. Für $\psi \in M$ ist die durch U bewirkte Transformation:

$$D_F(U): \quad \psi \to U\psi \tag{A.146}$$

In Komponenten:

$$D_F(U): \quad (\psi)_a \to \sum_b (U)_{ab}(\psi)_b \tag{A.147}$$

A.5.3.2 Komplementäre Darstellung zur Fundamentaldarstellung

Aus der Fundamentaldarstellung erhält man die komplementäre Darstellung D_K, indem man anstelle der Matrix U die hermite'sch konjugierte Matrix $U^\dagger$ von rechts auf die Vektoren $\tilde{\psi}$ eines n-dimensionalen komplexen Vektorraums wirken läßt:

$$D_K(U): \quad \tilde{\psi} \to \tilde{\psi} U^\dagger \tag{A.148}$$

In Komponenten:

$$D_K(U): \quad (\tilde{\psi})_a \to \sum_b (\tilde{\psi})_b (U^\dagger)_{ba} = \sum_b (\tilde{\psi})_b U^*{}_{ab} \tag{A.149}$$

A.5.3.3 Die adjungierte Darstellung

Die adjungierte Darstellung D_A ist eine der höheren Darstellungen, welche alle durch Tensorproduktbildung aus der Fundamental- und ihrer komplementären Darstellung erzeugt werden können. Man erhält die adjungierte Darstellung, indem man den von den Generatoren der Fundamentaldarstellung L_i aufgespannten (n^2-1)-dimensionalen Vektorraum als Basisraum betrachtet, auf welchem die Transformationen $D_A(U)$ wirken. Für einen Vektor ρ aus diesem Vektorraum gilt das Transformationsgesetz:

$$D_A(U): \quad \rho \to U\rho U^\dagger \quad , \tag{A.150}$$

oder in Komponenten

$$D_A(U): \quad (\rho)_{ab} \to \sum_{c,d} (U)_{ac} (\rho)_{cd} (U^\dagger)_{db} \tag{A.151}$$

Ein Basisvektor L_i transformiert sich unter einer infinitesimalen Transformation:

$$\begin{aligned}
L_i &\to (1 - i\sum_j \alpha_j L_j) L_i (1 + i\sum_j \alpha_j L_j{}^\dagger) \\
&= L_i - i\sum_j \alpha_j L_j L_i + i\sum_j \alpha_j L_i L_j + O(\alpha^2) \\
&= L_i - i\sum_j \alpha_j [L_j, L_i] + O(\alpha^2) \\
&= L_i - i\sum_{j,k} \alpha_j c_{jik} L_k + O(\alpha^2)
\end{aligned} \tag{A.152}$$

A.5 Lie'sche Gruppen und kontinuierliche Symmetrietransformationen

Die *Eichfelder der Eichtheorien bilden stets adjungierte Darstellungen* und transformieren sich daher unter globalen Transformationen nach (A.150). Die adjungierte Darstellung ist irreduzibel und es gilt der Zusammenhang:

$$n \otimes \overline{n} = (n^2 - 1) \oplus 1 \qquad (A.153)$$

Dabei bezeichnet $\overline{n}$ die komplementäre Darstellung zu n.

A.5.3.4 Die $SU(2)$-Gruppe

Die Gruppe $SU(2)$ ist 3-dimensional und eine fundamentale Darstellung wird gebildet von den unitären 2×2 Matrizen $U_{SU(2)}$ mit Determinante $+1$, welche auf einen 2-dimensionalen komplexen Vektorraum (Dublett) wirken:

$$\begin{pmatrix} \psi_1 \\ \psi_2 \end{pmatrix} \to \begin{pmatrix} a & b \\ -b^* & a^* \end{pmatrix} \begin{pmatrix} \psi_1 \\ \psi_2 \end{pmatrix} \qquad (A.154)$$

mit $|a|^2 + |b|^2 = 1$.

Jede unitäre Matrix U kann geschrieben werden als

$$U = e^{-iH} \qquad (A.155)$$

mit einer hermite'schen Matrix H. Die Matrizen τ (Pauli-Matrizen) bilden eine Basis des Vektorraums aller hermite'schen 2×2 Matrizen. Daher kann jede $SU(2)$-Matrix $U_{SU(2)}$ ausgedrückt werden:

$$U_{SU(2)} = e^{-i\vec{\alpha}\vec{\tau}/2} \qquad (A.156)$$

Der reelle dreidimensionale Vektor $\vec{\alpha}$ ist dabei eindeutig festgelegt, wenn man $0 \leq |\vec{\alpha}| < 2\pi$ wählt. *Die Matrizen $\tau_i/2$ bilden die Generatoren der $SU(2)$-Transformationen*, und für infinitesimale Transformationen $\delta U_{SU(2)}$ gilt:

$$\delta U_{SU(2)} = 1 - i\vec{\alpha}\vec{\tau}/2 \qquad (A.157)$$

Aus $[\tau_i, \tau_j] = 2i\epsilon_{ijk}\tau_k$ erhält man die Strukturkonstanten $c_{ijk} = \epsilon_{ijk}$. Durch die Relation (A.156) ist gleichzeitig ein Homomorphismus der $SU(2)$-Gruppe auf die in ihr enthaltene Drehgruppe $SO(3)$ definiert:

$$U_{SU(2)} \to d(\vec{\alpha}), \quad d(\vec{\alpha}) \in SO(3)$$

$d(\vec{\alpha})$ bewirkt eine Drehung um den Winkel $|\vec{\alpha}|$ mit der Drehachse $\vec{n} = \vec{\alpha}/|\vec{\alpha}|$. Man beachte, daß je zwei Elemente aus $SU(2)$ auf dasselbe Element aus $SO(3)$ abgebildet werden, da

$$d(\vec{n}(|\vec{\alpha}| + \pi)) = d(-\vec{n}(\pi - |\vec{\alpha}|)) \qquad (A.158)$$

A.5.3.5 Die $SU(3)$-Gruppe Die Gruppe $SU(3)$ ist 8-dimensional, und eine Fundamentaldarstellung wird gebildet durch die unitären 3×3 Matrizen $\boldsymbol{U}_{SU(3)}$ mit $\det(\boldsymbol{U}) = 1$, welche Transformationen eines 3-dimensionalen komplexen Vektorraums (Triplett) bewirken:

$$\begin{pmatrix} \psi_1 \\ \psi_2 \\ \psi_3 \end{pmatrix} \to \boldsymbol{U}_{SU(3)} \begin{pmatrix} \psi_1 \\ \psi_2 \\ \psi_3 \end{pmatrix} ; \; \boldsymbol{U}_{SU(3)}^+ = \boldsymbol{U}_{SU(3)}^{-1}; \; \det(\boldsymbol{U}_{SU(3)}) = 1 \qquad (A.159)$$

Die Matrizen $\boldsymbol{U}_{SU(3)}$ lassen sich analog zu (A.156) parametrisieren:

$$\boldsymbol{U}_{SU(3)} = e^{-i \sum_\ell \alpha_\ell \lambda_\ell / 2} \qquad (A.160)$$

Die Matrizen $\boldsymbol{\lambda}_\ell$ bilden eine Basis des Vektorraums aller hermite'schen 3×3 Matrizen und werden *Gell-Mann-Matrizen* genannt:

$$\boldsymbol{\lambda}_1 = \begin{pmatrix} 0 & 1 & 0 \\ 1 & 0 & 0 \\ 0 & 0 & 0 \end{pmatrix} \quad \boldsymbol{\lambda}_2 = \begin{pmatrix} 0 & -i & 0 \\ i & 0 & 0 \\ 0 & 0 & 0 \end{pmatrix} \quad \boldsymbol{\lambda}_3 = \begin{pmatrix} 1 & 0 & 0 \\ 0 & -1 & 0 \\ 0 & 0 & 0 \end{pmatrix}$$

$$\boldsymbol{\lambda}_4 = \begin{pmatrix} 0 & 0 & 1 \\ 0 & 0 & 0 \\ 1 & 0 & 0 \end{pmatrix} \quad \boldsymbol{\lambda}_5 = \begin{pmatrix} 0 & 0 & -i \\ 0 & 0 & 0 \\ i & 0 & 0 \end{pmatrix} \quad \boldsymbol{\lambda}_6 = \begin{pmatrix} 0 & 0 & 0 \\ 0 & 0 & 1 \\ 0 & 1 & 0 \end{pmatrix} \qquad (A.161)$$

$$\boldsymbol{\lambda}_7 = \begin{pmatrix} 0 & 0 & 0 \\ 0 & 0 & -i \\ 0 & i & 0 \end{pmatrix} \quad \boldsymbol{\lambda}_8 = \frac{1}{\sqrt{3}} \begin{pmatrix} 1 & 0 & 0 \\ 0 & 1 & 0 \\ 0 & 0 & -2 \end{pmatrix}$$

Nach (A.160) sind die *Generatoren der $SU(3)$ die Matrizen* $\boldsymbol{\lambda}_i/2$. Man erkennt sofort, daß die von den drei Matrizen $\boldsymbol{\lambda}_1, \boldsymbol{\lambda}_2, \boldsymbol{\lambda}_3$ generierten Transformationen isomorph sind zu den $SU(2)$-Transformationen.

Die Strukturkonstanten c_{ijk}, welche von Null verschieden sind, zeigt folgende Tabelle für $i \leq j \leq k$. Eine gerade Permutation der drei Indizes läßt die c_{ijk} invariant, während eine ungerade Permutation ein Minus-Zeichen erzeugt.

Tab. A.1: Strukturkonstanten der Gruppe $SU(3)$, welche ungleich 0 sind.

i	j	k	c_{ijk}	i	j	k	c_{ijk}
1	2	3	1	3	4	5	$1/2$
1	4	7	$1/2$	3	6	7	$-1/2$
1	5	6	$-1/2$	4	5	8	$\sqrt{3}/2$
2	4	6	$1/2$	6	7	8	$\sqrt{3}/2$
2	5	7	$1/2$				

A.5.4 Das Noether-Theorem

Das Noether-Theorem stellt eine Verbindung her zwischen den Invarianzen der Lagrangedichte und den erhaltenen physikalischen Größen (s. z.B. [Fon 70]). Wir beschränken uns hier auf die inneren Symmetrien. Sei $\psi_\alpha, \alpha = 1\ldots n$, ein n-komponentiges Teilchenfeld (n-dimensionales Multiplett; der Index α bezeichne einen inneren Freiheitsgrad). Sei weiter die Lagrangedichte $\mathcal{L}(\psi_\alpha, \partial_\mu \psi_\alpha)$ invariant unter einer gegebenen Transformation von ψ_α

$$\psi_\alpha \rightarrow \psi_\alpha + \delta\psi_\alpha = \psi'_\alpha \tag{A.162}$$

Die Invarianz von $\mathcal{L}$ bedeutet:

$$\delta\mathcal{L} = \mathcal{L}(\psi'_\alpha, \partial_\mu \psi'_\alpha) - \mathcal{L}(\psi_\alpha, \partial_\mu \psi_\alpha) = 0 \tag{A.163}$$

Die Variation $\delta\mathcal{L}$ unter (A.162) kann ausgedrückt werden in den Größen $\delta\psi_\alpha$ und $\delta(\partial_\mu \psi_\alpha)$:

$$0 = \delta\mathcal{L} = \sum_\alpha \left\{ \frac{\partial \mathcal{L}}{\partial \psi_\alpha} \delta\psi_\alpha + \frac{\partial \mathcal{L}}{\partial(\partial_\mu \psi_\alpha)} \delta(\partial_\mu \psi_\alpha) \right\} \tag{A.164}$$

Mit Hilfe der Euler-Lagrange-Gleichung kann der erste Term auf der rechten Seite von (A.164) ersetzt werden, und wenn außerdem $\delta(\partial_\mu \psi_\alpha) = \partial_\mu(\delta\psi_\alpha)$ benutzt wird, folgt:

$$\begin{aligned} 0 &= \sum_\alpha \left\{ [\partial_\mu \frac{\partial \mathcal{L}}{\partial(\partial_\mu \psi_\alpha)}] \delta\psi_\alpha + \frac{\partial \mathcal{L}}{\partial(\partial_\mu \psi_\alpha)} \partial_\mu(\delta\psi_\alpha) \right\} \\ &= \partial_\mu \left\{ \sum_\alpha [\frac{\partial \mathcal{L}}{\partial(\partial_\mu \psi_\alpha)} \delta\psi_\alpha] \right\} \end{aligned} \tag{A.165}$$

Nun kann die Variation $\delta\psi_\alpha$ ausgedrückt werden durch die Generatoren L_ℓ der entsprechenden Symmetrietransformation:

$$\delta\psi_\alpha = -i \sum_\ell \alpha_\ell (L_\ell \psi) = -i \sum_\ell \alpha_\ell \sum_\beta (L_\ell)_{\alpha\beta} \psi_\beta \tag{A.166}$$

Da (A.165) für beliebige Koeffizienten α_ℓ gültig ist, folgt (setze $\alpha_\ell = 1$, $\alpha_j = 0$ für $j \neq \ell$)

$$-\partial_\mu i \left\{ \sum_\alpha \frac{\partial \mathcal{L}}{\partial(\partial_\mu \psi_\alpha)} \sum_\beta (L_\ell)_{\alpha\beta} \psi_\beta \right\} = 0 \tag{A.167}$$

Das definiert n Ströme, wobei n die Anzahl der Generatoren ist:

$$j_\ell^\mu = -i \sum_\alpha \left\{ \frac{\partial \mathcal{L}}{\partial(\partial_\mu \psi_\alpha)} \sum_\beta (\mathbf{L}_\ell)_{\alpha\beta} \psi_\beta \right\} \tag{A.168}$$

Diese erfüllen die Bedingung

$$\partial_\mu j_\ell^\mu = 0 \tag{A.169}$$

und werden wegen dieser Eigenschaft als *erhaltene Ströme* bezeichnet. Jeweils die Zeitkomponente dieser Ströme liefert eine *erhaltene Ladung* $\mathbf{Q}_\ell$:

$$\mathbf{Q}_\ell(t) = \int d^3x\, j_\ell^0(t, \vec{x}) \tag{A.170}$$

$\mathbf{Q}_\ell$ ist zeitlich konstant (= erhalten), denn:

$$\begin{aligned}
\partial_t \mathbf{Q}_\ell(t) &= \int d^3x\, \partial_t j_\ell^0(t, \vec{x}) \\
&= \underbrace{\int d^3x\, \partial_\mu j_\ell^\mu(t, \vec{x})}_{\substack{= 0 \\ \text{(nach (A.169))}}} - \underbrace{\int d^3x\, \vec{\nabla} \vec{j}_\ell(t, \vec{x})}_{\substack{= \oint d\vec{\Omega}\, \vec{j}_\ell(t, \vec{x}) \\ \to 0 \text{ im} \\ \text{Unendlichen}}}
\end{aligned} \tag{A.171}$$

Dies ist der Inhalt des *Noether-Theorems* angewandt auf innere Symmetrien von Teilchenfeldern. *Zu jedem Generator einer Symmetrietransformation, welche die Lagrangedichte invariant läßt, gibt es einen erhaltenen Strom*. Die zu diesen Strömen gehörenden Ladungen sind erhaltene physikalische Größen, d.h. ihr Wert ändert sich zeitlich nicht.

A.5.5 Das Wigner-Eckart-Theorem

A.5.5.1 Sphärische Tensoren Als sphärische Tensoren bezeichnet man Tensoren, deren Komponenten gegenüber Raumdrehungen ein ganz bestimmtes Transformationsverhalten haben (s. z.B. [Edm 64]). Dazu betrachte man zunächst einen Raumvektor $\vec{r} = (x_1, x_2, x_3)$. Wir definieren die sphärischen Komponenten r_μ, $\mu = 0, \pm 1$ von $\vec{r}$ durch

$$\begin{aligned}
r_0 &= x_3 \\
r_{\pm 1} &= \mp \tfrac{1}{\sqrt{2}}(x_1 \pm i x_2)
\end{aligned} \tag{A.172}$$

A.5 Lie'sche Gruppen und kontinuierliche Symmetrietransformationen

Ein sphärischer Tensor T^1_μ 1. Stufe transformiert sich unter Raumdrehungen genau wie der Vektor r_μ.
Die Pauli'schen Spinmatrizen $\vec{\sigma}$ entsprechen einem sphärischen Tensoroperator 1. Stufe mit den sphärischen Komponenten:

$$\begin{aligned}\sigma_0 &= \sigma_3 \\ \sigma_{\pm 1} &= \mp \tfrac{1}{\sqrt{2}}(\sigma_1 \pm \sigma_2)\end{aligned} \qquad (A.173)$$

Ganz analog kann man aus den Isospinmatrizen $\vec{\tau}$ einen sphärischen Tensoroperator bezüglich des Isospinraumes bilden.
Sphärische Tensoren höherer Stufen transformieren sich wie ein Produkt aus verkoppelten Tensoren erster Stufe. Sind z.B. T und T' zwei Tensoren 1. Stufe, so definiert

$$T^2_\mu = \sum_{m,m'} T^1_m T^{1'}_{m'} (1m1m'|2\mu) \qquad (A.174)$$

einen sphärischen Tensor zweiter Stufe. Die sphärischen Tensoren bilden irreduzible Darstellungen der Drehgruppe. Die Faktoren $(\ell m k m'|r\mu)$ sind die Drehimpuls-Kopplungskoeffizienten, genannt *Clebsch-Gordan-Koeffizienten*. Das Transformationsverhalten eines sphärischen Tensors T^k der Stufe k unter Drehungen um einen Winkel $\vec{\omega}$ kann durch charakteristische Koeffizienten $d^{(k)}_{q'q}(\vec{\omega})$ ausgedrückt werden:

$$(T^k_{q'})' = \sum_q d^{(k)}_{q'q}(\vec{\omega}) T^k_q \qquad (A.175)$$

Die Koeffizienten $d^{(k)}_{q'q}(\vec{\omega})$ sind Transformationskoeffizienten gehörend zu einer $(2k+1)$-dimensionalen irreduziblen Darstellung der Drehgruppe.

A.5.5.2 Reduzierte Matrixelemente von Tensoroperatoren
Betrachten wir die Wirkung eines Tensoroperators T^k auf einen Drehimpuls-Zustand $|jm\rangle$, so muß sich der Zustand $T^k|jm\rangle$ bei einer Drehung folgendermaßen transformieren:

$$T^k_q|jm\rangle \rightarrow \sum_{q',m'} T^k_{q'}|jm'\rangle d^{(k)}_{qq'}(\vec{\omega}) d^{(j)}_{mm'}(\vec{\omega}) \qquad (A.176)$$

Der Vektor $T^k_q|jm\rangle$ transformiert sich also wie das Produkt zweier irreduzibler Darstellungen der Drehgruppe und kann daher wieder in irreduzible Darstellungen zerlegt werden:

$$T^k_q|jm\rangle = \sum_{j'm'}(jmkq|j'm')\alpha_{j'j}|j'm'\rangle \qquad (A.177)$$

Die Größen $\alpha_{j'j}$ enthalten nur die nicht durch die Geometrie festgelegten Eigenschaften des Operators T_q^k. Bis auf einen konventionsmäßigen Normierungsfaktor stellen sie die *reduzierten Matrixelemente* $\langle j'||T^k||j\rangle$ des Operators T^k dar. Wir definieren diese durch die Beziehung:

$$\langle j'm'|T_q^k|jm\rangle = \frac{(jmkq|j'm')}{\sqrt{2j'+1}} \langle j'||T^k||j\rangle \tag{A.178}$$

Es ist also

$$\langle j'||T^k||j\rangle = \sqrt{2j'+1}\,\alpha_{j'j} \tag{A.179}$$

Der Inhalt von Gleichung (A.177) ist eine Form des *Wigner-Eckart-Theorems*: *Die Matrixelemente eines Tensoroperators können immer in einen rein geometrischen Faktor und in einen von der Geometrie unabhängigen Faktor zerlegt werden.*

A.5.5.3 Sphärische Tensoren in gekoppelten Systemen Bestehe nun unser System aus zwei (oder mehreren) Teilsystemen $|j_1, m_1\rangle$, $|j_2, m_2\rangle$, welche zu einem Gesamtdrehimpuls koppeln. Wirke ferner ein Tensoroperator T^k auf das erste Teilsystem $|j_1, m_1\rangle$ und ein weiterer Operator U^ℓ auf das zweite Teilsystem $|j_2, m_2\rangle$. Man kann dann die Matrixelemente des aus dem Produkt von T^k und U^ℓ gebildeten Tensoroperators V^r durch entsprechende Kopplung aus denen der Operatoren T^k und U^ℓ berechnen und erhält für das reduzierte Matrixelement des Operators V^r:

$$\langle j_1'j_2'J'||V^r||j_1j_2J\rangle = \sqrt{(2J+1)(2J'+1)(2r+1)} \cdot$$
$$\cdot \begin{Bmatrix} j_1' & j_1 & k \\ j_2' & j_2 & \ell \\ J' & J & r \end{Bmatrix} \langle j_1'||T^k||j_1\rangle \langle j_2'||U^\ell||j_2\rangle \tag{A.180}$$

(Bzgl. der Definition des sogenannten 9-j-Symbols s. z.B. [Edm 64], [Lin 84a]). Setzt man $U^\ell = 1$, so erhält man aus (A.180) die Wirkung eines Tensoroperators T^k in einem gekoppelten System:

$$\langle j_1'j_2J'||T^k||j_1j_2J\rangle = \sqrt{(2J+1)(2J'+1)} \cdot$$
$$\cdot (-1)^{j_1'+j_2+J+k} \begin{Bmatrix} j_1' & J' & j_2 \\ J & j_1 & k \end{Bmatrix} \langle j_1'||T^k||j_1\rangle \tag{A.181}$$

Eine Anwendung von (A.181) besteht in der Berechnung des reduzierten Matrixelementes des Operators $\vec{\sigma}$ zwischen Zuständen, deren Gesamtdrehimpuls durch Kopplung von Spin $\vec{s}$ und Bahndrehimpuls $\vec{\ell}$ zustande kommt:

$$\langle s'\ell j'||\sigma||s\ell j\rangle = \sqrt{(2j+1)(2j'+1)} \cdot$$
$$\cdot (-1)^{s'+\ell+j+1} \begin{Bmatrix} s' & j' & \ell \\ j & s & 1 \end{Bmatrix} \langle s'||\sigma||s\rangle \tag{A.182}$$

A.5 Lie'sche Gruppen und kontinuierliche Symmetrietransformationen

Für einen Einteilchenzustand mit $s' = s = 1/2$ ist $\langle s'||\boldsymbol{\sigma}||s\rangle = \sqrt{6}$. Damit erhält man das Ergebnis:

$$\langle \tfrac{1}{2}\ell j'||\boldsymbol{\sigma}||\tfrac{1}{2}\ell j\rangle = \begin{cases} \sqrt{\dfrac{(2\ell+2)(2\ell+3)}{2\ell+1}} & \text{für} \quad j' = \ell + \tfrac{1}{2}; \quad j = \ell + \tfrac{1}{2} \\[1ex] -\sqrt{\dfrac{8\ell(\ell+1)}{2\ell+1}} & \text{für} \quad j' = \ell - \tfrac{1}{2}; \quad j = \ell + \tfrac{1}{2} \\[1ex] \sqrt{\dfrac{8\ell(\ell+1)}{2\ell+1}} & \text{für} \quad j' = \ell + \tfrac{1}{2}; \quad j = \ell - \tfrac{1}{2} \\[1ex] -\sqrt{\dfrac{2\ell(2\ell-1)}{2\ell+1}} & \text{für} \quad j' = \ell - \tfrac{1}{2}; \quad j = \ell - \tfrac{1}{2} \end{cases} \qquad (A.183)$$

L Literaturverzeichnis

Aar 87	G. Aardsma et al., *Phys. Lett.* **194B** *(1987) 321*
Abb 88	L. Abbott, *Sci. American* **258**, *No.5 (1988) 82*
Abe 73	E. Abers und B.W. Lee, *Phys. Rep.* **9** *(1973) 1*
Abe 84	R. Abela et al., *Phys. Lett.* **146B** *(1984) 431*
Ach 78	Y. Achiman und B. Stech, *Phys. Lett.* **77B** *(1978) 389*
Ade 86	E.G. Adelberger, WEIN '86 (Proc. Int. Symp. Weak and Electromagn. Interactions in Nuclei, Heidelberg, 1.-5. Juli, 1986, Springer, Heidelberg, 1986; Ed. H.V. Klapdor), S.592
Aff 84	I. Affleck, M. Dine und N. Seiberg, *Phys. Lett.* **140B** *(1984) 59*
Agl 87	M. Aglietta et al., *Europhys. Lett.* **3** *(1987) 1321*
Ahr 82	G. Ahrens et al., *Nucl. Phys.* **A390** *(1982) 486*
Ahr 85	L.A. Ahrens et al., *Phys. Rev.* **D31** *(1985) 2732*
Ait 82	I.J.R. Aitchison und A.J.G. Hey, "Gauge Theories in Particle Physics", Adam Hilger LTD, Bristol 1982
Alb 82	A. Albrecht und P.J. Steinhardt, *Phys. Rev. Lett.* **48** *(1982) 1220*
Alb 87	H. Albrecht et al., *Phys. Lett.* **192B** *(1987) 245*
Alb 88	H. Albrecht et al., *Phys. Lett.* **202B** *(1988) 149*
Alba 87	C. Albajar et al., *Phys. Lett.* **186B** *(1987) 247*
Alc 86	C. Alcock, E. Farhi, A. Olinto, *Astrophys. J.* **310** *(1986) 261*
Ale 88	E.N. Alexejev, L.N.Alexeyeva, I.V. Krivosheina, V.I. Volchenko, in "Neutrino Physics", Springer, Heidelberg, 1988; Ed. H.V. Klapdor, B. Povh, S.288; *Phys. Lett.* **205B** *(1988) 209*
Ales 88	A. Alessandrello et al., *Nucl. Phys.* **A478** *(1988) 453c*
All 74	K. Allaart und W.F. van Gunsteren, *Nucl. Phys.* **A234** *(1974) 53*
Als 88	M. Alston-Garnjost et al., *Nucl. Instr. Meth.* **A271** *(1988) 475*
Alt 85	T. Altzitzoglou et al., *Phys. Rev. Lett.* **55** *(1985) 799*
And 61	J.D. Anderson, C. Wong, *Phys. Rev. Lett.* **7** *(1961) 250*

And 65	J.D. Anderson, C. Wong, J.W. McClure, *Phys. Rev. 138 B (1965) 615*
And 82	E. Anders, M. Ebihara, *Geochim. Cosmochim. Acta 46 (1982) 2363*
App 85	J.H. Applegate, C.J. Hogan, *Phys. Rev. D31 (1985) 3037*
Ara 87	J. Arafune, M. Fukugita, T. Yanagida, M. Yoshimura, *Phys. Lett. 194B (1987) 477*
Arm 81	N. Armenise et al., *Phys. Lett. 110B (1981) 182*
Arn 77	W.D. Arnett, *Astrophys. J. 218 (1977) 815* und *Astrophys. J. Suppl. 35 (1977) 145*
Arn 80	W.D. Arnett, *Ann. N.Y. Acad. Sci. 336 (1980) 366*
Arn 87	W.D. Arnett, "Supernova Theory and Supernova 1987A", Shelton, im Druck
Arn 87a	W.D. Arnett, J. Rosner, *Phys. Rev. Lett. 58 (1987) 1906*
Aus 72	S.M. Austin, in "The Two-Body Force in Nuclei", Eds. S.M. Austin, G.M. Crawley, Plenum Press, New York 1972
Aus 80	S.M. Austin, in "The (p,n) Reaction and the Nucleon-Nucleon Force", Plenum Press, New York, 1980, Ed. C.D. Goodman et al., S.203
Aus 81	S.M. Austin, *Progr. Part. Nucl. Phys. 7 (1981) 1*
Avi 86	F.T. Avignone et al., WEIN '86 (Proc. Int. Symp. Weak and Electromagn. Interactions in Nuclei, Heidelberg, 1.-5. Juli, 1986, Springer, Heidelberg, 1986; Ed. H.V. Klapdor), S.676
Avi 86a	F.T. Avignone, R.L. Brodzinski, W.K. Hensley, H.S. Miley, J.H. Reeves, *Phys. Rev. D34 (1986) 97, Phys. Rev. C34 (1986) 666*
Avi 87	F.T. Avignone, *Science 235 (1987) 534*
Avi 88	F.T. Avignone, R.L. Brodzinski in "Neutrinos", Springer, Heidelberg 1988. Ed.: H.V. Klapdor, S. 147
Baa 34	W. Baade, F. Zwicky, *Proc. Nat. Acad. Sci* 20(1934)254
Bac 65	R.B. Bacastow, C. Ghesquiere, C.E. Wiegand und R.R. Larsen, *Phys. Rev. 139 (1965) B407*
Bah 82	J.N. Bahcall et al., *Rev. Mod. Phys. 54 (1982) 767*
Bah 86	J. Bahcall, WEIN '86 (Proc. Int. Symp. Weak and Electromagn. Interactions in Nuclei, Heidelberg, 1.-5. Juli, 1986, Springer, Heidelberg, 1986; Ed. H.V. Klapdor), S.705

Bai 80	D.E. Bainum et al., *Phys. Rev. Lett.* *44 (1980) 1751*
Bak 81	N.J. Baker et al., *Phys. Rev. Lett.* *47 (1981) 1576*
Bak 88	Proc. Internat. Sympos. on Underground Physics, Baksan, UdSSR, 17. -19. Aug. 1987, Nauka, Moskau, 1988, S. 165, 178
Bal 78	C. Baltay, Proc. 19th Int. Conference on High Energy Physics, Tokyo, 1978, S.882
Bal 84	H.C. Ballagh et al., *Phys. Rev. D30 (1984) 22*
Bal 86	M. Baldo-Ceolin, WEIN '86 (Proc. Int. Symp. Weak and Electromagn. Interactions in Nuclei, Heidelberg, 1.-5. Juli, 1986, Springer, Heidelberg, 1986; Ed. H.V. Klapdor), S.855
Bar 57	J. Bardeen, L.N. Cooper und J.R. Schrieffer, *Phys. Rev. 108 (1957) 1175*
Bar 70	R.K. Bardin, P.J. Gollon, J.D. Ullman und C.S. Wu, *Nucl. Phys. A158 (1970) 337*
Bar 78	L.M. Barkov und M.S. Zolotarev, *JETP Lett. 27 (1978) 357*
Bar 80	W. Bartel et al, *Phys. Lett. 91B (1980) 142*
Bar 83	V. Barger, A.D. Martin, R.J.N. Phillips, *Phys. Lett. 125B (1983) 339*
Bar 85	E. Baron, J. Cooperstein, S. Kahana, *Phys. Rev. Lett. 55 (1985) 126*
Bau 68	G. Baumgärtner und P. Schuck, "Kernmodelle", BI Mannheim-Zürich, 1968
Bau 83	E. Baum, *Phys. Lett. 133B (1983) 185*
Bay 85	G. Baym, E. Kolb, L. McLerran, T.P. Walker, R.L. Jaffe, *Phys. Lett. B160 (1985) 181*
Bec 83	P. Becher, M. Böhm und H. Joos, "Eichtheorien der starken und elektroschwachen Wechselwirkung", Teubner Studienbücher, Stuttgart 1983
Bee 80	H. Beer, F. Käppeler, *Phys. Rev. C21 (1980) 534*
Beg 74	M.A.B. Bég und A. Sirlin, *Ann. Rev. Nucl. Sci. 24 (1974) 379*
Beg 80	F. Begemann, *Rep. Progr. in Phys. 43 (1980) 1309*
Beh 69	H. Behrens, J. Jähnecke, "Numerische Tabellen für Beta-Zerfall und Elektronen-Einfang", in Landolt-Börnstein, Gruppe I, Bd. 4, Ed. H. Schopper, Springer, Berlin 1969

Beh 82	H. Behrens und W. Bühring, "Electron Radial Wave Functions and Nuclear Beta-Decay", Clarendon Press, Oxford 1982
Bel 86	E. Bellotti et al., WEIN '86 (Proc. Int. Symp. Weak and Electromagn. Interactions in Nuclei, Heidelberg, 1.-5. Juli, 1986, Springer, Heidelberg, 1986; Ed. H.V. Klapdor), S.670
Ben 88	E. Bender, K. Muto, H.V. Klapdor, *Phys. Lett. 208B (1988) 53*
Ber 84	F. Bergsma et al., *Phys. Lett. 142B (1984) 103*
Ber 85	K.E. Bergkvist, *Phys. Lett. 154B (1985) 224*
Ber 87	J. Bernabeu, A. Santamaria, J. Vidal, A. Mendez, J.W.F. Valle, *Phys. Lett. 187 (1987) 303*
Bet 79	H.A. Bethe, G.E. Brown, J. Applegate, J.M. Lattimer, *Nucl. Phys. A324 (1979) 487*
Bet 85	H.A. Bethe, J.F. Wilson, *Astrophys. J. 295 (1985) 14*
Bet 86	H.A. Bethe, Proc. Int. School of Physics 'Enrico Fermi', Course XCI, 1984; Ed. A. Molinari, R.A. Ricci, North-Holland, Amsterdam 1986, S.181
Bet 86a	H.A. Bethe, *Phys. Rev. Lett. 56 (1986) 1305*
Bia 86	W. Bialek, J. Moody, F. Wilczek, *Phys. Rev. Lett. 56 (1986) 1623*
Big 85	I.I. Bigi und A.I. Sanda, *Comments Nucl. Part Phys. 14 (1985) No.3, S.135*
Bil 78	S.M. Bilenky, B. Pontecorvo, *Phys. Rep. 41 (1978) 226*
Bil 87	S.M. Bilenky, S.T. Petcov, *Rev. Mod. Phys. 59 (1987) 671*
Bio 87	R.M. Bionta et al., *Phys. Rev. Lett. 58 (1987) 1494*
Bjo 66	J.D. Bjorken und S.D. Drell, "Relativistische Quantenmechanik", BI, Mannheim 1966
Bjo 78	J.D. Bjorken und S.D. Drell, "Relativistische Quantenfeldtheorie", Nachdruck, BI, Mannheim 1978
Blo 85	D.I. Blochinzew, "Grundlagen der Quantenmechanik", Verlag Harri Deutsch, Frankfurt/Main, 1985
Blo 84	H.J. Blome, W. Priester, *Naturwissenschaften 71 (1984) 456,515,528*
Bog 80	N.N. Bogoljubov, D.V. Shirkov, "Introduction to the Theory of Quantized Fields" (Chicester: Wiley-Interscience), 1980, 3rd edition

Bog 84	N.N. Bogoljubov und D.V. Sirkov, "Quantenfelder", Physik-Verlag, Weinheim 1984
Boh 53	D. Bohm, D. Pines, *Phys. Rev. 92 (1953) 609*
Boh 69	A. Bohr, B.R. Mottelson, "Nuclear Structure", Vol. I, W.A. Benjamin, Inc., New York-Amsterdam, 1969
Boh 75	A. Bohr, B.R. Mottelson, "Struktur der Atomkerne", Bd. 1, Akademie-Verlag, Berlin, 1975
Boh 75a	A. Bohr, B.R. Mottelson, "Nuclear Structure", Vol. II, W.A. Benjamin, New-York, 1975
Boh 80	A. Bohr, B.R. Mottelson, "Struktur der Atomkerne", Bd. 2, Akademie-Verlag, Berlin, 1980
Boh 81	A. Bohr, B.R. Mottelson, *Phys. Lett. 100B (1981) 10*
Bon 60	H. Bondi, "Cosmology", Cambridge University Press, 1960
Boo 84	A.I. Boothrayd, J. Murkey und P. Vogel, *Phys. Rev. 29 (1984) 603*
Bos 83	P.C. Bosetti, Proc. Fourth Workshop on Grand Unification, 21.-23. 4. 1983, Philadelphia, Birkhäuser, 1983, Ed. H.A. Weldon, P. Langacker, P.J. Steinhardt, S.138
Bou 86	J. Bouchez, M. Cribier, W. Hampel, J. Rich, M. Spiro, D. Vignaud, *Z. Phys. C32 (1986) 499*
Bra 86	R.H. Brandenberger, WEIN '86 (Proc. Int. Symp. Weak and Electromagn. Interactions in Nuclei, Heidelberg, 1.-5. Juli, 1986, Springer, Heidelberg, 1986; Ed. H.V. Klapdor), S.991
Bro 82	G.E. Brown, H.A. Bethe, G. Baym, *Nucl. Phys. A375 (1982) 481*
Bru 85	S.W. Bruenn, *Astrophys. J. Suppl. 58 (1985) 771*
Bru 87	S.W. Bruenn, *Phys. Rev. Lett. 59 (1987) 938*
Bry 78	D. Bryman, C. Picciotto, *Rev. Mod. Phys. 50 (1978) 11*
Bur 57	E.M. Burbidge, G.R. Burbidge, W.A. Fowler, F. Hoyle, *Rev. Mod. Phys. 29 (1957) 547*
Bur 86	A. Burrows, J.M. Lattimer, *Astrophys. J. 307 (1986) 178*
Bur 88	H. Burkhardt et al., *Phys. Lett. 206B (1988) 169*
Bus 88	J. Busto et al., "Neutrino Physics", Springer, Heidelberg, 1988, Ed: H.V. Klapdor, B. Povh, S.220

Byr 86	J. Byrne, WEIN '86 (Proc. Int. Symp. Weak and Electromagn. Interactions in Nuclei, Heidelberg, 1.-5. Juli, 1986, Springer, Heidelberg, 1986; Ed. H.V. Klapdor), S.523
Cab 63	N. Cabibbo, *Phys. Rev. Lett. 10 (1963) 531*
Cal 86a	D.O. Caldwell, Neutrino '86 (Proc. 12th Int. Conf. on Neutrino Physics and Astrophysics, Sendai, 3.-8. June, 1986, World Scientific, Singapore, 1986; Ed. T. Kitagaki, H. Yuta), S.77
Cal 86b	D.O. Caldwell, Proc. Int. Symp. on Nuclear Beta Decays and Neutrino, Osaka, June 1986, World Scientific, Singapore, 1986; Ed. T. Kotani, H. Ejiri, E. Takasugi, S.103
Cal 86c	D.O. Caldwell et al., WEIN '86 (Proc. Int. Symp. Weak and Electromagn. Interactions in Nuclei, Heidelberg, 1.-5. Juli, 1986, Springer, Heidelberg, 1986; Ed. H.V. Klapdor), S.686
Cal 86d	D.O. Caldwell et al., *Phys. Rev. D33 (1986) 2737*
Cal 87a	D.O. Caldwell et al., *Phys. Rev. Lett. 59 (1987) 419*
Cal 87b	D.O. Caldwell, Rochester Conf. on Non-Accelerator Physics, Rochester, New York 1987 (Vorausdruck UCSB-HEP-87-10)
Call 76	C. Callan, R. Dashen, D. Gross, *Phys. Lett. 63B (1976) 334*
Cam 73	A.G.W. Cameron, *Space Sci. Rev. 15 (1973) 21*
Cam 82	A.G.W. Cameron, *Ap. Space Sci. 82 (1982) 123*
Cam 83	A.G.W. Cameron, H.V. Klapdor, J. Metzinger, T. Oda, J.W. Truran, *Astrophys. Space Sci. 91 (1983) 221*
Cav 84	J.F. Cavaignac et al., *Phys. Lett. 148B (1984) 387*
Cha 80	J. Chakrabarti, M. Popovic, R.N. Mohapatra, *Phys. Rev. D21 (1980) 3212*
Cha 83	N.P. Chang, S. Ouvry und X. Wu, *Phys. Rev. Lett. 51 (1983) 327*
Chan 39	S. Chandrasekhar, "An Introduction to the Study of Stellar Structure", Univ. of Chicago Press, Chicago, 1939
Chau 83	L.L. Chau, *Phys. Rep. 95 (1983) 1*
Chau 84	L.L. Chau (ed.), "Flavor Mixing in Weak Interactions", Plenum Press, N.Y., 1984

Chau 86	L.L. Chau, WEIN '86 (Proc. Int. Symp. Weak and Electromagn. Interactions in Nuclei, Heidelberg, 1.-5. Juli, 1986, Springer, Heidelberg, 1986; Ed. H.V. Klapdor), S.450
Che 76	N.K. Cheung et al., *Phys. Rev. Lett. 37 (1976) 588*
Chi 81	Y. Chikashige, R.N. Mohapatra, R.D. Peccei, *Phys. Lett. 98B (1981) 265*
Chri 64	J.H. Christenson, J.W. Cronin, V.L. Fitch, R. Turlay, *Phys. Rev. Lett. 13 (1964) 138*
Chu 87	Y. Chu, J. Hoell, H.J. Blome, W. Priester, Vorausdruck Sept. 1987, *Astrophys. Space Sci. 148 (1988) 119*
Civ 87	O. Civitarese, A. Faessler, T. Tomoda, *Phys. Lett. B194 (1987) 11*
Clay 83	D.D. Clayton, "Principles of Stellar Evolution and Nucleosynthesis", Univ. of Chicago Press reprint edition, 1983
Cli 86	D.B. Cline, Proc. 6th Topical Workshop on Proton-Antiproton Collider Physics, Aachen, 30.6-4.7.1986, World Scientific, Singapore, 1987; Ed.: K. Eggert, H. Faissner, E. Radermacher, S.100
Col 60	S.A. Colgate, H.J. Johnson, *Phys. Rev. Lett. 20 (1960) 1205*
Col 66	S.A. Colgate, R.H. White, *Astrophys. J. 143 (1966) 626*
Col 73	S. Coleman und E. Weinberg, *Phys. Rev. D7 (1973) 1888*
Com 73	E. Commins, "Weak Interactions", McGraw-Hill, New York, 1973
Coo 84	J. Cooperstein, H.A. Bethe, G.E. Brown, *Nucl. Phys. A429 (1984) 527*
Coo 84a	J. Cooperstein, J. Wambach, *Nucl. Phys. A420 (1984) 591*
Cow 83	J.J. Cowan, A.G.W. Cameron, J.W. Truran, *Astrophys. J. 265 (1983) 429*
Cow 85	J.J. Cowan, A.G.W. Cameron, J.W. Truran, *Astrophys. J. 294 (1985) 656*
Crem 83	E. Cremmer, S. Ferrara, C. Kounnas und D.V. Nanopoulos, *Phys. Lett. 133B (1983) 61*
Dan 62	G. Danby et al., *Phys. Rev. Lett. 9 (1962) 36*
Dav 68	R. Davis, Jr., D.S. Harmer und K.C. Hoffman, *Phys. Rev. Lett. 20 (1968) 1205*

Dav 75	L. Davis, Jr., A.S. Goldhaber und M.M. Nieto, *Phys. Rev. Lett. 35 (1975) 1402*
Dav 84	R. Davis, Jr., B.T. Cleveland und J.K. Rowley, Proc. Conf. on the Interactions between Particle and Nuclear Physics, Steamboat Springs, 23.-30. Mai 1984
Daw 74	A.S. Dawydow, "Quantenmechanik", VEB Verlag der Wissenschaften, Berlin, 1974
Dea 86	D.S.P. Dearborn, G. Marx, I. Ruff, Proc. Int. Symp. on Nuclear Beta Decays and Neutrino, Osaka, June 1986, World Scientific, Singapore, 1986; Ed. T. Kotani, H. Ejiri, E. Takasugi, S.465
deLa 86	N. deLapparant, M. Geller, J. Huchra, Center for Astrophysics preprint 1986
Der 86	J.-P. Derendinger, WEIN '86 (Proc. Int. Symp. Weak and Electromagn. Interactions in Nuclei, Heidelberg, 1.-5. Juli, 1986, Springer, Heidelberg, 1986; Ed. H.V. Klapdor), S.907
deSha 63	A. deShalit und I. Talmi, "Nuclear Shell Theory", Academic Press, New York, London 1963
DeWit 62	B.S. De Witt, "Quantization of Geometry" in "Gravitation: An Introduction to Current Research", Ed. L. Witten, Wiley NY 1962, S.49
Doe 75a	R.R. Doering, A. Galonsky, D.M. Patterson, G.F. Bertsch, *Phys. Rev. Lett. 35 (1975) 1691*
Doe 75b	R.R. Doering, D.M. Patterson, A. Galonsky, *Phys. Rev. C12 (1975) 378*
Doi 81	M. Doi, T. Kotani, H. Nishiura, K. Okuda und E. Takasugi, *Progr. Theor. Phys. 66 (1981) 1739*
Doi 83	M. Doi, T. Kotani, H. Nishiura, E. Takasugi, *Progr. Theor. Phys. 69 (1983) 602* und *Progr. Theor. Phys. 70 (1983) 1331*
Doi 85	M. Doi, T. Kotani, E. Takasugi, *Progr. Theor. Phys. Suppl. 83 (1985) 1*
Doi 87	M. Doi, K. Kotani, E. Takasugi, Vorausdruck und *Phys. Rev. D37 (1988) 2575*
Dol 74	L. Dolan, R. Jackiw, *Phys. Rev. D9 (1974) 3320*
Dol 81	A.D. Dolgov, Ya.B. Zeldovich, *Rev. Mod. Phys. 53 (1981) 1*
Dor 86	U. Dore, WEIN '86 (Proc. Int. Symp. Weak and Electromagn. Interactions in Nuclei, Heidelberg, 1.-5. Juli, 1986, Springer, Heidelberg, 1986; Ed. H.V. Klapdor), S.505

Dra 84	N. Dragon, M.G. Schmidt und U. Ellwanger, *Phys. Lett. 145B (1984) 192*
Dra 85	N. Dragon, U. Ellwanger, M.G. Schmidt, *Phys. Lett. 154B (1985) 373*
Dra 86	N. Dragon, WEIN '86 (Proc. Int. Symp. Weak and Electromagn. Interactions in Nuclei, Heidelberg, 1.-5. Juli, 1986, Springer, Heidelberg, 1986; Ed. H.V. Klapdor), S.901
Dra 87	N. Dragon, U. Ellwanger, M.G. Schmidt, Progr. Part. *Nucl. Phys. 18 (1987) 1*
Dub 86	D. Dubbers, WEIN '86 (Proc. Int. Symp. Weak and Electromagn. Interactions in Nuclei, Heidelberg, 1.-5. Juli, 1986, Springer, Heidelberg, 1986; Ed. H.V. Klapdor), S.516
Duf 83	M.J. Duff, B.E.W. Nilsson, C.N. Pope, Proc. Fourth Workshop on Grand Unification, Philadelphia, 21.-23. 4. 1983, Birkhäuser, Eds. : H.A. Weldon, P. Langacker, P.J. Steinhardt, S. 341
Dyd 84	F. Dydak et al., *Phys. Lett. 134B (1984) 281*
Edm 64	A.R. Edmonds, "Drehimpulse in der Quantenmechanik", BI-Hochschultaschenbücher, Mannheim 1964
Ehl 76	J. Ehlers, *Astron. Ges. 38 (1976) 41*
Eic 84	E. Eichten, I. Hinchliffe, K. Lane und C. Quigg, *Rev. Mod. Phys. 56 (1984) 579*
Eji 78	H. Ejiri, J.I. Fujita, *Phys. Rep. 38 (1978) 85*
Eji 86	H. Ejiri et al., WEIN '86 (Proc. Int. Symp. Weak and Electromagn. Interactions in Nuclei, Heidelberg, 1.-5. Juli, 1986, Springer, Heidelberg, 1986; Ed. H.V. Klapdor), S.681
Eji 87	H. Ejiri et al., *J. Phys. G13 (1987) 839*
Ell 82a	J. Ellis, D.V. Nanopoulos K.A. Olive und K. Tamvakis, *Phys. Lett. 118B (1982) 335*
Ell 82b	J. Ellis, C.H. Llewellyn Smith, G.G. Ross, *Phys. Lett. 114B (1982) 227*
Ell 84a	J. Ellis, A.B. Lahanas, D.V. Nanopoulos und K. Tamvakis, *Phys. Lett. 134B (1984) 429*
Ell 84b	J. Ellis, C. Kounnas und D.V. Nanopoulos, *Phys. Lett. 143B (1984) 410*
Ell 85	J. Ellis, K. Enqvist und D.V. Nanopoulos, *Phys. Lett. 151B (1985) 357*

Ell 86	S.R. Elliott, A.A. Hahn, M.K. Moe, WEIN '86 (Proc. Int. Symp. Weak and Electromagn. Interactions in Nuclei, Heidelberg, 1. -5. Juli, 1986, Springer, Heidelberg, 1986; Ed. H.V. Klapdor), S.692
Ell 87	S.R. Elliott, A.A. Hahn, M.K. Moe, *Phys. Rev. Lett. 59 (1987) 1649*
Err 81	O. Errique et al., *Phys. Lett. 102B (1981) 73*
Fau 85	J. Faulkner, R.L. Gilliland, *Astrophys. J. 299 (1985) 994*
Fer 34	E. Fermi, *Z. Phys. 88 (1934) 161*
Fer 82	"Supersymmetry and Supergravity 82", Triest 1982, Ed. S. Ferrara, J.G. Taylor und P. van Nieuwenhuizen
Fey 58	R.P. Feynman, M. Gell-Mann, *Phys. Rev. 109 (1958) 193*
Fey 62	R.P. Feynman, "Quantum Electrodynamics", W.A. Benjamin, Inc., New York, 1962
Fey 65	R.P. Feynman und A.R. Hibbs, "Quantum Mechanics and Path Integrals", McGraw Hill, New York, 1965
Fla 82	D. Flamm und F. Schöberl, "Introduction to the Quark Model of Elementary Particles", Gordon and Breach Science Publishers, New York 1982
Fon 70	L. Fonda und G.C. Chirardi, "Symmetry Principles in Quantum Physics", Marcel Dekker, Inc., New York 1970
For 84	A. Forster et al., *Phys. Lett. 138B (1984) 301*
Fow 60	W.A. Fowler, F. Hoyle, *Ann. Phys. 10 (1960) 280*
Fow 72	W.A. Fowler, in "Cosmology, Fusion and Other Matters"; Ed. F. Reines, Colorado Assoc. Univ. Press, Boulder, 1972, S.67
Fow 78	W.A. Fowler, in Proc. R.A. Welch Foundation Conf. Chem. Res. XXI Cosmochem., Houston (1978) S.61
Fow 85	W.A. Fowler, C.C. Meisl in "Cosmogonical Processes", Singapore, VNU-press. Eds. W.D. Arnett, C.J. Hansen, J.W. Truran, S. Tsuruta, S. 83
Free 74	D.Z. Freedman, *Phys. Rev. D9 (1974) 1389*
Free 77	D.Z. Freedman, D.N. Schramm, D.L. Tubbs, *Ann. Rev. Nucl. Sci. 27 (1977) 167*
Fri 75	H. Fritzsch, P. Minkowski, *Ann. Phys. 93 (1975) 193*
Fri 86	M. Fritschi et al., *Phys. Lett. 173B (1986) 485*

Fuj 64	J.I. Fujita, S. Fujii, K. Ikeda, *Phys. Rev.* **133** *(1964) B549*
Fuj 65	J.I. Fujita, K. Ikeda, *Nucl. Phys.* **67** *(1965) 145*
Fuj 67	J.I. Fujita, Y. Futami, K. Ikeda, *Progr. Theor. Phys.* **38** *(1967) 107*
Ful 82a	G.M. Fuller, W.A. Fowler, M.J. Newman, *Astrophys. J.* **252** *(1982) 715*
Ful 82b	G.M. Fuller, W.A. Fowler, M.J. Newman, *Astrophys. J. Suppl.* **48** *(1982) 289*
Ful 82c	G.M. Fuller, *Astrophys. J.* **252** *(1982) 741*
Fur 39	W.H. Furry, *Phys. Rev.* **56** *(1939) 1184*
Gaa 80	C. Gaarde, J.S. Larsen, M.N. Harakeh, S.Y. van der Werf, M. Igarashi, A. Müller-Arnke, *Nucl. Phys.* **A334** *(1980) 248*
Gaa 84	C. Gaarde et al., Proc. Int. Symp. on Nuclear Spectroscopy and Nuclear Interactions, Osaka, März 1984, World Scientific, Singapore; Ed. E. Ejiri, T. Fukuda, S.359
Gab 84	K. Gabathuler et al., *Phys. Lett.* **138B** *(1984) 449*
Gam 36	G. Gamow, E. Teller, *Phys. Rev.* **49** *(1936) 895*
Gap 81	Yu.V. Gaponow, Yu.S. Lyutostanskii, *Sov. J. Part. Nucl.* **12** *(1981) 528*
Gar 75	M. Gari, J.B. McGrory und R. Offermann, *Phys. Lett.* **55B** *(1975) 277*
Gas 74	S. Gasiorowicz, "Quantum Physics", J. Wiley, New York, 1974
Gas 85	S. Gasiorowicz, "Quantenphysik", R. Oldenbourg Verlag, München, Wien, 1985
Gel 56	M. Gell-Mann, *Nuovo Cimento* **4** *(1956) 848*
Gel 64	M. Gell-Mann, *Phys. Lett.* **8** *(1964) 214*
Gel 79	M. Gell-Mann, P. Ramond, S. Slansky, in 'Supergravity', Ed. P. van Nieuwenhuizen, D.Z. Freedman, North Holland, Amsterdam, 1979
Gel 81	G.B. Gelmini, M. Roncadelli, *Phys. Lett.* **99B** *(1981) 411*
Geo 74a	H. Georgi und S.L. Glashow, *Phys. Rev. Lett.* **32** *(1974) 438*
Geo 74b	H. Georgi, H.R. Quinn und S. Weinberg, *Phys. Rev. Lett.* **33** *(1974) 451*
Geo 75	H. Georgi, in 'Particles and Fields', Ed. C.E. Carlson, A.I.P., 1975
Geo 81	H.M. Georgi, S.L. Glashow, S. Nussinov, *Nucl. Phys.* **B193** *(1981) 297*

Gil 79	F.J. Gilman, M.B. Wise, *Phys. Lett.* **83B** *(1979) 83*
Gla 61	S.L. Glashow, *Nucl. Phys.* **22** *(1961) 579*
Gla 70	S.L. Glashow, J. Iliopoulos und L. Maiani, *Phys. Rev.* **D2** *(1970) 1285*
Goe 35	M. Goeppert-Mayer, *Phys. Rev.* **48** *(1935) 512*
Gol 58	M. Goldhaber, L. Grodzins und A.W. Sunyar, *Phys. Rev.* **109** *(1958) 1015*
Gol 61	J. Goldstone, *Nuovo Cimento* **19** *(1961) 154*
Gol 63	H. Goldstein, "Klassische Mechanik", Akademische Verlagsgesellschaft, Frankfurt 1963
Gov 71	N.B. Gove, M.J. Martin, *Nucl. Data Tables* **10** *(1971) 205*
Gre 85	M. Green und J. Schwarz, *Phys. Lett.* **151B** *(1985) 21*
Gre 86	W. Greiner und B. Müller, Theoretische Physik, Band 8, "Eichtheorie der schwachen Wechselwirkung", Harri Deutsch, Frankfurt, 1986
Gre 86a	M. Green, J. Schwarz, E. Witten, "Superstring Theory", Vols. I,II, Cambridge Univ. Press, 1986
Gro 85	D. Gross, J. Harvey, E. Matinec, R. Rohm, *Phys. Rev. Lett.* **54** *(1985) 502*
Gro 83a	K. Grotz et al., *Phys. Lett.* **B126** *(1983) 417*
Gro 83b	K. Grotz, H.V. Klapdor, J. Metzinger, *Phys. Lett.* **132B** *(1983) 22*
Gro 83c	K. Grotz, H.V. Klapdor, J. Metzinger, *J. Phys.* **G9** *(1983) L169*
Gro 84	K. Grotz, H.V. Klapdor, *Phys. Rev.* **C30** *(1984) 2098*
Gro 85a	K. Grotz, H.V. Klapdor, *Phys. Lett.* **153B** *(1985) 1*
Gro 85b	K. Grotz, H.V. Klapdor, *Phys. Lett.* **157B** *(1985) 242*
Gro 86a	K. Grotz, H.V. Klapdor, *Nucl. Phys.* **A460** *(1986) 395*
Gro 86b	K. Grotz, H.V. Klapdor, J. Metzinger, *Astron. Astrophys.* **154** *(1986) L1*, *Phys. Rev.* **C33** *(1986) 1263*
Gut 81	A.H. Guth, *Phys. Rev.* **D23** *(1981) 347*
Hab 84	C. Haber et al., *Phys. Rev. Lett.* **52** *(1984) 1384*
Hal 67	J.A. Halbleib und R.A. Sorensen, *Nucl. Phys.* **A98** *(1967) 542*

Hal 81	L. Hall, *Nucl. Phys.* *B178 (1981) 75*
Hal 83	A. Halprin, S.T. Petcov und S.P. Rosen, *Phys. Lett.* *125B (1983) 335*
Hal 84	F. Halzen und A.D. Martin, "Quarks & Leptons", Wiley and Sons, New York, 1984
Hal 86	A. Halprin, *Phys. Rev.* *D34 (1986) 3462*
Ham 86	W. Hampel, WEIN '86 (Proc. Int. Symp. Weak and Electromagn. Interactions in Nuclei, Heidelberg, 1.-5. Juli, 1986, Springer, Heidelberg, 1986; Ed. H.V. Klapdor), S.718
Ham 87	W. Hampel, Habilitationsschrift, Heidelberg, 1987
Ham 88	W. Hampel in "Neutrino Physics", Springer, Heidelberg 1988. Eds.: H.V. Klapdor, B. Povh, S. 230
Han 75	G. Hanson et al., *Phys. Rev. Lett.* *35 (1975) 1609*
Han 77	S.S. Hanna, *Lecture notes in Physics 61 (1977) 275*
Har 74	J.C. Hardy, in "Nuclear Spectroscopy and Reactions", Academic Press, New York, 1974, Ed. J. Cerny, Part C, S.417
Har 87	M. Harwit, P.L. Biermann, H. Meyer, I.M. Wasserman, *Native 328 (1987) 503*
Has 73	F.T. Hasert et al., *Phys. Lett.* *46B (1973) 138*
Haw 84	S.W. Hawking, *Phys. Lett.* *134B (1984) 403*
Hax 82	W.C. Haxton, G.J. Stephenson Jr., D. Strottman, *Phys. Rev.* *D25 (1982) 2360*
Hax 84	W.C. Haxton, Progr. Part. *Nucl. Phys.* *12 (1984) 409*
Hax 87	W.C. Haxton, *Phys. Rev.* *D36 (1987) 2283*
Hec 84	B. Heckel in "Flavor Mixing in Weak Interactions", Ed. L.-L. Chau, Plenum Press, N.Y., 1984, S.545
Her 66	K. Hermann, "Lie Groups for Physicists", W.A. Benjamin, New York 1966
Her 80	J. Herrmann, "dtv-Atlas zur Astronomie", Deutscher Taschenbuch Verlag, München, 1980
Heu 76	C.A. Heusch et al., *Phys. Rev. Lett.* *37 (1976) 405,409*
Hig 64	P.W. Higgs, *Phys. Rev. Lett.* *13 (1964) 508*

Hil 77	W. Hillebrandt, F.K. Thielemann, *Mitt. Astron. Ges.* 43 (1977) 243
Hil 78	W. Hillebrandt, *Space Sci. Rev.* 21 (1978) 639
Hil 79	W. Hillebrandt, Proc. 4th EPS General Conf. 1979, S.255
Hil 81	W. Hillebrandt, H.V. Klapdor, T. Oda, F.K. Thielemann, *Astron. Astrophys.* 99 (1981) 195
Hil 82	W. Hillebrandt, *Phys. Bl.* 38 (1982) 189
Hir 87	K. Hirata et al., *Phys. Rev. Lett.* 58 (1987) 1490
Hor 80	D.J. Horen et al., *Phys. Lett.* 95B (1980) 27
Hoy 60	F. Hoyle, W.A. Fowler, *Astrophys. J.* 132 (1960) 565
Hoy 75	F. Hoyle, "Astronomy and Cosmology", W.H. Freeman and Co., San Francisco, 1975
Hud 82	B. Hudson et al., *Lunar planet Sci.* XIII (1982) 346
Ibe 68	I. Iben, *Nature* 220 (1968) 143
Ibe 74	I. Iben, *Ann. Rev. Astron. Astrophys.* 12 (1974) 215
Ike 62	K. Ikeda, S. Fujii, J.I. Fujita, *Phys. Lett.* 2 (1962) 169
Ike 63	K. Ikeda, S. Fujii, J.I. Fujita, *Phys. Lett.* 3 (1963) 271
Jach 76	R. Jachiw, C. Rebbi, *Phys. Rev. Lett.* 37 (1976) 172
Jor 80	J. Jordan, T. Kirsten, H. Richter, *Z. Naturforsch.* 35a (1980) 145
Käp 82	F. Käppeler et al., *Astrophys. J.* 257 (1982) 821
Kah 86	S. Kahana, WEIN '86 (Proc. Int. Symp. Weak and Electromagn. Interactions in Nuclei, Heidelberg, 1.-5. Juli, 1986, Springer, Heidelberg, 1986; Ed. H.V. Klapdor), S.938
Kah 87	S.H. Kahana, J. Cooperstein, *Phys. Lett.* 196B (1987) 259
Kaj 88	T. Kajino, G.J. Mathews, G.M. Fuller, Proc. Int. Symp. on Heavy Ion Physics and Nuclear Astrophysical Problems, 21.-23. Juli 1988, Tokyo, World Scientific, Singapore, 1989, S. 51
Kem 59	N. Kemmer, J.C. Polkinghorne, D.L. Pursey, *Rep. Progr. in Phys.* 22 (1959) 368
Kib 67	T.W.B. Kibble, *Phys. Rev.* 155 (1967) 1554
Kib 76	T.W.B. Kibble, *J. Phys.* A9 (1976) 1387

Kim 81	J.E. Kim, P. Langacker, M. Levine, H.H. Williams, *Rev. Mod. Phys. 53 (1981) 211*
Kim 84	C.W. Kim, H. Nishiura, *Phys. Rev. D30 (1984) 1123*
Kim 87	J.E. Kim, *Phys. Rep. 150 (1987) 1*
Kin 81	T. Kinoshita, W.B. Lindquist, *Phys. Rev. Lett. 47 (1981) 1573*
Kir 67	T. Kirsten, W. Gentner, O.A. Schaeffer, *Z. Phys. 202 (1967) 273*
Kir 68	T. Kirsten, O. Schaeffer, E. Norton, R. Stoenner, *Phys. Rev. Lett. 20 (1968) 1300*
Kir 69	T. Kirsten, H.W. Müller, *Earth Planet. Sci. Lett. 6 (1969) 271*
Kir 82	T. Kirsten, Proc. Workshop on Science Underground, Los Alamos 1982
Kir 83	T. Kirsten, H. Richter, E. Jessberger, *Phys. Rev. Lett. 50 (1983) 474*, *Z. Phys. C16 (1983) 189*
Kir 86	T. Kirsten, Proc. Int. Symp. on Nuclear Beta Decays and Neutrino, Osaka, June 1986, World Scientific, Singapore, 1986; Ed. T. Kotani, H. Ejiri, E. Takasugi, S.81
Kirs 82	R. Kirschner, G. Oemler, P. Schecter, S. Shectman, *Astrophys. J. 248 (1982) L57*
Kiss 63	L.S. Kisslinger, R.A. Sorensen, *Rev. Mod. Phys. 35 (1963) 853*
Kit 73	C. Kittel, "Physik der Wärme", R. Oldenbourg Verlag, München-Wien 1973
Kla 76	H.V. Klapdor, *Phys. Lett. 65B (1976) 35* und *CERN Report 76-13 (1976) 311*
Kla 79	H.V. Klapdor, C.O. Wene, *Astrophys. J. 230 (1979) L113*
Kla 80	H.V. Klapdor, C.O. Wene, *J. Phys. G6 (1980) 1061*
Kla 80a	H.V. Klapdor, T. Oda, *Astrophys. J. 242 (1980) L49*
Kla 81	H.V. Klapdor, T. Oda, J. Metzinger, W. Hillebrandt, F.K. Thielemann, *Z. Phys. A299 (1981) 213*, und *CERN Report 81-09 (1981) 341*
Kla 82a	H.V. Klapdor, *Phys. Bl. 38 (1982) 182*
Kla 82b	H.V. Klapdor, J. Metzinger, T. Oda, *Z. Phys. A309 (1982) 91*
Kla 82c	H.V. Klapdor, J. Metzinger, *Phys. Lett. 112B (1982) 22*, *Phys. Rev. Lett. 48 (1982) 127*

Kla 83	H.V. Klapdor, *Progr. Part. Nucl. Phys.* 10 (1983) 131
Kla 84a	H.V. Klapdor, J. Metzinger, T. Oda, *At. Data Nucl. Data Tables* 31 (1984) 81
Kla 84b	H.V. Klapdor, K. Grotz, *Phys. Lett.* 142B (1984) 323
Kla 85	H.V. Klapdor, *Sterne und Weltraum* 3 (1985) 132
Kla 85a	H.V. Klapdor, *Fortschr. der Phys.* 33 (1985) 1
Kla 86	H.V. Klapdor, Ed. , WEIN '86 (Proc. Int. Symp. Weak and Electromagn. Interactions in Nuclei, Heidelberg, 1. -5. Juli, 1986), Springer, Heidelberg, 1986
Kla 86a	H.V. Klapdor, *Progr. Part. Nucl. Phys.* 17 (1986) 419
Kla 86b	H.V. Klapdor, Proc. Int. Symp. on Nuclear Beta Decays and Neutrino, Osaka, June 1986, World Scientific, Singapore, 1986; Ed. T. Kotani, H. Ejiri, E. Takasugi, S.251
Kla 86c	H.V. Klapdor, K. Grotz, *Astrophys. J.* 304 (1986) L39
Kla 86d	H.V. Klapdor, J. Metzinger, K. Grotz, WEIN '86 (Proc. Int. Symp. Weak and Electromagn. Interactions in Nuclei, Heidelberg, 1. -5. Juli, 1986, Springer, Heidelberg, 1986; Ed. H.V. Klapdor), S.230
Kla 87	H.V. Klapdor MPI Bericht MPI H-1987-V17
Kla 88	H.V. Klapdor (Ed.), "Neutrinos", Springer, Heidelberg 1988
Kla 88a	H.V. Klapdor, B. Povh (Eds.), "Neutrino Physics", Springer, Heidelberg, 1988
Kla 88b	H.V. Klapdor, J. Metzinger, Proc. Int. Conf. on Nuclear Data for Science and Technology, May 30–June 3, 1988, Mito, Japan, Japan Atomic Energy Research Institute, 1988; ed. S. Igarasi, S. 827
Kla 88c	H.V. Klapdor, Proc. Int. Symp. on Heavy Ion Physics and Nuclear Astrophysical Problems, 21.–23. Juli 1988, Tokyo, World Scientific, Singapore, 1989, S. 127
Kle 86	K. Kleinknecht, WEIN '86 (Proc. Int. Symp. Weak and Electromagn. Interactions in Nuclei, Heidelberg, 1. -5. Juli, 1986, Springer, Heidelberg, 1986; Ed. H.V. Klapdor), S.770
Kle 89	K. Kleinknecht, *Comm. Nucl. Part. Phys.* 18 (1989) 291
Kle 89a	K. Kleinknecht, Proc. XXIV. Int. Conf. High En. Phys., München, Aug. 1988; ed. J.H. Kühn, Springer, Heidelberg, 1989, S. 96

Kob 73	M. Kobayashi, K. Maskawa, *Progr. Theor. Phys.* *49 (1973) 652*
Kol 84	E.W. Kolb, Neutrino '84 (Proc. 11th Int. Conf. on Neutrino Phys. and Astrophys., Nordkirchen, 11.-16. Juni, 1984, World Scientific, Singapore, 1984; Ed. K. Kleinknecht, E.A. Paschos), S.243
Kol 86	E.W. Kolb, WEIN '86 (Proc. Int. Symp. Weak and Electromagn. Interactions in Nuclei, Heidelberg, 1. -5. Juli, 1986, Springer, Heidelberg, 1986; Ed. H.V. Klapdor), S.969
Kol 87	E.W. Kolb, A.J. Stebbins, M.S. Turner, *Phys. Rev.* *D35 (1987) 3598*
Kolt 86	D.S. Koltick, Proc. VIth Moriond Workshop on Massive Neutrinos in Astrophysics and Particle Physics, 1986, Editions Frontieres, Gif sur Yvette, S.219
Kom 85	S. Komamiya, Int. Symp. on Lepton and Photon Interactions at High Energies, Kyoto, Japan, August 1985
Kon 66	E.J. Konopinski, "The Theory of Beta Radioactivity", Clarendon Press, Oxford, 1966
Koo 86	D. Koo, F. Kron (1986), in Vorbereitung
Kov 79	E.L. Kovalchuk, A.A. Pomanski, A.A. Smolnikov, *JETP Lett.* *29 (1979) 145*
Kra 85	L.M. Krauss, K. Freese, D.N. Spergel, W.H. Press, *Astrophys. J.* *299 (1985) 1001*
Kru 81	J. Krumlinde, P. Moeller, C.O. Wene, W.M. Howard, *CERN Report 8109 (1981) 260*
Kün 86	W. Kündig, WEIN '86 (Proc. Int. Symp. Weak and Electromagn. Interactions in Nuclei, Heidelberg, 1. -5. Juli, 1986, Springer, Heidelberg, 1986; Ed. H.V. Klapdor), S.778
Kuz 66	V.A. Kuzmin, *Sov. Phys. JETP* *22 (1966) 1051*
Kuz 84	V.A. Kuzmin, V.G. Soloviev, *J. Phys.* *G10 (1984) 1507*
Lan 62	A.M. Lane, J.M. Soper, *Nucl. Phys.* *35 (1962) 676* und *Nucl. Phys.* *37 (1962) 663*
Lan 74	L.D. Landau, E.M. Lifschitz, "Lehrbuch der theoret. Physik", Bd. 3, Akademie-Verlag, Berlin, 1974
Lan 75	L.D. Landau, E.M. Lifschitz, "Lehrbuch der theoret. Physik", Bd. 4a, 5, Akademie-Verlag, Berlin, 1975

Lan 81	P. Langacker, *Phys. Rep. 72 (1981) 185*
Lan 86	P. Langacker, WEIN '86 (Proc. Int. Symp. Weak and Electromagn. Interactions in Nuclei, Heidelberg, 1.-5. Juli, 1986, Springer, Heidelberg, 1986; Ed. H.V. Klapdor), S.879
Lan 88	P. Langacker, in "Neutrinos", Springer, Heidelberg 1988. Ed.: H.V. Klapdor, S. 71
Lea 82	E. Leader und E. Predazzi, "An Introduction to Gauge Theories and the 'New Physics"', Cambridge University Press, Cambridge 1982
Lee 56	T.D. Lee, C.N. Yang, *Phys. Rev. 104 (1956) 254*
Lee 72	B.W. Lee, J. Zinn-Justin, *Phys. Rev. D5 (1972) 3121, 3137 und 3155*
Lee 81	T.D. Lee, "Particle Physics and Introduction to Field Theory", Harwood Academic Publishers, Chur-London-New York)(1981)
Lee 84	H.C. Lee, "An Introduction to Kaluza-Klein-Theories", World Scientific, Singapore, 1984
Lin 76	A.D. Linde, *JETP Lett. 23 (1976) 64*
Lin 82	A.D. Linde, *Phys. Lett. 108B (1982) 389*
Lin 84	A.D. Linde, *Rep. Progr. in Phys. 47 (1984) 925*
Lin 84a	A. Lindner, "Drehimpulse in der Quantenmechanik", Teubner Studienbuch, Stuttgart 1984
Lob 86	V.M. Lobashev, WEIN '86 (Proc. Int. Symp. Weak and Electromagn. Interactions in Nuclei, Heidelberg, 1.-5. Juli, 1986, Springer, Heidelberg, 1986; Ed. H.V. Klapdor), S.866
Loh 83	E. Lohrmann, "Einführung in die Elementarteilchenphysik", Teubner, Stuttgart, 1983
Loh 86	E. Lohrmann, "Hochenergiephysik", Teubner, Stuttgart 1986
Lov 72	D. Lovelock, *J. Math. Phys. 13 (1972) 874*
Lub 80	V.A. Lubimov et al., *Phys. Lett. 94B (1980) 266*
Lub 85	V.A. Lubimov et al., *Phys. Lett. 159B (1985) 217*
Mac 66	M.H. Macfarlane, Proc. Conf. on Isobaric Spin in Nuclear Physics, Tallahassee, Florida, 1966, S.383
Mal 86	J. Maalampi, K. Mursula, M. Roos, *Phys. Rev. Lett. 56 (1986) 1031*

Man 86	O.K. Manuel, Proc. Int. Symp. on Nuclear Beta Decays and Neutrino, Osaka, June 1986, World Scientific, Singapore, 1986; Ed. T. Kotani, H. Ejiri, E. Takasugi, S.103
Man 87	I. Manelli, Proc. 1987 Int. Symp. on Lepton and Photon Interactions at High Energies, Hamburg, 27. -31. Juli 1987
Mar 72	P.O. Martinsen, J. Randrup, *Nucl. Phys. A195 (1972) 26*
Mar 77	K. Marti, G.W. Lugmair, N.B. Scheinin, *Lunar planet Sci. VIII (1977) 619*
Mar 79	S.H. Margolis, *Astrophys. J. 231 (1979) 236*
May 55	M.G. Mayer und J.H.D. Jensen, "Elementary Theory of Nuclear Shell Structure", Wiley, New York, 1955
May 84	T. Mayer-Kuckuk, "Kernphysik", Teubner, Stuttgart, 1984
May 87	R. Mayle, J.R. Wilson, D.N. Schramm, *Astrophys. J. 318 (1987) 288*
McCre 51	W.H. McCrea, *Proc. Roy. Soc. A206 (1951) 562*
Mes 76	A. Messiah, "Quantenmechanik", Bd. 1, W. de Gruyter, Berlin, New York, 1976
Mey 86	H. Meyer, WEIN '86 (Proc. Int. Symp. Weak and Electromagn. Interactions in Nuclei, Heidelberg, 1. -5. Juli, 1986, Springer, Heidelberg, 1986; Ed. H.V. Klapdor), S.846, und Neutrino '86 (Proc. 12th Int. Conf. on Neutrino Physics and Astrophysics, Sendai, 3.-8. June, 1986, World Scientific, Singapore, 1986; Ed. T. Kitagaki, H. Yuta), S.674
Mik 85a	S.P. Mikheyev, A.Yu. Smirnov, Proc. "Tenth Int. Workshop on Weak Interactions", Savonlinna, Finnland, June 1985
Mik 85b	S.P. Mikheyev, A.Yu. Smirnow, *Yad. Fiz. 42 (1985) 1441*; *Sov. J. Nucl. Phys. 42 (1986) 913*
Mik 86	S.P. Mikheyev, A.Yu. Smirnow, WEIN '86 (Proc. Int. Symp. Weak and Electromagn. Interactions in Nuclei, Heidelberg, 1. -5. Juli, 1986, Springer, Heidelberg, 1986; Ed. H.V. Klapdor), S.710
Mik 88	S.P. Mikheyev, A.Yu. Smirnow, in "Neutrinos", Ed. H.V. Klapdor, Springer 1988, S. 239
Mil 79	G.E. Miller, J.M. Scalo, *Astrophys. J. Suppl. 41 (1979) 513*
Miln 85	R.G. Milner et al., *Phys. Rev. Lett. 54 (1985) 1472*
Mis 73	C.W. Misner, T.S. Thorne und J.A. Wheeler, "Gravitation ", W.H. Freeman and Company, San Francisco, 1973

Moh 75	R.N. Mohapatra, J.C. Pati, *Phys. Rev.* D11 (1975) 566, 2558
Moh 77	R.N. Mohapatra, D.P. Sidhu, *Phys. Rev. Lett.* 38 (1977) 665
Moh 80	R.N. Mohapatra, D. Wyler, *Phys. Lett.* 89B (1980) 181
Moh 81	R.N. Mohapatra, G. Senjanovic, *Phys. Rev.* D23 (1981) 165
Moh 86	R.N. Mohapatra, "Unification and Supersymmetry", Springer, N.Y.-Berlin-Heidelberg, 1986
Moh 86a	R.N. Mohapatra, WEIN '86 (Proc. Int. Symp. Weak and Electromagn. Interactions in Nuclei, Heidelberg, 1.-5. Juli, 1986, Springer, Heidelberg, 1986; Ed. H.V. Klapdor), S.493
Moh 86b	R.N. Mohapatra, J.W.F. Valle, *Phys. Lett.* 177B (1986) 47
Moh 87a	R.N. Mohapatra, *Phys. Lett.* 198B (1987) 69
Moh 87b	R.N. Mohapatra, J.W.F. Valle, *Phys. Lett.* 186B (1987) 303
Moh 88	R.N. Mohapatra, in "Neutrinos", Springer, Heidelberg 1988, Ed.: H.V. Klapdor, S. 117
Mor 86	A. Morales, WEIN '86 (Proc. Int. Symp. Weak and Electromagn. Interactions in Nuclei, Heidelberg, 1.-5. Juli, 1986, Springer, Heidelberg, 1986; Ed. H.V. Klapdor), S.696
Mui 65	H. Muirhead, "The Physics of Elementary Particles", Oxford 1965
Mut 82	K. Muto, T. Oda, H. Horie, *Phys. Lett.* 118B (1982) 261
Mut 85	K. Muto, H. Yamazaki, T. Oda, H. Horie, *Phys. Lett.* 165B (1985) 25
Mut 88	K. Muto, H.V. Klapdor, *Phys. Lett.* 201B (1988) 420
Mut 88a	K. Muto, H.V. Klapdor, in "Neutrinos", Ed. H.V. Klapdor, Springer 1988, S. 183
Nac 85	O. Nachtmann, "Phänomene u. Konzepte der Elementarteilchenphysik", Vieweg, Braunschweig, 1985
Nak 84	K. Nakayama, S. Krewald, J. Speth, G.E. Brown, *Phys. Rev. Lett.* 52 (1984) 500
Nam 60	Y. Nambu, *Phys. Rev. Lett.* 4 (1960) 380
Nau 76	Yu.V. Naumov, O.E. Kraft, *Sov. J. Part. Nucl.* 6 (1976) 361
Nil 84	H.P. Nilles, *Phys. Rep.* 110 (1984) 1
Nis 82	P.E. Nissen, *ESO Messenger* 28 (1982) 4

Nish 55	K. Nishijima, *Progr. Theor. Phys. 13 (1955) 285*
Nor 79	E.B. Norman, D.N. Schramm, *Astrophys. J. 228 (1979) 881*
Nöt 87	D. Nötzold, *Phys. Lett. 196B (1987) 315*
Obe 87	L. Oberauer, F. von Feilitzsch, R.L. Mößbauer, *Phys. Lett. 198B (1987) 113*
Obe 88	L. Oberauer, F.v. Feilitzsch, in "Neutrino Physics", Springer, Heidelberg, 1988, Ed: H.V. Klapdor, B. Povh, S. 142
Öge 87	H. Ögelman, R. Buccheri, *Astron. Astrophys. 180 (1987) L23*
Oka 88	K. Okada et al., *Nucl. Phys. A478 (1988) 447c*
Oli 81	K.A. Olive, D.N. Schramm, G. Steigman, M.S. Turner und J. Yang, *Astrophys. J. 246 (1981) 557*
Oli 87	A.V. Olinto, *Phys. Lett. 192 (1987) 71*
Ost 85	F. Osterfeld, D. Cha und J. Speth, *Phys. Rev. C31 (1985) 372*
Pal 82	P.B. Pal, L. Wolfenstein, *Phys. Rev. D25 (1982) 766 und Ref. darin*
Par 84	Particle Data Group, *Rev. Mod. Phys. 56 (1984) S1*
Par 86	Particle Data Group, *Phys. Lett. 170B (1986) 1*
Pat 74	J.C. Pati, A. Salam, *Phys. Rev. D10 (1974) 275*
Pec 77	R.D. Peccei, H. Quinn, *Phys. Lett. 38 (1977) 1440* und *Phys. Rev. D16 (1977) 1791*
Pec 86	R.D. Peccei, WEIN '86 (Proc. Int. Symp. Weak and Electromagn. Interactions in Nuclei, Heidelberg, 1.-5. Juli, 1986, Springer, Heidelberg, 1986; Ed. H.V. Klapdor), S.891
Pee 84	P.J.E. Peebles, *Astrophys. J. 284 (1984) 439*
Pee 88	P.J.E. Peebles, B. Ratra, *Astrophys. J. 325 (1988) L17*
Pes 80	M.E. Peskin, *Nucl. Phys. B175 (1980) 197*
Pes 88	H. Pessard, Proc. Ninth Workshop on Grand Unification, Aix-les-Bains, 1988, World Scientific, Singapore, 1989, S. 130. Ed. R. Barloutaud
Pet 67	D.F. Petersen, C.J. Veje, *Phys. Lett. 24B (1967) 449*
Pet 86	S.T. Petcov, WEIN '86 (Proc. Int. Symp. Weak and Electromagn. Interactions in Nuclei, Heidelberg, 1.-5. Juli, 1986, Springer, Heidelberg, 1986; Ed. H.V. Klapdor), S.481

Pik 84	C.A. Piketty, Neutrino '84 (Proc. 11th Int. Conf. on Neutrino Phys. and Astrophys. , Nordkirchen, 11. -16. Juni, 1984, World Scientific, Singapore, 1986; Ed. K. Kleinknecht, E.A. Paschos), S.308
Pik 86	C.A. Piketty, WEIN '86 (Proc. Int. Symp. Weak and Electromagn. Interactions in Nuclei, Heidelberg, 1. -5. Juli, 1986, Springer, Heidelberg, 1986; Ed. H.V. Klapdor), S.603
Poll 84	M.D. Pollock, *Phys. Lett. 148B (1984) 287*
Pom 86	A. Pomansky, Neutrino '86 (Proc. 12th Int. Conf. on Neutrino Physics and Astrophysics, Sendai, 3.-8. June, 1986, World Scientific, Singapore, 1986; Ed. T. Kitagaki, H. Yuta)
Pon 57	B. Pontecorvo, *Zh. Eksp. Teor. Fiz. 33 (1957) 549, Sov. Phys. JETP 6 (1958) 429)*
Pon 58	B. Pontecorvo, *Zh. Eksp. Teor. Fiz. 34 (1958) 247*
Prie 87	W. Priester, H.J. Blome, J. Hoell, *Sky and Telescope 73 (1987) 237*
Qui 83	C. Quigg, "Gauge Theories of the Strong, Weak and Electroweak Interactions", Benjamin/Cummings, London-Amsterdam, 1983
Raf 87	G. Raffelt, J. Silk, *Phys. Lett. 192B (1987) 65*
Ram 86	N.F. Ramsay, WEIN '86 (Proc. Int. Symp. Weak and Electromagn. Interactions in Nuclei, Heidelberg, 1. -5. Juli, 1986, Springer, Heidelberg, 1986; Ed. H.V. Klapdor), S.861
Ran 73	J. Randrup, *Nucl. Phys. A207 (1973) 209*
Rat 88	B. Ratra, P.J.E. Peebles, *Phys. Rev. D37 (1988) 3406*
Rei 56	F. Reines, C.L. Cowan, Jr., *Science 124 (1956) 103*
Rei 76	F. Reines, H.S. Gurr, H.W. Sobel, *Phys. Rev. Lett. 37 (1976) 315*
Ric 87	J. Rich, D. Lloyd Owen, M. Spiro, *Phys. Rep. 151 (1987) 239*
Rin 80	P. Ring und P. Schuck, "The Nuclear Many-Body Problem", Springer, New York-Heidelberg-Berlin, 1980
Rob 77	A. Roberts, H. Blood, J. Learned, F. Reines, Proc. Int. Neutrino Conf., Aachen, 1977, S.688
Rom 69	P. Roman, "Introduction to Quantum Field Theory", Wiley and Sons, New York, 1969
Roo 88	M. Roos, in "Neutrino Physics", Springer, Heidelberg, 1988, Ed. H.V. Klapdor, B. Povh, S. 57

Ros 88	S.P. Rosen, *Comments Nucl. Part.Phys. 18 (1988) 31*
Roy 84	"Supersymmetry and Supergravity, Nonperturbative QCD", Ed. P. Roy und V. Singh, Springer Verlag, *Lecture notes in Physics 208 (1984)*
Sal 68	A. Salam, Proc. 8th Nobel Symposium, Stockholm 1968, S.367
San 82	A. Sandage, G.A. Tammann, *Astrophys. J. 256 (1982) 339*
San 82a	A. Sandage, *Astrophys. J. 252 (1982) 553*
San 84	A. Sandage und G.A. Tammann, *Nature 307 (1984) 326*
San 87	A. Santamaria, J.W.F. Valle, *Phys. Lett. 195B (1987) 423*
Sat 77	E. Sato, M. Kobayashi, *Progr. Theor. Phys. 58 (1977) 1775*
Sat 87	K. Sato, H. Suzuki, *Phys. Rev. Lett. 58 (1987) 2722*
Sat 87a	K. Sato, H. Suzuki, *Phys. Lett. 196B (1987) 267*
Sau 72	H. Sautter, "Astrophysik II", KTB, Fischer, Stuttgart, 1972
Scha 86	G. Schatz, Progr. Part. *Nucl. Phys. 17 (1986) 393*
Schi 60	J. Schintlmeister, "Der Isospin von Atomkernen", Akademie Verlag, Berlin, 1960
Scho 66	H.F. Schopper, "Weak Interactions and Nuclear Beta Decay", North Holland, Amsterdam 1966
Schra 75	D.N. Schramm, W.D. Arnett, *Astrophys. J. 198 (1975) 629*
Schra 80	D.N. Schramm, *Ann. N.Y. Acad. Sci. 336 (1980) 380*
Schra 86	D.N. Schramm, WEIN '86 (Proc. Int. Symp. Weak and Electromagn. Interactions in Nuclei, Heidelberg, 1.-5. Juli, 1986, Springer, Heidelberg, 1986; Ed. H.V. Klapdor), S.1033
Schre 83	K. Schreckenbach, G. Colvin und F. von Feilitzsch, *Phys. Lett. 129B (1983) 265*
Schre 85	B. Schrempp und F. Schrempp, *Phys. Bl. 41 (1985) 335*
Schrö 87	H. Schröder, *Phys. Bl. 43 (1987) 373*
Schu 86	K.R. Schubert, WEIN '86 (Proc. Int. Symp. Weak and Electromagn. Interactions in Nuclei, Heidelberg, 1.-5. Juli, 1986, Springer, Heidelberg, 1986; Ed. H.V. Klapdor), S.471
Schu 88	K. Schubert, in "Neutrino Physics", Springer, Heidelberg, 1988, Ed: H.V. Klapdor, B. Povh, S. 135

See 70	P.A. Seeger, D.N. Schramm, *Astrophys. J. 160 (1970) L157*
Sha 86	Q. Shafi, WEIN '86 (Proc. Int. Symp. Weak and Electromagn. Interactions in Nuclei, Heidelberg, 1.-5. Juli, 1986, Springer, Heidelberg, 1986; Ed. H.V. Klapdor), S.919
Sho 79	M.J.P. Shohet et al., *Phys. Rev. D19 (1979) 1965*
Sim 85	J.J. Simpson, *Phys. Rev. Lett. 54 (1985) 1891*
Sim 86	J.J. Simpson, Proc. VIth Moriond Workshop on Massive Neutrinos in Particle and Astrophysics, 1986, Ed. Frontiéres, Gif sur Yvette, S.565
Sin 87	D. Sinclair, in "Neutrino Physics", Springer, Heidelberg, 1988, Ed: H.V. Klapdor, B. Povh, S. 239
Sob 86	H. Sobel, Proc. VIth Moriond Workshop on Massive Neutrinos in Particle and Astrophysics, 1986, Ed. Frontiéres, Gif sur Yvette, S.339
Sol 76	V.G. Soloviev, "Theory of Complex Nuclei", Pergamon Press, Oxford 1976
Sper 85	D.N. Spergel, W.H. Press, *Astrophys. J. 294 (1985) 663, Astrophys. J. 296 (1985) 679*
Sta 80	A.A. Starobinsky, *Phys. Lett. 91B (1980) 99*
Sta 89	A. Staudt, E. Bender, K. Muto, H.V. Klapdor, eingereicht an *Z. Phys. A* und *At. Data Nucl. Data Tables* (1989)
Ste 64	B. Stech und L. Schülke, *Z. Phys. 179 (1964) 314*
Ste 80	B. Stech, in "Unification of Fundamental Particle Interactions", eds. J. Ellis et al., Plenum Press, N.Y. (1980), p. 23
Stei 75	R.I. Steinberg et al., *Phys. Rev. D12 (1975) 2582*
Stei 78	G. Steigman, C.L. Sarazin, H. Quintana, J. Faulkner, *Astrophys. J. 83 (1978) 1050*
Sto 83	"Monopole 83", Ed. J.L. Stone, Plenum Press, NY-London 1983
Stre 64	R.F. Streater, A.S. Wightman, "PCT, Spins and Statistics, and all that", Benjamin, New York, 1964
Stre 75	E. Streeruwitz, *Phys. Rev. D11 (1975) 3378* und *Phys. Lett. 55B (1975) 93*
Sus 79	L. Susskind, *Phys. Rev. D20 (1979) 2619*

Suz 86	A. Suzuki, Neutrino '86 (Proc. 12th Int. Conf. on Neutrino Physics and Astrophysics, Sendai, 3. -8. June, 1986, World Scientific, Singapore, 1986; Ed. T. Kitagaki, H. Yuta)
Sym 81	E.M.D. Symbalisty, D.N. Schramm, *Rep. Progr. in Phys. 44 (1981) 293*
't Ho 71a	G.'t Hooft, *Nucl. Phys. B33 (1971) 173*
't Ho 71b	G.'t Hooft, *Nucl. Phys. B35 (1971) 167*
't Ho 72	G.'t Hooft und M. Veltman, *Nucl. Phys. B50 (1972) 318*
't Ho 74	G.'t Hooft, *Nucl. Phys. B79 (1974) 276*
Tac 88	T. Tachibana, S. Ohsugi, M. Yamada, Proc. 5th Int. Conf. on Nuclei Far From Stability, 14–19 Sept. 1987, Rousseau Lake, Ontario, Canada. AIP Conf. Proc. 164. Ed. I.S. Towner, New York 1988, S.614
Tak 73	K. Takahashi, M. Yamada, T. Kondoh, *Nucl. Data Tables 12 (1973) 101*
Tam 82	G.A. Tammann, "Cosmology", Landolt-Börnstein VI/2c Springer Verlag, Berlin-Heidelberg-New York 1982
Tam 86	G. Tammann, WEIN '86 (Proc. Int. Symp. Weak and Electromagn. Interactions in Nuclei, Heidelberg, 1. -5. Juli, 1986, Springer, Heidelberg, 1986; Ed. H.V. Klapdor), S.1016
Tay 83	G.N. Taylor et al., *Phys. Rev. D28 (1983) 2705*
Tay 84	J.G. Taylor, *Progr. Part. Nucl. Phys. 12 (1984) 1*
Tay 86	R.J. Tayler, *Q. J. Roy. Astr. Soc. 27 (1986) 383*
Tem 67	G.M. Temmer, in "Fundamentals in Nuclear Theory", Wien, 1967
Thi 83	F.K. Thielemann, J. Metzinger, H.V. Klapdor, *Z. Phys. A309 (1983) 301* und *Astron. Astrophys. 123 (1983) 162*
Tom 86	T. Tomoda, WEIN '86 (Proc. Int. Symp. Weak and Electromagn. Interactions in Nuclei, Heidelberg, 1. -5. Juli, 1986, Springer, Heidelberg, 1986; Ed. H.V. Klapdor), S.663
Tom 86a	T. Tomoda, A. Faessler, K.W. Schmid, F. Grümmer, *Nucl. Phys. A452 (1986) 591*
Tom 87	T. Tomoda, A. Faessler, *Phys. Lett. 199B (1987) 475*
Tru 78	J.W. Truran, J.J. Cowan, A.G.W. Cameron, *Astrophys. J. 222 (1978) L63*
Tsu 84	T. Tsuboi, K. Muto, H. Horie, *Phys. Lett. 143B (1984) 293*

Tub 75	D.L. Tubbs, D.N. Schramm, *Astrophys. J. 201 (1975) 467*
Tup 87	G. Tupper, M. Danos, B. Müller, J. Rafelski, *Phys. Rev. D35 (1987) 394*
Tur 81	M. Turner, Neutrino '81 (Proc. Int. Conf. on Neutrino Physics and Astrophysics, Hawai 1981, Ed. R.J. Cence, E. Ma und A. Roberts), Vol. I, S.95
Tur 84	M.S. Turner, G. Steigman, L.M. Krauss, *Phys. Rev. Lett. 52 (1984) 2090*
UA1 83a	UA1 Collaboration, *Phys. Lett. 122B (1983) 103*
UA1 83b	UA1 Collaboration, *Phys. Lett. 126B (1983) 398*
UA1 83c	UA1 Collaboration, *Phys. Lett. 129B (1983) 141*
UA2 83	UA2 Collaboration, *Phys. Lett. 122B (1983) 476*
Ush 81	N. Ushida et al., *Phys. Rev. Lett. 47 (1981) 1694*
Val 86	J.W.F. Valle, WEIN '86 (Proc. Int. Symp. Weak and Electromagn. Interactions in Nuclei, Heidelberg, 1. -5. Juli, 1986, Springer, Heidelberg, 1986; Ed. H.V. Klapdor), S.927
Val 87	J.W.F. Valle, *Phys. Lett. B186 (1987) 73*, und *Phys. Lett. B196 (1987) 157*
Van 82	S. van den Bergh, *Nature 299 (1982) 297*
Vau 86	G. de Vaucouleurs, H.G. Corwin, *Astrophys. J. 308 (1986) 487*
Ver 86	J.D. Vergados, *Phys. Rep. 133 (1986) 1*
Vil 88	A. Vilenkin, Spektrum der Wissenschaft, Febr. 1988, S. 94
Vog 86	P. Vogel, M.R. Zirnbauer, *Phys. Rev. Lett. 57 (1986) 3148*
Vui 82	J.L. Vuilleumier et al., *Phys. Lett. 138B (1984) 449*
Wal 87	T.P. Walker, D.N. Schramm, *Phys. Lett. 195B (1987) 331*
Wam 86	J. Wambach, WEIN '86 (Proc. Int. Symp. Weak and Electromagn. Interactions in Nuclei, Heidelberg, 1. -5. Juli, 1986, Springer, Heidelberg, 1986; Ed. H.V. Klapdor), S.950
War 82	R.A. Ward, D.D. Clayton (priv. comm. 1982)
Wea 78	T.A. Weaver, G.B. Zimmerman, S.E. Woosley, *Astrophys. J. 225 (1978) 1021*

Wea 80	T.A. Weaver, S.E. Woosley, *Ann. N.Y. Acad. Sci.* *336 (1980) 335*
Wea 85	T.A. Weaver, S.E. Woosley, G.M. Fuller, in "Numerical Astrophysics", Ed. J. Centrella et al.; Jones and Bartlett, Boston)(1985)
Wei 67	S. Weinberg, *Phys. Rev. Lett.* *19 (1967) 1264*
Wei 72	S. Weinberg, "Gravitation and Cosmology", Wiley, NY, 1972
Wei 74	S. Weinberg, *Phys. Rev.* *D9 (1974) 3357*
Wei 76	S. Weinberg, *Phys. Rev. Lett.* *36 (1976) 294*
Wei 77	S. Weinberg, "Die ersten drei Minuten", R. Piper & Co. Verlag, München 1977
Wei 78	S. Weinberg, *Phys. Rev. Lett.* *40 (1978) 223*
Wei 79	S. Weinberg, *Phys. Rev. Lett.* *42 (1979) 850*
Wei 82	S. Weinberg, *Phys. Rev. Lett.* *48 (1982) 1303*
Wei 89	S. Weinberg, *Rev. Mod. Phys.* *61 (1989) 1*
Wen 74	C.O. Wene, S.A.E. Johansson, *Phys. Scr.* *10A (1974) 156*
Wen 76	C.O. Wene, S.A.E. Johansson, *CERN Report 76-13 (1976) 581*
Wes 74	J. Wess, B. Zumino, *Nucl. Phys.* *B70 (1974) 39*
Wes 87	J. Wess, *Phys. Bl.* *1 (1987) 2*
Wess 85	P.S. Wesson, *Astron. Astrophys.* *151 (1985) 276*
Wic 87	V.A. Wichers, T.R. Hageman, J. van Klinken, H.W. Wilschut, *Phys. Rev. Lett.* *58 (1987) 1821*
Wic 88	V.A. Wichers, T.R. Hageman, J. van Klinken, H.W. Wilschut, D. Atkinson in "Neutrino Physics", Springer, Heidelberg 1988. Ed.: H.V. Klapdor, S. 153
Wil 71	J.R. Wilson, *Astrophys. J.* *163 (1971) 209*
Wil 78	F. Wilczek, *Phys. Rev. Lett.* *40 (1978) 279*
Wil 86	J.R. Wilson, R. Mayle, S. Woosley, T. Weaver, *Ann. N.Y. Acad. Sci.* *470 (1986) 267*
Win 80	R.R. Winters, R.L. Macklin, J. Halperin, *Phys. Rev.* *C21 (1980) 563*
Win 82	R.R. Winters, R.L. Macklin, *Phys. Rev.* *C25 (1982) 208*

Wit 67	W. v. Witsch, A. Richter, P. v. Brentano, *Phys. Rev. Lett. 19 (1967) 524*
Wit 81	E. Witten, *Nucl. Phys. B186 (1981) 412*
Wit 84	E. Witten, *Phys. Rev. D30 (1984) 272*
Wol 78	L. Wolfenstein, *Phys. Rev. D17 (1978) 2369*
Wol 81	C. Wolfenstein, *Phys. Lett. 107B (1981) 77*
Woo 82	S.E. Woosley, T.A. Weaver, in "Supernovae: A Survey of Current Research", Eds. M.J. Rees, R.J. Stoneham, Reidel, Dordrecht, 1982
Woo 86	S.E. Woosley, J.R. Wilson, R. Mayle, *Astrophys. J. 302 (1986) 19*
Woo 86a	S.E. Woosley, T.A. Weaver, *Ann. Rev. Astron. Astrophys. 24 (1986) 205*
Wot 84	J. Wotschak, Neutrino '84 (Proc. 11th Int. Conf. on Neutrino Phys. and Astrophys. , Nordkirchen, 11. -16. Juni, 1984, World Scientific, Singapore, 1986; Ed. K. Kleinknecht, E.A. Paschos), S.117
Wu 57	S. Wu, E. Ambler, R.W. Hayward, D.D. Hoppes, R.F. Hudson, *Phys. Rev. 105 (1957) 1413*
Yah 82	A. Yahil, J.M. Lattimer, in "Supernovae: A Survey of Current Research"; Ed. M.J. Rees, R.J. Stoneham; Reidel, Dordrecht, 1982 S.53
Yan 54	C.N. Yang, R.L. Mills, *Phys. Rev. 96 (1954) 191*
Yan 79	J. Yang, D.N. Schramm, G. Steigman, R.T. Rood, *Astrophys. J. 227 (1979) 697*
Yan 79a	T. Yanagida, Proc. Workshop Unified Theory and the Baryon Number of the Universe, KEK)(1979), Ed. O. Sawada, A. Sugamoto
Yan 84	J. Yang, M. Turner, G. Steigman, D. Schramm, K. Olive, *Astrophys. J. 281 (1984) 493*
Yok 83	K. Yokoi, K. Takahashi, M. Arnould, *Astron. Astrophys. 117 (1983) 65*
Zac 85	V. Zacek et al., *Phys. Lett. 164B (1985) 193*
Zac 86	V. Zacek, WEIN '86 (Proc. Int. Symp. Weak and Electromagn. Interactions in Nuclei, Heidelberg, 1. -5. Juli, 1986, Springer, Heidelberg, 1986; Ed. H.V. Klapdor), S.750
Zam 82	L. Zamick, N. Auerbach, *Phys. Rev. C26 (1982) 2185*
Zat 68	G.I. Zatsepin, *JETP Lett. 8 (1968) 205*

Zde 81   Yu.G. Zdesenko, V.N. Kutz, I.A. Mytsyk, A.S. Nikolaiko, Izv. Akad. Nauk (USSR), *45 Ser. Fiz. (1981) 1856*

Zde 86   Yu.G. Zdesenko et al., *Sov. J. Part. Nucl. 43 (1986) 678*

Zel 68   Ya.B. Zeldovich, *Sov. Phys. Usp. 11 (1968) 381*

S Sachverzeichnis

Abschirmeffekt 247 f.
—, Anti- 248
Adjungierter Feldoperator 3, 401
Alter des Universums 103, 349 ff., 365, 375
Analogzustände, isobare 43, 109 f., 114
Anomalie 165, 271
Antianalogzustand 109 f.
Antimaterie 368
Antineutrino 9, 276
—, -Hintergrundstrahlung 338
Antiteilchen 8, 34, 274
Astrophysik 322 ff.
Asymptotische Freiheit 244, 248
Ausnahmegruppen 262
Auswahlregeln 42 f., 52
Äußere Invarianz 169
Axialvektorstrom 59, 234
—, teilweise Erhaltung 69
—, Renormierung 97, 229, 238

Baryonen 17 ff.
— -Asymmetrie 222, 367 ff.
— ladung 172
— zahl 6, 27, 287, 367 f.
Baum-Niveau (tree level) 263
BCS-Theorie 122 f.
B − L-Nichterhaltung 287, 309
Beschleunigerexperimente (ν-Oszillationen) 296
Besetzungsamplituden 122
β-Halbwertszeiten 51, 133 f.
β-Stabilitätslinie 39, 341, 345
β-Stärke 43
β-verzögerte Neutronenemission 38, 103
— Protonenemission 39
— Spaltung 39, 103
β-Zerfall, Atomkern 38 ff., 76 f., 80 f., 104 ff., 113 ff.
—, Neutron 40, 74 f.
Bogolyubov-Valentin-Transformation 122
Boltzmann-Faktor 383
— -Konstante 355

Bottom (Beauty) 17
— -Quark 6, 220

Cabibbo-Mischung 216 ff.
— -Winkel 217
Chandrasekhar-Grenze 324
Charm 17
chemisches Potential 327
Chiralität 64, 274, 282, 395 f.
Clebsch-Gordan-Koeffizienten 75, 108, 419
^{37}Cl-Experiment 296, 301
Closure-Näherung 93, 95
Coleman-Weinberg-Potential 370 f.
Composite models 7
Confinement 18, 243, 248
Coulomb-Energie 110
— wechselwirkung 48
CP-Eigenwert 278
CP-Invarianz 34, 279
—, spontan gebrochene 368
CP-Konjugation 34, 408 f.
CP-Verletzung 35, 221 f., 367 f.
—, manifeste 368
CPT-Theorem 36, 367
CVC-Hypothese 65 f., 213 f., 233
c-Quark 6, 218 ff.

Darstellung 166, 411 ff.
—, adjungierte 251, 414
—, höhere 250, 414
—, irreduzible 412
Davis (solares Neutrino)-Experiment 296, 301
Decelerationsparameter 379, 412
Δ-Anregung 148, 232 f., 235 f.
de Sitter Universum 370
Detektor-$\beta\beta$-Experimente 311 f.
Dipolmoment des Neutrons 36, 222, 368
Dirac-Gleichung 54, 283, 388 ff.
— -Masse 280
— -Matrizen 4, 53, 389
— -Spinor 55, 388

Domänenstruktur des Universums 372
Doppel-Beta-Emitter 84, 164
Doppel-Betazerfall 83 ff., 152 ff., 307 ff.
– –, neutrinoloser 85, 162 f., 307 ff.
– –, 2ν 152 ff., 311
– –, Matrixelemente 152 ff.
Dublett 177
Dunkle Materie 374, 379
– –, nicht-baryonische 375, 379
Dynamische Symmetriebrechung 259

Effektive Kopplungskonstante 244, 245 f.
– Neutrinomasse 312 f.
Eichbosonen 245
Eichfeld 175, 242, 251
Eichgruppe 250
Eichino 264
Eichinvarianz 176
Eichprinzip 166 ff., 174
Eichsymmetrie 172 f.
Eichtheorie 102, 165 ff.
–, nicht-abel'sche 182
Eichtransformation 173, 175, 240
Eichung 166
Eigenparität 33
Einfache Gruppen 240, 412
Einstein-Friedmann-Lemaitre-Gleichungen 357 f., 369
Einteilchen-Matrixelement 119
– -Operator 116
– -Übergang 117, 118
Elektrische Ladung, Erhaltung 27, 67, 171
Elektron-Einfang 38, 80 f., 333
– -Lebensdauer 27
Elektronengas, entartetes 326 f.
Elementsynthese im Universum
–, primordiale 381
–, im r-Prozeß 341 ff.
–, im s-Prozeß 341
–, im p-Prozeß 341
Entropie 358 f.
Ereignishorizont 364
Erhaltung der schwachen Ladung 68
Erhaltungsgrößen 26 ff.
Erlaubte β-Übergänge 40 ff., 233 f.

E_6-Gruppe 262
η-Teilchen 208 f.
Euler-Lagrange-Gleichungen 169, 400
e-μ-τ Universalität 25, 65
Explosives Heliumbrennen 346 ff.
Extended Color 261

Familien 6, 7, 8
–, Anzahl der 7, 165
Farbladung 16 f., 241 f.
Farbwechselwirkung 6, 14, 15, 16 f., 241 f.
Feinstrukturkonstante 10, 239
Feldquant 10 ff., 12, 15
Fermifunktion 48
Fermi-Integral 50
– -Matrixelement 74
– -Operator 41, 104, 233
– -Stärke, reduzierte 76
– -Übergang 78, 113, 218
– -Zerfall 40, 41
Fermi's goldene Regel 45, 47
Fermionen 6
–, effektive Massen 195
Feynman-Regeln 406 f
– -graphen 12, 403 ff.
Flachheit des Universums 364
Flavor 6, 382 f.
– ändernde neutrale Ströme (FCNC) 218
– quantenzahlen 29
–, Zustände 292
Fractional Parentage-Koeffizienten 119
ft-Wert 50
Fundamentaldarstellung 179, 413

Gallex (solares Neutrino-Experiment) 301
Galliumdetektor 103, 301 f.
Gamow-Teller-Kraft 127
– – -Matrixelement 75
– – -Operator 41, 104, 127, 235
– – -Riesenresonanz 43, 105 f., 127, 150, 156
– – -Stärke 76, 105, 150, 156, 238, 301
– – – Quenching 147 f., 238
– – –, Renormierung 229

Sachverzeichnis

Gamow-Teller-Stärke, Renormierung durch
  Δ-Anregungen 238
— — -Übergänge
— — -Zerfall 41
Gap-Gleichung 123
Gell-Mann-Matrizen 241, 416
Generation 6, 8
Generator 179, 181, 241, 252, 272, 412 ff.
  415, 416
Geochemische ββ-Experimente 310 f.
Georgi-Glashow-Modell 250 ff.
GIM-Mechanismus 98, 218 ff.
Glashow-Weinberg-Salam (GWS)-Theorie
  102, 166, 196 ff., 240
Gluon 15, 22, 242 f.
Goldberger-Treiman Gleichung 70, 214
Goldhaber-Experiment 62
Goldstone-Boson 69, 189, 193
Gravitation 12, 15, 167, 268, 326, 340
—, Super- 268 ff.
Gravitationskollaps 322 f., 326, 338 f.
Gravitino 264, 268, 270, 379
—, Masse 270
Graviton 12, 264, 268
Green's-Funktion 14
Große Vereinigungstheorien (GUTs) 12, 36,
  239 ff., 285 ff., 355 f.
Gruppen 240, 409 ff.

Hadronische schwache Ströme 56, 64, 225
Hadronisches Matrixelement 74 f.
Halbwertszeit 50
Halos, von Galaxien 379
Hamiltondichte, elektromagnetische 56
Hamiltonoperator 26, 46, 104, 167
Händigkeit 62, 64, 274 f., 408 f.
Harmonisches Oszillatorpotential 114
Hartree-Fock-Zustand 115
Heliumbrennen 324
—, explosives 346 ff.
Helizität 62, 274 f., 393 f.
—, von Neutrinos 62, 274 f.
Hermite'sch konjugiert 3, 55
Higgs-Boson 85, 193, 208, 370, 379
— —, Masse 193, 208

Higgs-Boson, Produktion 208
Higgs-Feld 189 f., 201, 254, 287 ff.
— —, Super- 268
Higgs-Potential 190 f., 370 f.
Hintergrundstrahlung, 3K- 361, 364
—, Neutrino- 362
—, Antineutrino- 338
Horizontale Eichtheorie 259
Horizontproblem 364 f., 372
Hubble-Konstante 357, 374
Hydrostische Brennphasen schwerer Sterne
  324
Hyperkerne 71, 216
Hyperladung, schwache 198, 204, 253
Hyperonen 71, 216

Impuls-Näherung 76
Inflationäres Universum 271, 369 ff.
Innere Invarianz 169
Instanton 191
Interferenz, von γ und Z°-Austausch 223
—, schwerer und leichter Neutrinos 317 f.
Invarianz, innere 169
—, äußere 169
Isospin 5, 29 f.
—, schwacher 32, 204, 212
—, starker 29
— invarianz 30
— multiplett 30, 43
Isotropie der 3K-Hintergrundstrahlung 364

Jet 21, 22

Kaluza-Klein-Theorie 167
Kamiokande-Experiment 301
Kanonische Kopplung 268 f.
Kelvin-Helmholtz-Zeit 350
Kernbetazerfall 38 ff., 74 ff., 113 ff.,
  229 ff., 304
—, erlaubter 41 ff., 74 ff.
—, verbotener 51, 79
Kerndeformation 158, 164
Kernmatrixelemente, für β-Zerfall 113 ff.
—, für ββ-Zerfall 152 ff.
Kernmodelle 113 ff.

Kernspaltung 39
Kernspin 42, 61
Kernstruktur 103 ff.
Klein-Gordon-Gleichung 190, 387 f.
K-Meson 17, 60, 71, 216
Kobayashi-Maskawa-Matrix 218 ff.
Kollektive Kernanregungen 133, 146
Konfiguration 115
Konturplots 297 f.
Kopplungskonstante, effektive 245, 246 f.
—, Fermi's 10, 11, 40, 66, 217, 239
— für Kernbetazerfall 40, 217
—, gleitende 246
—, Gravitation 10, 11
—, starke Wechselwirkung 10, 11, 239, 247 f.
—, universelle (fundamentale) 240, 250
Korrelationen 137, 145 ff., 158
Kosmische Strings 367
Kosmologische Konstante 263, 269, 358, 373 ff.
Kosmologisches Standardmodell 245, 355 ff.
Kovariante Ableitung 174, 181
Kraft, pp- 159 f.
—, Quadrupol-Quadrupol- 158
—, repulsive 133
—, separable 131
—, Spin-Isospin (Gamow-Teller)- 127 f., 162
Krümmung des Weltalls 362 ff., 372
Kurie-Diagramm 49, 304

Ladung, Baryonen- 172
—, elektrische 27, 68
—, Farb- 18 f., 241 f.
—, schwache 67 f.
Ladungsaustauschreaktion 111 f.
Ladungskonjugation 8, 34, 278, 407 f.
Lagrangedichte 169, 191, 283, 400 ff.
Lagrange-Formalismus 400 ff.
Lambshift 246
Λ-Problem 377 ff.
Leptonen 6
— zahl 28, 81, 287, 291
— — verletzung 282, 287
Leptonische schwache Ströme 57, 225

Lie'sche Gruppe 178, 410 ff.
Linde'sche Blasen 371
Linkshändigkeit 64, 188
Longitudinalpolarisation 62
Lorentz-Eichung 166, 176, 387

Magnetische Monopole 366 f., 372, 379
Majorana-Masse 282 f., 308
— -Neutrino 9, 85, 273 ff., 381
Majoron 27, 85, 287, 312
Massen|dichte des Universums 379
— eigenzustände 285, 290
— hierarchie-Problem 259, 266 ff.
— matrix 284, 287, 289, 293
— schnitt (bei Supernova-Explosionen) 340
— skala, intermediäre 249
Materiedichte des Universums 379
Matrixelement, Einteilchen- 119
—, reduziertes 75, 117, 236 f., 419 f.
Matrizen 3
—, Dirac- 4, 53, 389
—, Massen- 284, 287, 289, 293
—, S- 45, 402
—, T- 45, 86
—, transponierte 3
Maxwell-Gleichungen 166, 175, 387
Mesonen 17
—, pseudoskalare 18
—, Vektor- 18
— -Zerfälle 18, 97 f., 213 f.
Metrischer Tensor 2, 54, 389
Mikheyev-Smirnov-Effekt 297, 300
Minimale Kopplung 174, 181, 268
Mischungswinkel (Neutrinooszillationen) 294, 297 f.,
Multiplett 14, 250
Multipolentwicklung 79 f.
Myon, Lebensdauer 1

Nabla-Operator 2
Natürliche Einheiten 1
Natürlichkeitsargument 266 f.
Neutrale schwache Ströme 24, 73, 211 f., 223 f.
Neutrino, Dirac- 10, 277

Sachverzeichnis

Neutrino, Einfang 38, 80 f.
- -Flavors, Anzahl der 381
- gas 329
- heizung (der Schockwelle in Supernovae) 335
- -Helizität 62, 274 f.
- -Hintergrundstrahlung 361
- in Supernova-Explosionen 319 f., 328 f., 332 ff.
-, Interferenz schwerer und leichter 317 f.
- kühlung 329 f.
- loser $\beta\beta$-Zerfall 85, 162 f., 307 ff.
- luminosität (bei Supernova-Explosionen) 335 ff.
-, Majorana- 9, 278 ff. 381
- masse 50, 164, 261, 304, 306, 308 ff., 319 f., 383 ff.
- -, effektive 312 f.
- -, Einfluß auf das Energiespektrum erlaubter β-Übergänge 304
- mischung im $0\nu\beta\beta$-Zerfall 313 ff.
- -Opazität 333
- oszillationen 291 ff.
- -Potential 94
- -Propagator 94, 95
-, rechtshändiges 198, 260 f.
-, schweres 288 f., 317 f.
- sphäre 328
- stern 329
- -Streuung an Elektronen 223 f.
- - an Kernen 333
- - an Nukleonen 225 f.
-, superschweres 383
-, Thermalisierung 334
- -Trapping-Zone 328 f.
- zerfall 306 f., 384
Neutron-Antineutron-Oszillationen 258
Neutronen|gas 329
- stern 322 ff., 374
Neutronisierungsschale 328
Neutronzerfall 40 f. 74 ff., 257
Nicht-abel'sche Eichtheorie 182
Nichtexponentieller Zerfall 162
Nicht-Renormierungstheoreme 263, 267, 271
Noether-Theorem 169 ff., 417 f.

Nukleon-Nukleon-Wechselwirkung 111, 127
Nukleosynthese, kosmische im p-Prozeß 341
- - im r-Prozeß 341 ff.
- - im s-Prozeß 341
- -, primordiale 381

Operator 3
-, Chiralitäts- 64, 395
-, Einteilchen- 116
-, Erzeugungs- 55, 115, 397 ff.
-, Händigkeits- 64, 395
-, Helizitäts- 62, 273 f., 393 f.
-, Isospin- 30
-, Paritäts- 32
-, Vernichtungs- 55, 397 ff.
-, Zeitumkehr- 36
Oszillationslänge 292

Paarungs|energie 83, 111
- kräfte (Pairing) 121 ff., 154 f.
Parität 32
-, Eigen- 33
-, innere 33
Paritäts|verletzung 60 f.
- transformation 9, 32, 60, 278, 407
Partialwellen 99
Pati-Salam-Modell 261
Pauli-Matrizen 4, 178
- -Prinzip 18, 148
PCAC 69, 213 f.
Phasenraumfaktor 44
Phononen 146
Photinos 264, 379
Photonenfeld 173, 176, 203
Photon|masse 16, 176
- propagator 405
Pion-Kopplungskonstante 70
Planck|masse 10, 266, 356
- zeit 356
Präonen 7, 259
Präsolare Wolke 350
Primordiale Heliumsynthese 381 f.
Propagator 14, 186, 405
Proton-Zerfall 28, 254 ff. 265

Quadrupol-Quadrupol-Kräfte 158
Quantenchromodynamik (QCD) 16, 166, 240 ff.
Quantenelektrodynamik (QED) 16, 101
Quantenfeld|operator 55, 168, 400 ff.
– theorie 12, 16, 54
Quantenflavordynamik (QFD) 22
Quantenzahlen 26 ff.
–, additive 27
–, multiplikative 27
Quark-Gluon-Plasma 360
Quarkmodell der Nukleonen 16 ff., 231 ff.
Quarks 6
Quarkströme 209 ff., 233 f.
Quasare 375
Quasi-Boson-Näherung 136, 140
Quasiteilchen 122 ff.
Quenching der GT-Stärke 147 ff., 230, 238

Reaktoren, Restwärme von 103, 345
Reaktorexperimente, ν-Oszillationen 296 f.
– zur Bestimmung des Weinbergwinkels 225
Rechts-Links-Symmetrie (von GUTs) 258, 260, 383
Rechtshändige Ströme 307, 312
Reduzierte Fermi-Stärke 76, 114
– Gamow-Teller-Stärke 76, 114
– Übergangswahrscheinlichkeit 44, 81, 112, 114
Reduziertes Matrixelement 75, 117, 236 f., 419 f.
Reichweite der Wechselwirkungen 11, 14
Relativitätstheorie, allgemeine 165
Renormierbare Theorie 98 f., 100, 165
Renormierbarkeit, perturbative 101
Renormierung 40, 97, 100 f., 238, 246 f.
Renormierungsgruppengleichung 247, 248, 265
Restwärme (von Kernreaktoren) 103, 345
Riesenresonanz 104
Robertson-Walker-Metrik 357
Rote Riesen 324
RPA 135 ff., 155 f.
R-Parität 264, 290
r-Prozeß 103, 341, 342 ff.

Säkulargleichung 130, 132
Schalenmodell 114
Schematische TDA 131
Schwache Ladung 67 f.
– Wechselwirkung 23 f., 38
– Zerfallprozesse, hadronische 25, 26, 73
– –, Klassifizierung 70
– –, leptonische 25, 26, 73
– –, semileptonische 25, 26, 73
– –, strangeness-ändernde 71, 72
Schwarze Löcher 323, 330, 374, 379
Schwere Neutrinos 288 f., 317 f.
Sechs-Quark-Schema 221
Seltsamer Stern (strange star) 331
Seltsamkeit (Strangeness) 17, 71, 72, 216 ff.
de Sitter-Universum 370
Skalare Teilchen 397
Skalenfaktor 357
– der QCD 248
Skalenlose Modelle 269
Slater-Determinante 115
S-Matrix 45, 402
S-Matrixelement 214, 402
SNU (solar neutrino unit) 297
SO(10) 259, 260 ff., 286 f.
Solarneutrino-Experimente 296 ff.
Sonnenmodell, Standard- 299, 303
–, Nicht-Standard- 303
Sonnenneutrinos 296 ff.
Spaltbarriere 39
Spin-Flip 108
Spin-Isospin-Kraft 127 f., 162
Spinor 54 f., 273 f., 388 f.
Spinorteilchen 398
Spinquantenzahlen 75
Spontane Symmetriebrechung 69, 188 ff. 200 f., 245 f., 253, 366
Standardmodell (der elektroschwachen Wechselwirkung) 197
Steady-State-Modelle 355
Sternentwicklung 322 ff.
Störungstheorie 45, 86 f., 101, 130 f., 220
Strangeness (Seltsamkeit) 17, 71, 72, 216 ff.
Streumatrix 45
Streuung, tief-inelastische 21, 206, 225, 226

Sachverzeichnis

Ströme 24, 72, 188, 209
—, erhaltene 68, 171, 418
—, neutrale schwache 24, 73, 186, 207, 211 ff., 218, 222 ff.
Stromdichte 53, 55 f., 64, 65, 209 f., 233, 234
—, Axialvektor- 59, 234
—, elektromagnetische 53, 55 f., 59
—, schwache hadronische 56, 64 225
—, schwache leptonische 57, 225
—, Quark- 209 ff., 233 f.
—, Vektor- 59, 65, 233
Strom-Strom-Kopplung 57 f., 59, 65 f., 98, 206
—, universelle 65 f.
Strukturkonstante, starke 239
Strukturkonstanten der SU(3)-Gruppe 242, 416
— der SU(2)-Gruppe 182, 415
SU(2) 177 ff., 196 ff., 415
SU(3) 240 f., 416
SU(5) 244, 250 ff., 286
SU(n) 413 ff.
Sudbury-Schwerwasser-Experiment 301
Summenregeln 112 f., 144, 147 f.
Super-Gravitation 268 ff.
— Higgsfeld 268
— multiplett 264
— nova 307, 319 f., 322 ff.
— renormierbar 101
— schwache Wechselwirkung 260
— symmetrie (SUSY) 259, 263 ff., 372
Superstring-Theorie 260, 271 f., 290
SUSY-Partner 264, 265
Symmetrie, äußere, innere 26, 167
—, globale 167 f.
—, lokale 172 ff.
Symmetriebrechung, dynamische 259
—, spontane 187, 188 ff., 197, 200 ff., 207, 245 ff., 253 f., 261 f., 361

Tau-Lepton 6, 8, 220
— -Neutrino 6, 8, 220, 306
TDA 126 ff.
—, schematische 131

Teilchen|multiplett 14, 250
— operator (Erzeugungs- und Vernichtungs-) 55, 115, 397 ff.
— -Teilchen-Kräfte 159 f., 163
Theta-Problem 222, 368
Tiefinelastische Streuung 21, 225, 226
T-Matrix 45, 86
Top-Quark 6, 8, 220
Tritium-Zerfall 304 f.

U(1)-Transformation 177, 196, 290
Übergänge, verbotene 51 f., 79 f.
Übergangswahrscheinlichkeiten, reduzierte 44, 81, 112, 114
Unique verboten 52
Unitarität 99
Universalität, e-μ-τ 25, 65
—, der schwachen Wechselwirkung 217
u-Quarkmasse 287
Urknall 355

Vakuum 188 f., 222, 369
— Polarisation 246
— energiedichte 369, 374 ff.
— erwartungswert 192
Variation 170, 417
V $-$ A-Struktur der schwachen Wechselwirkung 65, 197
Vektor|stromerhaltung (CVC) 65 f., 213 f., 233
— teilchen 397
— -Vektor-Kopplung 58
Vertex 12
Vierervektor 2, 54
Vorwärts-Rückwärts-Asymmetrie (von $e^+e^- \to \mu^+\mu^-$) 223

Wasserstoff-Brennen 323
W-Boson 12, 15, 57, 101, 180, 200, 226 ff.
—, Masse 15, 194 f., 201, 227
—, Nachweis 226 f.
—, Zerfallsbreite 227
Wechselwirkung, elementare 10 ff.
—, elektromagnetische 16
—, elektroschwache 197 ff.

Wechselwirkung, Farb- 6, 14, 15, 16 ff., 240 ff.
—, Gravitations- 12, 15, 167, 268 f., 326, 340
—, GUT- 11, 12
—, klassische Theorie der schwachen 53 ff.
—, Reichweite 11, 14
—, schwache 23 f., 38
—, separable 131
—, starke 11, 16 ff., 240 ff.
—, superschwache 260
—, Supergravitation 268 f.
Wechselwirkungszustände 285, 290, 291
Weinberg-Winkel 203, 223 ff., 253
Weißer Zwerg 323
Weyl-Felder 276
— -Spinor 394
Wigner-Eckart-Theorem 75, 108, 234, 419 f.
Woods-Saxon-Potential 114
Wüste 249, 266

X-Boson 12, 15, 253 f., 360

Yang-Mills-Theorie 182
Y-Boson 15, 253 f., 360
Yukawa-Kopplung 14, 205

Z-Boson 12, 15, 102, 205, 226 ff.
—, Masse 15, 205, 227
—, Nachweis 226 f.
—, Zerfallsbreite 227
Zeitumkehr 36, 408
Z-Propagator 229
Zuschauer-Quarks 211, 215
Zwei-Komponenten-Theorie (des Neutrinos) 394
Zweite Quantisierung 55, 397 ff.
Zwiebelschalen-Struktur (Sternentwicklung) 324

Mathematische Methoden in der Technik

Band 1: **Törnig/Gipser/Kaspar, Numerische Lösung von partiellen Differentialgleichungen der Technik**
183 Seiten. DM 38,–

Band 2: **Dutter, Geostatistik**
159 Seiten. DM 36,–

Band 3: **Spellucci/Törnig, Eigenwertberechnung in den Ingenieurwissenschaften**
196 Seiten. DM 38,–

Band 4: **Buchberger/Kutzler/Feilmeier/Kratz/Kulisch/Rump, Rechnerorientierte Verfahren**
281 Seiten. DM 48,–

Band 5: **Babovsky/Beth/Neunzert/Schulz-Reese, Mathematische Methoden in der Systemtheorie: Fourieranalysis**
173 Seiten. DM 38,–

Band 8: **Weiß, Stochastische Modelle für Anwender**
192 Seiten. DM 38,–

Band 9: **Antes, Anwendungen der Methode der Randelemente in der Elastodynamik und der Fluiddynamik**
196 Seiten. DM 38,–

Band 10: Vogt, **Methoden der Statistischen Qualitätskontrolle**
295 Seiten. DM 48,–

In Vorbereitung

Band 6: **Krüger/Scheiba, Mathematische Methoden in der Systemtheorie: Stochastische Prozesse**

Preisänderungen vorbehalten

B. G. Teubner Stuttgart

Teubner Studienbücher

Physik/Chemie

Becher/Böhm/Joos: **Eichtheorien der starken und elektroschwachen Wechselwirkung** 2. Aufl. DM 39,80

Bopp: **Kerne, Hadronen und Elementarteilchen.** DM 34,–

Bourne/Kendall: **Vektoranalysis.** 2. Aufl. DM 28,80

Carlsson/Pipes: **Hochleistungsfaserverbundwerkstoffe.** DM 28,80

Daniel: **Beschleuniger.** DM 28,80

Elschenbroich/Salzer: **Organometallchemie.** 2. Aufl. DM 46,–

Engelke: **Aufbau der Moleküle.** DM 38,–

Fischer/Kaul: **Mathematik für Physiker**
Band 1: Grundkurs. DM 48,–

Goetzberger/Wittwer: **Sonnenenergie.** DM 26,80

Gross/Runge: **Vielteilchentheorie.** DM 39,80

Großer: **Einführung in die Teilchenoptik.** DM 26,80

Großmann: **Mathematischer Einführungskurs für die Physik.** 5. Aufl. DM 36,–

Heil/Kitzka: **Grundkurs Theoretische Mechanik.** DM 39,–

Heinloth: **Energie.** DM 42,–

Hennig/Rehorek: **Photochemische und photokatalytische Reaktionen von Koordinatenverbindungen.** DM 24,80

Kamke/Krämer: **Physikalische Grundlagen der Maßeinheiten.** DM 26,80

Kleinknecht: **Detektoren für Teilchenstrahlung.** 2. Aufl. DM 29,80

Kneubühl: **Repetitorium der Physik.** 3. Aufl. DM 48,–

Kneubühl/Sigrist: **Laser.** 2. Aufl. DM 42,–

Kopitzki: **Einführung in die Festkörperphysik.** DM 36,–

Kröger/Unbehauen: **Technische Elektrodynamik.** DM 42,–

Kunze: **Physikalische Meßmethoden.** DM 28,80

Lautz: **Elektromagnetische Felder.** 3. Aufl. DM 32,–

Lindner: **Drehimpulse in der Quantenmechanik.** DM 28,80

Lohrmann: **Einführung in die Elementarteilchenphysik.** DM 24,80

Lohrmann: **Hochenergiephysik.** 3. Aufl. DM 34,–

Mayer-Kuckuk: **Atomphysik.** 3. Aufl. DM 34,–

Mayer-Kuckuk: **Kernphysik.** 4. Aufl. DM 39,80

Mommsen: **Archäometrie.** DM 38,–

Neuert: **Atomare Stoßprozesse.** DM 28,80

Nolting: **Quantentheorie des Magnetismus**
Teil 1: Grundlagen. DM 38,–
Teil 2: Modelle. DM 38,–

Primas/Müller-Herold: **Elementare Quantenchemie.** DM 39,–

Raeder u. a.: **Kontrollierte Kernfusion.** DM 42,–

Rohe: **Elektronik für Physiker.** 3. Aufl. DM 29,80

Fortsetzung auf der 3. Umschlagseite

CHRISTIANE LEPS

Teubner-Ingenieurmathematik

**Burg/Haf/Wille
Höhere Mathematik für Ingenieure**

Band 1: Analysis
2. Aufl. 732 Seiten. DM 46,–

Band 2: Lineare Algebra
448 Seiten. DM 44,–

Band 3: Gewöhnliche Differentialgleichungen, Distributionen, Integraltransformationen
405 Seiten. DM 42,–

Band 4: Vektoranalysis und Funktionentheorie
ca. 280 Seiten. ca. DM 42,–

**Dorninger/Müller
Allgemeine Algebra und Anwendungen**
324 Seiten. DM 48,–

**v. Finckenstein
Grundkurs Mathematik für Ingenieure**
461 Seiten. DM 48,–

**Heuser/Wolf
Algebra, Funktionalanalysis und Codierung**
168 Seiten. DM 36,–

**Kamke
Differentialgleichungen
Lösungsmethoden und Lösungen**

Band 1: Gewöhnliche Differentialgleichungen
10. Aufl. 694 Seiten. DM 88,–

Band 2: Partielle Differentialgleichungen erster Ordnung für eine gesuchte Funktion
6. Aufl. 255 Seiten. DM 68,–

**Krabs
Einführung in die lineare und nichtlineare Optimierung für Ingenieure**
232 Seiten. DM 38,–

**Schwarz
Numerische Mathematik**
2. Aufl. 496 Seiten. DM 48,–

Preisänderungen vorbehalten

 B. G. Teubner Stuttgart

Teubner Studienbücher Fortsetzung

Physik/Chemie Fortsetzung

Rohe/Kamke: **Digitalelektronik.** DM 28,80

Schatz/Weidinger: **Nukleare Festkörperphysik.** DM 34,–

Schmidt: **Meßelektronik in der Kernphysik.** DM 28,80

Theis: **Grundzüge der Quantentheorie.** DM 34,–

Vögtle: **Supramolekulare Chemie.** DM 42,–

Vögtle: **Reizvolle Moleküle der Organischen Chemie.** DM 39,80

Walcher: **Praktikum der Physik.** 6. Aufl. DM 38,–

Wegener: **Physik für Hochschulanfänger.** 2. Aufl. DM 46,–

Wiesemann: **Einführung in die Gaselektronik.** DM 32,–

Preisänderungen vorbehalten

 B. G. Teubner Stuttgart

MIX
Papier aus verantwortungsvollen Quellen
Paper from responsible sources
FSC® C105338

If you have any concerns about our products,
you can contact us on
ProductSafety@springernature.com

In case Publisher is established outside the EU,
the EU authorized representative is:
**Springer Nature Customer Service Center GmbH
Europaplatz 3, 69115 Heidelberg, Germany**

Printed by Libri Plureos GmbH
in Hamburg, Germany